インデックス Index

Chapter 1
都市再生の背景
都市再生とは
都市再生の潮流
災害復興からの都市再生

Chapter 2
都市の要素
ふるまいの寸法
ボリュームと配置
建築のインターフェイス
都市インフラと景観
出来事と一時的空間
都市と照明

Chapter 3
再生の手法
建築の再生
地区のリハビリ
交通結節点の活用
環境創生のランドスケープ

Chapter 4
手法の重ね合わせ
都心再生
地域再生
ウォーターフロント再生
ブラウンフィールド再生
創造都市

コンパクト建築設計資料集成
［都市再生］

日本建築学会＝編

丸善出版

装釘　桂川　潤

序

「コンパクト建築設計資料集成」(通称コンパクト版)は、1983年に改訂を行った「建築設計資料集成 全11巻」(通称親版)の刊行後、編集作業を通して蓄積された膨大な資料を活用して欲しいという内田祥哉委員長(当時)の指示のもとに企画された。若い読者に必要な情報を求めやすい価格で提供することを目標に、大学での設計課題に取り上げられることの多い建築種別と基礎情報に絞って、1986年に「コンパクト建築設計資料集成」が発刊された。続いて1991年に、住宅関係の資料をまとめた「コンパクト建築設計資料集成〈住居〉」、2002年には時代の要請に応え「コンパクト建築設計資料集成〈バリアフリー〉」が刊行された。1994年には利用者の要望に応え「コンパクト建築設計資料集成」の第1回目の改訂が行われた。この間、親版の全面改訂が高橋鷹志前委員長のもとで進められ、2001年の「総合編」を皮切りに13冊の「拡張編」が刊行された。この改訂作業で集められた資料を活用すべく、2005年にコンパクト版の第3版、2006年にコンパクト版〈住居〉の第2版、2010年にコンパクト版〈インテリア〉が刊行され現在に至っている。

今回の「コンパクト建築設計資料集成〈都市再生〉」は、少子高齢社会の到来、人口の減少、環境負荷の軽減、地方都市の衰退といった現代の問題に応えるべく、都市空間の基本的寸法や人間の都市でのふるまいに関する基礎情報と具体的な都市再生の手法を、建築や都市計画や土木の垣根を超えて新たに収集した事例を通して紹介すべく企画された。親版の改訂方針の一つである歴史的な流れの中で現在を位置づけ将来の展望に資する資料を提供するという姿勢は、本書でも踏襲されている。

最後に、本書の企画・編集・執筆・制作に携われた方々の努力に感謝するとともに、本書が都市の再生やまちづくりに関心のある方々の座右の書となることを願っている。

2014年1月

日本建築学会建築設計資料集成委員会
委員長 初見 学

2001年の「総合編」の出版から始まった建築設計資料集成の大改訂の一環として拡張編「地域・都市Ⅰプロジェクト編」「同Ⅱ設計データ編」が刊行されたのがそれぞれ2003年、2004年である。まちづくりという用語が一般化して、都市デザインの分野が大きな変曲点を迎えていた時代であり、社会的な要請の高まりとともに地域・都市分野が多様な広がりをみせ始めていたなかでの企画編集作業であった。ここでは、このような状況に対応すべく、単なる物的なビルトエンバイロメントとしての地域・都市ではなく、様々な地域づくり・都市づくりのストーリーを主軸に据えて、それらに対応する技術資料を図版、写真、資料とともに網羅的に編集した。このような組み立ては、建築設計資料集成としては画期的であり、地域・都市のデザインを地域・都市の物語の一部として読み解き、そこにビルトエンバイロメントを位置づけ設計する方法を具体的に示したものとして高い評価を得た。

その後、「都市再生」という言葉が地方の中小都市から東京の中心部に至るまで重要な課題として取り上げられるようになり、同時期に世界の各都市においても様々な実践が試みられていたため国内外に多くの実績が積み上げられることとなった。

そこで前出の「地域・都市編Ⅰ,Ⅱ」の基本的な方向と資料集成の原点である図面や設計資料を見やすく編集して提示するという方針を踏襲しつつ、都市再生に関わる内外の豊富な事例とともに、都市空間の質を設計する際に実践的に役立つ資料を蒐集したコンパクト版を出版することとした。

1章に都市再生の背景や災害が都市に及ぼす影響等の基本事項をまとめ、2章では都市空間の基本的寸法や実測図面などの具体的資料を詳細に示し、3章、4章において都市再生の手法やその重ね合わせについて記述している。

都市再生は分野を超えた総合的なアプローチが必要な課題であり、今世紀の最大のフロンティアといえる。これを解く中心に広い意味での建築が位置し、解を実体化する役割を果たすことが期待される。本書が、都市再生の現場で活躍する建築家の座右に置かれ参照されることを願うとともに、都市再生を学ぶ学生にとっては教科書として読み通し豊かな発想の原点としていただければと思う。

最後に、貴重な資料を快くご提供くださった方々、編集と出版にご尽力いただいた方々に心からお礼を申し上げる。

2014年1月

コンパクト建築設計資料集成〈都市再生〉編集委員会
委員長 佐藤 滋

「コンパクト建築設計資料集成〈都市再生〉」担当委員一覧

委員長 佐藤 滋　　幹事 阿部俊彦, 太田浩史, 真野洋介, 柳沢伸也, 山中新太郎

第1章 都市再生の 背景	太田浩史	002-005	第3章 再生の手法	藤村龍至	082-089, 091-101	第4章 手法の 重ね合わせ	山中新太郎	158-169
	真野洋介	006-009		田原幸夫	102, 103		田村誠邦	165コラム
	柳沢伸也	010, 011		阿部俊彦	090, 104, 106-125		伊藤香織	170, 171, 206-213
	阿部俊彦	012-014		阿部大輔	105			
				山中新太郎	112, 126-131, 133, 134, 136-139, 142, 143		柳沢伸也	172-177, 198-201, 204, 205
第2章 都市の要素	長谷川浩己	020-027, 029, 034, 036, 037, 039		南條洋雄	132		林　寛治	178-181
				柳沢伸也	135, 155, 156		片山和俊	178-181
	鍛　佳代子	016-019, 028, 030- 033, 035, 038		福井恒明	140, 141		住吉洋二	178-181
				木下　光	144, 145		岡田智秀	182-185, 190-197
				嘉名光市	146, 150, 151			
				武田史朗	147-149, 152, 154		嘉名光市	186, 187, 202, 203
	太田浩史	040-055		忽那裕樹	153			
	福井恒明	056-067		武田重昭	153		武田史朗	188
	伊藤香織	068-077					木下　光	189
	角舘政英	078-080					野原　卓	214-223

執筆協力者一覧

担当委員	執筆協力者
太田浩史	佐々木潤一, 田村晃久, リア・トステス, ファルザネ・タライエ, 高橋宇宙, 石田祐也, 葛西慎平, 緒方祐磨, 高岩遊, 山本至, アンドリュー・バージェス, 根舛卓也, 趙辰, 小竹海広, 天利竹宏, 石井孝典
長谷川浩己	落合洋介, 加倉井聖子, 前田智代
鍛　佳代子	岩田慎一郎, 潘家傑
福井恒明	高柳誠也, モウ大喜, 有田昌弘, 内藤歩, 高浜康亘, 永井友梨, 河野健, 野口大基, 伊達真生, 宮坂知成, 高橋朋子, 柴田賢祐, 伊藤隆彬, 飯島怜, 竹本福子, 萩森大佑, 山岸真央, 柴田英明
伊藤香織	兼森毅, 田中理恵, 石橋理志, 小野田龍, 川上那華, 古川正敏, 上原慧史, 堀口裕, 高橋真有, 矢萩智, 吉田恵子, 小田健人, 草谷悠介
角舘政英	若山香保
田原幸夫	進藤隆之, 奥丈知, 本橋元二郎, 清水正人, 志関雅詞
阿部俊彦	荒川佳大, 岡田春輝, 大橋清和, 速水検太郎, 益尾孝祐, 済藤哲仁, 松富謙一, 井ノ上真太郎, 瀬部浩司, 飯塚俊, 川副育大, 茂木大樹
山中新太郎	森實幸子, 石井尚子, 西島慧子, 鈴木大志, 今野和仁, 髙橋雄也, 森田有貴, 長島早枝子
南條洋雄	南條雄吾, 小切山孝治
木下　光	築田良, 平田祐基
嘉名光市	三谷幸司, 富田昌義, 森下英仁, 美馬一浩, 松本拓, 泉英明, 佐久間康富, 増井徹, 三原拓, 藤原拓也, 長嶋剛志, 高木悠里, 高原一貴
武田史朗	赤池直樹, 五島太洋, 五味慶一郎, 藤井晴日, 瀬野瑞季, 谷口豪, 中村圭佑, 永田みなみ, 堀健太郎, 吉川剛史
忽那裕樹 武田重昭	平山友子
柳沢伸也	橋本都子, 青柳佑, 嘉村香澄
林　寛治 片山和俊 住吉洋二	林太郎, 豊田聡朗, 早田貴子
岡田智秀	大西慧, 首代佑太, 須藤翔太, 馬上和祥, 平出崇文, 清永修平
野原　卓	吉玉泰和, 内山祐也

添景:「human figure library」©サムコンセプトデザイン

海外渉外協力:牧尾晴喜

凡例

1. 本書で取り上げた事例の縮尺は, 空間や建物規模の比較を容易にするためページ内あるいは見開きページ内で統一するよう努めた. 各図面の縮尺は図面ごとに示している.
2. 事例の名称および諸元は以下の原則に基づき表記した.
   - (1) 施設名称・計画名称:施設名称は必ずしもその正式名称とは限らず, 種別・設置主体などを示す語はできる限り省き, 固有名を示した. また, 都市・地域計画の名称は, 正式名称にこだわらず, 簡素な表現に改めている.
   - (2) 所在地:所在地が市部の場合は市名まで, 郡部の場合は町村名までを原則とした. ただし, 東京都区部については区名まで示した.
   - (3) 建設年:竣工時を原則とした.
   - (4) 海外事例:原則として, 現地語のカタカナ読みとした.
3. 本書を作成するうえで引用または参考とした文献は01, 02, …の記号を付し, 各ページもしくは見開きページごとに文章欄最下段に列記した.
4. 図版および写真のクレジットは, 事例の設計者もしくは執筆者より提供されたものを除き, 当該図版・写真の下方に表記することを原則とした.
5. 用語は原則として1990年に改定された文部省制定「学術用語集 建築学編(増訂版)」および本会編「第2版建築学用語辞典」によった. また建築以外についても各分野の学術用語集によることを原則としたが, 一部慣例に従ったものもある.

目　次　v

- **001　第1章　都市再生の背景**
- **002　都市再生とは**
    - 都市の状況　002
    - 都市再生の手法　003
    - 都市再生とデザイン　004
    - 都市空間の魅力　005
- **006　都市再生の潮流**
    - 1945-2000年　006
    - 2000年以降　007
    - 都市のコンテクスト　008
- **010　災害復興からの都市再生**
    - インフラと公共施設　010
    - 街並みの形成　012
    - 住まい　013
    - コミュニティ拠点　014

- **015　第2章　都市の要素**
- **016　ふるまいの寸法**
    - 人と街路　016
    - 街の勾配　020
    - 密度とにぎわい　022
    - 領域　024
    - 移動　032
    - 境界　036
- **040　ボリュームと配置**
    - 都市の密度　040
    - 建物配置と人の流れ　042
- **046　建築のインターフェイス**
    - 店舗の内と外　046
    - 住宅の内と外　047
    - 道・広場と建築をつなぐ　048
    - 都市空間と建築をつなぐ　050
    - 地形の利用　052
    - 視点場を作る　054
- **056　都市インフラと景観**
    - 流れのイメージと水辺の作法　056
    - 川沿いの空間整備　057
    - 都心における川の整備　058
    - 住宅地における川の整備　059
    - 堀・運河の再整備　060
    - 都市の船着き場　061
    - 湖岸・海岸空間の再生　062
    - 橋梁と橋詰空間　064
    - 橋梁群のデザイン　065
    - ペデストリアンブリッジ　066
    - ペデストリアンデッキ　067
- **068　出来事と一時的空間**
    - 時間と空間のスケール　068
    - 一日の移ろい　069
    - 一年の移ろい　070
    - フェスティバル　072
    - パブリックアート／公共空間の暫定利用　074
    - 都市開発の拠点　076
- **078　都市と照明**
    - 夜間の照明計画　078
    - あかりからのまちづくり　080

- **081　第3章　再生の手法**
- **082　建築の再生**
    - 工場跡地を生かした芸術文化施設
        - =金沢市民芸術村　082
        - =富山市民芸術創造センター　083
    - 街のアーカイブとしての図書館
        - =北区立中央図書館　084
    - 街とつながる中庭をもつ図書館
        - =金沢市立玉川図書館　085
    - レンガ造のイメージを生かした文化拠点
        - =ミュージアムパーク アルファビア　086
    - 地域再生を目指した映画館=鶴岡まちなかキネマ　087
    - サイロの形状を生かした集合住宅
        - =ジェミニ・レジデンス　088
    - 配水棟の外観を生かした演劇練習場
        - =名古屋市演劇練習館　089
    - 路地を生かした長屋改修
        - =惣・惣南長屋／練／ことばたの庭　090
    - 空き家を生かしたイベント空間=島キッチン　091
    - 近現代の建築遺産を転用した庁舎
        - =目黒区総合庁舎　092
    - 生産施設を転用した庁舎=山梨市庁舎　093
    - 廃校を生かしたアートセンター
        - =京都芸術センター　094
        - =3331Arts Chiyoda　095
    - パブリックスペースへ生まれ変わった中庭空間
        - =大英博物館 グレートコート　096
    - 待ち時間をデザインした駅舎の改修
        - =土佐くろしお鉄道 中村駅　097
    - 炭坑を段階的に文化複合拠点へ
        - =ツォルフェライン炭坑業遺産群　098
    - 離島の製錬所をアート拠点へ
        - =犬島精錬所美術館　099
    - 被災した歴史的建造物を修復し駅施設へ
        - =みなと元町駅　100
    - 廃材を生かした小さな図書館
        - =オープンエアー・ライブラリー　101
    - 重要文化財の保存・復原と現代的活用
        - =東京駅丸の内駅舎　102
- **104　地区のリハビリ**
    - 部分建替えによる公共空間の創出
        - =スイス通りのアパートメント, コートヤードビルディング　104
    - 減築による公共空間の創出
        - =バルセロナ・ラバル地区　105
    - 移築による公共空間の創出
        - =越前武生 蔵のある町　106
        - =ばていお大門　107
    - 街区と建築をつなぐパッサージュ
        - =フォンフ・ホーフェ街区　108
    - 街区と建築をつなぐ市場空間
        - =金沢近江町いちば館　109
    - 回遊空間を創出する共同店舗=城崎木屋町小路　110
    - まちなか拠点を創出するシニアハウス
        - =クオレハウス　111
    - 地域資源を生かした回遊空間=下田旧町内　112
    - 空き家・空き地再生のネットワーク
        - =尾道斜面市街地　113

集合住宅の連鎖による住環境改善
=上尾市仲町愛宕地区　114
=若宮地区復興まちづくり　115
密集市街地を改善する集合住宅
=Apartment傳／Apartment鵲　116
=和田村プロジェクト　117
路地と長屋の再生
=大森ロッヂ　118
=寺西家阿倍野長屋／豊崎長屋　119
親水空間の整備と歩行路の創出
=音無川親水公園　120
=越前勝山　大清水広場　121
歴史地区の保存と歩行者ネットワーク
=道後温泉本館周辺広場／有田町大公孫樹広場　122
まちづくり市民事業による町中の復興
=柏崎えんま通り商店街　123
団地とコミュニティの再生
=たまむすびテラス／ゆいま～る多摩平の森　124
=AURA243 多摩平の森／りえんと多摩平　125

126　交通結節点の活用
都市と交通　126
駐車場
=モレッリ駐車場　128
=リンカーン・ロード1111　129
駐輪場
=テンペ交通センター　130
=ラートスタチオン／アムステルダム駐輪場　131
バスによる交通システムの構築=クリティーバ　132
トラムによるまちづくり=富山のトラム　133
駅前広場
=川崎駅東口駅前広場　134
=仙台駅東口駅前広場　135
=熊本駅西口駅前広場　136
=新潟駅南口駅前広場／もてなしドーム（金沢駅東広場）　137
駅舎
=京都駅ビル　138
=大阪ステーションシティ　139
=旭川駅　140
=高知駅　141
駅周辺複合空間
=ズータライン　142
=フェデレーション・スクエア　143
歩行者ネットワーク
=香港ペデストリアンネットワーク　144

146　環境創生のランドスケープ
高速道路の撤去による親水空間の再生
=清渓川復元事業　146
河岸改造=アレゲニー川河岸公園　147
大規模工場跡地の再生
=ウェステルハスファブリーク文化公園　148
飛行場跡地の再生
=モーリス・ローズ空港跡地転用計画　149
屋上緑化都市=なんばパークス　150
公園・広場の再生=ブライアントパーク　152
団地の外部空間の再生=ヌーヴェル赤羽台　153
空中公園に変貌した高架鉄道
=ハイライン　154

緑道と店舗に変貌した高架鉄道
=バスティーユ高架橋　156

157　第4章　手法の重ね合わせ
158　都心再生
既存街区を生かした連鎖型都市再生
=東京・丸の内　158
都市機能を集積した複合的市街地再開発
=六本木ヒルズ　162
巨大施設跡地に周囲と連続するまちをつくる
=東京ミッドタウン　166

170　地域再生
文化施設をつなぐ都市のオープンスペース
=ルートヴィヒ美術館とケルン・フィルハーモニー　170
工場跡地から音楽都市へ
=エックス・エリダリア地区　172
工場跡地から芸術活動拠点へ
=エックス・タバッキ地区　174
町並み修景と広場ネットワーク
=小布施町並み修景事業　176
地域のデザインコードから街並みを再生する
=金山まちなみづくり100年運動　178

182　ウォーターフロント再生
海岸線をつなぐまちづくり
=横浜みなとみらい21　182
囲繞水域を演出する施設計画
=神戸ハーバーランド　184
河川水辺空間再生のネットワーク=水都大阪　186
治水システムの構築と自然環境の保全
=ルームト・フォー・ダ・リヴィーラ　188
河川浄化と親水空間の創出=シンガポール川　189
港の再生と観光拠点の創出=門司港　190
港湾の再開発と都市軸の形成=七尾　192
複合土地利用による港湾と都市の一体化
=シアトル　194
流域を生かした水辺の拠点づくり
=ロンドン・ドッグランズ　196

198　ブラウンフィールド再生
火力発電所を美術館へ=テートモダン美術館　198
ガスタンクを集合住宅へ=ガソメタシティ　200
重工業・港湾施設を芸術文化拠点へ=ビルバオ　202
タイヤ工場を文化複合施設へ
=ミラノ・ピコッカ地区　204

206　創造都市
文化プログラムによる空間資産の活用
=リンツ09　206
文化的アイコンと体験のデザインで再生する
=ニューカッスルゲイツヘッド　210
工業地帯を変革させた面的コンバージョン
=バルセロナ・22@BCNプロジェクト　214
街区再生とコンバージョンによる複合的都市の創出
=上海市創意産業園区　216
文化芸術創造都市=クリエイティブシティ・ヨコハマ　220

事項索引　225
事例索引　229

Chapter 1	第1章
Background of Urban Regeneration	**都市再生の背景**
Introduction	都市再生とは
Theory and History of Urban Regeneration	都市再生の潮流
Disaster Recovery and Revitalization	災害復興からの都市再生

今日の都市は，自動車から歩行者中心への転換，コンパクトシティへの取り組み，インナーシティ問題，ブラウンフィールドの再生，地震をはじめとする災害への対応，自然環境の保全といった様々な課題を抱えている．ここではこれら「都市再生」に関わる基本事項を俯瞰するとともに，戦後から今日に至る都市デザインの流れを辿り，これからの都市を考える上で必須の課題である甚大な災害に対してこれまでにどのような復興施策がとられてきたかを概観する．

都市再生とは：都市の状況　Introduction: Condition of City

都市の再評価

1996年，国連HABITATの報告書『Urbanizing World』は「都市は様々な問題が集積しているが，それらに応答できるのは，逆説的ではあるが，ただ都市自身のみである」と述べた．その背景には，2010年を境に都市人口が世界人口の半分を超え，未曾有のアーバニゼーションの時代が到来するという認識があり，予想される様々な問題―環境，経済，社会的不平等―に対して，都市の可能性を再評価することで応えていこうとする視点があった．先進国，発展途上国，開発が進んだアジアの新興国など，世界中のすべての地域で都市への注目が集まり，新たな都市空間を生み出そうとする実験的な試みが相次いだ．

「都市再生(Urban Regeneration)」という言葉は1980年代後半よりイギリスにおいて使用されるようになり，1990年代に都市再開発一般を示す言葉として欧米の先進国を中心に普及し，やがて世界中に広がった．1970～80年代の都市再開発において多用された「都市更新(Urban Renewal)」が空間的・物理的な都市改造に重きを置いていたのに対し，「都市再生」は，環境・社会・経済の問題に同時に応えようとする多様な手法と，それを連動させる統合的な視点に支えられている．1996年にEUの都市環境専門家グループが著した「欧州サスティナブル都市報告書」において，都市再生は「市場の力が及ばなくなった都市の経済的・社会的・物理的衰退のプロセスを逆転させること」と定義され，実現のために統合的なアプローチとサスティナブルなプロセスが必須だとされた．以下，都市再生の前提として捉えられてきた課題群を俯瞰する．

社会面からみた都市再生

都市内に存在していた商工業機能の衰退・郊外移転や，低所得者層の特定地区への集中などにより居住区の機能低下や治安の悪化が進行するインナーシティ問題は，20世紀最大の都市問題と言われてきた．社会格差に民族問題が加わり暴動や犯罪が多発した欧米の諸都市，急速な都市化によってインフラ未整備地区にスラムが広がった南米の諸都市など，衰退地区を抱える都市においては，都市空間の物理的更新だけではなく，治安の向上，雇用の創出，社会参加の促進など，社会問題への対応も必要となる．また，少子高齢化，大都市への人口集中といった問題が存在する日本においても，都市再生による社会問題への対応が重要なものとなっている．

経済面からみた都市再生

1990年代にヨーロッパで都市再生が進んだ一つの理由に，EC平均で9.2%(1992年)という高い失業率があった．特にスペインやアイルランドにおける失業率はそれぞれ17.7%，16.1%とEC平均をはるかに上回り，地域間格差がEU統合の大きな障壁となっていた．ECおよびEUは構造基金によって所得の低い国々の経済改革を行い，UPP(1989～)，URBAN(1994～)などの都市再生の源流となる多くのプロジェクトが行われた．

雇用対策の一方で，ビルバオやニューカッスルゲイツヘッド，ヨーテボリなどEU圏の都市の多くでは重工業からバイオ産業，情報産業，文化産業などへの転換が図られ，C.ランドリー，R.フロリダによる「創造都市」論がこれらの新しい都市産業の興隆を後押しした．

環境面からみた都市再生

1992年の地球環境サミットに象徴されるように，1990年代以降，環境対策は世界共通の課題となった．マクロスケールでは都市域の拡大の抑制による農耕地・緑地の保全，ミクロスケールではリノベーション/コンバージョンなど建築の利活用，再生可能エネルギーやパッシブエネルギーの導入による二酸化炭素排出量の低減など，新たな計画手法が各地で採用されるようになった．また，ドイツ・エムシャー川や三島市源兵衛川のように，工業化によって悪化した自然環境を取り戻し，都市居住の新たな魅力をつくり出した事例も多く生まれている．LRTなどの公共交通，自転車・歩行者優先の交通政策が脚光を浴びたのも，環境意識の向上に帰するところが多い．

都市間における競争と協力

都市は一つひとつが異なる一方で，相互交通の手段も持っており，それにより広域な都市ネットワークが形成されている．1961年，J.ゴッドマンは帯状に連なった都市群を「メガロポリス」と名付け，アメリカ東海岸のボストン-ニューヨーク-ワシントン間のボスウォッシュを例に，都市の集積効果を説明した．東京-名古屋-大阪が相互に連関する東海道メガロポリスや，イギリス-ドイツ-北イタリアに跨るブルーバナナなども同様の都市連関とされ，経済・工業・学術などの集中を見ることができる．C.A.ドクシアデスはさらに広域の地球規模の都市ネットワークを「エキュメノポリス」として考察したが，さらに高度化した交通・通信網を持つ私たちの都市は，世界各地の様々な都市から経済的・文化的な影響を受けつつ発展していると考えられる．

都市再生は，このような都市ネットワークにおいて，都市それぞれが他より高い魅力と生産力を得ようとする競争であるとも考えられる．この競争は規模の違う都市間にも存在し，中小都市であっても強い個性によって文化的・経済的競争力を持ち得ることは，本書に収録した多くの事例をみても明らかである．また，競争と同時に都市間協力も存在し，一つの都市の試みが他の都市に参照されることで，都市再生手法はより高度に，そして多様なものとなってきた．専門家組織，自治体連携，様々な出版による情報共有が，都市再生の大きな鍵である．

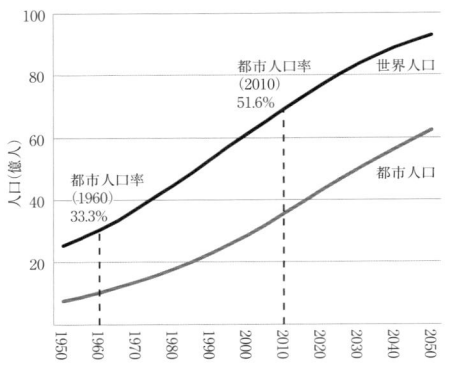

世界の都市人口の増加（出典：国連人口統計局，2011）

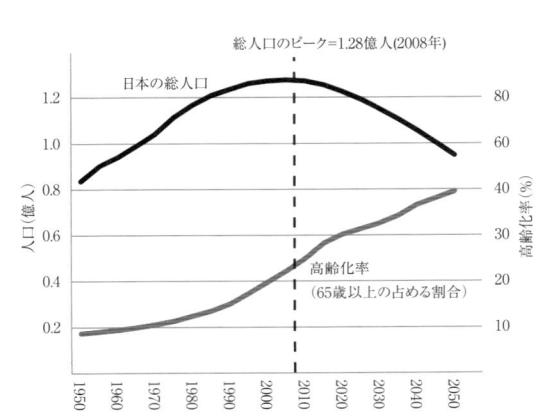

日本の人口推移と高齢化率（出典：内閣府高齢社会白書，2011）

世界の都市人口の分布（作成：Team PopulouSCAPE）

Introduction: Method of Urban Regeneration　都市再生とは：都市再生の手法

都市空間の再編

都市空間は様々な場所から構成されており、それぞれの場所の盛衰や改変は、圧力分布が絶えず変化する天気図のように、都市内の勢力図を書き換える。人の流れを大きく変える建築や公共空間、見捨てられていたエリアに新しい機能を与える再開発など、都市再生に効果を与えるプロジェクトとは、既存の空間に新たな勢力分布図を見出し、場所場所に新たな意味と関係性を与えていく試みであり、それはすぐれて編集的な行為であると言える。

こうした都市構造の再編は、同時に、全的に行われることは稀であり、特に権利関係の複雑な都心においては、部分的かつ段階的に行われるのが常となる。その場合、一つの計画の効果を周囲の文脈のなかで測り取り、その効果を次に引き継ぐというように、応答的、文脈形成的な設計手法こそが、空間的な相乗効果を生むための鍵となる。つまり、都市再生プロジェクトには周囲に対する空間的影響力と、プロセスを連携させるための時間的影響力の双方が必要であり、それらを見極めることのできる俯瞰的な視野が計画者には求められる。

「点」と「線」による都市再生

都市再生を空間的に捉えると、個々の建築やランドマークによる「点」的な介入、それらを繋ぐ歩行者専用道やLRT敷設といった「線」的介入、ブラウンフィールド（低未利用地）など再開発用地を対象とした「面」的な介入といった手法があることがわかる。例えばブラジル・クリティーバ元市長の建築家ジャイメ・レルネルは、都市再生による介入を局所に絞り、その点から周囲に効果を波及させる「Urban Acupuncture＝都市の鍼灸術」を提唱した。レルネルの視点は国際的な反響を呼んだが、そこには広大な遊休地の少なくなった都市域において、「面」的な都市更新を行うことが難しくなってきたという側面もある。小規模の部分的な介入が、都市全体を揺り動かす原動力として認識されたのが近年の都市再生の一つの特徴である。

一方、イギリス・バーミンガムでは、複数の「点」をネットワーク状に連携させる都市再生を行った。1990年の中心市街デザイン戦略によって「活動のノード＝Activity Nodes」と「歩行者道のリンク＝Pedestrian Links」を定め、その方針に従って「点」と「線」によるネットワーク整備を順次行っている。20年にわたる施策の結果、都市内環状道路によって寸断されていた中心市街地に回遊性が生まれ、郊外化によって失われた都心居住が見直され、中心市街は活気を取り戻した。バーミンガムの特徴の一つは、「点」にあたるプロジェクトが200〜300mほど離れていることにあり、この距離は人が休まず一息に歩こうと思う距離に近い。これは「点」的な介入を効果的にする手法であると言える。また、整備対象を「面」ではなく範囲や面積を持たない「点」と定義したことにより、事業内容・事業範囲の変更に対応可能なフレキシビリティある計画となっている。

「面」による都市再生

都市再生の対象敷地が一定の広さを持つ「面」である場合、自由度のある建物配置と動線計画を行うことができる。買い回り行動を伴う商業施設では回遊性を、住宅地においてはプライバシーを確保するなど、用途に合わせた計画が求められる。敷地が広大であり、複数の事業者が長期間にわたって開発を行う場合は、事業の適切な分割と調整方法をマスタープランによって定め、その運用に柔軟性を与えておくことが重要となる。

「面」的な手法において重要なのは、敷地内の配置の論理と、周囲の都市空間を連続させ都市再生の影響を広範なものにすることである。例えば、ハンブルクではコンテナ船の大型化によって港湾地区が水深の深い遠手沿岸に移転したため、128haに及ぶブラウンフィールドが中心市街地の一角に発生した。その再生計画であるハーフェンシティのプロジェクトでは、マスタープランの目標は既存街路のパターンの延長による都市域の再統合と定められている。また、オフィスと住宅の建設によって中心市街地に不足していた機能を補いつつ、ウォーターフロントで各種イベントを行い、また音楽ホールの建設によって都市ツーリズムを促進するなど、「面」と周囲に相乗効果が生まれるような建物用途、空間利用が練られている。このように、再生の効果を「面」内に留めず、都市全体に及ぶように計画を行うことが重要である。

公共空間と都市再生

「点」「線」「面」のいずれの場合であっても、都市に交通をもたらし、建築の配置を定めているのは街路や広場などの公共空間である。ほかにも、景観形成と、それを見る視点場の設定、建築内に人々を誘導するインターフェイスの形成など、公共空間は都市空間を大きく決定づける役割を担っている。ハーフェンシティのマスタープランにおいても、建築計画の前提として、ウォーターフロント越しや街路からの景観を誘導する公共空間の計画がなされている。都市空間を再編するための手法としては、公共空間をいかに活用し効果を連鎖させるかが重要な視点となる。

それに加え、都市の社会・経済・環境を大きく変化させることになる都市再生において、公共空間の操作は、社会が持っている価値や理想を市民に明示的に示す機会となる。本書の多くの事例において、公共空間が主題となっているのは、誰もが都市に在ることの喜びを享受でき、他人と共存しつつ、変化を志向できることが、公共空間の在り様によって直接的に表現されているためである。

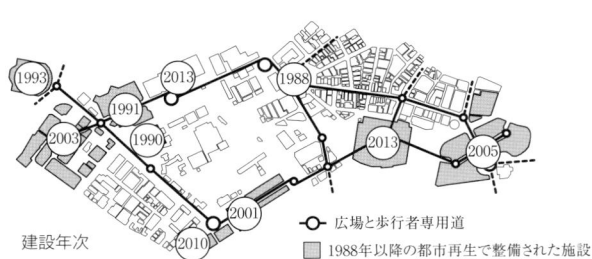

バーミンガムの都市再生施策

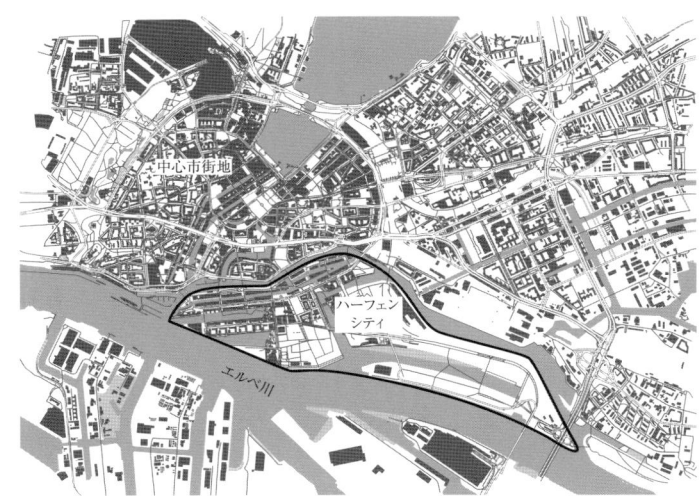

再開発用地ハーフェンシティとハンブルク中心市街地の位置関係

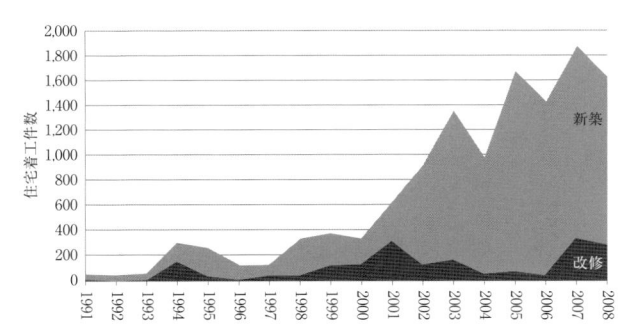

バーミンガム中心市街地の住宅着工件数

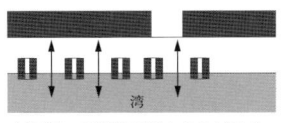

水辺沿いの建築の間からのビスタ

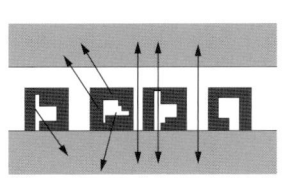

突堤部のビスタ

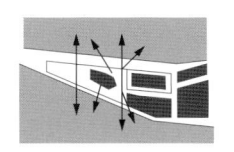

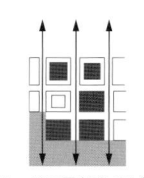

中庭型の建築からのビスタ

グリッド配置部分のビスタ

ハーフェンシティにおける建築と公共空間のダイアグラム

都市再生とは：都市再生とデザイン　Introduction: Urban Regeneration and Design

Chapter 1　都市再生の背景
・都市再生とは
・都市再生の潮流
・災害復興からの都市再生

都市の総合性

都市は、建築、街路、公共空間、河川、港湾、橋梁、交通など、様々な要素によって形成される総合芸術である。それぞれの要素は独立して在るのではなく、建築が街路に開いたり、広場が水辺と連続したり、交通がそれらに回遊をもたらしたりと、相互に連携する中で成立している。都市をオーケストラに例えると、演奏者間で互いに旋律を聴き合わなければ良い音楽が生まれないのと同様に、都市を形成する要素間の意図の読み取りや、相乗効果のための協調がなければ豊かな都市空間は実現しない。また、技術や表現は要素ごとに発展するため、その動向と変遷に関心を持ち、都市空間に与える可能性を的確に捉える理解力と想像力を備えることが都市再生を総合的かつ具体的に考える上で重要である。

建築のデザイン

建築は都市の歴史を表象すると同時に、現代生活の在り方を新しい空間によって提示する役割も担っている。歴史性と現代性の表現はしばしば相反するが、都市再生の一つの考え方は、過去と現代の共存をはかり、都市の持つ文化の多層性を表現することにある。建築の改修や転用が重要である理由は、この多層性を効果的に表現できるからである。歴史の理解のもとに創造性が発揮され、既存の空間が鮮やかに読み替えられるほど、都市は新しい文脈を築くことができる。

多様な価値の共存という主題は、様々な用途を持ち、様々な市民と来街者を迎える都市像の形成にも繋がっている。かつてジェイン・ジェイコブスは『アメリカ大都市の死と生』で高密度・用途混合の都市空間の重要性を述べて近代都市計画を批判したが、コンパクトで多様性を持つ中心市街地への回帰は今や都市再生の思潮の主流となっている。高密度な建物配置と多様なアクティビティの両立という課題に対し、建築においても人の流れや公共空間との境界領域の操作に多くの配慮が求められるようになった。

公共空間のデザイン

自動車交通を優先し都市の空洞化を招いた近代都市計画への揺り戻しとして、多くの都市で歩行者優先の政策が取られ、数多くの歩行者専用道、広場がつくられた。自動車道によって断片化してしまった都市空間の再編の理由の一つとして、「社会の多様性を公共空間で経験することによって、その複雑さと豊かさを知り、他者を敬い、都市のアイデンティティを尊重する」[01]という社会的な理由も挙げられる。都市の空間的魅力づくりには空間デザインを通して、いかに人々の集まり方をデザインするかという視点が大切であり、「にぎわい」という表現のなかに、社交や共愉性（コンビビアリティ）を捉えることが都市再生の成功の鍵を握る。

交通のデザイン

歩行者優先政策と同時に、公共交通の復権も数々の都市で行われた。歩行者専用道の整備によって中心市街地への自動車の乗り入れを制限する代わりに、トラム（LRT）、バス、レンタサイクルなどの移動システムの開発が行われている。これらは市民・来街者に対する利便性を向上させるだけではなく、新しい視点と移動体験を与えるものであり、再生のシンボルとなる場合も多い。コロンビアのメデジンのスラムにおいて、ケーブルカーの整備が貧困層の中心市街への通勤を促進したように、アクセシビリティの向上は社会参加の機会を増やす。現代の公共交通のデザインには、市民の利便性向上はもとより高齢者等の社会参加の機会の提供といった社会的役割も求められている。

アートと情報デザイン

都市再生は社会の再生であるとの認識から、都市を舞台とした参加性の高いアートプログラムが数多く生み出された。アートの風景を変える力、新しい価値観を直感的に伝える力は都市のビジョンの共有に大きな効果をもたらし、それに携わる人材の育成も不可欠となった。方法論的には、ワークショップや作品の体感を通した市民参加であったり、地域を特徴づける技術や特産品の活用などが挙げられる。また、空間的には再生プロジェクトと連動した再開発地区におけるイベント開催や、都市プロモーション効果の高いスペクタクル的な演出などが重視される傾向にある。

アートによる社会包摂と並行して、キャンペーン、行政パンフレット、サインやグッズ、ロゴデザインなど、都市に関する情報を分かりやすく、かつ一定のアイデンティティを伴って提供する情報デザインも見られるようになった。アートや情報デザインを通して都市への関心と自負を高めることは、人材確保やツーリズムの振興にも好影響をもたらすため、都市再生施策には欠かせないアプローチとなっている。

富山市の都市再生デザイン

富山市では、ポートラム、セントラムのLRTによる交通再編を中心としたコンパクトなまちづくりを目指して、様々な都市再生施策が行われてきた。施策の幅は広く、まちなか居住の促進から公共空間による魅力創出まで、プロジェクトが相互連関するように計画されている。市によるデザインコントロールにより、個々の取り組みはそれぞれ質が高くバランス良く保たれているため、市内のいくつかの場所では総合的な都市空間デザインが実現している。

01：Nick Corbett, Revival in the Square: Transforming Cities, RIBA, 2004.

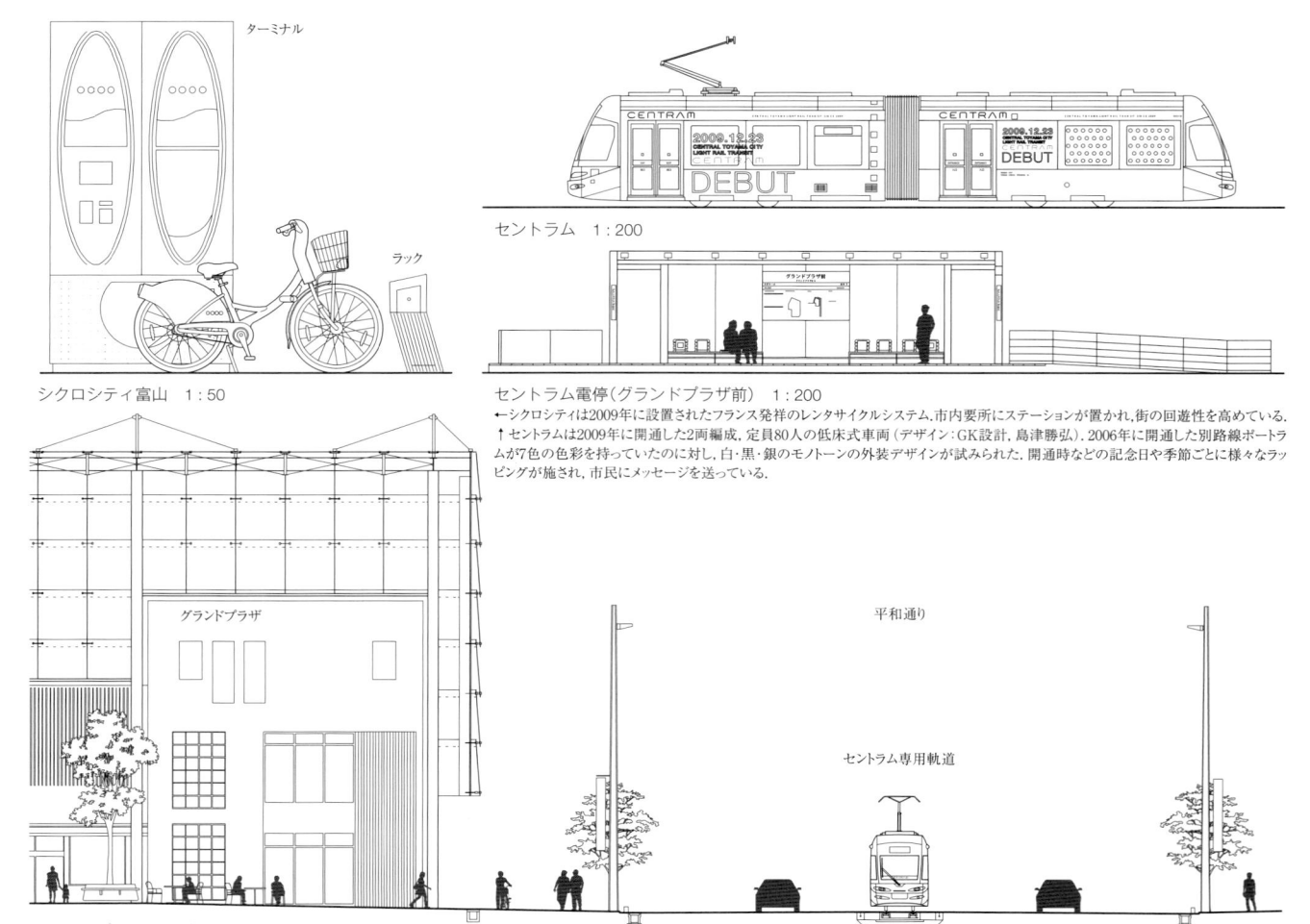

ターミナル　ラック
シクロシティ富山　1：50

セントラム　1：200
セントラム電停（グランドプラザ前）　1：200

←シクロシティは2009年に設置されたフランス発祥のレンタサイクルシステム。市内要所にステーションが置かれ、街の回遊性を高めている。
↑セントラムは2009年に開通した2両編成、定員80人の低床式車両（デザイン：GK設計、島津勝弘）。2006年に開通した別路線ポートラムが7色の色彩を持っていたのに対し、白・黒・銀のモノトーンの外装デザインが試みられた。開通時などの記念日や季節ごとに様々なラッピングが施され、市民にメッセージを送っている。

グランドプラザ　平和通り　セントラム専用軌道

グランドプラザおよび平和通り　1：300
2007年に都市広場グランドプラザの開設と同時に、隣接する平和大通りの景観整備が行われ、路面舗装やストリートファニチャーの設置が行われた（設計：日本設計）。セントラムの電停とシクロシティのステーションも設けられ、グランドプラザに隣接して計画された駐車場からのパークアンドライドも実現している。

Introduction: Charm of Urban Space **都市再生とは：都市空間の魅力** 005

都市の喜び

都市の体験は，私的に行われる．都市は社会の僅かな断面にすぎないが，街を歩きながら，道端で休みながら，私たちは都市をつくり上げてきた数多の創意に触れることができる．

都市を職能として築いていこうとする者は，都市空間が感情と結びつく理由を自身の経験に照らし合わせて分析し，確かな方法論をもって実践に向かう必要がある．都市が万巻の書に匹敵する創作物である以上，その享受は豊かでありたい．

都市の喜びとは，何よりもこうした創意の只中に生き，その一部になることができるということである．具体的であるという点で，これは書物とは違う喜びであるし，自らに創意があれば，所与の空間を変える楽しみもできる．そのように開かれていることが都市の第一の魅力であり，それを前提に，私たちは都市をわが身の一部のように思い，そこに生きる選択をしている喜びを感じるのである．

都市と変化

実際に都市を歩けば，そこには様々な風景があり，様々な出会いがある．それに加え，街のニュース，初めて見る発明品，新しくできた店舗など，今までは知らなかった事柄の発見がある．慣れ親しんだ都市でも，初めて訪れる都市でも，何かしら認識を更新したくなる発見があるのが街歩きの醍醐味で，回遊性の中に，その機会が上手く散りばめられている都市ほど，魅力は高い．

言い換えれば，都市の魅力は変化である．新しさだけではなく，季節の移り変わりや，一日の情景の推移や，遠く聞こえる電車の音など，意識を変える要素であればどんな変化も魅力たり得る．こうした変化は現在進行形で現れるため，変化のスケールが大きければ都市全体でそれを共有することもできるし，変化が未来に向けてのものであれば性別・年齢を超えて共通の楽しみとして期待することができる．

都市再生とは，主に空間的な操作を通して，都市が必要とする変化を常に生起させる試みである．重要なのは，その変化が可視的で，共有可能であることであり，具体的なプロジェクトには良いロケーションと高い表現力，そして次代にも変化が継続されるような喚起力が必要となる．

文化としての都市再生

我が国では都市を総合的なものとしてデザインし，それを文化として社会で共有していく仕組みはいまだ根付いていない．現状は，実践者それぞれの職能の延長線上に豊かな都市空間を想像し，解釈と成果を分野ごとの媒体のなかで表現する段階に留まっている．本書で新たに描き出した数多くの図版は，断片化しがちな個々の実践を重ね合わせ，その合流点がどのように豊かな成果となっているかを示すものである．今後の分野連携のためにも，このような都市の図面は描き続かれていくべきであろう．

社会の変動期の只中で，私たちの都市には数え切れないほどの課題が残され，再生が待たれている．それは都市活動を支える組織やコミュニティに関するものだけではなく，物理的な改善箇所，つまり空間のあり方についても多く存在している．物理的な空間デザインの手法に関しては，海外と比較するまでもなく，我が国の経験の蓄積は少ない．そもそも都市空間の変革に関して，どの職能が，どのような協力態勢をもって実行するのかといった方法論でさえ社会的には確立されていない．

都市の空間全域を文化として捉え，その再生は，そこに生きる同時代の人々との共同作業であるとともに，都市をつくり上げた過去の人々，いずれ空間を受け継ぐ未来の人々との共同作業でもあるという社会的認識が求められる．質の高い空間を創り出すことは，時間を超えた共同作業を豊かさや喜びに昇華するものなのである．

シドニー・オペラハウス ローワーコンコース
- 建設：1988年
- 設計：NSW Public Works

Jørn Utzon設計のシドニー・オペラハウスは，1973年の完成後も絶え間なく改修工事が続けられてきた．そのなかでも，都市空間としてのオペラハウスを決定づけたのが，1988年，2001年のローワーコンコースの整備である．このコンコースは，オペラハウスへの400mほどのアプローチを，雨に濡れず，また隣接して作られた地下駐車場から直接通れるように計画された．Utzonが1966年にプロジェクトから去ったため，設計はその後結成されたチームによって行われている．海に突き出た形状は，かつて埠頭であった頃の名残で，その形状を活かして上部階とを繋ぐスキップフロアが設けられた．海にせり出す防波壁にはUtzonがオペラハウスの基壇部で選択したPCパネルが引き続き採用され，パネルの傾斜を用いて，誰もが休息できるベンチがデザインされた．

ローワーコンコースで特筆されるべきは，20世紀を代表する偉大な建築の附帯工事でありながら，その可能性を都市的なスケールで再解釈し，都市の喜びを享受できる空間を新たに創造した設計者の気概である．2001年の再整備ではコンコース内のバーで観劇の余韻に浸りながら，オペラハウスと対岸のハーバーブリッジを望むという格別の体験も提供されている．なお，Utzonは2000年に再び設計者として迎えられ，オペラハウス西側のコロネードの設計などを担当した．

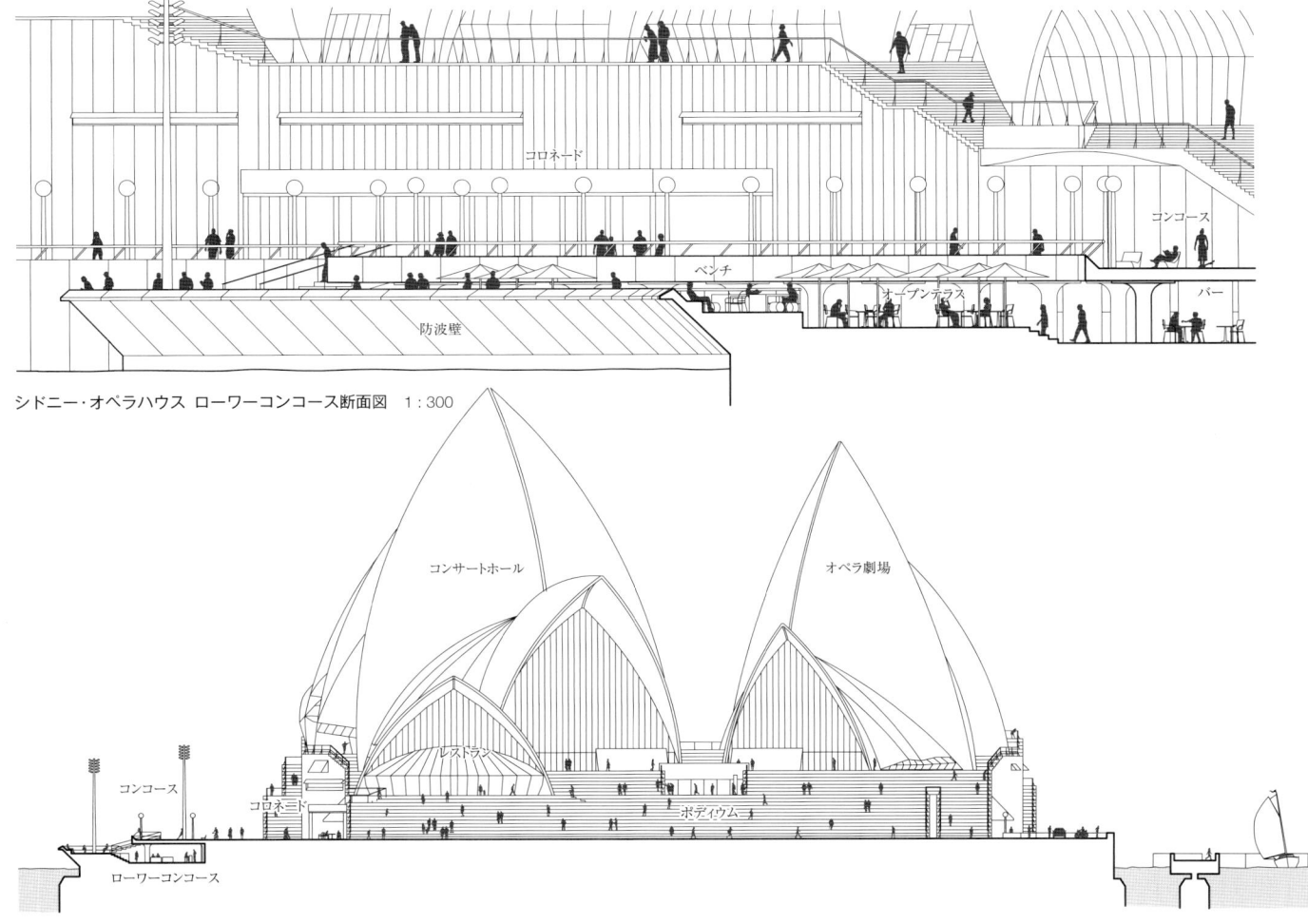

シドニー・オペラハウス ローワーコンコース断面図 1:300

シドニー・オペラハウス立面図およびローワーコンコース断面図 1:1000

都市再生の潮流：1945-2000年　Theory and History of Urban Regeneration: Year 1945-2000

Chapter 1
都市再生の背景
都市再生とは
都市再生の潮流
災害復興からの都市再生

戦後復興と都市再建（1945-60年）

第二次世界大戦で壊滅的な被害を受けた都市の再建，新しい都市の建設が進められた時代で，戦争で疲弊した都市，国家の再建が目標とされ，人間性とコミュニティの回復が謳われた．各国で大都市への人口流入が加速し，極度な住宅不足に陥ったため，住宅の量的供給が最優先された面があり，マスハウジング（住宅大量供給）の時代と呼ばれる．その方法は，アテネ憲章で謳われた機能主義に基づく空間構成が中心であったが，イギリスでは住宅建設の合理化や実験都市といった"New English Humanism"「新人間主義」，また"New Empiricism"「新経験主義」と呼ばれるスウェーデン戦時期の経験等をベースにした伝統的な土着性や地域性を尊重した住宅地計画が行われ，ポイント型の高層住棟の開発などが進められた．ロンドンではLCC（ロンドン政庁）による団地住宅供給が進められた．

一方，ミュンヘンやケルン，フライブルクなどのドイツの主要都市では，空襲により壊滅的被害を受けた旧市街の再生が大きな課題となったが，そこでは歴史的建造物の復元と再建を優先した計画が立てられ，広場や伝統的景観など，都市のアイデンティティの再生が第一のミッションとなった．この時期，日本では100を超える戦災都市の復興計画が一斉に進められた．

アメリカでは，ニューヨークをはじめとして，スラム・クリアランスを目的としたソーシャルハウジング（公共住宅）の大量供給が進められた．その中心的な考え方として，タワー・イン・ザ・パーク（空地の中にタワー型住宅を建てる方式）が確立されたが，犯罪の増加やコミュニティの衰退，周辺地域からの孤立など，多くの問題を抱えることとなった．

都市更新と活性化（1960-80年）

都市における過度なモータリゼーションと郊外化がダウンタウン/インナーシティの衰退を招き，都心の活力向上による再生が求められた．しかしながら，1950年代から進められた都市更新（Urban Renewal）の実態は，都市除去（Urban Removal）や問題地区のクリアランスであったため，現状に対して適切な選択肢や複数の代替案を示し，市民の利益を擁護する「アドボカシー・プランニング」の考え方が生まれた．また，モールやペデストリアン，ポケットパークなど，歩行者空間のネットワークを中心とした都心生活空間の再構成が行われ，低層高密住宅が再評価された．

都市デザインの文脈

「都市デザインとは，都市の成長・保存・変化に応じて，物的環境のデザイン上の方向づけを行うプロセスに対して広く認められた名称である．都市デザインはまた，保存建築物や新しく建設される建物と同様にランドスケープを，更に，都市のみならず田園地域をも含むものと理解されている．」[01]

このような包括的概念を漠然とした語句「都市計画」よりも的確に表現しうる語句を見出そうとしたのがこの時代であり，環境保全，コミュニティ参加，歴史的建造物の保存などが都市デザインのルーツとなっている．

歴史地区の再生

1960年代に入り，イタリアでは，歴史都市において，それまで行われていたモニュメントの保存ではなく，歴史的遺産を再活用しながら生活環境を整える社会計画的な保存が問われるようになった．また，ボローニャの地区評議会を代表例として，いち早くコミュニティ参加による歴史地区の再生が進められた．

1964年には，ヴェネチア憲章（記念建造物および遺跡の保全と修復のための国際憲章）が採択され，翌年イコモス（国際記念物遺跡会議）が設立された．

都市改善と持続可能性（1980-2000年）

先進国の高度経済成長が収束した1980年代から，地球温暖化・気候変動に対する環境政策と持続可能な開発が都市・地域の再生の大きな課題となった．一方，社会的側面からの持続可能性が問われ，地域社会や近隣コミュニティの再生が都市再生のひとつの柱として掲げられた．

「サスティナブルな発展」の概念と都市のサスティナビリティ（持続可能性）

1987年，国連「環境と開発に関する世界委員会」が提示した最終報告書，通称「ブルントラント報告」では，持続可能な開発（Sustainable Development）が理念の中心に据えられ，サスティナブルな発展を「将来の世代が自らの欲求を充足する能力を損なうことなく，今日の世代の欲求を満たすこと」と定義している．また，主要な政策目標として，成長の回復と質の改善，人間の基本的ニーズの充足，人口の抑制，資源基盤の保全，技術の方向転換とリスクの管理，政策決定における環境と経済の統合が掲げられた．

1992年リオデジャネイロで開催された国連環境開発会議（地球サミット）で採択された「アジェンダ21」では，21世紀に向けて持続可能な開発を実現するために地球規模で実行すべき行動計画として「サスティナブルな発展」が合意された．

EUの環境政策のもとで1993年に開始された「サスティナブル都市プロジェクト」が1996年にまとめた「サスティナブル都市報告書」では，サスティナブルな発展の概念について，「経済，社会そして文化的な次元を持ち合わせ，現在における様々な人間相互の公平性や世代相互の公平性を含む概念」とし，自然環境の保全を大きく超えた概念が提示された[02]．これらのうち，社会的持続には，若者や失業者の社会的包摂，社会的排除の克服など，2000年以降多くの都

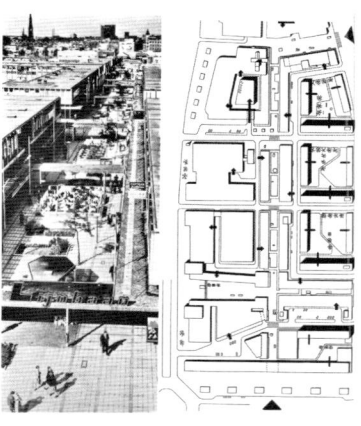

ロッテルダム・ラインバーン（1953）
ラインバーンは，J.バケマとV.ブロークによって設計された，第二次大戦で破壊されたロッテルダム中心街の戦災復興を代表するプロジェクトである．南北方向のメインストリート沿いに低層の商店建築が並行して配置された，1階のひさしと通りを横切って渡された屋根により一体化されている．歩行者天国の商店通りと広場，後背部分の住宅棟によって構成されている．

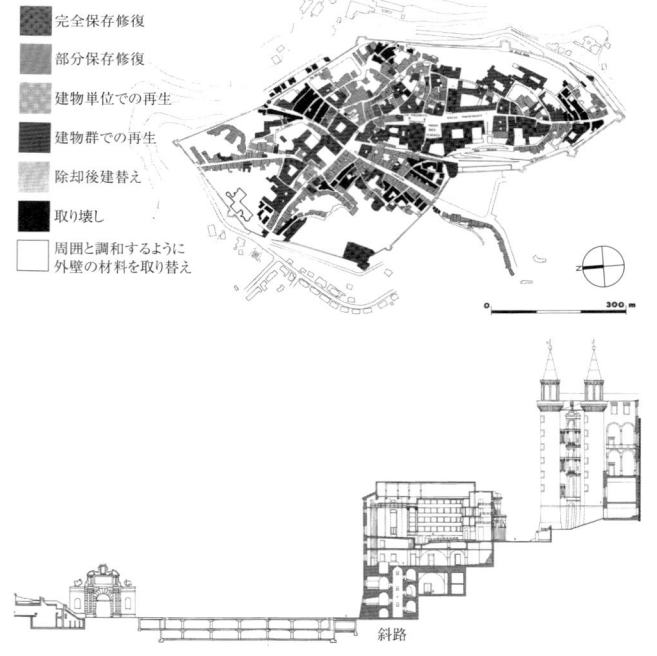

完全保存修復
部分保存修復
建物単位での再生
建物群での再生
除却後建替え
取り壊し
周囲と調和するように外壁の材料を取り替え

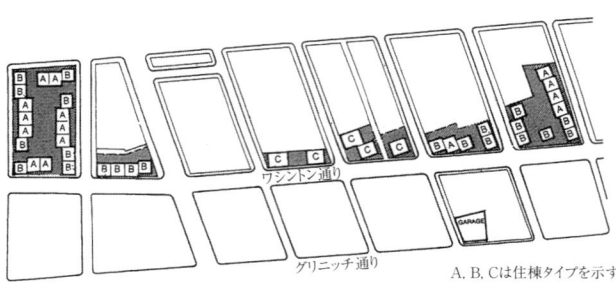

ウェストヴィレッジ・ハウス（1961-1975）
ニューヨークマンハッタン，グリニッジヴィレッジの西，ワシントン通り沿いの14街区にまたがるインフィル（充填）型住宅プロジェクト．

当初市が提案したタワー型住棟に対抗して，ジェーン・ジェイコブスが地域住民とともに提案した，小規模インフィル方式の低層コーポラティブ住宅が採用され，既存の都市文脈（コンテクスト）の保存を試み，近隣地域のスケールや用途の多様性に対する配慮がなされた．

A, B, Cは住棟タイプを示す

ウルビーノ都市基本計画（1964）
歴史的遺産を現代の都市に再利用しながら都市全体を再開発するという先駆的な計画が，建築家ジャンカルロ・デ・カルロによるウルビーノ都市基本計画である．

本計画では，総合的な調査をもとに，ルネサンス期に繁栄した丘陵都市ウルビーノを歴史地区，隣接地区，周辺部の3つの区域に分類し，それぞれの区域について保存・再活用計画と新築・開発計画を一体のものとして扱い，歴史地区の開放から連続的な都市の拡大を意図した社会経済的発展を視野に入れたマスタープランとなっていた．

歴史地区の保存・再利用計画においては，大学を分散配置し，歴史的建造物を修復・改造しながら活用した．歴史地区に隣接する広場とその周辺には駐車場とバスターミナルが計画され，歴史地区への車の乗り入れを抑え，劇場の建物内で保存された斜路などを通って中心部まで歩いて行く計画となっていた．

市・地域が抱えている課題も含まれている．

都市・地域再生プログラム
イギリスでは1990年代初め,「シティ・チャレンジ」という総合的な都市再生プログラムの制度がつくられ,労働や雇用,教育など,社会的側面からの地域再生を重視した,自治体,企業,ボランタリー(非営利)セクターのパートナーシップによる再生が進められた．その後「イングリッシュ・パートナーシップ(都市再生庁)」と呼ばれる再生組織が各都市につくられ,再生予算の統合が行われた．

アメリカでは,1980年代半ばから,都心部に開発ゾーンを指定し,規制緩和や税の減免を行い,併せて地権者への負担金を元にエリアマネジメントを行うBID(Business Improvement District)組織がつくられた．

ドイツでは,1980年代に「IBA(国際建築展)ベルリン」プロジェクトが実施され,クロイツベルクをモデル地区として都市更新の課題に取り組んだ．その後1988年から99年まで実施されたIBAエムシャーパークでは,プロジェクトベースで広域の構造転換を図る試みが行われ,7つの帯状緑地を介した広域緑地システム,すなわちエムシャー・ランドスケープパークがプロジェクトの柱となり,産業遺産の活用や水系の再生,田園都市型住宅地の再生などが併せて進められた．

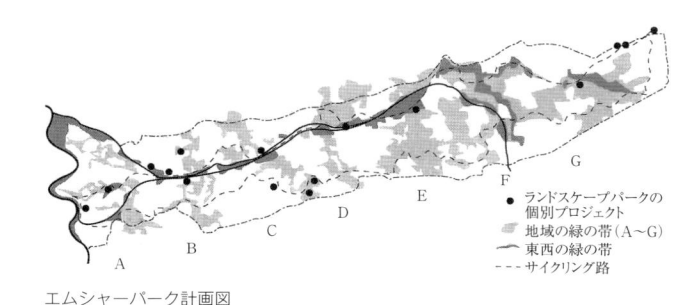

エムシャーパーク計画図

ロバータ・グラッツ「THE LIVING CITY」(1989)

1980年代のアメリカ,ダウンタウン再生への苦闘をジャーナリストの視点で描き出した著作．都市の養育(アーバン・ハズバンドリー)という考え方を提示するとともに,「多くの参加者が少しずつ力を出し,小さな変化から大きな違いを作っていくとき,都市はもっとも確実に応える」とし,ゆるやかな再生の事例を報告した．

この本では,1970年代に起こった,地域に根ざした開発運動,歴史保存運動,環境保護運動が,都市意識に大きな影響を与えたとし,都市の内からの理解,すなわち具体的な人間のニーズや,実際どう動くかという視点からの理解による,微視的な都市像の重要性が述べられている．

ある都市の経済,社会変動に対してもつ耐久力を決めるのは,街路の活気,ヒューマン・スケール,建築の種類の豊富さ,文化や商売の多様性,新旧の混在などが条件であるとし,小規模で丁寧につくられた,古い時代の建物が持つ弾力性や,計画プロセスの出発点は複数であることなど,いくつかの重要な示唆を含んでいる．また,都市の養育の原則として,小企業の育成,新しい企業の支援,製造業・軽工業が持つ役割などが記されている．

この都市の養育の考え方が実現した例として,サヴァナ・ビクトリア地区,ニューヨーク・サウスブロンクスのケリー通り,ピッツバーグ,シンシナティ・マウント・オーバーン地区等が挙げられている．

創造都市とプロモーション(2000年-)
地域の再生は,量的拡大を目指す成長戦略から,構造転換や質の向上による,成長なき変革が求められる時代になっている．

近年では,空間概念の拡張とともに,都市・地域(シティ・リージョン)が一体となった広域空間の再生が求められるようになった．都市・地域を一体とした圏域の再生においては,重厚長大型製造業や建設業,化石燃料・原子力等エネルギー産業への依存から脱却し,医療・健康,介護・高齢者支援,環境技術,観光など,新たな成長分野に集中的に投資することで,経済,社会の両面から構造転換を図ろうとする動きが出てきている．また,文化・創造,食,再生可能エネルギーなど,新たなテーマから都市を再生するビジョンが描かれるようになった．

都市再生・概念の確立
イギリスでは,1990年代の実践を土台として,コンパクトシティやアーバンビレッジなど,都市再生像の具体化と方法論の蓄積が進められた．

1990年代末に発足した労働党ブレア政権のもと,リチャード・ロジャースを議長として設置された「Urban Task Force(都市再生特別チーム)」では,都市衰退の原因を究明し,望ましい経済活動と制度のもとで,優れたデザイン,社会福祉,環境に対する責任に裏付けられた都市再生のビジョンを確立することを目的とし,今後20年間に向けた行動指針(アジェンダ)がレポートにまとめられた．

これらの一連の取り組みの中で,都市再生の概念として,持続可能な革新を進めていく「Regeneration」が確立されつつあった．アメリカでは,「Revitalization」「Livable City」のように,都市に活力を与え,住みやすい都市を作るという考え方が中心に置かれた．

01：Jonathan Barnett著, 倉田直道, 倉田洋子訳, 新しい都市デザイン アメリカにおける実践 (原題：AN INTRODUCTION TO URBAN DESIGN), 集文社, 1982.
02：岡部明子, サステイナブルシティ EUの地域・環境戦略, 学芸出版社, 2003.

都市再生の潮流年表

年	事象／計画／プロジェクト	建築・都市計画と社会
1933	CIAM(近代建築国際会議)：アテネ憲章	
1935		和辻哲郎：風土 人間学的考察
1938		L.マンフォード：都市の文化
1941	ギブソン他：コベントリー復興計画(イギリス)	
1945	第二次世界大戦終結 →戦災復興事業	
1948		W.グロピウス：コミュニティの再建
1949	広島平和記念公園及び記念館(丹下健三)	
1953	ラインバーン(オランダ, ロッテルダム)	
1956	CIAM第10回会議, チームX	
1960	丹下健三：東京計画1960	K.リンチ：都市のイメージ
1961	ウェストビレッジ・ハウス(アメリカ, ニューヨーク)	J.ジェイコブス：アメリカ大都市の死と生
1963		S.シャマイエフ：コミュニティとプライバシー
1964	ヴェネチア憲章(ユネスコ) ウルビーノ都市基本計画(イタリア) 東京オリンピック	
1965		
1966	古都保存法(京都, 奈良, 鎌倉)	C.アレグザンダー：都市はツリーではない
1967	ニコレット・モール(アメリカ, ミネアポリス)	
1968	金沢, 倉敷で保存条例 →都市計画法(新法)	都市デザイン研究体：日本の都市空間
1969	都市再開発法 ボローニャ歴史的市街地整備計画(イタリア)	
1971	横浜市に都市デザイン担当創設	早稲田大学21世紀の日本研究会：ピラミッドからあみんの目へ
1972	旭川買物公園	L.ハルプリン：CITIES(都市環境の演出)
1974	妻籠, 今井, 有松の市民団体による「全国町並み保存連盟」 UDC低層高密度ハウジング(アメリカ, ニューヨーク) ダウンタウン再生計画(アメリカ, ニューヨーク)	D.L.スミス：アメニティと都市計画 L.ハルプリン：テイキング・パート J.バーネット：Urban Design as Public Polocy
1975	文化財保護法改正, 伝統的建造物群保存地区制度	
1977		C.アレグザンダー：パタン・ランゲージ
1978	槇文彦：ヒルサイドテラス	
1979		芦原義信：街並みの美学
1980		槇文彦：見え隠れする都市
1985	欧州文化首都(EU)	
1986	気候変動防止を目的としたエネルギー供給コンセプト(ドイツ, フライブルク)	
1987	IBA(ベルリン国際建築展, ドイツ) →クロイツベルク再開発地区	国連：「環境と開発に関する世界委員会」報告書(通称：ブルントラント報告)
1988	エムシャーパーク地域再生プロジェクト(ドイツ)～1999	
1989		R.グラッツ：The Living City
1990	都市の成長管理「スマート・グロース」	
1991	アワニー宣言(アメリカ) →サステイナブル・コミュニティ	
1992	日本, 世界遺産条約を批准 国連環境開発会議：アジェンダ21 シティ・チャレンジ補助金(英)	
1993	法隆寺, 姫路城, 世界文化遺産に登録	
1994	URBANプログラム Community Initiative(EU) 都市再生支援機関「English Partnerships」(イギリス)	D.ハイデン：The Power of Place
1995	阪神・淡路大震災	M.ジェンクス：コンパクト・シティ
1996	文化財保護法改正, 登録文化財制度	
1997	ボルネオ・スポーネンブルグ(オランダ, アムステルダム)	
1998	ポツダム広場再開発(ドイツ, ベルリン)	Urban Task Force：Towards an Urban Renaissance(イギリス)
2000		C.ランドリー：The Creative City
2003	都市再生特別措置法	
2006	中心市街地活性化法	
2008	歴史まちづくり法	
2010		S.ズーキン：Naked City
2011	東日本大震災	

都市再生の潮流：都市のコンテクスト　Theory and History of Urban Regeneration: Context of City

都市再生の思想

芦原義信「街並みの美学」(1979年)内部と外部の空間領域に対する西洋と日本の認識の違いを、「うち」と「そと」に関する哲学者和辻哲郎の著述などを用いて解説し、「もし、われわれも、より住みよい美しい都市空間をつくりたいと考えるならば、西欧の都市発達の歴史が示すような街造りの積極的な努力を積み重ねることが必要なのである」とし、より良い街並みを構成するためには、内部と外部の空間についてはっきりとした領域意識を持つことが必要であると述べている。

この領域意識について考える際、自分の家の外までの内部化と、自分の家の中の外部化、二つの領域について空間を同視して考えることと、内外空間の境界の置き方や統一が重要になるとし、日本的な空間秩序のつくり方として、西欧のような外から内に向かっての統一ではなく、内から外に向かった統一が街の規模や地域に対して広がっていくことが望ましく、その内部化の限界が街並みであることが「街並みの美学」の成立根拠であるとしている。

また、街並みを決定する要素と建築の外観の見えかたについての考察から、建築の本来の外観を規定している形態を第一次輪郭線、建築の外壁以外の突出物や一時的な附加物による形態を第二次輪郭線と定義し、日本やアジア諸国の街並みの多くが二次輪郭線で決定されることを述べ、中心街の街並み景観を良くするために、できるだけ視界に入る第二次輪郭線を少なくし、第一次輪郭線に取り込む努力を行う必要性を述べている。

併せて、街並み景観の向上に際して、「入り隅み」空間、インメディアシー(視覚的連携)、「開かれた形式」の空間構成、建築のフロンタリティ(frontality：正面性)、小さな空間と内的秩序、などが重要な鍵であるとしている。

槇文彦「見え隠れする都市」(1980年)都市東京の特質を「奥性」にあるとした「奥の思想」を軸に、東京という都市の形象について、「江戸から東京に続いている深層意識とその現れとしての都市形態・モフォロジー(morphology)」という観点から、人間集団の深層意識が、都市の形態にどのように表れてきたかを読み取る作業を「微地形」「道」「表層」という3つのゲージを通して述べた都市デザイン論。都市をみる/道の構図/微地形と場所性/まちの表層/奥の思想の5つの章で構成されている。

本書では、「町に独自性を与える何ものか」は「その社会が共有している集団の記憶が呼びおこす」とし、「変わらないもの、変え難いものを発見し、理解することが、変えなければいけないこと、変えることの真の理解に必要である」としている。

日本の都市空間の最大の特徴は、「見えたり、見えなかったりすることによって生じる『空間の襞』が幾重にも重なり合って、『空間の奥性』が濃密に演出されていることである」としている。このように、層のまた向こうに「何かある」という気配のある空間、すなわち、見えない「シークエンス」の空間体験を演出することの重要性が述べられている。また、現代の都市空間のデザインについては、「昔の東京で、樹木、地形、道などの中に見られた、ハレとケガの部分が交互に出てきている空間層のようなものを、現代においていかにつくれるかを考えた」と記されており、代官山ヒルサイドテラスなどの設計手法に活かされている。

木造建築街区の再生

日本の歴史都市における旧市街の再生は、町家や長屋、旅籠、蔵など、木造の都市建築によって構成される街区の再生から始まった。

最初は高山や倉敷など、旧市街の中核となる歴史的建造物群の保存から始まったが、1980年代に入り、川越のように、町家の空間構成や伝統的住まい方を読み解きながら、街区内空地のルールやデザインコードを定めていく取り組みがなされた。

次に行われたことは、公共空間を含む空間構成の再生である。木造建築による地区・街区の構成の中で、新たな公共空間を導入した例が見られる。ここでの公共空間は、町家の坪庭や会所地のような伝統的な空間としての空地ではなく、欧米的なオープンスペースであるパティオやポケットパークなどの考え方を混合していく方法が採用されている。

奈良県今井町の生活広場や伝建地区のまちかど広場のように、路地や建物を保全しながら、防災や観光面から居住環境に小広場を挿入するものや、小布施町並み修景事業、越前武生のように、街区内に中庭を形成し、店舗や蔵などを再配置するものがある。ここでは、欧州歴史都市に見られる、閉じられた中庭空間やパサージュ、ガレリア等による屋内公共空間ではなく、互い違いに開かれた、柔らかい街区構成を活かしながら、路地や小規模な広場を内包した空間構成につくり変えていくことに主眼が置かれた。

1990年代以降、長浜黒壁や小布施のように、町家や近代建築の保全・修復だけでなく、周囲の空き店舗や空き地を利用して、新たな雇用やビジネスを生む新規店舗として再生し、その集積によって回遊性を生み出す事例が出てきた。また、都市観光や街のにぎわいを取り戻し活性化するにあたって、歴史的建造物の修復を行う街区を再生の対象地と位置づけ、新しい事業を起こす取り組みも出てきた。近年では、近代建築や町家など複数の古い建物を含む街区を再生し、街の回遊性を高めながら、ライ

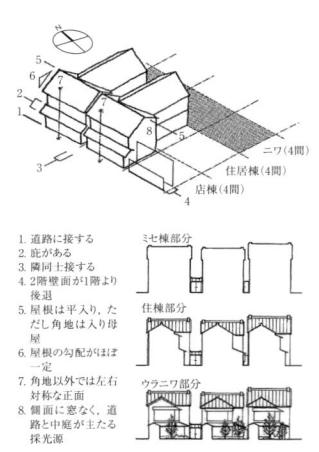

川越一番街町並みガイドライン

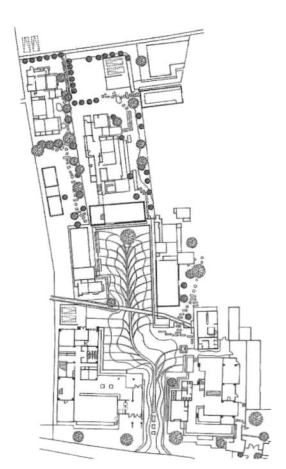

小布施町並み修景事業

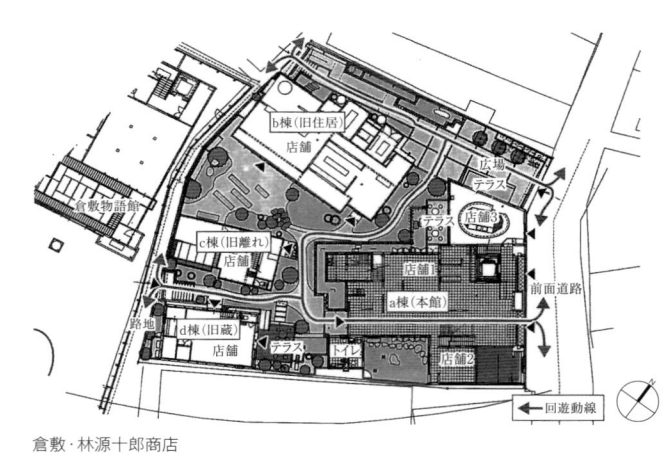

倉敷・林源十郎商店

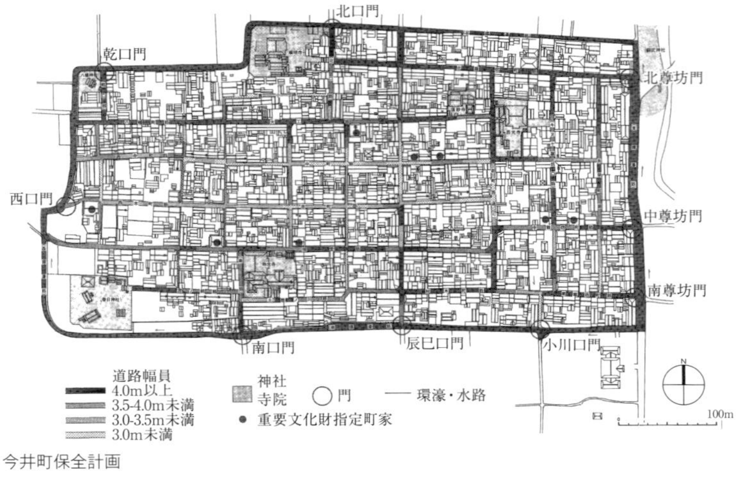

今井町保全計画

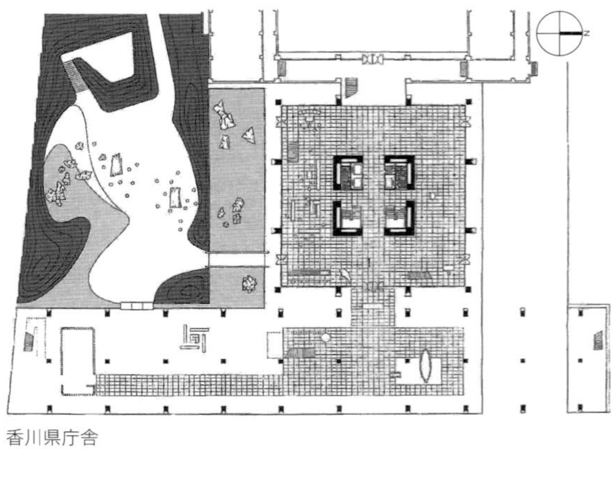

香川県庁舎

フスタイルと食, 宿泊などをキーコンセプトにした複合的空間の開発を行う事例が出てきた. また, コ・ワーキングスペースや社会的企業のオフィスを含む事例も見られるようになっている.

文化拠点の再生
戦後から1960年までの, 戦災からの復興過程の中で, 都市再生事業の柱として, コミュニティの再建を担う「都市のコア」の建設が進められた. 多くの都市において, このコアは市民生活の文化拠点として, ピロティやロビーなど, 象徴的な公共空間を内包した庁舎や公益施設と広場が一体化した形で具現化された.

1970-80年代にかけては, 都市の歴史保全や歴史的建造物の保存をめぐる一連の運動の中で, 倉敷や小樽などで, 観光の拠点として近代産業遺産を活用した複合施設が計画された. 工場や倉庫の改修では, 構造上の特性から, 独自の耐震補強手法が求められる場合が多くなっている.

1990年代後半以降は, 学校建築や歴史的建造物を改修し, 地域の文化・創造拠点として再生する事例が増えるようになった. これらの拠点は, 従来の行政や民間主導の文化拠点としてだけでなく, 企業, 行政, 市民のパートナーシップにより, NPOや市民活動組織のネットワークの核としての役割を持つ拠点も多い. 2000年以降は, アーティスト・イン・レジデンスやクリエイター・オフィスなど, 旅館や学校建築等を活かした文化・交流拠点も出てきた.

近年では, 建設から50年以上が経過した庁舎や公共建築, ビル建築なども増えており, 旧市街(都市中心部)では, 建設当初とは異なる意味でこうした建造環境(Built Environment)における公共性の再考が求められている. コンパクトシティや施設の集約化など, 都市政策の文脈を超えたところで, 「都市のコア」や「公共空間」の再構築とそのデザインが今後の大きな課題となってくると考えられる.

災害からの再生
戦災と大火の復興から始まった戦後の都市再生は, 防火建築帯や防災街区など, 独自の空間構成を生み出した. 併せて, 工業都市を中心に, 都市の中心部の更新が進められてきた.

包括的な都市計画案から帝都復興計画へ
大正期に入り, 制度としての都市計画だけでなく, ビジョンと具体的な事業を示した包括的な都市計画案が提示された.

東京では, 東京市長後藤新平が, 通称「8億円計画案」と呼ばれ, 16項目の事業による包括的な都市改造計画, 東京市政要綱(1921)を作成した. 後藤は関東大震災後再び内務大臣となり, 帝都復興院総裁として復興計画の立案にあたった. この頃には東京市, 大阪市で相次いで社会部局が設置され, 社会問題に対する科学的調査と, 住宅や様々な公的施設を整備する社会事業に乗り出した.

1923(大正12)年に発生した関東大震災からの復興計画では, 道路, 公園, 橋梁などの都市基盤の整備と, 復興小学校, 復興建築と呼ばれる鉄筋コンクリート造の建物整備, 社会事業による福祉施策の重層による多面的な計画が実施された.

戦災復興計画
第二次大戦中の空襲によって, 主要都市の市街地は壊滅的な被害を受け, 115都市が戦災都市に指定された. この復興のために出された戦災地復興計画基本方針では, 過大都市の抑制と地方中小都市の振興を図ることを基本目標とし, 産業立地や人口の配分, 土地利用計画の指針, 街路・広場・緑地など主要施設の計画標準などが示された. また, 各都市で復興計画が立案され, 都市のコアとして公館地区(官庁街), 文教地区, 歓興地区, 共同住宅地区や菜園住宅地区など地区の空間像と, 不燃建築による都市骨格などが提案された.

1951年に開催された, 第8回CIAM(国際建築会議)において, 都市の核(コア)がテーマとして取り上げられた. 丹下健三により, 戦災復興期に提案された, 広島市旧中島地区のピースセンター・平和記念公園は, このコアを具現化した提案であった.

都市再開発のための法制度の確立
戦災や戦後大火の経験は, 都市不燃化という課題を強く与え, 路線型の防火建築帯の取り組みが進められた. 高度成長期は, 各都市に戦災復興から都市改造への転換を促し, 既成市街地における住環境悪化や産業の停滞, 防災などの課題に対して, 都市更新(アーバン・リニューアル)という考え方が用いられた.

我が国では, 1960年以降, メタボリズム・グループやさまざまな建築家によって都市更新の空間像が提案されてきたが, 住宅地区改良法(1960), 市街地改造法(1961), 防災街区造成法(1961)の法制度整備とともに, 坂出人工土地(1965-), 名古屋市栄東地区再開発(1965-), 広島基町・長寿園団地(1969-), 江東再開発基本構想(1969)など, 様々な開発モデルが実施された. これらを経て1969年, 都市再開発法が成立する. この法律では, 権利者やデベロッパーを構成員とする組合が施行者となり, 権利変換を進めていく組合施行の開発が認められ, 民間主導の都市開発に道を開いた[03].

03: 伊藤雅春ほか, 都市計画とまちづくりがわかる本, 彰国社, 2011.

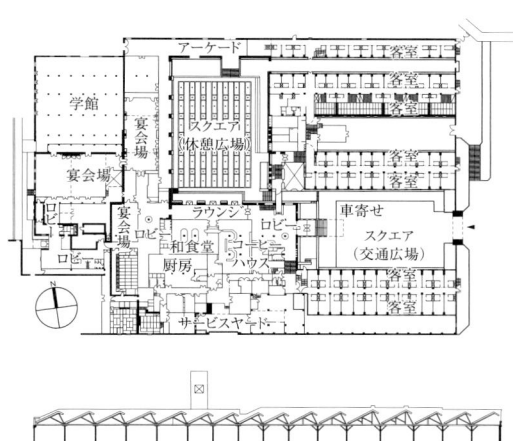

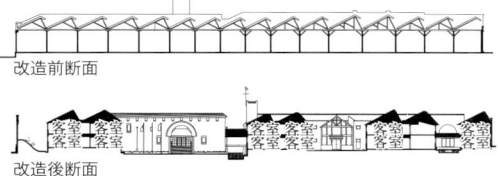

倉敷アイビースクエア平面図および断面図

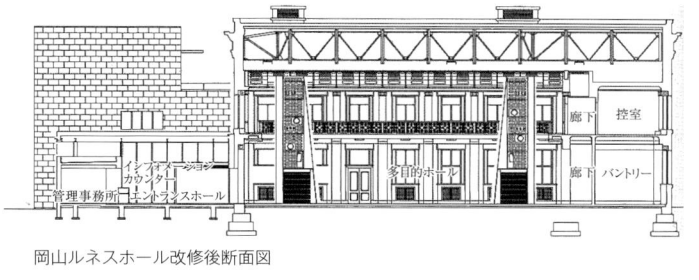

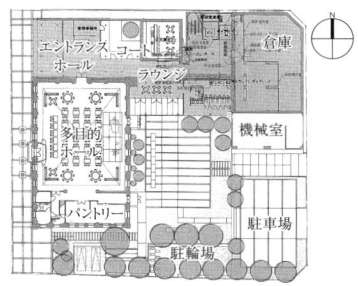

岡山ルネスホール改修後断面図

岡山ルネスホール改修後平面図

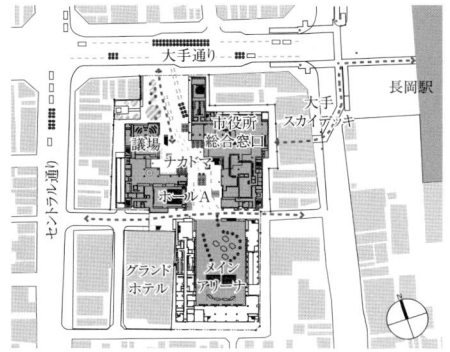

アオーレ長岡平面図

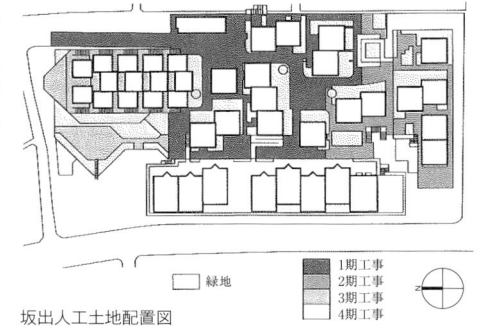

坂出人工土地配置図

広島ピースセンター・平和記念公園(1949-55)
1949年に開催された広島ピースセンターのコンペでは, 平和記念公園のランドスケープと平和会館のデザインが審査の対象となり, 132の応募案の中から丹下健三案が1等に選ばれた. この案は幅員100mの道路「平和大通り」を基準線とし, コンクリートのアーチとモニュメントを境に台形が向かい合う鼓形の配置がなされ, 中心のモニュメントと100m道路の間に平和会館を線状に配置する形をとっていた. 丹下健三は戦災復興院の嘱託技師として戦後いち早く広島入りし, 都市計画案の作成に従事していた.

災害復興からの都市再生：インフラと公共施設 Disaster Recovery and Revitalization: Infrastructure and Public Facilities

先人たちの災害復興の取り組み

日本の都市は，災害復興によって整備されてきた側面が大きい．ダイナミックな変化を遂げつつある東京を例にとっても，その都市形態とインフラストラクチャーは，1923年の関東大震災後の復興事業から1964年の東京オリンピック関連の都市改造以降，ほとんど変化していない．

明治から今日まで，政府が大災害からの復興に取り組んだのは主に，1923（大正12）年の関東大震災，1945（昭和20）年の全国115都市の戦災，1995年の阪神・淡路大震災などがあげられるが，これらの災害復興によって，道路や橋梁・港湾などの都市基盤，公園や学校といった公共施設，ならびに集合住宅などの質が飛躍的に向上し，現代に引き継がれている．

2011年3月11日に発生した東日本大震災では岩手県，宮城県，福島県が大津波に襲われ，原発事故が起きた．東日本大震災の復興への取り組みは，今なお道半ばである．

本項では，こうした先人たちの取り組みに焦点を当て，都市計画史上，重要なプランや事業を解説する．過去の検証から現在を理解することが，東日本大震災の復興まちづくりや近い将来その発生が予想されている東海・東南海・南海，首都直下型地震に対する備え，そして平常時のまちづくりに有効な切り口を与えてくれる．

帝都復興によって作られた都市基盤

「帝都復興の街路事業の全体図」は，1924（大正13）年から1930（昭和5）年にかけて実施された帝都復興事業の街路図である．今日の東京の姿と見比べるとほとんど同一であることが見てとれる．つまり，東京の中心部（都心と下町）の都市形態基盤は，帝都復興事業によって確定し今日に至っている．帝都復興事業によるインフラ整備は，現代に大きなストックを残したといえよう．

再評価されるべき後藤新平

1923（大正12）年9月1日に起こった関東大震災からの復興を，強い意欲と指導力で実現したのは後藤新平であった．後藤新平は，帝都復興院総裁としてわずか4ヶ月で，復興の基本ビジョン，具体的な復興計画の策定，官僚・技術者の人材集め，復興のための特別法の制定，復興予算の帝国議会可決，復興事業の実施方法（区画整理の断行）など，あらゆる重要な事項についてレールを敷いた．帝国議会で予算が削減され，復興計画は大幅な縮小を余儀なくされたにもかかわらず，東京と横浜は美しい近代都市に生まれ変わった．

帝都復興事業の成果は，第一に，区画整理によって幅員4m以上の生活道路網と，上下水道，ガス施設が整備されたことである．

第二に，多数の幹線道路や風格のあるデザインの橋梁が新設されたこと．歩車道の分離，街路の緑化が一般化されたのもこのときからである．

第三に，大小の公園と，耐火構造の公共施設を建設したこと．鉄筋コンクリート造の小学校は，不燃化のシンボルとしてこのとき造られた．

第四に，我が国初の公共住宅供給機関として，同潤会が組織されたことである．同潤会は，帝都復興のために国内外から集められた義捐金をもとに設立された．

道をつくる，上下水道を整備する

帝都復興事業では，土地区画整理の手法によって，消失した地域における道路に面していない宅地や，あぜ道のまま市街地化した細街路を一掃した．生活道路から幹線道路，上下水道や通信設備を四方八方へ通じさせ，小公園も各所に配置し，衛生面や災害に配慮した市街地が形成された．江戸時代以来，舗装もされず悪路で有名だった街路は歩車道が分離され，街路樹が植栽され，車社会に適応するよう舗装された．昭和通りや第一京浜を始め，幅22m以上の幹線道路52本，補助線街路122本が震災後約6年半という短期間に建設された．

復興街路は，第二次大戦後の高度成長期の街路よりも歩道の幅が広く，また緑地も多かった．幅員44mの昭和通りには中央に幅広いグリーンベルトが設けられたが，戦後，首都高速道路をつくるために消失した．

「帝都復興道路計画断面図」には，街路樹，上下水道，地下鉄が描かれている．この道路整備によって衛生面も大いに改善された．地下には予定として地下鉄が描かれ，歩道・舗装・街路樹・中央分離帯の植樹帯と路面電車線路などの路上の施設，地下埋設物などの整備イメージが示されている．

優美なアーバンデザイン

明治神宮外苑は明治天皇の崩御後，国民の寄付金により造成されたもので，完成後，その建物・施設のすべてを明治神宮の外苑として奉献されたものである．

帝都復興から時代をさかのぼる1917（大正6）年，神宮外苑のマスタープランを作成したのが，後に後藤新平のブレーンとして帝都復興事業を推進した佐野利器であった．このマスタープランに基づき，神宮外苑の銀杏並木を設計したのは，後に東京の隅田公園，横浜の山下公園の建設を指揮する折下吉延であった．折下は，日本の近代公園と公園行政の祖といえる人物であり，その出発点となったのが神宮外苑の造営であった．

神宮外苑は，内苑（現在の明治神宮）に対する外苑として，記念建築物を中心に緑豊かな公園を目指してつくられた．東京では明治時代に作られた日比谷公園以来の大公園であり，シンボリックな記念建築物を中心に置き，街路，

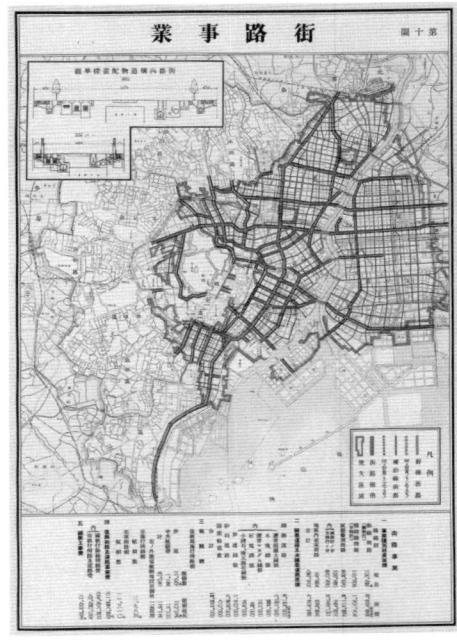

帝都復興の街路事業の全体図
図示された太い街路，細い街路すべてが帝都復興事業で新設・拡張された．焼失地のすべての道路が造り直されたことがわかる．(出典：東京市役所，帝都復興事業図表，1930.)

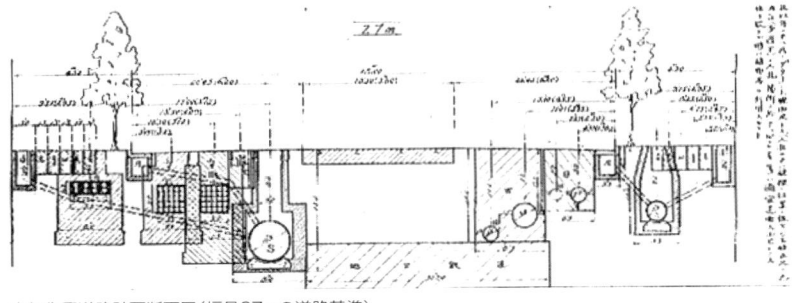

帝都復興道路計画断面図（幅員27mの道路基準）
歩車道の分離や植樹帯は帝都復興事業で初めて導入された．中央分離帯や地下埋設物の整備イメージがわかる．(出典：東京市役所，帝都復興事業図表，1930.)

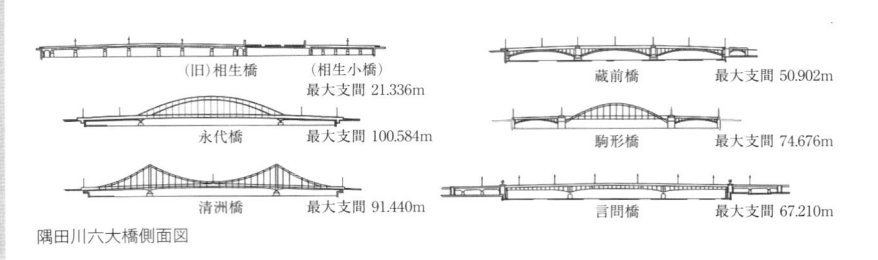

隅田川六大橋側面図
（旧）相生橋　（相生小橋）　最大支間 21.336m
蔵前橋　最大支間 50.902m
永代橋　最大支間 100.584m
駒形橋　最大支間 74.676m
清洲橋　最大支間 91.440m
言問橋　最大支間 67.210m

帝都復興の昭和通り断面模型（1930年，復興記念館所蔵）
現在の中央区内の広幅員部分の断面．地下には将来計画として地下鉄が作られている．

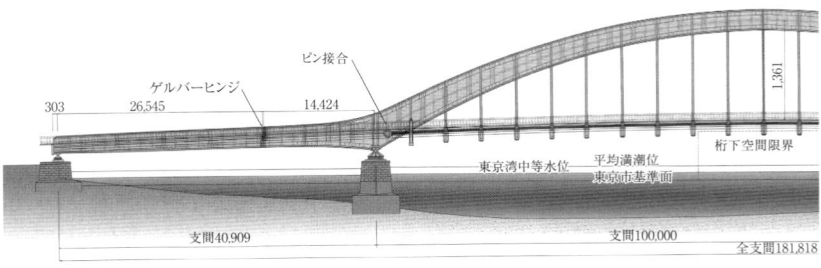

永代橋断面詳細図
アーチの水平反力を受け持つ張弦材とリブ部材にピン接合を採用．計算モデル通りに忠実に動くよう工夫されている．

Disaster Recovery and Revitalization: Infrastructure and Public Facilities　災害復興からの都市再生：インフラと公共施設

並木を軸線上にシンメトリーに配置するという欧州の都市デザイン手法にのっとっている．4列の銀杏並木の直線道路が伸び，周回道路に分岐する地点に噴水が配置され，噴水から絵画館までの前庭は一望広大なる芝生の広場であった．苑内のスポーツ施設はランドスケープ上，あくまで脇役であり，外苑西部に公園的な風致景観を阻害しないよう配置されていた．

シンボル性の高い橋をつくる

帝都復興事業によって隅田川には，シンボル性の高いデザインの橋梁がいくつも新設された．江戸幕府の軍事上の政策から隅田川に架けられた橋は両国橋，新大橋など数が少なく，明治になって架け替えはしたものの新設を怠っていたため，関東大震災の際，住民の避難ができず，死者を増やす原因となった．このため，帝都復興事業では耐震耐火構造の橋梁の新設が重視された．

都心における橋梁は，欧米のように国家を象徴するシンボル性の高い都市施設であるべきとして，特に隅田川に架設される六大橋（相生橋，永代橋，清洲橋，蔵前橋，駒形橋，言問橋）は，都市の美観・景観を創造すべく，デザインに力を注いだ．後世の高度成長期に造られた橋梁に比べて，格段にデザイン性が優れている．

運河の整備

関東大震災前に，東京の物流を支えていたのは主に水運であった．そのため，帝都復興事業では河川運河の水運を重視し，改修11本，新削1本，埋め立て1本の合計13本の河川事業が実施された．江戸の水運を支えてきた小名木川，神田川，横十間川はいずれも幅員と深度を拡げるよう改修されている．

しかし，戦後，河川運河の多くは治水上不要であるとして，戦災のガレキを埋め立て，民間に売却された．さらに首都高速道路の用地に転用されたため，江戸以来の水辺空間は大半が失われていった．

公園をつくる

関東大震災の貴重な教訓として，緑とオープンスペースは，単に市民の健康，レクリエーション，行楽のためだけでなく，災害時に人を救う防火帯や避難地として大いに役立つことが認識され，公園は都市の重要なインフラとして位置づけられた．

その結果，帝都復興事業では，東京の三大公園（隅田，錦糸，浜町）と，52の小公園（小学校に隣接）が新設された．また，御料地・財閥の寄付により猿江恩賜公園，旧芝離宮公園，清澄庭園，旧安田庭園など，大規模な公園が新設された．この結果，東京における公園のストックは飛躍的に増大した．

水辺の復権

東京の三大公園のひとつ隅田公園は，同じく帝都復興事業で建設された横浜の山下公園とともに，市民が利用できる初めてのウォーターフロント公園であった．隅田公園完成平面図（1930年）をみると，浅草側では河畔の建物を撤去したり，河岸を埋め立てたりして公園用地を拡張している．

横浜の山下公園は，関東大震災以前は外国人居留区の船着場であったが，震災で市内に大量のガレキが発生したため，このガレキを埋めて建設された．現在は市民の憩いの場であると同時に，震災時には最大6万人を収容できる防災拠点となっている．

小学校に隣接した地域コミュニティ広場

帝都復興事業による公共施設の不燃化に伴い，関東大震災によって焼失した117の小学校は鉄筋コンクリート造で再建された．水洗トイレや暖房設備が取り入れられ，児童の衛生の向上のみならず，市民の衛生思想の向上が図られた．曲面を取り入れたモダンな外観デザインが特徴で，一般に復興小学校と呼ばれている．

これらの復興小学校のうち52校には，小公園（平均2,800m²）が隣接して配置され，一体的な防災拠点かつ地域コミュニティの中心となるよう配慮された．授業時には学校の校庭として利用され，放課後は近隣住民の憩いの場として機能した．小公園のフェンスは容易に越えられるよう低く設置され，災害時の住民の避難地として機能するよう配慮された．

残念ながら，復興小学校と小公園の組み合わせは，第二次世界大戦による被災や1950年代の人口急増期の転用により多くが廃止され，現在，残っているのは旧元町小学校校舎・元町公園のみである．

戦後，メモリアルをつくる

震災や戦災の記憶は，時と共に風化していく．その災害の記憶の風化を防ぐこと，すなわち災害の記憶を後世に継承していくことも，都市防災を考える上で重要である．

広島平和総合計画配置図は，コンペで選出されたもので，丹下健三によって1950年にまとめられた平和記念公園を含む都市中心部の総合的な計画案である．当時，夢と呼ばれた100m道路は完成し，原爆ドームは災害メモリアルとして残された．広島城跡から100m道路に至る太田川沿いのエリアに，既に決定していた平和記念公園に加え，図書館・美術館をもつ児童センター，体育館・テニスコート・陸上競技場・フットボール場・野外劇場などを配置し，広島城本丸跡には科学博物館・美術館・図書館を設置する計画であった．広島子どもの家（1953年）を除いて実現しなかったものの，結果的には現在の市街地再開発の基盤を形成した．

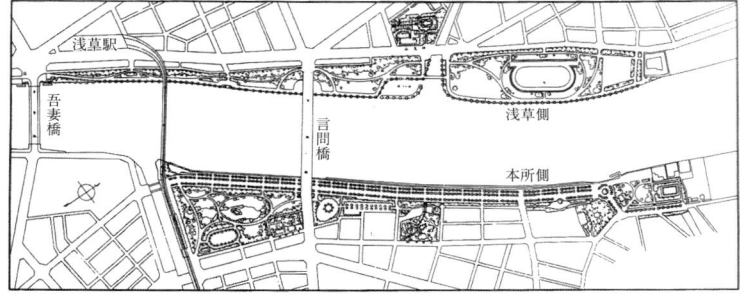

隅田公園完成平面図（1930年）（出典：越沢明，東京都市計画物語，日本経済評論社，1991．）

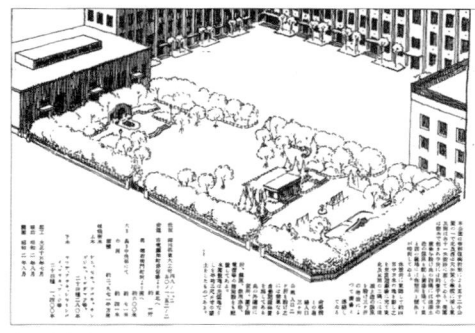

復興小学校（出典：東京市役所，元加賀公園案内，1927．）

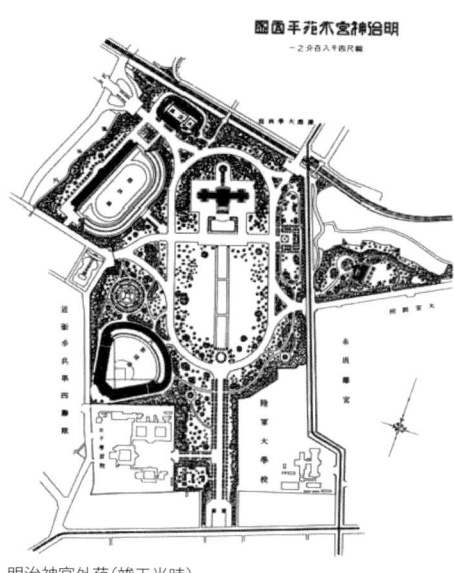

明治神宮外苑（竣工当時）
（出典：明治神宮奉賛会，明治神宮外苑志，1937．）

帝都復興の山下公園計画図
黒の塗り潰しが新設道路．日本大通りはすでに防火帯として建設されていた．山下公園は被災で生じたガレキを埋めて建設した．現在は災害時に6万人収容可能な防災広場．

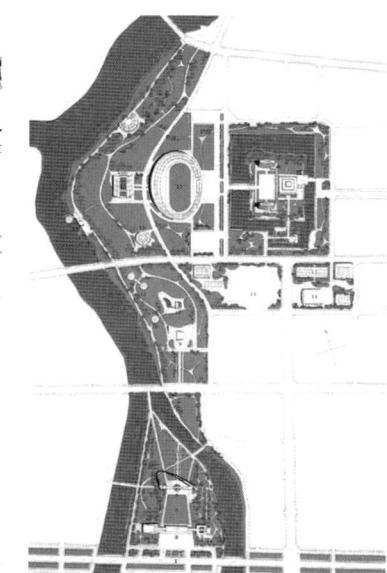

丹下健三の広島平和記念会館総合計画（1950年）

災害復興からの都市再生：街並みの形成 Disaster Recovery and Revitalization: Townscape and Urban Architecture

Chapter 1
都市再生の背景

都市再生とは
都市再生の潮流
災害復興からの都市再生

復興事業による街並みの形成

災害復興のたびに、再び同じ被害を繰り返さぬよう、防災に資する街並みや都市型建築が生まれてきた。特に、関東大震災の復興における同潤会や復興建築助成株式会社の実績、および戦後の防火建築帯造成事業等が礎となって、戦後の市街地開発の諸制度が整備され、現代都市の街並みが形成されていった。

街並み復元によるまちの活性化

馬籠宿は、石畳の敷かれた坂に沿う宿場で古い街並みが残っているため、馬籠峠を越えた信州側の妻籠宿（長野県木曽郡）とともに人気があり、多くの観光客を集めている。現存する街並みは、1895（明治28）年の大火によって消失してしまった後に復元されたもので、江戸時代からの古い街並みは石畳と枡形を残すのみである。江戸時代の街並みが復元され、今なお、石畳の両側に土産物屋が軒を連ねているが、商いをしていない一般の家でも当時の屋号を表札とは別にかけるなど、史蹟の保全と現在の生活を両立させるまちづくりが行われている。近年の災害復興においても、四川大地震の復興で移転先に復元された水磨鎮の街並みを始め、東日本大震災の復興においても同様の検討がなされている。これらの復元された街並みが、どのように現代社会の生活や営みの場として再生されるのか、馬籠宿から学ぶことは多い。

近代都市居住像を提案した同潤会[01]

同潤会は、関東大震災直後に各地から寄せられた義捐金を基金に設立された財団法人である。震災復興事業の一環として、住宅建設とそれに付随した福祉施設の建設・運営を担う中で、新しい近代都市居住像を提案した。特にアパートメント事業については、それまで我が国でほとんど経験のなかった、住戸を縦に積み重ねる集合住宅を計画した。その後、戦時体制下で大量の住宅を軍需生産労働者に供給することを目的とした住宅営団へ計画技術が継承され、さらに戦後の公団住宅や公営住宅団地の設計にも引き継がれている。また同潤会が果たした役割は、必ずしも住宅供給の面だけではない。清砂通りアパートでは街区型の街並み形成、猿江共同住宅事業では防災広場や福祉施設等、複数の集合住宅の構成によって、まちの環境と機能を兼ね備えた地域社会の空間様式も提案している。

共同建築による街並みの再生[02]

九段下ビルは、1927年に建てられた復興期における共同建築の嚆矢であった。復興局と民間が出資した半官半民の復興建築助成株式会社の低利融資を受けて、震災前からの借地人らが共同出資して土地を買い取り建設した、鉄筋コンクリート造の耐火共同建築である。個々の敷地に建っていた建築を統合し、敷地境界を跨がって1棟の建築としている。1階に店舗、2階に住居、設計変更して3階に貸室を設け、その家賃収入を建設費の償還にあてた。このような共同建築には防火地区建築補助規則による補助金の増額があり、震災後の東京、横浜におよそ70棟が建設された。九段下ビルは2012年に解体されたが、共同建築の事業化の仕組みは、近年の阪神・淡路大震災や中越大震災の市街地復興における共同化の事業スキームに類似するところがある。共同で再建すると補助金が活用できるため、復興において公益的な役割を担う事業に発展させ得る手法であるといえる。

災害後の街並み形成を担った防火建築帯[03]

街の防火を目的に、1952年に耐火建築促進法が施行され、この法律に基づいた防火建築帯造成事業が開始される。都市に地上3階以上、高さ11m以上の耐火建築物が帯状に並ぶ防火帯の造成を目指したもので、長屋形式の共同商店建築で構成された。都市の不燃化のみならず、共同化による都市の高度利用も目的とし、日本の市街地改造の系譜の中で初期の試みという位置づけがなされている。

1952年の鳥取大火の復興に初めて適用され、鳥取駅前から鳥取市庁に至る若桜街道沿いの間口延長2,200mが全国初の防火建築帯に指定された。この防火建築帯は、若桜街道の拡幅（22m）とともに大火直後の1953年から1954年にかけて造成された。

防火建築帯の役割を現代的価値へ転換[04]

防火建築帯は防災建築街区造成法（1961年）に引き継がれ、さらに、帯状の線的な開発から面的な開発へ移行した。その後、市街地改造法（1961年）とともに法整備が行われ、1969年にはこれらが統合されるかたちで都市再開発法が施行され、現在に至っている。

およそ60年を経た防火建築帯は老朽化が進んでいるが、これを共同建て替えし、地域による共同店舗や福祉施設として利用することや、防火建築帯の価値に気づいた若手グループによるリノベーションなど、新しい試みによって地域再生につながる事例が生まれている。このような例は鳥取に限らず、横浜市吉田町では、地域活動と連携しながら芸術不動産としてリノベーションされるなど、防火建築帯の現代的価値の再評価が進んでいる。

01：佐藤滋、真野洋介ほか、同潤会のアパートメントとその時代、鹿島出版会、1998.
02：栢木まどか、関東大震災復興期の共同建築、建築雑誌No.1644、日本建築学会、2013.4.
03：鳥取市大火災誌編纂委員会、鳥取市大火災誌 復興編、鳥取県、1955.
04：阿部俊彦、岡田昭人、パラレルに進められるオルタナティブ・マネジメント、季刊まちづくり29号、pp.48-55、学芸出版社、2010.

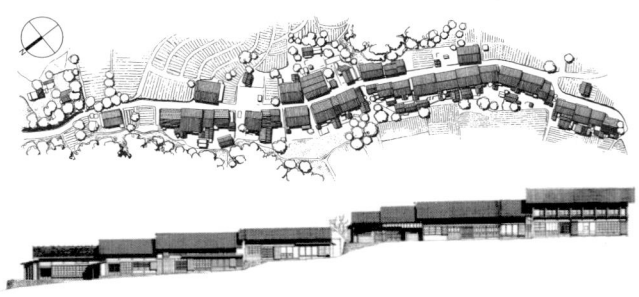

法政大学宮脇ゼミによるデザインサーベイ、馬籠宿本陣周辺屋根伏図と立面図
（出典：建築文化1968年6月号）

清砂通りアパートメントの1号館竣工当時の様子（出典：建築雑誌41巻498号、1927.7）

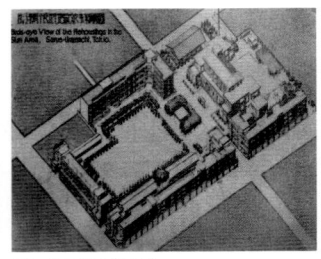

猿江裏町第2期事業
防災広場を囲む3階建て共同住宅と、区画整理の換地によって創出された土地には善隣館、授産所、診療所等の福祉施設が建設された。（出典：中村寛、高等建築学62編、住宅営団）

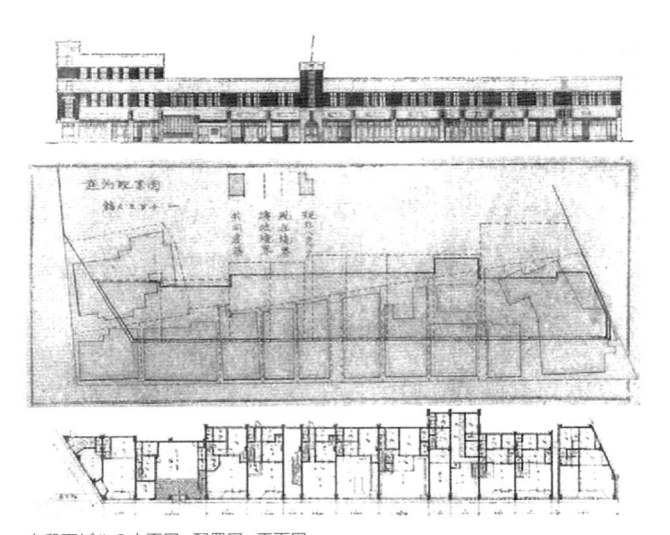

九段下ビルの立面図、配置図、平面図
配置図には区画整理が行われる前の敷地の個々に建てられていたバラックが描かれていた。共同化後、建物敷地は区分されている。従前の土地の間口を継承しながら調整が行われ、区分ごとに設計されていることが読みとれる。（出典：市来徹郎、今川小路共同建築、共同建築の話、復興建築叢書第17号、復興局建築部、1928、日本建築学会図書館所蔵）

鳥取大火災後に建設されたバラックと、その背面で建設が始まったコンクリート造の防火建築帯
完成後に、木造の建物が撤去され、道路が拡幅され、現在の若桜街道の街並みが生まれた。（出典：鳥取市大火災誌編纂委員会編、鳥取市大火災誌 復興編）

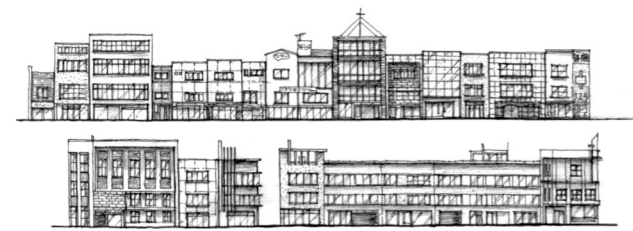

鳥取の防火建築帯の町並み
コンクリートブロック造や鉄筋コンクリート造の建物が隙間なく建ち並ぶ廊下型のものや、個別の建物で壁を共有している場合もある。街角の建物には特徴的なデザインが見られる。（スケッチ：阿部俊彦）

Disaster Recovery and Revitalization: Housing 災害復興からの都市再生：住まい

時代や状況がつくり出す新しい住宅

災害からの復興において避難住民の住宅再建は最重要課題であり，我が国では，災害復興のたびに新しい住まいと暮らしのモデルが提示されてきた．前述の関東大震災における同潤会のアパートメントはその代表的な例であり，それ以降も戦後のバラックの再開発や住宅改良事業，さらには阪神・淡路大震災や中越大震災といった近年の大災害からの復興においても，それぞれの地域性や時代性を反映したライフスタイルを取り入れた住宅モデルが生まれ，その後の住まいの潮流に少なからず影響を与えている．

高層アパートによる戦災復興スラムの再生[01]

広島市営基町高層アパートは，広島原爆スラムを再生するための基町地区再開発事業で，1969〜1978年にかけて建設された合計約4,600戸からなる大規模な高層住宅団地である．基町地区には，戦後復興期に建てられた公営応急住宅や平和記念公園，その他の復興事業によって移転を余儀なくされた住民の民間住宅，そしてそれ以外にもやむを得ずこの地に居を構えた家々が大量に密集し，「不良住宅地区」が形成されていた．そこで，その人々が安心かつ衛生的に住むことができる安全な住宅を建設し，公園などを含む新たな土地利用に転換していく「住宅地区改良事業」が実施された．

基町高層アパートは，限られた用地に多数の住宅を供給する必要から，超高密度居住を実現するというそれまで例を見ないプロジェクトであった．スラムの住環境の改善を図ることに成功したことで，市民の生活復興のシンボルになったと同時に，その後の地方都市や郊外の駅前等の大規模再開発プロジェクトにおける一つの先導的計画モデルとなった．

高齢者に配慮したコレクティブ住宅とコミュニティ型仮設住宅[02]

1995年の阪神・淡路大震災からの復興は，その後の高齢化社会における住まいとコミュニティ形成を考える上で大きな影響を与えた．多くの高齢者が震災前から住んでいた町を離れ，災害公営住宅に入居することを余儀なくされたが，ここで特に1人暮らしの高齢者の生活が問題となった．真野ふれあい住宅は，高齢者の安心・自立居住を支えるため，災害復興の一環として計画された神戸市営のコレクティブ住宅である．日中は食堂や多目的室などの共用リビングを中心に過ごし，各住戸へのアクセスもオープンにすることで，高齢者の生活を自然に見守る関係が生まれた．コレクティブ住宅は，兵庫県・神戸市で10カ所計画され，その後，民間においても積極的に導入された．

また，東日本大震災の仮設住宅では，高齢者の生活を支援するためのサポートセンターを併設したコミュニティケア型仮設住宅が遠野市で建設された．バリアフリーの屋根付きデッキを介して，入居者同士の交流が生まれるように，玄関を向かい合わせにするなどの工夫が見られる．

地域イメージを共有した住宅復興

新潟県長岡市山古志地域は2004年の中越大震災により甚大な被害を受けた．長岡市はできるだけ多くの被災者が山に戻り，自力での住宅の再建を支援するため「中山間地型復興住宅」を開発した．開発にあたっては，地元大工とのワークショップを重ねて，山古志の地域性に対応すると共に，震災後の数多くの住宅再建需要を支える供給体制が構築された．震災から3年目の2007年には正月を山古志で迎えることを目標に復興住宅による再建イメージを共有しながら進められたため，山古志らしい住まいが実現した．

山古志では，このように短期的には住宅再建のスピードが求められる中で，長期的な維持管理までを見据えたプロセスを踏んでいる．災害復興ではこのバランスを保つことが大切であり，「地域性」に配慮した山古志における住まいの復興から学ぶべきことは多い．

オルタナティブ復興住宅[03]

東日本大震災では，1,000人規模の市街地から十数名しか住んでいない漁村集落まで，被災地が広範囲に及んだため，阪神・淡路大震災のように大量のプレハブ仮設住宅をまとめて建てることができなかった．また，起伏の多い土地では，用地も不足し，仮設住宅の建設が大幅に遅れた．さらに，災害公営住宅の建設も遅れており，その多くは被災後4〜5年後の完成予定である．木造の災害公営住宅については，払い下げられる可能性もあるため，国や自治体の住宅再建支援の制度を活用し，初めから自力で住宅再建をするという選択肢もあろう．

このような状況を震災後のかなり早い時期から見据えた事例が，石巻北上町白浜地区の復興住宅である．地元の職人らが地場産材を使って，被災した集落の高台に計11棟の常設の住宅を建てた．これは工学院大学後藤治研究室のプロジェクトで，完成後は大学が地域のNPO法人に無償貸与し，管理費相当額の家賃で維持管理を行っている．震災後，プレハブ仮設住宅の速やかな建設が求められる中で，地域の力を蘇えさせる様々な住宅供給策があることを示した．

01：初田香成，広島原爆スラム調査報告，建築雑誌No.1635，日本建築学会，2012.8．
02：日本建築学会住小委員会編，事例で読む現代集合住宅のデザイン，彰国社，2004．
03：石巻市北上町白浜復興住宅，新建築2011年12月号．

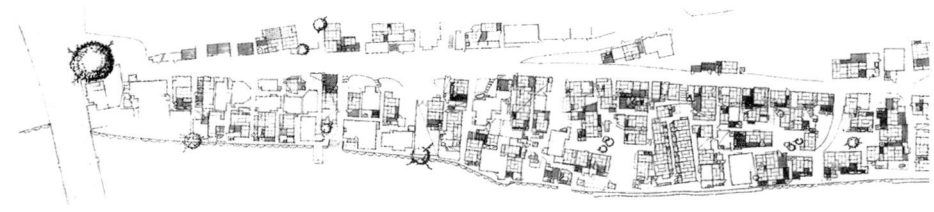

広島原爆スラムの家屋群の配置図（出典：都市住宅1973年6月号）

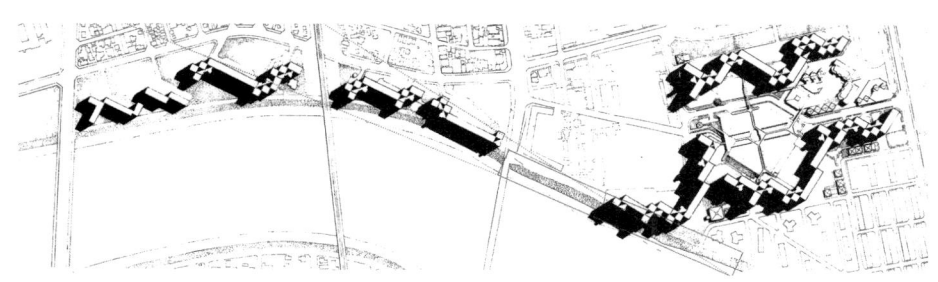

基町高層アパートの配置図（出典：都市住宅1973年7月号）

遠野市仮設住宅 希望の郷「絆」
（出典：新建築2012年12月号）

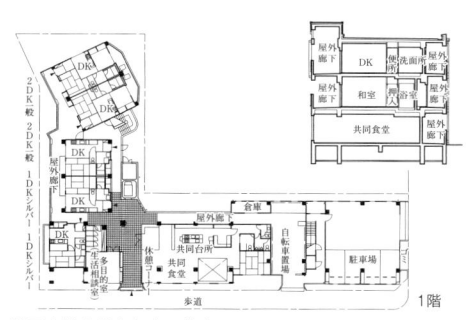

神戸市営真野ふれあい住宅
共同食堂・台所が住民の集まる共用リビングとなり，これと各住戸が立体路地によってつながっている．

復興の目標空間イメージとして描かれた中山間地型復興住宅による山古志村の再建スケッチ（提供：長岡市，設計：アルセッド建築研究所）

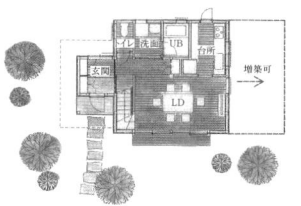

石巻市北上町白浜復興住宅の写真と平面プラン（出典：新建築2011年12月号）

災害復興からの都市再生：コミュニティ拠点 Disaster Recovery and Revitalization: Community Facilities

コミュニティの継承と再編

災害復興では，インフラの復旧や住宅再建が優先される一方で，住まいの移転や区画整理等により崩壊してしまった地域コミュニティの継承や再編も大きな課題となる．大震災の復興過程では避難所⇒仮設住宅⇒本設の住宅もしくは災害公営住宅というように，段階ごとに生活の場が変わるため，それぞれの段階や地域性に対応したコミュニティ拠点が必要となる．

災害復旧期の仮設コミュニティ施設

阪神・淡路大震災では，被害の大きかった地区において，町会等の地区コミュニティ単位での復旧・復興が進められた．神戸市長田区の野田北部地区もその一つであり，区画整理事業等によって復興まちづくりが進められた地区である．そして，当地区において，災害直後からコミュニティ拠点としての役割を果たしたのが「紙の教会」（設計：坂茂）である．もとの教会は焼失したため，紙の建築による仮設のコミュニティホールが建てられた．建材は各企業からの寄付を受け，160人以上のボランティアの手により5週間で完成した．建設10年を迎えた紙の教会は，神戸と同じように震災の被害を受けた台湾に移築され，地域のコミュニティセンターとして新たに活用されている．

また，2009年のイタリア・ラクイラ地震では音楽の街として知られていたラクイラのコンサートホールが倒壊したため，上記と同様に紙管を用いた仮設の音楽ホールが建てられた．

新たなコミュニティをつくる仕掛け

阪神・淡路大震災では，国や県の支援のもとで復興公営住宅が大量に建設された中で，新たなコミュニティの形成を試みたプロジェクトがいくつかみられた．その一つが南芦屋浜震災復興公営住宅である．震災から3年，埋め立てが終わったばかりの南芦屋浜に814戸の住宅が建設された．

しかし，そこにはコンクリートも集合住宅もはじめてという多くの高齢者が入居する．家を失い，ようやくできた仮設住宅の仲間達とも離れ，孤独死等の問題も起こりかねない．この住宅はそのようなことを未然に防ぐために，入居予定者への事前のワークショップと，住民と触れあいながら作り上げてゆく中庭や花壇等のアートワーク，アートデザインの仕掛けによって，震災によってバラバラになってしまったコミュニティを再び形成することを試みた事例である．

建築家による仮設コミュニティ拠点の建設

みんなの家は，東日本大震災からの復興を支援するため伊東豊雄，山本理顕，内藤廣，隈研吾，妹島和世の5人の建築家から成る「帰心の会」が進めているプロジェクトである．

東日本大震災の被災者の方々が憩い，復興について語り合う拠点の場となることを目指し，2011年10月に宮城県仙台市宮城野区に第1弾となる「みんなの家」が完成．その後，「陸前高田のみんなの家」「東松島こどものみんなの家」等，被災地の各地で建設された．建てる人と利用する人が共に考えながらつくることを前提とし，地元住民の要望を聞き，共感する企業やNPO，学生，住民などのボランティアの協力を得て建設された．

一方，「りくカフェ」（設計：成瀬・猪熊設計事務所）は，地元住民の発意によって生まれ，自らも被災した地元の医師たち，地域の女性たち，建築・まちづくりの専門家たち等，地元住民が集まってNPO法人を設立し，地元が主体となって運営されているコミュニティカフェである．2012年1月に仮設の建築物で運営を始め，地域の憩いの場を作るとともに，コンサートや習い事教室など様々なイベントに利用されたり，生協の移動販売車が毎週来るようになるなど，地域の生活を支えるコミュニティの活動拠点として活用されている．

海と生きるまちの復興シンボル

東日本大震災の復興では，津波の被害が甚大であったため防潮堤の計画が優先された．気仙沼市内湾地区では「防潮堤によって海とまちが断絶されては，景観や水辺での営みが成り立たない」という理由から，多くの地域住民はTP5.2m（TP（Tokyo Peil）は東京湾平均海面で，全国の基準海水面高さ）の防潮堤が岸壁に建設されることに対して反対してきた．

そのような状況下で，「K-port」（設計：伊東豊雄建築設計事務所）は，目の前に海が広がる敷地に計画され，その後，建物の背面に防潮堤の計画位置が変更されたため，建物から海への眺望は守られることとなった．2013年10月に完成したこの建物は，コミュニケーションやワークショップ，エンターテイメントの場として地元住民に活用され，また地元食材を活かした軽食や飲み物を提供するカフェとしてにぎわいを生み，海と生きる町の復興に向けたシンボルとなっている．

事前の備えから都市再生を考える

ここでは，主に仮設住宅やコミュニティ施設の事例を取り上げたが，東日本大震災の本格復興を通じて，被災中心市街地で多くの都市再生プロジェクトが生まれることが期待される．

また，発生の切迫性が指摘されている東海・東南海・南海地震の3連動地震や影響が甚大な首都直下地震への備えが求められている．本項で示した各テーマは災害復興に限らず，災害に対する事前の備えやそれを通して見えてくる都市の弱点の克服を考える上でも参考となる視点といえる．

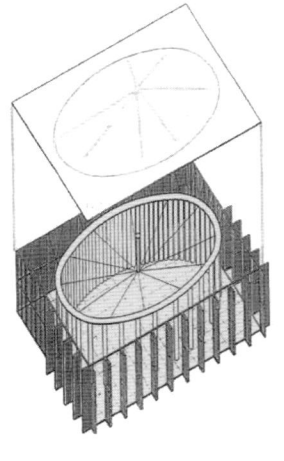

紙の教会
阪神・淡路大震災で最も被害が大きかった地域の一つである神戸市長田区野田北部地区で，焼け落ちた鷹取教会の敷地に建てられた．震災直後集まって話し合う場所がないことから，募金で集められた1,000万円を元手に，ボランティアの手による紙で作られた仮設の教会兼集会場．(出典：坂茂，慶應義塾大学SFC坂茂研究室，VoluntaryArchitects' Network 建築をつくる．人をつくる．INAX出版，2010)

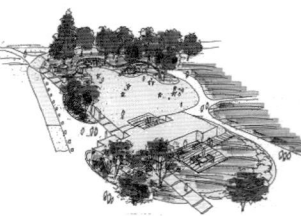

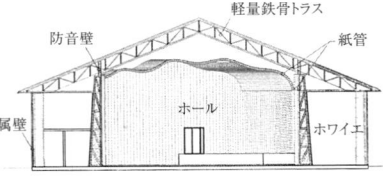

ラクイラ仮設音楽ホール
2009年，イタリア北部で発生した地震で被害を受けたラクイラ市のために作られた．紙管と軽量鉄骨を主構造とし，音響のため壁はコンクリートの代わりに軽量鉄骨のフレームに砂袋が詰められている．
(出典：新建築2013年12月号)

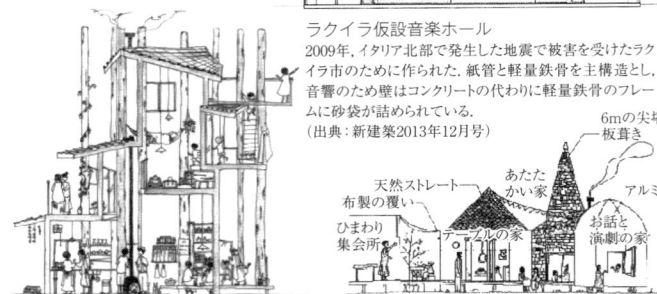

陸前高田のみんなの家
津波で立ち枯れたスギの太柱を用い，様々な高さの居場所を内外に設けている．建設費は寄付や企業の協賛によって賄われ，現地のリーダーとの話し合いによって設計が進められた．(出典：新建築2013年3月号)

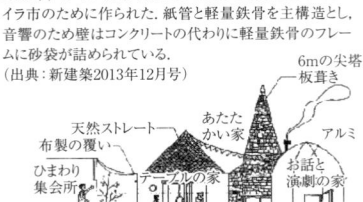

東松島こどものみんなの家
被害のなかったエリアに仮設住宅や公共施設の建設が集中し，子どもたちの安全な場所の確保が困難だった中，子どもたちのための遊び場としてつくられたみんなの家．(出典：新建築2013年3月号)

だんだん畑を使ったアート作品
楽農講座などの市民参加のワークショップが行われた．(出典：都市環境デザイン会議関西ブロックホームページ)

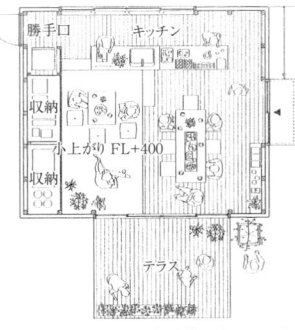

コミュニティ活動拠点「りくカフェ」
約10坪の木造平屋建てのカフェが仮設市街地の一角に建てられた．周辺の仮設建築が本設に建て替わっていく中で，りくカフェの本設の移行プロジェクトも進められている．(出典：新建築2012年6月号)

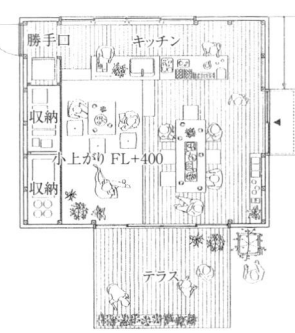

K-port
気仙沼の顔である内湾地区のウォーターフロントに建てられた．防潮堤は海から向かって建物の背面に建設される予定．(設計：伊東豊雄建築設計事務所)

Chapter 2
Urban Elements

Dimension for Activities	ふるまいの寸法
Volume and Layout	ボリュームと配置
Interfaces of Architecture	建築のインターフェイス
Civil structure and Landscape	都市インフラと景観
Event and Temporary Space	出来事と一時的空間
Urban Nightscape	都市と照明

第2章
都市の要素

ここでは人と建築と都市に関わる空間スケールの基礎的資料をまとめている.「ふるまいの寸法」では実測調査も交え,移動や密度といった切り口で人々のアクティビティと都市の関係を示した.「ボリュームと配置」では建物のボリュームとその配置が大きく影響する都市の密度感について,「建築のインターフェイス」では都市と建築の多様な関係を生み出す公と私の境界領域について考察する.さらに「都市インフラと景観」では都市の立地と密接につながる川辺・海岸の景観形成を,「出来事と一時的空間」では都市の要素として祭りやパブリックアートなどの仮設的空間を取り上げている.最後の「都市と照明」ではライトアップや街路灯等による夜間の照明計画に関する資料を紹介する.

ふるまいの寸法：人と街路1　Dimension for Activities: Pedestrian and Street

ふるまいの寸法
この「ふるまいの寸法」の項は，前半で公共空間のアクティビティを担う3分野（建築・土木・ランドスケープ）にまたがる街路・勾配・密度に関する基礎的データを比較しやすいスケール順に配置して解説し，後半では寸法と人の密度に着目し，実際の公共空間のなかでの人々のふるまい方や周辺の環境とのかかわりを実測調査に基づき紹介する．

人の移動行動と街路
人が都市の中を移動する際に，「都市内を歩いて移動する」，「交通手段を用いて都市内を移動する」，「都市間を移動する」という移動行動があるが，それを元に街路を考えると，それぞれ「歩行者のための街路」，「公共交通（バス等）を中心とした街路」，「都市スケールの街路」に対応する．これらの街路は異なるスケールを持つため，それぞれに見合った環境整備が重要となる．

歩行者のための街路
自動車を気にすることなく自由に歩くための街路である．この街路空間では内にある要素（オープンカフェ，ストリートファニチャー，植栽，自転車道等）のありようが，歩行時の快適性に影響を及ぼすため重要である．

公共交通を中心とした街路
公共交通は人々の都市活動を補填し，拡張してくれる．快適に佇んだり移動するためには，歩道－公共交通間のアクセスや周辺の作り方が重要である．さらに，公共交通も都市環境負荷の少ない手段への転換が図られている．

都市スケールの街路
主に都市と都市を移動するための街路である．この街路は，すべての交通手段を網羅しているが，デザインする場合には，歩行者の快適さも考慮することが今後の課題である．

人と街路
ここでは，街路空間の寸法決定の基本となる「道路まわりの空間」と「道路要素の基本寸法」について解説する．また，「道路寸法の再配分」では，従来は移動を主目的としていた街路を，街路を利用し楽しむ歩行者の視点に立った街路に再計画した事例を街路スケール順に紹介する．

道路まわりの空間・道路要素の基本寸法
街路を設計する際，日本の街路寸法は占有幅と呼ばれる最低限の余白を付加した個々の要素寸法（人・自転車・自動車等）の足し算および組み合わせによって算出される．一方，ヨーロッパ等の街路寸法は，街路での人々の自由な動きを考え，街路を含む空間を一体として計画している．さらに，その質の向上を図るために，複合的な寸法体系を用意している．それら寸法事例は各自治体がインターネット上で公開しており，公共空間の中での人々のふるまいや各自治体がどのような公共空間を創出したいかを見ることができる．

道路寸法の再配分
電線の地中化による歩道の整備や公園・河川等と一体化した道路整備は地域の事情に合わせて行われてきた．最近では，「歩くこと」が見直され，現在ある街路や自動車中心の道路空間を，歩行者・自転車・公共交通を含め，どの世代にも安全で快適な街路へと積極的に再活用しようとする動きが見られる．

P.17〜19の事例について
以下に，街路空間の積極的な再活用事例を5つ示す．

歩行者のための街路
「やなか水のこみち」は，地域の豊かな水環境を再認識させ活かすために，それらの要素を取り込んで設計した歩行者専用道である．

「元町商店街」と「ロープウェイ街」は，車と歩行者が共存するまちづくりを目標に，電線の地中化による歩道や景観の整備，車の走行速度を落とす車道整備を行った．

公共交通を中心とした街路
「大手モール」は，LRTによる富山駅周辺と商業地の回遊性向上を図り，車道を意識させずに歩行者中心で賑わいある街路空間を創出するため道路を再編した．

都市スケールの街路
「蔵本通り」は，車線を2本減少させ，公園・河川・公共施設を一体的に整備したのち，確保した公園内に屋台を再整備した．

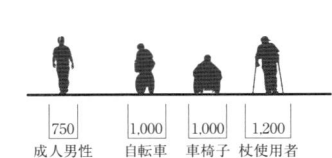

個人の足し算から考える日本
［出典：国土交通省道路構造令］

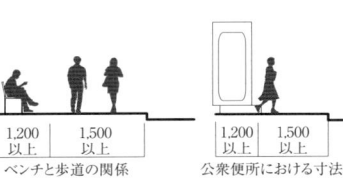

- 成人男性：750
- 自転車：1,000
- 車椅子：1,000
- 杖使用者：1,200

組み合わせのバリエーションのあるドイツ
［出典：Dieter Prinz: Städtbau］

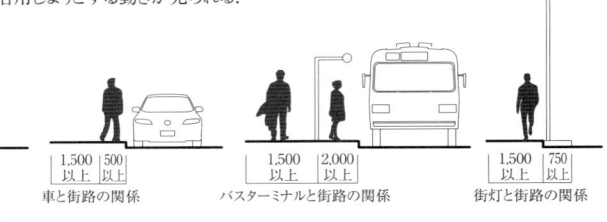

- ベンチと歩道の関係：1,200以上／1,500以上
- 公衆便所における寸法：1,200以上／1,500以上
- 車と街路の関係：1,500以上／500以上
- バスターミナルと街路の関係：1,500以上／2,000以上
- 街灯と街路の関係：1,500以上／750以上

道路まわりの空間

歩道	植栽	パーキングレーン	車道	車道	中央分離帯	車道	車道	バス	植栽	歩道
2m以上	1.5m以上	3.25m以上	3.25m以上	3.25m以上	1m以上	3.25m以上	3.25m以上	3.25m以上	1.5m以上	2m以上

側溝 0.5m以上　中央分離帯 1m以上　側溝 0.5m以上

道路要素の基本寸法

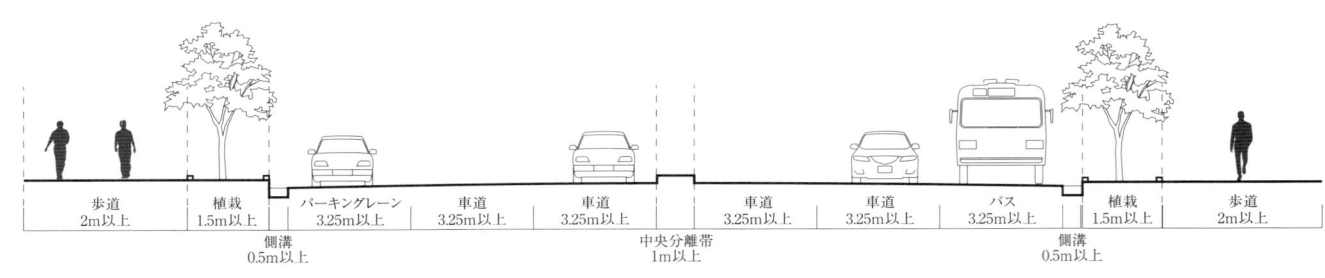

歩道	植栽	自転車道			車道					中央分離帯
		啓発帯	歩行空間内	自動車道内	専用通行帯	側溝	パーキングレーン	一方通行	バス/LRT	対面通行	
2m以上	1.5m以上	1m〜2m	2m	2m以上	1.5m以上	0.5m以上	3.25m以上		バス/LRT	4.5m以上	1m以上

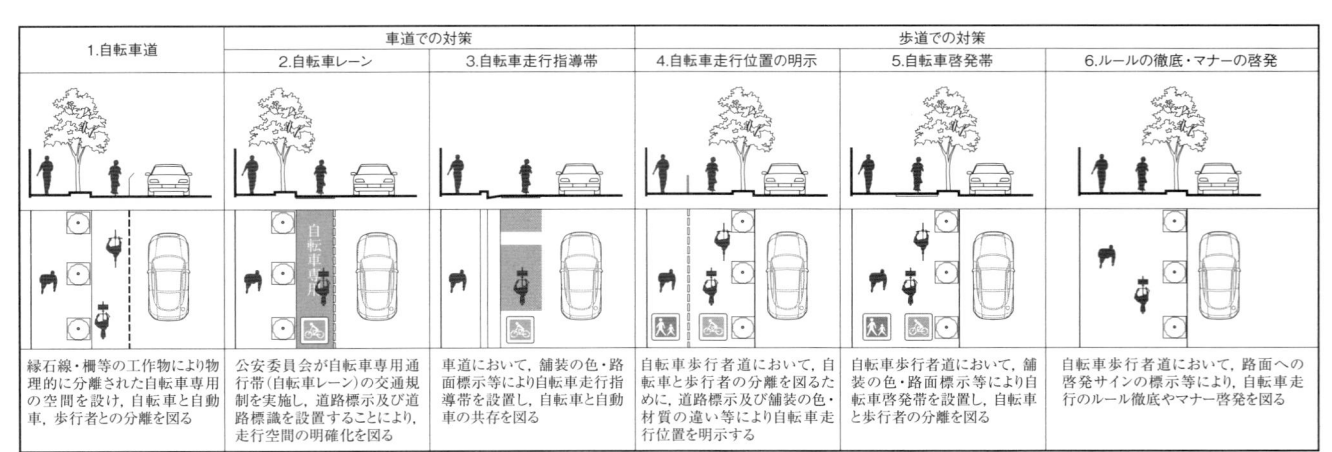

自転車走行空間の整備手法

	車道での対策			歩道での対策		
1.自転車道	2.自転車レーン	3.自転車走行指導帯	4.自転車走行位置の明示	5.自転車啓発帯	6.ルールの徹底・マナーの啓発
縁石線・柵等の工作物により物理的に分離された自転車専用の空間を設け，自転車と自動車，歩行者との分離を図る	公安委員会が自転車専用通行帯（自転車レーン）の交通規制を実施し，道路標示及び道路標識を設置することにより走行空間の明確化を図る	車道において，舗装の色・路面標示等により自転車走行指導帯を設置し，自転車と自動車の共存を図る	自転車歩行者道において，自転車歩行者の分離を図るために，道路標示及び舗装の色・材質の違いにより自転車走行位置を明示する	自転車歩行者道において，舗装の色・路面標示等により自転車啓発帯を設置し，自転車と歩行者の分離を図る	自転車歩行者道において，路面への啓発サインの標示等により，自転車走行のルール徹底やマナー啓発を図る

［出典：第5回 福山都市圏自転車走行空間整備懇談会資料］

Dimension for Activities: Pedestrian and Street　**ふるまいの寸法：人と街路2**　017

整備前平面図

整備前断面図

整備後平面図

整備後断面図

周辺環境の要素を取り込む：やなか水のこみち（岐阜県郡上八幡市／設計：象設計集団＋アトリエ修羅／建設：1988年）

| 店舗 | 歩道 1.8m | 車道（走行帯） 8m | 歩道 1.8m | 店舗 |

整備前断面図

| 店舗 | 歩道 3m | 車道（走行帯） 3.5m | 歩道（休憩コーナー） 5m | 店舗 |

整備後断面図

整備前平面図

整備後平面図

回遊性を促すストリートデザイン：元町商店街（神奈川県横浜市／計画：元町エスエス会／設計：桜井淳計画工房／建設：第3期2003〜2005年）

| 歩道 3m | 車道 7.5m | 歩道 3m |

整備前断面図

| 歩道 3〜5m | 車道 5m | 歩道 3〜5m |

整備後断面図

整備前平面図

整備後平面図

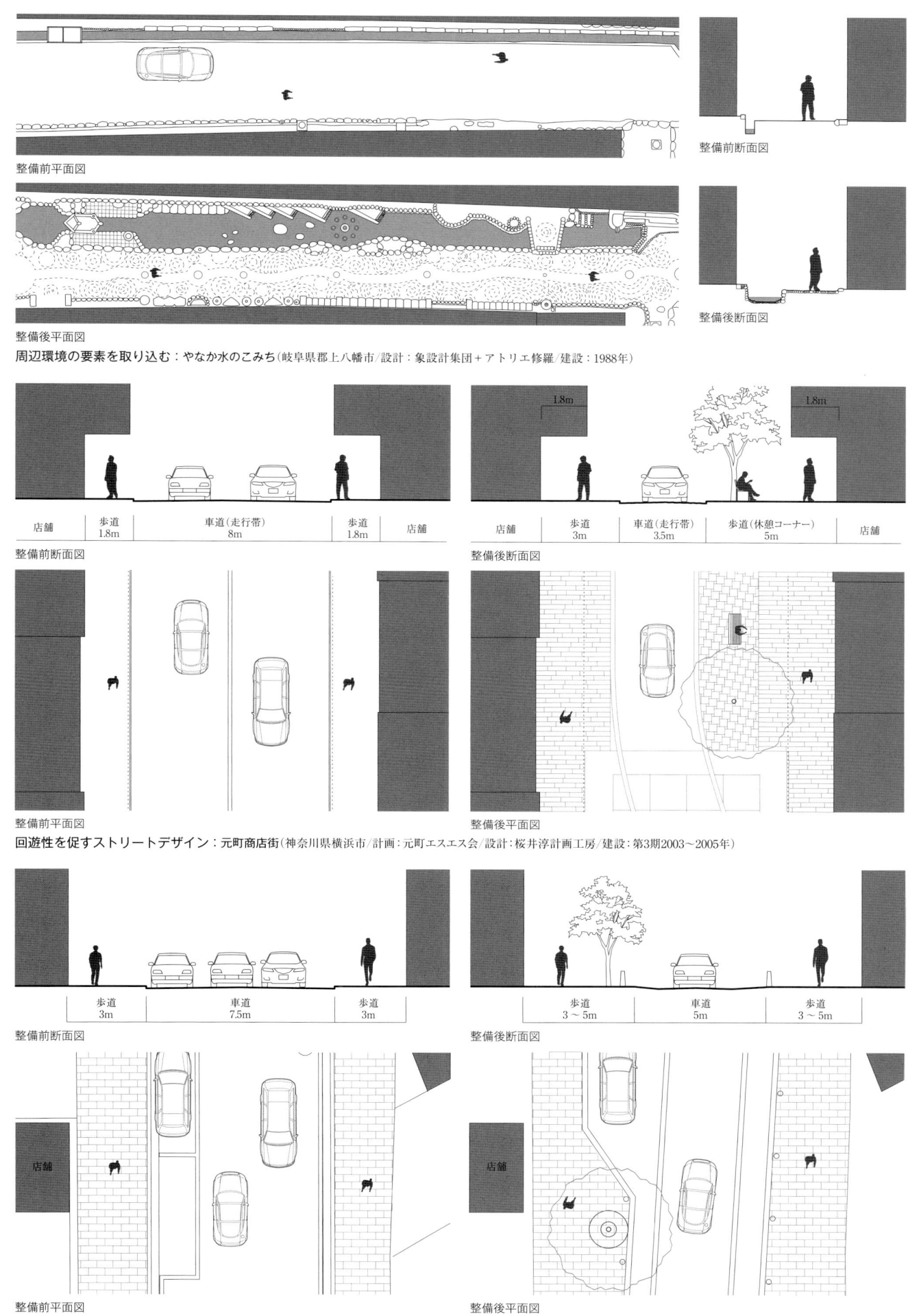

暮らしやすさを支えるみちづくり：ロープウェイ街（愛媛県松山市／設計：松山市＋小野寺康都市設計事務所／建設：2006年）

道路寸法の再配分：歩行者のための街路

018 ふるまいの寸法：人と街路3 Dimension for Activities: Pedestrian and Street

Chapter 2 都市の要素
- ふるまいの寸法
- ボリュームと配置
- 建築のインターフェイス
- 都市インフラと景観
- 出来事と一時的空間
- 都市と照明

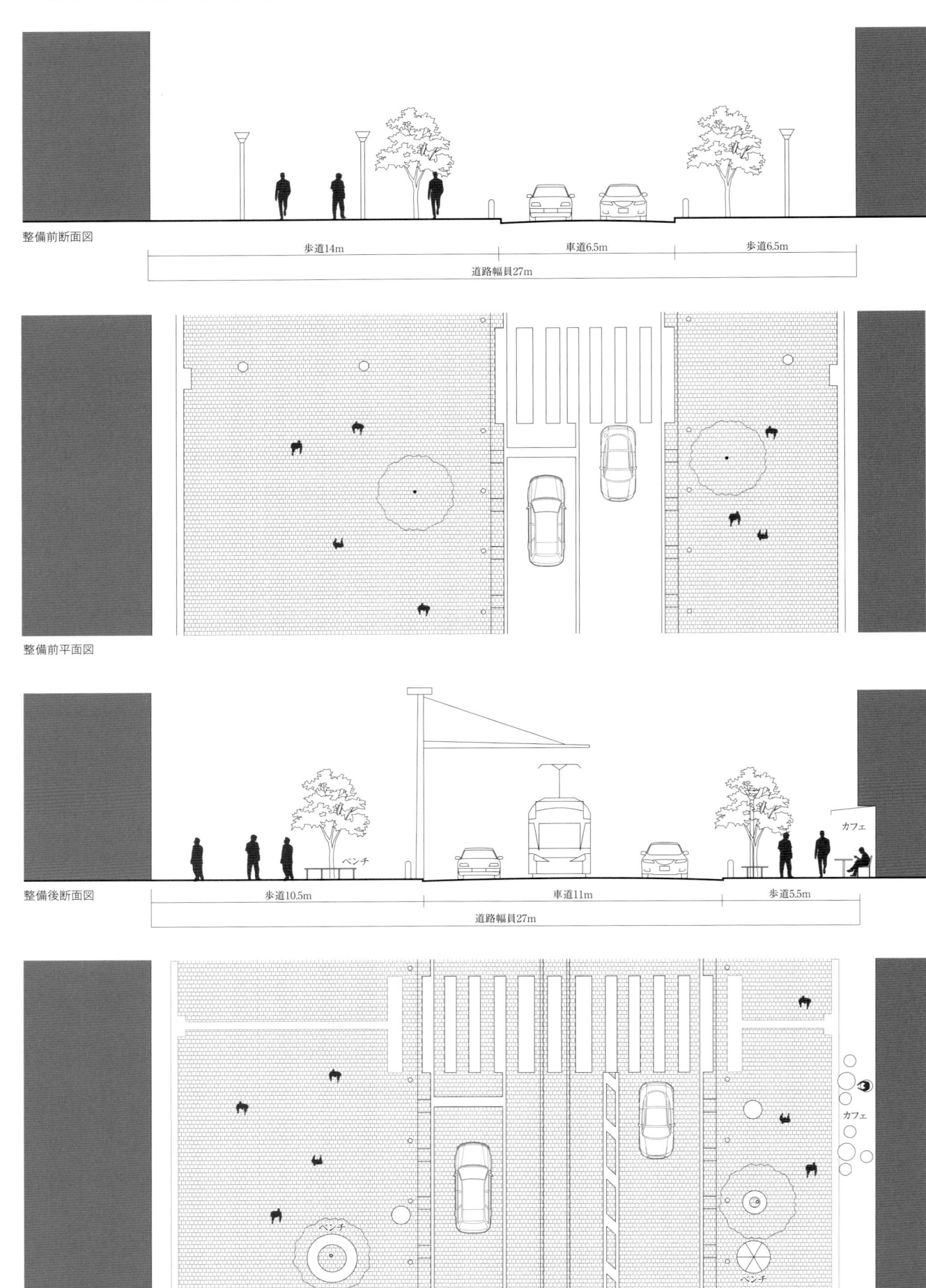

整備前断面図　歩道14m／車道6.5m／歩道6.5m　道路幅員27m

整備前平面図

整備後断面図　歩道10.5m／車道11m／歩道5.5m　道路幅員27m

整備後平面図
LRTの導入と歩行空間の整備：大手モール（富山市／計画：富山市／設計：富山市／建設：2007〜2009年）
道路寸法の再配分：公共交通を中心とした街路

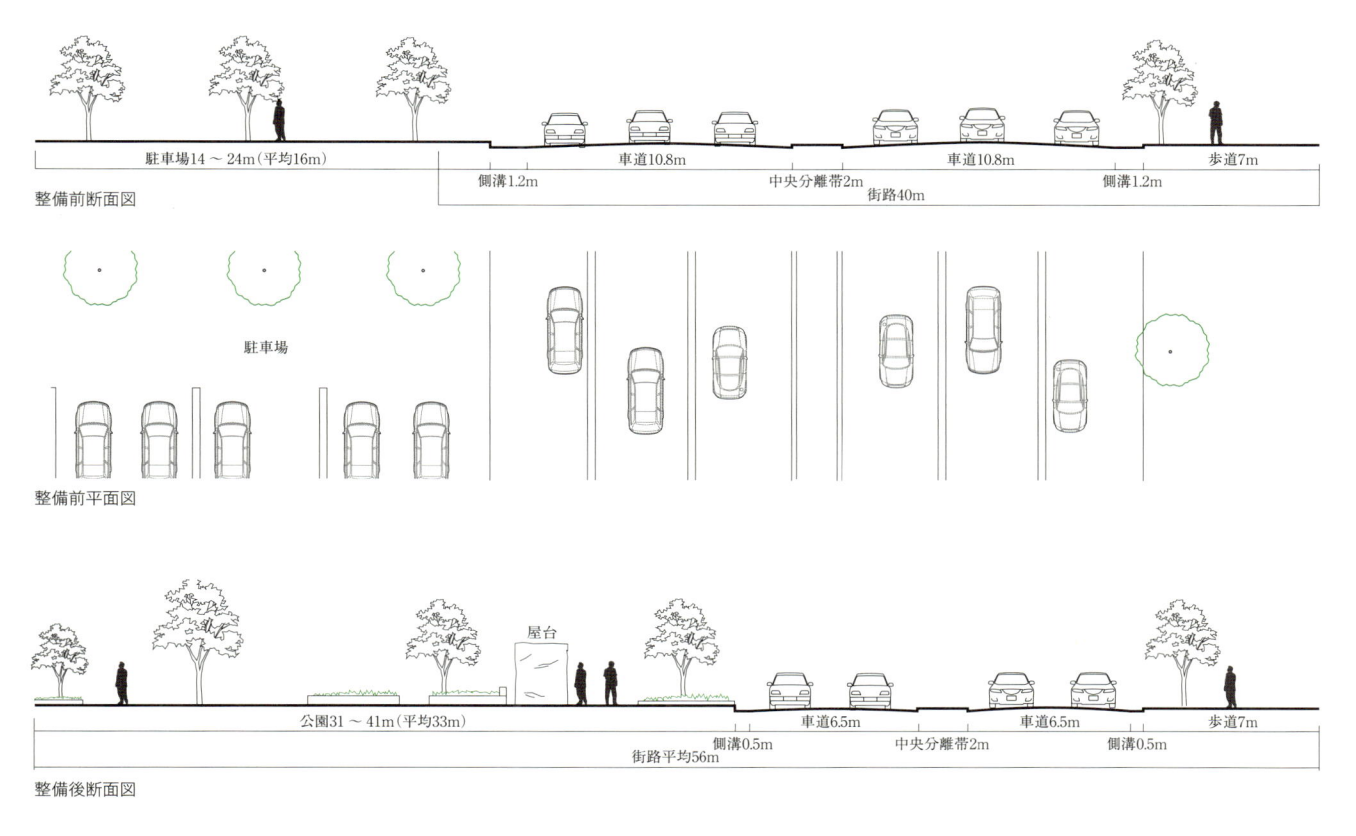

Dimension for Activities: Pedestrian and Street　ふるまいの寸法：人と街路4　019

整備前断面図　駐車場14〜24m（平均16m）　側溝1.2m　車道10.8m　中央分離帯2m　街路40m　車道10.8m　側溝1.2m　歩道7m

整備前平面図　駐車場

整備後断面図　公園31〜41m（平均33m）　屋台　側溝0.5m　車道6.5m　中央分離帯2m　車道6.5m　側溝0.5m　歩道7m　街路平均56m

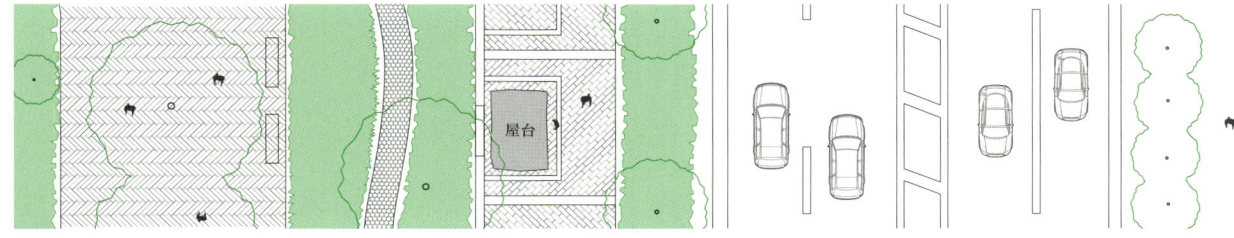

整備後平面図　屋台

車線縮小による公共空間の拡充：蔵本通り（広島県呉市／計画：呉市都市部都市計画課／設計：LAT環境クリエイト／建設：1983〜1988年）

道路寸法の再配分：都市スケールの街路

交通手段と道路専有面積

ここに掲載した図は、同一の数の人間が別々の交通手段で都市内を移動する際に、どれだけの面積を占めるだろうかという疑問に対して行ったHermann Knof-lacher（ヘルマン・クノフラッハー）氏の社会実験の結果をもとにして描いている。

左から順に、「自動車が道路を占有した場合」、20人の人々が「一人一台の自動車で移動する場合」、「公共交通（バス）利用して移動する場合」、「自転車で移動する場合」を描いている。その結果、道路を専有する面積が小さいのは、公共交通（バス）、自転車、自動車で移動する場合の順であった。

道路専有面積の大きい自動車は、都市交通環境に対する負荷が高いといえる。人々の移動手段を自動車から公共交通に替えることによって、専有していた道路が歩道や広場に姿を変え、その周辺に商店街が立ち並ぶとしたら、人々にとって町は魅力的になり、そこで過ごす楽しみが増えることにならないだろうか。

さらに、歩くことよりも行動範囲が広がる自転車を都市内の交通システムに組み込んで、交通手段のバリエーションを増やしていくことが今後の都市を考える上で大事なポイントといえよう。

[参考文献：Neighborhoods for People, Seatle Toolkit, 2009]

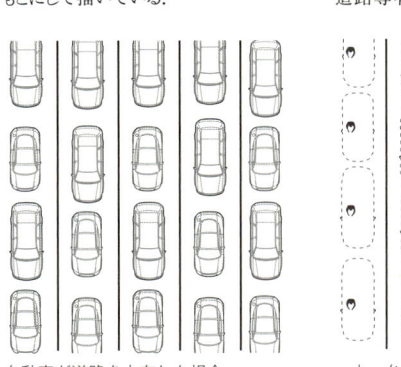

自動車が道路を占有した場合 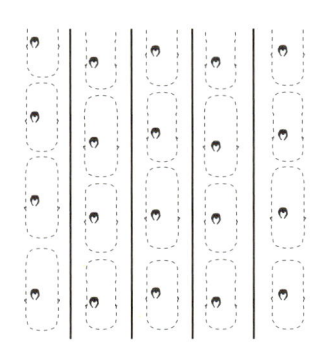　　一人一台の自動車で移動する場合 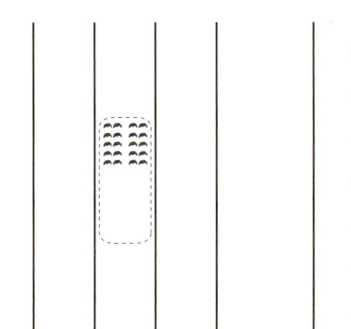　　同じ数の人がバスで移動する場合 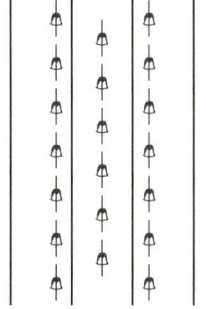　　同じ数の人が自転車で移動する場合

020 ふるまいの寸法：街の勾配1 Dimension for Activities: Degree of Surface

街の勾配

建物の中から外に出ると，都市は勾配に満ちている．完全な水平面や垂直面は特異な状態であり，私たちが接する地面は様々な勾配を持っている．もちろん地球の表面自体に凸凹がある限り，その上に成り立っている都市では必ず勾配と折り合いをつけなければならない．

最も小さな勾配は水勾配と言われる雨水排水のための勾配である．水をうまく逃がし，きちんと排水のとれた地面を確保するために都市の表面は実は微妙な勾配の集積だとも言える．

勾配は人のふるまいに強い影響を与え，都市をデザインする上で大きな手がかりとなる．ここでは土木，建築，ランドスケープ，インテリアといった，様々な領域に分散していた勾配にまつわる具体的記述を集め，一覧している．また勾配の単位についてもそれぞれの分野で異なるものが使われているため，同じ勾配を見ていながら単位が違うばかりにそれが同じであることを共有できないという事態も起こりうる．そこで，パーセンテージ，度数，比率の3つの単位も併せて記載している．

Chapter 2 都市の要素
- ふるまいの寸法
- ボリュームと配置
- 建築のインターフェイス
- 都市インフラと景観
- 出来事と一時的空間
- 都市と照明

建築の床
芝生面では凹んで見える
0%　0°

軽井沢 ハルニレテラス
0%　0°

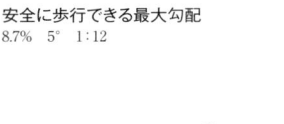

車いす使用の斜路の縦断勾配の限度（屋外）
車いす使用の斜路の横断勾配の限度
視覚的に平坦に見える芝生面の最大勾配
5%　2.9°　1:20

六本木駅 動く歩道
5.2%　3°　1:19

グラウンド，テニスコートなどの推奨水勾配
0.5%　0.3°　1:200

宮下公園 フットサルコート
0.5%　0.3°　1:200

車いす使用の斜路の縦断勾配の限度（屋内）
8.3%　4.7°　1:12

カンポ広場
5.2〜14%　3〜8°　1:20〜1:7

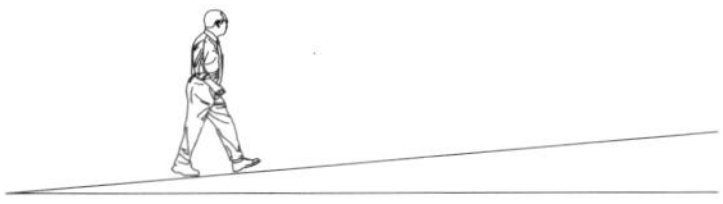

舗装面の標準水勾配
1〜2%　0.6〜1.1°　1:100〜1:50

東京ミッドタウン エントランス
1.4%　0.8°　1:71

安全に歩行できる最大勾配
8.7%　5°　1:12

芝生の水勾配，芝生上のスポーツに適した勾配
2%　1.1°　1:50

えんぱーく（塩尻市市民交流センター）屋上広場
1〜1.3%　0.6〜0.7°　1:100〜1:75

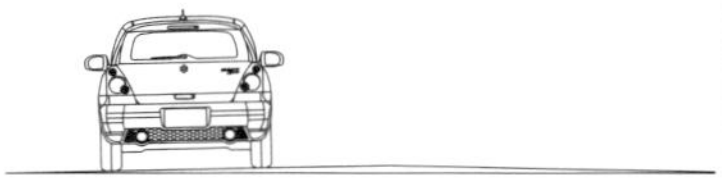

地面に座りやすい
10%　5.7°　1:10

ポンピドゥーセンターの広場
7%　4°　1:15

道路の横断勾配
2%　1.1°　1:50

渋谷 道玄坂
2%　1.1°　1:50

砂浜（波打ち際）
10.5〜13.2%　6〜7.5°　1:9〜1:7

江の島ビーチ
12.3%　6°　1:8.1

一般斜路の最大勾配
斜路を選ぶか階段を選ぶかのめど
12%　7°　1:8.3

松戸駅 自転車用跨線橋
14%　8°　1:7.1

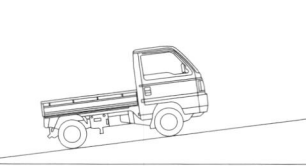

視覚的に平坦に見える最大勾配
3%　1.7°　1:33

表参道
3.5%　2°　1:29

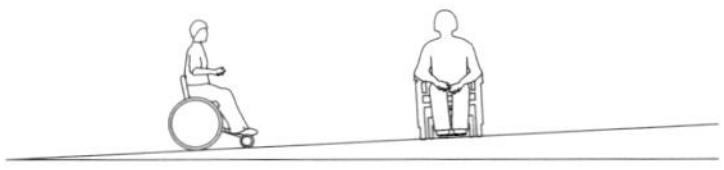

駐車場内の斜路の最大勾配
17%　9.6°　1:5.8

地下駐車場
12.3%　7°　1:8.1

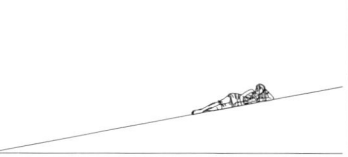

寝転がる
20%　11°　1:5

軽井沢セゾン美術館芝生広場
17.6%　10°　1:5.7

Dimension for Activities: Degree of Surface　ふるまいの寸法：街の勾配2　021

斜路付き階段の最大勾配
25%　14°　1:4

軽井沢駅 斜路付き階段
23.1%　13°　1:4

江の島 防潮堤
33.8%　18.7°　1:3

快適に座れる
33%　18.3°　1:3

江戸川 河川敷
36.4%　20°　1:2.7

東京ミッドタウン 芝生広場
46.6%　25°　1:2.1

外部階段の最大勾配
36.4%　20°　1:2.7

赤坂サカス
27%　15.1°　1:3.7
蹴上135mm／踏面500mm

知恩院 男坂（京都府京都市）
50%　26.57°　1:2
蹴上250mm／踏面500mm

長時間座ることが困難
50%　26.6°　1:2

東京ミッドタウン すべり台
50.9%　27°　1:1.9

盛土（5～10m, 砂質土）の標準勾配
50～55.6%　26°～29.1°　1:1.8～1:2

荒川日ノ出町緑地
57.7%　30°　1:1.73

京都駅大階段
56.6%　29.54°　1:1.8
蹴上170mm／踏面300mm

住宅の最適な階段の勾配（30～35°）
公共施設の階段の勾配の上限（≦35°）
57.7～70%　30～35°　1:1.73～1:1.42

エスカレーター
57.7%　30°　1:1.7

すべり台の降滑部の傾斜角度の上限
100%　45°　1:1

すべり台
93.2%　43°　1:1

切土（5～10m, 砂質土）の標準勾配
66.7～83.3%　33.7°～39.8°　1:1.5～1:1.2

切土法面
57.9%　30.1°　1:1.7

愛宕神社 男坂（東京都港区）
75.3%　37°　1:1.3

住宅の階段勾配の上限
153.2%　57°　1:0.65

気仙沼 避難階段
96.5%　44°　1:1

ボルダリング
90°～

宮下公園 ボルダリング
90°～

022　ふるまいの寸法：密度とにぎわい1　Dimension for Activities: Behavior and Density

密度とにぎわい

都市においてパブリックという概念は重要である．その概念をふるまいという観点から見てみると，人の集合もしくは集まり方の密度から読み解くこともできる．

ここでは様々な文献から集めた密度（距離も密度を表す一つの様態として扱う）に関する研究を実際の都市内でのアクティビティと関連づけながら示している．

人の集合の形態と密度分布

座る，立つ，歩くなどの動き，対面，線形，同心円状などの分布の仕方，人は集合として様々な形態をとるが，ここでは疎から密へ，少人数から大人数へという流れで基本的な密度分布を並べている．人と人の関係のあり様は，まさしく密度分布を通じて様々なパターンとして可視化できることがみえてくる．

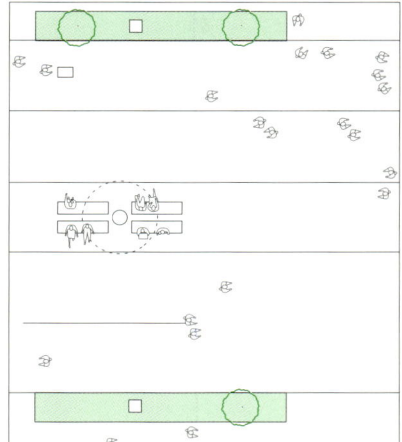

Chapter 2　都市の要素
- ふるまいの寸法
- ボリュームと配置
- 建築のインターフェイス
- 都市インフラと景観
- 出来事と一時的空間
- 都市と照明

銀座（東京）の歩行者天国　1:300

密度：0.3未満人/m²
自由な速さで歩き，人を追い越すことができる．人とぶつかる可能性も全くない．交通量は最大交通量の20％以下．

中国の井戸端会議　1:100

距離：0～0.45m
個体距離（近接相）
自分の手足をのばすことで容易に相手に触れることができる．相手を抱いたりつかまえたりできる．

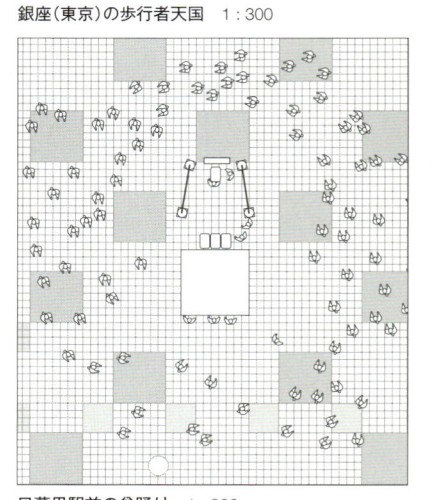

日暮里駅前の盆踊り　1:300

密度：0.3～0.45人/m²
自由な速さで歩き，一方向の流れなら無理なく人を追い越すことができる．交差・対向する際にわずかにぶつかる．一方向流の場合の交通量は最大交通量の20～50％以下．

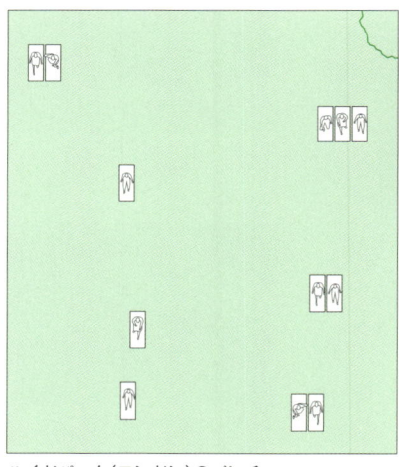

ハイドパーク（ロンドン）のベンチ　1:300

距離：7.6m～
公衆距離（遠方相）
普通の声で話されることや顔の細かい表情や動きが感じ取れない．円錐視界で全景を捉え，周辺視では人間を端の方での動きとして捉える．

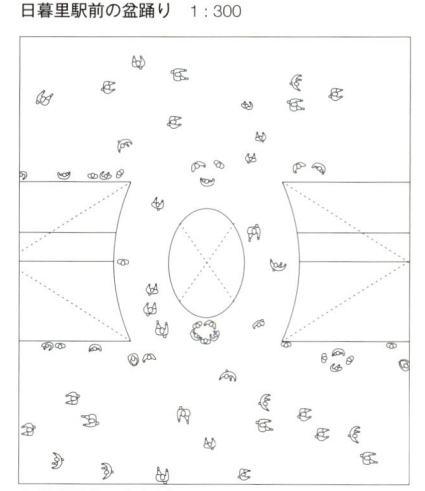

京都駅構内の立ち話　1:300

距離：0.45～0.75m
個体距離（近接相）
相手との体の接触は避けられるが，手足をわずかにのばすだけで相手に触れることができる．例えば，切手売り場など．

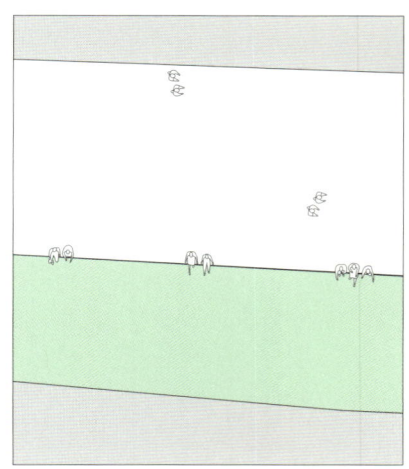

鴨川（京都）のカップル　1:300

距離：3.6～7.6m
公衆距離（近接相）
最も明瞭に見える視角（1度）に顔全体が入る．他の人を視界の周辺部で捉えることができる．

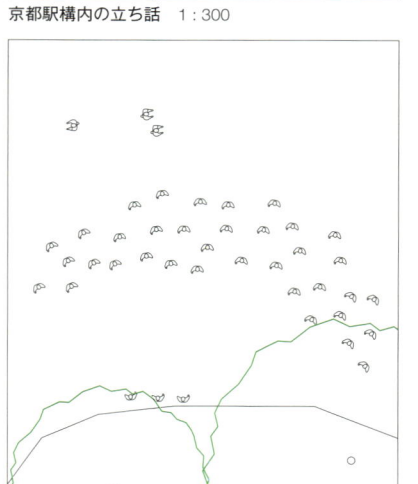

上野公園のストリートライブ　1:300

距離：1.2～2.1m
社会距離（近接相）
人が集まる時など個人的な行為ではない場合．腕をのばして相手に触れることができる．職場の同僚のあいだや仕事上の気軽な集まりにおける距離．

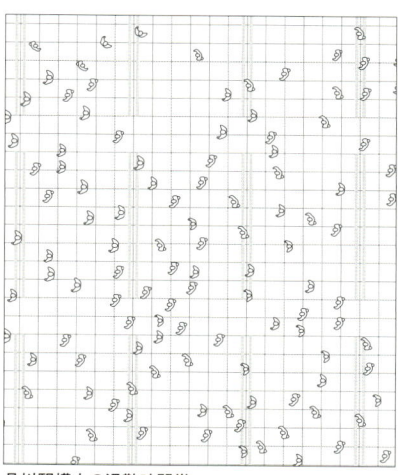

Dimension for Activities: Behavior and Density　**ふるまいの寸法：密度とにぎわい2**　**023**

品川駅構内の通勤時間帯　1：300

密度：0.7〜1.1人/m²
ほとんどの人が自由な速さで歩けず，追い越しも難しい．人とぶつかることもよく起こる．一方向流の場合の交通量は最大交通量の65〜80%以下．

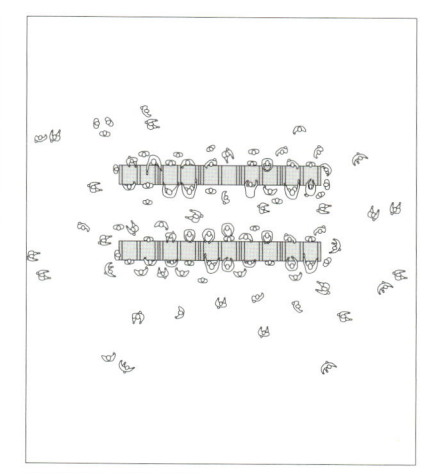

新橋駅前SL広場の将棋　1：300

距離：0.75〜1.2m
個体距離（遠方相）
容易に握手ができ，手をのばして相手に触れることができる．相手を急につかまえたりできるので「信頼の輪」の中にあるといえる．

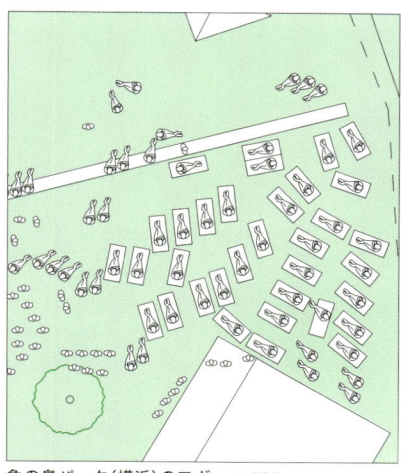

象の鼻パーク（横浜）のヨガ　1：300

距離：2.1〜3.6m
社会距離（遠方相）
形式ばった性格の業務や社交上の対話をすることができる．簡単に触れ合い，好きなときに別々になることができる．

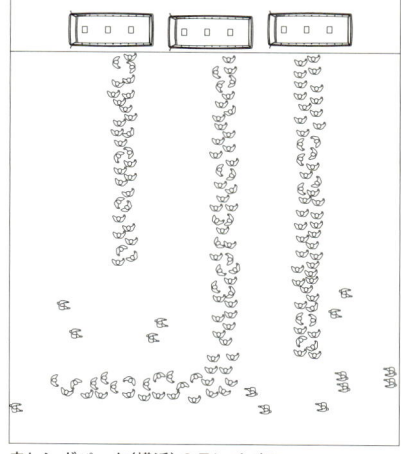

赤レンガパーク（横浜）のランチバス　1：300

線密度：2.5人/m（1列）
　　　　3.5〜4.5人/m（2列）
　　　　5〜5.5人/m（3列）
線密度とはその群衆の向いている方向の1m当たりの人数である．団子状になった行列の場合では9人/mを超える場合もある．

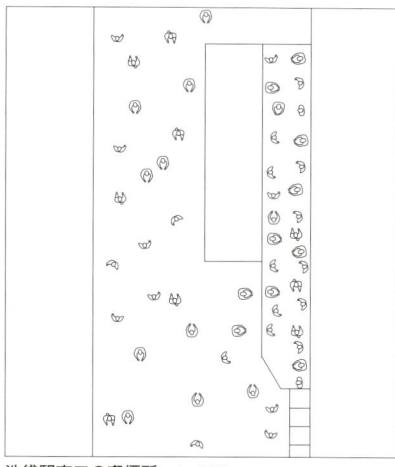

池袋駅南口の喫煙所　1：300

密度：1.0人/m²
雨の日に群衆の一人一人が傘をさすことができる．例えば，新幹線のグリーン車内など．

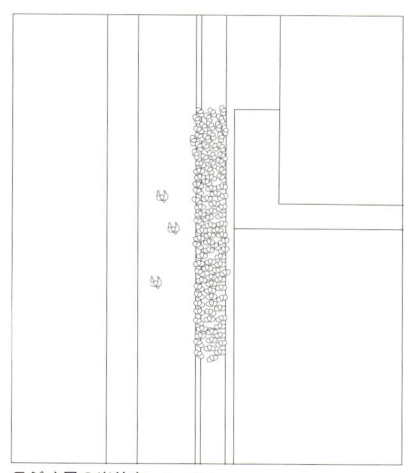

ラジオ局の出待ち　1：300

密度：5.0〜6.0人/m²
身体の前後に接触はなく，触れ合う程度．週刊誌は読めるが落としたものは拾いにくい．例えば，混雑率200%の通勤電車内や満員のエレベーター内など．

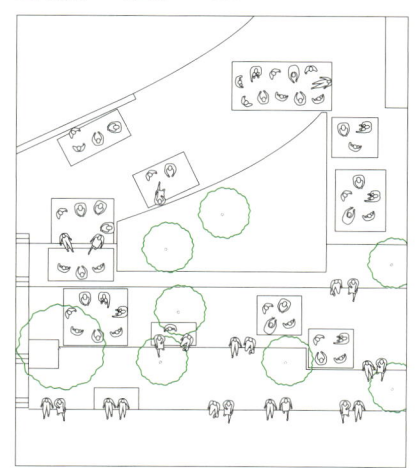

上野公園の花見　1：300

密度：1.0〜2.0人/m²
花見などのレジャーシートの上で少し詰めて座ることができる．または，ゆったりとした劇場の客席．長期にわたって人間を収容する密度の限界である．

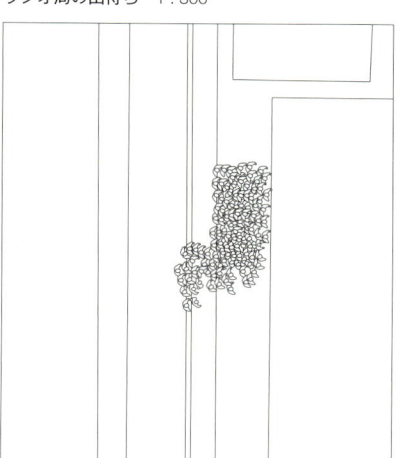

ラジオ局の出待ち 待ち時間ぎりぎり　1：300

密度：11.0〜12.0人/m²
周囲から強く圧迫され，あちこちから悲鳴があがる．

024　ふるまいの寸法：領域1　Dimension for Activities: Behavior in Public Space

丸の内オアゾ
- 所在地：東京都千代田区
- 設計：三菱地所設計, オンサイト計画設計事務所, 日建設計
- 建設：2004年
- 敷地面積：23,767m²
- 建築面積：15,932m²
- 建蔽率：67%（街区全体）
- 容積率：1,272%（街区全体）

都市スケールからヒューマンスケールへ

丸の内オアゾは東京駅丸の内北口の正面にあり, 5つの地権者からなる複合再開発である. 駅正面のにぎわいから一歩入ったところに中庭的なオープンスペースが確保されており, 建築内外を通してひと続きの公共空間が存在している.

一種のスーパーブロックともいえる丸の内地区に, 歩行者にとっての快適なスケール感を持ち込もうとした時, この中庭的空間の試みは一つの方法ではないだろうか. 高さと距離の比（D/H）が小さい巨大な壁に囲まれた空間であるが, ガラスのアトリウム空間との一体感により, 広がりのある歩行者空間として感じられる. 広場の設えとしても, 街を歩き回る人々のための気持ちよいスケール感が確保できるように, 通常より細かい舗装材のパターンから始まりベンチ, ついたて, エゴノキの木立など様々な要素が配置されている.

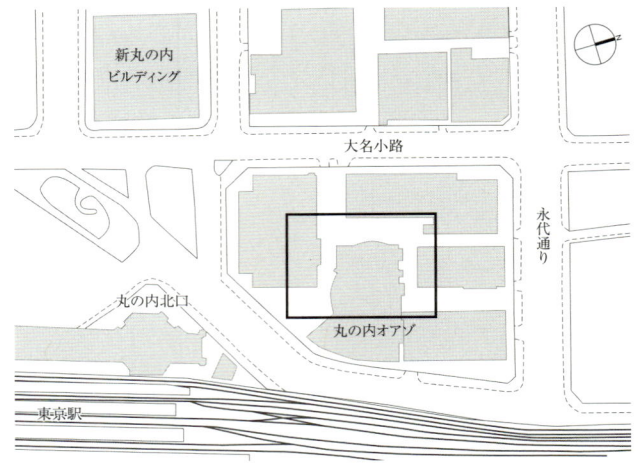

配置図　1:5000

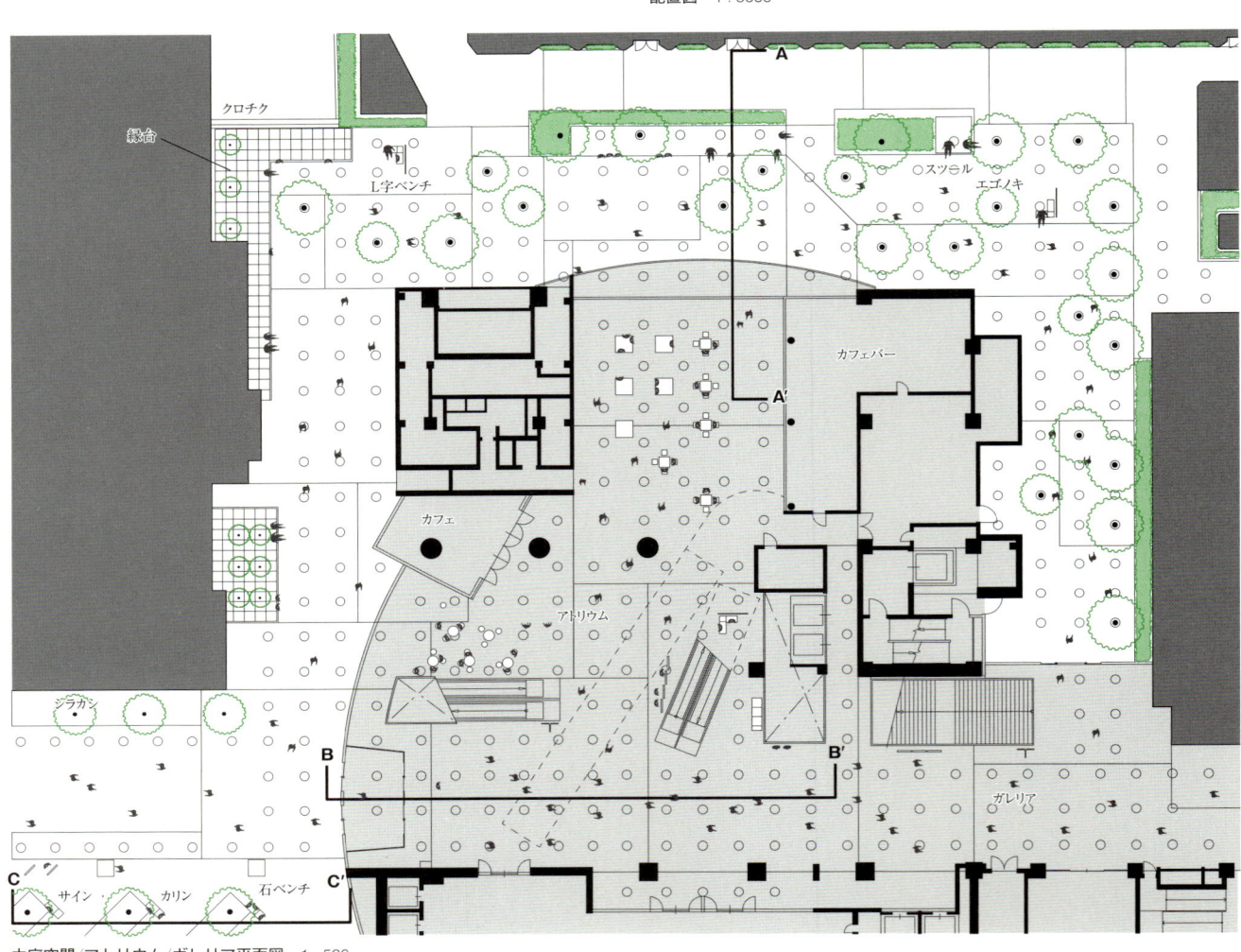

中庭空間/アトリウム/ガレリア平面図　1:500

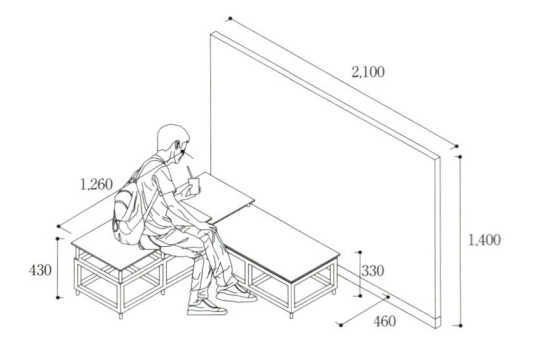

石ベンチ

石ベンチ詳細図

L字ベンチ・ついたて

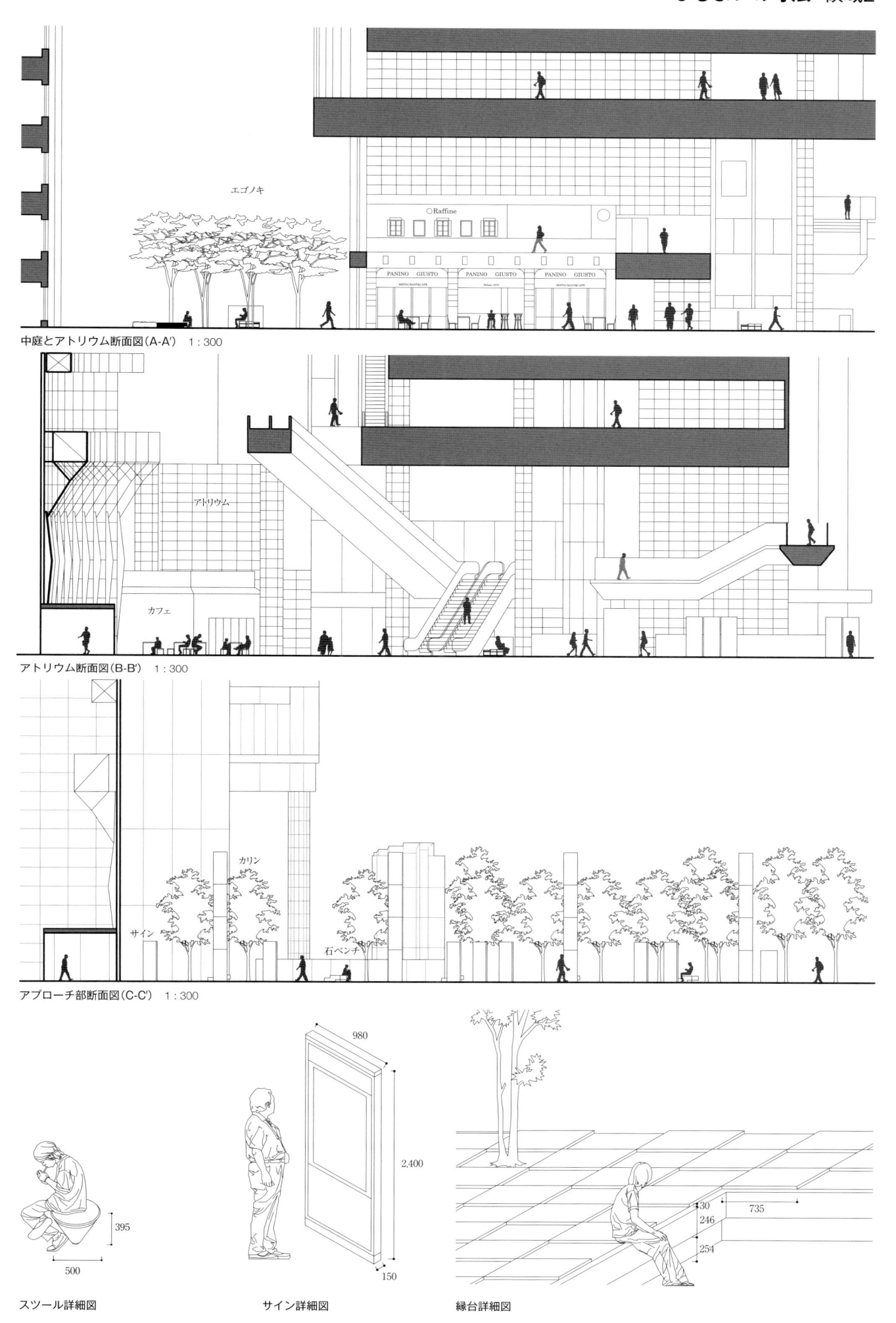

Dimension for Activities: Behavior in Public Space　**ふるまいの寸法：領域2**　025

エゴノキ

中庭とアトリウム断面図（A-A'）　1:300

アトリウム
カフェ

アトリウム断面図（B-B'）　1:300

カリン
サイン
石ベンチ

アプローチ部断面図（C-C'）　1:300

スツール詳細図

サイン詳細図

縁台詳細図

026　ふるまいの寸法：領域3　Dimension for Activities: Behavior in Public Space

東京国際フォーラム
- 所在地：東京都中央区
- 設計：Rafael Viñoly, 構造設計集団, 他
- 建設：1996年
- 敷地面積：27,375m²
- 建築面積：20,951m²
- 建蔽率：82%
- 容積率：533%

昼と夜におけるアクティビティの変化
旧都庁跡地に出現したこの場所は，ホールやイベント会場を内包すると同時に東京駅と有楽町駅を結ぶ巨大な動線にもなっている．そのため待ち合わせや休憩などたまりの場でありながら流れの場でもあるという，日本の広場の特徴を備えている．

イベントの有無によって大きく人の分布が変動することは当然だが，昼と夜でも周期的な変動が見られる．昼はランチバス，夜は通勤客や通り抜け動線の影響が大きいが，一つの場所が様々な都市のアクティビティを支えている良い事例といえる．またこの空間の形成に大きく寄与しているのが巨大なケヤキの存在であることも忘れてはならない．

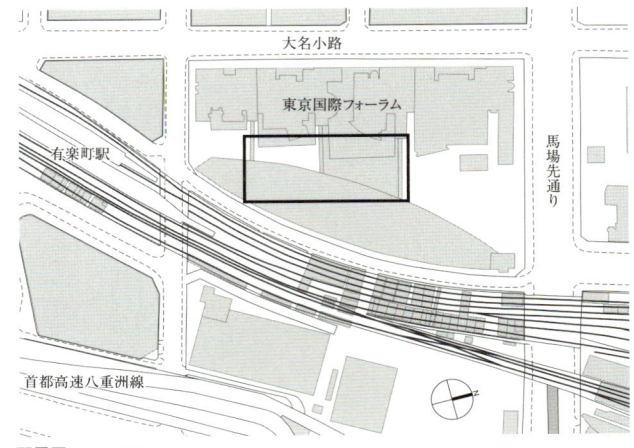

配置図　1:5000

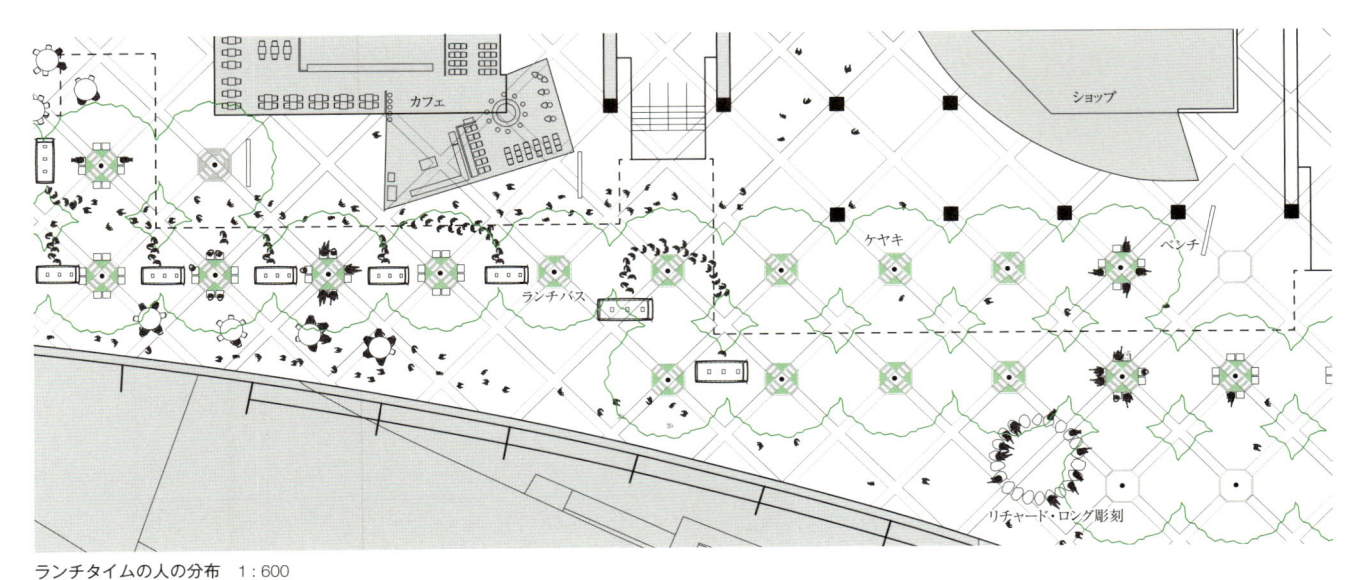

ランチタイムの人の分布　1:600

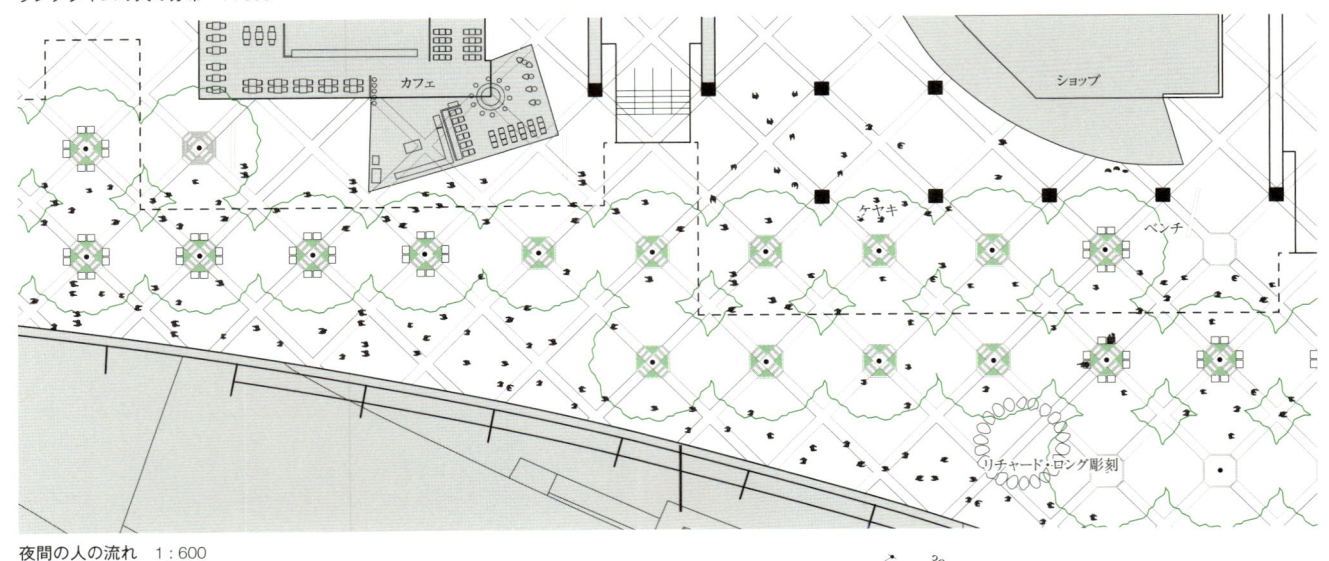

夜間の人の流れ　1:600

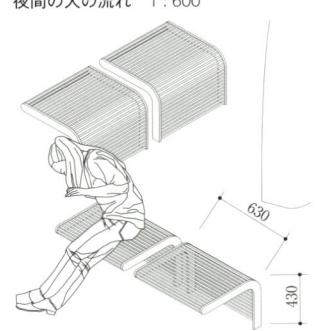

ベンチ詳細図 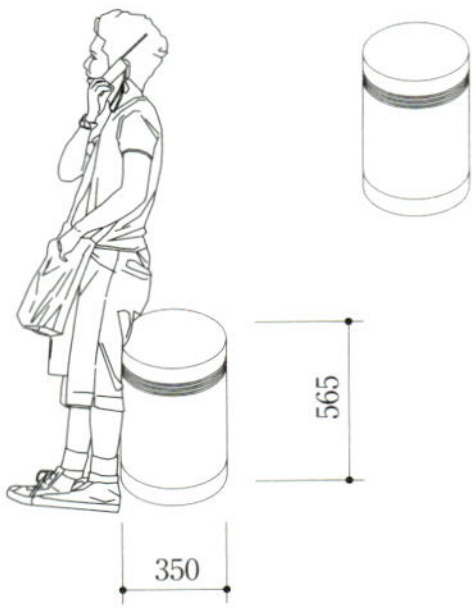　　車止め詳細図 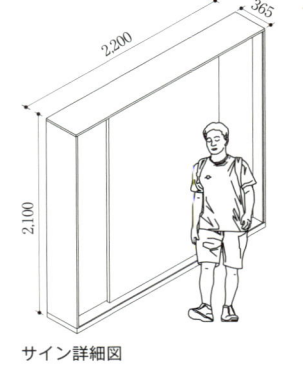　　サイン詳細図 　　サイン（夜）

Dimension for Activities: Behavior in Public Space **ふるまいの寸法：領域4**　027

テーブル

テーブル詳細図　1:100

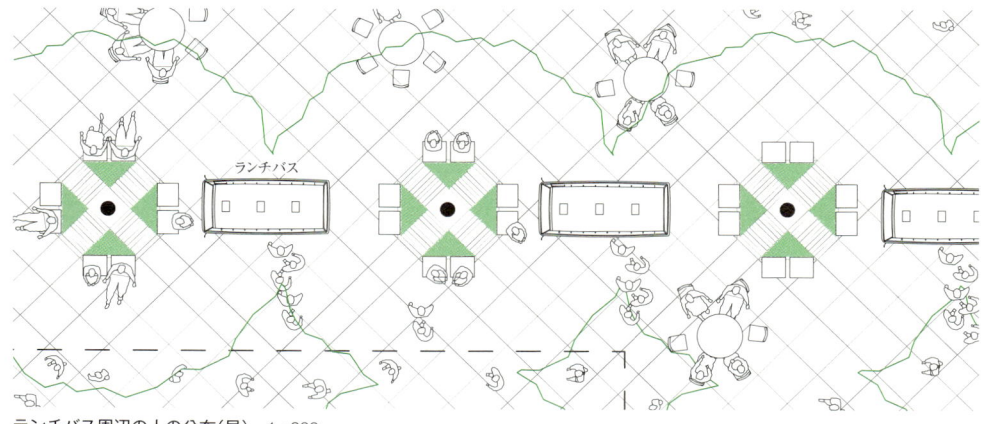

ランチバス周辺の人の分布（昼）　1:200

ランチバス

昼間、特にランチタイムはランチバスと簡易テーブルによって人の分布が決定づけられる。仮設性が高くもともとあったものではないが、現在は広場の欠かせない一部として、昼の風景を彩っている。既存ファニチュアも食事の場所となり、大きなケヤキの木の下は街の喧噪から一時離れて、昼休みを過ごす格好の居場所となる。

ランチバス周辺立面図（昼）　1:200

リチャード・ロング彫刻

夜にホールでのイベントなどがあるときは広場全体に人の流れと待ち合わせが混在して、ダイナミックな動きを見せ始める。イベントなどがない夜は昼と比べて、人が座ることはほとんどなく、通り抜け動線の様相が強まる。

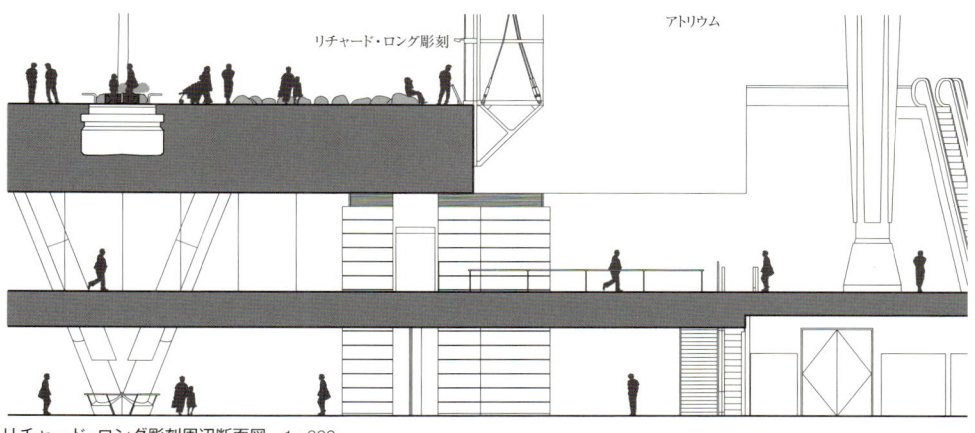

リチャード・ロング彫刻周辺断面図　1:300

公開空地

公開空地とは主に再開発などを定める地区計画、特定街区、高度利用地区、総合設計などの制度によって生まれる、「民間」が提供する「公共」のオープンスペースのことである。その主旨はみんなが使える公共のオープンスペースを民間開発を通じて生み出そうというものであり、その総面積は2007年度までに千代田区内で許可されたものだけで既に約180 haに達している[01]。そのほとんどが超高層化のための建築容積の割増しというインセンティブとそれに対する義務によって生み出されており、この性質上、民間事業者の自発的意思によるものではない。量的には十分目的を達成しつつあるように思えるが、その質についてはどうだろうか。

ここで問題となるのが、このインセンティブが数量だけのやり取りだということである。開発側が得られる価値はボーナスとしてもらえる延床面積の拡大、すなわち直接的な収益として現れる。しかし、要求される公開空地もまた数量としての空地面積だけであり、事業者にとっては、なかなか空地の価値というものが見えにくいだろう。どうしても、容積が欲しいから空地を提供しているという印象が強い。例えば写真のようにフェンスや植え込みで囲い込まれていて、ほとんど立ち入ることすらできない公開空地はよく見かける。

しかし、本当に公開空地に価値はないのだろうか。民間が持つ「公共性」は本来、都市にとっても欠くことのできない魅力であるし、それは翻って事業者にとっても大きな価値であるとは言えないのだろうか。参考に成り得る良い事例は実は幾つも存在していて、新宿三井55広場(p.28)やコレド日本橋アネックス広場(p.29)などはその一例だと思われる。民地を質の高い広場として積極的に都市に開いていくことによって、事業者にとってもエリアにとっても共にそのメリットを享受することができる。そういった価値感の共有がこれからの都市再生には欠かせないと思われる。

「公共性」とは本来様々なグラデーションで存在しているはずであり、公開空地には民間だからこそ提供できる公共性が存在している。それは新しい「コモン」とも言え、「オフィシャル」に管理される公園や都市広場とはまた違った性格や魅力を持つはずである。「コモン」を持つことが事業者にとって価値となり、都市住民にとっては新たな都市の居場所となる。そこに本来の公開空地の存在意義が潜んでいるのではないだろうか。

01：五十嵐敬喜、千代田区における公開空地、千代田学報告書、2010。

立ち入りできない公開空地

028 ふるまいの寸法：領域5　Dimension for Activities: Behavior in Public Space

新宿三井55広場
- 所在地：東京都新宿区
- 設計：三井不動産,日本設計
- 建設：1974年
- 敷地面積：14,449m²
- 建築面積：9,591m²
- 建蔽率：66.38%
- 容積率：1,242.85%

微地形が生む憩いの空間

新宿駅西口の地下道を抜けると新宿三井55広場に出る．他の西新宿の公開空地を用いた広場と異なり，広場内に小さな高低差がある中央通りとの接道面と，それと平行して走るペデストリアンデッキなどが立体的に交差して微地形を作っている．この微地形によって，人々の視線が微妙にずれ交錯しない．その結果，広場内の椅子やベンチや広場に面するカフェに腰掛けている人々はリラックスしているように見える．また，椅子やベンチに座るだけでなく，階段等を利用したセカンダリー・シーティングの人々も多く見られる．

この広場は，ランチタイムコンサートやフリーマーケット，その他イベントスペースとしても利用されている．

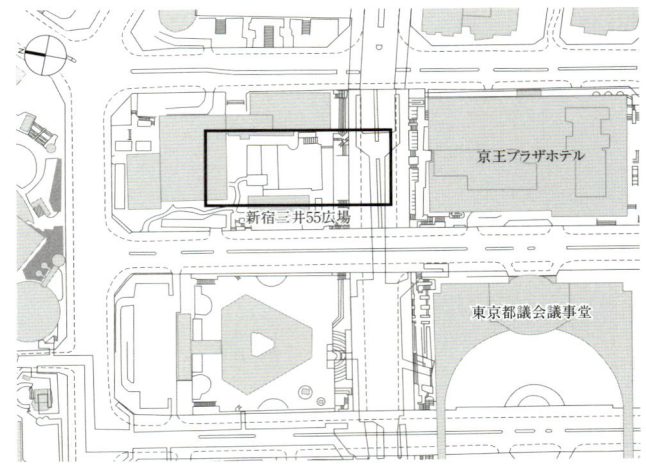

配置図　1:5000

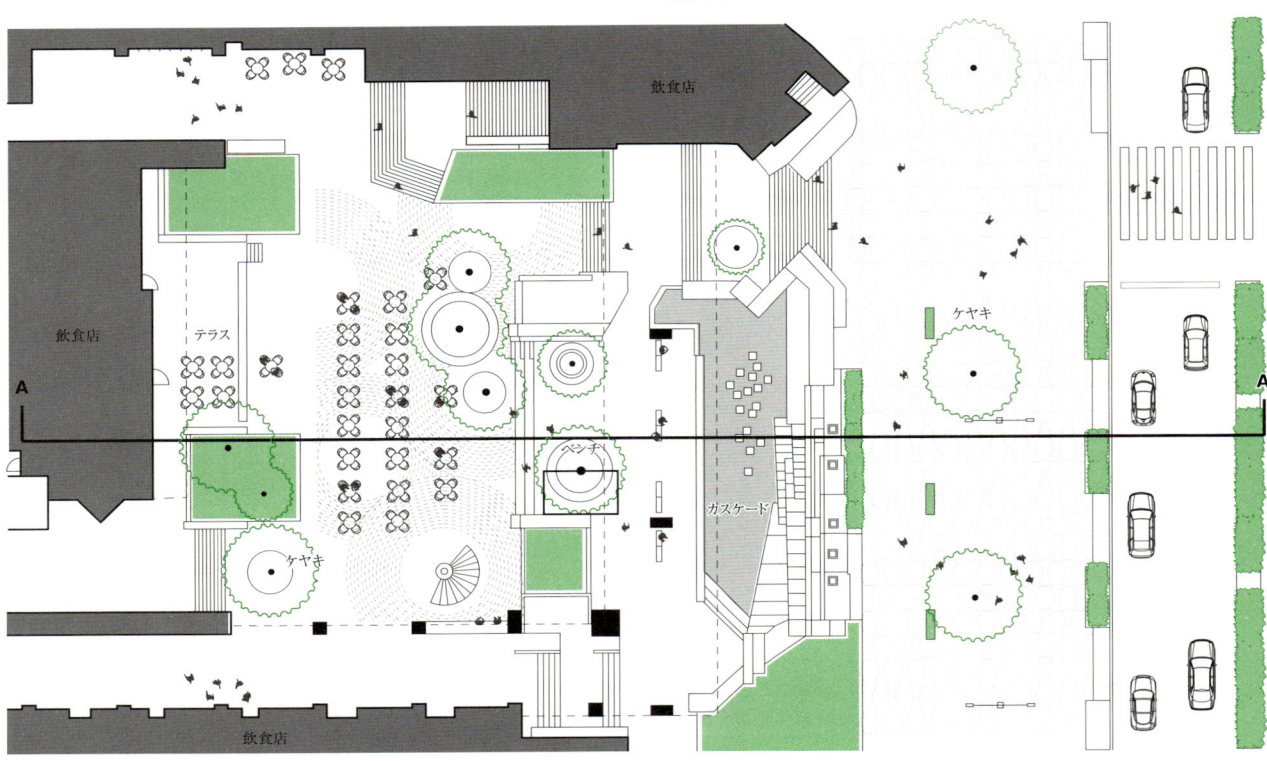

微地形により領域を形成した三井55広場平面図　1:500

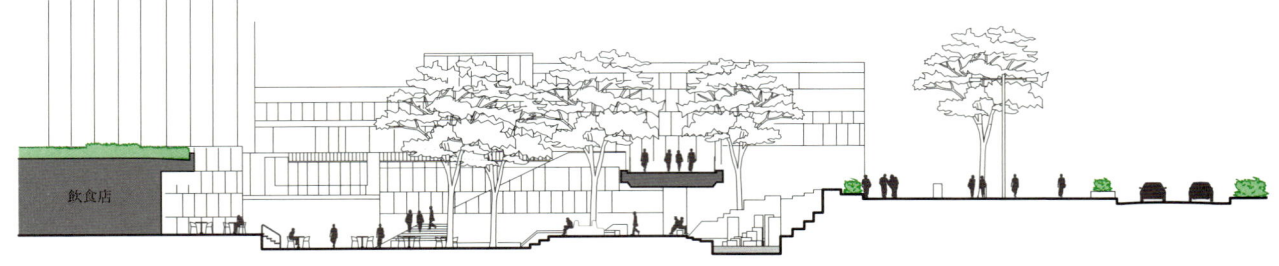

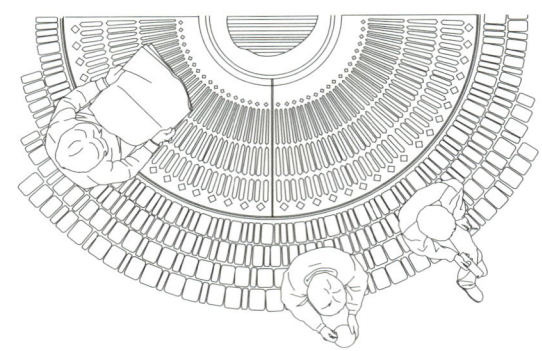

A-A'断面図　1:500

グレーティング回りのベンチ　1:50

ケヤキを囲むベンチ

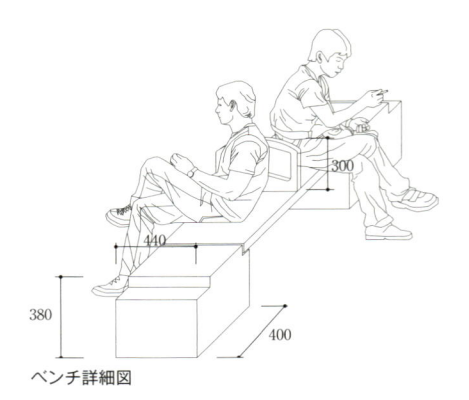

ベンチ詳細図

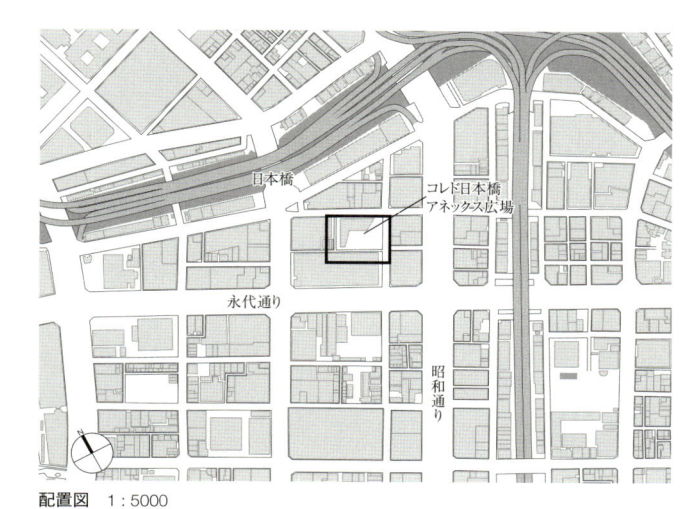

Dimension for Activities: Behavior in Public Space　**ふるまいの寸法：領域6**　**029**

コレド日本橋アネックス広場
- 所在地：東京都中央区
- 原設計：日本設計
- 改修設計：博報堂，Open A，オンサイト計画設計事務所
- 建設：2005年
- 敷地面積：500m²

街の中のラウンジ
コレド日本橋の裏側にあるこの小さな都市広場はコレド以外の3つの面も建物に囲まれているため，親密な空間となり得るポテンシャルをその配置から得ている．これは非常に重要なことであり，建物と道路の間に作られがちな公開空地のあり方に対して一石を投じる事例といえる．そのポテンシャルを最大に生かすべく，この広場は町中のラウンジであることを目指した．どこでも縁に座れる島状のデッキ，ガラスのテーブルと自由に動かせる椅子，密度は高いが小さめの高木（サクラやモミジなど）が相まって，親密なスケール感を作り出している．

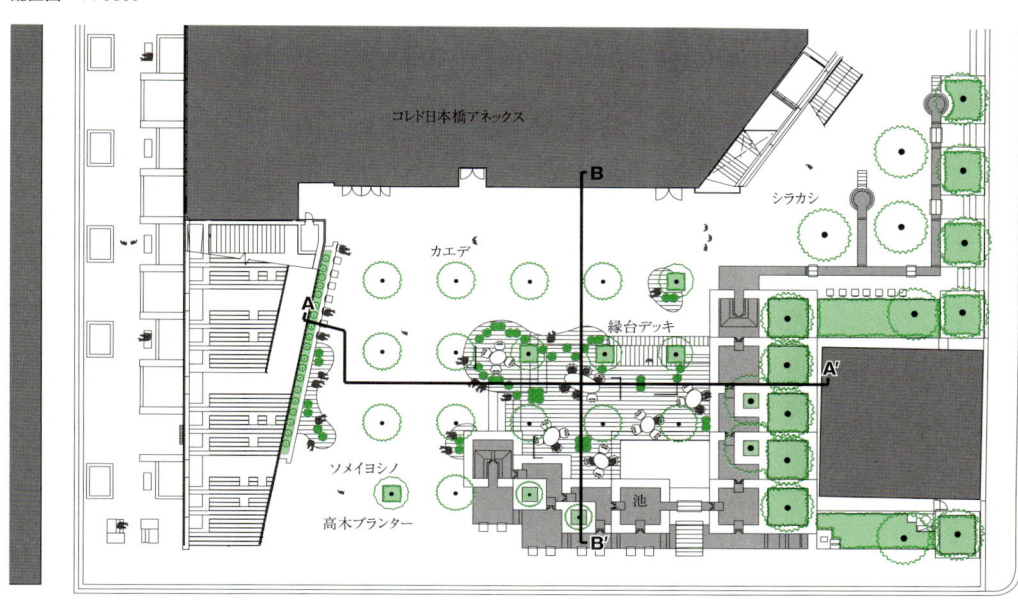

配置図　1:5000

上から見た広場

デッキで休む人々

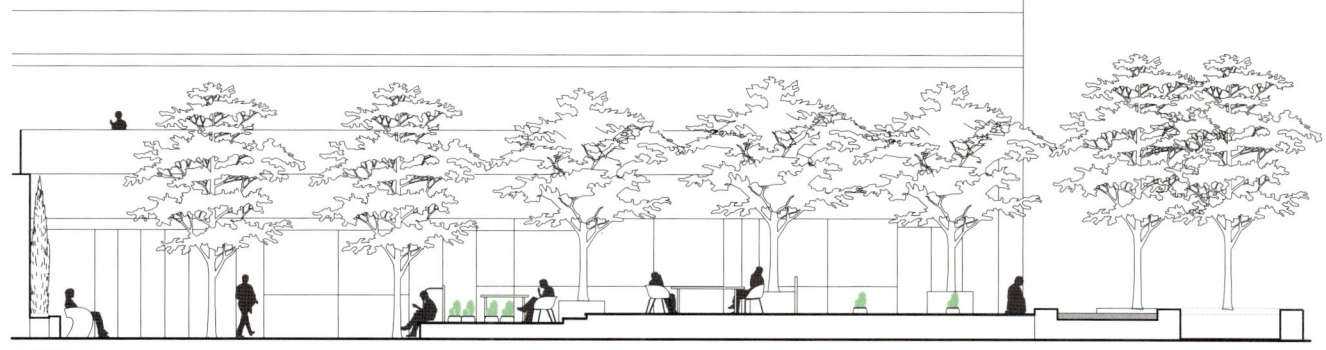

コレド日本橋アネックス広場平面図　1:500

A-A'断面図　1:200

B-B'断面図　1:200

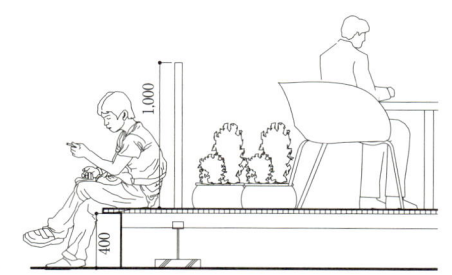

デッキ詳細断面図

030 ふるまいの寸法：領域7 Dimension for Activities: Behavior in Public Space

新橋駅前SL広場
•所在地：東京都港区

駅に接続する広場

JR新橋駅日比谷口前に広がるSL広場は、駅やその周辺を利用する人々の交通路でもある。SL広場になる以前からここには野外ステージがあり、元々人々が多く集まる場所であった。現在も春から秋にかけて毎週青空将棋大会が開かれるなど、人々が集う社交空間となっている。

SL広場は、隣接する建物や鉄道高架に囲まれた中庭的なオープンスペースとなっており、駅に接続する広場としてバラエティに富んだアクティビティを生み出している。

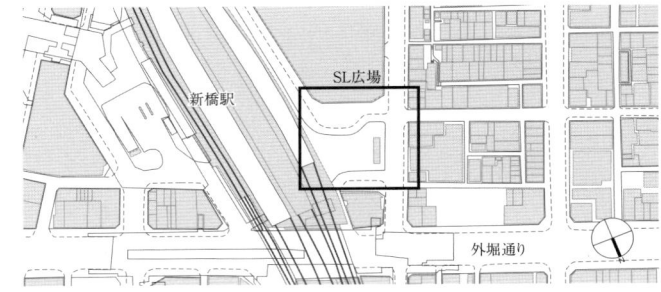

配置図　1：5000

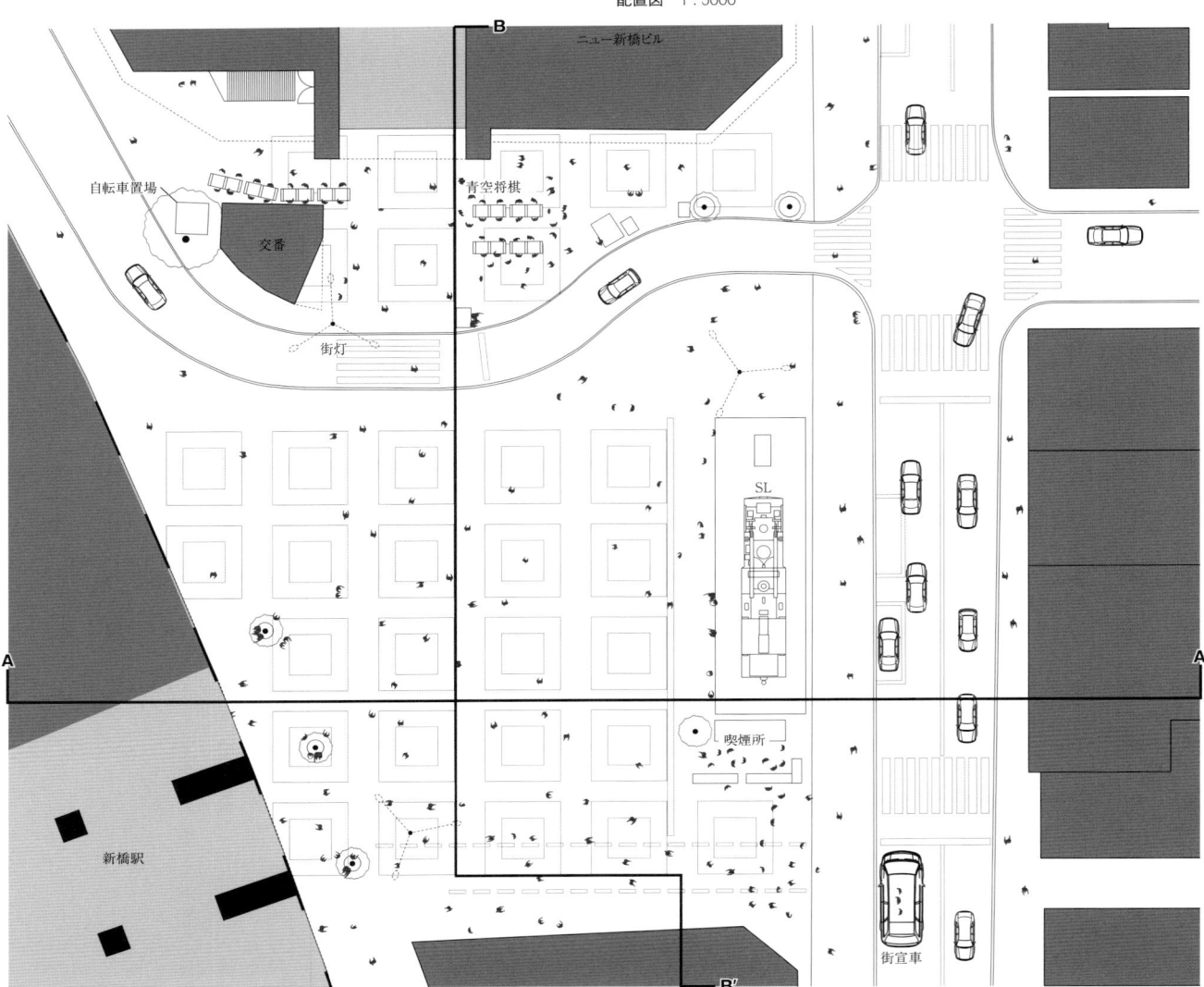

Chapter2
都市の要素

ふるまいの寸法
ボリュームと配置
建築のインターフェイス
都市インフラと景観
出来事と一時的空間
都市と照明

新橋駅前SL広場平面図　1：500

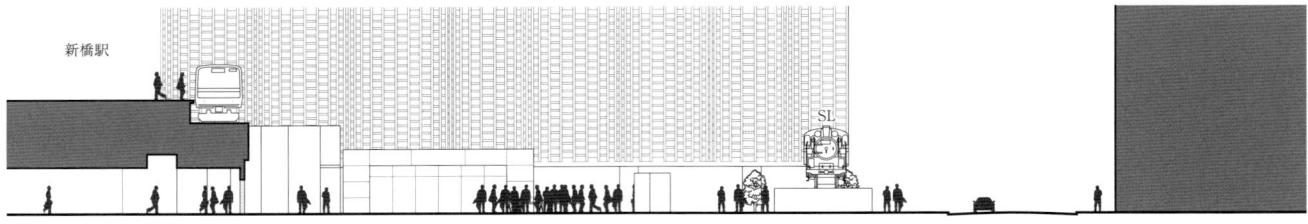

A-A'断面図　1：500

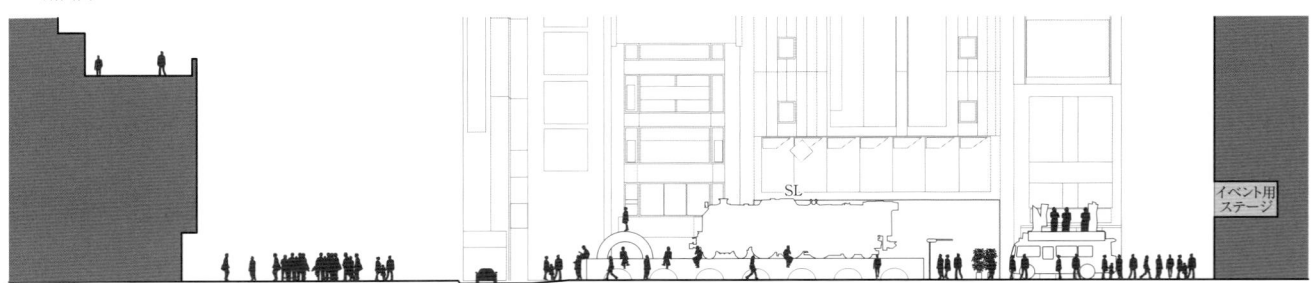

B-B'断面図　1：500

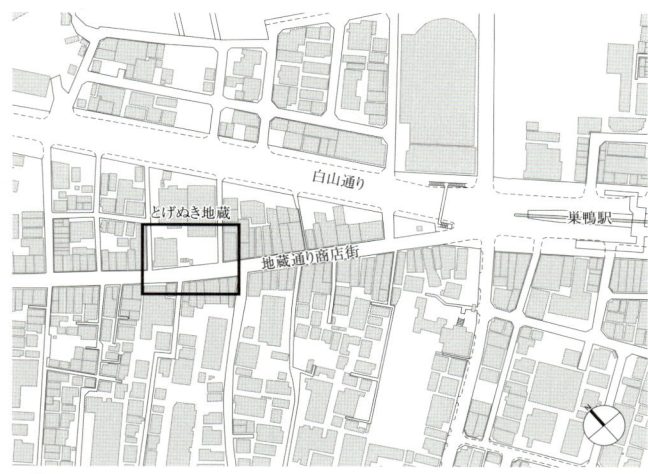

Dimension for Activities: Behavior in Public Space　ふるまいの寸法：領域8　031

とげぬき地蔵（高岩寺）
- 所在地：東京都豊島区
- 設計：横山秀哉
- 建設：1957年

街路に接続する広場

西洋の広場は街路の交差する場所を広くとり、社交場としての公共空間となっている。このような西洋の広場の役割を、日本では私有地ではあるが寺社の境内が担っていた。

おばあちゃんの原宿と呼ばれる巣鴨の地蔵通り商店街内にとげぬき地蔵（高岩寺）がある。商店街から高岩寺正門から洗い観音に至る社が少しずつスケールダウンする軸と、徐々にスケールアップした本堂の軸をもつ。これらが参道全体の奥行きをもつ景色をつくっている。

また、商店街から高岩寺境内に向かって右側はベンチが置かれた休憩所があり、境内から白山通りに抜ける道沿いには屋台が並び、ヒューマンスケールの社交空間となっている。

地蔵通り商店街は、日曜・祝日だけでなく、平日も午後3時から6時までが歩行者天国になる。自動車を気にすることなくゆっくり歩くことができるため、あらゆる年齢層にとっても安全でやさしい歩行空間となっている。

配置図　1:5000

屋台　1:100

香炉詳細図　1:100

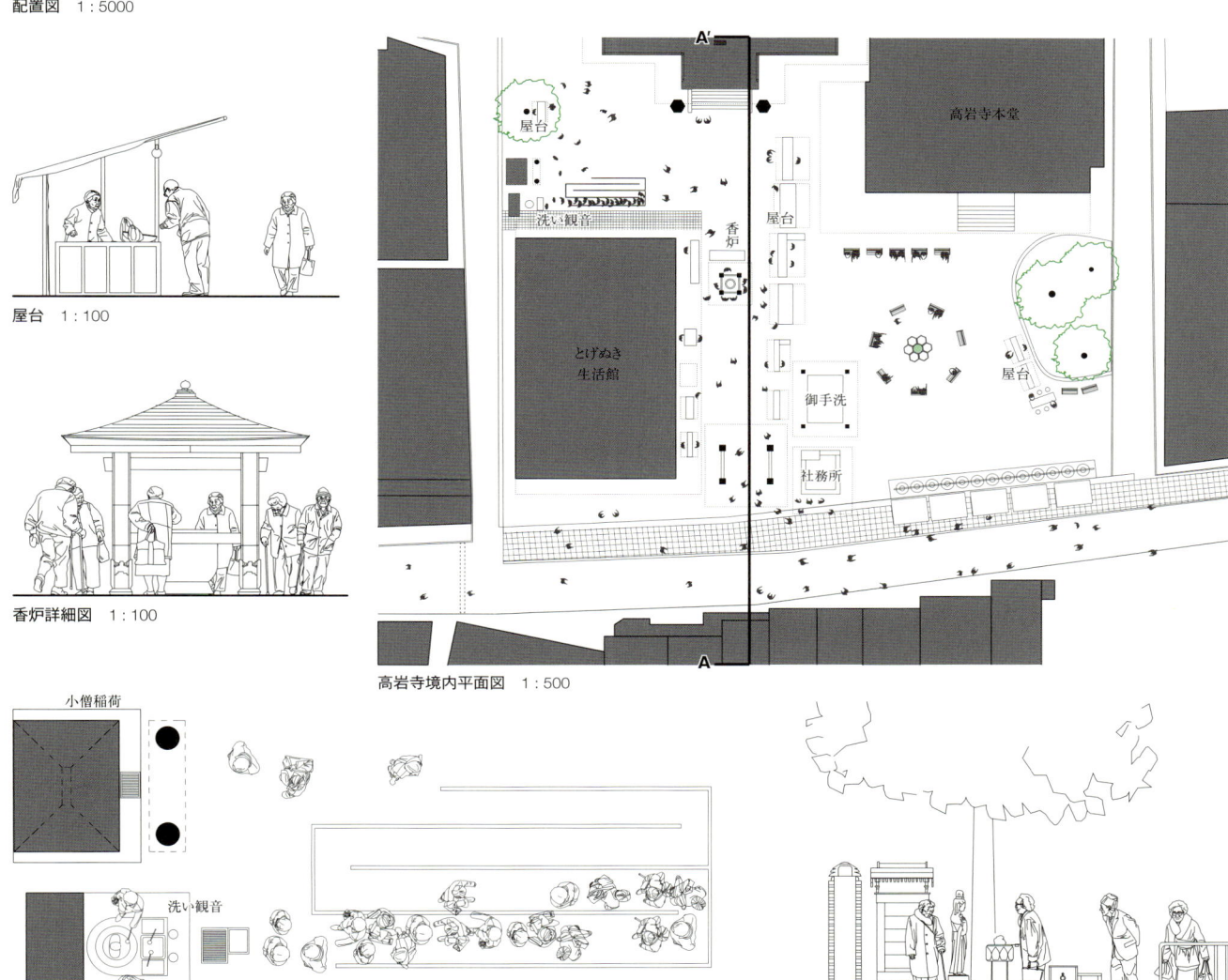

高岩寺境内平面図　1:500

洗い観音周辺の人の動き　1:100

洗い観音周辺立面図　1:100

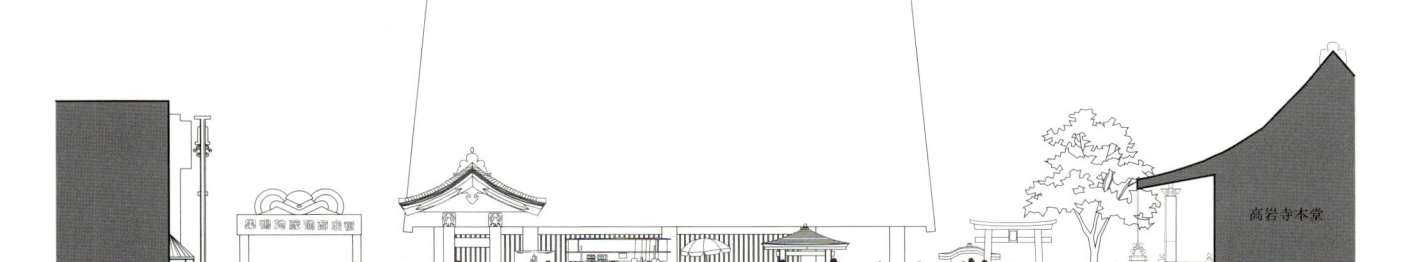

A-A'断面図　1:300

ふるまいの寸法：移動1　Dimension for Activities: Behavior on Street

表参道
- 所在地：東京都渋谷区

都市スケールの街路空間

表参道は明治神宮の参道であり，渋谷川に向かって緩やかな傾斜をもつ．また，美しいケヤキ並木と都内屈指のにぎわいをもつ街路である．

車道沿いにあるガードレールは腰掛けやすいようにデザインされ，休憩や待合せ，作品を売る露天とそれを買う人々といった多くのアクティビティを生み出している．

表参道の大きなスケールに対して，直交する街路はヒューマンスケールな路地空間となっていて，渋谷川の暗渠上に作られたキャットストリートもその一つである．とくに交番周りにあるたまり空間は，交通を主とした都市スケールの街路とは異なる滞留を主とした人々のふるまいを引き起こしている．

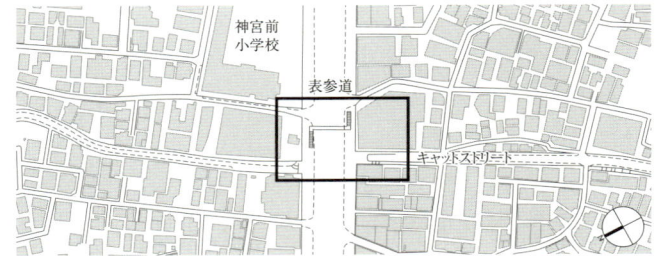

配置図　1:5000

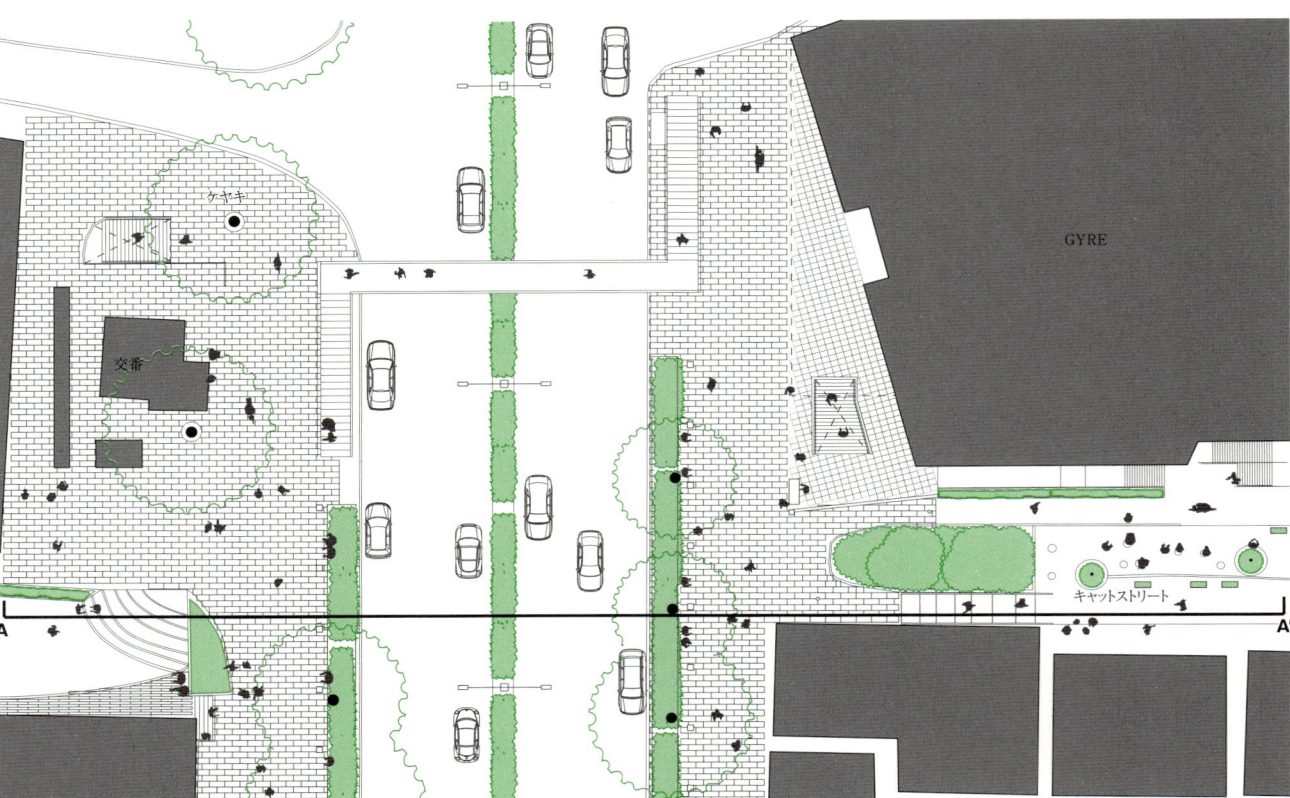

歩道橋により一体化した街路空間　1:500

A-A'断面図　1:500

柵を兼ねたベンチ　1:50　　キャットストリートに設けられたベンチ　1:50　　ベンチ立面　1:50

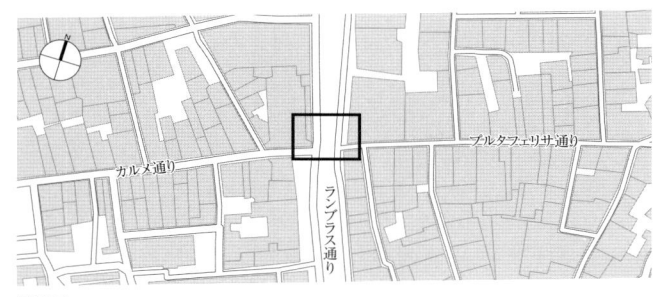

Dimension for Activities: Behavior on Street　**ふるまいの寸法：移動2**　**033**

ランブラス通り
- 所在地：Barcelona, スペイン

街路スケールの重ね合わせ

ランブラス通りはバルセロナ旧市街地の中心的な街路である．その役割は，都市交通のための道路，歩行者のための街路，広場といった，都市交通に必要な街路スケールが重なり合うようにつくられている．

街路の両端から，歩道，自動車道，さらに中央をゆったりとした遊歩道が走る広場としての性格を持つ街路となっている．このような形式の街路は「ランブラス方式」と呼ばれる．

急いで目的地に向かう人々は建物側の歩道を用い，それ以外の人々は遊歩道内のカフェで休憩したり，様々な屋台，大道芸といった遊歩道内に広がるアクティビティをゆっくりと堪能しながら，立ち止まったり歩いたりして過ごしている．

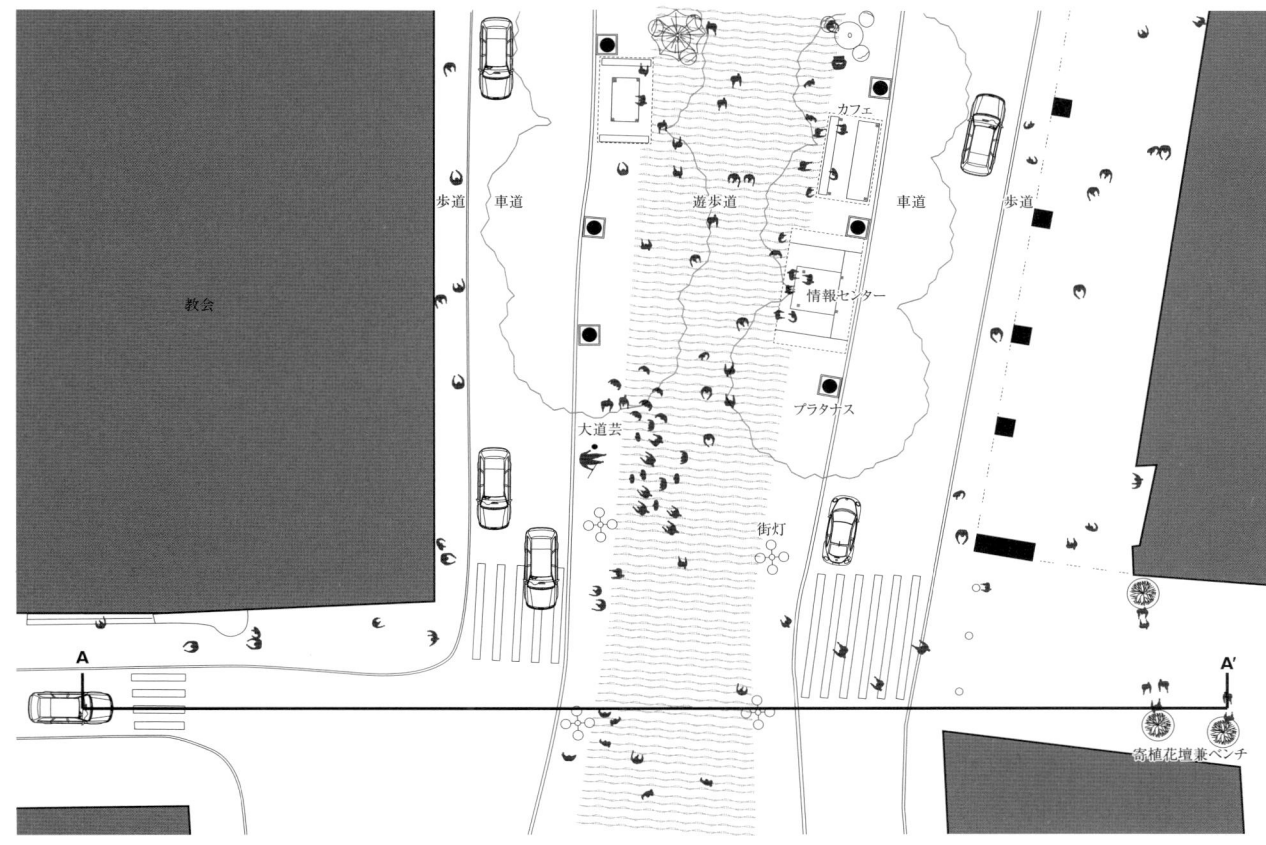

配置図　1：10000

歩道・車道・遊歩道が重ね合わされた街路空間　1：300

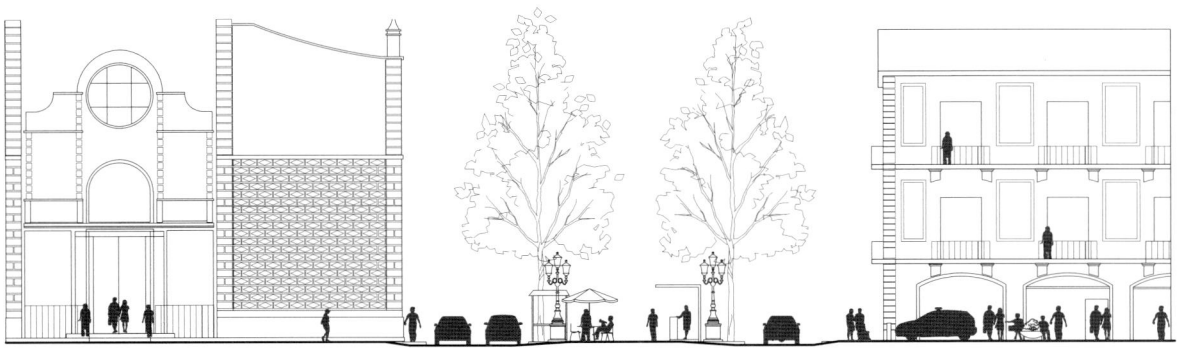

A-A'断面図　1：300

情報センター　1：100 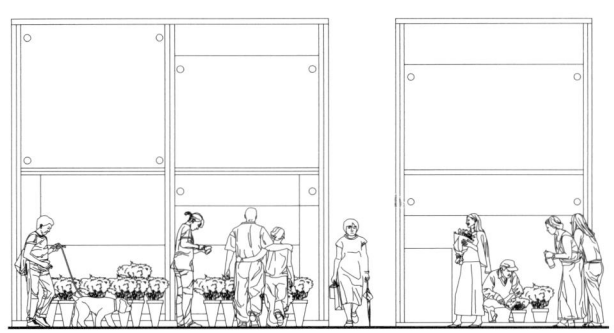　　　花屋　1：100 　　　寄植花壇兼ベンチ　1：100

034 ふるまいの寸法：移動3 Dimension for Activities: Behavior on Street

馬籠宿
・所在地：岐阜県中津川市
地形を読み込んだ歴史的街路空間
中山道の宿場町として古くから栄えた馬籠宿は標高600mの急峻な尾根沿いに石垣を築いて造られた町であり，斜面を利用した街路空間という観点から見て，多くの手がかりを与えてくれる事例である．

現代都市においてはほとんどすべての街路が車両の通行を前提にするため，一定の勾配以下に均されてしまうと同時に，車道と歩行者の空間が明確に分離されてしまうことが多い．いったんその枠を外してみることによって初めて得られる空間の質を改めて考えることも，今後の都市を作っていく上で重要なことだろう．

坂道に面した商店はうまく勾配をすりあわせながら街路空間を店舗内へとつなぎ込み，そのすりあわせ部分が様々なしつらえや視点場，小さな滞留の場などを作り出している．

坂道に面した商店

石畳の坂道

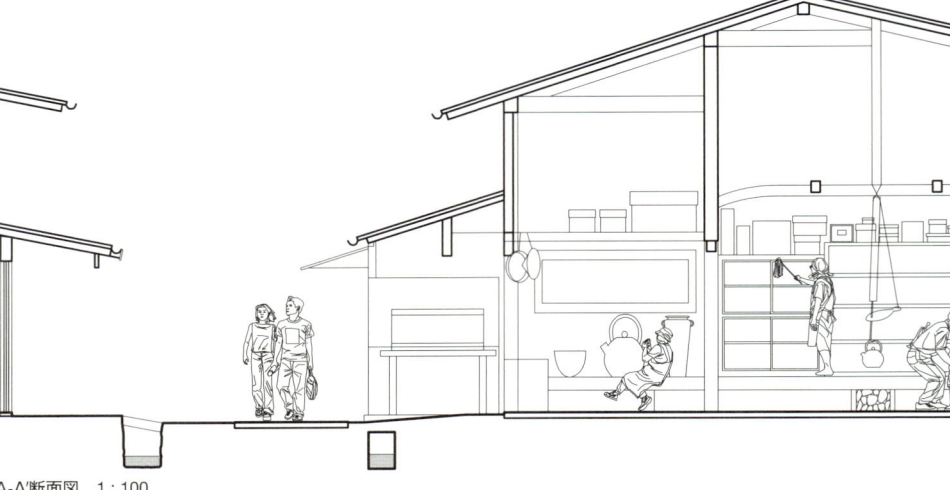

A-A'断面図　1：100

B-B'断面図　1：100

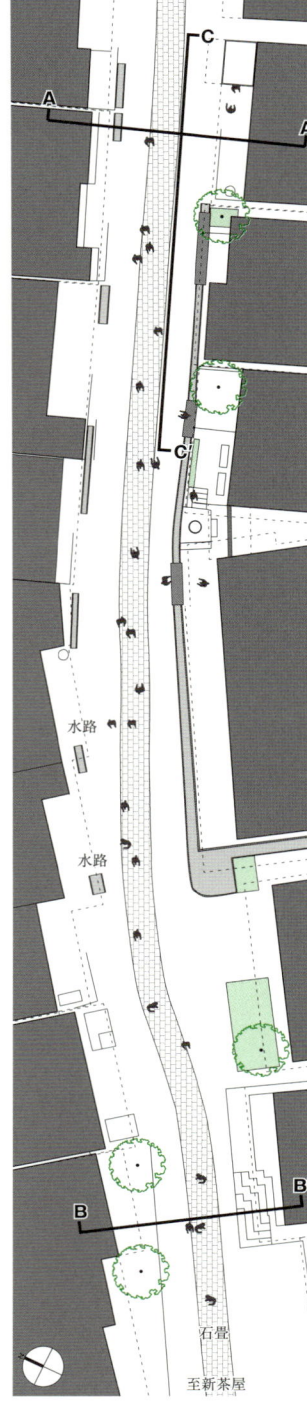

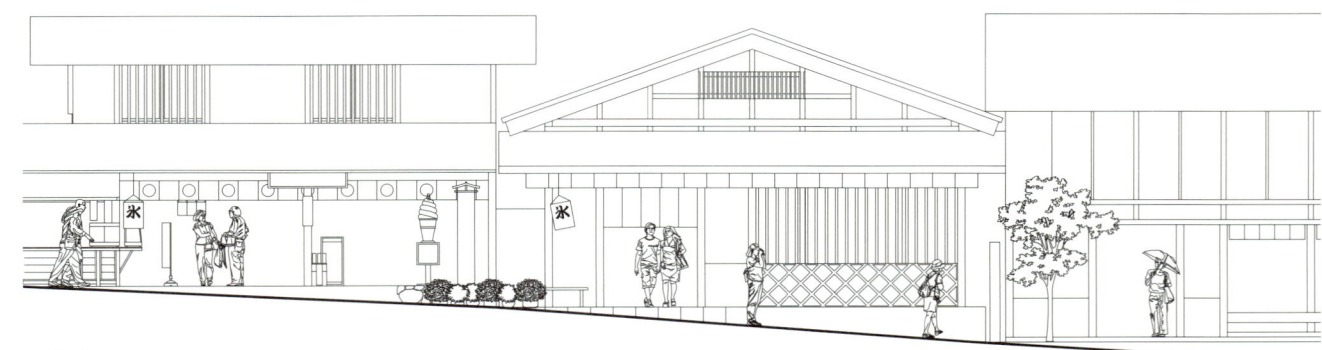

C-C'断面図　1：150

石畳と土産物店で形成された街路空間
1：400

Dimension for Activities: Behavior on Street **ふるまいの寸法：移動4**　035

ポッティンガー・ストリート
• 所在地：Hong Kong, 中華人民共和国

斜面が生み出すふるまいの多層性

ポッティンガー・ストリートは香港の中心部である中環に位置し、「石板街」と呼ばれる少し急な傾斜を持つペデストリアンである。

通り沿いには、レストラン、ブティック、画廊といった様々な職種の店や公園があり、ペデストリアン内にはアート土産物屋や台所用品の修理といった露天が並んでいる。

日中は、公園脇にあるベンチでランチや昼寝をしたり、露天での買い物を楽しむ人々でにぎわう。夕方から深夜にかけては、通り沿いのレストランや屋台から簡易のテーブルが出され、ウェイティングバーとして立ち飲みを楽しむ人々であふれかえる。このように時間帯によって、人々の多彩なアクティビティを引き出している。

街路の中心に立つと斜面を利用して人々のふるまいを一望でき、さらに正面には香港の高層ビル群が見え、そこには都市の深い谷間をのぞむ風景が広がっている。

配置図　1：5000

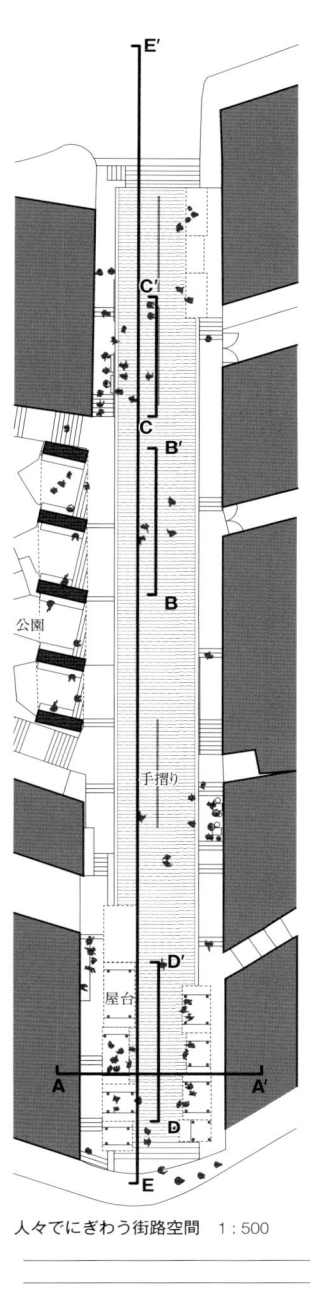

人々でにぎわう街路空間　1：500

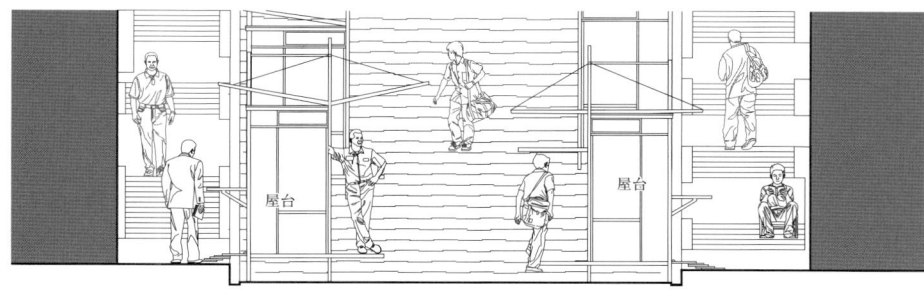

A-A'立面図　屋台と階段　1：100

B-B'立面図　公園の入り口　1：100

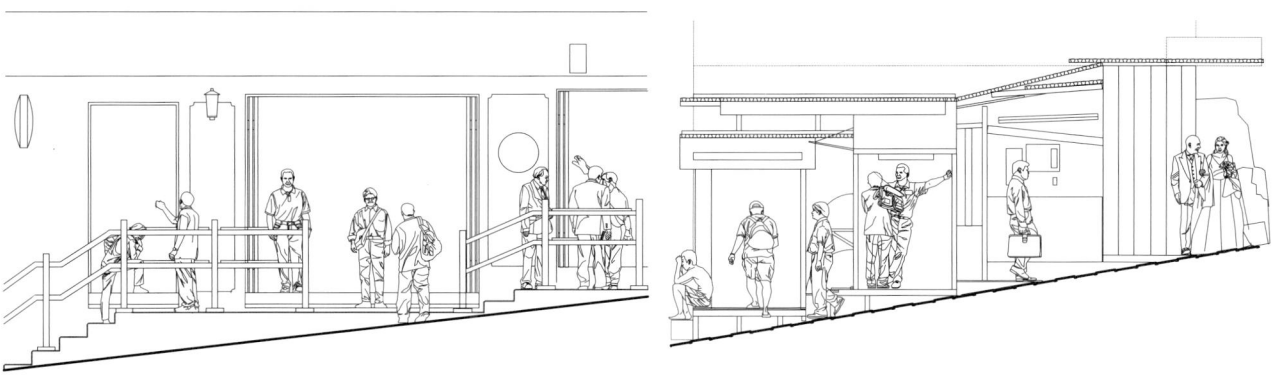

C-C'立面図　バー入り口　1：100

D-D'立面図　屋台群　1：100

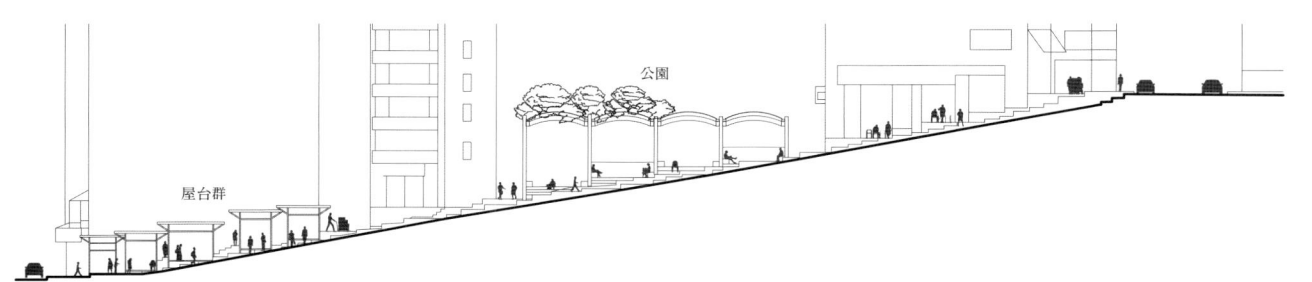

E-E'立面図　1：500

036　ふるまいの寸法：境界1　Dimension for Activities: Behavior on Edge

横浜ポートサイド公園
- 所在地：神奈川県横浜市
- 設計：ササキ・エンバイロメント・デザイン・オフィス（SEDO）
- 建設：1993〜1997年

多様な居場所を持つ水辺の公園

帷子川河口付近に長く沿った敷地は，横浜市における再開発ゾーンの一端にある．その背後は住宅を中心とするポートサイド地区である．公園内は芝で覆われたマウンドが連続して配置されており，それは街に面した道路側が最も高く1.6mあり，川に向かって徐々に低くなるように構成されている．

都市のエッジがもたらす開放感を生かすために，マウンドの上やマウンドとマウンドの間，高さ2mほどに生い茂るヨシ原，並木下のベンチ，ヨシ原に突き出したデッキなど100mほどの距離の間に様々な要素が配されており，人々が憩う多彩な居場所が生み出されている．

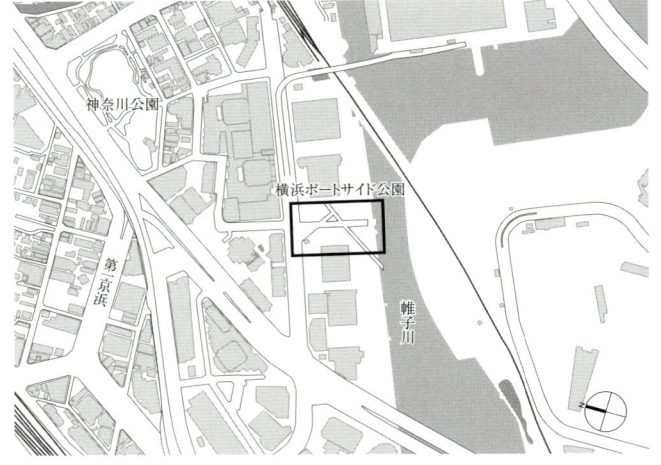

配置図　1:5000

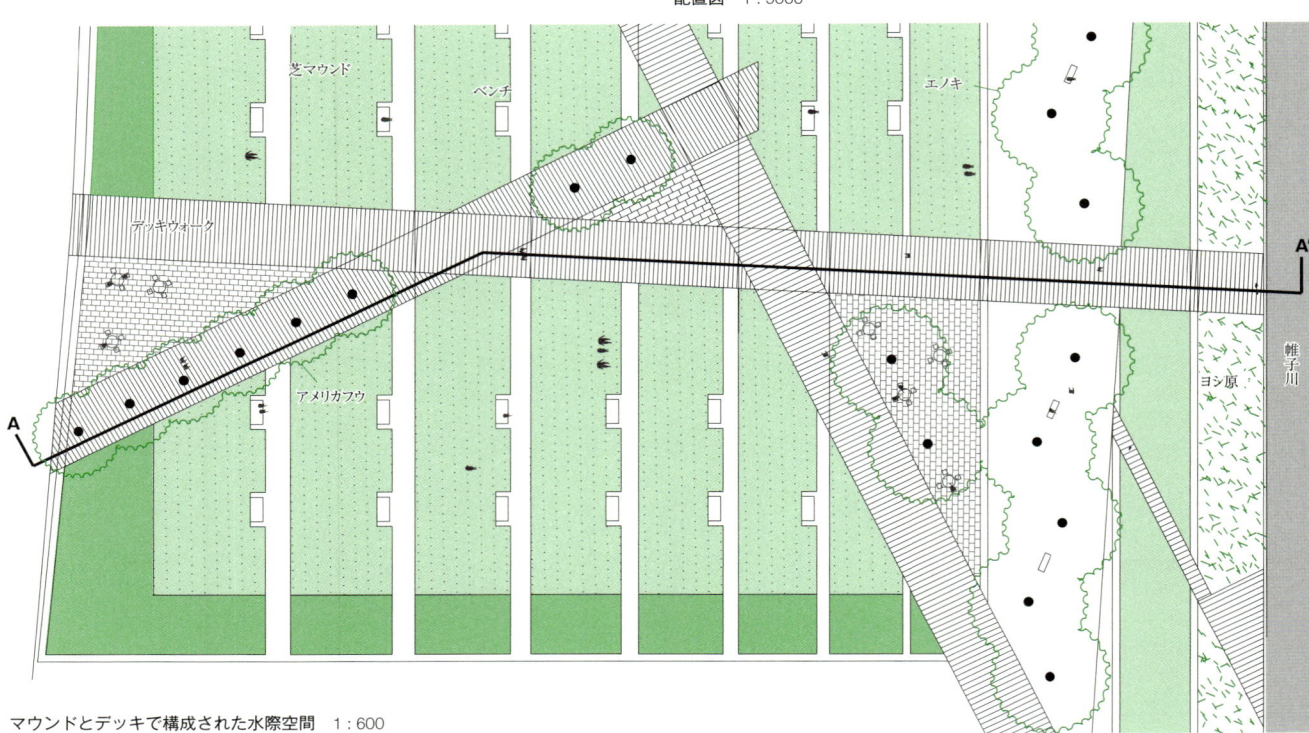

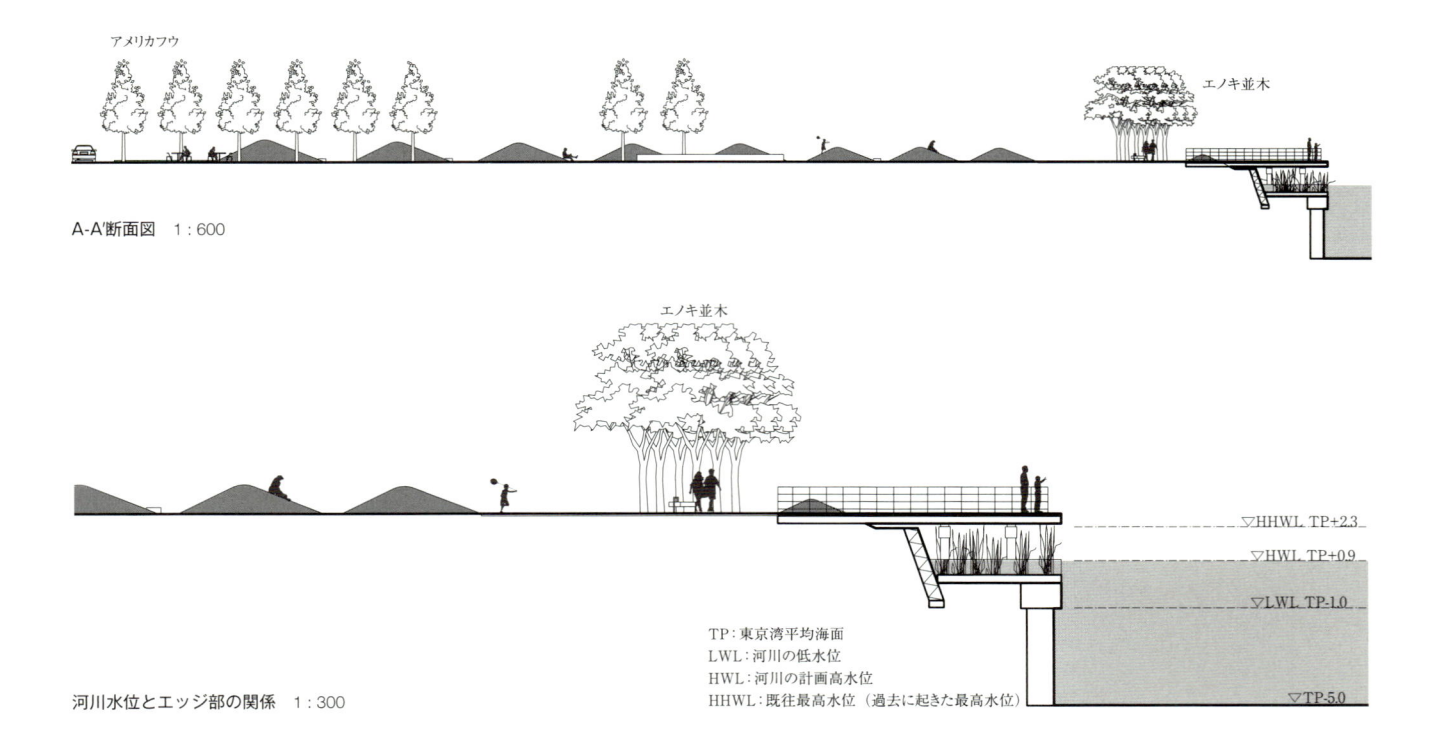

マウンドとデッキで構成された水際空間　1:600

A-A'断面図　1:600

河川水位とエッジ部の関係　1:300

TP：東京湾平均海面
LWL：河川の低水位
HWL：河川の計画高水位
HHWL：既往最高水位（過去に起きた最高水位）

▽HHWL TP+2.3
▽HWL TP+0.9
▽LWL TP-1.0
▽TP-5.0

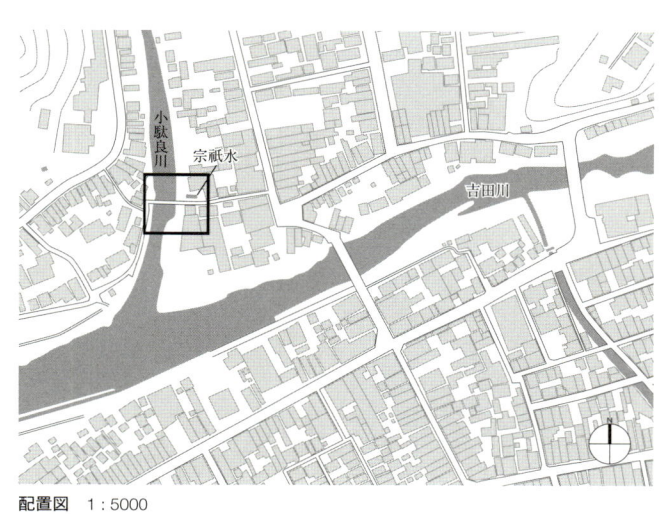

Dimension for Activities: Behavior on Edge **ふるまいの寸法：境界2**　　037

郡上八幡宗祇水
・所在地：岐阜県郡上市

水際の生活空間

郡上八幡にはいくつかの河川が町の中を流れ，古くから町の生活の細部に至るまで水をうまく取り込んできた歴史がある．もともとは城下の防火を目的に巡らされた水路であるが，飲料水から洗い物，打ち水といった様々な用途に川や水路の水が使われてきた．

用水だけでなく河川そのものもまた市民の生活にうるおいを与える空間をつくり出している．おそらく水との関わり方が伝統として引き継がれているのだろうが，川縁や土手ではなくて，川そのものをこれほど多くの市民がごく普通に使っている風景は珍しいといえる．河川の利用にきちんとしたルールがあり，そのコンセンサスがコミュニティ全体でとれていれば，こうした風景はまだこれからも出現しうるのだろうと期待される．

配置図　1：5000

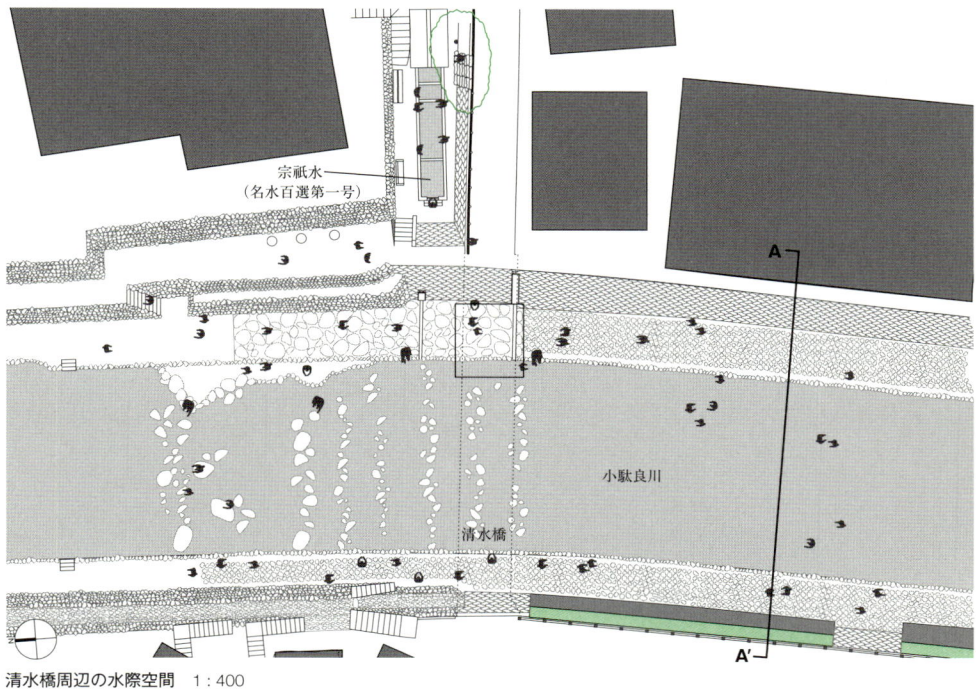

清水橋周辺の水際空間　1：400

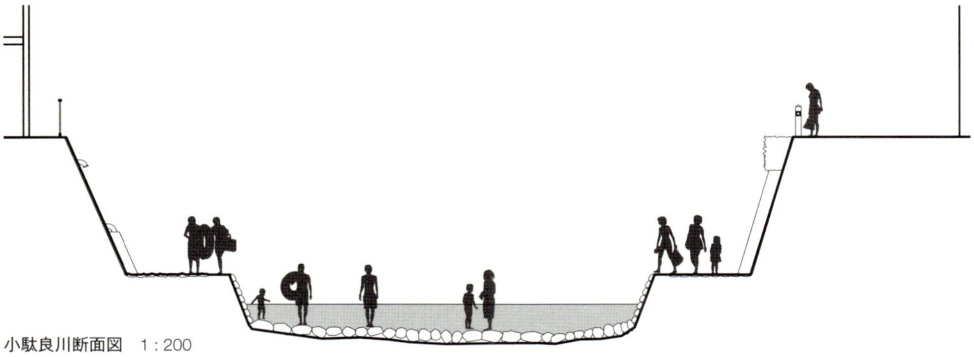

小駄良川断面図　1：200

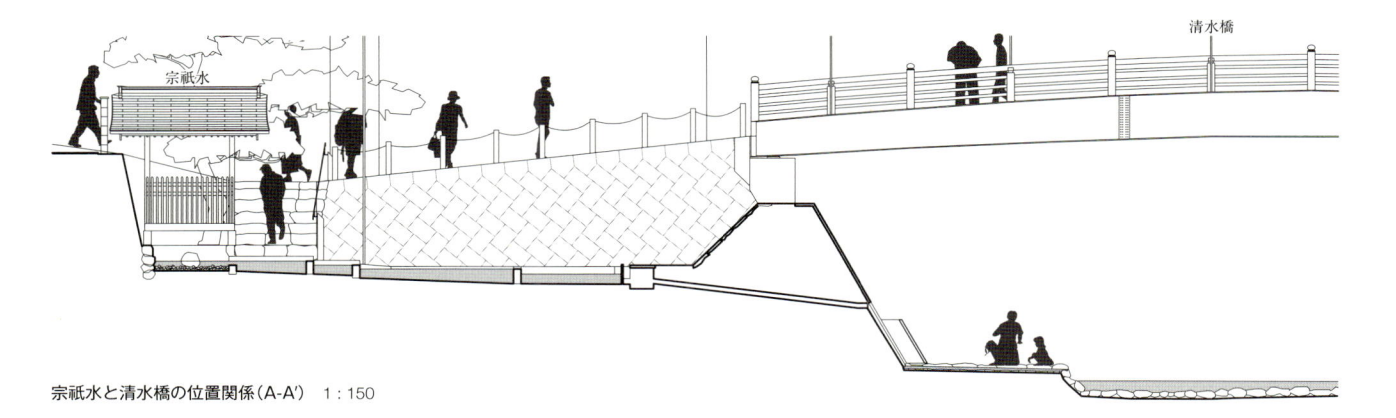

宗祇水と清水橋の位置関係（A-A'）　1：150

清水橋下の空間

清水橋下の河原の利用　1：100

小駄良川と川岸

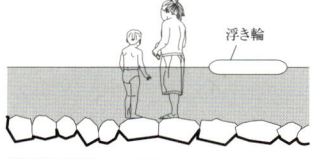

河川断面図　1：100

護岸全景と水遊び

038 ふるまいの寸法：境界3 Dimension for Activities: Behavior on Edge

倉敷歴史美観地区
- 所在地：岡山県倉敷市

掘割が生む水際空間

倉敷歴史美観地区は，流速と水位が制御されている倉敷川河畔が地区の中心となっている．ここには，江戸時代の商家の面影を今に伝える本瓦葺2階建の白壁をもつ町屋，土蔵造りの蔵，倉敷窓，倉敷格子，白漆喰になまこ塀などが並んでいる．

護岸は2段になっていて，下段側に柳が植えられて並木となっている．護岸にかまえた露店は，店主が下段におり，上段の客が商品を選ぼうとかがみ込んだときに下段にいる店主と視線が合う仕掛けである．この露店商たちは柳並木の中に溶け込んでおり，歴史美観地区の景観を乱すことはない．

2005年から始まった夜間景観照明によって，建物のシルエットが浮かび，川面に映る様子が，昼間とは異なるゆったりとした水際空間を生み出し，人々のそぞろ歩きを促している．

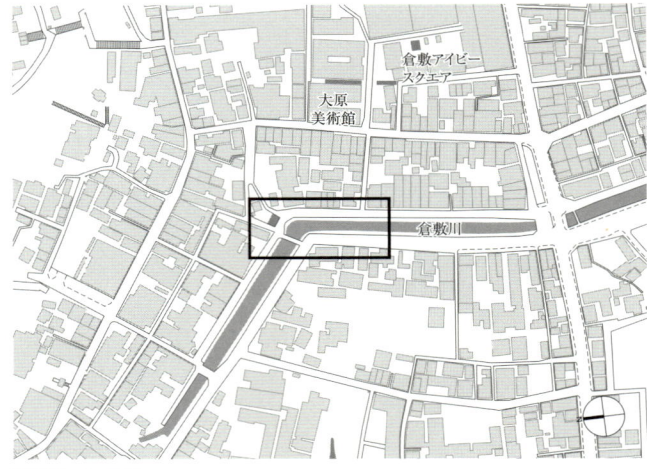

配置図　1：5000

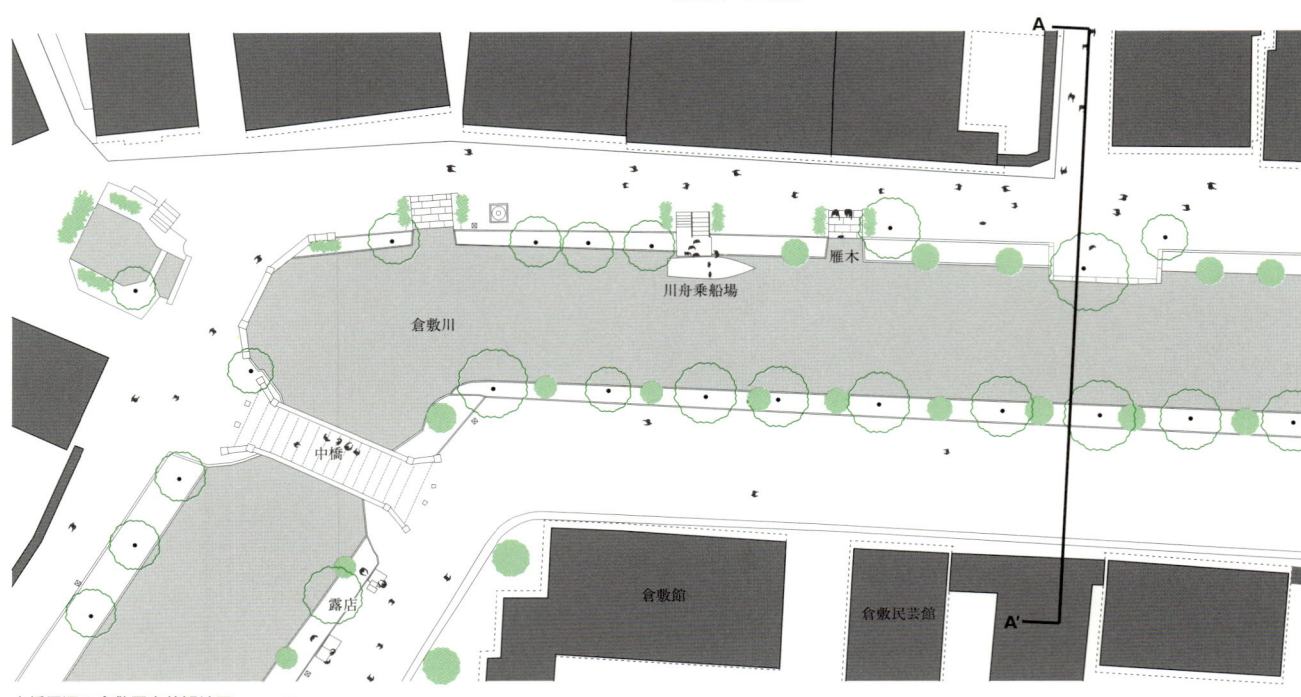

中橋周辺の倉敷歴史美観地区　1：500

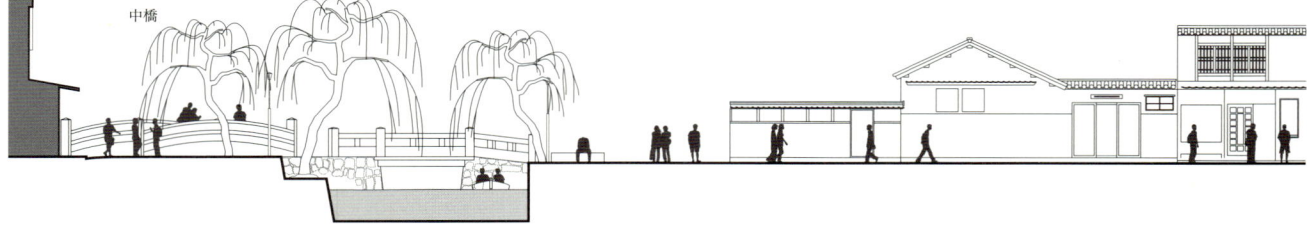

A-A'断面図　1：300

遊歩道と露店の関係　1：100

雁木と川舟乗船場　1：100

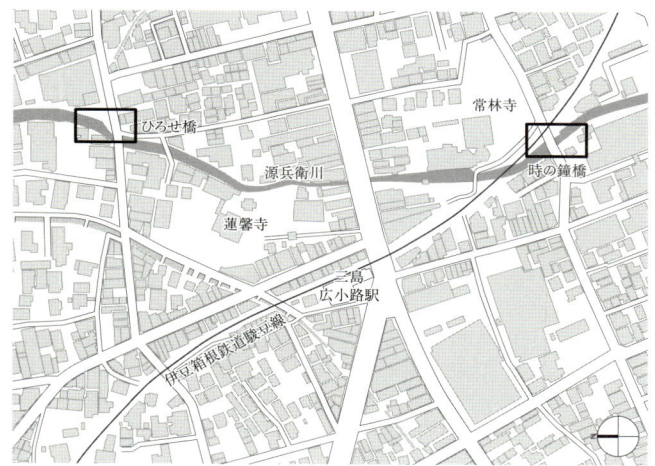

Dimension for Activities: Behavior on Edge ふるまいの寸法：境界4　039

源兵衛川
- 所在地：静岡県三島市
- 設計：環境開発センター，地域環境プランナーズ，アトリエ鯨
- 建設：1992～1998年

せせらぎを中心とした親水空間

三島市内を流れる源兵衛川は湧水を起点とする川のため洪水等の心配がさほどなく，生活空間と密着した環境を維持してきた．一時期工場等による取水や汚染排水などの影響で生活空間から離れてしまった時期もあったが，その後時間をかけた再整備によってかつての親水空間を取り戻しつつある．

道路と川の交点が川と人のインターフェイスとなり，水深が浅く安定していることもあり，子供たちの日常的な遊び場ともなっている．また川沿いの建物も改修されて川に対して空間を開いたカフェや小広場も設けられている．

川は往々にして公共施設として街から隔離，管理される傾向にあるが，このような水との親しい関係は本来都市においてもっとあたり前のことであったであろう．

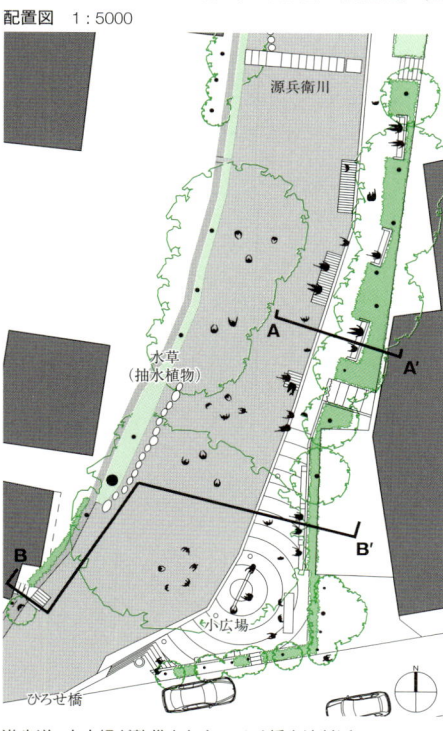

配置図　1:5000

遊歩道・小広場が整備されたひろせ橋上流付近　1:500

A-A'詳細断面図　1:100

源兵衛川のせせらぎ

B-B'断面図　1:200

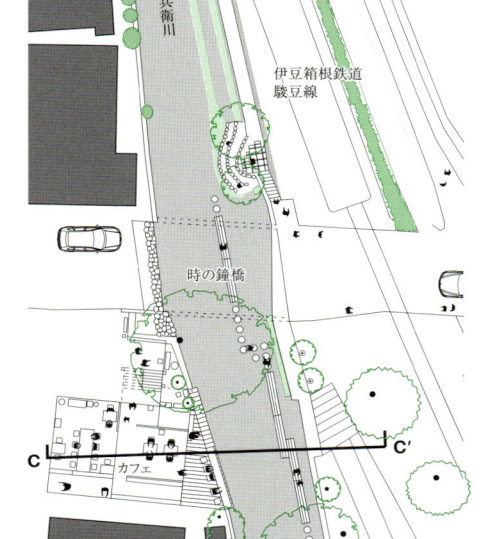

時の鐘橋と川に面したカフェ　1:500

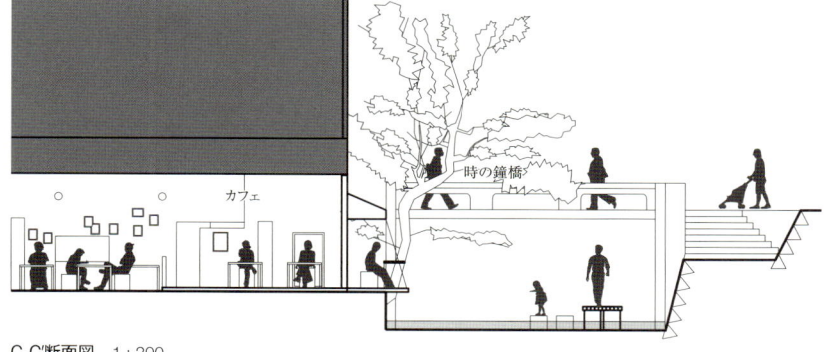

C-C'断面図　1:200

川に面したカフェ

ボリュームと配置：都市の密度 Volume and Layout: Density of City

建ぺい率・容積率

建築が敷地内にどの程度の割合で配置されているか，その密度を示す代表的な指標として「建ぺい率」と「容積率」がある．建ぺい率は建築の地面への投影面積を敷地面積で除したもの，容積率は延床面積を敷地面積で除したものである．都市計画法による用途地域指定などにより，それらの上限が定められる．この指定は，都市計画区域内におけるバランスの良い土地利用を誘導するためのものであるが，高度利用地区などでは，容積率の最低限度の指定によって建築の高密度化を促す場合もある．

建ぺい率と容積率は床面積についての指標であり，どのような階数，平面形，分棟形式で敷地内に建築を配置するかは別の観点から導かれる．すなわち建築の容積＝ボリュームの配置は，法規的には高さ制限や斜線制限，日影規制など，計画論的には動線や部屋形状，日照などによってそれぞれの敷地ごとに総合的に決定され，それらの集積によって都市空間が形成される．その例として，建築プロジェクト，エリア開発，都市計画における建ぺい率・容積率の比較を下に示した．

建築と都市の密度

一般に，高密度な都市とは，高容積率の建築によって土地が高度利用された都市を指している．高度利用の代表格とも言えるニューヨークのマンハッタンでは街路も含めた容積率が1,400%，つまり本来利用できる14倍の土地利用が行われており，都市空間が高密度に形成されていることが分かる．このような空間的な視点に加え，ニュータウンなど住宅地においては居住人口密度が，オフィス街などでは就業人口密度が指標として用いられ，都市の密度がそれを利用する人口によって記述される．例えば1970年代以降の多摩ニュータウン計画では1ha当たり100人という人口密度が想定されていたのに対し，2000年代に計画された東京湾岸域の豊洲地区では1ha当たり300人という高密度な人口設定がなされている．

密度感

これまで述べてきたような建築物の建ぺい率・容積率や都市における人口密度といった密度指標は，実際の都市において感じる密度感と必ずしも一致しない．高容積率の高層建築を並べても情報量が乏しいと感じるように，密度感は，周囲の造景要素の数，それらが視界に占める割合，人のアクティビティなどに大きく左右される．例えばメルテンスの法則によるD/H（高さと距離の比）=2:1の壁面は，視野角を占有することで囲まれ感を生じさせるため，建物の存在を強く認識させやすい．つまり，建築のボリュームを高層建築単体にまとめるよりも，囲まれ感のある低層建築の分棟の方が，密

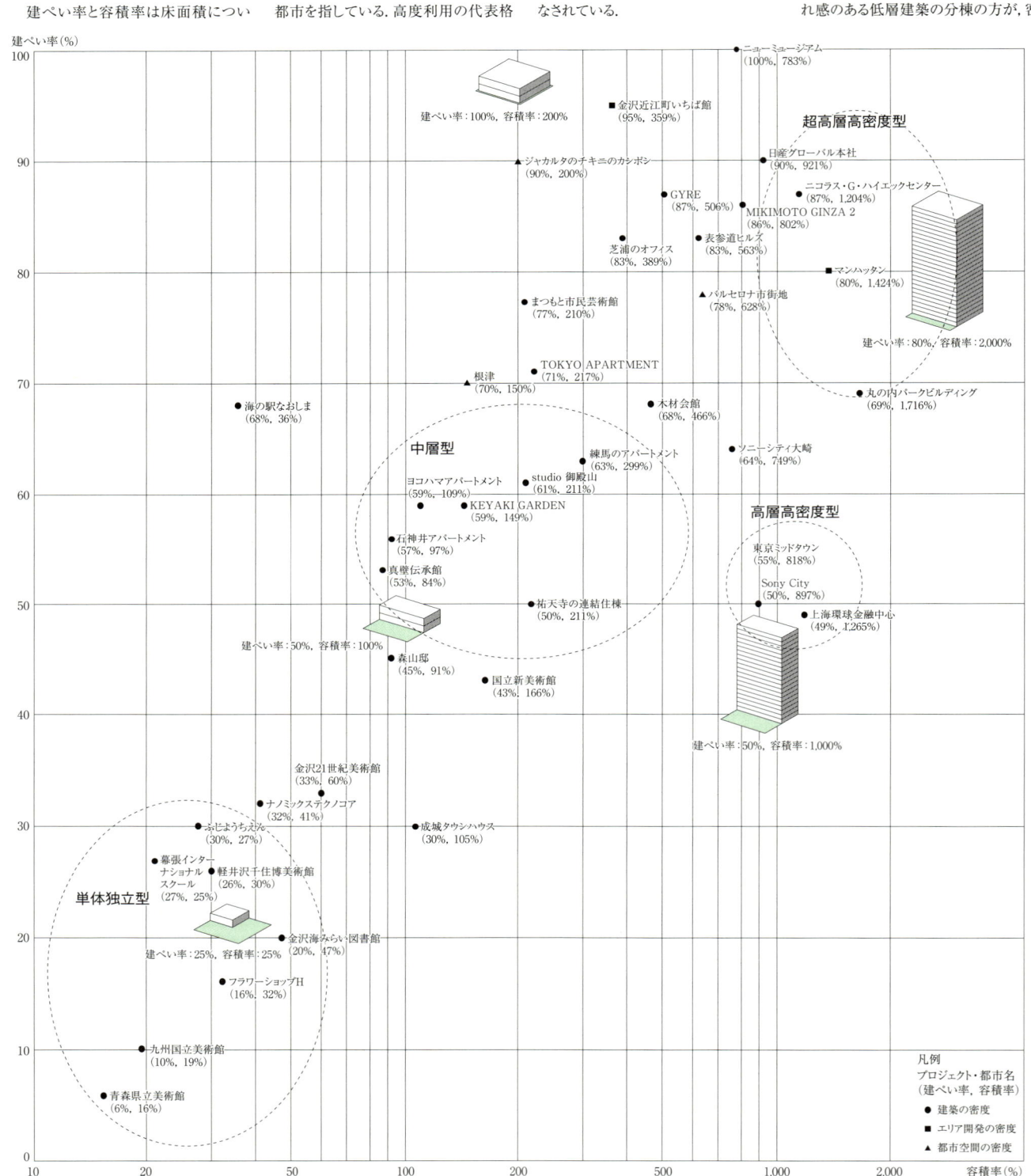

建築・都市の建ぺい率・容積率の比較

Volume and Layout: Density of City　ボリュームと配置：都市の密度　041

度感を感じさせる場合が存在する．低層の壁面量が多いということは，ファサードの造形や建物内のアクティビティを見る機会が多いということであるから，低層・分棟化によって都市体験を豊かにする可能性があることも分かる．その例として，建築プロジェクト，エリア開発，都市計画において，どのように建物を配置し，密度感のある空間を作っているかを右に示した．

都市のグレイン

都市のグレイン（きめ細やかさ）とは，適切な密度感を持った一体的な建築配置のことである．リチャード・ロジャースによれば「高密そのものは重要な問題ではなく，人々が安心して混じり合うことができる複合したコンパクトな都市空間を，既存の都市のなかで生み出すこと」が重要である[01]．そのためには，建ぺい率・容積率，計画人口密度といった指標を魅力ある空間計画として具体化し，計画対象地のグレインが周囲の都市空間と一体感を持って連続する配置法も検討されるべきである．その例として，建築プロジェクト，エリア開発，都市計画における都市のグレインの比較を下に示した．

01：リチャード・ロジャース，都市—この小さな国の，鹿島出版会，2004．

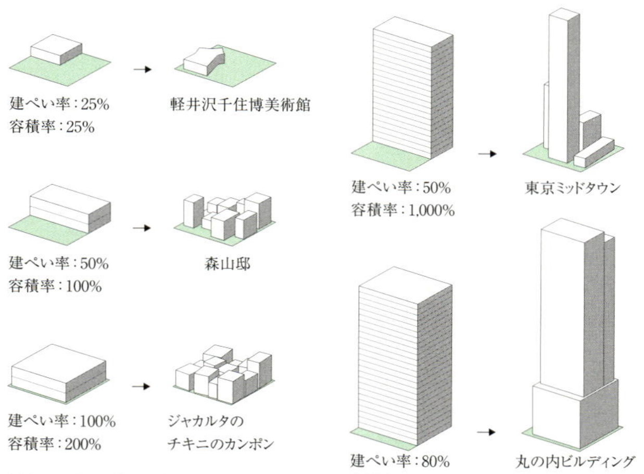

建ぺい率：25%　容積率：25% → 軽井沢千住博美術館
建ぺい率：50%　容積率：100% → 森山邸
建ぺい率：100%　容積率：200% → ジャカルタのチキニのカンポン
建ぺい率：50%　容積率：1,000% → 東京ミッドタウン
建ぺい率：80%　容積率：2,000% → 丸の内ビルディング

建築・都市の密度感の比較

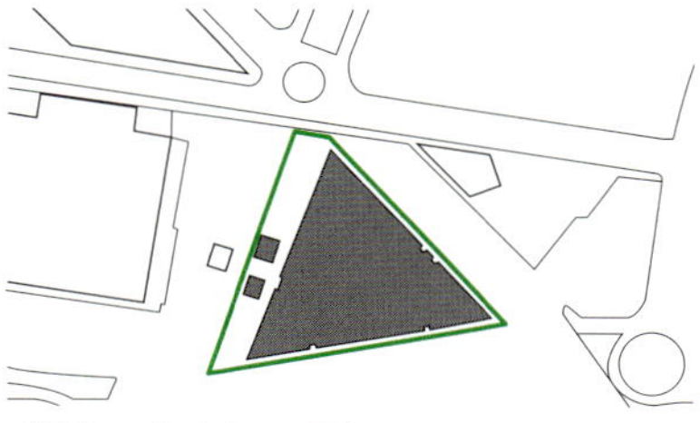

バルセロナ・フォーラム
場所のマイルストーン
・所在地：Barcelona, スペイン
・設計：Helzog & de Meuron
・建ぺい率：90%　・容積率：280%

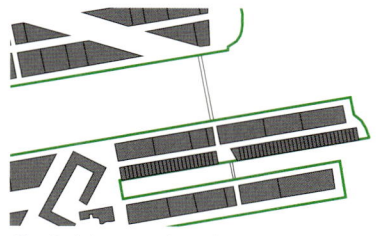

ボルネオ島のマスタープラン
粒度のアンサンブル
・所在地：Amsterdam, オランダ
・設計：West8
・建ぺい率：90%　・容積率：200%

ジャカルタのチキニのカンポン
超高密度居住地区
・所在地：Jakarta, インドネシア
・建ぺい率：90%　・容積率：200%

東京国際フォーラム
リズム感のある都市広場の創出
・所在地：東京都千代田区
・設計：Rafael Viñoly
・建ぺい率：82%　・容積率：533%

ポツダム広場
再生された文化中心
・所在地：Berlin, ドイツ
・設計：Renzo Piano
・容積率：485%

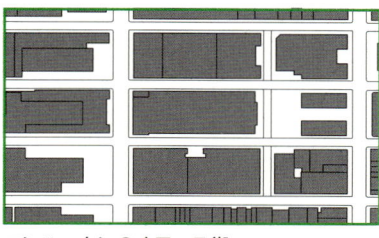

マンハッタンのオフィス街
摩天楼の集合
・所在地：New York, アメリカ
・建ぺい率：80%　・容積率：1,424%

十和田市現代美術館
都市構造の転写と都市への連続
・所在地：青森県十和田市
・設計：西沢立衛
・建ぺい率：38%　・容積率：47%

恵比寿ガーデンプレイス
賑わいを創出する再開発
・所在地：東京都渋谷区
・設計：久米設計
・建ぺい率：38%　・容積率：578%

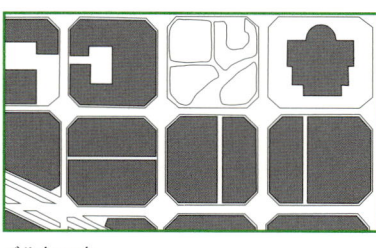

バルセロナ
ミドルライズの都市
・所在地：Barcelona, スペイン
・設計：Ildefonso Cerdá
・建ぺい率：78%　・容積率：628%

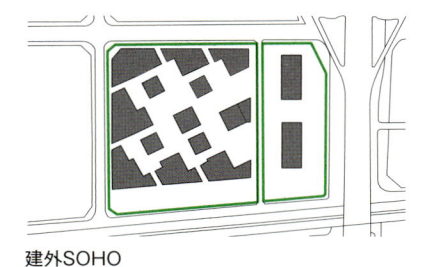

建外SOHO
白紙の上に都市を描く
・所在地：Beijing, 中華人民共和国
・設計：山本理顕, C+A, みかんぐみ
・建ぺい率：28%　・容積率：572%

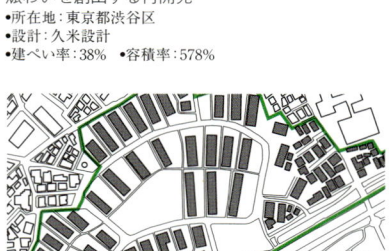

阿佐ヶ谷住宅
低密度のテラスハウス
・所在地：東京都杉並区
・設計：前川國男, 日本住宅公団
・建ぺい率：28%　・容積率：36%

根津
日本の木造密集居住地
・所在地：東京都文京区
・建ぺい率：70%　・容積率：150%

都市のグレインの比較

042 ボリュームと配置：建物配置と人の流れ1　Volume and Layout: Layout and Flow of People

森山邸
- 所在地：東京都大田区
- 設計：西沢立衛
- 建設：2005年
- 敷地面積：1,566m^2
- 建築面積：895m^2

隠しながらつながる中庭

戸建住宅の多い既成市街地に対してスケールを落としながら分棟配置された住居群．互いの住居が連なりながら守られた中庭環境を実現している．

中庭は四方からアクセスできるようになっており，敷地の奥に暗い庭をつくったり，地域の人たちだけが使う細い道路に対して開放的にしたりと，周辺環境とのさまざまな関係性を築いている．

このような中庭環境における開放性とプライバシーのバランスの良さが，家具の溢れ出しや屋外行動を誘発し，周辺環境に対する密やかなにぎわいを発信することにつながっている．

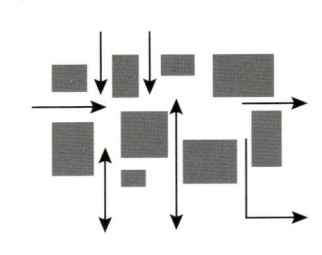

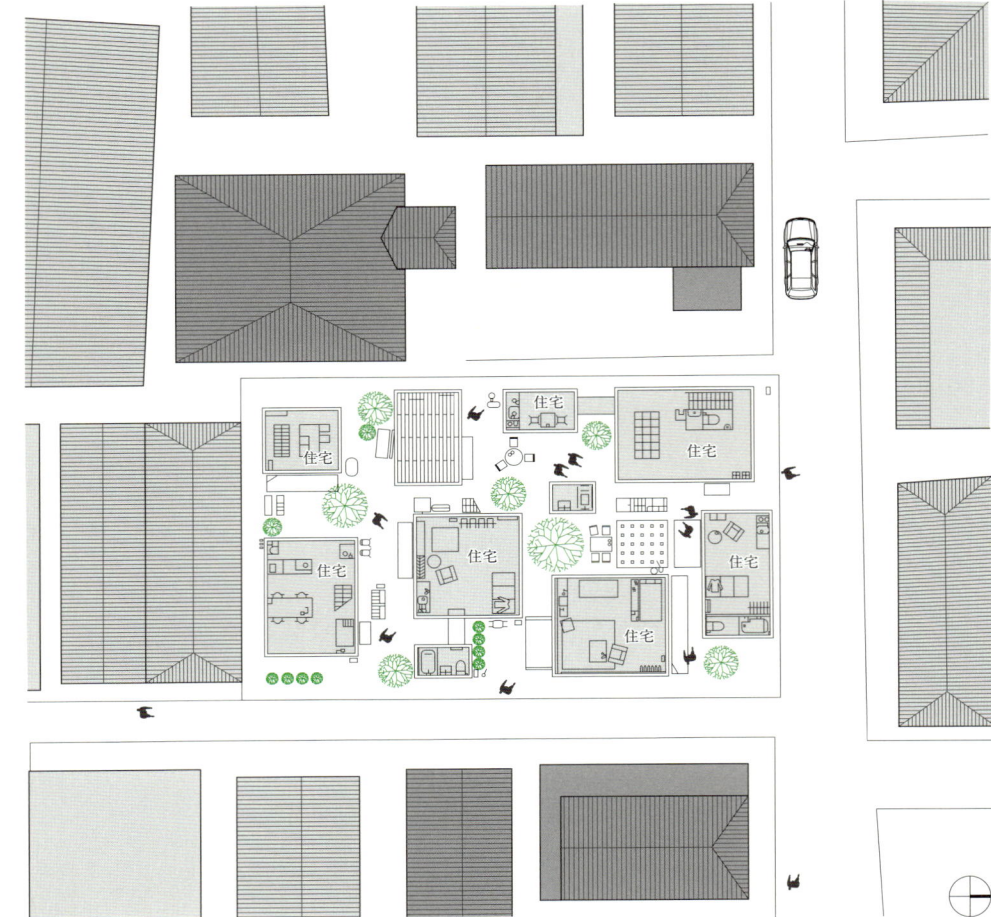

森山邸　1：300

ヨコハマアパートメント
- 所在地：神奈川県横浜市
- 設計：西田司＋中川エリカ
- 建設：2009年
- 敷地面積：140.61m^2
- 建築面積：83.44m^2

住宅の中の広場

道が狭く高低差のある木造住宅密集地の中に計画された4戸の集合住宅．地上階を近所にも開かれた天井高5mの半外部ラウンジ広場とすることで，若いアーティストの制作展示や週末のパーティ，地域住人の発表会など，通常の住まいでは受け止められないアクティビティを実現している．広場からは各々の専用階段があり，高くて明るい2階の居住部屋につながる構成になっている．密集した住宅の中で，小さな空間を共有することで豊かに住む，ここにしかないともいえる小さな世界を実現している．

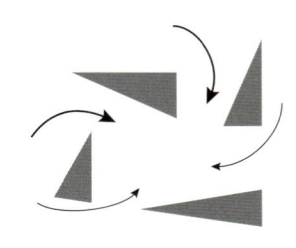

ヨコハマアパートメント　1：300

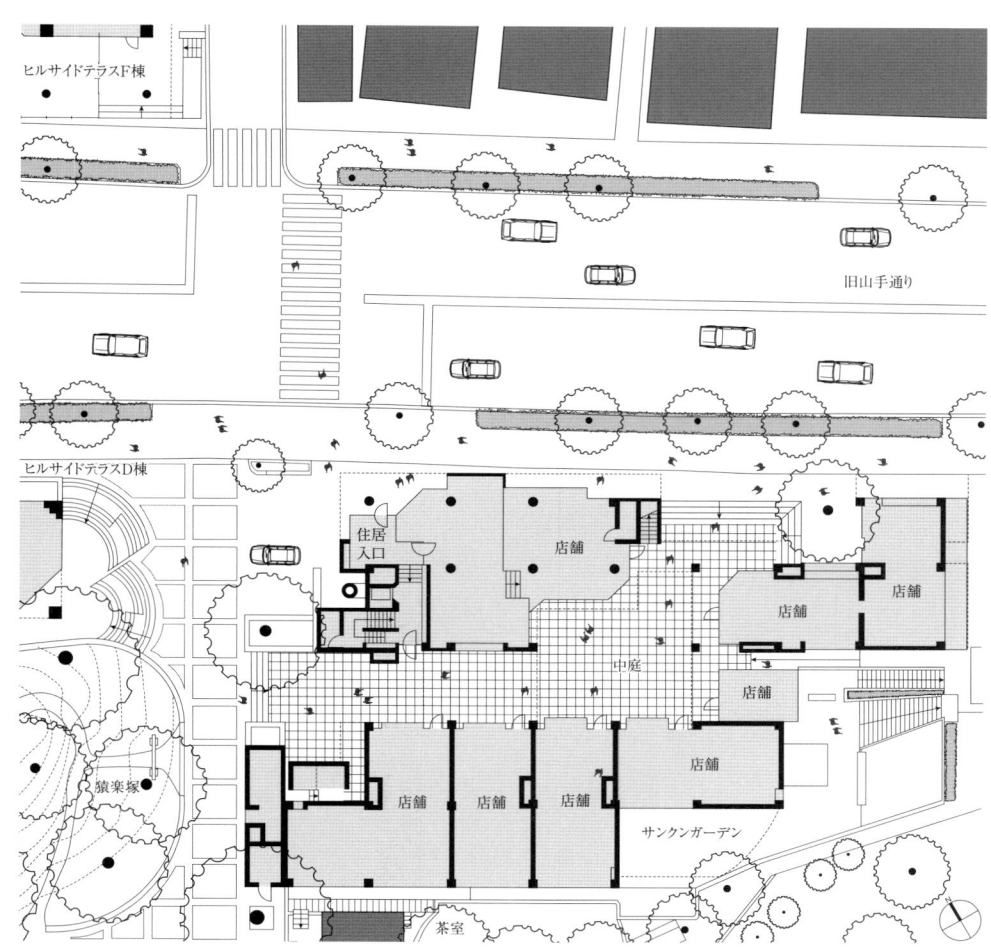

ヒルサイドテラスC棟
- 所在地：東京都渋谷区
- 設計：槇総合計画事務所
- 建設：1973年

都市の中の奥性
1967年から数期に分けて段階的に建設されてきた住居・店舗・オフィスからなる複合建築. 比較的限定された敷地において, 建築, 外部空間, 樹林が幾重もの空間の襞をつくりあげ, それが空間の"奥性"を演出し, 人々を引き込む要素になっている. 平行に走る歩道に対して, 斜めからのアクセスを意識した配置計画は歩行者を自然と敷地内へと導く. さまざまな幅の歩道, 広場, 細やかな段差がくつろいだ印象を与える効果を生み出している.

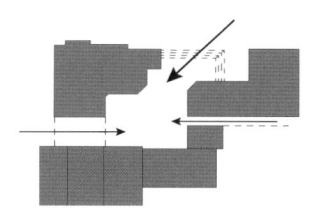

ヒルサイドテラスC棟 1:500

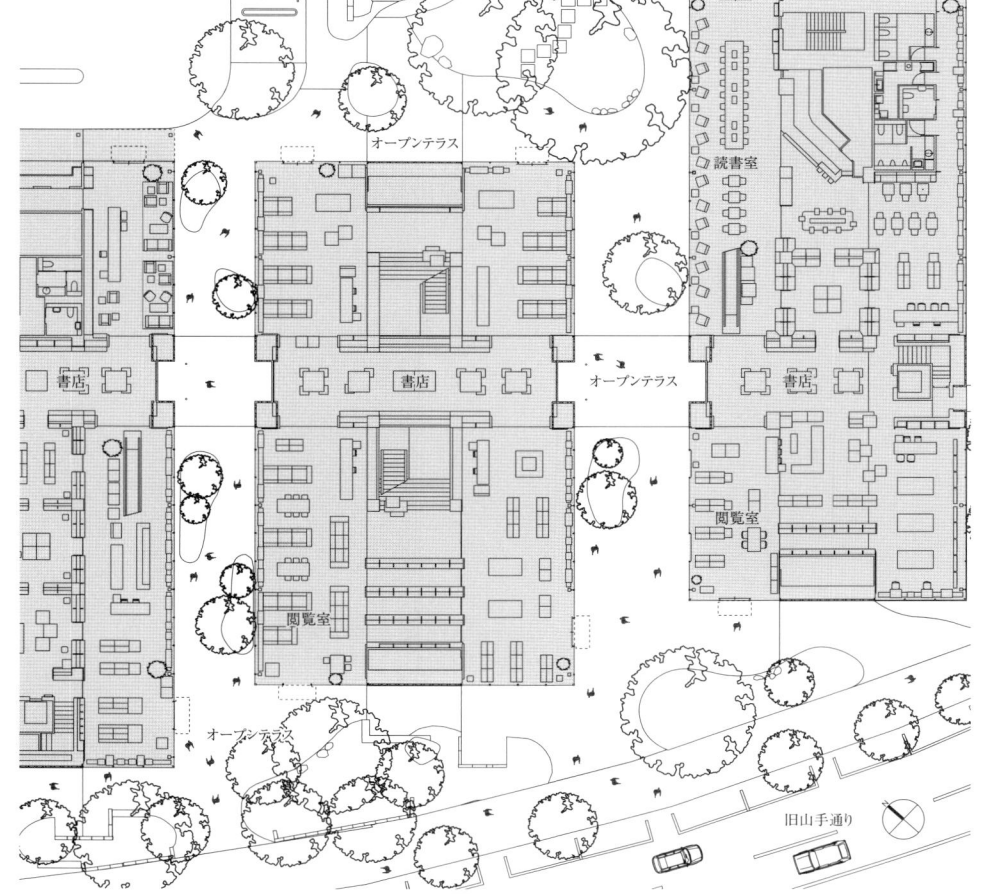

DAIKANYAMA T-SITE
- 所在地：東京都渋谷区
- 設計：Klein Dytham Architecture ＋Ria
- 建設：2011年

傾斜と配置でにぎわいを見通す
ヒルサイドテラス横に隣接する商業施設. 旧山手通り沿いには3棟の書店, 北側には8棟の専門店群（DAIKAN-YAMA T-SITE GARDEN）が散歩道でつながる構成になっている. 視線が通るように建物が配置され, 人々のにぎわいを見通すことができ, 随所に配置されたオープンテラスなどによってにぎわいを建物に導き入れる構成になっており, 広い敷地ながらも, 一体感のある空間となっている. 代官山の地形的特徴でもある勾配から生じる高低差をデッキテラスや植栽の巧みな配置により利用するなど, 随所に工夫が見られる.

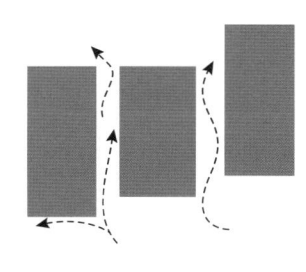

DAIKANYAMA T-SITE 1:500

044 ボリュームと配置：建物配置と人の流れ3 Volume and Layout: Layout and Flow of People

東工大蔵前会館
- 所在地：東京都目黒区
- 設計：坂本一成研究室，日建設計
- 建設：2009年

大学キャンパス軸と街の接続

大岡山駅前に建てられた大学の多目的施設．会議室，レストラン，多目的ホールなどをもつ3つの棟が大屋根で結ばれる構成となっており，大学関係者のみならず，周辺住民なども行き来できる計画になっている．

敷地が大学のメインキャンパスから離れているため，将来的には隣接するスーパーマーケットと図書館をまたいで，大学本館前の桜並木に至るブリッジが計画されている．大学キャンパス軸を建築構成に反映しつつ，街との連続性を目指した計画である．

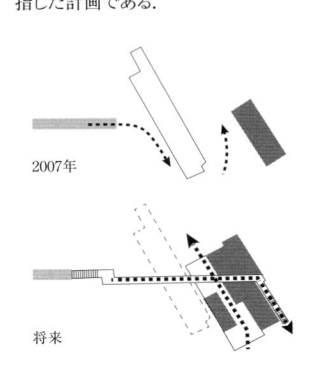

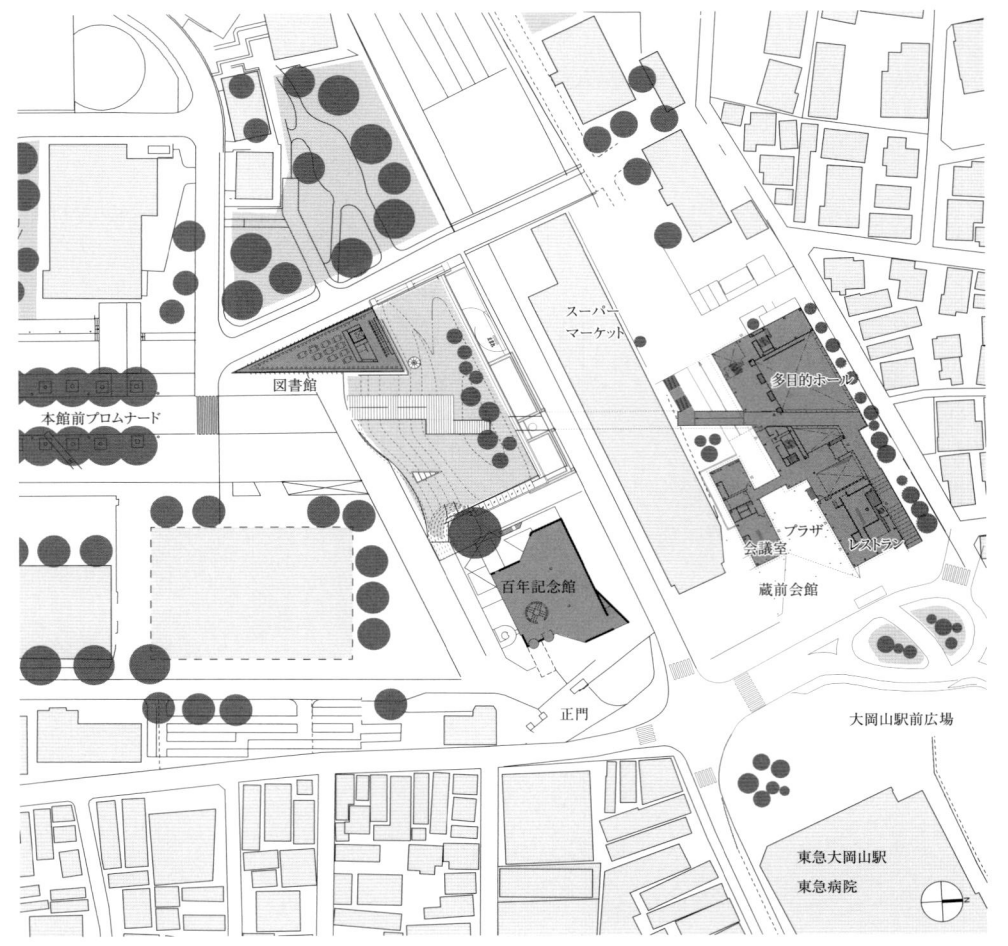

2007年

将来

東工大蔵前会館 1：2000

リンカーン・センター
- 所在地：New York，アメリカ
- 設計：Diller Scofidio, Renfro Architects
- 建設：2010年

劇場群に人の流れをつくる

ニューヨーク最大の劇場群．ジョジー・ロバートソンプラザを中心とした3つの劇場と，その北に隣接するアリス・チュリー・ホールとジュリアード音楽院の一帯が大規模整備された．コロンブス通りとジョジー・ロバートソンプラザの間にあった急勾配の階段は緩勾配の階段とスロープに代えられ，その下部に車寄せを配して施設へのアクセスが改善された．

隣接するアリス・チュリー・ホールへの連絡デッキは撤去され，アクセスは地下および街路レベルに改められた．撤去部分には芝の屋根をもつカフェが作られ，人々が座ったり立ち止まれる空間が構築された．最小限の手を加えることで，整備前の空間構成を活かしたまま，より人々がにぎわう，魅力的な空間になっている．

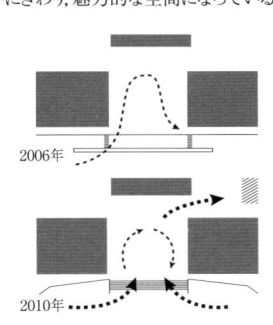

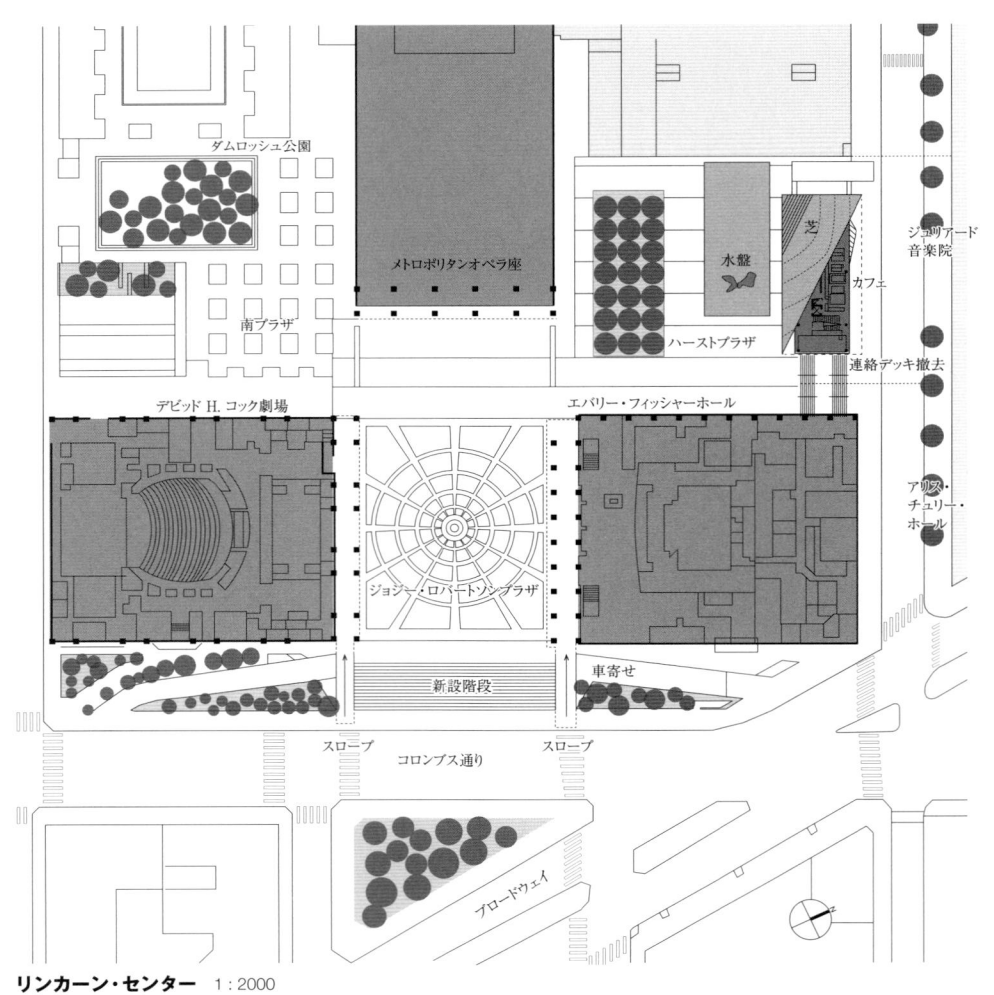

2006年

2010年

リンカーン・センター 1：2000

Chapter 2 都市の要素

- ふるまいの寸法
- ボリュームと配置
- 建築のインターフェイス
- 都市インフラと景観
- 出来事と一時的空間
- 都市と照明

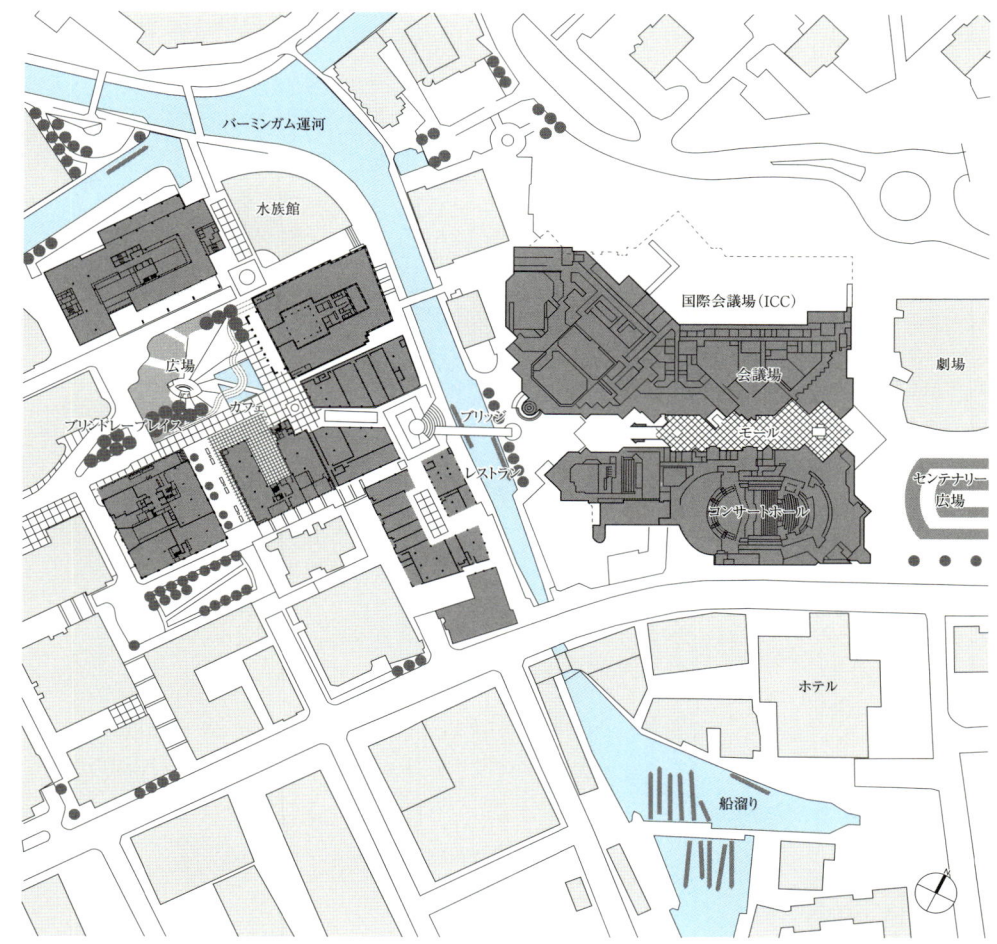

Volume and Layout: Layout and Flow of People **ボリュームと配置：建物配置と人の流れ4**　045

ブリンドレープレイスと国際会議場
- 所在地：Birmingham, イギリス
- 設計：Townshend Landscape Architects etc.
- 建設：1993年, 2003年

広場を核とした歩行者ネットワーク
中心市街の高速道路建設によって回遊性を失い，運河地区への市民の足が途絶えたバーミンガムでは1990年代から歩行者ネットワークの拡張による都市再生プロジェクトを着実に重ねてきた．1993年，中心市街からのアクセスとなるセンテナリー広場の西端に国際会議場ができると，そのモールを通じて運河を散策することが可能となり，周囲の再生が進んだ．2003年にはモールの延長線上にブリッジが架けられ，動線のアイストップとなるカフェと広場を囲うように複合開発ブリンドレープレイスが完成した．異なる事業主体によるプロジェクトの連携により，シークエンスのある都市空間が形成された．

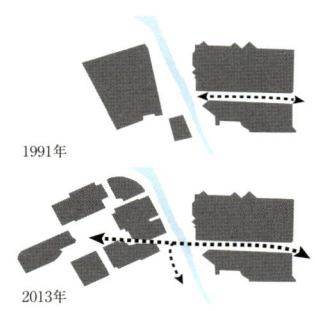

1991年

2013年

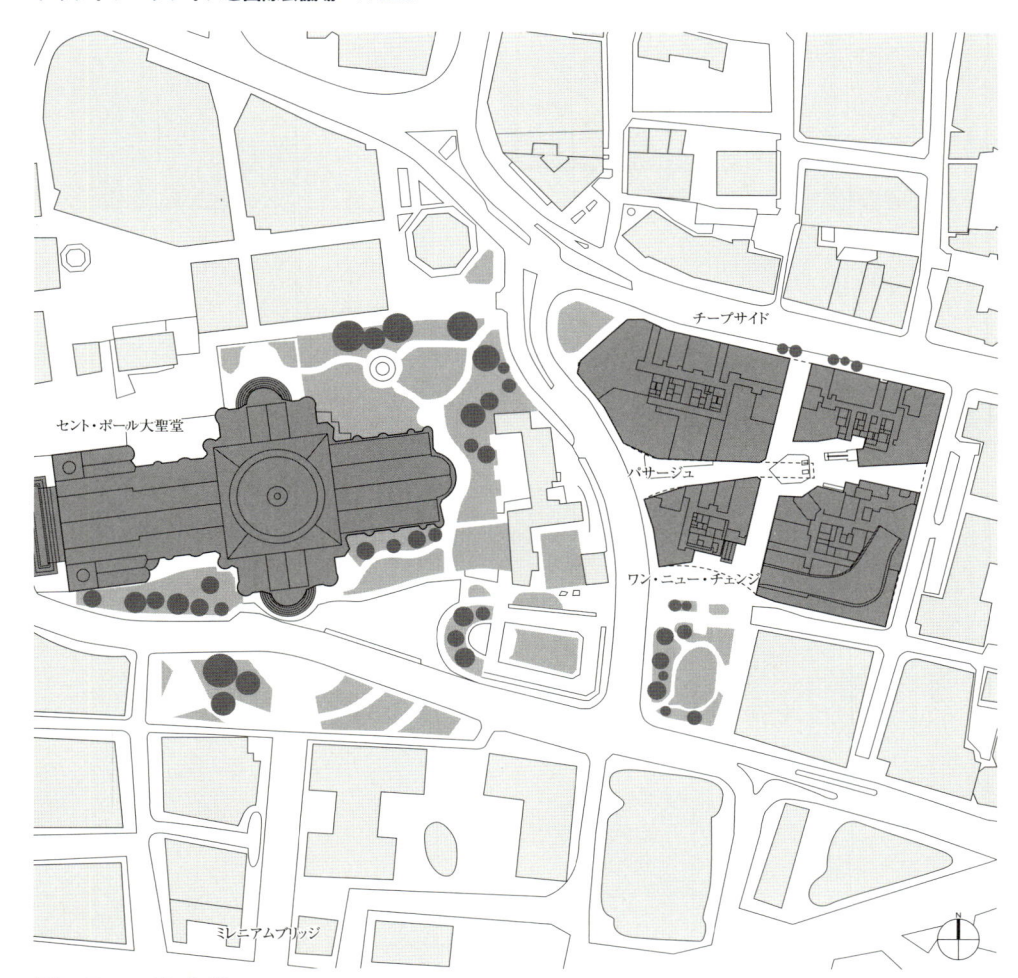

ブリンドレープレイスと国際会議場　1:3000

ワン・ニュー・チェンジ
- 所在地：London, イギリス
- 設計：Jean Nouvel+Sidell Gibson
- 建設：2010年

歴史的建築への眺めをつくる
ロンドンのテムズ川沿いに建つセント・ポール大聖堂の正面に計画された複合型ショッピングセンター．街の一区画全体が対象となった巨大な再開発計画としての条件を生かし，ロンドンを代表する建築であるセント・ポール大聖堂の軸線を取り込んでいる．建設にあわせて改修された街路であるチープサイドから施設の中心へと人々を引き込み，そこに劇的な風景が現出するようにボリュームが配置されている．視点場となるパサージュの両側はミラーガラスで覆われているため，大聖堂が幾重にも映り込む仕掛けとなっている．視点場はショッピングセンター屋上のテラスにも設けられており，隣接する歴史遺産との視覚的応答が徹底されている．

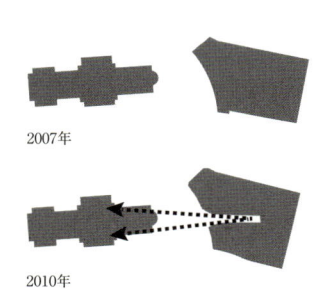

2007年

2010年

ワン・ニュー・チェンジ　1:3000

046 建築のインターフェイス：店舗の内と外 Interfaces of Architecture: Between Shops and Open Spaces

建築と都市のインターフェイス

私的領域である建築空間と公的領域である都市空間は，様々な建築的要素，空間的仕掛けによって関連付けられる．例えば，窓，テラス，回廊や階段，庇やキャンチレバーによる大庇がつくり出す半屋外空間などが，豊かな都市体験を提供する装置として巧妙に組み合わされ，建築と都市の境界領域＝インターフェイスを形成している．ここでは住宅スケールから都市スケールまで，様々なインターフェイスが生み出す人と建築・都市の関係性を考察する．

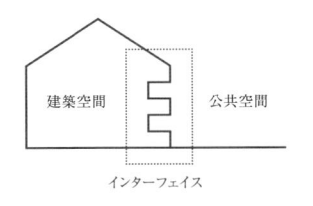

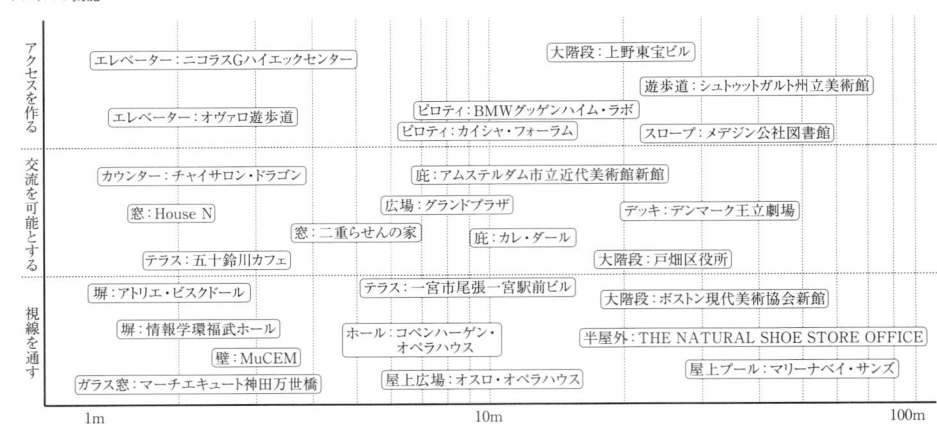

インターフェイスが作る空間の機能とスケールの分布

チャイサロン・ドラゴン
- 所在地：広島県尾道市
- 設計：村上博郁
- 建設：2007年

人の交流を生む路地裏のカウンター
尾道本通り商店街脇の路地にある築100年の古民家を改装したカフェ．開放的なカウンターを通して，店員と路地を通る人々との間に豊かな交流を生んでいる．路地に対してはカウンターだけではなく，土産物，掲示板，ベンチなども置かれ，まちづくりの一拠点として活発な情報発信が行われている．

五十鈴川カフェ
- 所在地：三重県伊勢市
- 設計：前田伸治
- 建設：2011年

川を臨むテラスとブリッジ
まちづくりで知られる伊勢の「おかげ横丁」を構成する飲食施設．横丁と伊勢神宮を隔てる五十鈴川沿いに，カフェテラス，ブリッジ，遊歩道へと至る階段など，様々な仕掛けが配されている．

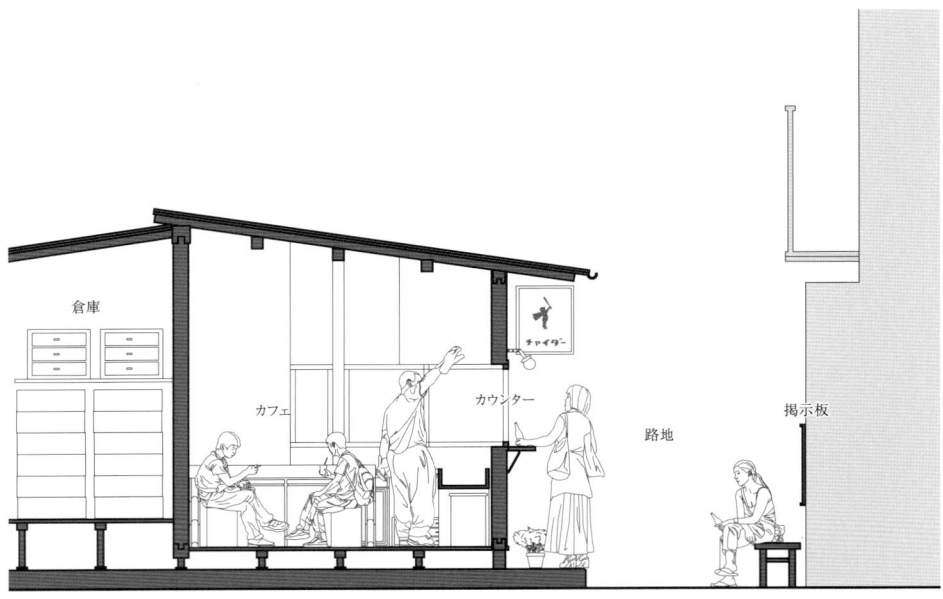

チャイサロン・ドラゴン　1:70

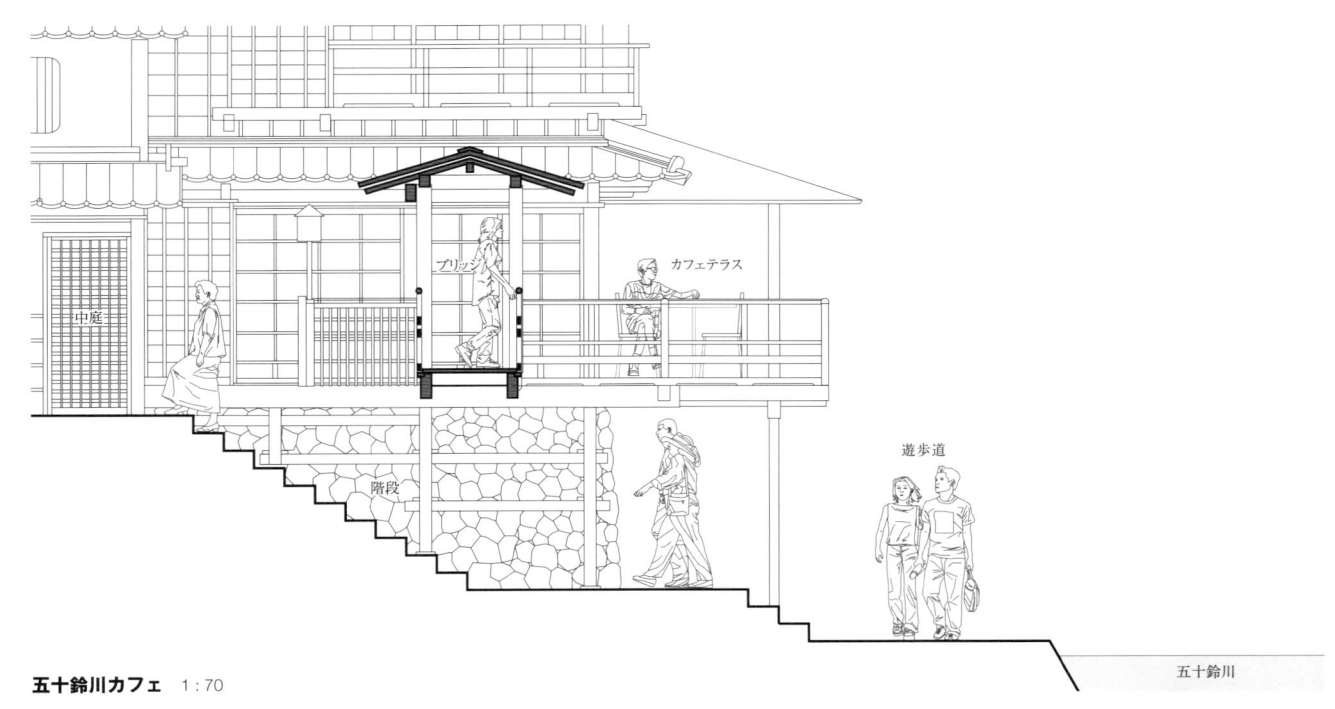

五十鈴川カフェ　1:70

Interfaces of Architecture: Between Houses and Open Spaces　建築のインターフェイス：住宅の内と外

二重らせんの家
- 所在地：東京都台東区
- 設計：大西麻貴, 百田有希
- 建設：2011年

アクティビティを演出するテラス
旗竿状の細長敷地という制約から, 中心のコア部に内部階段と外部階段が巻きつく二重の螺旋のように構成された住宅. 外から内へ進むにつれて, 都市空間, 路地, アプローチ, 玄関, 廊下, 食卓, 階段, 居室, 屋上庭園といった, 都市から住宅内部までの構成要素がひとつながりの連続した空間となって展開される. 子供のために作られた読書スペースには路地を見下ろす窓が作られ, 帰ってきた家族を迎えることができるよう演出されている.

House N
- 所在地：大分県大分市
- 設計：藤本壮介
- 建設：2008年

外部と内部をあいまいにする窓
入れ子状に配置された3つの箱に設けらえた大小様々な開口部によって, 住宅内外に豊かな緩衝空間が作り出されている. 表通り沿いの半屋外スペースには天窓と樹木が配され, 都市と私的領域が柔らかにつながっている.

アトリエ・ビスクドール
- 所在地：大阪府箕面市
- 設計：前田圭介
- 建設：2009年

通りとの距離感を作り出す浮遊した壁
閑静な住宅地に作られた人形作家のアトリエ兼住居. 宙に浮くように設けられた帯状の壁は, 表通りからの視線を遮りつつも, 足元を道路と地続きにすることで, 私的領域と公的領域の間に適切な距離感を作り出している.

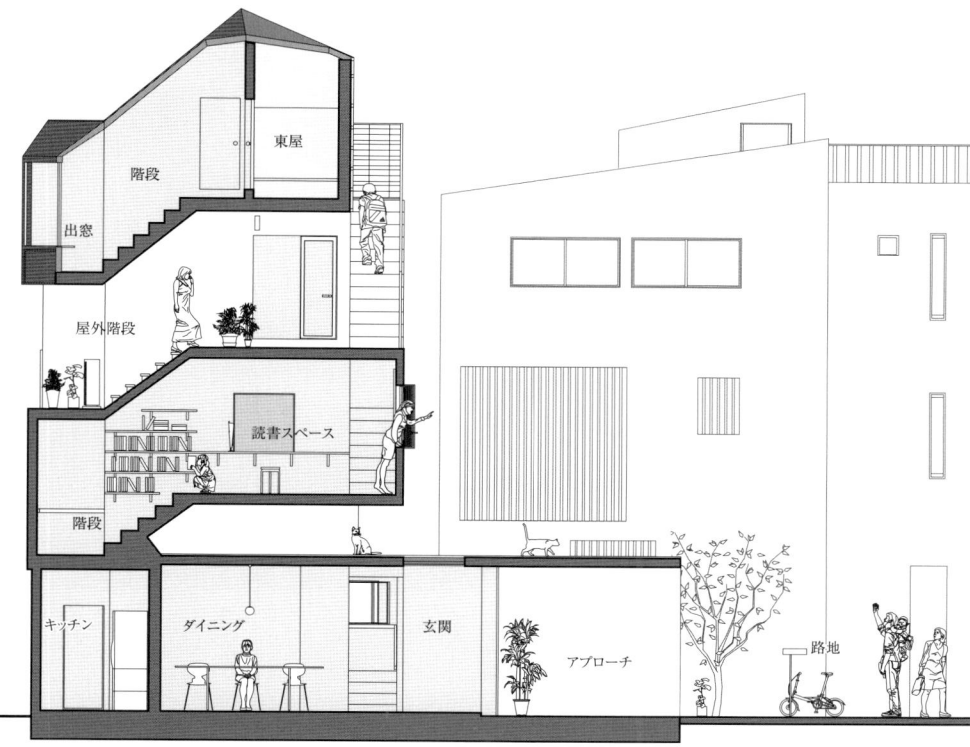

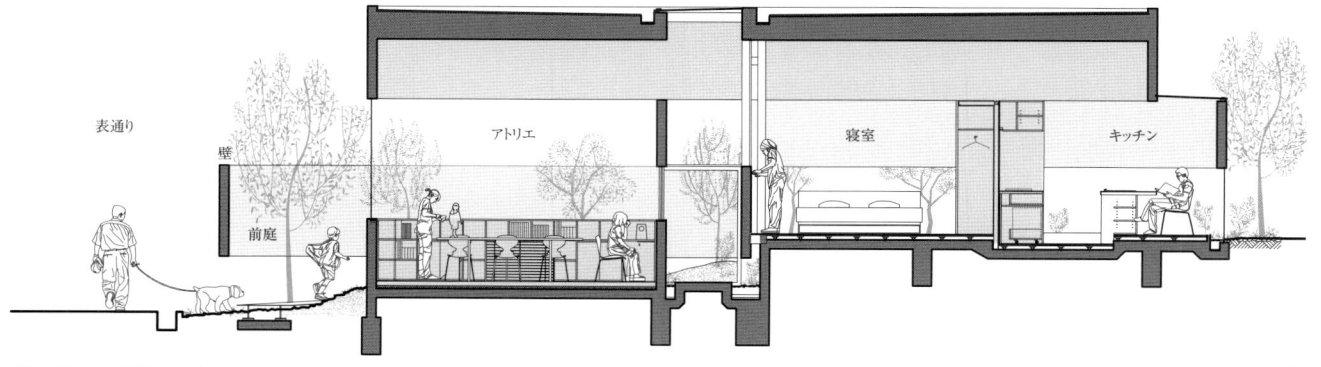

二重らせんの家　1:120

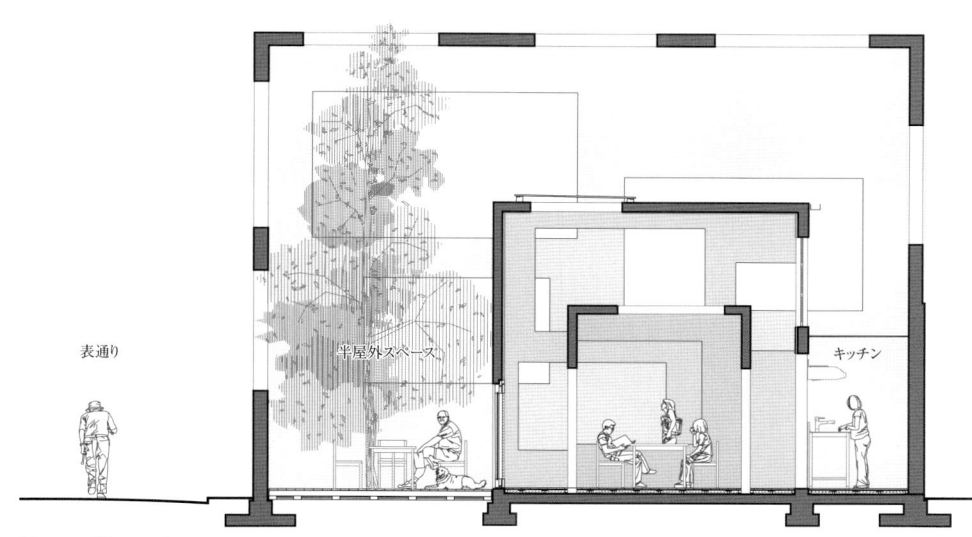

House N　1:120

アトリエ・ビスクドール　1:120

048 建築のインターフェイス：道・広場と建築をつなぐ1　Interfaces of Architecture: Between Architecture and Open Spaces

Chapter2
都市の要素

ふるまいの寸法
ボリュームと配置
建築のインターフェイス
都市インフラと景観
出来事と一時的空間
都市と照明

バルセロナ現代美術館
スクリーン
アンヘル広場

バルセロナ現代美術館 1:200

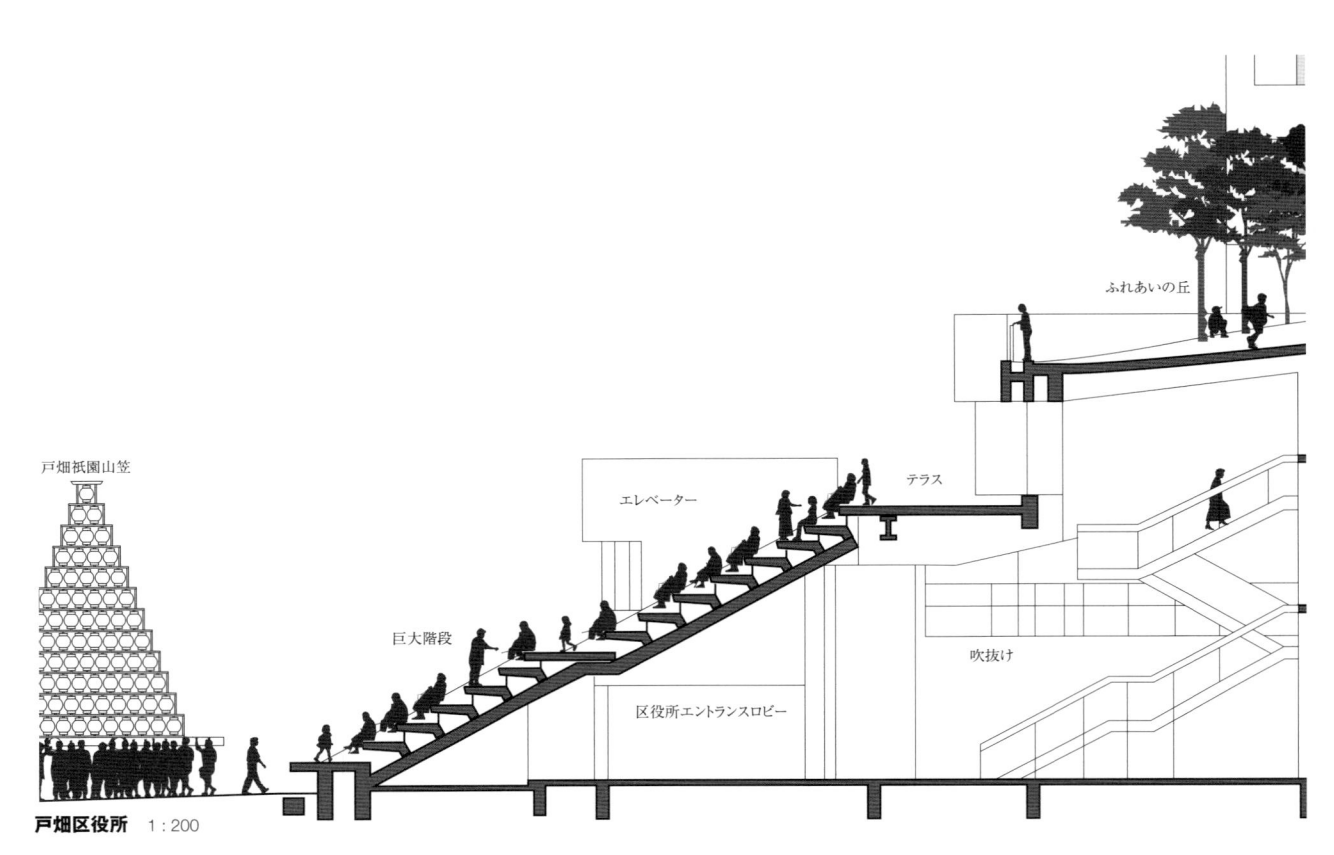

ふれあいの丘
戸畑祇園山笠
エレベーター
テラス
巨大階段
吹抜け
区役所エントランスロビー

戸畑区役所 1:200

バルセロナ現代美術館
- 所在地：Barcelona, スペイン
- 設計：Richard Meier
- 建設：1995年

旧市街の広場を臨むガラス張りの空間
「多孔質化」といわれるバルセロナ旧市街の都市再生プロセスの起点となったプロジェクト．複数の候補地から設計者自身が敷地を選定した．立て込んだ旧市街に市民が集まることができる広場を作るという方針のもと，敷地一帯の街区が取り壊され，美術館と隣接するアンヘル広場が設けられた．美術館はこの広場との関係を重視して作られており，広場に面したスロープを内包するガラス張りの空間からは，広場を行き来する人や広場で遊ぶ子供たちを眺めることができる．また，その外側の建物基壇部分は，人々が腰掛けることができる都市的なスケールのベンチとなっている．これらのガラスのファサードや外構の構成は，この美術館が単に展示機能だけを果たすものではなく，敷地周辺への影響を考慮したインターフェイスとしての役割も果たしている．

戸畑区役所
- 所在地：福岡県北九州市
- 設計：隈研吾
- 建設：2007年

祭りを支える巨大階段
戸畑区役所，保育所，障害者地域活動センター，高齢者向け市営住宅，公社賃貸住宅，民間分譲住宅で構成される戸畑C街区整備事業における一体開発の一部．官民複合開発の様々な施設の中央に「ふれあいの丘」と呼ばれる大規模屋上緑化による屋外空間を配し，多様な世代間交流の発生を促す計画となっている．敷地前面の浅生公園より，敷地内のふれあいの丘へとなだらかにつながる丘を都心に提供することが目指された．国の無形重要文化財である戸畑祇園山笠の開催時には，このスペースに設けられた巨大階段がおよそ2,000席の観覧席となり，壮大な祭りと都市・建築・ランドスケープが融合した都市スケールのインターフェイス空間が誕生する．

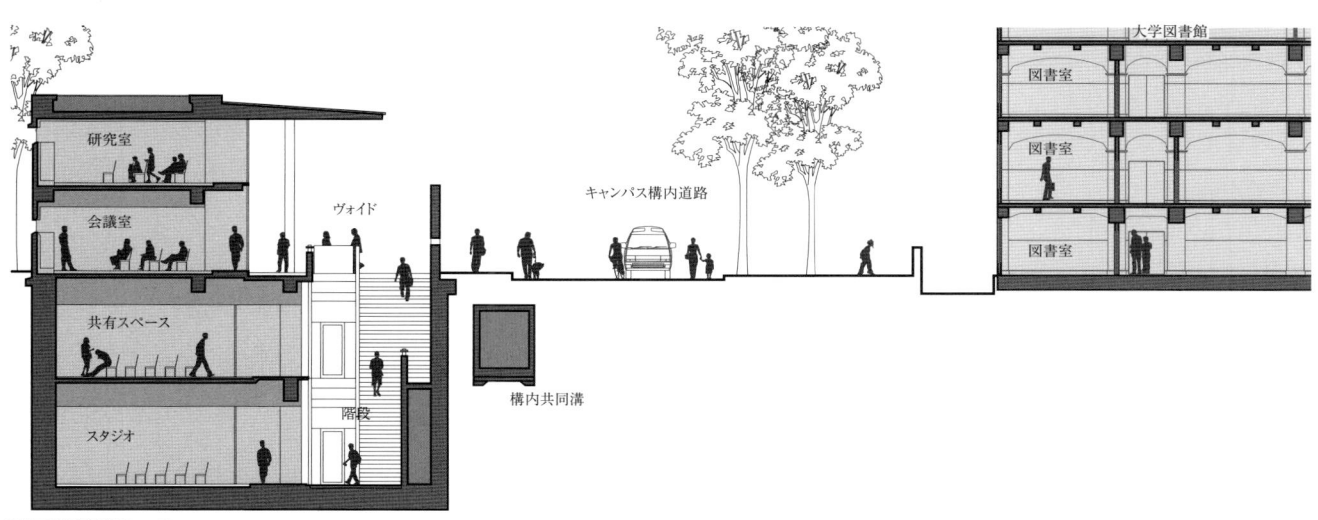

Interfaces of Architecture: Between Architecture and Open Spaces 建築のインターフェイス：道・広場と建築をつなぐ2

情報学環福武ホール 1:300

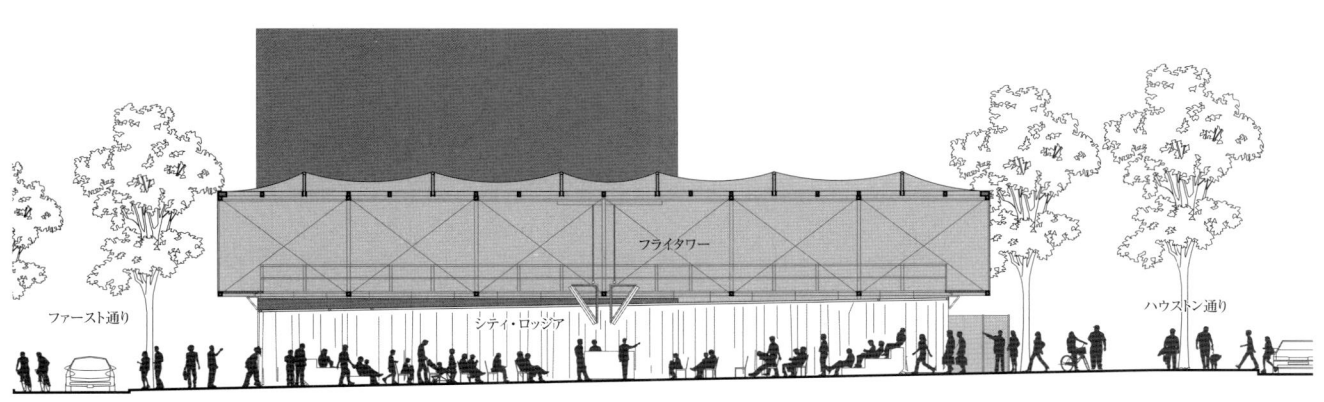

BMWグッゲンハイム・ラボ 1:300

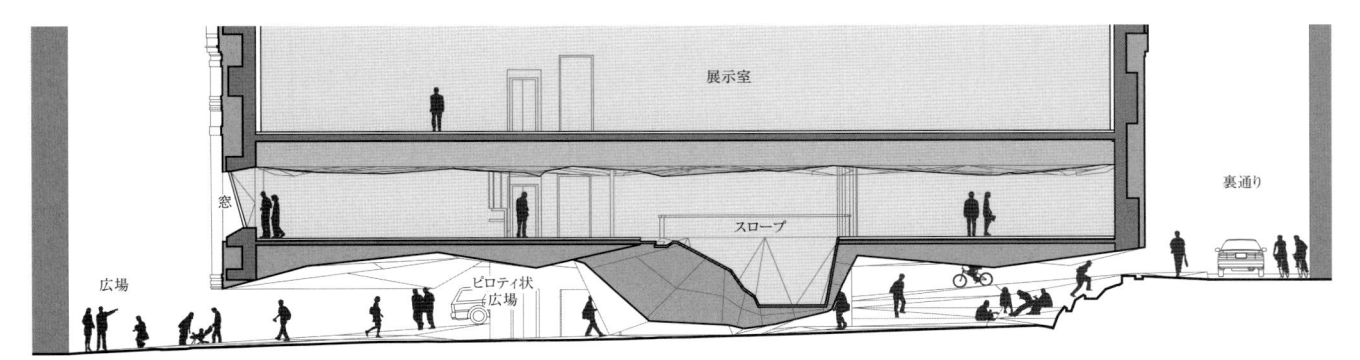

カイシャ・フォーラム 1:300

情報学環福武ホール
- 所在地：東京都文京区
- 設計：安藤忠雄
- 建設：2008年

建築と都市の境界に設けられた壁とヴォイド

東京大学本郷キャンパス内に道路に沿うように計画された細長い校舎施設．建築ボリュームの半分を地下に配し，そこへと続く外部階段によるオープンスペース，建物全長に及ぶ30cmのスリットの入ったコンクリートの壁，長く伸びた庇の3つの建築要素によって，地上2層・地下2層の計4層分のヴォイドが構成されており，建築の内部空間と外部のキャンパスとを隔てるインターフェイスとなっている．交通量の多い構内道路と静謐な研究環境を一枚の壁とヴォイドによって関係づけた建築である．

BMWグッゲンハイム・ラボ
- 所在地：New York，アメリカ
- 設計：アトリエ・ワン
- 建設：2011年

通りをつなぐ現代のシティ・ロッジア

使われていない空地に，新しい公共空間を生み出す試みとして建てられた移動式の仮設建築．一般的な劇場のステージ上部にあるフライタワーの機能を6本の柱で上部へと浮かせ，地上レベルのイベントのための機能空間とすることで，人びとが都市問題を議論したり，ワークショップを開催する場を開放した．また，敷地に面する裏通りと表通りを結ぶことで，都市に住まう多様な人びとを引き込む寛容なパブリックスペースが創出されている．設計者がその機能を「シティ・ロッジア」と名付けたように，都市のただ中に様々な都市活動が行われる公共空間が生み出されている．

カイシャ・フォーラム
- 所在地：Madrid，スペイン
- 設計：Herzog & de Meuron
- 建設：2008年

都市から建築へと潜り込む広場

煉瓦造の発電所と隣接するガソリンスタンドを改修したリノベーション建築．発電所の基礎部分を取り除き，建築上部を地上から浮き上がらせることで，古びた煉瓦の塊に覆われたピロティ状広場を創り出すと同時に，前面のガソリンスタンドを取り壊して広場として開放することで，広場とピロティ状広場が一体化し，連続的な公共空間として展開されている．この空間の出現は，広場に面する遊歩道や，道路を挟んで向かいにある立体植栽への連続を図るなど，周辺の都市環境との調和や都市のアクティビティに大きく貢献している．

建築のインターフェイス：都市空間と建築をつなぐ1　Interfaces of Architecture: Between Architecture and Urban Spaces

グランドプラザ
- 所在地：富山県富山市
- 設計：日本設計
- 建設：2007年

にぎわいをつなぐガラスの広場

富山市の中心市街地ににぎわいを取り戻すために計画された全天候型の野外広場．複合商業施設と駐車場ビルをつなぐように，幅21m，高さ19mのガラスの屋根がかけられた．南北65mの長手方向は通り抜けることができ，商店街の総曲輪通りと平和通りをつなぐ．訪れる人々は駐車場に車を停めたのち，広場を横断するように設けられた3階の連絡通路を渡り，エスカレーターを下ることで広場に辿り着く．連絡通路，エスカレーター，カフェテラスなど様々な要素が広場に向かって立体的に配され，そこに人々の活動が加わることで多様な視点場を持つ広場が生まれた．大型ビジョンやせり上がり式の舞台，可動式の植栽などの装置が組み込まれた広場では，コンサートからスケート，ボクシングの試合まで多種多様なイベントが行われる．

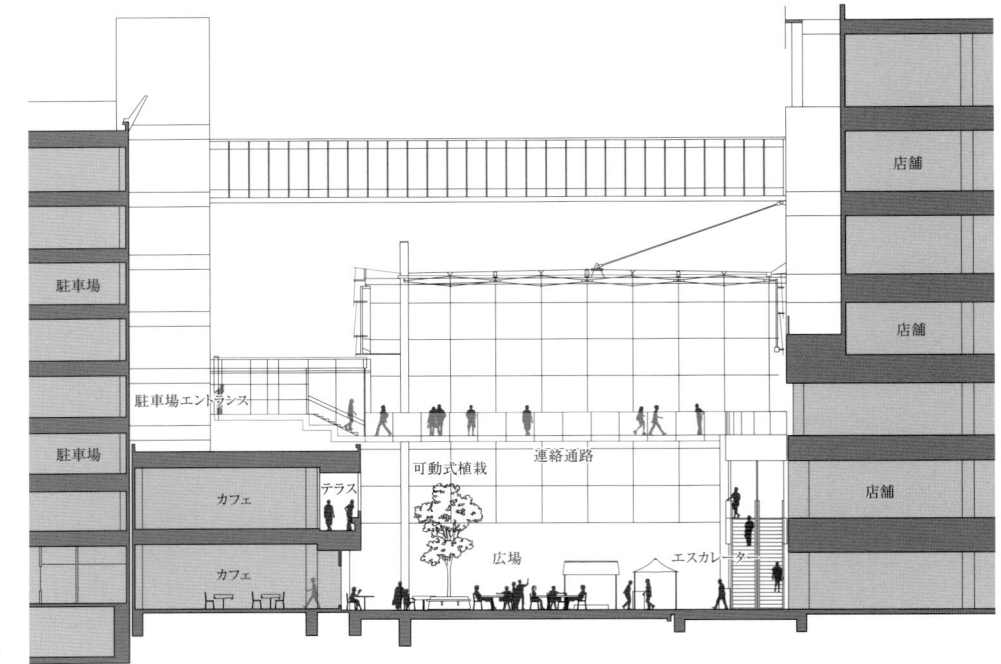

グランドプラザ　1:400

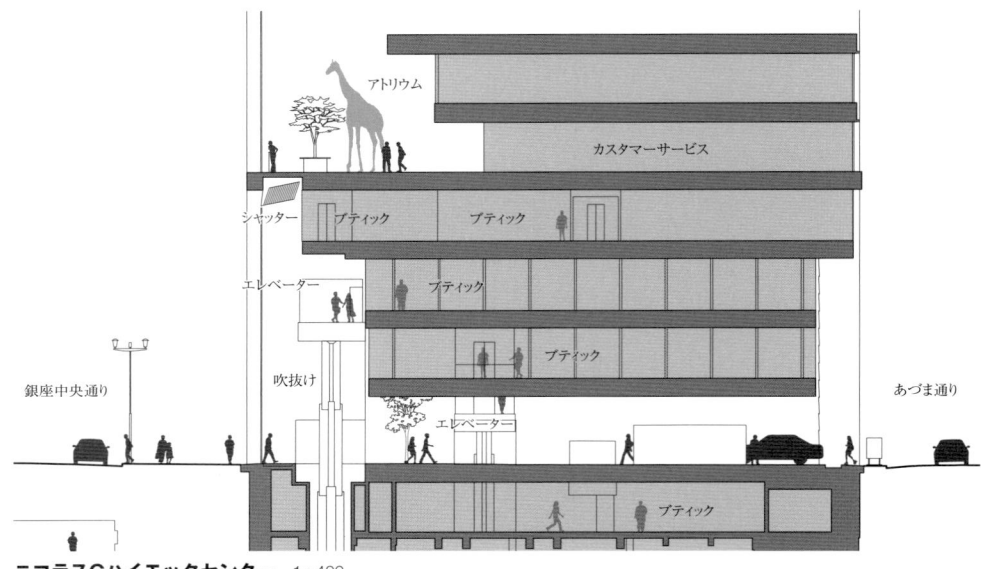

ニコラスGハイエックセンター
- 所在地：東京都中央区
- 設計：坂茂建築設計
- 建設：2007年

ブティックへと導くエレベーター

銀座の一等地につくられた時計会社の店舗兼本社ビル．シンプルな門型のフレームを基本に吹抜けやセットバック，垂直緑化を多用し，密度の高い街並みにゆとりある開放的な空間を挿入することに成功している．1階のピロティは銀座中央通りからあづま通りへの抜け道をつくり出し，そこに点在する7つの異なるブランドのショーケースを兼ねた様々な形状のエレベーターは商品を眺める人々を各階のそれぞれのブティックへと直接導く．

ニコラスGハイエックセンター　1:400

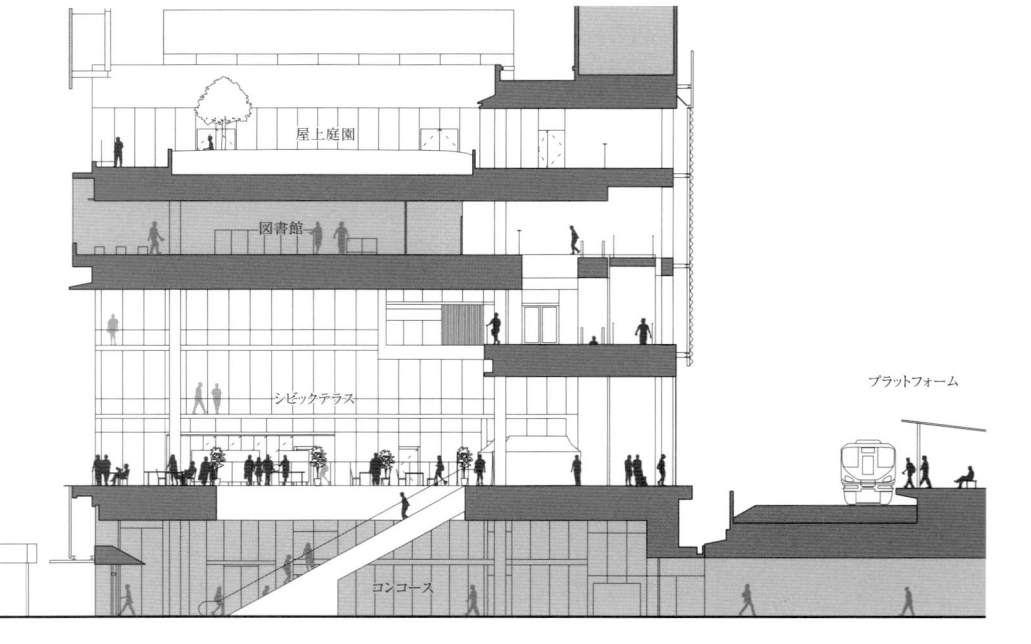

一宮市尾張一宮駅前ビル
- 所在地：愛知県一宮市
- 設計：山下設計
- 建設：2012年

街と駅をつなぐ大きなテラス

尾張地方の玄関口である尾張一宮駅のホームに隣接するように建設された駅前ビル．駅前の大通りに向かって開かれたシビックテラスと呼ばれる幅37m高さ11mの大きなテラスを中心に，様々な市民活動を想定し図書館，会議室，子育て支援センターなどを併設している．テラスは隣接する駅のプラットホームと同じ高さにあり，電車からもテラスの様子を伺うことができる．1階のコンコースは駅へと貫通し，吹抜けとエスカレーターにより上階のテラスへと人々を呼び込む．

一宮市尾張一宮駅前ビル　1:400

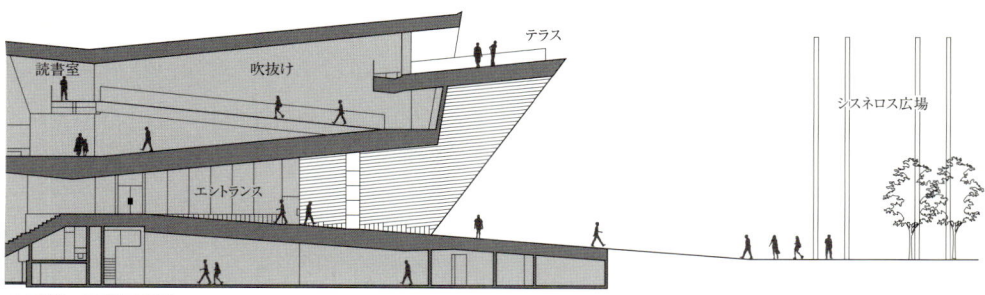

Interfaces of Architecture: Between Architecture and Urban Spaces　建築のインターフェイス：都市空間と建築をつなぐ2

メデジン公社図書館　1：500

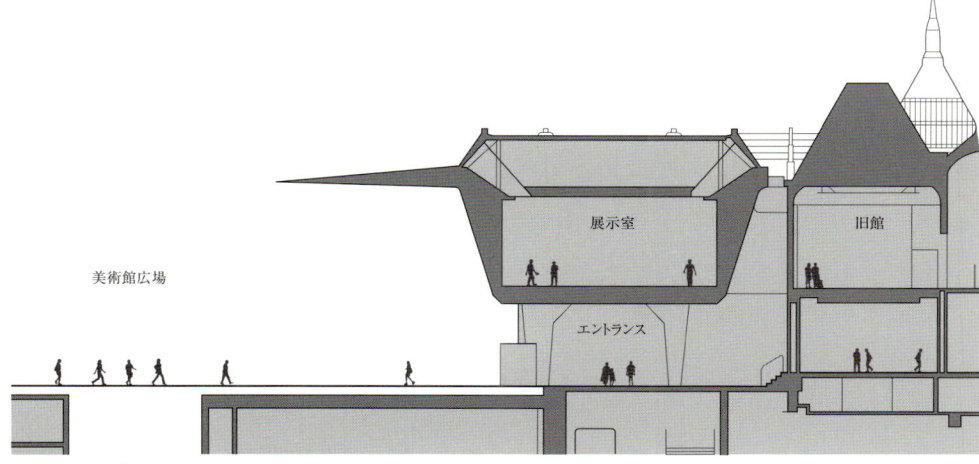

アムステルダム市立近代美術館新館　1：500

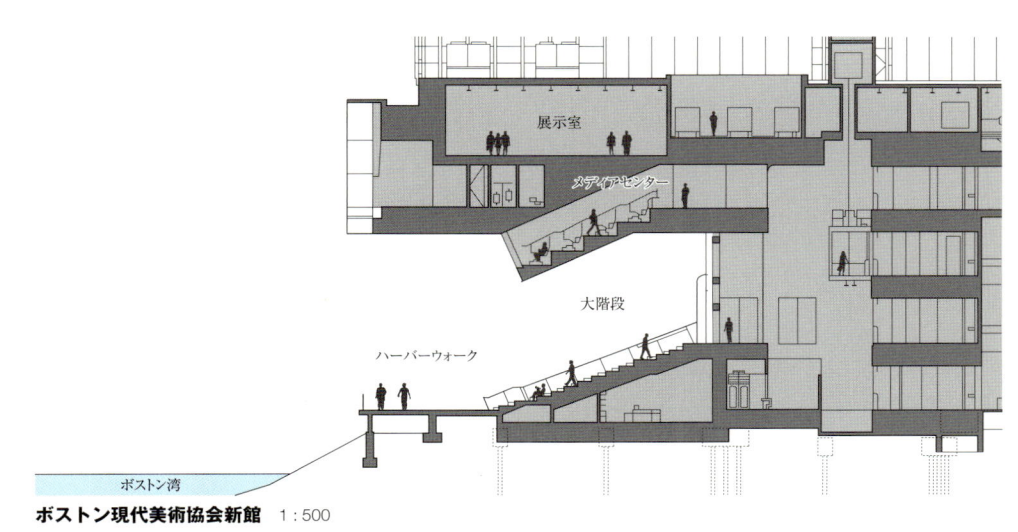

ボストン現代美術協会新館　1：500

カレ・ダール　1：500

メデジン公社図書館
- 所在地：Medellín, コロンビア
- 設計：Felipe Uribe de Bedout
- 建設：2005年

広場を臨む折り重なったスロープ
「教育の街メデジン」のスローガンのもと建設された市民図書館の一つ．シスネロス広場を延長するように地上から上階へとスロープが折り重なって配され，その途中に様々な広場との関係を持った読書空間が用意されている．

アムステルダム市立近代美術館新館
- 所在地：Amsterdam, オランダ
- 設計：Benthem Crouwel
- 建設：2012年

人々を招き入れる宙に浮かんだ展示室
歴史的建造物である美術館本館の背面に増設された展示室およびエントランス．宙に浮かぶ巨大なボリュームを持つ展示室とそこから張り出した庇によって作られる様々な高さの空間が，隣接する美術館広場に向かってダイナミックかつ変化の豊かな体験を来訪者にもたらしている．

ボストン現代美術協会新館
- 所在地：Boston, アメリカ
- 設計：Diller Scofidio+Renfro
- 建設：2006年

湾を受けとめる大階段と展示室
ボストン湾に沿って設けられたハーバーウォークに対してカフェと大階段を配することでウォーターフロントの回遊性と魅力の向上に貢献している．展示室は大階段上部のキャンチレバー部分にあり，メディアセンターがそこから吊り下がるように設けられている．湾に対する様々なアイデアが盛り込まれた断面を持つ建築である．

カレ・ダール
- 所在地：Nimes, フランス
- 設計：Norman Foster
- 建設：1993年

広場へと開く庇の空間
ローマ時代の遺跡メゾン・カレに正対して建てられた現代美術館．細いスチールの列柱とルーバー付屋根で構成された巨大な緩衝領域が広場を受け止める．庇により地中海の強い日射が和らいだ頂部のカフェと足元の段上の基壇はメゾン・カレへの視点場を提供している．

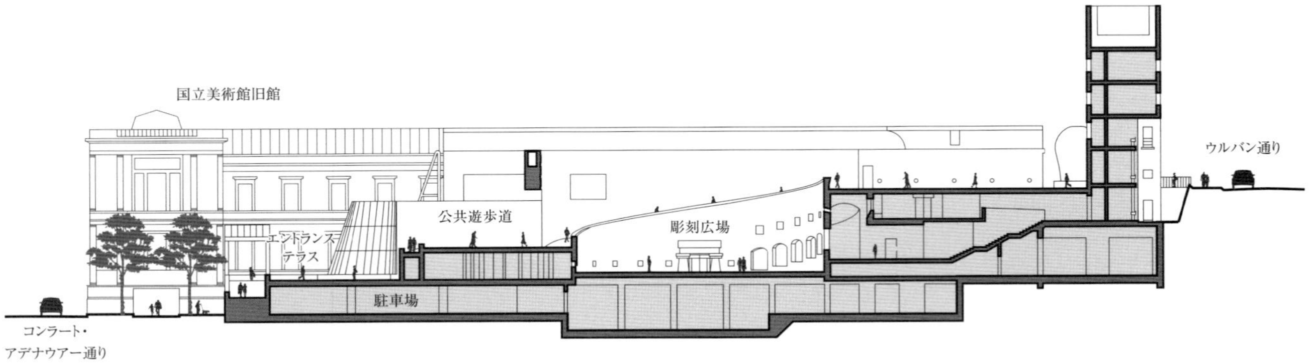

052 建築のインターフェイス：地形の利用1　Interfaces of Architecture: Difference in Height

シュトゥットガルト州立美術館　1:800

地形の高低差をつなぐ

都市再生の対象敷地において地形による高低差がある場合，地形に沿った動線計画を利用して周囲の都市空間との連続性を実現することが設計対象の一つとなる．ここに挙げる3事例はいずれも敷地をはさんで10m以上の高低差がある場合であるが，それぞれ人の流れや周辺環境，都市における役割等の条件が異なるため，遊歩道，エレベータ，外部階段といったそれぞれに適した方法を用いて上下層の道や広場，公園等をつないでいる．

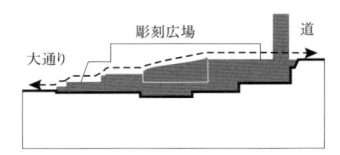

シュトゥットガルト州立美術館は，下層の大通りと上層の道路（高低差約12m）を公共遊歩道でつないでいる．

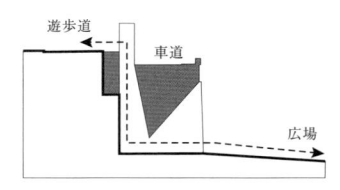

オヴァロ遊歩道のエレベータ　1:800

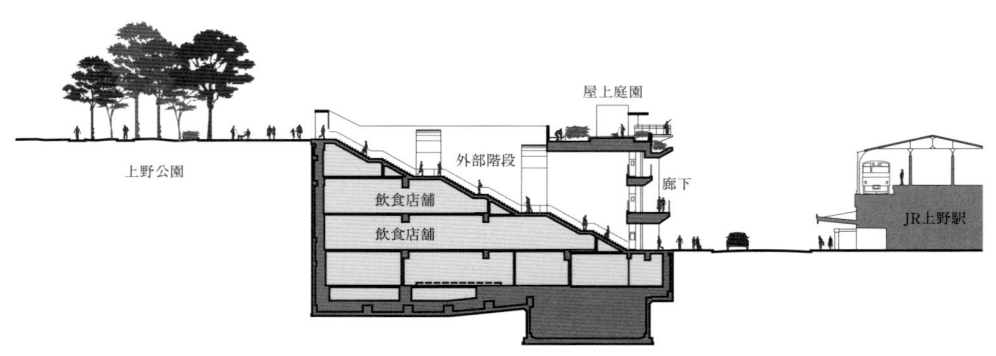

オヴァロ遊歩道のエレベータは，上層の歩道と下層の広場（高低差約14m）をつないでいる．

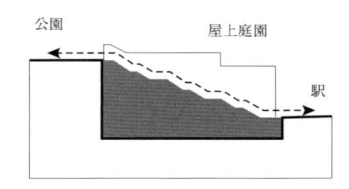

上野東宝ビル（バンブーガーデン）　1:800

上野東宝ビル（バンブーガーデン）は，上層の公園と下層の駅前道路（高低差約12m）を外部階段でつないでいる．

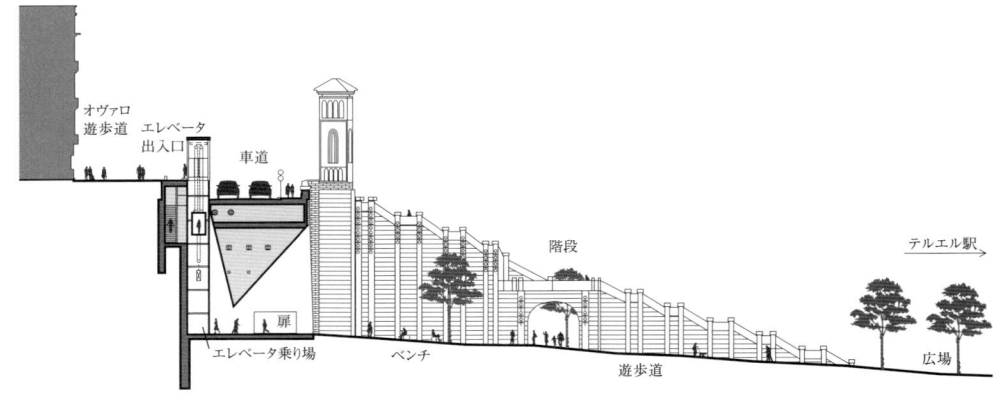

シュトゥットガルト州立美術館
- 所在地：Stuttgart, ドイツ
- 設計：James Stirling
- 建設：1984年

上下の道をつなぐ公共遊歩道

市街地に位置するこの建築は，旧国立美術館の増築部分にあたる．美術館の敷地内に都市内道路としての公共遊歩道を取り込んでおり，ウルバン通りからつながる通路を，円形の彫刻広場の周囲に巡らせ，エントランステラスまでおろしている．この場所の高低差を利用した公共遊歩道が人々を導くとともに，既存の都市空間に馴染むようなヒューマンスケールの空間と多様な意匠の建築造形が，美術館を都市の中に埋め込んでいる．

オヴァロ遊歩道のエレベータ
- 所在地：Teruel, スペイン
- 設計：David Chipperfield
- 建設：2003年

断絶された街の上下層をつなぐエレベータ

テルエル駅から広場を通りオヴァロ遊歩道に至る突き当りの崖に作られたエレベータ．約14mの高低差の崖には1920年代に作られた巨大階段があったものの，上層と下層の行き来には不便であった．そこで既存の階段とは別に新たにエレベータを設置し，この高低差を解消している．一度頭の高さほどまで下がるトンネルを進むと，上部のトップライトから光が落ちる乗り場に到達し，上層の遊歩道へとのぼっていく．

上野東宝ビル（バンブーガーデン）
- 所在地：東京都台東区
- 設計：竹中工務店
- 建設：2005年

建物を貫通する外部階段

1955年頃に建てられた映画館を建て替えた商業施設．既存の映画館の外壁を山留め代わりとして残し，その中に新築の躯体を作っている．駅前道路と上野公園（高低差約12m）をつなぐ外部階段を建物内に通すことにより，利便性の高い公共空間を作り出している．建物屋上は庭園として緑化し，上野の森との連続性を確保している．また建物内部の店舗からは，プラットホームを通過する電車や行き交う人々の様子を見ることができる．

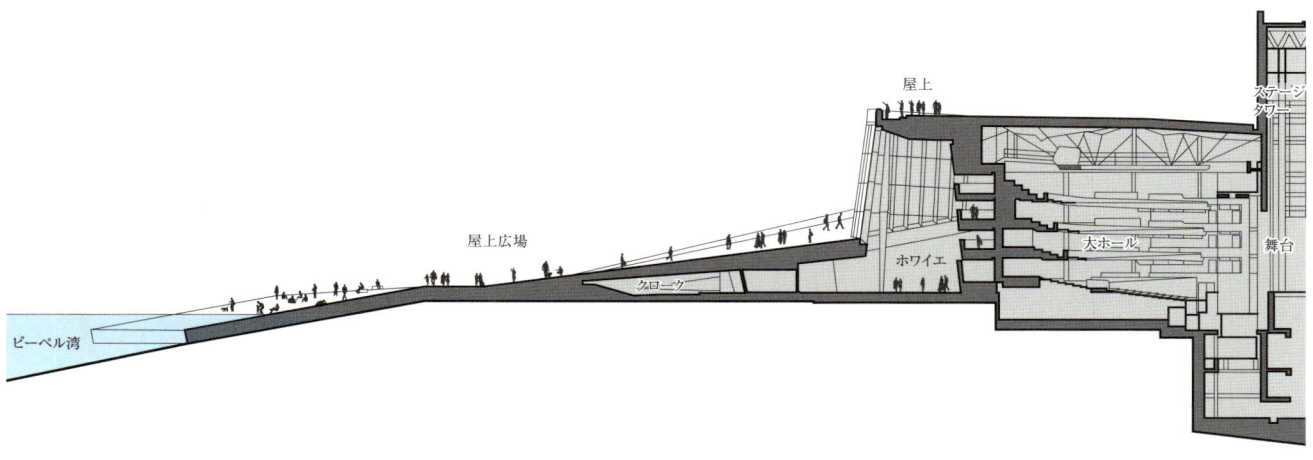

Interfaces of Architecture: Difference in Height　建築のインターフェイス：地形の利用2　053

オスロ・オペラハウス　1：800

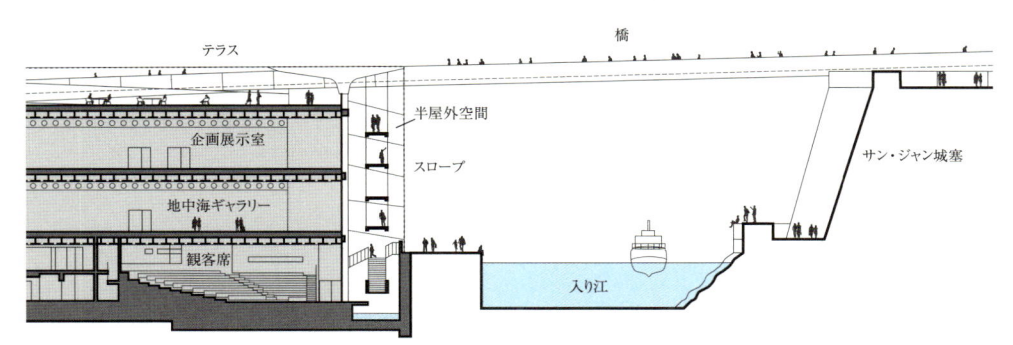

ヨーロッパ地中海文明博物館（MuCEM）　1：800

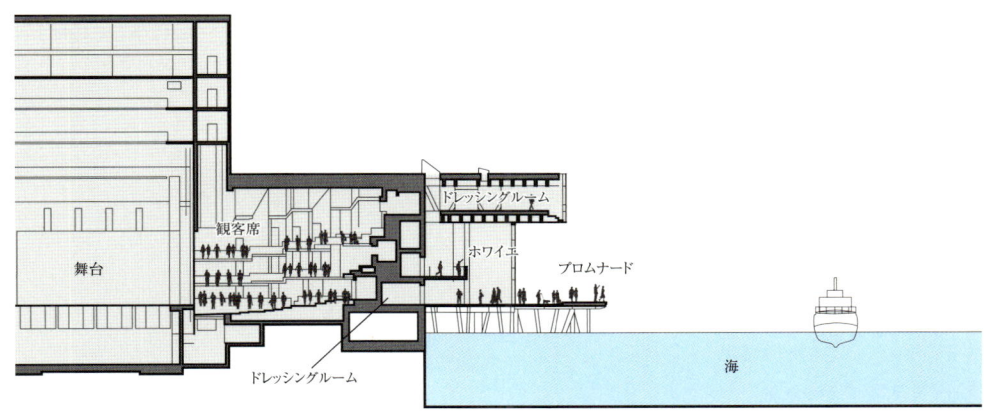

デンマーク王立劇場　1：800

水辺と建築をつなぐ

水辺に建築を設計する際，海や川と建築をどう位置づけるのか，またどのように近づけるのかは非常に重要である．建築内部からの眺めやウォーターフロントとして水辺をどのように利用するかなど，様々な観点から考える必要がある．ここに挙げる3事例はそれぞれが異なる方法を用いて，水辺との関わり，そして都市の中における水辺とのつながりを作っている．

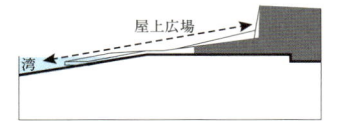

オスロ・オペラハウスは，湾の水面下まで続く屋上広場が湾と建築をつないでいる．

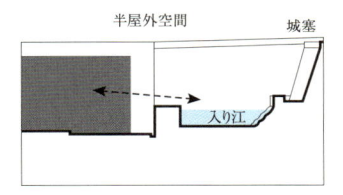

ヨーロッパ地中海文明博物館（MuCEM）は，半外部空間が入り江と建築をつないでいる．

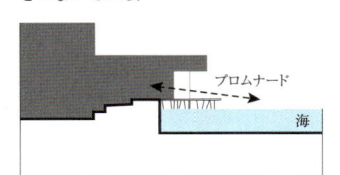

デンマーク王立劇場は，張り出した木製のプロムナードが海と建築をつないでいる．

オスロ・オペラハウス
- 所在地：Oslo，ノルウェー
- 設計：Snøhetta
- 建設：2007年

湾の水面下へと続く屋上広場
オスロフィヨルドに面したビョルヴィーカ地区に建てられたオペラハウス．大理石でできたスロープ状の広場と屋根面は，ビーベル湾の水面下からダイレクトに接続するようにデザインされており，海面から最上階までを横切るなだらかで広大な屋上広場を形成している．ソーラーパネルの機能を持つガラス壁面の斜めのラインが垂直方向に伸びたステージタワーと相まって，都市を囲むフィヨルドの景観に溶け込んでいる．

ヨーロッパ地中海文明博物館（MuCEM）
- 所在地：Marseille，フランス
- 設計：Rudi Ricciotti
- 建設：2013年

入り江と城塞を臨む半屋外空間
マルセイユのサン・ジャン城塞と向かい合う位置に建設された博物館．建物を覆う網目状の高性能コンクリート壁と入り江の間に光や風を通す半屋外空間を挿入し眺望を確保するとともに，建物と入り江そして城塞とのインターフェイスを作っている．人々は城塞からつながる橋を渡って屋上にアプローチし，半屋外空間にあるスロープを下って下階の展示空間に至る．入り江は埋め立てられていたが，昔の風景を蘇らせるため，改めて掘り起こされた．

デンマーク王立劇場
- 所在地：Copenhagen，デンマーク
- 設計：Lundgaard & Tranberg
- 建設：2007年

劇場から海へ張り出すプロムナード
エーレ海峡に面したコペンハーゲンの中心部に位置する劇場．水面に張り出している木製のデッキ上に，ガラスのホワイエとプロムナードがあり，海と劇場のインターフェイスとなっている．このプロムナードは，公共的な広い歩道でかつ海から劇場へのアプローチとなっており，歩行者やここに集まる人々をつないでいる．広々と突き出した上層階は，カフェテリアやアーティスト用のドレッシングルームとなっており，海に向かって開かれている．

054 建築のインターフェイス：視点場を作る1　Interfaces of Architecture: Viewpoint Setting

Chapter 2 都市の要素
- ふるまいの寸法
- ボリュームと配置
- 建築のインターフェイス
- 都市インフラと景観
- 出来事と一時的空間
- 都市と照明

	1m	3m	10m	30m
	空間の知覚的尺度		表情の動きがよめる	
	0.9m 触れる空間	2.7m 道具で触れる空間	9m 嗅覚の届く範囲	30m 聴覚の届く範囲

- 花火大会
- シンガポールの街並み
- 対岸の教会 — 10° 8.5m　人間が見下ろしやすい俯角
- ローマ遺跡
- 対岸のビル群 — 40〜70m カレ・ダール　最上階のカフェからメゾン・カレを眺める
- 東京の大通り — 10〜20m Spiral Garden　窓側のベンチから青山通りを眺める
- 中央線 — 2〜5m マーチエキュート神田万世橋　コーヒーを飲みながら列車を眺める

マーチエキュート神田万世橋　／　Spiral Garden　／　カレ・ダール

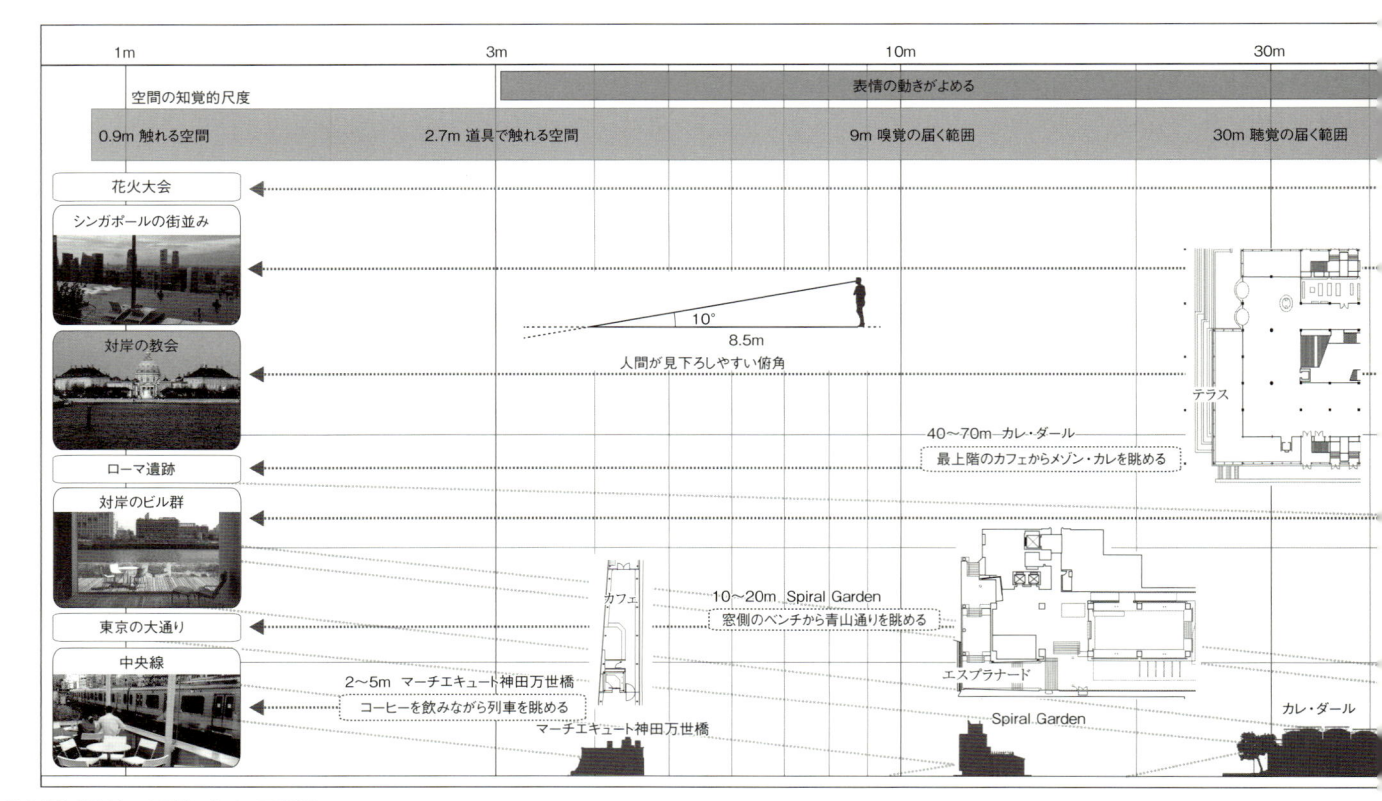

視点場と視対象の距離における関係性

マーチエキュート神田万世橋
- 所在地：東京都千代田区
- 設計：東日本旅客鉄道, ジェイアール東日本建築設計事務所, みかんぐみ
- 建設：2013年

コーヒーを飲みながら列車を眺める
煉瓦造の遺構を残す旧万世橋駅地区の改修・再生計画によって, 街の歴史的シンボルとされてきた高架橋をリノベーションした周辺エリア活性型商業施設. 旧プラットホームを商業施設として改修し, JR中央線が行き交う上下線の間にカフェ・展望デッキを配した. カフェでくつろぎながら至近距離で走行している列車を眺めることができる. 神田川と共に更新され発展する都市を展望できる空間を創出することにより, 非日常的なスペクタクルを生み出している.

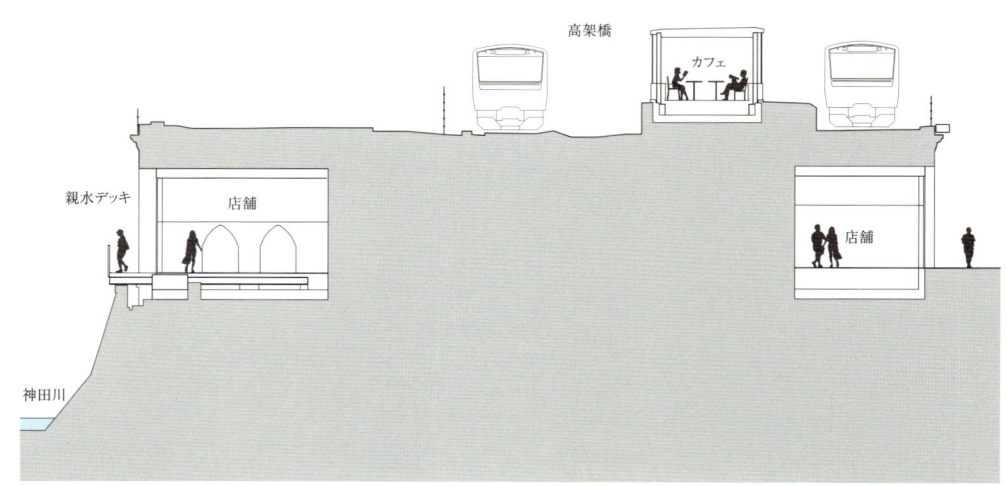

マーチエキュート神田万世橋　1:300

THE NATURAL SHOE STORE OFFICE
- 所在地：東京都中央区
- 設計：Open A
- 建設：2007年

オフィスのテーブルから運河の対岸を見る
勝どきの倉庫街, 運河沿いにある既存の倉庫をリノベーションした靴メーカーのオフィス. 運河と倉庫という歴史的な文脈を, ゆったりした景観と風を与えてくれる都市的な場所ととらえ, 運河側に気持ちの良いデッキを配置している. そこから連続する空間はガラスキューブで仕切りつつも, 倉庫のおおらかで半屋外的な雰囲気をもたせ, オフィスラウンジとして大胆に利用している.

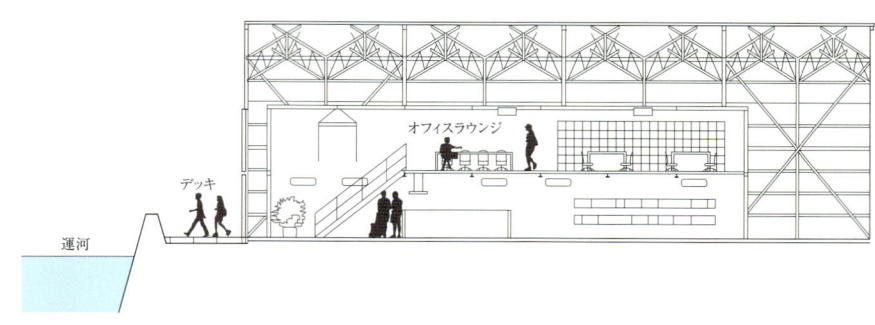

THE NATURAL SHOE STORE OFFICE　1:300

Interfaces of Architecture: Viewpoint Setting 建築のインターフェイス：視点場を作る2　055

100m	300m	1,000m
の造作がわかる ／ 四肢・髪や顔は分離して見える	手足の動きは見える	手足を動かせばわかる ／ 常に人とわかる

750～800m 隅田川花火大会
屋形船から花火を眺める
屋形船

1,000～1,500m マリーナベイ・サンズ
泳ぎながら対岸の高層ビルを見る
屋上プール

300～400m コペンハーゲンのオペラハウス
オペラの幕間に対岸の教会を見る
ホワイエ

80～90m THE NATURAL SHOE STORE OFFICE
オフィスのテーブルから運河の対岸を見る
オフィスラウンジ

マリーナベイ・サンズ

THE NATURAL SHOE STORE OFFICE　コペンハーゲン・オペラハウス　屋形船

コペンハーゲン・オペラハウス　1:500

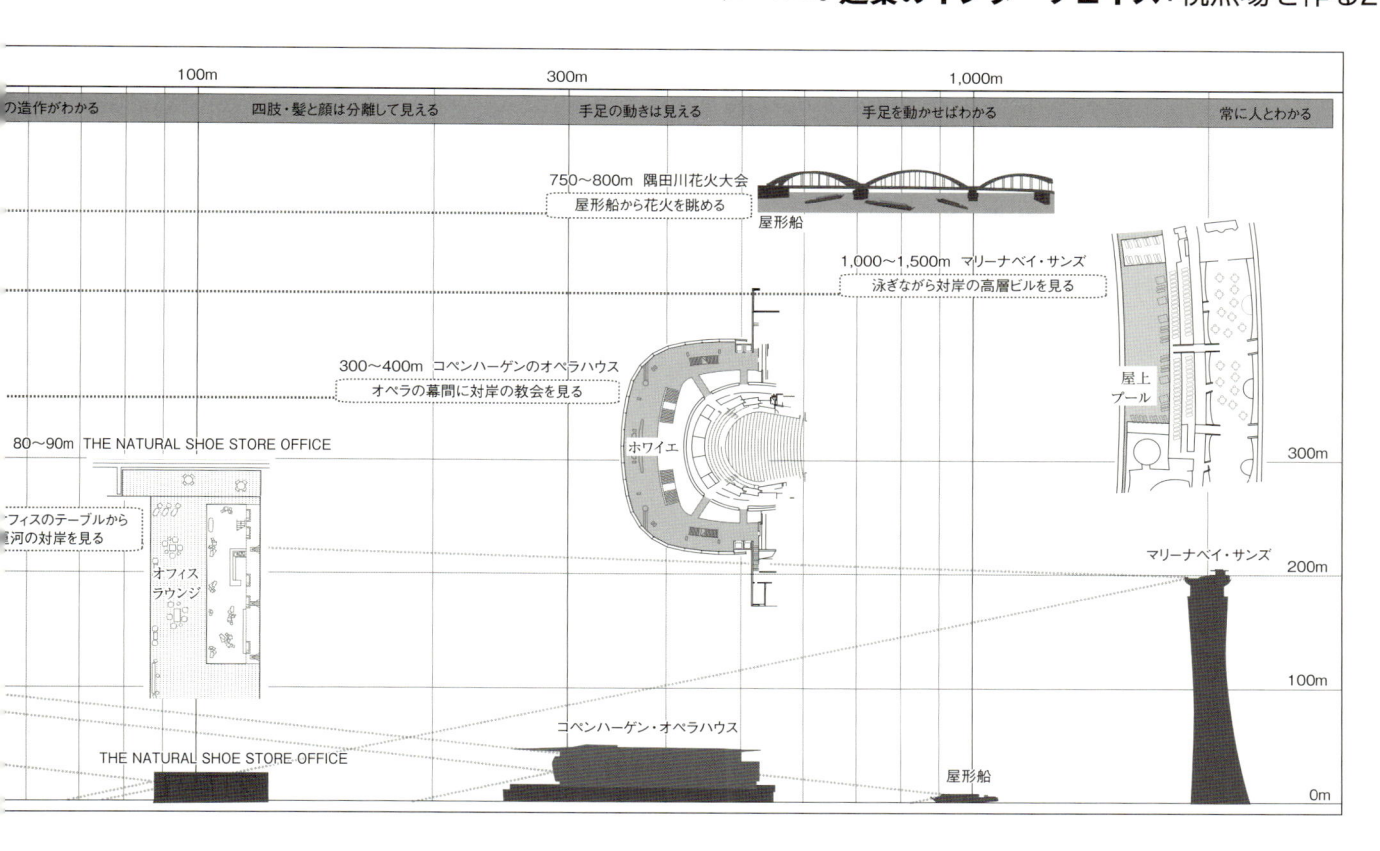

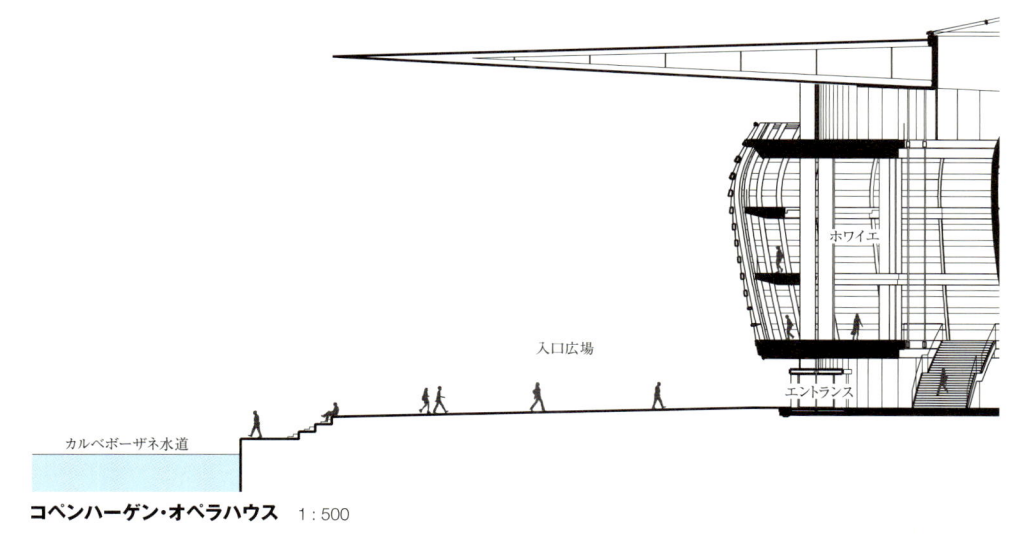

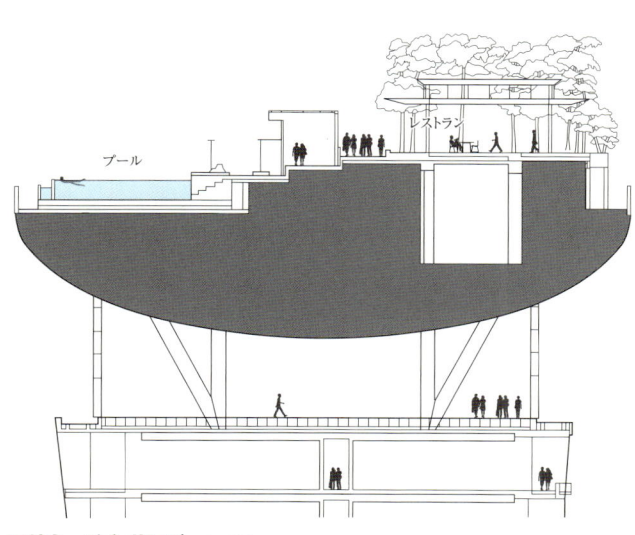

カルベボーザネ水道　入口広場　ホワイエ　エントランス

マリナーベイ・サンズ　1:500

プール　レストラン

コペンハーゲン・オペラハウス
- 所在地：Copenhagen, デンマーク
- 設計：Henning Larsen
- 建設：2004年

オペラの幕間に対岸の教会を見る
カルベボーザネ水道沿いの一等地に位置するオペラハウス．水道を挟んで720m先にあるフレデリクス教会と490m先のアマリエンボー宮殿および広場といった歴史的建築群を貫く軸線上に計画された．観客は，巨大な庇の下に広がる入口広場を通って劇場のエントランスに至る．また，劇場から海岸へと張り出したホワイエで，港湾都市の風景を眺めながら幕間を過ごす．既存都市を視対象として取り込むことで創出されたこの劇場空間は周辺の港湾都市空間と融合し，コペンハーゲン港再生計画の一翼を担っている．

マリナーベイ・サンズ
- 所在地：シンガポール
- 設計：Moshe Safdie
- 建設：2010年

泳ぎながら対岸の高層ビルを見る
宿泊施設等を内包する57階建ての3棟の高層ビルを地上約200mの位置で，全長340mの屋上空中庭園で連結したリゾート建築．利用者は，その屋上に広がるプールで泳ぎながらシンガポールの街並みを一望する．「泳ぐ」と「都市を展望する」といった2つの活動がもたらす非日常的な体験と，視点場であるプールの水面と視対象であるシンガポールの街がシームレスに繋がる光景とが重なり合うことで，新たな都市の楽しみ方を演出している．

都市インフラと景観：流れのイメージと水辺の作法
Civil Structure and Landscape: Image of Waterflow and Standard Detail of Riverwall

表面流速と流れのイメージ

流れのデザインを考えるにあたって，静かにゆったりとした流れを演出するのか，清涼感のある流れを演出するのかなど，流れの表情をどのようにデザインするかは大きなポイントになる．流れのイメージは，水面の幅や水深，水量，視点場から水面までの距離などの他に，表面流速に大きく影響を受ける．表面流速が0m/sでは静水面に河辺の建物や樹木が映る．0.1m/sでは流れはほとんど感じられない．0.3m/s程度になると緩やかな流れを感じ，0.6m/s程度では豊かな流れとなる．0.8m/sではかなり速い流れと感じられる．

また，流速と水面（河川）の利用形態にも関連があり，幼児の水遊びは最大0.2m/s程度である．ボート遊びや水遊びの限界は0.4〜最大0.6m/s程度といわれ，それを超える流速では大人でも立っているのが困難となる．

流速 [m/s]	流れの イメージ	利用形態
0.1	せせらぎ	幼児の水遊び 灯籠流し 小魚取り
0.2	緩流	
0.4		川の中を歩く 水泳
0.6	急流	ボート遊びや水遊びの限界 大人でも立って いるのが困難
0.8	激流	
1.0		何かにつかまっていないと 流されそうになる
1.2		カヌー・舟下り

流速と利用形態

参考文献：松江正彦, 小栗ひとみ, 福井恒明, 上島顕司, 景観デザイン規範事例集（河川・海岸・港湾編）, 国土技術政策総合研究所, 2008.

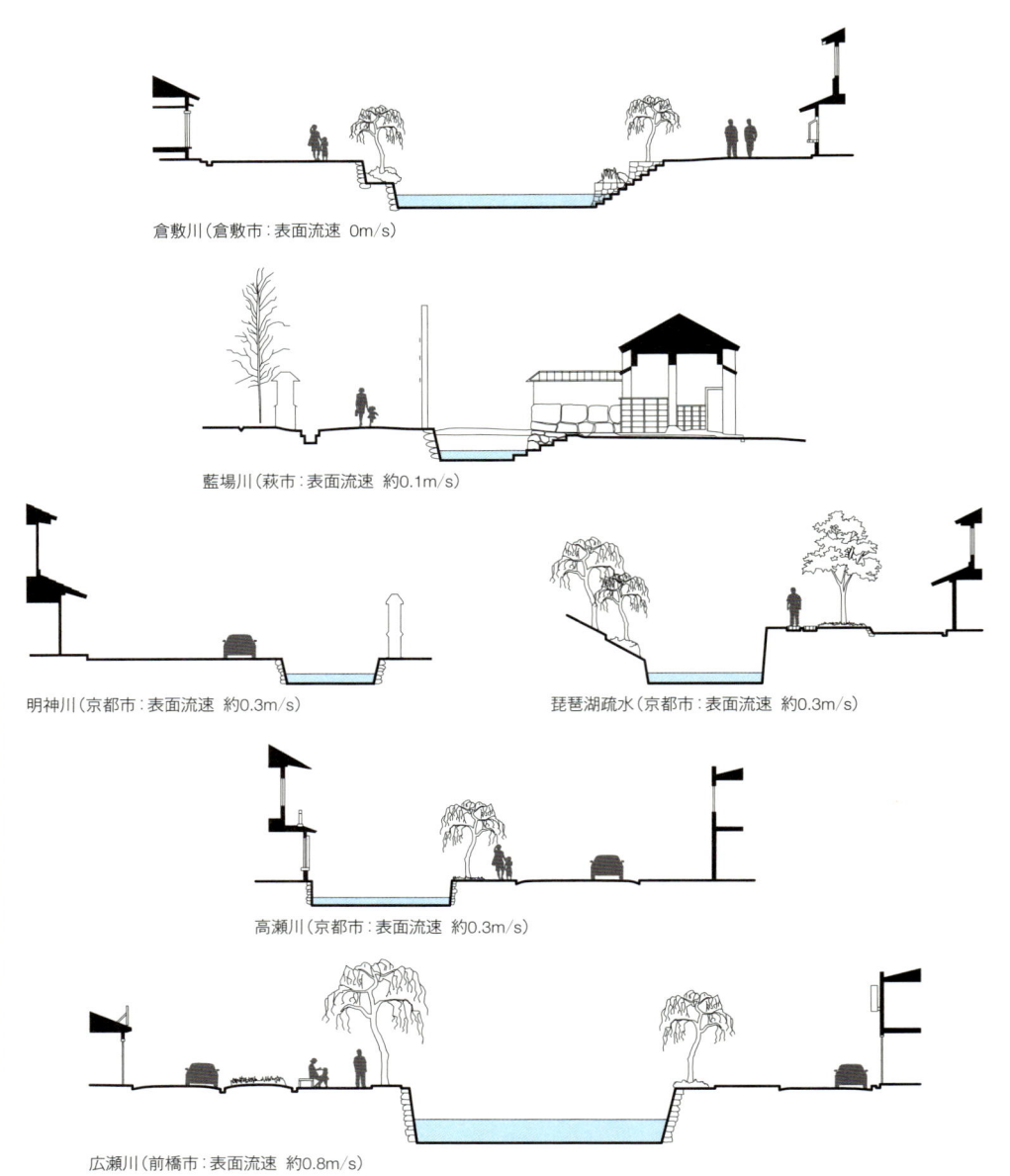

倉敷川（倉敷市：表面流速 0m/s）

藍場川（萩市：表面流速 約0.1m/s）

明神川（京都市：表面流速 約0.3m/s）

琵琶湖疏水（京都市：表面流速 約0.3m/s）

高瀬川（京都市：表面流速 約0.3m/s）

広瀬川（前橋市：表面流速 約0.8m/s）

都市内の小河川の流速 1：300

水辺の階段の型

護岸部に設けられる階段は，多くの端部処理を必要とする構造物である．そのため，階段を設けることは端部処理が必要な空間を多く作ることであり，デザイナーとしての技量が問われる構造物である．

一方，限られた護岸形状や地形条件の中で階段を設置するため，階段の蹴上げ高や踏み面の大きさに制限が生まれ，デザイン的には納まりのよい形になったとしても，実際に使ってみると踏み面が小さく転びやすい階段ができあがる可能性がある．

そのため，階段のデザインにも様々なタイプがあることを認識し，それぞれの河川の特性や周囲の状況から形状を選択し，蹴上げの高さを調整し踊り場を設けるなど，ユニバーサルデザインにも対応できる工夫が必要である．

なお，水に流れがある場合は流れを阻害しないよう，上流に向かって突出した壁面を作らないのが原則である．

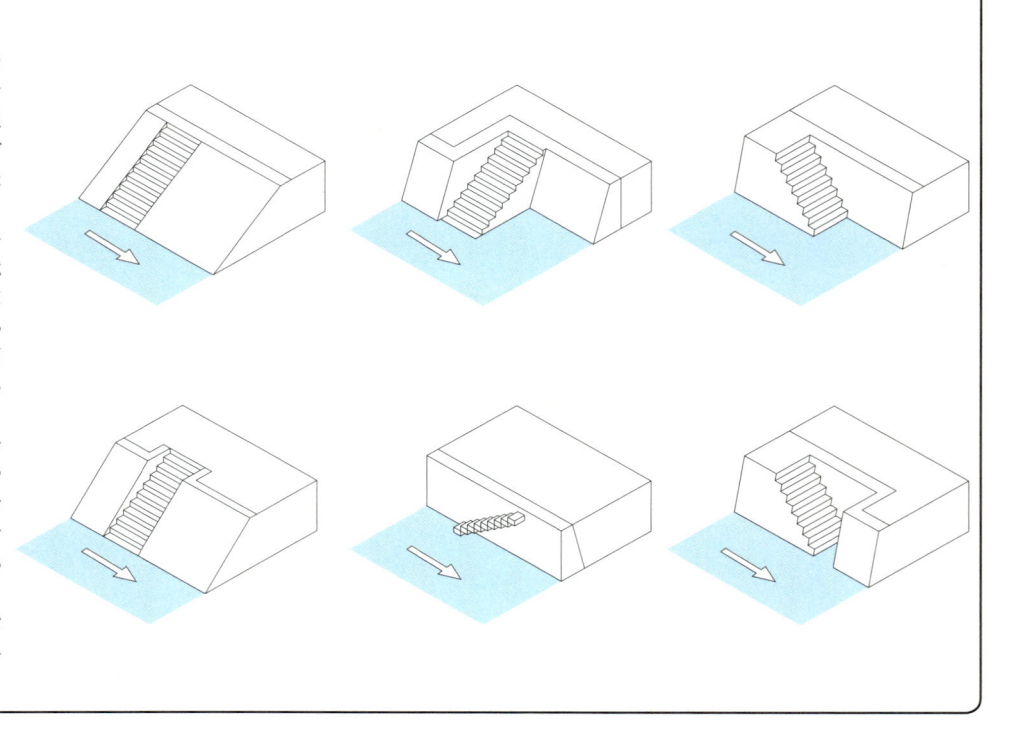

Civil Structure and Landscape: Redevelopment Space along the River 都市インフラと景観：川沿いの空間整備

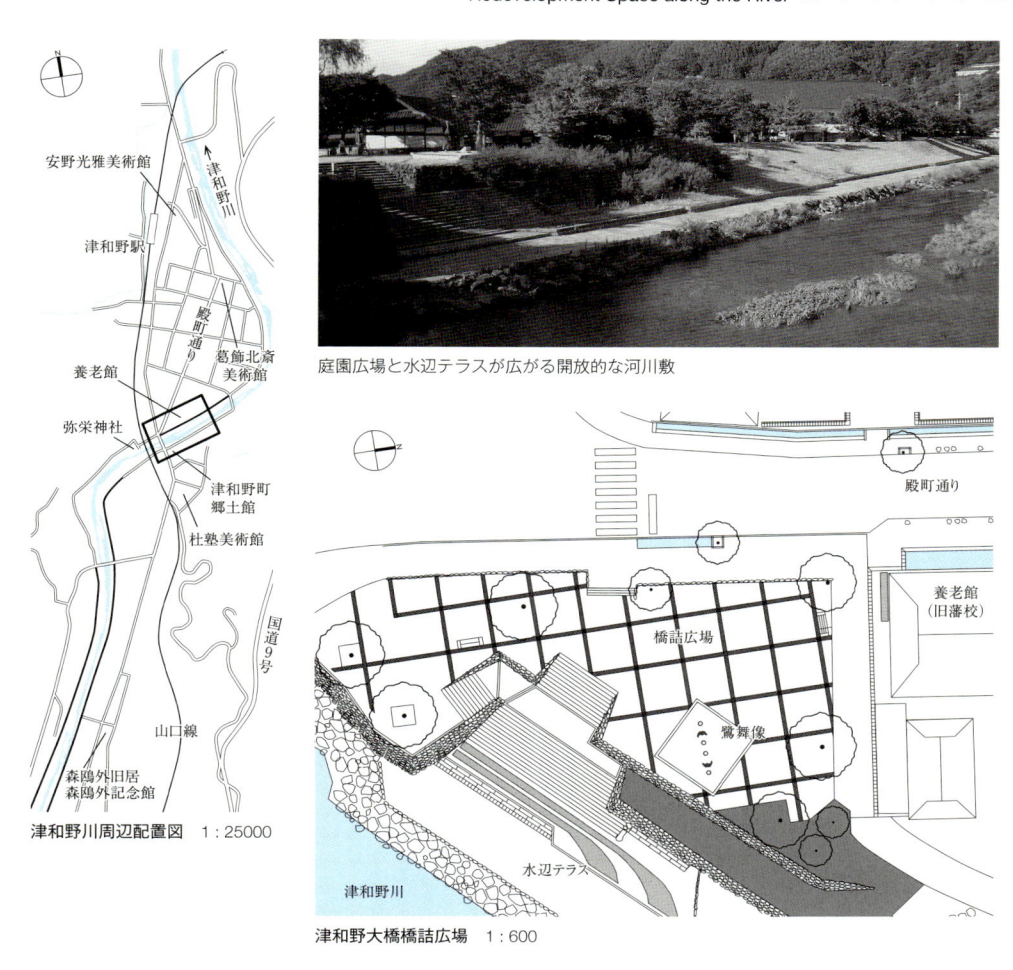

津和野川

- 所在地：島根県鹿足郡津和野町
- 事業主体：島根県津和野土木事務所
- 設計：篠原修, 岡田一天, 村木繁, 竹長常雄（設計・施工）
- 建設：1989〜1996年
- 整備延長：右岸720m, 左岸120m

まちの回遊性を向上させた川の整備

津和野町では中心部を流れる津和野川沿いでまちづくりと一体となった河川整備が行われた．

津和野大橋の橋詰広場は町と川をつなぐ結節点として，観光客の屋外の溜まりスポットとなることを意図してデザインされた．自然石平板舗装を基本に，地場産の石州瓦を舗装材料として加工して用いている．広場には郷土芸能の鷺舞をテーマとした彫刻が置かれ，この台座にベンチ機能を持たせて，休息の場としている．広場から水辺に至る階段は，階段自体が風景を眺める場となることを意図して幅や踊り場に余裕を持たせている．庭園広場は旧津和野藩校である養老館庭園との一体化をめざし，河川区域の範囲を大きく町側に引き込む調整を行うことによって整備した．これらの調整により津和野大橋下流部の空間の骨格が定められるとともに，水辺とそれを取り巻く空間の回遊性が高まった．

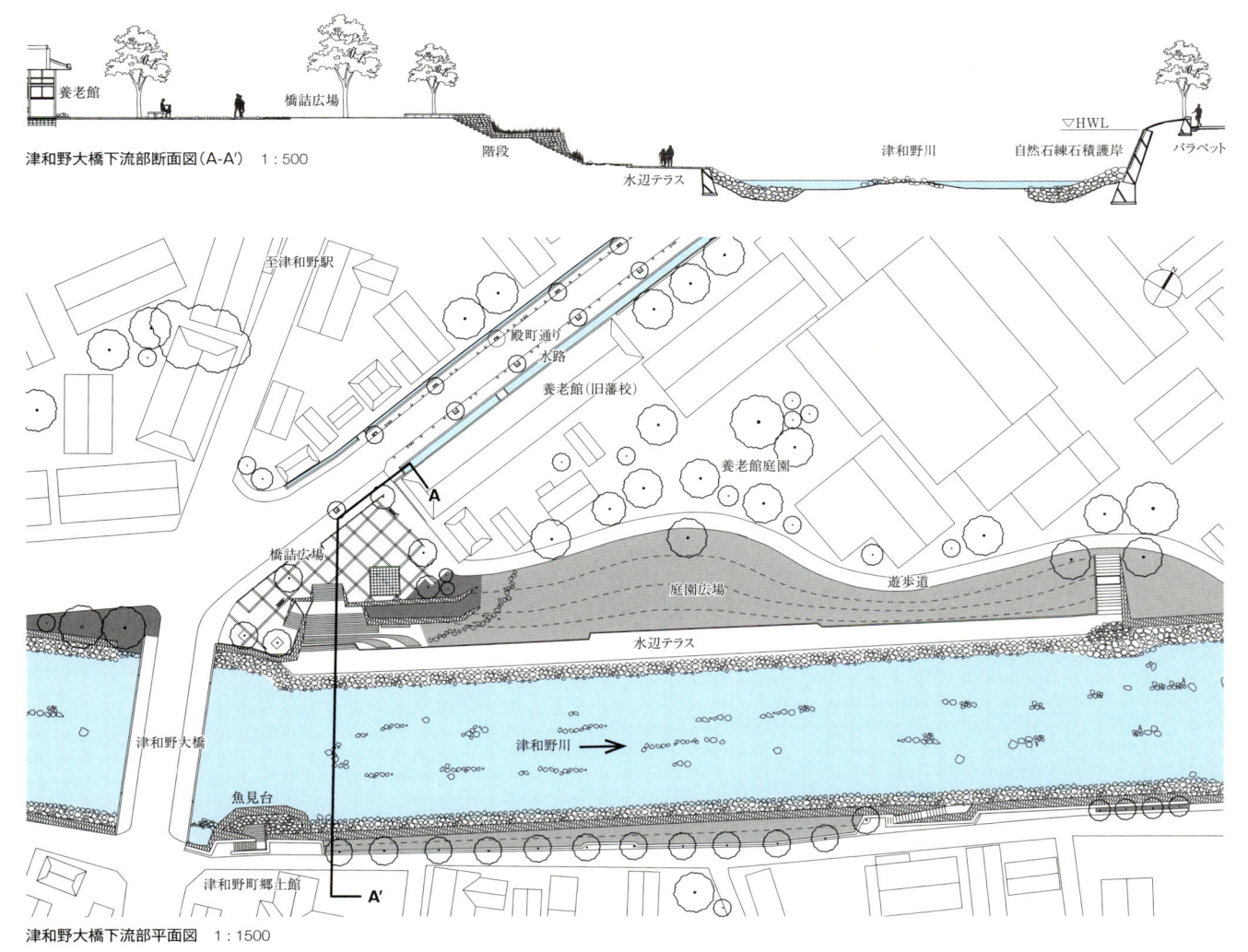

庭園広場と水辺テラスが広がる開放的な河川敷

津和野川周辺配置図　1:25000

津和野大橋橋詰広場　1:600

津和野大橋下流部断面図（A-A'）　1:500

津和野大橋下流部平面図　1:1500

058　都市インフラと景観：都心における川の整備　Civil Structure and Landscape: Redevelopment of River in Urban Core

創成川

- 所在地：北海道札幌市
- 事業主体：北海道札幌市
- デザイン立案：日本都市総合研究所，D+M，栗生総合計画事務所，ライティングプランナーズアソシエーツ
- デザイン指導：篠原修，小林英嗣，笠康三郎
- 設計：ドーコンほか
- 建設：2011年
- 延長：約1,100m（アンダーパス新設900m，電線類地中化810m）

車両交通空間を水辺に取り戻す

札幌市内を南北に流れる創成川は1866年に開削された大友堀が前身であり，札幌のグリッド状街区の基線とされた．創成川通は創成川を挟んで上下8車線あったが，交通量の多さが障壁となり，札幌市の都心機能が集積する西岸に比べて創成川東岸の土地利用は低かった．創成川通整備では，8車線のうち4車線を地下化し，これによって生まれた地上空間は川沿いの遊歩道や水辺の空間として整備され創成川公園となった．これに伴い沿川の電線が地中化された．

河川機能を確保する上では毎秒1.5tの流量が必要だったが，これを流すと流速は毎秒0.91m，水深27cmと計算された．安全で開放的な親水空間とするために地下に導水管を整備し，地上部の創成川の流量は毎秒0.3t（流速毎秒0.5m，水深15cm）に抑えられた．この条件を前提に水面をわたる飛石が設けられた．護岸の石積みには地場産の札幌硬石を用いた谷崩し積みが採用された．緑地空間にはベンチや遊具として利用できる彫刻作品が配置された．普段使用することのないトンネル非常出口は休憩スポットや川を見る視点場として整備し，ライトアップ設備も組み込まれた．南一条通にかかる創成橋は札幌の町割りの基点である．石造アーチの創成橋は保存されており，橋詰に建っていた赤レンガの南一条交番をモチーフとした休憩所を整備するなど，この地の歴史文脈も踏まえた整備となっている．

また，回遊性の創出を狙い，主要な通りや交差点部には広場が配置されている．アーケードのある狸小路と二条市場をつなぐ位置に狸二条広場が，イベントに利用可能なオープンスペースとして整備され，普段から市民や観光客の利用が見られる．

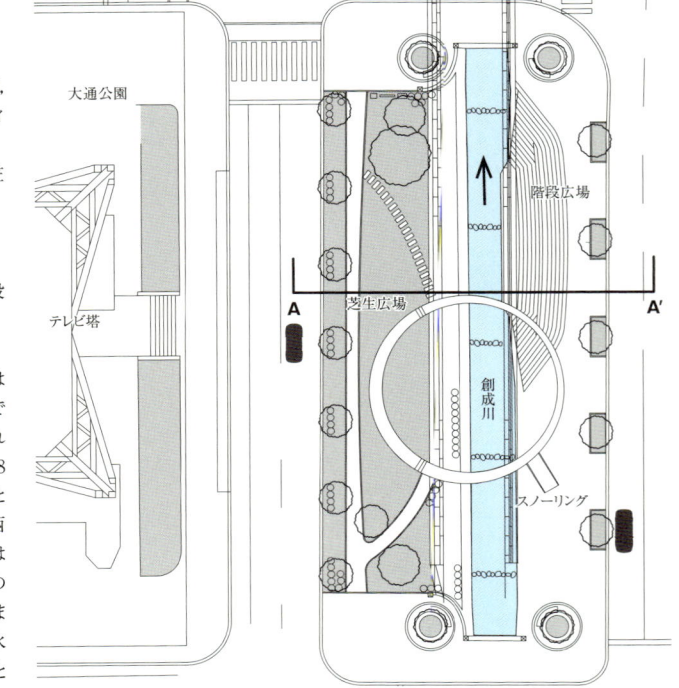

大通公園付近平面図　1：800

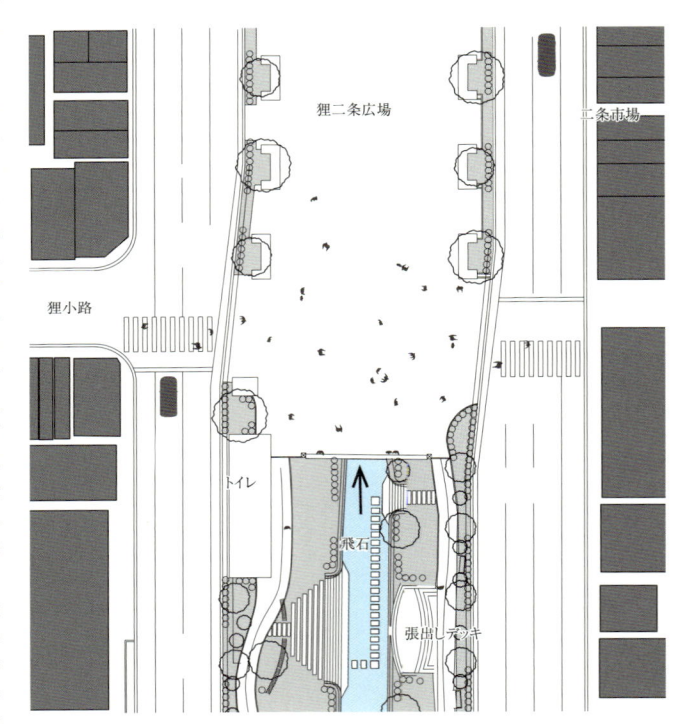

狸二条広場付近平面図　1：800

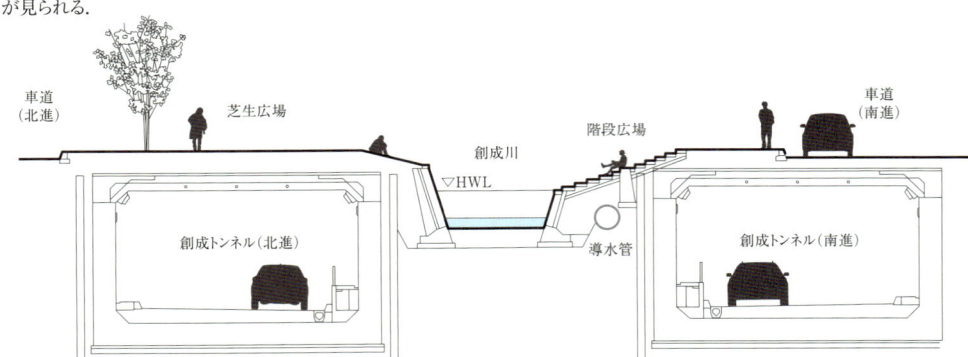

創成川通断面図（A-A'）　1：300

創成川通平面図　1：4000

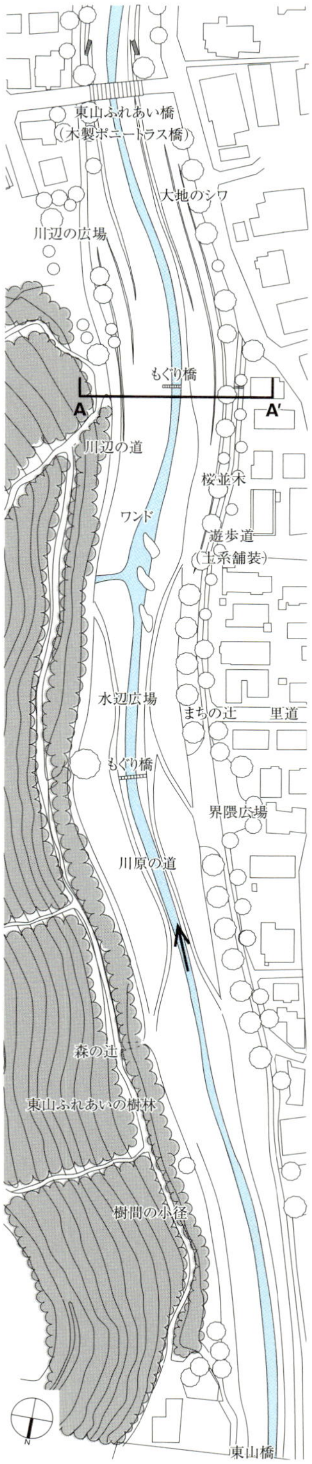

Civil Structure and Landscape: Redevelopment of River in Residential Area
都市インフラと景観：住宅地における川の整備

和泉川 東山の水辺・関ヶ原の水辺

- 所在地：神奈川県横浜市
- 事業主体：横浜市
- 設計：吉村伸一・漆間勝徳（横浜市下水道局），橋本忠美（農村・都市計画研究所），松井正澄（アトリエ・トド）
- 建設：1996年（東山の水辺），1997年（関ヶ原の水辺）
- 区間延長：約540m（東山の水辺），約260m（関ヶ原の水辺）
- 面積：約30,000m²（東山の水辺），約10,000m²（関ヶ原の水辺）

川を軸として地形を生かした水辺空間の整備

計画地には台地崖線に沿って斜面林が連続しており，緑で囲まれた良好な谷底低地である．このランドスケープを基本に，通常の河道計画の範囲を超えた広い敷地の水辺拠点を要所に配置した整備が行われた．

和泉川の上流側に位置する東山の水辺は，川と斜面林が一体となった谷戸の生活空間創出をデザインの基本としている．右岸の住宅地と左岸の斜面林（民有地）の間の土地をすべて取得し，斜面林の地形（等高線）に沿うように流路の線形・位置を整えることにより広がりのある水辺空間を生み出した．河岸の勾配は一定ではなく，柔らかい地形処理が徹底されている．標準的な断面との接続部（東山ふれあい橋付近）は3段の石積を上流側の緩やかな法面に収束する形で設置し，石積の間は水辺へのアクセス路としている（大地のシワ）．もぐり橋（洪水時に水面下に沈む橋）を数か所設け，子供たちの水辺利用拠点や通常時の歩行者利用に供している．

下流側の関ヶ原の水辺は谷戸の原風景を尊重し，人間の水辺利用よりも自然に近い水辺空間で生物多様性を高めることが基本となっている．斜面林に接する広場には新たにクヌギ，コナラを植え山側からの自然を水辺につなげるように整備し，池やワンドを配置して湿地的な環境を創出した．中橋付近右岸では，上下流に直線的な護岸が整備されていたが，柔らかい線形の石積を用いた「大地のシワ」の手法による地形処理で，河川と橋詰広場の空間を滑らかに一体化させている．

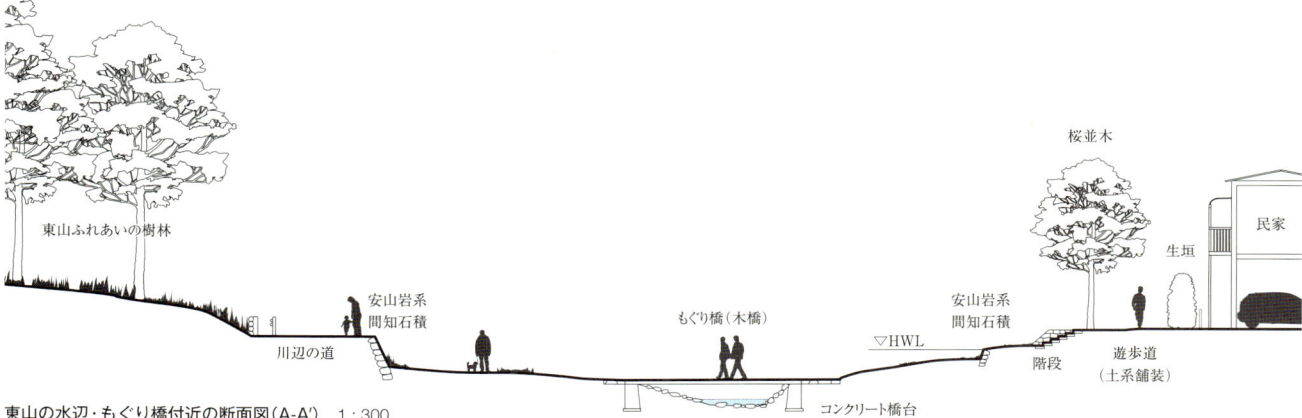

東山の水辺・関ヶ原の水辺配置図　1:20000

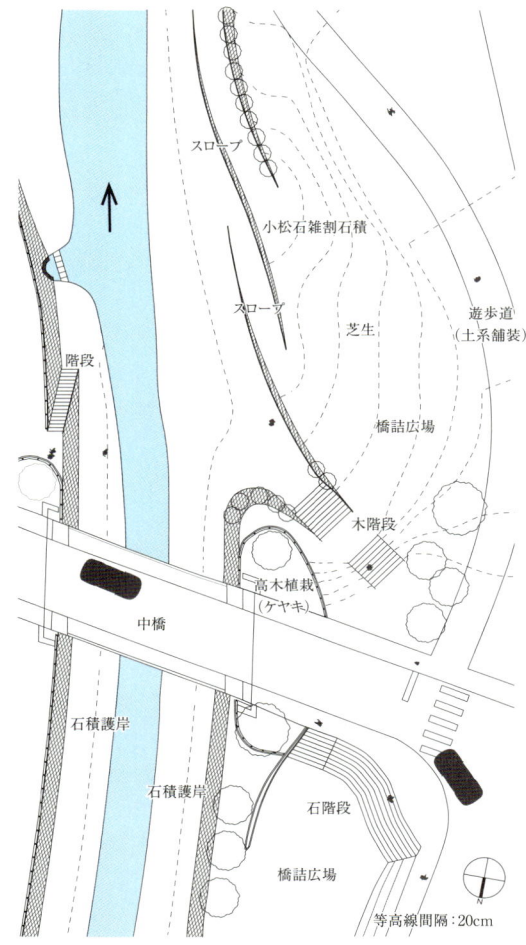

東山の水辺平面図　1:2000

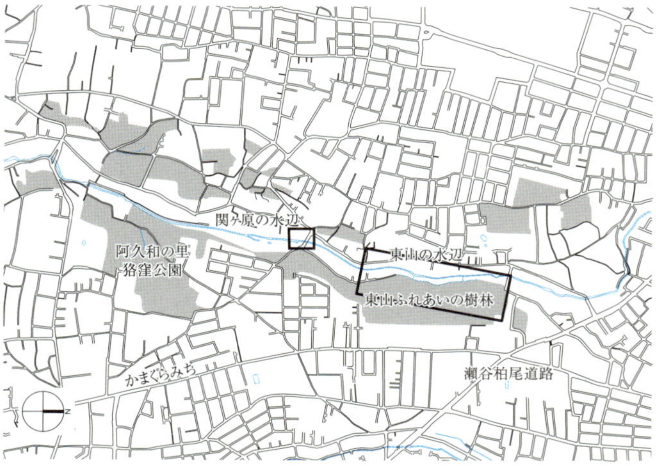

関ヶ原の水辺・中橋付近の平面図　1:500

東山の水辺・もぐり橋付近の断面図（A-A'）　1:300

都市インフラと景観：堀・運河の再整備　Civil Structure and Landscape: Regeneration of Moat and Canal

桑名・住吉入江
- 所在地：三重県桑名市
- 事業主体：桑名市
- 設計統括：日本交通計画協会
- 計画調整：アトリエ74建築都市計画事務所
- 設計：小野寺康都市設計事務所（全体），ナグモデザイン事務所（ストリートファニチャー）
- 設計監修：篠原修
- 建設：2002年
- 整備延長：460m

水都の記憶を甦生する

城下町桑名の旧外堀の一部である住吉入江は，昭和30年代に下水処理施設の一部となり，揖斐川河口の防潮堤建設に関連し，漁船の緊急避難港としての整備計画が進んでいた．一方，重要文化財の西諸戸邸が隣接し，歴史的文脈を回復して水都桑名再生の鍵となる場所でもあった．そこで避難港の機能に加え，水都の記憶を現代の風景として蘇らせ，地元の人たちの日常的な散歩道を提供することを目標に整備された．西諸戸邸内のレンガ造水路や蔵をヒントに，地元の土を原料としたレンガを主たる仕上げ材として用い，既に施工済だったコンクリートパラペットをレンガで巻きたてた．また，地場産業である鋳物を照明・手摺・係船金物・橋の高欄や親柱に用いた．

油津・堀川運河
- 所在地：宮崎県日南市
- 事業主体：宮崎県油津港湾事務所，日南市
- 総合調整：日本交通計画協会
- 計画調整：アトリエ74建築都市計画事務所
- 設計：小野寺康都市設計事務所（全体），ナグモデザイン事務所（ストリートファニチャー），文化財保存計画協会（石積調査・修復設計）
- 設計監修：篠原修
- 建設：2008年
- 復原護岸延長：1,006m
- プロムナード延長：645m
- 夢ひろば面積：12,480m²
- 夢見橋：屋根全長45.60m，橋長19.90m，幅員3.6m（最大4.7m）

近代土木遺産とモダンデザインの融合

堀川運河は地場材である飫肥杉の集積・搬送のために江戸時代に開削され，明治から昭和初期にかけて石積護岸が整備された．石積護岸の前面に張られたコンクリートを剥がして往時の姿に修復・復原整備された．護岸内部の構造物により強度が確保されている．

石積み護岸前面のプロムナードには，材料性能や地域での使われ方を踏まえて地場材の飫肥石を適所に用いている．ベンチには飫肥杉を使用し，地域産業の活性化と活用に踏み込んでいる．夢見橋は飫肥杉を地元職人が伝統工法の木組みで造り上げたものである．橋長に比べてかなり長い屋根を架けることで，橋が地域と水辺を結び合わせる空間演出装置として機能している．

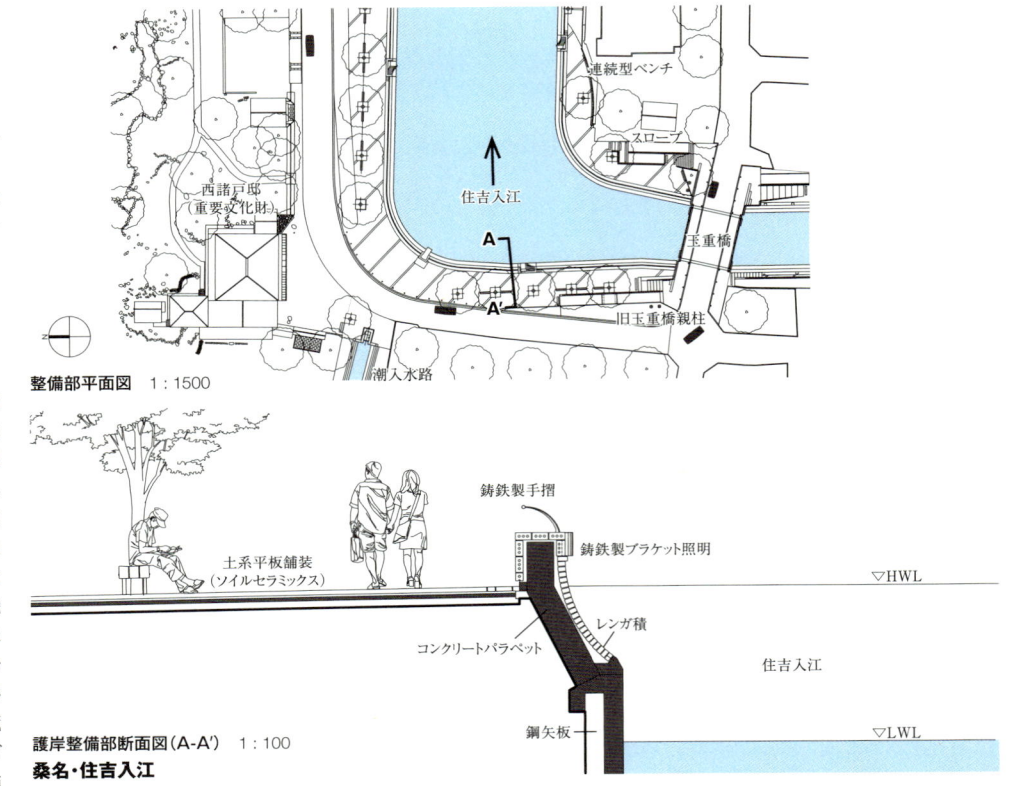

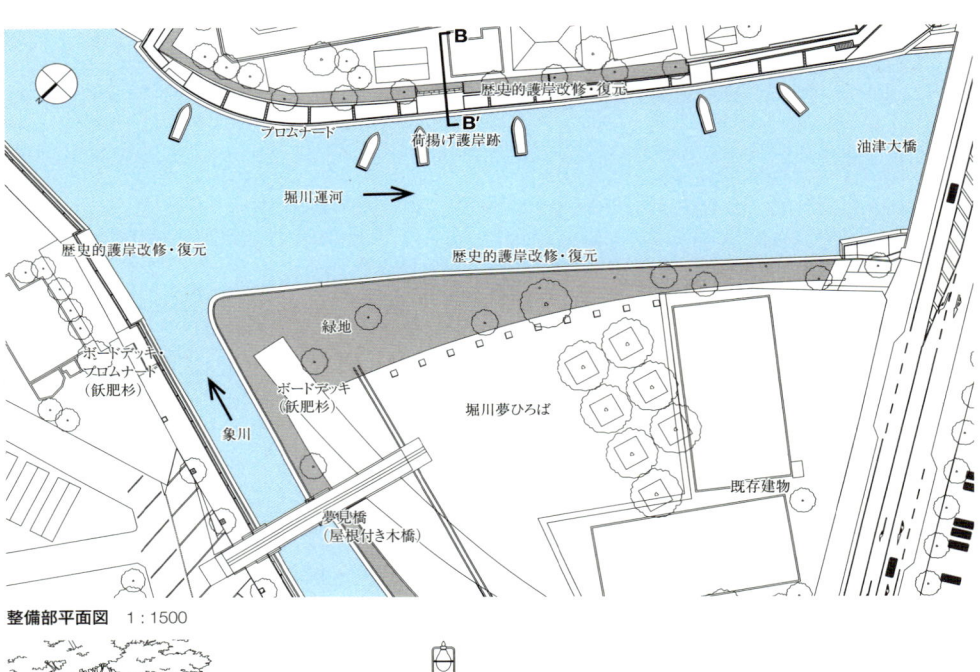

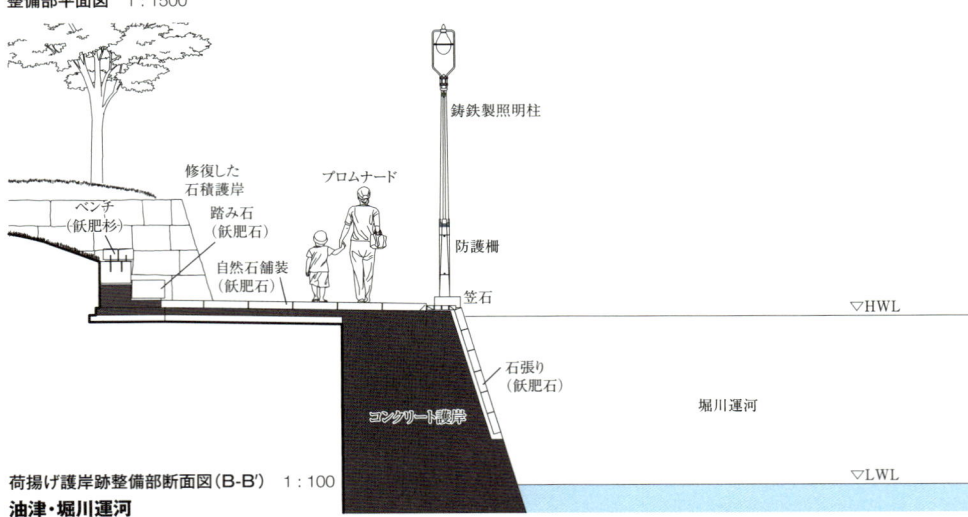

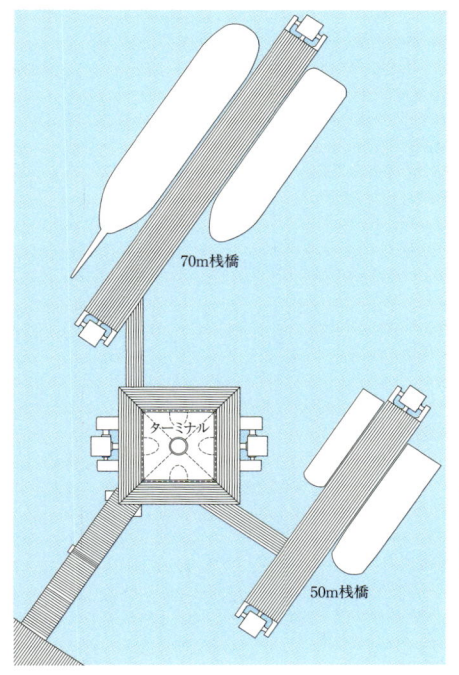

Civil Structure and Landscape: Wharf in a City **都市インフラと景観：都市の船着き場** 061

ぷかり桟橋
- 所在地：横浜市西区
- 事業者：横浜市港湾局
- 設計：日建設計
- 建設：1991年
- ターミナル部建築面積：222m²
- ターミナル部延床面積：487m²
- 排水量：1,253t（満載時）

海に浮かぶ旅客ターミナル

ぷかり桟橋は，横浜港のシーバスや港内クルーズ船が発着する日本初の浮体式旅客ターミナルである．ターミナルと50m, 70mの桟橋によって形成され，ターミナルは1階が発券所兼待合所，2階が店舗（レストラン）として利用されている．旅客ターミナルは建築物かつ船舶となることから，建築基準法，船舶安全法および港湾法の三法を満たすように設計されている．ターミナル建物はスチール製ボックスの周囲に厚さ15cmのコンクリートを被覆したハイブリッド構造の浮体（ポンツーン）の上に構築され，海底に鋼管杭で固定されたコンクリート製のドルフィンに係留されている．

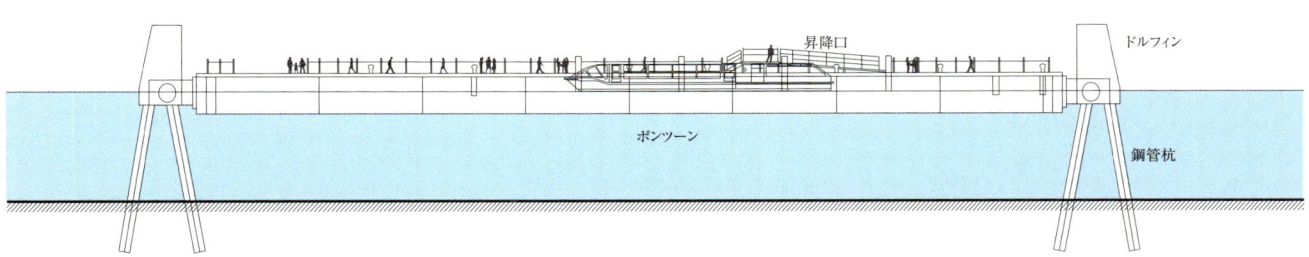

全体平面図 1：1500

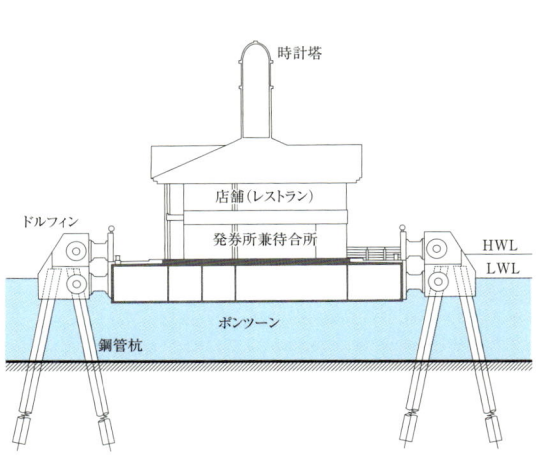

ターミナル断面図 1：600

70m桟橋断面図 1：600

船舶と係留施設の寸法[01]

船舶の大きさは港を計画するときの基本的な指標である．また，船舶のマスト高さは橋梁や送電線などのクリアランスに影響を与える．船舶の大きさを表す指標としては，総トン数（GT），純トン数（NT），排水トン数（DT），重量トン数（DWT）の4種類のトン数表示が用いられるが，港の計画においては，一般的に，旅客船，カーフェリーは総トン数で，貨物船は重量トン数で大きさを表示している．船舶の主要寸法は下図に示すような諸元を用いて表示される．船舶の寸法は，船舶の種類に応じて一定の傾向があり，主要な船舶の種類ごとに，船舶の大きさ別に標準的な主要寸法を定めており，これを標準船型と呼んでいる．

係留施設とは，船舶が離着岸して貨物・旅客の積降ろしを行うための施設である．係留施設には岸壁，係留浮標，桟橋などがある．係留施設の規模は，利用船舶の種類，船型などを考慮して定める．バース（係留施設および前面泊地を一体としてバースと呼ぶ）の前面水深は，対象船舶の満載吃水に概ね当該満載吃水の10%を加えた値を標準とする．また，バースの長さは船長（対象船舶の全長）に船舶が横付係留する際に必要となる延長を考慮して定める．

01：土木学会編，港の景観設計，技報堂出版，pp251-254, 1991.

種類	トン数	全長(m)	型幅(m)	型深(m)	満載吃水(m)
旅客船	（総トン）				
	300	39	8.0	3.1	2.2
	5,000	120	16.9	9.5	5.2
	30,000	230	27.5	18.3	8.5
一般貨物船	（重量トン）				
	300	42	8.1	4.3	3.2
	5,000	109	16.4	9.0	6.8
	50,000	216	31.5	17.5	12.4
	150,000	290	45.0	25.7	17.5
コンテナ船	（重量トン）				
	20,000	201	27.1	15.6	10.6
	30,000	237	30.7	18.4	11.6
	50,000	280	35.8	22.6	13.0
タンカー	（重量トン）				
	200	31	6.5	2.7	2.5
	5,000	104	16.2	7.8	6.5
	80,000	255	38.3	19.9	14.9
自動車専用船	（総トン）				
	700	77	12.8	6.9	4.3
	5,000	136	22.0	15.8	6.8
	20,000	203	32.2	28.4	9.5
カーフェリー	（総トン）				
	300	46	10.5	3.3	2.6
	6,000	138	22.4	13.2	5.9
	15,000	200	28.1	15.7	6.9

旅客船・貨物船・カーフェリーの標準船型

プレジャーボート種別	全長(m)	幅(m)	吃水(m)
モーターボート	2～4	1.4	0.4
	6～8	2.5	1.2
	14～	5.1	2.2
ディンギー	～4	1.3	0.75
	4～6	1.7	1.0
クルーザー	4～6	1.4	0.4
	8～10	2.5	1.2
	14～	5.1	2.2

プレジャーボートの船型

種類	対象船舶トン数	バースの長さ(m)	バースの水深(m)
旅客船	（総トン）		
	300	50	2.5
	5,000	150	6.0
	30,000	280	10.0
一般貨物船	（重量トン）		
	300	55	3.5
	5,000	130	7.5
	50,000	280	14.0
	150,000	370	20.0
タンカー	（重量トン）		
	200	40	3.0
	5,000	130	7.5
	80,000	320	17.0

バースの標準寸法

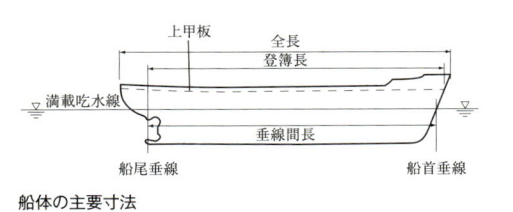

船体の主要寸法

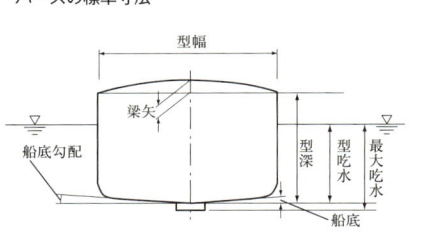

062　都市インフラと景観：湖岸・海岸空間の再生1　Civil Structure and Landscape: Regeneration of Lakefront/Coastal Space

岸公園
- 所在地：島根県松江市
- 事業主体：国土交通省中国地方整備局出雲河川事務所
- 設計：日本建設コンサルタント(遠藤敏行, 児玉真, 小熊善明), アプル総合計画事務所(中野恒明, 浦岡健志, 中井祐)
- 建設：1997〜1999年
- 護岸延長：421m
- 整備面積：約8,400m^2

美術館と一体の水辺空間整備

宍道湖, 松江県立美術館(設計：菊竹清訓設計事務所)の前面に広がる湖岸までの水辺空間である. 国・県・市の所有地が入り交じる敷地が調整され, 一体的な整備が実現した. 美術館から湖への視線を遮らないよう, 整備前のコンクリート護岸を緩傾斜の土手構造(張り芝)に改修し, 水際まで歩行者が近づける遊歩道を実現した. 緩やかな法面部には河川の占用物件として彫刻を配置し, HWLより高い位置には郷土種である松が植えられた. 護岸前面には伝統工法である松杭と捨石の突堤が設けられている.

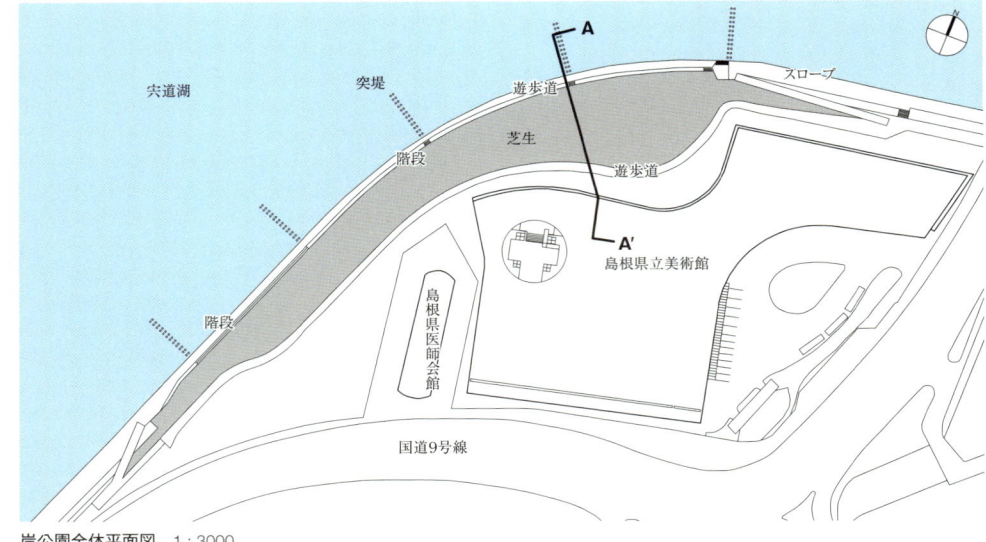

岸公園全体平面図　1:3000

宍道湖を臨む岸公園

岸公園湖岸部断面図(A-A')　1:400

既存構造物の転用による空間構築[01]

海岸や港湾などの都市再生では, 既存の護岸や防波堤の一部を活かすことが多い. 事業コストを抑え, 工事期間中の波浪や高潮に対する安全確保に加え, 港湾として機能してきた空間の履歴を継承する意味もある.

鹿児島港本港区では, 北ふ頭の桜島フェリー航路正面にボードウォークが整備された. 防波堤のパラペットと上部工の一部を撤去し, 埋立護岸として転用した. このコンクリート構造物上に大梁を配し, その上にボードを張った. これは鹿児島特有の降灰対策として, 排水不良や火山灰の舞上がりを防ぐ工夫である. また, 大梁を50cm海側に張り出すことにより, 海上を歩いているかのように思わせる演出もしている.

この近傍の港湾緑地でも防波堤を埋立護岸に転用している. 旧防波堤の上部工を撤去し, 背後に直立壁や階段構造を設け, 波に対する防護高を確保した. 海面に近い高さに小段を設け, 歩行者の見る・見られる関係を演出している. 防護柵は階段の下に設置され緑地部からは見えないように工夫されているため, 海への開放的な眺望が得られている.

鹿児島港本港区ボードウォーク断面図　1:200

鹿児島港本港区緑地護岸断面図　1:200

01：松江正彦, 小栗ひとみ, 福井恒明, 上島顕司, 景観デザイン規範事例集(河川・海岸・港湾編), 国土技術政策総合研究所, 2008.

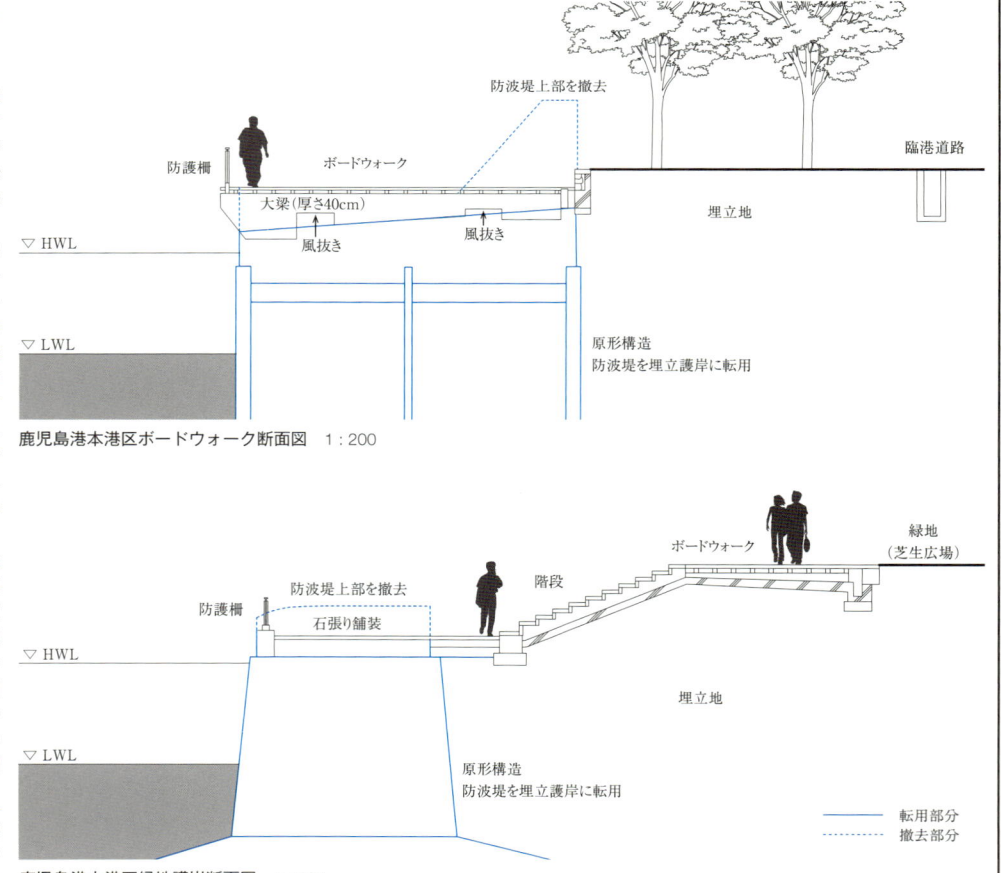

カモメの散歩道

- 所在地：三重県鳥羽市
- 事業主体：三重県県土整備部
- 設計：ワークヴィジョンズ＋創建
- 建設：2005年
- 事業面積：3,900m²（延長261m）

防潮堤の背後を遊歩道に整備する

鳥羽駅から主要な観光スポットであるミキモト真珠島・鳥羽水族館，そして中心市街地へと至る海沿いの主動線につくられたプロムナードである．防潮堤の拡張と歩行者空間のデザインを両立させ，海辺の眺めを楽しみながら歩けるプロムナードとして実現した．防災上，防潮堤のコンクリート構造物の高さが与条件となるため，これをベースに海への眺望を確保できるようにボードウォークのレベルが設定され，安全確保のための高欄が設けられている．駐車場の地盤レベルはボードウォークのレベルから低くなっており，擁壁と低木植栽の配置によって存在感を感じさせない．

また，アースワークや構造物との取り合いの中にうまく納める形で，海を眺めるためのベンチが随所に設けられている．一部の座面が開閉可能で，車椅子利用者と健常者が並んで座ることができる．

計画地内には官有地と民有地が混在し，官有地も管理上の管轄（道路・海岸）の違いがあったが，一体整備計画を作成した上で管理境界を引き直し，地元企業（ミキモト真珠島）の厚意による土地無償借り受けの実現などにより，ゆったりと海に向かう豊かな空間が生まれた．駐車場植栽等の維持管理も地元と行政の役割分担で行っており，できあがった空間の姿だけでなく，プロセスや維持管理のあり方でも参考となる事例である．

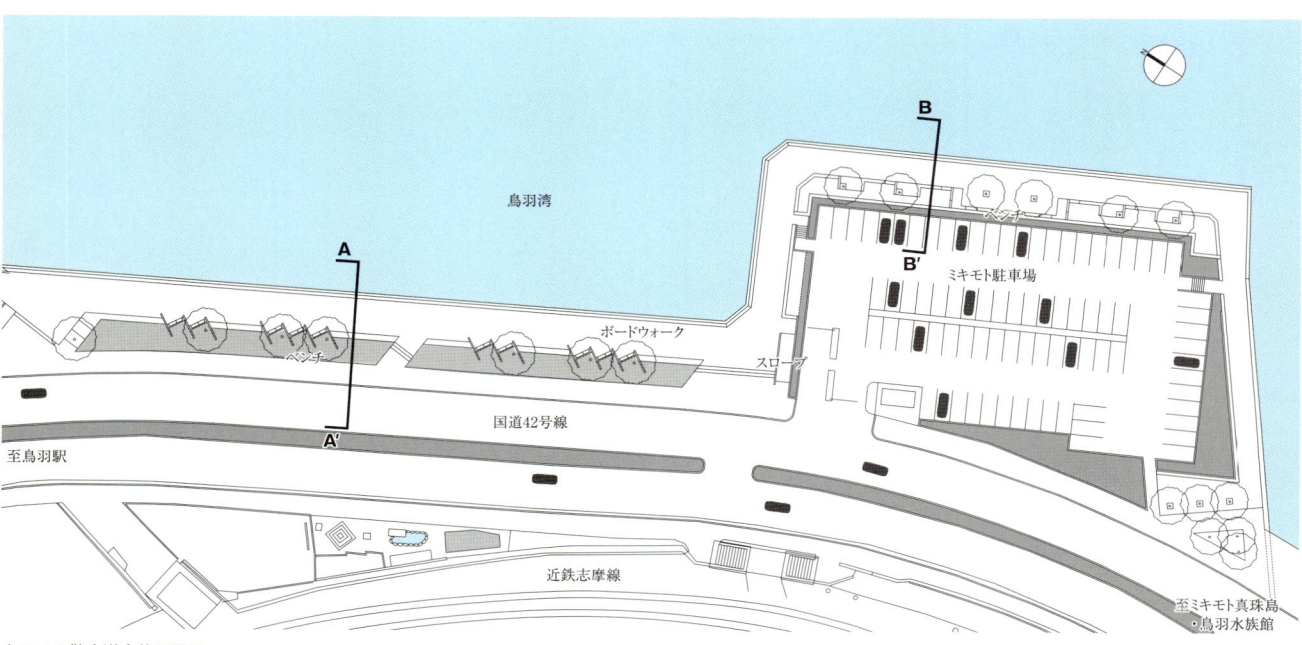

ボードウォーク一般部断面図（A-A'）　1:200

ボードウォーク駐車場併設部断面図（B-B'）　1:200

ベンチ詳細平面図　1:150

ベンチ詳細断面図　1:20

カモメの散歩道全体平面図　1:1500

064　都市インフラと景観：橋梁と橋詰空間　Civil Structure and Landscape: Bridge and its Approach

鶴見橋
- 所在地：広島県広島市
- 事業主体：広島市
- 設計：八千代エンジニヤリング，エムアンドエムデザイン事務所
- 建設：1990年
- 橋長：96.8m（最大支間長：35m）
- 幅員：31.0m

平和大通りと京橋川の結節点
平和大通りの東端に位置し，比治山に向けて京橋川を跨ぐ3径間連続鋼桁橋である．橋梁の支間割，桁の断面構造，橋脚，歩行空間の高欄，舗装，親柱など，すべてにわたって丁寧な造形が統合的に施されている．架橋地点には平和大通りとの関係や被爆に耐えたシダレヤナギの逸話があるが，モニュメントなどは配置せず，暮らしの中の市民の橋としてさりげないデザインとしている．構造は橋の規模から鈑桁を並べた構造が合理的だが，外側の桁のみを逆台形断面の箱桁とし，荷重の軽い歩道部をブラケットで支えている．これにより，橋梁の側面景を整え，橋を軽い印象で見せることに成功している．

右岸側橋詰広場は，幅員100mの平和大通りから幅員31mの橋梁部に接続する遷移区間の役割を果たしており，平和大通りの植栽帯を橋詰広場で受けている．また，両岸とも川面へ降りる階段を設けており，平和大通りと京橋川の交点という条件を活かしながら橋を取り巻く空間全体がデザインされている．

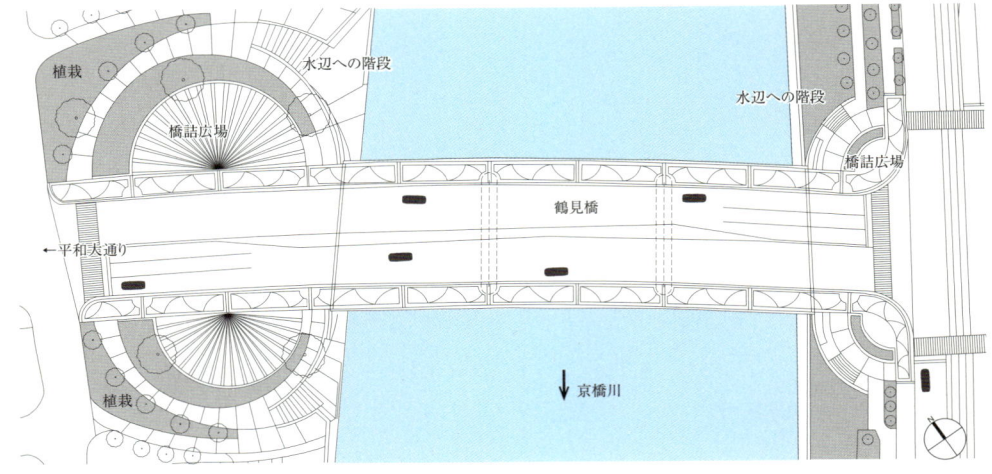

橋梁全体平面図　1:1500

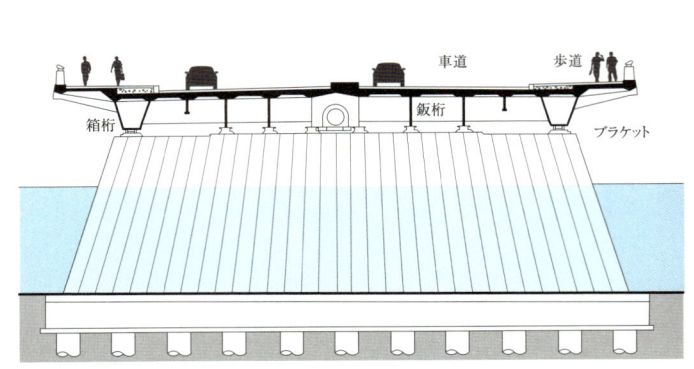

橋脚部横断面図　1:400
鶴見橋

遷移空間の役割を果たす橋詰広場
（撮影：藤塚光政）

レオポール・セダール・サンゴール橋
- 所在地：Paris，フランス
- 設計：Mark Mimram
- 建設：1999年
- 橋長：140m（スパン106m）
- 幅員：11〜15m

堤防と河岸の連携
パリ中心部のセーヌ川を跨ぐアーチ橋である．「都市風景や河岸との連続性」をコンセプトとし，セーヌを彩る多くの橋の風景を継承するようにアーチ形式が採用された．その一方で現代技術を駆使して細い部材を組み合わせたデザインは，ほかの歴史的な石橋の重厚な表情とは対照的に軽やかな存在感を示している．

ルーブルとオルセー，2つの美術館を結ぶ一角にこの橋は架かる．橋へのアプローチは2つのレベルに分かれている．下部はアーチリブの形状と並列する階段を上ってデッキに出るルートで，V字型の支柱に囲まれたリブが林立する．繊細で親密なスケール感を持つ空間である．一方の上部は，両岸の車道へ至る水平移動のルートで，開放的なデッキが緩やかな円弧を描く．

河岸の歩道橋とレベルの異なる歩道橋のルートが結ばれることで回遊性が生まれ，様々な視点からパリの町を楽しむことができる[01]．

以前はソルフェリーノ橋と呼ばれていたが2006年に改名された．

01：土木学会編，ペデ：まちをつむぐ歩道橋デザイン，pp.56-57，鹿島出版会，2006．

支柱に囲まれた橋の下部空間

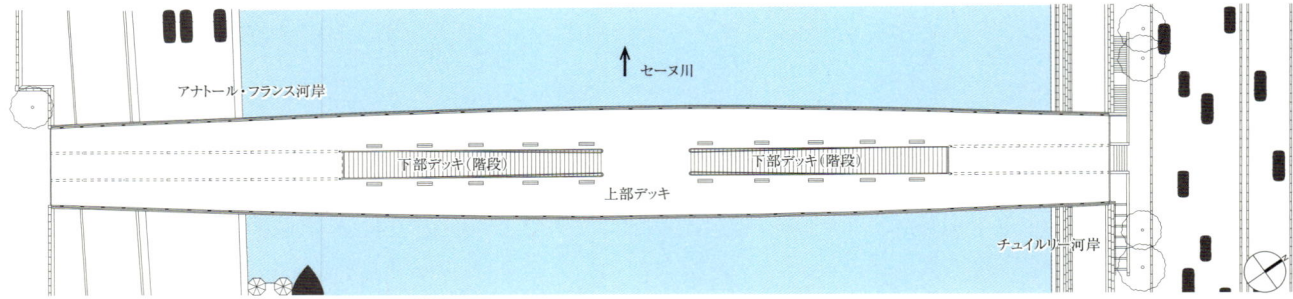

橋梁全体平面図　1:1000

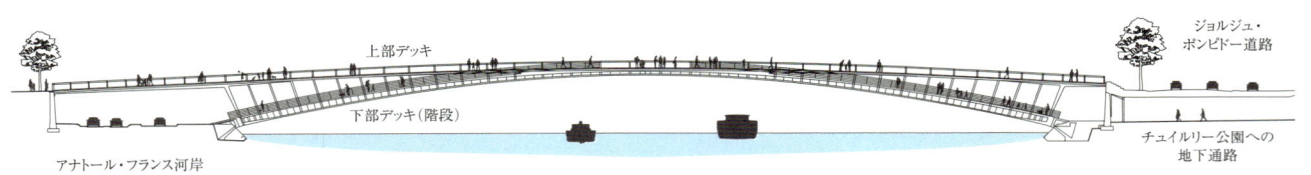

橋梁縦断面図　1:1000
レオポール・セダール・サンゴール橋

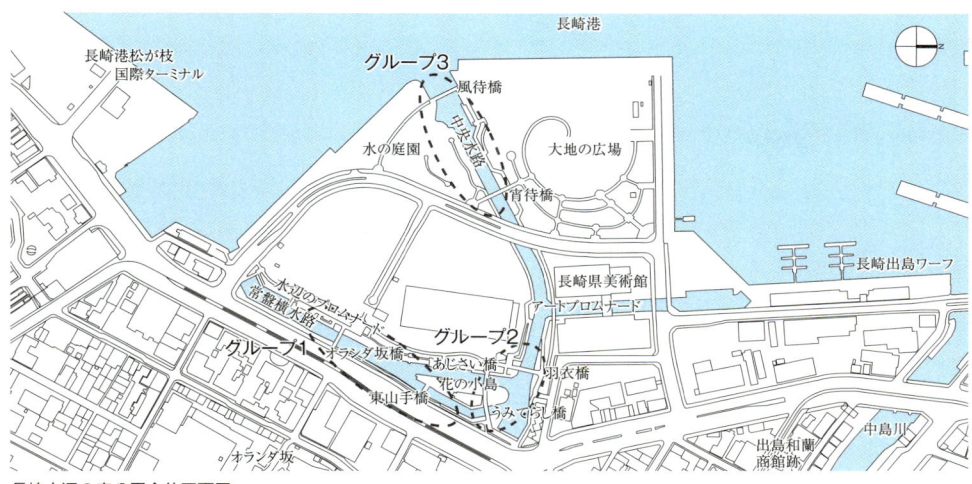

Civil Structure and Landscape: Design of Bridge Group **都市インフラと景観：橋梁群のデザイン** 065

長崎水辺の森公園橋梁群

- 所在地：長崎県長崎市
- 事業主体：長崎県土木部
- 設計：ワークヴィジョンズ＋アジア航測（オランダ坂橋・東山手橋・うみてらし橋・あじさい橋・羽衣橋），アジア航測（風待橋・宵待橋）
- 設計指導：篠原修
- 竣工年：2004年
- 橋長：12.8〜18.6m

臨港公園内の歩道橋群のデザイン

長崎港臨港部に作られた長崎水辺の森公園は，出島やオランダ坂などの観光拠点に近く，また工場や倉庫に多くが占められた臨海部の中で「鶴の港」と賞される長崎港の眺望を楽しみながら市民が憩える貴重な水辺のオープンスペースとして親しまれている．

公園造成のための埋立時に残された海面が運河として園内を縦横に走る．園内はこの運河により，まちに面する「水辺のプロムナード」，芝生広場と森で構成される「大地の広場」，山からの湧水を利用した「水の庭園」の3つのエリアに区分されている．これらをヒューマンスケールの歩道橋群が結び，歩みを進めるごとに多様な水辺の風景が展開する構成となっている．

これらの歩道橋群は小さな部材と丁寧なディテールで織り上げられており，風景の主役である海・緑・運河を引き立て，それらとの関係を織り込みながら群として存在する意義が積極的に表現されている．

大浦海岸沿いのオランダ坂橋・東山手橋（グループ1）はステップ式のアーチ橋であり，2つの橋が運河を囲む空間を作り出す．オランダ坂橋は公園からオランダ坂へつながる軸を少し外して設置され，風景の視覚的なつながりを確保しながら視点の変化を楽しめる．花の小島周辺のうみてらし橋・あじさい橋は，島を挟んで対をなすラチストラス形式，羽衣橋はランドマークを兼ねた中路フィーレンディール形式となっている（グループ2）．中央水路に架かる宵待橋・風待橋は透過性の高い細い上路アーチ橋で海への見通しを確保している（グループ3）．

長崎水辺の森公園全体平面図　1:8000

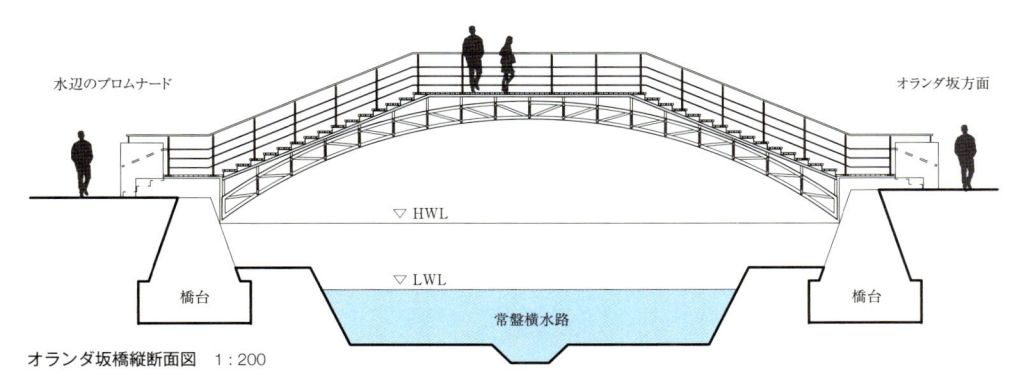

オランダ坂橋縦断面図　1:200

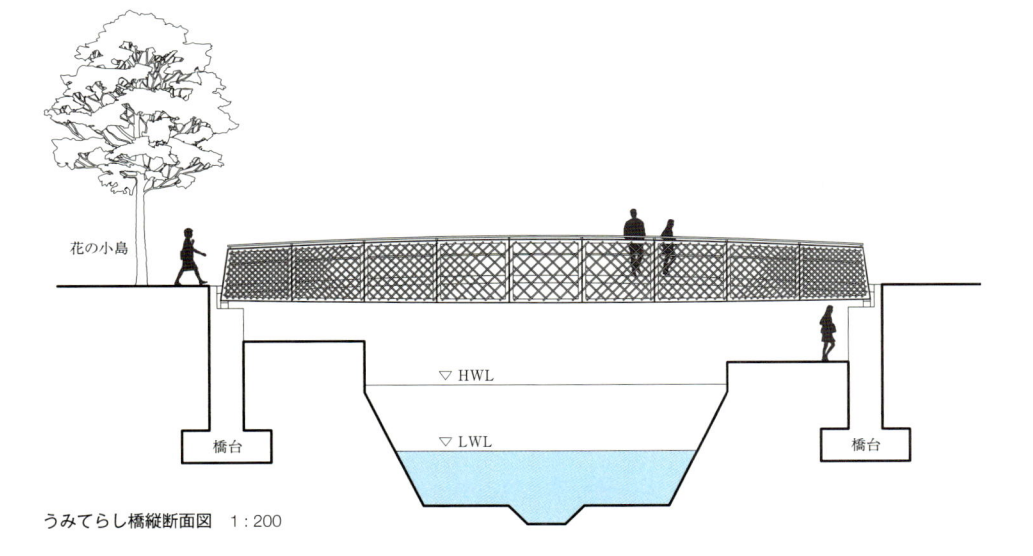

うみてらし橋縦断面図　1:200

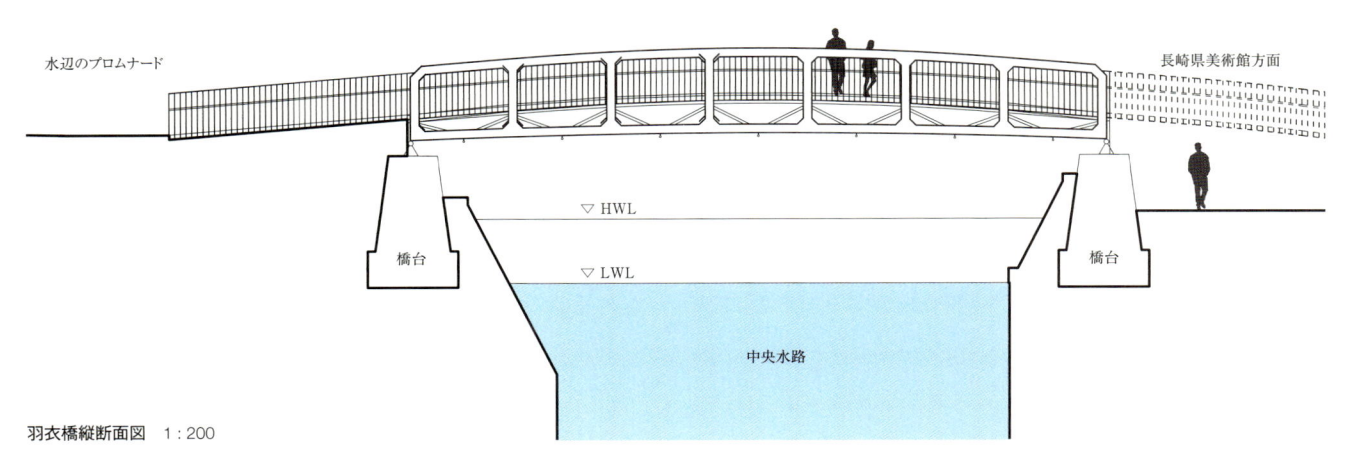

羽衣橋縦断面図　1:200

都市インフラと景観：ペデストリアンブリッジ　Civil structure and Landscape: Pedestrian Bridge

フランス橋
- 所在地：神奈川県横浜市
- 事業主体：横浜市, 首都高速道路公団
- 設計：千代田コンサルタント, エムアンドエムデザイン事務所
- 建設：1984年
- 橋長：221m
- 幅員：4m

海と丘を結ぶ高架下の橋

横浜港に面した「港の見える丘公園」と「山下公園」は堀川を挟んで対峙する. かたや丘の上, かたや海際にあるこの2つを結ぶ歩行ルートを整えて橋を架けることは, 横浜市の都市デザイン上, 重要な課題だった.

首都高速の高架橋や街路との関係性を慎重に検討した結果, フランス山のふもとの公園脇から, 高架下の堀川にカーブを描いて対岸に渡り, 次に海側に折れ「横浜人形の家」の屋外通路とポーリン橋を経て山下公園へ至るルートが提案された. 公園側に食い込んだ曲線部分でアーチ状のメインゲートと橋を一体化した魅力的な広場が創出され, 元町・中華街駅や元町商店街からの表玄関となっている.

フランス橋は河川や街路上では鋼製の逆台形の断面をした桁によって軽やかな曲線を描いている. 一方, 公園部は重厚なコンクリートの擁壁にピンク系の御影石（割肌仕上げ）を貼ることにより, 重厚な中にも素朴な親しみやすさを表現している.

全体として, 曲線に沿って堀川沿いの風景が刻々と変化し, 高架下ではあるが歩く楽しさに満ちた歩行空間となっている[01].

01: 大野美代子, 藤塚光政, BRIDGE 風景をつくる橋, 鹿島出版会, 2009.

港の見える丘公園入口（撮影：藤塚光政）

曲線を描くフランス橋（撮影：藤塚光政）

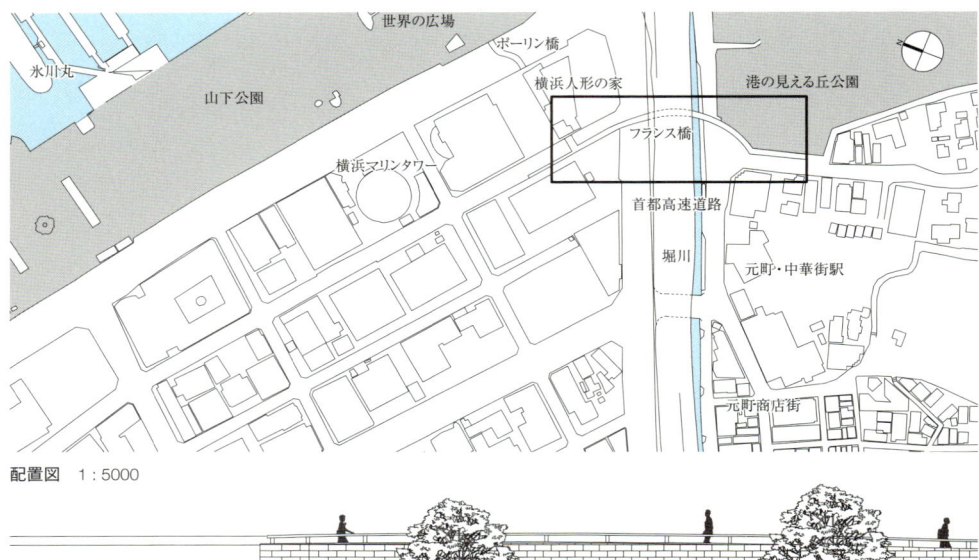

配置図　1:5000

港の見える丘公園入口部立面図　1:300

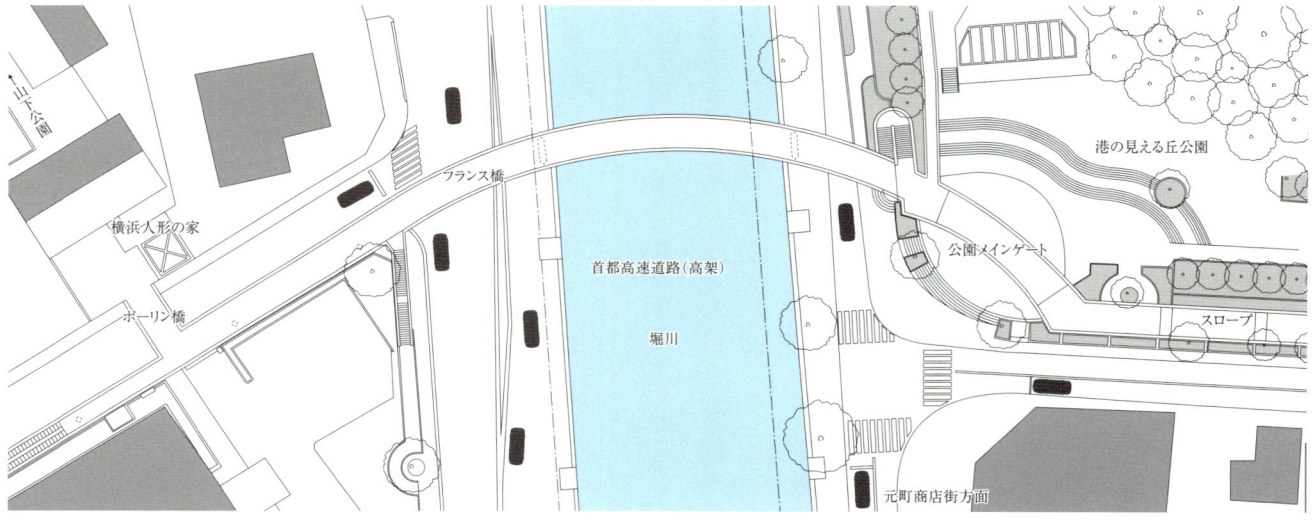

全体平面図　1:1000

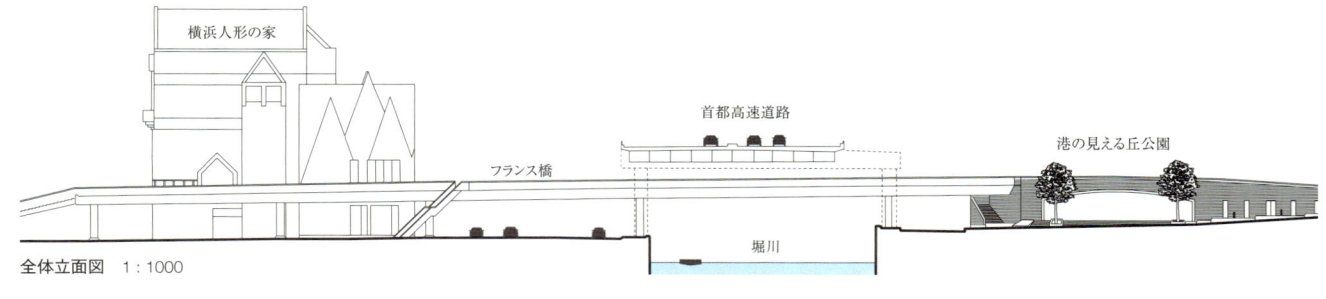

全体立面図　1:1000

Civil Structure and Landscape: Pedestrian Deck　都市インフラと景観：ペデストリアンデッキ　067

川崎ミューザデッキ
- 所在地：神奈川県川崎市
- 事業主体：都市再生機構神奈川地域支社
- 設計：大日本コンサルタント＋エムアンドエムデザイン事務所
- 構造設計：都市整備プランニング，大日本コンサルタント
- 照明設計：中島龍興照明デザイン事務所
- 建設：2003年
- 橋長：124.6m
- 有効幅員：7.5m

地上と橋上の歩行空間整備

JR川崎駅西口再開発の核となる「ミューザ川崎」と川崎駅東西自由通路を駅前交通広場でつなぐのが川崎ミューザデッキである．ロータリーの形になじむ緩やかなカーブで橋が歩道の上を覆い，歩道やバス停のシェルターを兼ねている．曲面を持つ箱桁とブラケットを組み合わせることで滑らかな美しい桁裏が実現し，橋の下に快適な空間を作り出した．橋上の歩行空間は再開発地区へのゲートスペースとしてデザインされた．緩やかなカーブに沿うガラスの高欄越しに広場内のケヤキを楽しみながら歩くことができる．広場とは反対のホテル側には片持ちのガラスシェルターが設けられており，橋の開放感を演出する工夫がなされている．

夜になると橋の広場側は車両乗降用としてライン照明で明るく保たれており，一方ホテル側は点照明が建物入口を照らし落ちついた雰囲気を醸している．

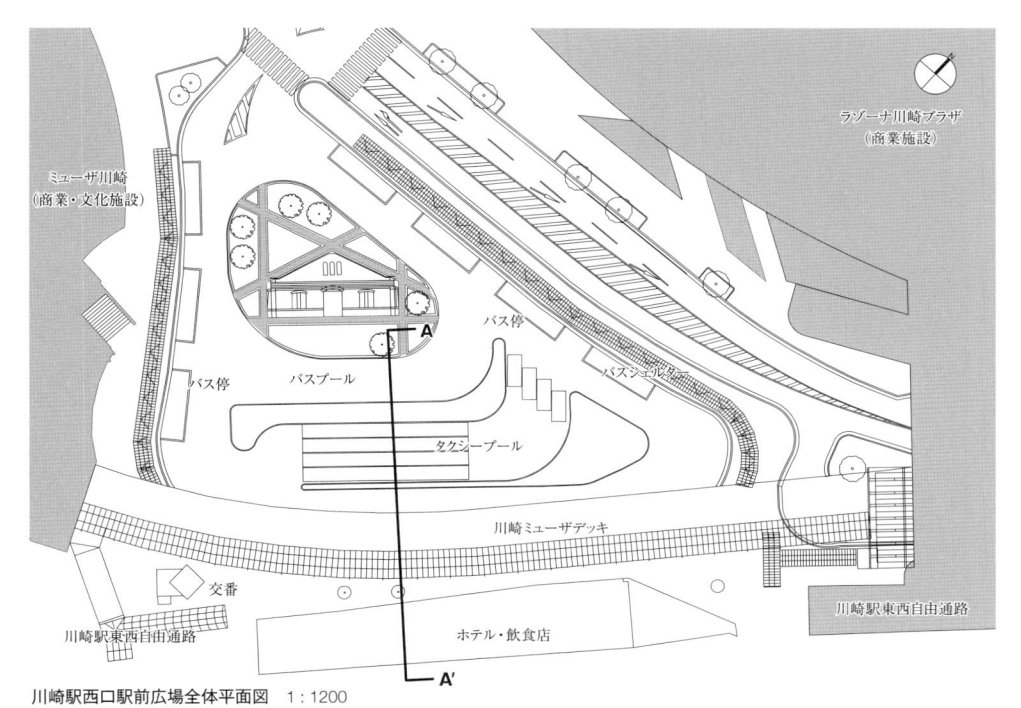

緩やかなカーブを描く橋
（撮影：大日本コンサルタント）

歩道とバス停のシェルターを兼ねる橋
（撮影：大日本コンサルタント）

川崎駅西口駅前広場周辺配置図　1:8000

川崎駅西口駅前広場全体平面図　1:1200

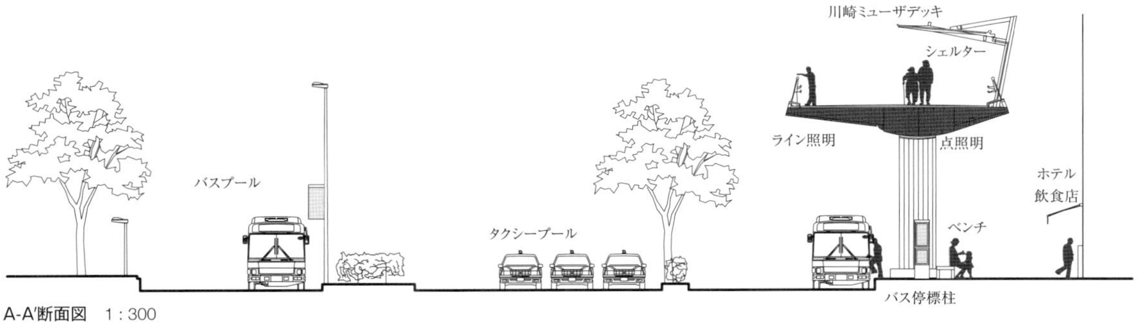

A-A'断面図　1:300

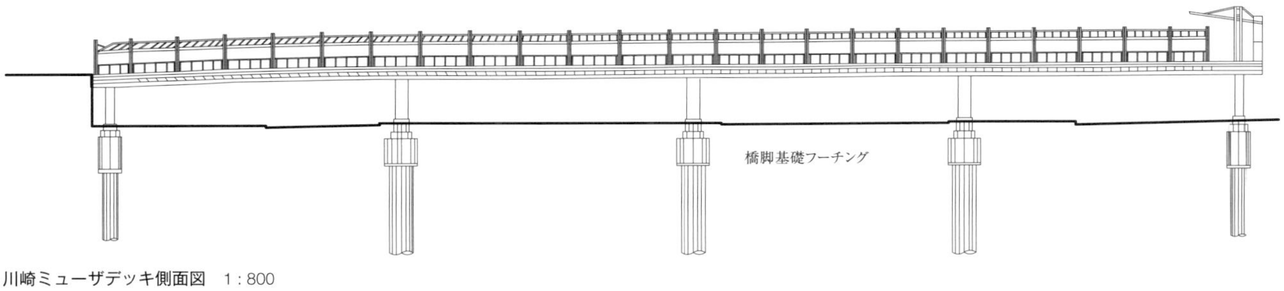

川崎ミューザデッキ側面図　1:800

068 出来事と一時的空間：時間と空間のスケール　Event and Temporary Space: Temporal and Spatial Scales

イベントと一時的空間

都市空間は変化し続けており，都市再生もその変化の過程のひとつである．変化は都市を構成する様々なイベントによって生じる．イベントは，繰り返しがあるものと1回限りのものに分けられ，繰り返しのあるイベントは各々固有のサイクルを持つ．そして，それぞれのイベントに応じた一時的な空間が立ち現れる．ここでは，どのような装置や工作物や建築によって一時的空間が作り出されているか，また都市空間がどのようにイベントに対応して日常と非日常を受容しているかに焦点を当てる．

まずは繰り返しのあるイベントについて見ていこう．1日のサイクルでは，屋台や移動販売車など手軽に小さな空間を展開できるものが多い．数日から数週間のサイクルでは，都市のイベントで比較的集客の多いものも見られる．1年のサイクルは大きく2通りに分けられ，開催期間の比較的短い祭り・フェスティバルと，1か月から数か月にわたって季節を楽しむものとがある．ヴェネツィア・ビエンナーレに始まり，近年増えている美術展は2〜10年程度の長めのサイクルとなっている．

繰り返しのないイベントは大きく2通りに分けられる．都市空間を使ったパブリックアートが数週間から数か月であるのに対して，より長期の一時的空間は，開発のための社会実験や開発中の拠点など都市再生の準備段階となるものが多い．利用者・来場者数規模は，空間の規模を規定するとともに，予算規模もある程度反映していると考えられる．

空間の作られ方は，広場にシートを敷くだけのフリーマーケットから，鴨川の納涼床のような仮設工作物まである．移動販売車やだんじりのような可動物とその移動に応じて都市空間のしつらえを変えることによって空間を作り出す場合もある．「ハーフェンシティ・ビューポイント」は開発の進展に伴い数年ごとに移動する．一方，「サーペンタイン・ギャラリー・パビリオン」は，毎年同じ場所に異なる建築家の設計で建設され，敷地にはこれまでの様々な建築の基礎の痕跡が残る．「海の家」や「マーライオン・ホテル」のように数か月程度であれば，解体することを前提に単管パイプなどの建材が使われることが多いが，「予言者モスクの中庭の日除け」や「シュプレー川の水上プール」のように，常設空間の可動性を持たせたり覆いを使って空間を変容させるケースもある．より長期になると，「ハーフェンシティ・インフォセンター・ケッセルハウス」のようにインテリアのリノベーションで対応する場合もある．

以上のような一連の条件を考慮した上で，一時的空間を作ることが重要であろう．様々なイベントと一時的空間を適切にデザインすることが，都市の活性化を導き，より良い都市再生を促すことにつながる．

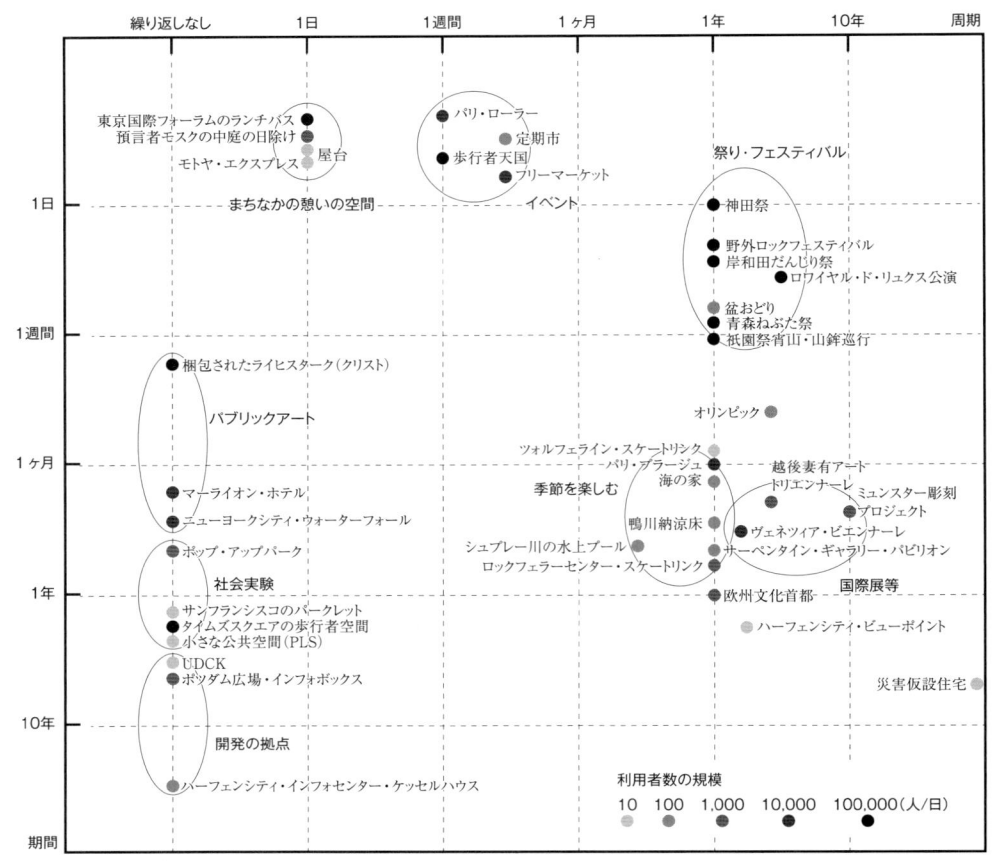

イベントの時間スケール

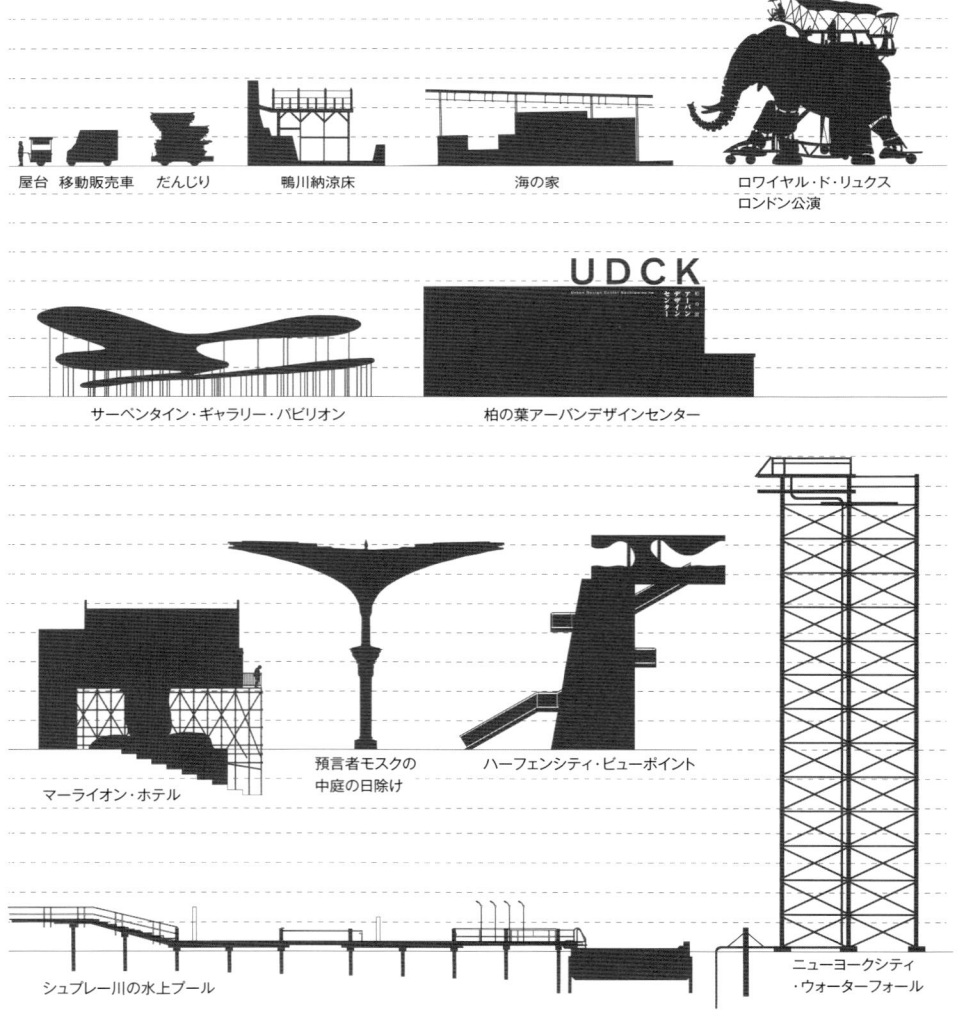

一時的空間のスケール　1:500

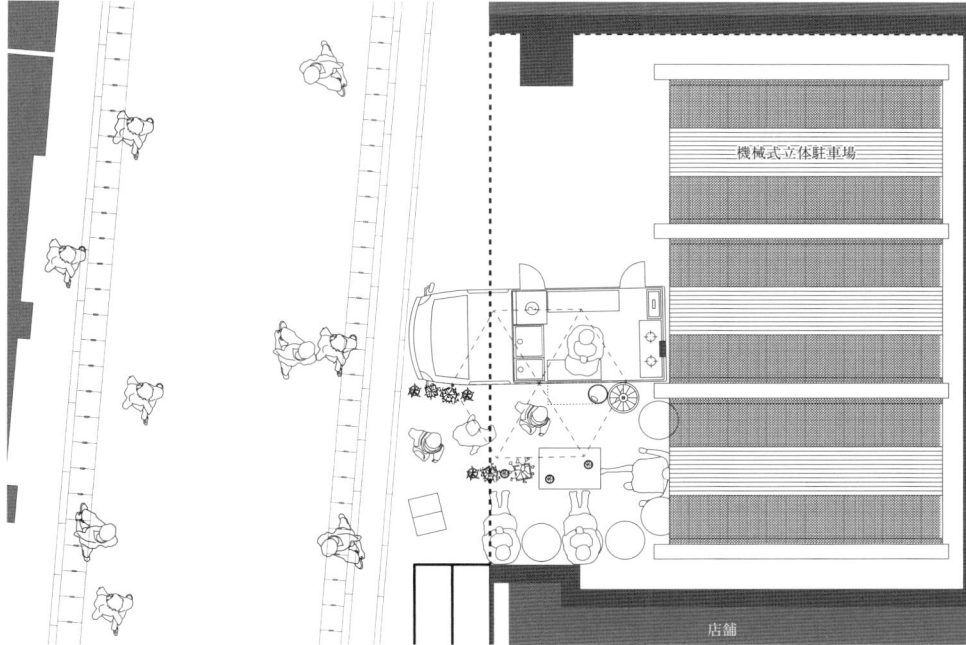

Event and Temporary Space: Changes in a Day **出来事と一時的空間：一日の移ろい** 069

平面図　1：100

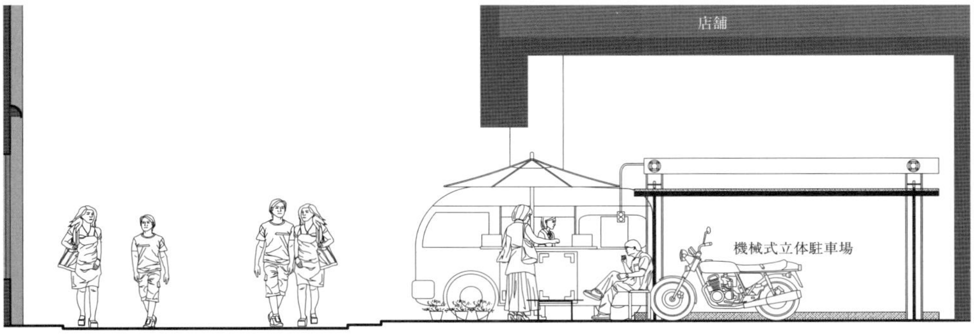

断面図　1：100
モトヤ・エクスプレス

中庭A-A'立面図（閉じているとき）　1：400

中庭A-A'立面図（開いているとき）　1：400
預言者モスクの中庭の日除け

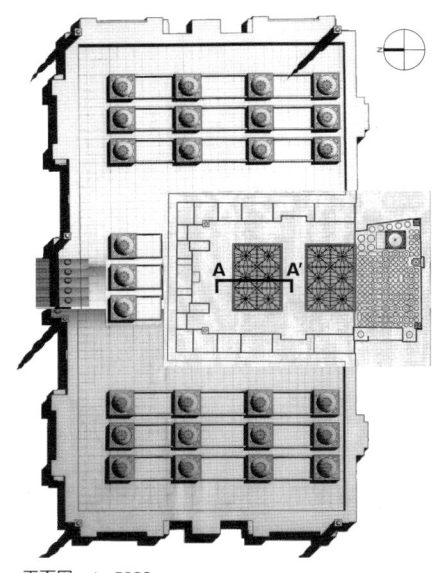

平面図　1：5000

モトヤ・エクスプレス
・所在地：東京都渋谷区表参道路地
都市の残余空間を憩いの場に
軽自動車のコーヒー屋台とパラソル，椅子，植栽などを展開することによって，商業ビルの駐車スペースを日中だけカフェ空間に転換させる．奥の機械式立体駐車場部分や夜間は通常の駐車場として利用され，空間的・時間的な用途の共存と使い分けがなされている．駐車場，セットバック空間，サービス空間など都市の残余空間を利用して，まちなかの憩いの空間創出に寄与するほか，イベントなどでも利用される．

預言者モスクの中庭の日除け
・所在地：Medina，サウジアラビア
・設計：SL-RASCH
・中庭面積：3,700m²
・建設：1994年
快適な宗教・コミュニティ空間を作り出すテクノロジー
モスクの2つの中庭を覆う傘状の構造物．各中庭では6基の覆いが平面をほぼ完全に覆い，周囲の回廊と高さを合わせて断面的にもほぼ閉じた空間を作り出す．油圧シリンダーによる開閉は，太陽の位置，外気温，風速などに応じてコンピュータ制御されるが，概ね夏季は日中開いて夜間に閉じ，冬季は日中閉じて夜間に開く．
　白いテフロンの膜に覆われた空間は明るく，宗教空間であるとともにコミュニティ空間であるモスクの中庭に快適な環境をもたらす．逆漏斗型の傘は，上向きに閉じてミナレットを模した鞘状の形になる．

070　出来事と一時的空間：一年の移ろい1　Event and Temporary Space: Changes in a Year

シュプレー川の水上プール

- 所在地：Berlin, ドイツ
- プール設計：AMP arquitectos, Gilbert Wilk+Susanne Lorenz
- 冬の覆い設計：Wilk-Salinas Architekten BDA, Thomas Freiwald
- 建設：2004年
- 建築面積：500m²（デッキ部分），240m²（プール部分）

都市生活に季節ごとの水辺を楽しむ

水質汚染が進んだシュプレー川と都市生活との関係を取り戻すことを目指し，古いはしけを用いて川の中に作られたプール．縁を低くし，プールの水面を川の水面に近づけることで，川で泳いでいるかのような体験が得られる．夏季は岸辺に砂が敷かれてビーチが出現する．岸とプールをつなぐ2か所のデッキは，夏季にはデッキチェアが置かれて憩いの場となり，冬季にはダブルスキンの膜で覆われてラウンジとサウナになる．1920年代の巨大なバス車庫を転用したホールを中心に劇場，クラブ，カフェなどが複合する文化施設の一角に位置する．両岸は，東西統一後の1990年代半ばから活用が始まったブラウンフィールドの再開発地区となっている．

断面図　夏　1：400

断面図　冬　1：400

夏：川の中に作られたプール

冬：膜で覆われたプールとデッキ

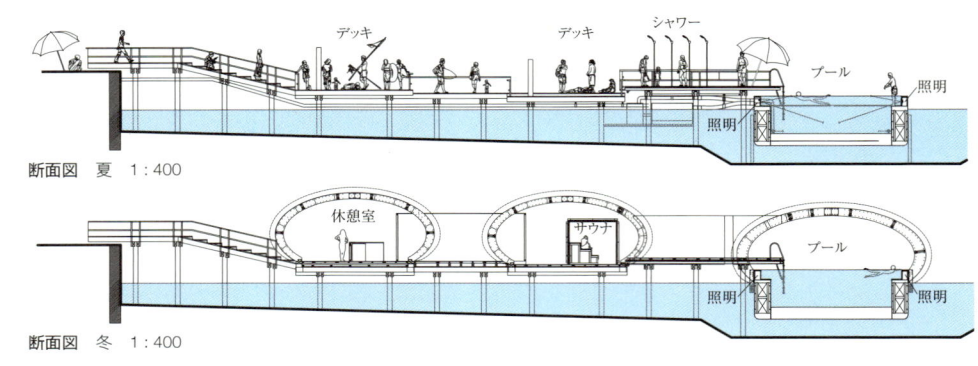

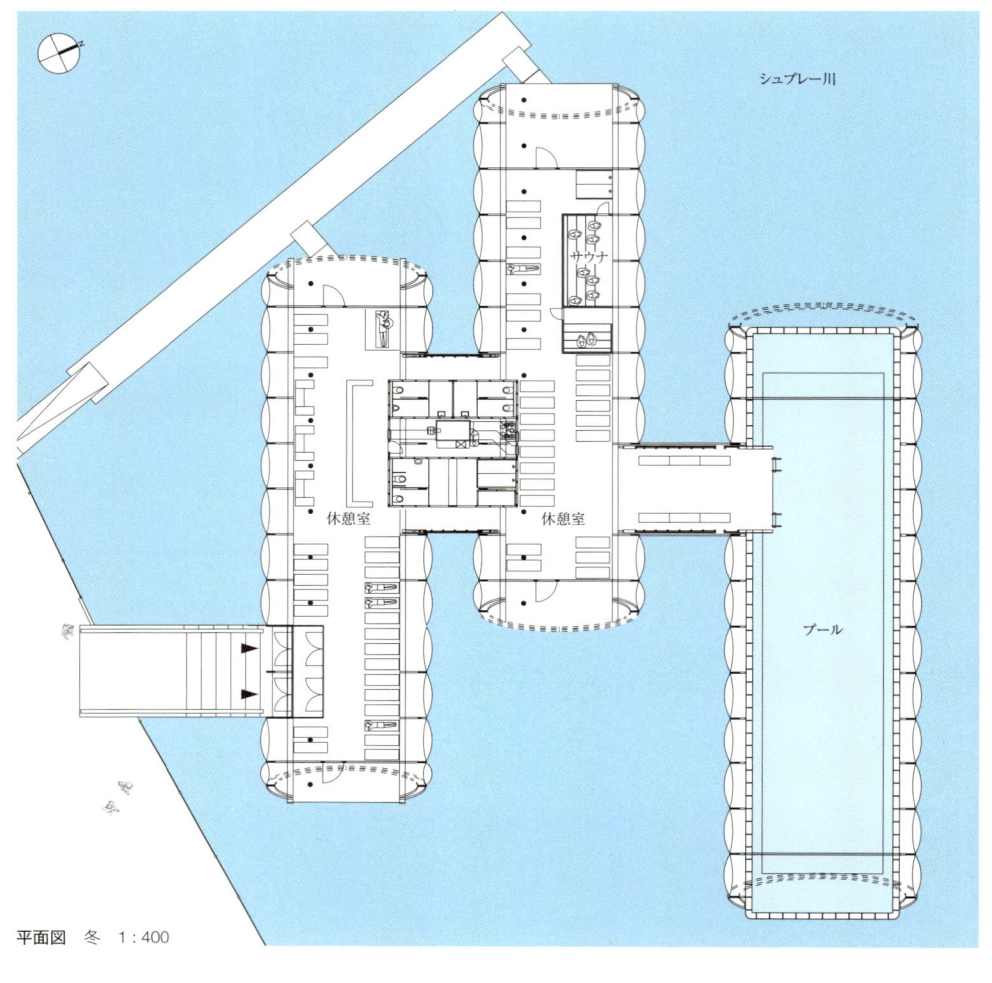

平面図　冬　1：400

季節を楽しむ空間

季節を楽しむための仮設的なあるいは簡易な空間は，伝統的に存在してきた．日本であれば，花見の幔幕や月見台，納涼のための川床などが典型的な例であろう．その起源は近世初頭まで遡るといわれる．

京都鴨川の川床は，毎年5月から9月の期間に設けられ，夏の風物詩として根付いている．かつては鴨川に中州があり，軽微な床机形式の川床が中州・水際・川の中に自由に配されていたが，大正・昭和初期の治水工事以降は脚の長い束柱をもつ高床形式の川床が河岸から張り出す形のみとなっている．河川法により河川敷地の占用が厳しく規制される中，鴨川および同じく京都の貴船川の川床は歴史的経緯から特別に占用許可が下りてきたが，2004年と2011年の規制緩和で都市・地域の再生に資するため河川空間のオープン化が図られ，他の地域でも川床が見られるようになってきている．

国外では，短い夏を思い切り謳歌する文化のある欧州を中心に，夏季を楽しむための空間を見出せる．河川内の水上プールは，ベルリンのシュプレー川やパリのセーヌ川（2006年）のほか，コペンハーゲンの港では2002年以降4つの水上プールが設置されている．また，夏の一定期間川辺に砂を敷き椰子の植栽やパラソル，デッキチェアを設置して人工ビーチを作り出す試みは，2002年に始まった「パリ・プラージュ」で人気を博し，ローマ，ベルリン，ブリュッセル，ミュンヘン，ブダペスト，アムステルダムなど欧州の多くの都市に広がった．こうした都市内の水辺活用の背景には，近代の「汚染された河川」のイメージからの回復がある．

冬季を楽しむ空間の典型例は，ロックフェラーセンター（ニューヨーク）前広場に代表されるスケートリンクであろう．冬季のスケートリンクは，広く欧米都市の広場に見られる．最近では，エッセンのツォルフェライン炭鉱業遺構でコークス工場をスケートリンクにしている例⇒98などがある．

京都鴨川の高床式川床［提供：京都新聞社］

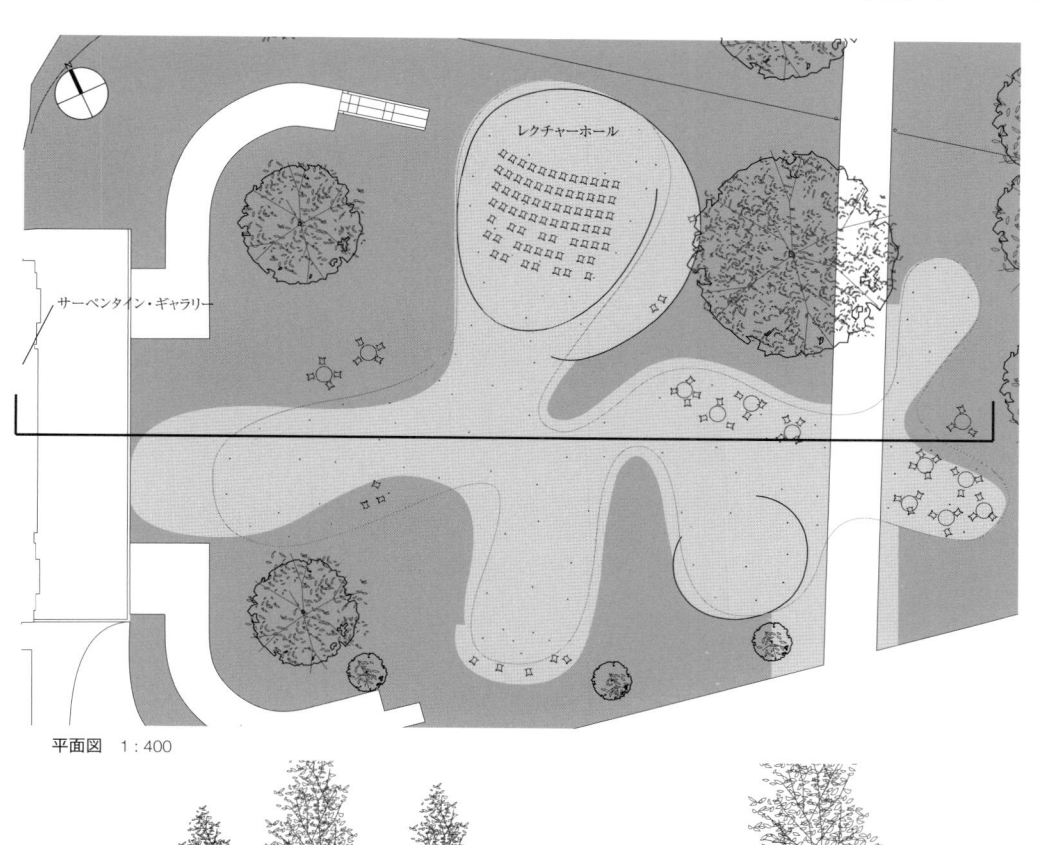

出来事と一時的空間：一年の移ろい2

サーペンタイン・ギャラリー・パビリオン
- 所在地：London, イギリス
- 設計：SANAA
- 建設：2009年

都市の建築文化を表す風物詩

ロンドンのハイドパーク内に立地するサーペンタイン・ギャラリーの隣接地に、夏季の4〜5か月間だけ建つ仮設の休憩所である。毎年異なる建築家によって設計され、夏の風物詩となっている。パビリオンは解体後に販売され、販売先の敷地で再建される。2009年のSANAAのパビリオンは、多数の細い柱で支えられるごく薄いアルミニウム鏡面研磨仕上げの屋根が敷地の樹木を避けながら広がることで、公園と連続的なパビリオン空間となっている。

平面図　1:400

南東立面図　1:400

サーペンタイン・ギャラリー・パビリオン

単管で構成された小屋組と柱

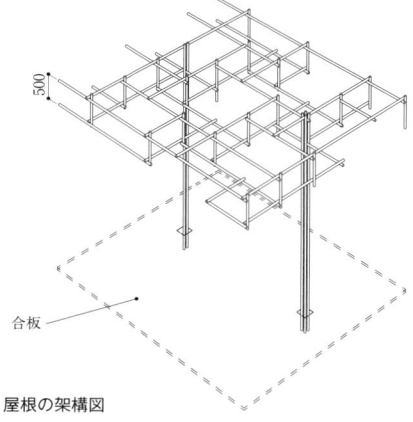

屋根の架構図

由比ヶ浜の海の家
- 所在地：神奈川県鎌倉市
- 設計：みかんぐみ
- 建設：2008年
- 敷地面積：738m²
- 建築面積：422m²
- 建蔽率：57.1%
- 容積率：57.1%

仮設ならではの工法と空間

毎年夏の2か月間、鎌倉市由比ヶ浜の海水浴場に設置される海の家。仮設ならではの簡易な工法を用いて、おおらかで開放的な空間を作り出している。2008年の海の家は、足場に使われる単管をクランプで組み合わせて柱や小屋組を構成し、防水性のあるポリエチレン不織布を屋根材に用いることで、リサイクルの容易な工法となっている。

平面図　1:400

A-A'断面図　1:400

由比ヶ浜の海の家

出来事と一時的空間：フェスティバル1　Event and Temporary Space: Festival

岸和田だんじり祭
- 開催地：大阪府岸和田市
- 開催期間：毎年9月の2日間

城下町の街路網と2日間の時間を活かした祭りの演出

18世紀後半に確立したといわれる「だんじり」という山車を市街で曳き回す祭り．各町を出発しただんじりが市街を巡り，氏神社に宮入りする．城下町の屈曲した街路網を活かし，欅造りで重量約4トンのだんじりを高速のまま方向転換させる「やりまわし」がハイライトとなる．カンカン場という三叉路では周囲の空地に桟敷席が設けられ，多くの観客が集まる．1日目の早朝に各町からカンカン場に向けて駆け集まる「曳き出し」から始まり，2日目の日中に坂を駆け上がり岸城神社に向かう「宮入り」や両日の夜に提灯を掲げ子供たちとともに練り歩く「灯入れ曳行」など，祭りは時間と空間を使い分けて，激しい曳き回しと穏やかな曳き回しを演出する．期間中は路上に提灯が掲げられ，建物の角や電柱には衝突防止の緩衝材に紅白テープが巻かれるなどのしつらえが施される．広い街路には屋台が設けられる．

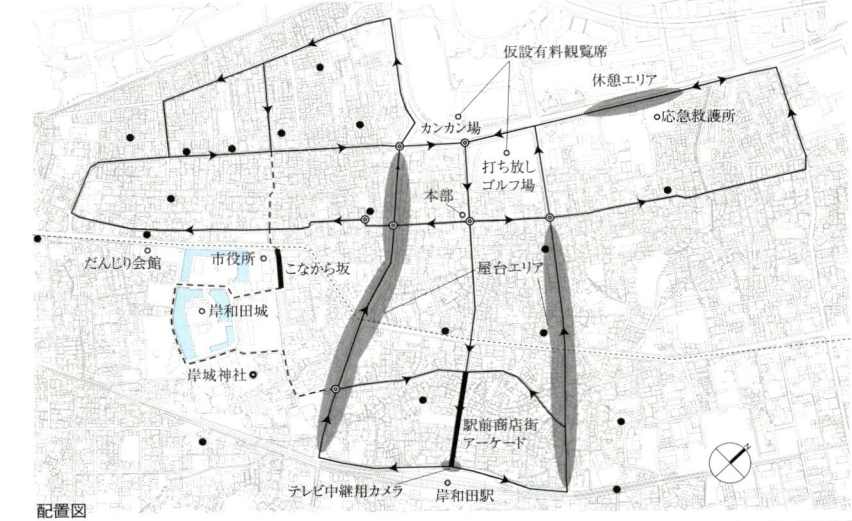

配置図

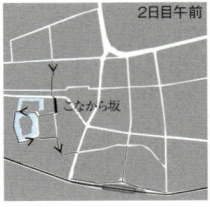

時間ごとの見せ場空間とだんじり速度

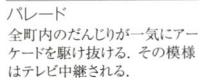

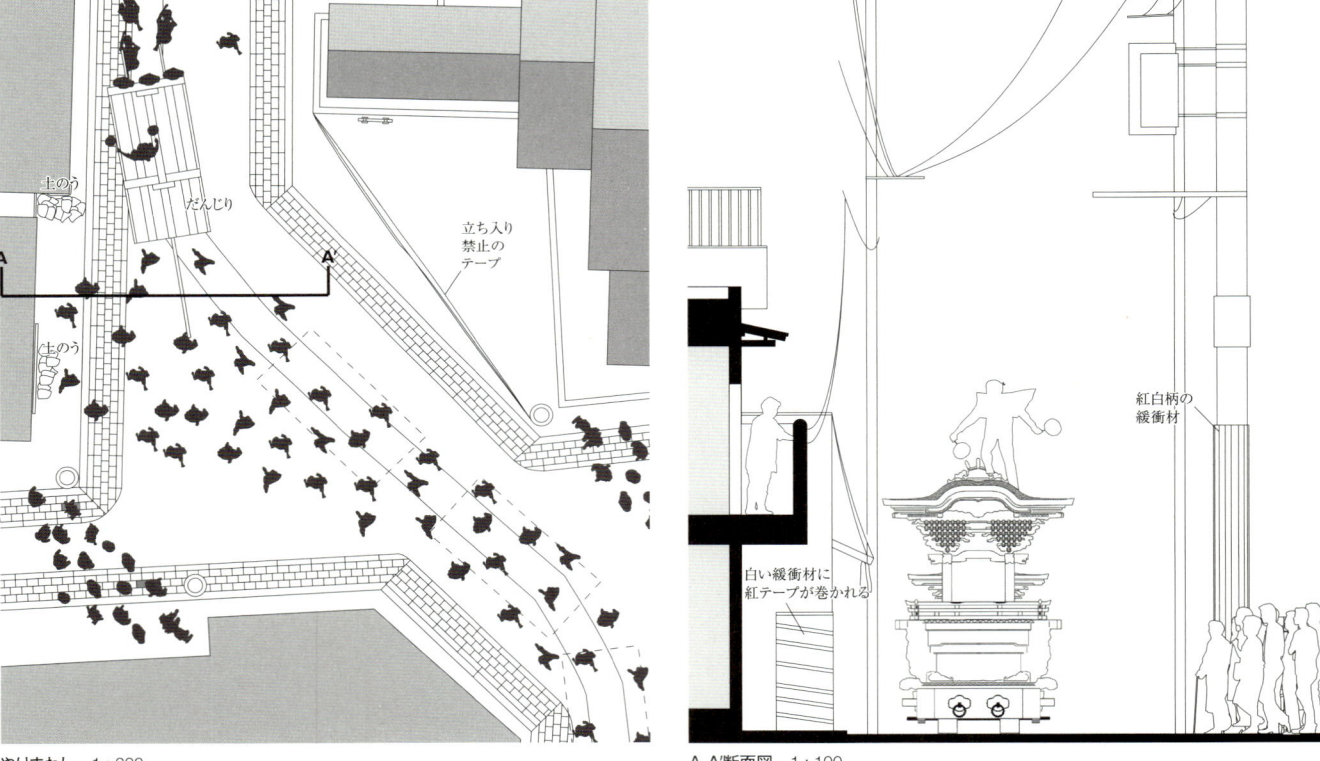

やりまわし　1:200

A-A'断面図　1:100

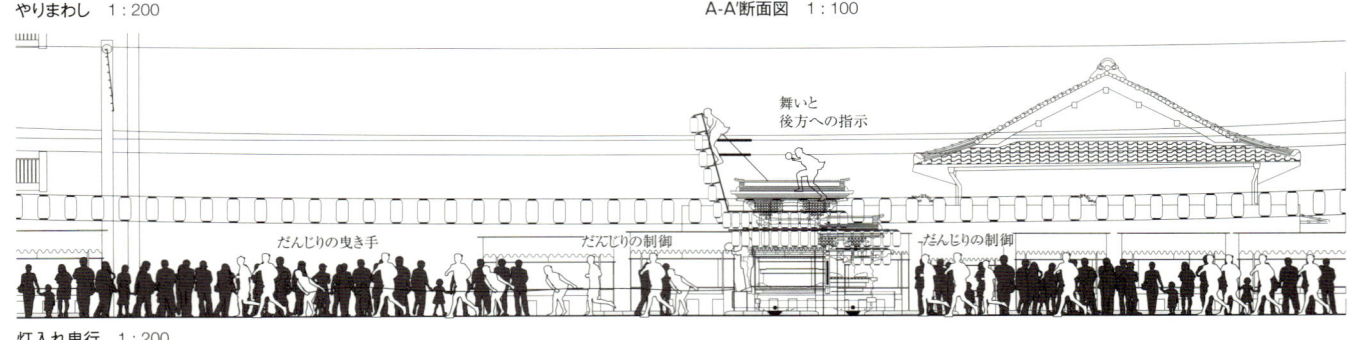

灯入れ曳行　1:200

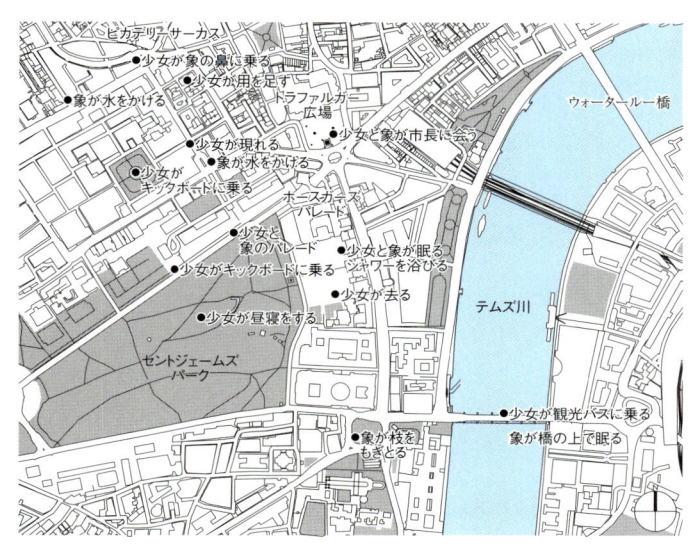

Event and Temporary Space: Festival 出来事と一時的空間：フェスティバル2

ロワイヤル・ド・リュクス ロンドン公演「スルタンの象」

- 開催地：London, イギリス
- 開催年：2006年

都市空間を舞台にしたスペクタクル
フランス・ナントを拠点に活動する大道芸集団ロワイヤル・ド・リュクスは、都市空間を舞台に巨大な操り人形を使った公演を世界中の都市で行う。公演は4日間のプログラムとなることが多い。2006年のロンドン公演では、中心地区のウェストミンスターに高さ5.5メートルの「少女」と12メートルの「象」が登場し、「スルタンの象」の物語が展開された。少女が乗るタイムマシンがヘイマーケットの路上に不時着し、それを追ってスルタンの乗る象も街に現れると、都市のオープンスペースや風景を活かした物語が観客をも巻き込んで展開する。たとえば、象は長い鼻で街路樹を折り観客に水をかけ、少女は公園の芝生で昼寝をしたりロンドン名物の二階建バスに乗って観光したりする。また、少女と象は揃って街路を散策し、トラファルガー広場で市長に会い、夜はホースガーズパレードでともに眠った。バッキンガム宮殿とトラファルガー広場を結ぶザ・マルでは、街路を自動車通行止めにするとともに、一部の信号機を取り外して象が歩けるようにした。観客は少女や象を追って町中を巡り、広場、沿道、建物の窓など様々な視点からこの物語を見守った。動作や表情が精巧に動く巨大な操り人形が街を生きることで、見慣れた街が異化されていく。ロンドン公演では、150万人がこのスペクタクルを目撃した。

配置図　1:20000

ルートマップ

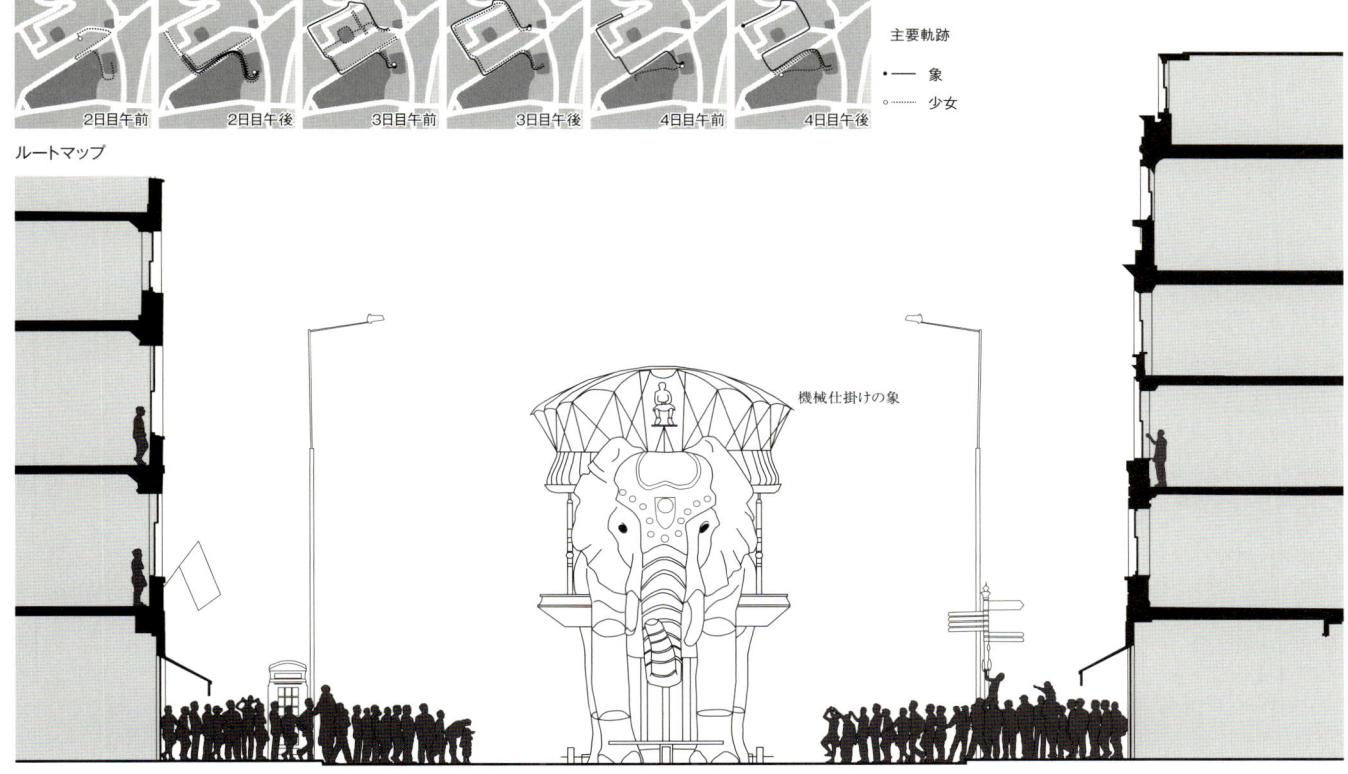

象がピカデリーを歩く場面　1:200

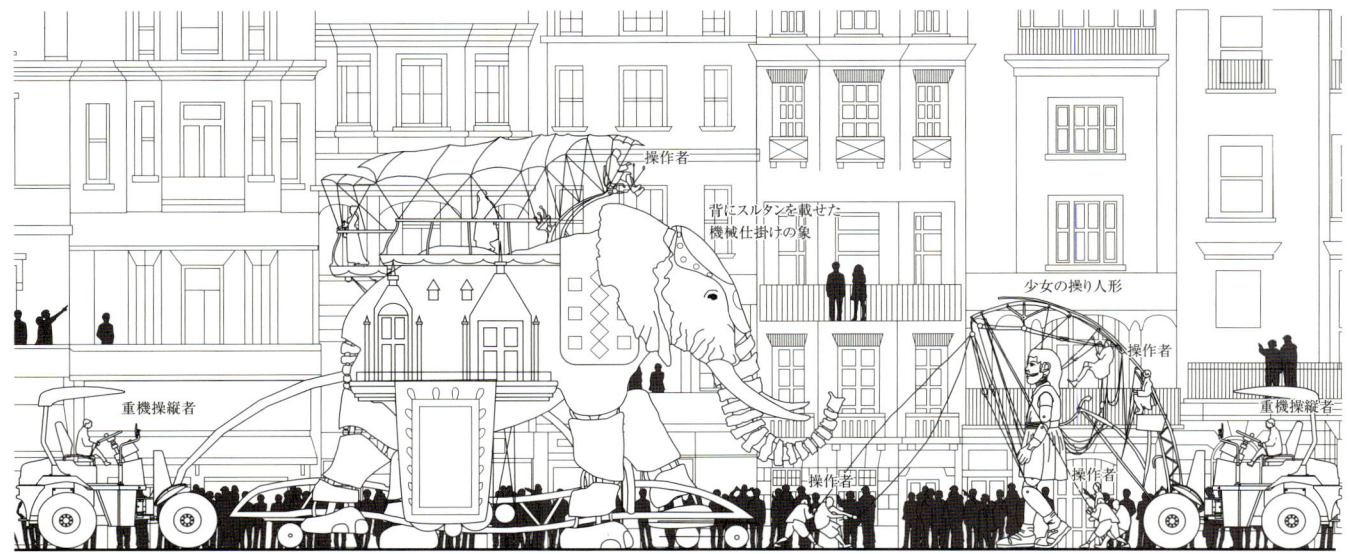

少女と象が出会う場面　1:200

074 出来事と一時的空間：パブリックアート／公共空間の暫定利用1　Event and Temporary Space: Public Art/Temporary Use of Public Space

Chapter 2 都市の要素
- ふるまいの寸法
- ボリュームと配置
- 建築のインターフェイス
- 都市インフラと景観
- 出来事と一時的空間
- 都市と照明

ニューヨークシティ・ウォーターフォール

- 所在地：New York, アメリカ
- アーティスト：Olafur Eliasson
- 期間：2008年6〜10月

都市に滝の風景を作り出す

イーストリバー沿いに構築された4つの人工の滝．高さは27〜37mで，それぞれ周囲の建物に馴染む高さとなっている．コンクリート基礎の上にアルミニウム足場で組まれた構造物を建て，川の水をポンプアップして循環させており，4棟合わせて1分当たり132m³の水量を揚げる．自然物のもつ雄大なスケールをパブリックアートというかたちで都市に持ち込み，新たな風景を作り出した．作品を通して都市生活とウォーターフロントとの関係を強めるために，滝を見物するための自転車ルートやボートツアーの企画，暫定的公園空間の創出がなされた．また，その都市景観が世界中にニュースとして配信された．

配置図　1:40000

- ● ウォーターフォール
- ◎ ポップアップ・パーク

ウォーターフォール1 立面図　1:1000

ニューヨークシティ・ウォーターフォール

ポップアップ・パーク

- 所在地：New York, アメリカ
- 設計：dlandstudio
- 敷地面積：2,400m²
- 期間：2008年6〜9月

アートと再開発の効果を高める公共空間の暫定利用

「ニューヨークシティ・ウォーターフォール」を眺める場所として，ブルックリン橋に隣接する埠頭に暫定的に用意された公園．ここから，4つすべてのウォーターフォールを眺められる．この埠頭はその後永続的な公園として再開発されることが決まっており，再開発に先立つプロモーションも兼ねていた．アスファルト上に直接盛った芝生のマウンド，地面の熱吸収を抑えるカラーコンクリート，プランターを使った植樹，干し草を用いたエッジの緑化など，設置と撤去を容易にし，工費を抑える工夫がなされている．

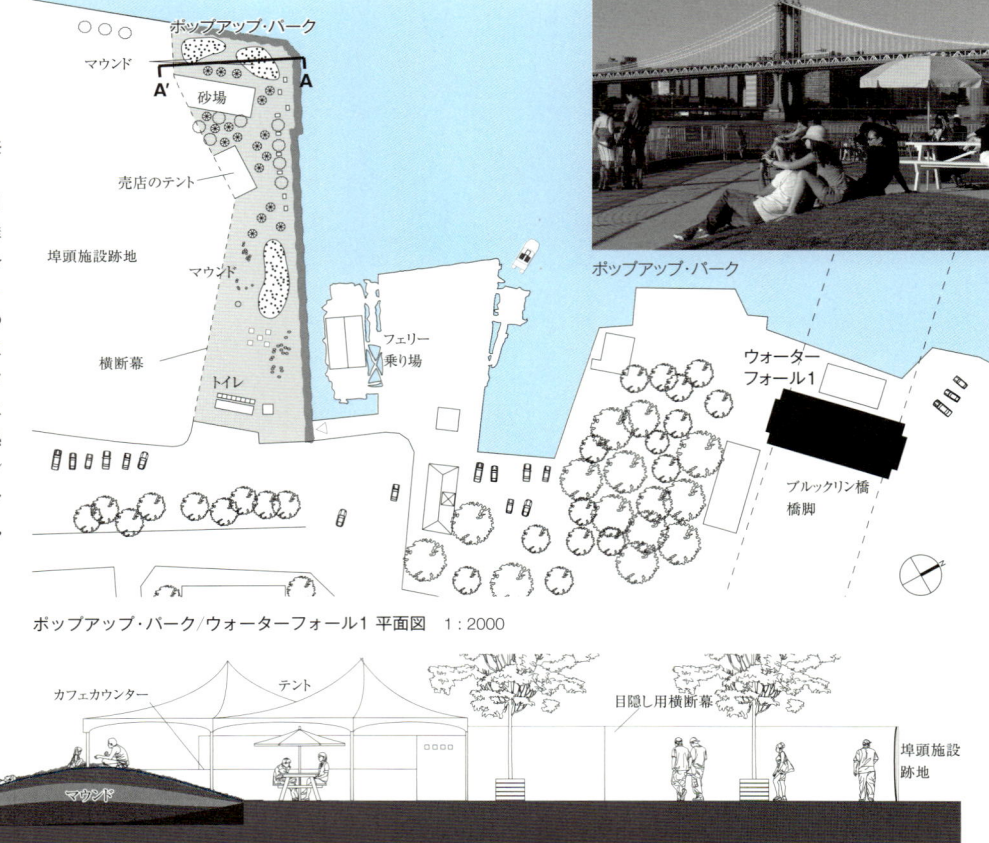

ポップアップ・パーク/ウォーターフォール1 平面図　1:2000

A-A'断面図　1:200

ポップアップ・パーク

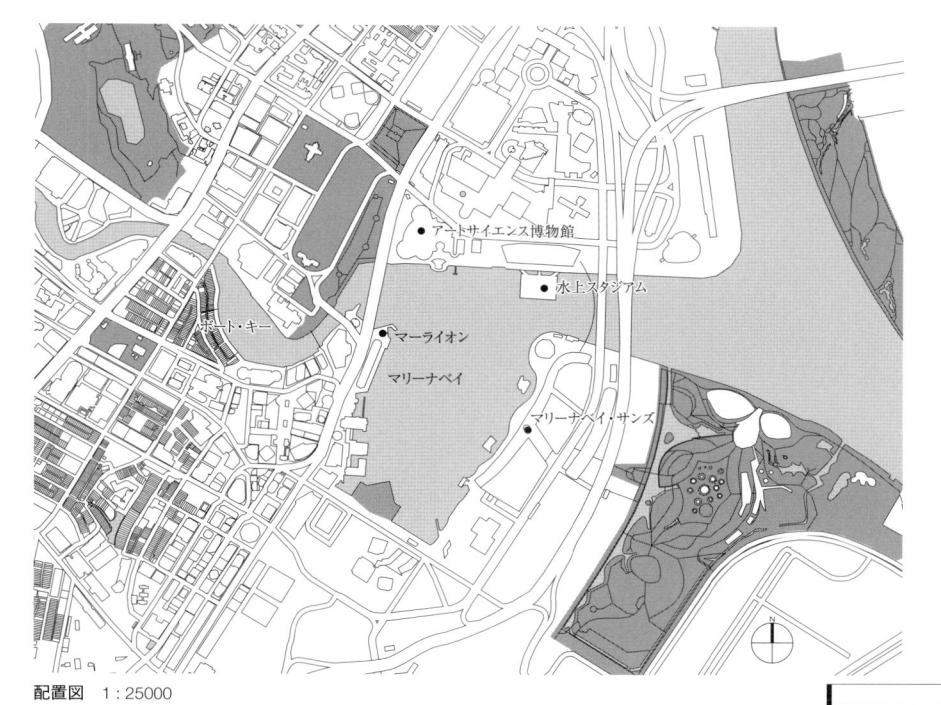

Event and Temporary Space:
Public Art/Temporary Use of Public Space 出来事と一時的空間：パブリックアート／公共空間の暫定利用2　　075

マーライオン・ホテル
- 所在地：シンガポール
- アーティスト：西野達
- 期間：2011年4～5月

都市空間と室内空間のスケールの差異を顕在化させる

シンガポール・ビエンナーレ2011の作品として，この都市のシンボルであるマーライオン像を取り込んだ宿泊施設がアート作品として作られた．単管足場組で支えられた仮設建築がマーライオン像を囲い，内装や家具は豪奢なホテル風にしつらえられた．実際に毎晩1組ずつの宿泊客を受け入れるほか，日中は作品として見学ができる．彫像が室内に取り込まれることで，都市空間・室内空間・生活行為のスケールの差異や素材感の差異があらわになる．彫像自体には一切手を加えずに周囲の状況を一変させる手法で，同作家による同様のプロジェクトは，リヴァプール（イギリス），横浜，ゲント（ベルギー）などでも実現されている．

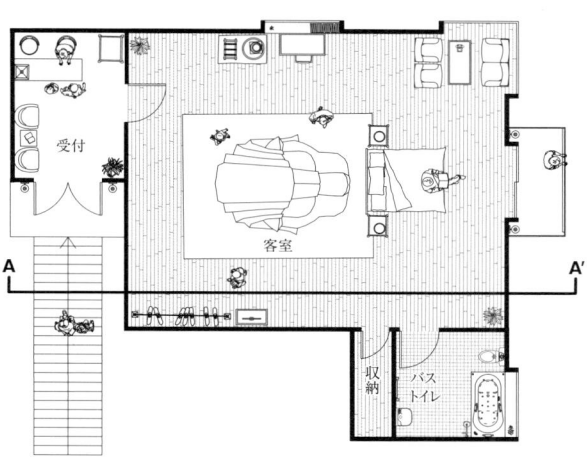

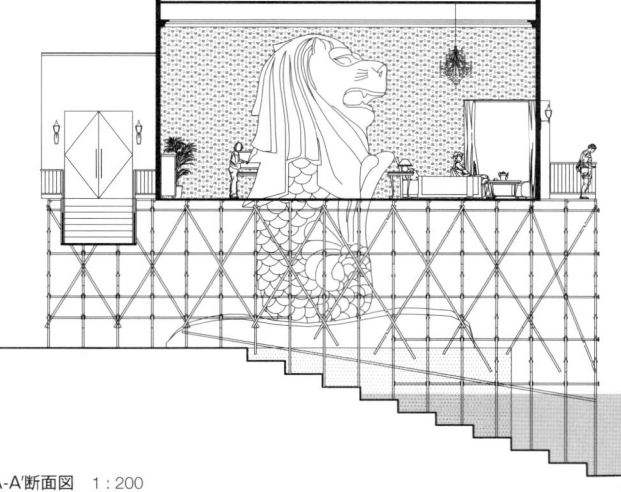

配置図　1:25000

マーライオン像を包み込むように設けられた仮設客室　1:200　　A-A'断面図　1:200

暫定的公共空間のデザイン

ポップアップ・パークは，大規模パブリックアートが催される好機に合わせて，埠頭地区が市民のための公園に生まれ変わることを知ってもらうための4か月間の公園であった．このように，恒常的な公共空間整備に先立って一時的に現れる公共空間は，プロモーションや社会実験として公共空間の可能性を探る役割を担う．

タイムズスクエアでの実験

ニューヨークのタイムズスクエアでは，十数年にわたる空間刷新の一過程として，2009年の夏に社会実験が実施された．

タイムズスクエアに面するブロードウェイの5街区分から自動車を排除して歩行者専用の広場とし，テーブル，椅子，ベンチ，プランターなどが置かれた．また，車道との違いを際立たせるために，公募で選ばれたアーティストのデザインでアスファルトの路面がペイントされた．

広場はすぐに観光客やニューヨーカーの憩いの場となった．実施期間中に歩行者・自動車への影響，事故の頻度，市民意識調査などが行われ，半年後に市長が広場の常設化を決定．その後周囲の歩道空間も含めた恒常的な舗装とベンチのデザインがなされた．

サンフランシスコ市の実験

サンフランシスコ市は2009年から，道路上の余剰空間を社会実験的に公共空間にしていく「Pavement to Parks」プログラムを実施している．道路の一部を使った広場や，路上の駐車スペース2, 3台分を使った「パークレット」があり，半年から1年の試行期間の後，常設化することを目指す．

地域コミュニティが市に申請し，整備や運営に中心的に関わるやり方は，ニューヨーク市の同様のプログラム（NYC Plaza Program）から着想を得ている．パークレットは，近隣の飲食店舗や個人からの寄付を財源としたり，建材も無料または安価に提供されるケースが多い．広場やパークレットには，座る場所と植栽の設置，ペイントやデッキや芝生による路面処理が施され，テーブル，パラソル，駐輪設備などがつく場所もある．

道路利用の実験としてだけでなく，デザインや素材の実験としても位置付けられているため，安価で簡易ではあるが，ユニット化するなどデザイン的工夫がなされている．試行を経て常設化が決まった広場では，車道と広場の境界を構成していたプランターをコンクリート製の花壇とし，ベンチや植栽を増やした．

暫定空間整備の予算と期間

ポップアップ・パークは6週間の施工と10万ドルの費用で整備され，植栽やファニチャーは常設化の際に再利用された．サンフランシスコの広場は1か所当たり2万～3.5万ドル，パークレットは1か所当たり7,000ドル程度の費用で，1～3日程度で施工されており，不都合があれば修正すればよいという姿勢で許可にもあまり時間をかけない．このように暫定的公共空間では，圧倒的な即時性と大胆なデザインをもって，その場所で過ごす実経験を市民に提供することが重要であり，また魅力でもある．

タイムズスクエアでの社会実験

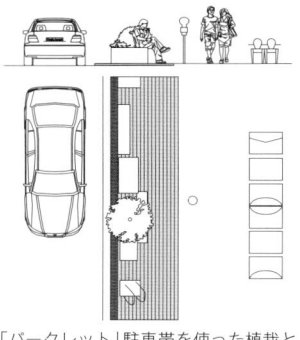

「パークレット」駐車帯を使った植栽とベンチ

076　出来事と一時的空間：都市開発の拠点1　Event and Temporary Space: Base for Urban Developmant

ハーフェンシティ・インフォセンター・ケッセルハウス

- 所在地：Hamburg, ドイツ
- 改修設計：Volkwin Marg and Klaus Staratzke
- 建設：1886年
- 改修：2000年
- 建築面積：1,335m²

都市開発の情報センター

157haの旧港湾地区の複合再開発「ハーフェンシティ(HafenCity)」の着手に先立ち, 19世紀に送電施設として使われていたレンガ造りの建築が改修され, 開発の情報センターとしてオープンした. センターには開発エリアの1/500縮尺の模型が置かれ, 開発の進展とともに模型が更新される. 周囲には情報ポイントと呼ばれる展示機器が配され, 開発の基本情報や最新の情報が展示される. 併設のカフェとテラスは来訪者の憩いの場になっている. 開発現場ツアーの起点, ディスカッションや情報発信の場としても機能しており, 市民や子どもたちに開発を知らせるとともに, 国際的な知名度を上げ投資を募る役割も担う.

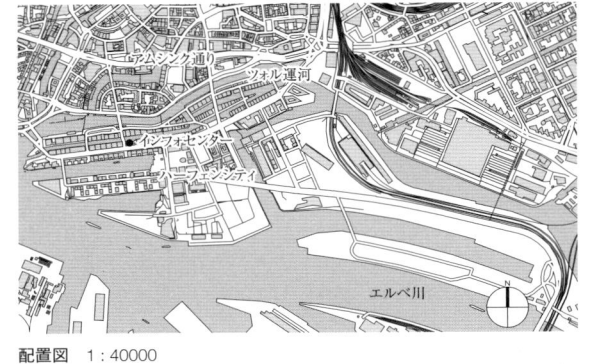

配置図　1:40000

インフォセンター内観

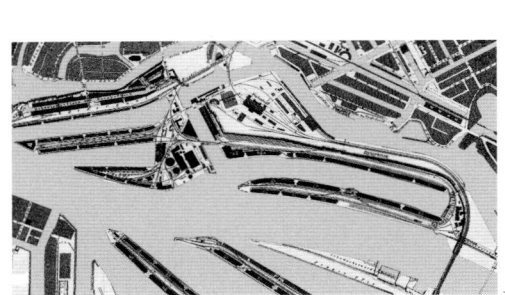

1899年のハンブルク港

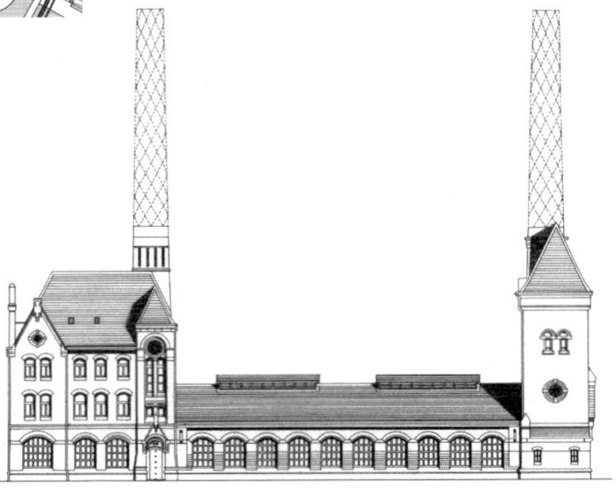

インフォセンター立面図　1:1000

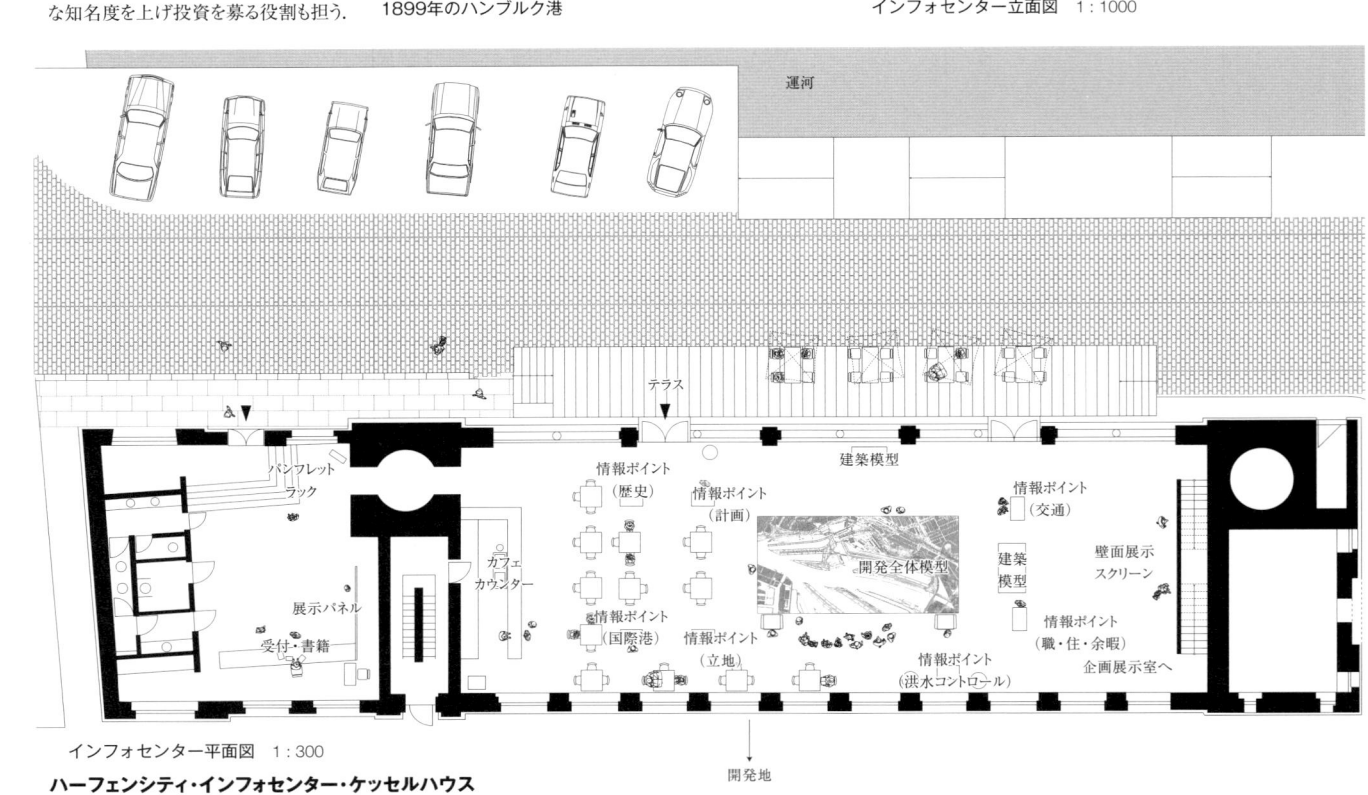

インフォセンター平面図　1:300

ハーフェンシティ・インフォセンター・ケッセルハウス

ハーフェンシティ・ビューポイント

- 設計：Renner Hainke Wirth Architekten
- 建設：2004年

現場をエンターテインメントにする

ハーフェンシティの開発現場に建つ展望タワー. 開発の敷地全容とその刻々と変わる様を誰もが眺められるように設置された. オレンジ色に塗られた鋼板の外観は, 開発現場でもひときわ目を引き, 市民や観光客など訪れる者も多い. 開発が進むにつれ, 順次開発の前線に移動させている.

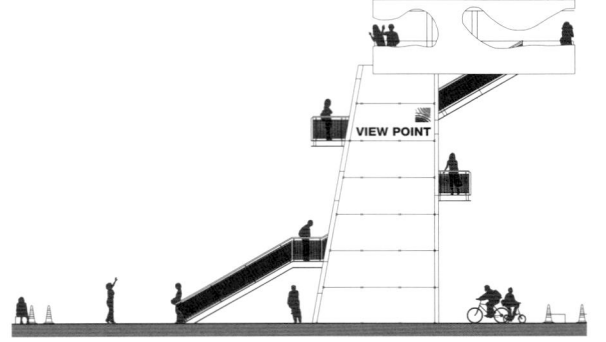

ビューポイント立面図　1:300

ハーフェンシティ・ビューポイント

ビューポイントからの眺め

Event and Temporary Space: Base for Urban Developmant **出来事と一時的空間：都市開発の拠点2**　　077

柏の葉アーバンデザインセンター（UDCK）初代施設
- 所在地：千葉県柏市
- 企画：北沢猛
- 設計：日高仁
- 期間：2006～2010年

開発地の暫定利用で都市の未来を構想する

つくばエクスプレスの開通による沿線駅周辺開発の初期段階で，駅前の開発予定地に建設された仮設のアーバンデザインセンター．公・民・学の連携による都市づくりの拠点として，多様な活動を許容する「場」を提供する．天井の高いオープンな空間には，作業テーブル，開発予定地の模型，都市・まちづくり・デザインなどの書棚，まちづくりや地域活動のパンフレット台などが配され，壁面は展示や投影用スクリーンとして使われるなど，誰もが自由に出入りでき新しいまちづくりのための対話と学びを促す．クローズなオフィスでは，地域の計画づくりの実務が行われる．広いテラスは日常的な憩いの場となるほか，イベントなども行われる．開発が進んだため，2010年に駅前の隣接地に新施設を建設し移転した．

小さな公共空間 PLS
- 企画：柏の葉イノベーション・デザイン研究機構
- 設計：三協フロンテア＋佐々木龍郎
- 期間：2008～2010年（2010年～改築・移設・転用）

大学と地域産業の連携

UDCKは大学と地域産業との連携による社会実験の場にもなっており，地元企業が事業展開するプレハブのユニットを利用した「小さな公共空間 PLS（Public Life Space）」もそのひとつである．街の案内所の機能を持つ「インフォボックス」，作業室と展示室を兼ねた「プロジェクトハウス」，中古本を蔵書とした2層の小図書室「ブックサービス」がUDCKのテラスに設置，運用された．PLSはUDCKで行われている複数大学の合同デザイン演習での学生の提案がきっかけとなって生まれた．専門教育において地域での実践を取り入れるのもUDCKの機能の一つである．

開発段階（2007年頃）　　開発計画

柏の葉アーバンデザインセンターUDCK初代施設とPLS　1：300

UDCKとオープンデッキ上に設けられたPLS　1：300

078 都市と照明：夜間の照明計画1　Urban Nightscape: Lighting Planning at Night

都市の夜を照らす光

都市の夜にある光は，建物から漏れる光，歩くための光，サインの光，ライトアップの光など，人間の存在や行動，暮らしや文化に付随した光の集合である．現代の都市ではインフラの整備が先行し，人間に対する配慮よりも道や線路の規則を優先した照明計画が多くみられるが，ここでは人の知覚や空間の認知に必要な都市の照明について考える．人を基本として都市の照明を考えることは，街並み本来の姿を際立たせ，結果として夜間景観の向上や防犯にもつながる．

アフォーダンス照明

夜間の照明による光は，夜間における人間の空間認知や行為を可能にするとの解釈からアフォーダンス照明と呼ぶ．これは人の行為や知覚と光（周辺環境）との関係に着目して照明計画を行うことで，空間自体をより自然で豊かなものとすることができる．光のアフォーダンスには様々なものがあるが，その主な効果，役割は「視線や注意，人の動きを誘導する」，「空間の輪郭や境界を把握させる」の二つが挙げられる．注意喚起や誘導に有効な手法としてボイド照明，輪郭や境界の把握に有効な手法としてはボーダー照明がある．

ボイド照明

視覚的なボイドとなる暗闇に光を設置する照明手法．凹凸が明るくなり，空間の形が把握できるようになる．また人の有無が確認できて安心感と防犯性が向上し，歩行者や自転車の有無や挙動が判別しやすく危険予知が容易にできる，といった効果がある．

ボイド照明の例1―Tooth
- 所在地：東京都日野市
- 設計：宮本佳明建築設計事務所

地上階のパーキングにボイド照明を設置することで，敷地に面した歩道から車道までを見通せる．都市と建築との境界をなくす操作である．

ボイド照明の例2―ヒルトンプラザウエスト
- 所在地：大阪府大阪市
- 設計：竹中工務店

歩道・車道に面した公開空地に照明を設けないことで，建物内部からの光を外部に漏れ出すよう計画した事例．建物内の光がボイド照明として機能し，内部と外部が隔てられず一体的な空間として知覚される．

周囲の様子が判然としない暗い場所に光を与えることを考えてみる．光が全くないと空間が把握できない．

天井や壁，凸凹を把握させることに配慮し，先に続いていそうな道に光を設置することで，空間の形や広がり，行けそうな場所を認知させ，注意を向けさせることができる．

光が照らされるとその周囲の様子がわかる．しかし，空間の輪郭がわからなければ，明るくなっても自分がどのような場所にいるか，どちらに行けるかはわからないままである．

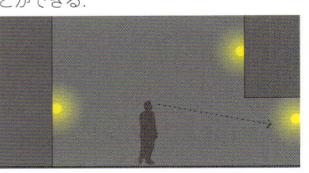

アフォーダンス照明は道ではなくその周辺にも意識を向けさせるため，その街固有の街並みや地形的な特徴・魅力の再発見につながり，夜間景観が向上するというメリットもある．

一般的な街路照明では，道が照らされており街の凸凹は暗いボイドになっている．そのため，見通しが悪い．

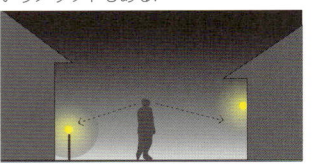

ボイド照明を置くことで暗がりが解消され，見通しがよくなるため歩きやすい．

アフォーダンス照明の考え方と効果

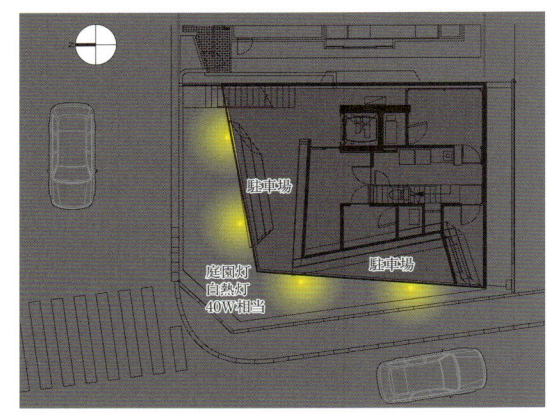

平面図　1:300

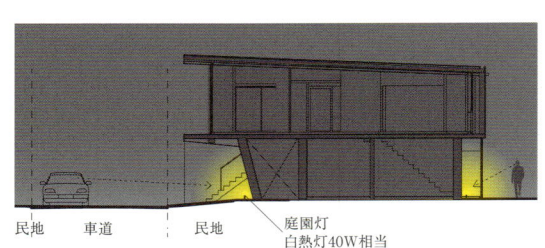

断面図　1:300

ボイド照明の例1―Tooth

（民地／車道／民地／庭園灯　白熱灯40W相当／駐車場／庭園灯　白熱灯40W相当／駐車場）

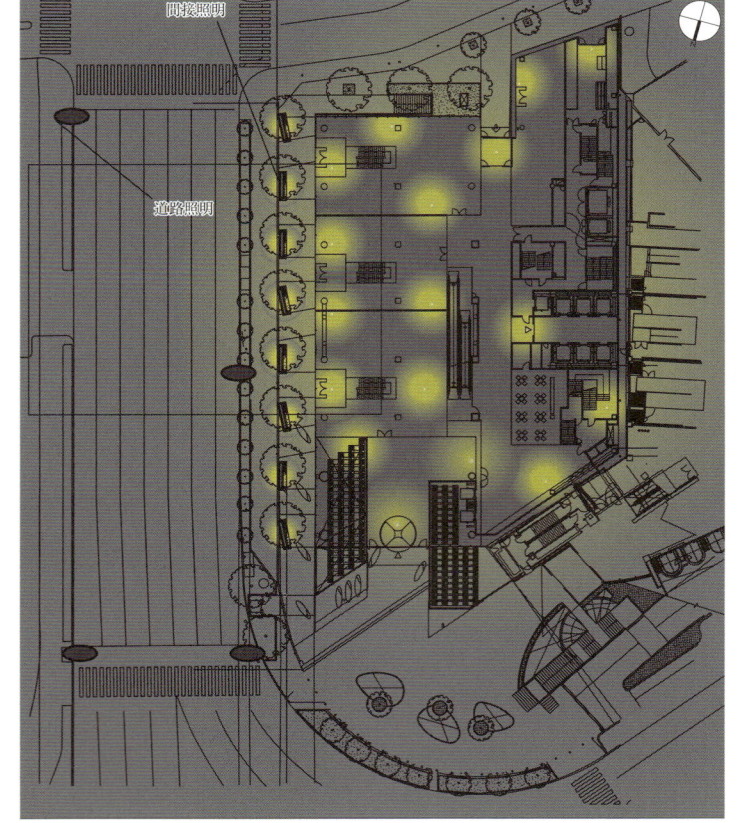

平面図　1:1000

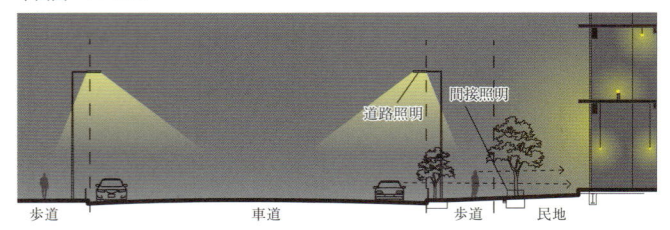

断面図　1:500

（歩道／車道／歩道／民地／道路照明／間接照明）

ボイド照明の例2―ヒルトンプラザウエスト

Chapter 2　都市の要素
- ふるまいの寸法
- ボリュームと配置
- 建築のインターフェイス
- 都市インフラと景観
- 出来事と一時的空間
- 都市と照明

Urban Nightscape: Lighting Planning at Night **都市と照明：夜間の照明計画2** 079

カニッツァの三角形

主観的輪郭を認識させる通路の光

知覚される空間の境界

シャンゼリゼ通り　道が目立っており，街の奥行きは感じられない．

知覚される空間の境界が広がる

ベニスの裏通り　道だけでなく街並の輪郭が把握できる．

庭園灯　白熱灯40W相当
ブラケット照明　白熱灯40W相当
歩道　車道　駅前広場　駅舎　ホーム
断面図 1:500

上州富岡駅
平面図 1:1500
上州富岡駅の駅舎と駅前通りの照明

ライトアップ投光器 HID1,000W×4台
約13.8m
横浜税関
公園　歩道　車道　歩道　民地
断面図 1:1000

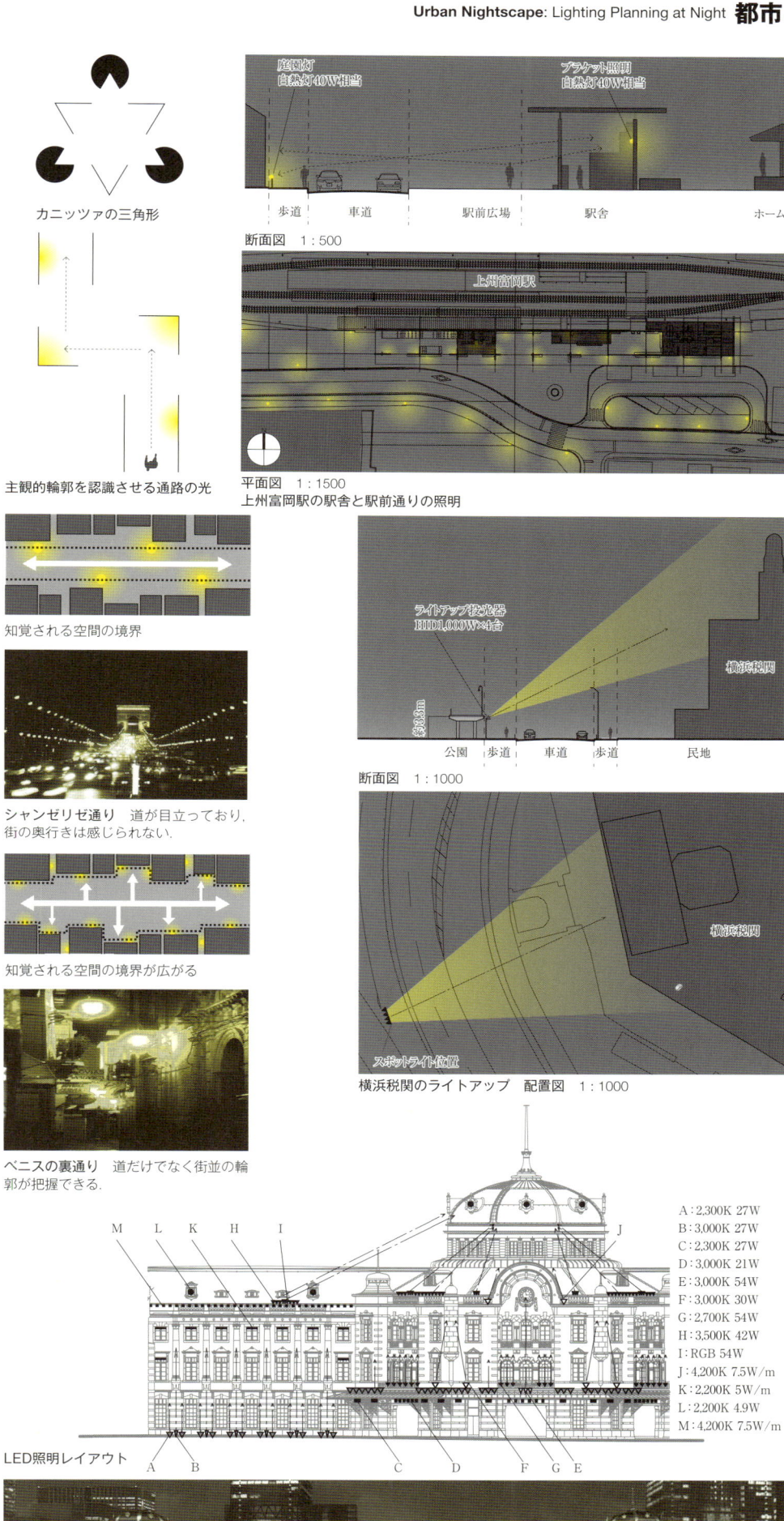

横浜税関
スポットライト位置
横浜税関のライトアップ　配置図 1:1000

LED照明レイアウト
A B C D F G E
M L K H I J

A：2,300K 27W
B：3,000K 27W
C：2,300K 27W
D：3,000K 21W
E：3,000K 54W
F：3,000K 30W
G：2,700K 54W
H：3,500K 42W
I：RGB 54W
J：4,200K 7.5W/m
K：2,200K 5W/m
L：2,200K 4.9W
M：4,200K 7.5W/m

東京駅丸の内駅舎の照明

ボーダー照明

「カニッツァの三角形」と呼ばれる図には，三つの黒い円と黒い線で三角形が描かれている．この図形の上に，私たちは実際には描かれていない白い三角形を見ることができる．この現象は，人間は不完全な情報を補って「主観的輪郭」を知覚できることを示している．

このことを利用して，空間においても主観的輪郭をつくることができる．例えば通路の主観的輪郭を認識できる部分に光を配することで，通路の形を認識させることができる．

また，光の置かれる場所によって，人の認識する空間の形は大きく変化する．シャンゼリゼ通りでは，道に合わせて街路灯が並べられているため，道の形は認識できるが両側の店舗や歩道の存在はほとんど感じられず，空間として分断されている．ベニスの裏通りでは建物に合わせて照明が設置されており，周囲のまちの形（本来の空間的な境界）を認識できる．

光は，内と外，敷地内と敷地外，公共と民間などの設計区分を超えて，空間の連続性をあらわにし，周辺環境の広がりを再構築することができる．

ボイド照明＋ボーダー照明—上州富岡駅の駅舎と駅前通り

- 所在地：群馬県富岡市
- 設計：TNA

駅前通りと駅舎の照明計画を併せて行った例．駅舎の奥にボイド照明，既存建物と歩道との境界にボーダー照明を配置したことにより，道と敷地・建築が一体に感じられる．街路照明は設置していないため，高さのある障害物が現れず見通しの良い街路空間となっている．

ライトアップ

境界を超えたライトアップ—横浜税関

- 所在地：神奈川県横浜市
- 照明デザイン：石井幹子デザイン事務所

道を挟んだ建築の対面からライトアップを行っている．敷地外からのライトアップにより敷地や道の境界を飛び越えた興味深い事例である．

LEDによるライトアップ—東京駅丸の内駅舎

- 所在地：東京都千代田区
- 照明デザイン：ライティング・プランナーズ・アソシエーツ

LEDは省エネルギー化はもちろん，高いメンテナンス性，電気容量減に伴う設置可能な器具数の増加，柔軟な光の制御能力があり，より細やかな新しい表現が可能となっている．

東京駅丸の内駅舎では，小さい光源を建築の形状に合わせて細かく設置することで，より奥行きある表現になっている．また，ファサードの4種類の外装材に合わせて光の色温度を変え，建物に豊かな表情を与えている．

さらに，駅舎に併設されているホテルの窓辺に設置されたたくさんの窓あかりが，特徴的な外観を構成する一要素となっている．

080 都市と照明：あかりからのまちづくり　Urban Nightscape: Town Planning by Street Lighting

大野村の街路照明整備

- 所在地：岩手県九戸郡大野村（現 洋野町）
- 照明デザイン：ぼんぼり光環境計画

始めに住民にアンケート等を行い大野村に必要とされる照明性能を導き出した．その後，新たな照明手法に対する住民の理解を得ることを主な目的としてワークショップと照明実験を行った．現状と実験時とで住民にアンケートを行った結果，「暗がりに潜んでいる人の有無の確認」，「空間がどうなっているか把握できる」という二点が夜間歩行の不安感軽減に寄与することがわかった．この結果から，大野村では夜間歩行時に空間と人（暗闇に潜む人）が認識できることを最優先とし，街並みを構成している建物の隙間などを明るくすることを照明整備の基本方針とした．

整備範囲は民地の建物までを共有空間として設定し，民地に公共の照明（ボイド照明）を配置する試みを行った．照明計画コンセプトは以下の3点である．

1. 安心して歩ける光：段差や溝など危険な箇所を示し，ストレスなく歩くことができるようなサインの光を適切に配置．また，街の防犯性をチェックし，安心して歩ける街路をつくる．
2. 空間認知のあかり：暗闇をなくし，道だけでなく街路空間全体が認知できることは安心感と防犯性を向上させる．
3. 歴史を大切にする光：神社仏閣，茅葺き民家など歴史的に重要で昔から親しまれている場所を可視化し魅力を再発見できる光を設置する．

白川村の街路照明整備

- 所在地：岐阜県大野郡白川村
- 照明デザイン：ぼんぼり光環境計画

通常のJIS基準における防犯照明，街路照明に対して，暗闇をなくす照明手法であるボイド照明を実施した．約100mの範囲において，比較・検証した結果，照度設定を交通量の少ない商店街と比較した場合，光束量は約1/5となり，極めて省エネルギー効果の高い計画となった．

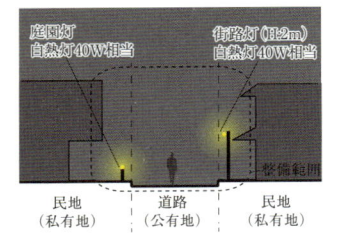

官民一体となった整備範囲

整備前

整備後の夜間景観

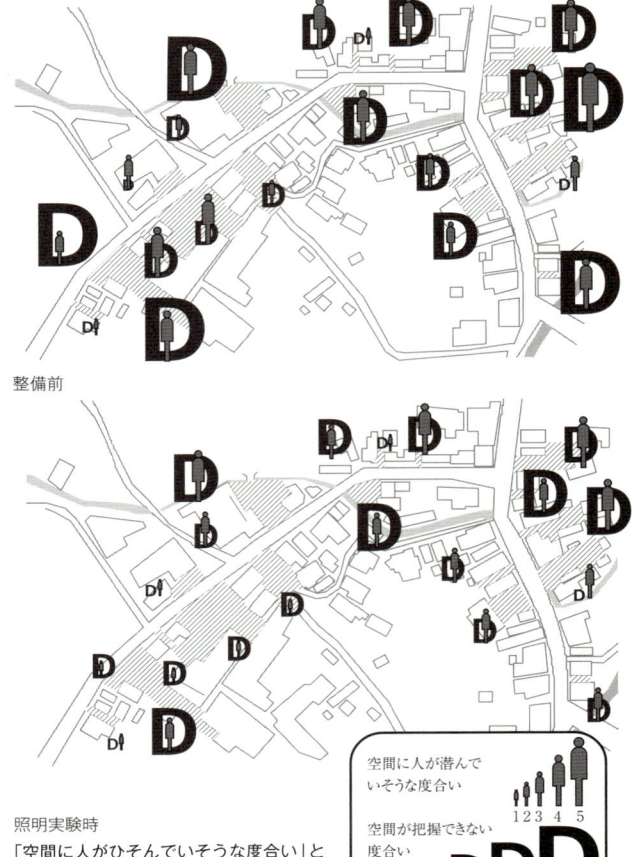

大野村の街路照明整備

整備前

照明実験時
「空間に人がひそんでいそうな度合い」と「空間把握ができない度合い」の調査結果

整備前
照度設定：歩道交通量少の場合
設定照度：3lx，全体平均照度：2.45lx，路面平均照度：2.92lx，ポール灯：HID100W×2×4 8,400lm，全体光束：33,600lm

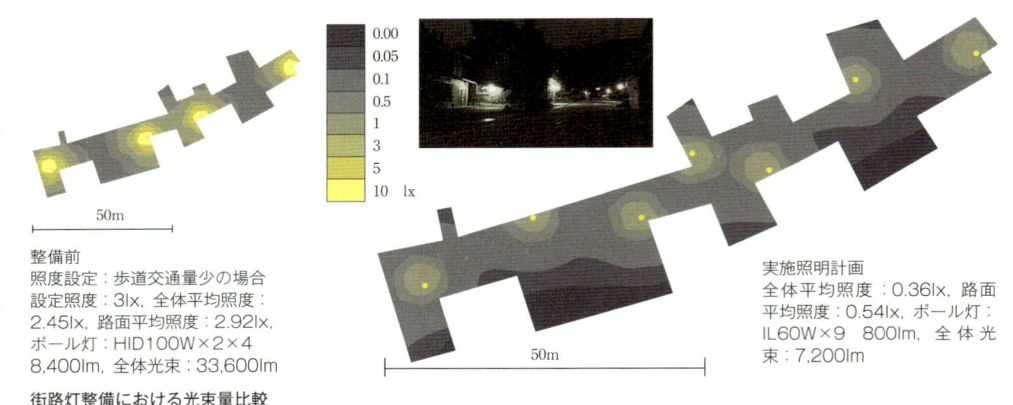

街路灯整備における光束量比較

実施照明計画
全体平均照度：0.36lx，路面平均照度：0.54lx，ポール灯：IL60W×9 800lm，全体光束：7,200lm

照明器具配置図

白川村の街路照明整備

電柱取付ブラケット：電球型蛍光灯27W電球色（白熱灯100W相当）

自立門灯：電球型蛍光灯14W電球色（白熱灯60W相当）

Chapter 3

Intervention Method

Renovation of Architecture	建築の再生
Rehabilitation of District	地区のリハビリ
Revitalization of Traffic Node	交通結節点の活用
Landscape of Environmental Creation	環境創生のランドスケープ

第3章

再生の手法

ここでは,既存建物の活用,地区整備や移動手段の見直し,自然環境の保存や創出など,都市再生に関わる様々な手法や視点について内外の特徴的な事例を取り上げる.「建築の再生」では建物の改造・移築・転用等の手法,「地区のリハビリ」では既存市街地の部分的な改善などを複合させて徐々に地区の住環境整備や活性化を図った事例,「交通結節点の活用」では駅・バスターミナル・駐車場等の整備や新交通システムの導入事例など都市の交通結節点の改変による再生事例を紹介する.最後の「環境創生のランドスケープ」では役割を終えた工場,高架道路,鉄道軌道,飛行場等の跡地を利用した環境の再創生により都市に自然や生活空間を呼び戻した事例を取り上げている.

082 建築の再生：工場跡地を生かした芸術文化施設1　Renovation of Architecture: Conversion of Factory into Arts Cultural Facilities

金沢市民芸術村
- 所在地：石川県金沢市
- 設計：水野一郎＋金沢計画研究所
- 建設：1996年
- 用途：練習場，アトリエ，レストラン，事務所
- 敷地面積：97,289m²
- 延床面積：4,017m²
- 階数：地上2階，一部1階
- 構造：木造一部レンガ造＋鉄筋コンクリート造＋鉄骨造

紡績工場跡地の利用
大正から昭和初期にかけて建設された紡績工場の倉庫6棟が改修され，1996（平成8）年に稽古場，練習場，アトリエ，工房，レストランから構成される芸術文化施設となった．

雪国に必須のコロネードと，敷地にももともとあった井戸水を利用し，消雪を兼ねた池が付加され，デザインの異なる6棟をつないでいる．

また，モルタルで上塗りされていたレンガ壁はモルタルをはがしてレンガ壁を現し，コンクリート壁はレンガタイル貼として表情が統一された．

小屋組構造の保存
倉庫はそれぞれ異なる大きさと形態をもっていた．屋根の架構とオープンスペース，レストランの床は木造，外壁は3棟がレンガ造，3棟が鉄筋コンクリート造で，各部位は構造的に独立していた．

大きな屋根を支える木造の柱と交錯する小屋組は，破損の著しいものを除いてほとんど保存された．外壁の耐震補強は6棟すべてで必要だったが，それぞれ異なる方法で解決されている．

利用者自主管理型施設
低料金，年中無休，24時間使用可能であるだけでなく，運営を民間から採用したプロデューサーが行うという利用者自主管理型のプログラムになっている．また，中央の1棟は来訪者の誰でもが利用できるオープンスペースとして開放されている．

広大な敷地内には「里山の家」，「金沢職人大学校」，「パフォーミングスクエア」などの諸施設がつくられ，芸術活動の複合拠点として少しずつ拡大している．

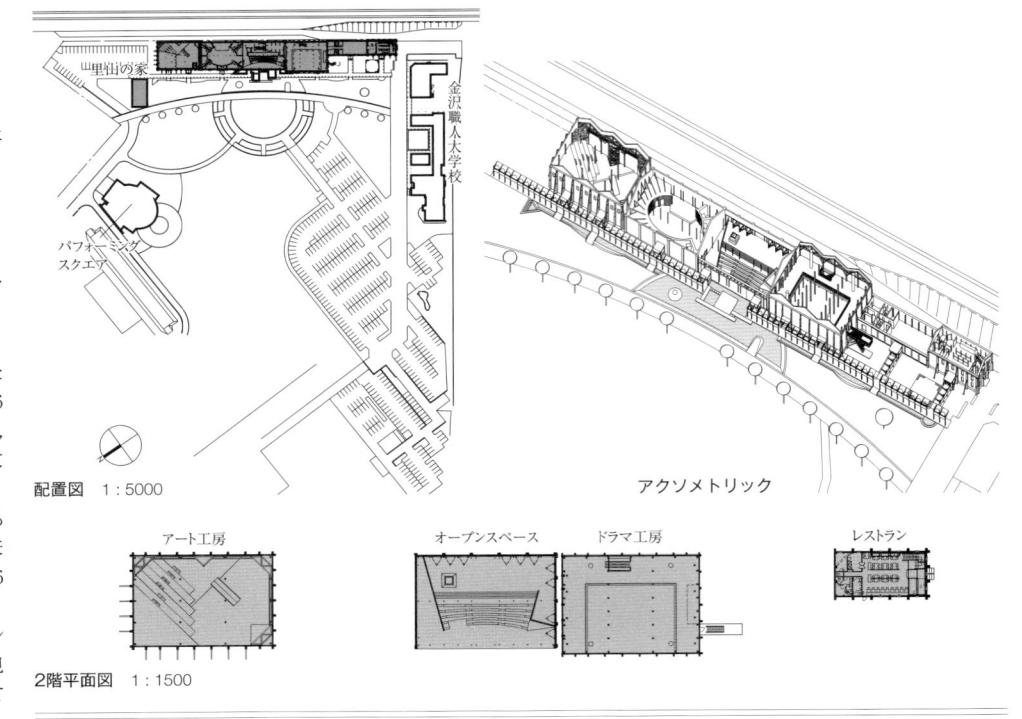

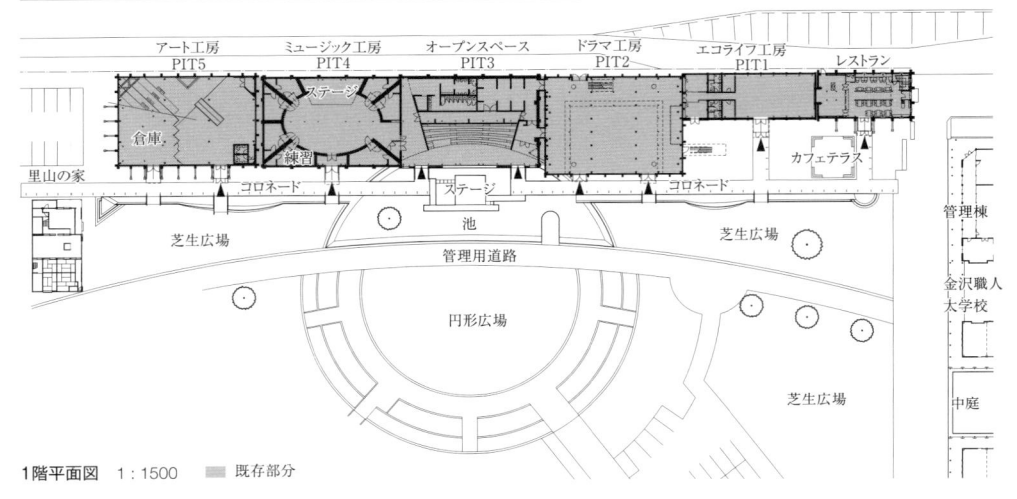

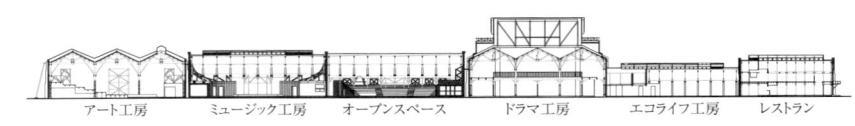

配置図　1:5000

アクソメトリック

2階平面図　1:1500

1階平面図　1:1500　■既存部分

長手断面図　1:1500

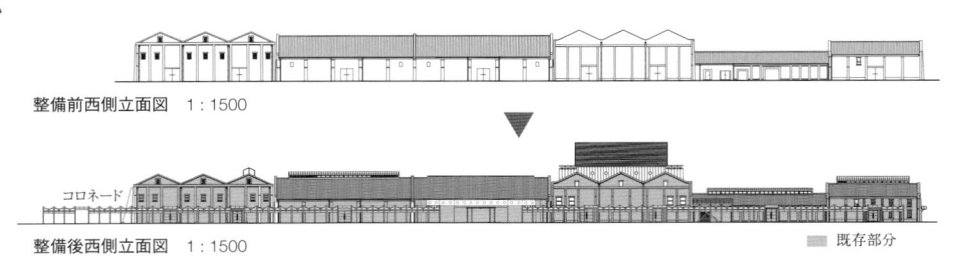

整備前西側立面図　1:1500

整備後西側立面図　1:1500　■既存部分

西側外観　　コロネード　　オープンスペースの小屋組　　アート工房の小屋組

Renovation of Architecture: Conversion of Factory into Arts Cultural Facilities　**建築の再生**：工場跡地を生かした芸術文化施設2　**083**

配置図　1:5000

1階平面図　1:1200

断面図　1:1200

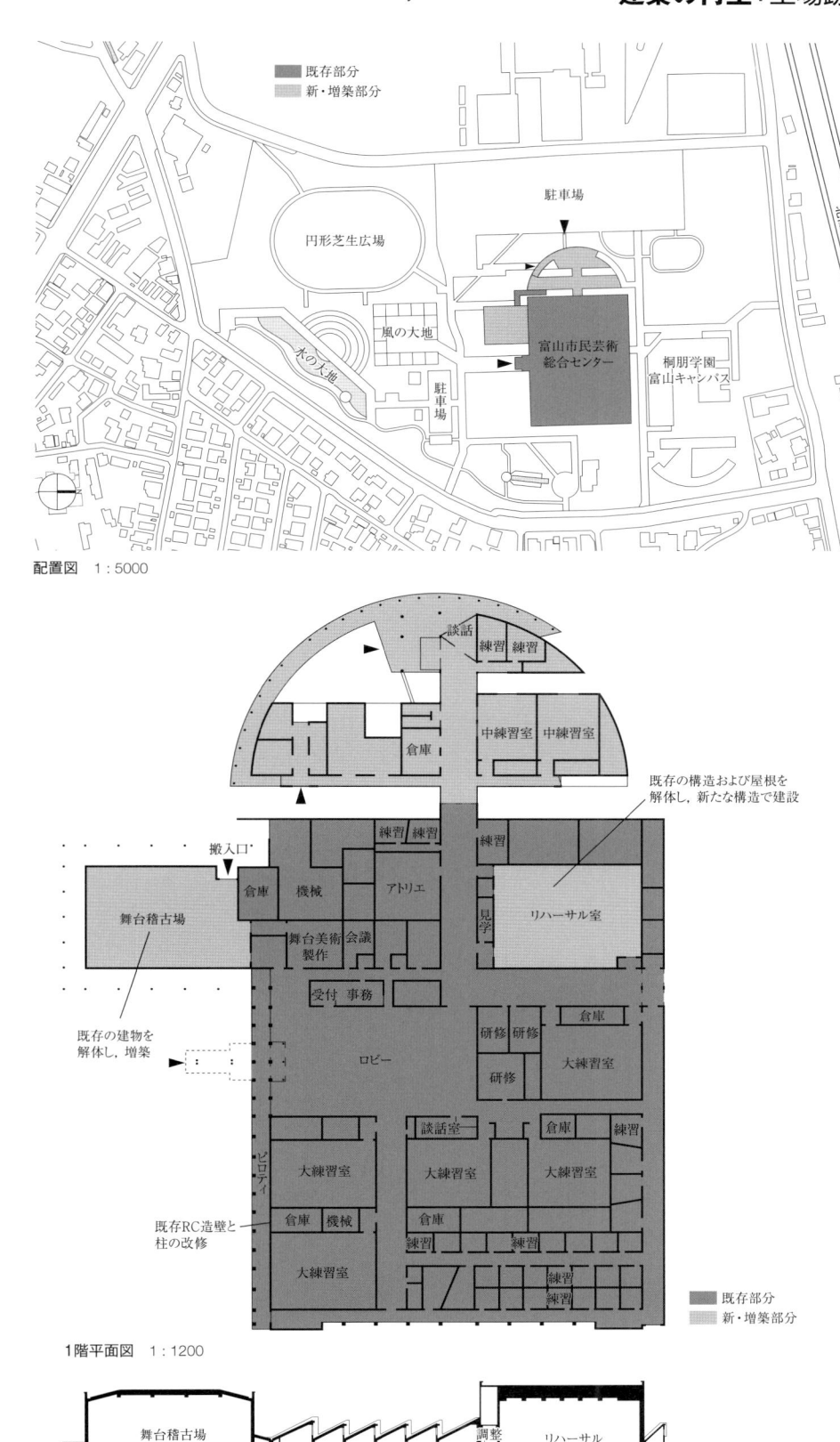

富山市民芸術創造センター
- 所在地：富山県富山市
- 事業主体：富山市
- 設計：サンコーコンサルタント
- 建設：1995年
- 用途：文化施設
- 敷地面積：107,412m²
- 延床面積：9,317m²
- 階数：1階、一部2階
- 構造：鉄骨造＋鉄筋コンクリート造

のこぎり屋根の工場の跡地再利用

1930(昭和5)年に建設された工場が改修され、1995(平成7)年に音楽、演劇、舞踏、美術などの大型の練習空間を複数有する市民のための文化施設となった。

もともとの工場はのこぎり屋根のスタンダードな形態をもち、屋根の架構、柱、梁は鉄骨造、外壁は鉄筋コンクリート造だった。近隣住民が長年慣れ親しんだ原風景を残したいという意見を取り入れ、外形を変えずに改修して再生されることになった。

工場のスケールを活用

改修にあたっては、のこぎり屋根の形状を踏襲するとともに、柱、梁、屋根の架構、基礎、外壁を再利用しながら、プログラムを実現するためのリハーサル室、舞台稽古場、5つの大練習室と32の練習室、アトリエ、研修室などの機能が付加された。ロビーや廊下部分にのこぎり屋根や工場の広大なスケールを生かしながらも、練習室やリハーサル室では残響、遮音の性能も追求されている。

旧工場を囲むように3方向に伸びていた廊下は、南側をピロティとして屋外化し、北と東はL字形の通路として残し、既存のコンクリート壁は本格的な補修はせずグレー塗装で仕上げられている。

文化活動の練習専用施設から総合芸術公園へ

市民の声を取り入れた新たなプログラムとなったかつての工場は、既存の外形を残すことで風景を守りつつ、休日や夜間も利用できる市民文化活動の新たな練習専用施設として生まれ変わった。

その後、敷地の北側には教育機関が、南側には公園が整備され、2002年にはセンターの増築がなされ、当初計画された通りに敷地全体で富山市舞台芸術パークとなっている。

既存の柱を抜いたリハーサル室　　南東方向から建物を臨む　　南西方向外観　　エントランスロビー内観

084　建築の再生：街のアーカイブとしての図書館　Renovation of Architecture: Library as Archive of Town

北区立中央図書館
- 所在地：東京都北区
- 事業主体：北区
- 設計：佐藤総合計画
- 建設：2008年
- 用途：図書館
- 敷地面積：5,725m²
- 延床面積：6,165m²
- 階数：地上3階，塔屋1階
- 構造：鉄筋コンクリート造

砲兵工廠の再利用
1905（明治38）年よりレンガ造の砲兵工廠があり，現在では陸上自衛隊十条駐屯地および北区中央公園となっている地区に残されていた赤レンガ倉庫が2008年に改修され，図書館として再生した．

計画にあたっては公園広場との一体化，隣接する住宅等との調和，前面道路と中央公園との高低差を活用することなどが求められた．

赤レンガ倉庫の外観の保存
赤レンガ倉庫自体が北区の近代史における重要な文化財としてとらえられていたため，赤レンガ倉庫の四隅の外壁を保存し，新たに鉄筋コンクリート造のボリュームを貫入させ，一部のレンガ壁が内部として保存活用された．既存外壁は内側からコンクリートで補強され，屋根はボイドスラブで新設，既存の鉄骨トラスは仕上げ材として用いられている．

増築のボリュームとレンガ倉庫の間に，風や光を取り込む中庭や読書テラスが配置されている．レンガ倉庫の南北端の内部には屋根型が現れている．

新旧建築物の統合
レンガ倉庫部はアナログ的ゾーンとして内装は漆喰調に塗装され，トラス梁，ブレス材，ラチス柱が保存されている．増築部はICタグを活用したデジタル的ゾーンとして控えめなモノトーン色が使用されている．新旧のスペースが中庭やレンガ壁を介して統合されている．

敷地の高低差を利用したエントランス
1階は北側の公園に向けてアプローチを設けワンフロア3,000m²の「おとなの図書館」，2階は東側の前面道路に向けてアプローチを設け，独立した「こどもの図書館」が配されている．

1階には民間のテナントが運営する喫茶室があり，3階には閉架書庫や事務室，会議室などがある．屋上は「緑化テラスガーデン」になっている．

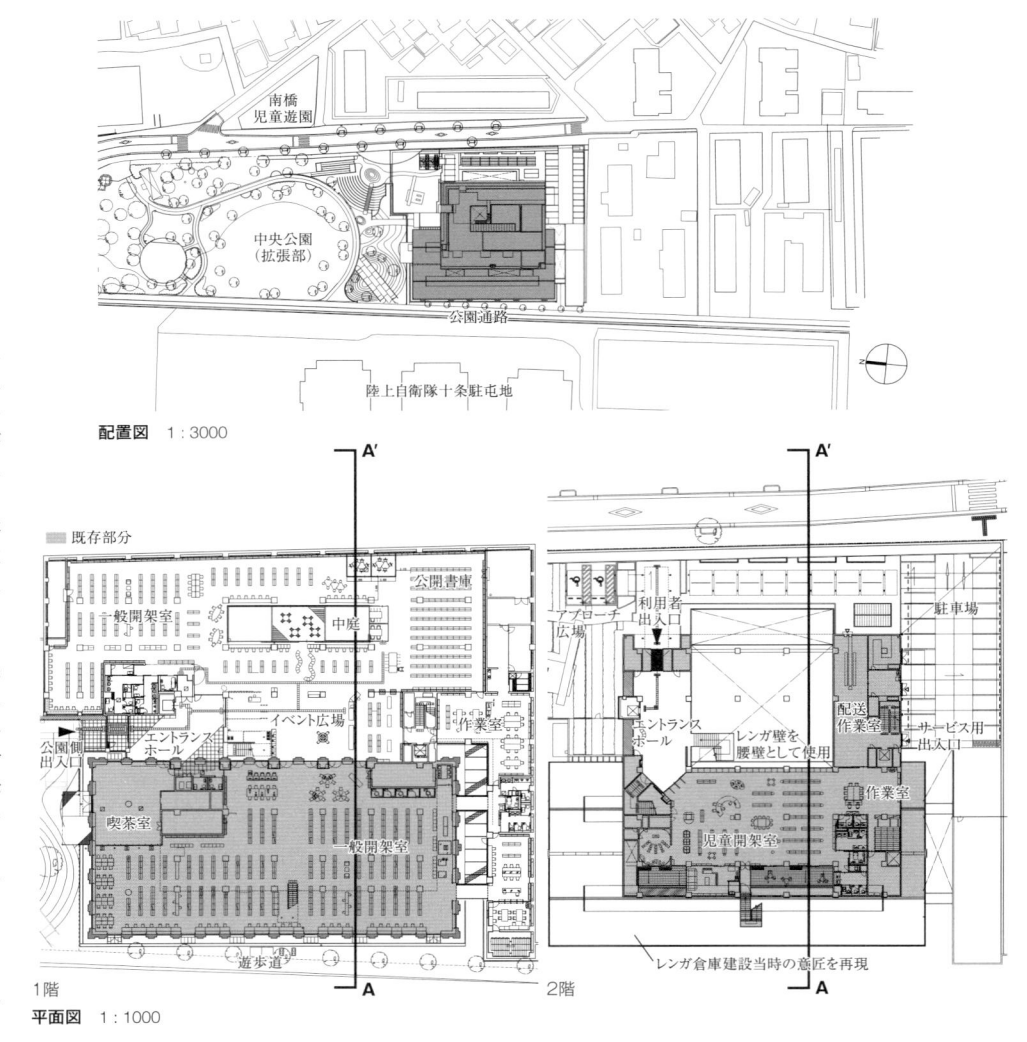

配置図　1:3000

平面図　1:1000

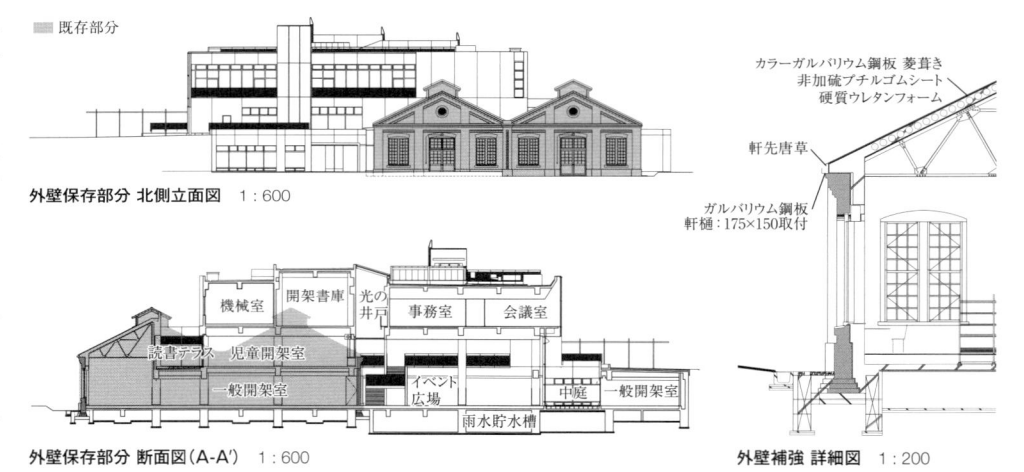

外壁保存部分　北側立面図　1:600

外壁保存部分　断面図（A-A'）　1:600

外壁補強 詳細図　1:200

倉庫の雰囲気を残した一般開架室

保存されたレンガ壁

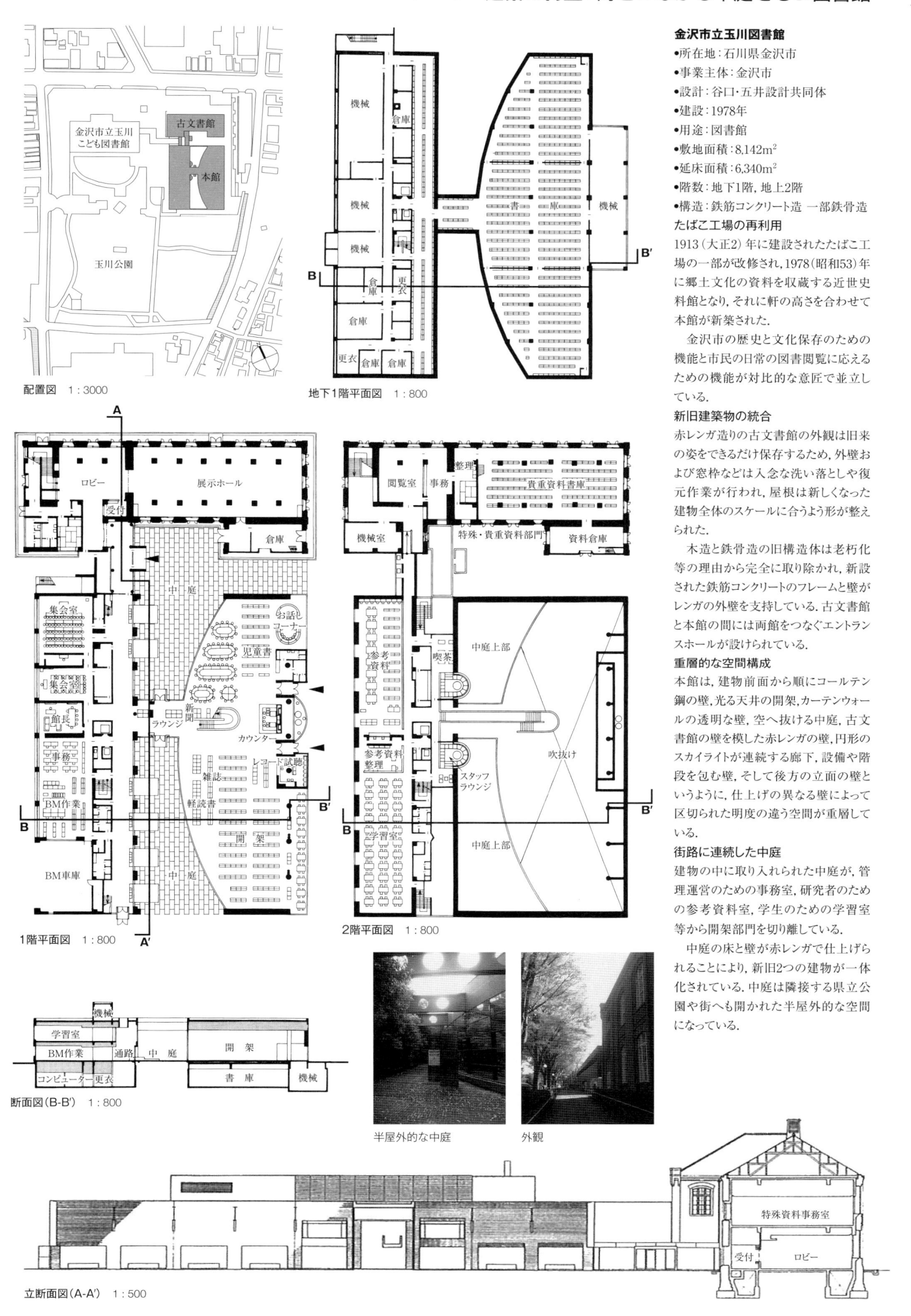

建築の再生：街とつながる中庭をもつ図書館

金沢市立玉川図書館

- 所在地：石川県金沢市
- 事業主体：金沢市
- 設計：谷口・五井設計共同体
- 建設：1978年
- 用途：図書館
- 敷地面積：8,142m²
- 延床面積：6,340m²
- 階数：地下1階，地上2階
- 構造：鉄筋コンクリート造 一部鉄骨造

たばこ工場の再利用

1913（大正2）年に建設されたたばこ工場の一部が改修され，1978（昭和53）年に郷土文化の資料を収蔵する近世史料館となり，それに軒の高さを合わせて本館が新築された．

金沢市の歴史と文化保存のための機能と市民の日常の図書閲覧に応えるための機能が対比的な意匠で並立している．

新旧建築物の統合

赤レンガ造りの古文書館の外観は旧来の姿をできるだけ保存するため，外壁および窓枠などは入念な洗い落としや復元作業が行われ，屋根は新しくなった建物全体のスケールに合うよう形が整えられた．

木造と鉄骨造の旧構造体は老朽化等の理由から完全に取り除かれ，新設された鉄筋コンクリートのフレームと壁がレンガの外壁を支持している．古文書館と本館の間には両館をつなぐエントランスホールが設けられている．

重層的な空間構成

本館は，建物前面から順にコールテン鋼の壁，光る天井の開架，カーテンウォールの透明な壁，空へ抜ける中庭，古文書館の壁を模した赤レンガの壁，円形のスカイライトが連続する廊下，設備や階段を包む壁，そして後方の立面の壁というように，仕上げの異なる壁によって区切られた明度の違う空間が重層している．

街路に連続した中庭

建物の中に取り入れられた中庭が，管理運営のための事務室，研究者のための参考資料室，学生のための学習室等から開架部門を切り離している．

中庭の床と壁が赤レンガで仕上げられることにより，新旧2つの建物が一体化されている．中庭は隣接する県立公園や街へも開かれた半屋外的な空間になっている．

半屋外的な中庭　外観

建築の再生：レンガ造のイメージを生かした文化拠点
Renovation of Architecture: Conversion to Cultural Sites Leaving Image of Brick Building

ミュージアムパーク アルファビア
- 所在地：兵庫県洲本市
- 用途：展示施設
- 事業主体：洲本市，カネボウほか
- 設計：武田光史建築デザイン事務所
- 建設：1995年
- 敷地面積：7,779m²
- 延床面積：2,322m²
- 階数：地上1階
- 構造：レンガ組積造＋鉄骨構造＋木造（美術館），レンガ組積造＋鉄筋コンクリート造＋鉄骨構造（レストラン）

産業遺産の改修
淡路島に明治末期から大正初期にかけて建設された工場群であり，操業停止後もそのまま残り，阪神・淡路大震災にもほぼ無傷で生き延びた．洲本の街の中心そのものといえよう．本計画はこの「産業遺跡」とも呼べる工場群を市の工場跡地再開発の核とすべく，一連の計画の第一歩として踏み出された．敷地北側の旧原綿倉庫が美術館に，南側の旧食糧倉庫がレストランとギャラリーに改修されている．

既存空間の魅力を引き出す
原綿倉庫は美術館として使用するのに十分な規模があり，かつ木造小屋組組積造の素晴らしい空間をもっていた．保存方針として，「デザインをしないデザインをする」が謳われた．入口と館内の動線をつくるために外壁と防火隔壁に新しく開口部を設け，機能的に必要な事務室や水回りのバックヤードの増築を行い，2棟をガラスのケースで繋ぐにとどめている．また，エポキシ樹脂注入によるレンガ壁の構造的一体化，耐風梁をレンガ壁の天端に回すという見えがかりは最小限の補強といえる．壁の汚れやクラックなどの補修も控えめにして100年の歳月の証しとしている．

一方，食糧倉庫は，規模が小さいなどの問題から建築物の周りに鉄骨のヴォイドスペースやソリッドなバックヤードを配置し，機能を満たすと同時に小さな倉庫の内外を巡ることができる空間をつくり出している．

群としての再生
芝の庭，ボードテラス，開放的なガラス張りやレンガの壁で空間のレイヤーを感じることができる．単一の建築物の改修ではなく，産業遺産としての建築群を現代に蘇らせる始まりとして，この作品の意味は大きい．

なお，隣接する洲本図書館も1909年竣工の赤レンガ造の旧紡績工場を改修したもので，1998年に竣工・開館している．

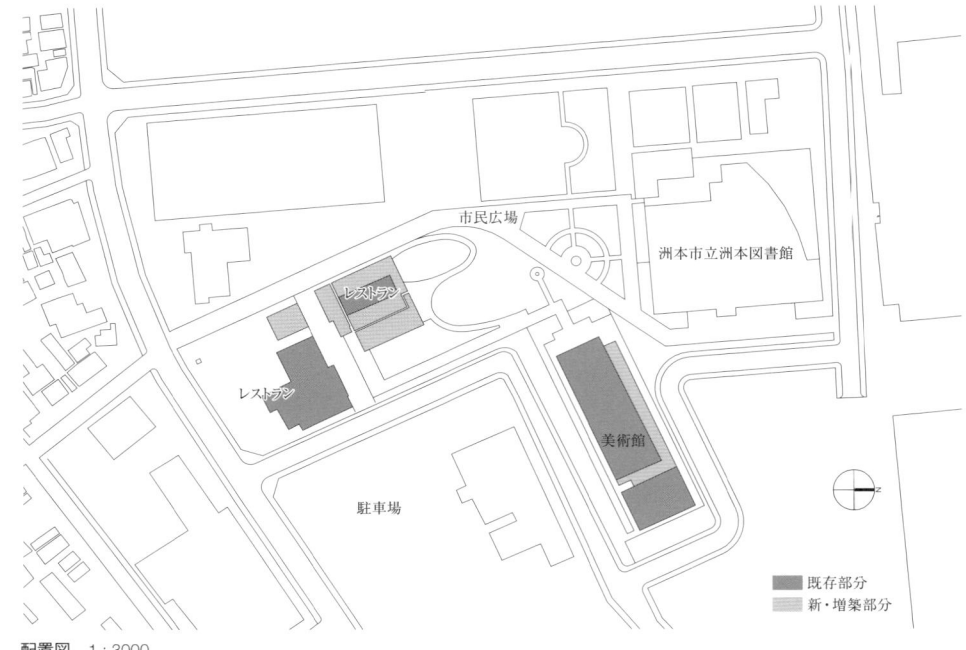

配置図　1：3000

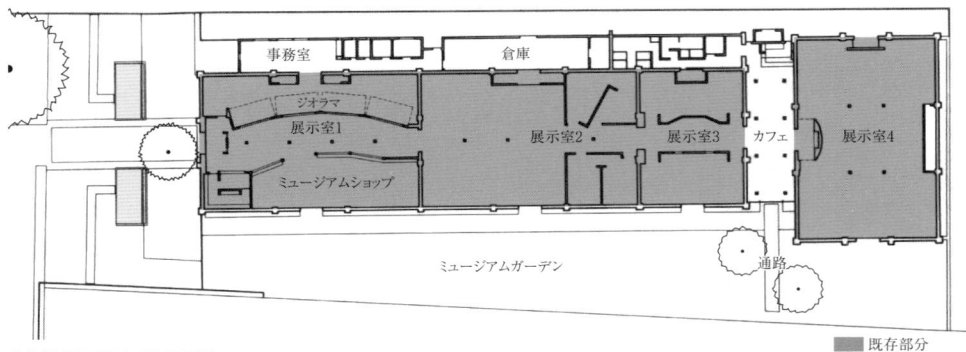

美術館(旧原綿倉庫)平面図　1：800

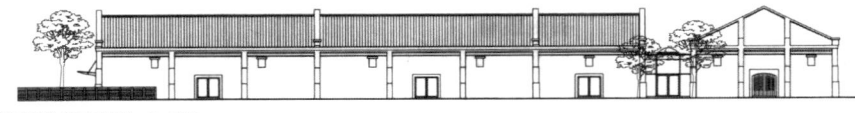

美術館(旧原綿倉庫)南立面図　1：800

展示室4
瓦壁の天端に耐風梁がまわしてある

展示室2

市民広場からのレストラン夜景

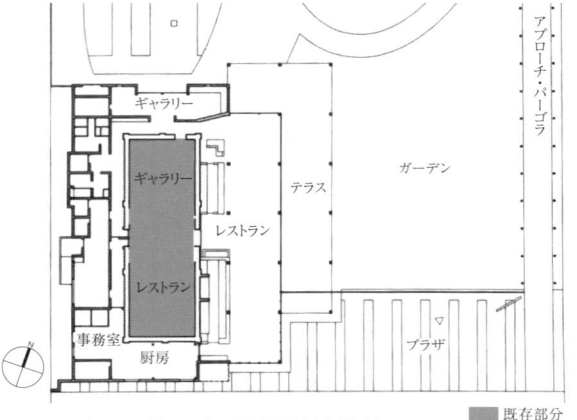

レストラン・ギャラリー平面図(旧食糧倉庫)　1：800

レストラン・ギャラリー南立面図(旧食糧倉庫)　1：800

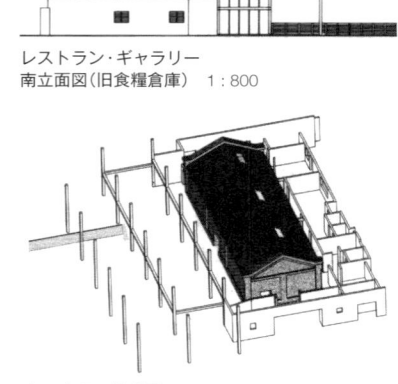

レストラン構成図

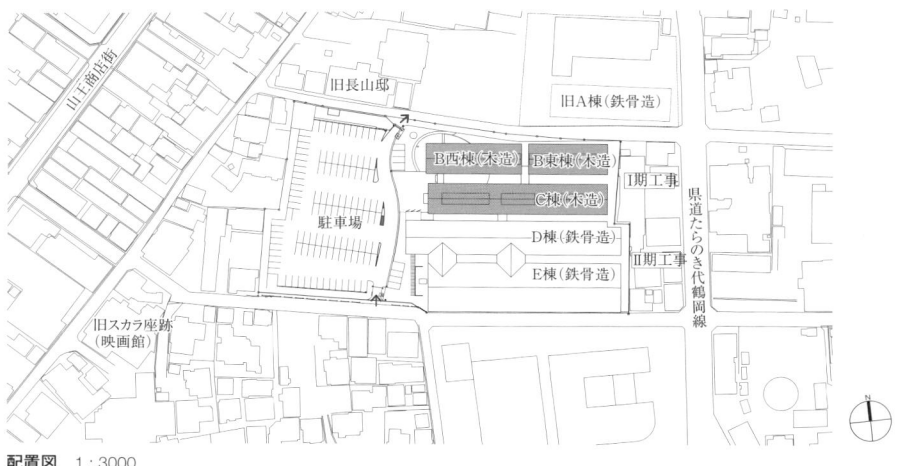

建築の再生：地域再生を目指した映画館

配置図 1:3000

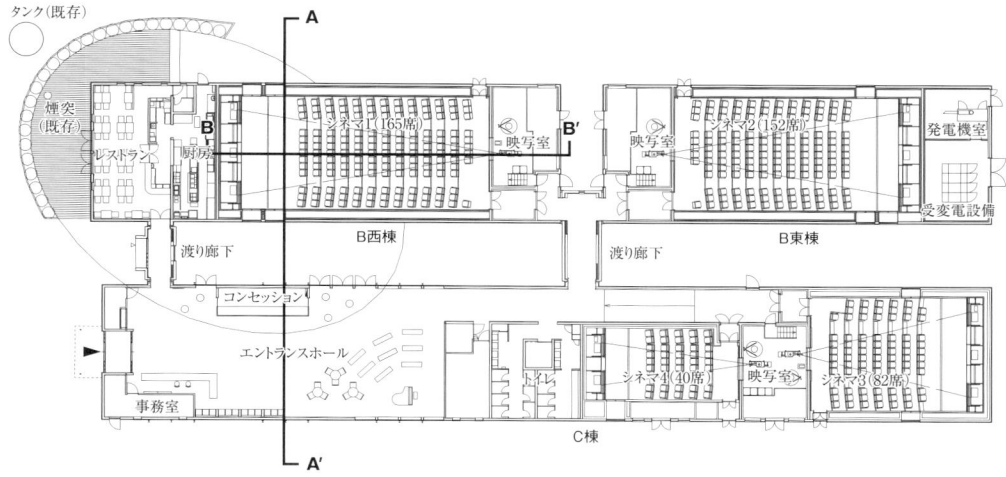

平面図 1:600

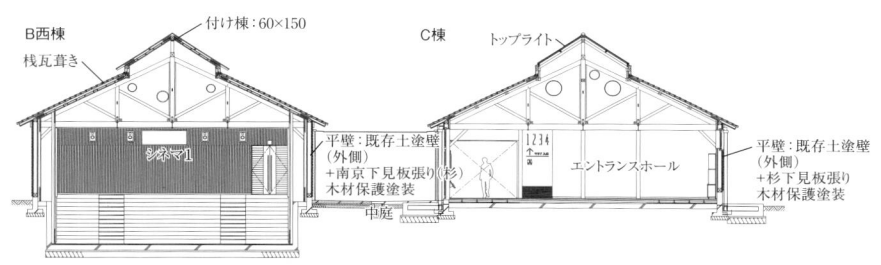

短手断面図(A-A') 1:300

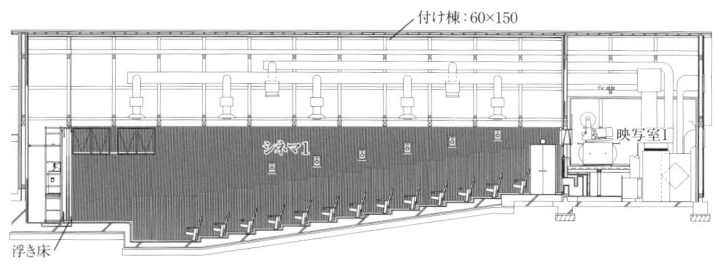

地下へ拡大している B西棟 長手断面図(B-B') 1:300

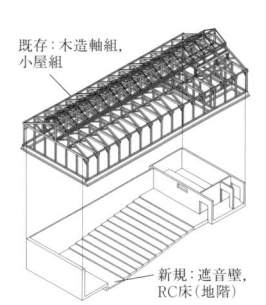

地下方向への拡大　昭和の風景の再現　エントランスホールのにぎわい　町中にとけこむ外観

鶴岡まちなかキネマ

- 所在地：山形県鶴岡市
- 事業主体：まちづくり鶴岡
- 設計：設計・計画高谷時彦事務所
- 建設：2010年
- 用途：映画館
- 敷地面積：10,411m²
- 延床面積：1,558m²
- 階数：地上1階
- 構造：木造一部鉄筋コンクリート造

木造織物工場の再利用

古くからの商店街が集まる鶴岡市の中心部にあり，昭和初期（1930年頃）に建設された木造の絹織物工場が改修され，2010（平成22）年に4つのスクリーンを持つシネマコンプレックスになった．

映画館は建設不可の用途地域（第二種住居地域）であったが，建築審査会の同意を経て特定行政庁の許可を取得し実現した．

トタン板で覆われていた外観は，防火性能を確保したうえで杉の下見板張りに復元し，昭和前期の風景を再現した．

空間を地下へ広げ気積をかせぐ

布基礎から上部の軸組と小屋組を残したままで地下を掘り込み，鉄筋コンクリート造の床と壁を設置し観客席としている．天井内に隠れていた美しい小屋組を意図的に露出させている．構造，施工上の困難はあるが，地下方向に空間，気積を拡大したことで，既存木造建築の改修を超えた空間の質が獲得されている．

法規制への適合

建築基準法上は「大規模な改修」となり，一般的には構造規定が遡及するが，昭和初期の木造建築を現行法規で評価することには技術的に大きな困難があるため，渡り廊下などの増築面積を最小限に抑え，また実質的な構造安全性を検証することで現行基準法の適用除外として扱っている．全体を3つに分け，それぞれを200m²以内に抑えることで，基準法への適合を図っている．

地域再生のための事業

地域再生を目指した「まちなかキネマ（通称：まちキネ）」の事業を手がけるのは地元企業の出資で設立された「まちづくり鶴岡」というまちづくり会社である．映画で人を集め街ににぎわいを取り戻すために，映画館のテナントはレストランのみとされた．

088 建築の再生：サイロの形状を生かした集合住宅 Renovation of Architecture: Multiple Dwelling Utilizing Shape of Silo

ジェミニ・レジデンス
- 所在地：Copenhagen, デンマーク
- 事業主体：NCC
- 設計：MVRDV
- 建設：2005年
- 用途：集合住宅
- 階数：地上12階

港湾地域の穀物倉庫の再生
本計画は港湾施設として使用されていたサイロを改修し，2005年にアパートに転用した事例である．ヨーロッパの港湾地域は中心市街地に近接し，ウォーターフロントという立地から眺望にも恵まれているという好条件をもつエリアであり，良質な居住地域として再編されつつある．その中でも特徴的な外観を持つ倉庫を改築した住居の人気が高い．

サイロの外側に居住空間を配置する
コンクリートの筒であるサイロは，それ自体が構造体であり，大きな開口を設けることが難しい．ドア程度の高さの開口ならば可能だが，数に限界がある．また，住戸をサイロの内側におくと，サイロとしての独自の外観を壊さずにすむが，内側を床で埋めてしまうためサイロが持つ「中が空である」という最大の特徴が損なわれてしまう．そこで本例では，動線や設備をすべてサイロの内側に入れ込み，外側に居室を配置することで，眺望と空間のフレキシビリティを確保している．

サイロ内側を「スーパーシャフト」にする
サイロの内部にエレベータ，階段，配管とダクトが通され，「スーパーシャフト」へと変身させている．2つの円筒それぞれにガラス枠の屋根をかけることによりサイロに新たな内部空間が獲得され，住戸をはじめとするその他の空間の良質な環境を保証している．

港湾地域のライフスタイルのシンボル
かつての工業地帯のシンボルであったサイロが，港湾地域のライフスタイルのシンボルとして生まれ変わっている．現状を維持し保存するのではなく，元の建物の特性を引き継ぎつつも，全く異なる形態が生み出され，新たなランドマークとなっている．

配置図　1：5000

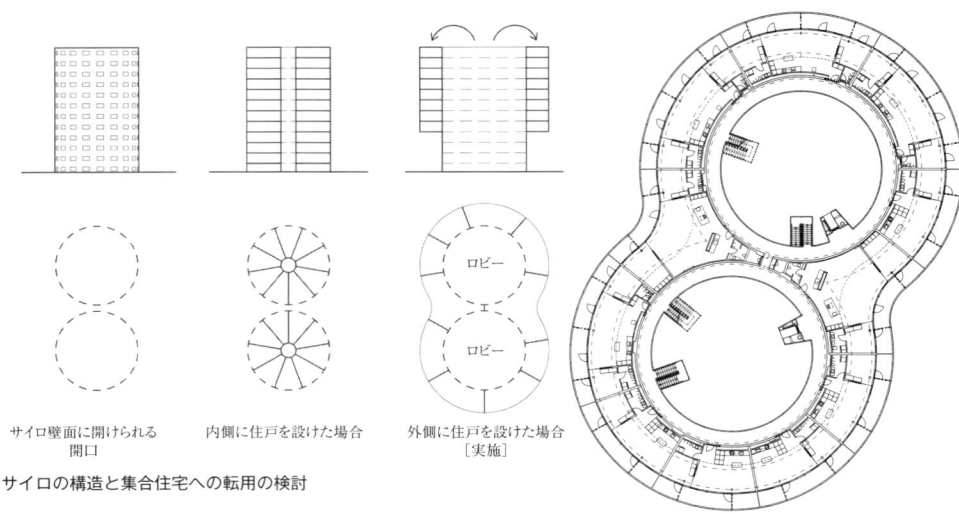

サイロの構造と集合住宅への転用の検討

6階平面図　1：1000

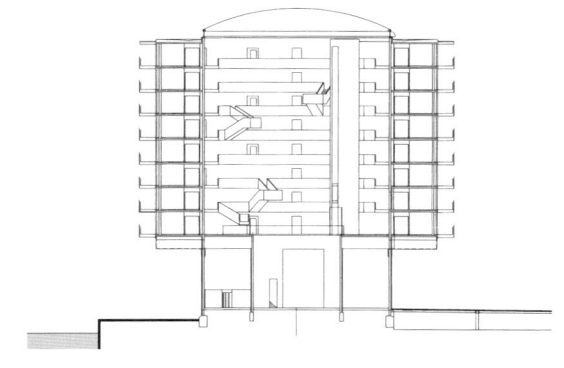

断面図　1：1000

スーパーシャフト

サイロ時外観

改修後外観

建築の再生：配水塔の外観を生かした演劇練習場

名古屋市演劇練習館
- 所在地：愛知県名古屋市
- 事業主体：名古屋市
- 設計：名古屋市+河合松永建築事務所
- 改修：1995年
- 用途：演劇練習館
- 延床面積：2,993m²
- 階数：地下1階、地上5階
- 構造：鉄筋コンクリート造

第1回目の転用：配水塔から図書館へ
名古屋市の水道拡張計画により，1937（昭和12）年に建設された配水塔が，1944（昭和19）年の浄水場整備に伴い役目を終了したため，その後は水道局倉庫として保存されていたが，1965（昭和40）年に図書館として再利用されることになった．

図書館への改修にあたっては，5層目の水槽を支えていた直径24mの円筒内に設けられていた地上4層，地下1層のフロアに必要な諸室が配された．1～4層までの中心部の太い円柱の周りは吹抜けであったが，2～4層の各層には床を張り面積が確保された．4層目までで必要な機能が満たされたため，5層目の水槽は空き室となったが，地域のランドマークとして愛されてきた外観は変えないという改修の基本方針により，この水槽は撤去されなかった．

第2回目の転用：図書館から演劇練習場へ
1991（平成3）年に新たに図書館が建設されたため図書館としての役割を終え閉館したが，当時の市長の理解もあって取り壊しはされず，1995（平成7）年に市民のための演劇練習館として再利用されることになった．

前年から始まった改修では，玄関や階段，トイレ等をそのまま利用しつつ，外周に大小の演習室が配された．

また，かつて水槽を支えた円筒の存在を際だたせるよう，図書館時代に設けられた2階の床は撤去され，1階ホールの円筒周囲は吹抜けとなった．さらに図書館時代は機能を与えられなかった巨大な水槽は天井を高くして広いリハーサル室に改修された．

この建物は，ランドマークとして時代を超えて地域住民に親しまれていることに大きな価値があり，その外観を変えずに2度にわたる転用が図られた．

配置図　1:5000

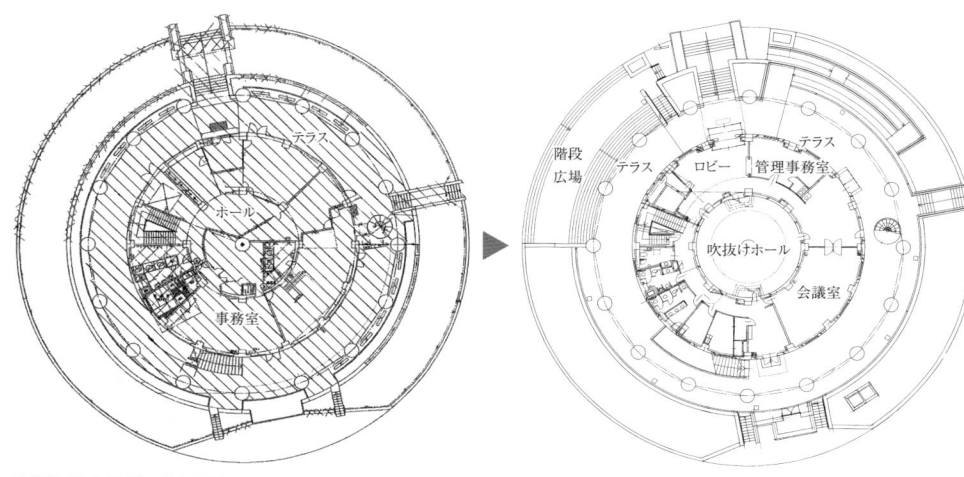

整備前(図書館時)1階平面図　1:800

整備後1階平面図　1:800

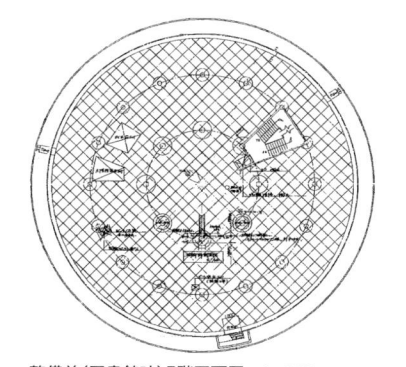

整備前(図書館時)5階平面図　1:800

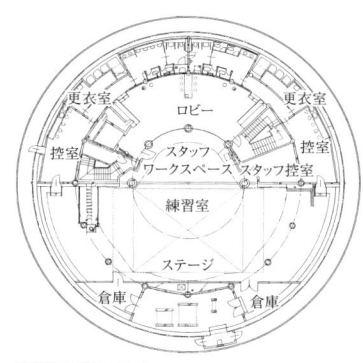

整備後5階平面図　1:800

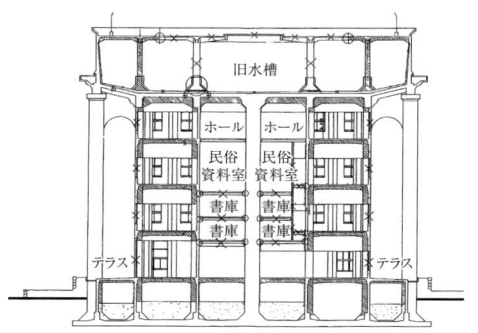

整備前(図書館時)断面図　1:800

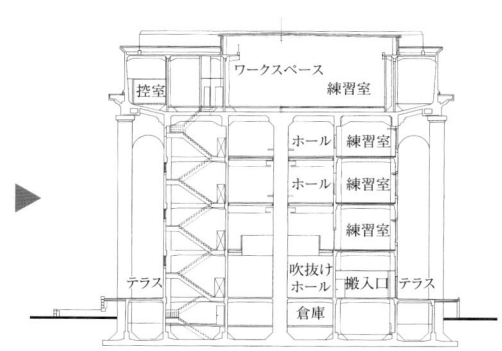

整備後断面図　1:800

整備後外観

建築の再生：路地を生かした長屋改修 Renovation of Architecture: Renovating Japanese Row Houses and Back Alley

惣・惣南長屋
- 所在地：大阪府大阪市
- 企画：からほり倶楽部
- 設計：六波羅真建築研究室
- 用途：複合店舗

サブリースによる長屋の再生

雨漏りや老朽化がひどく，解体して駐車場としての活用を考えていた家主に対して，「からほり倶楽部」がリノベーションの提案を行い，サブリース方式によって実現した長屋の店舗である．路地を抜けた突き当たりに位置し，空堀地区の景観を考えるうえでのシンボルとして再生された．屋根緑化での断熱対策や既存古材の利用など，長屋再生術の極意が凝縮した事例である．

南側の長屋は，上記のプロジェクトに引き続いて5年後に改修されたものである．豊臣時代の空堀跡の記憶の象徴として木柵を復元させるなど地域の魅力をつくっている．また，裏長屋が密集する細街路からの防災路地を施設内に引き込み，防災上の課題にも取り組んでいる．

整備前 　整備後（撮影：稲住泰広） 　路地をイメージした通路

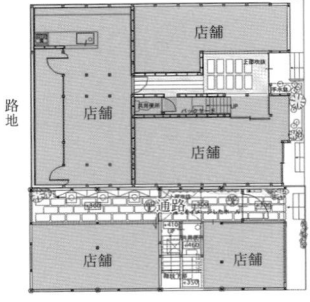

計画平面図　1:300 　立面図
惣・惣南長屋　既存部分

練
- 所在地：大阪府大阪市
- 企画：からほり倶楽部
- 設計：六波羅真建築研究室
- 用途：複合店舗

移築された日本家屋の複合店舗への再生

大正末期に神戸舞子から移築された日本家屋を共同店舗として再生した事例である．幹線道路と地下鉄駅の地上向かいに立地するため，地域の玄関として位置づけられ地域のランドマークとなっている．敷地内の既存建物を存分に有効利用し，通り抜け空間や大小テナントを組み合わせ，計15店舗の共同店舗が配置されている．

中庭へと引き込む　中庭内部

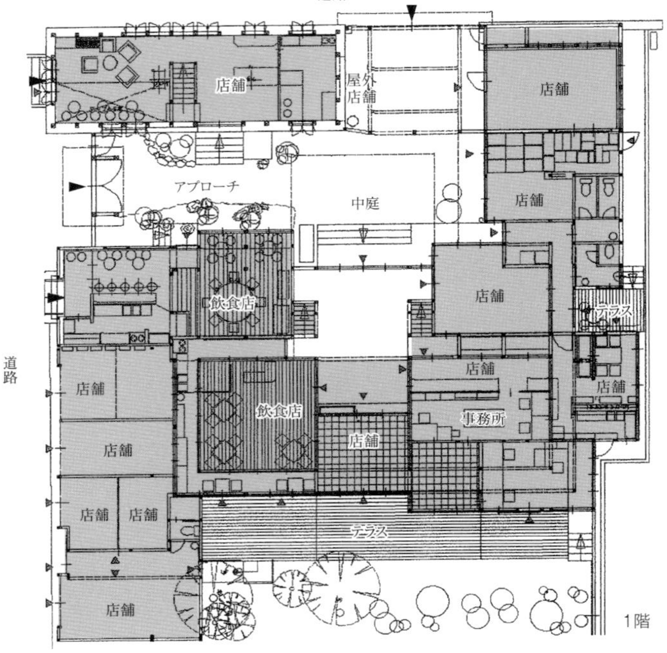

計画平面図　1:300　既存部分
練

ことはたの庭
- 所在地：大阪府大阪市
- 企画：長屋すとっくばんくねっとわーく
- コンセプトデザイン：近畿大学文芸学部芸術学科広川佳吾チーム
- 設計：六波羅真建築研究室

ワークショップによる防災広場の創出

路地中広場のデザインコンセプトを一般公募し，表通りに面する建物の屋敷庭を路地に向けて開放することで街の防災機能向上を図った事例．

屋根上に天水桶を設置した「水琴窟」，この地にあった石を運んで並べた石畳，草や花など，近所の方やからほり倶楽部のメンバーによるワークショップがつくり上げた防災小広場である．

ワークショップ 　水琴窟
ことはたの庭　コンセプトスケッチ

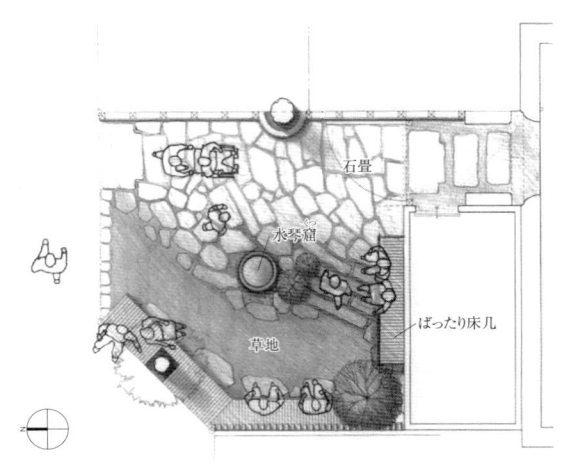

Renovation of Architecture: Event Space by Reviving Empty House 建築の再生：空き家を生かしたイベント空間　091

島キッチン
- 所在地：香川県小豆郡土庄町
- 事業主体：瀬戸内国際芸術祭実行委員会，アートフロントギャラリー
- 設計：ARCHITECTS ATELIER RYO ABE
- 建設：2010年
- 用途：レストラン，ギャラリー，休憩所
- 敷地面積：1,100m²
- 延床面積：285m²
- 階数：地上1階
- 構造：鉄骨造

島の空き家の再利用
瀬戸内国際芸術祭2010への出展アートのひとつとして香川県豊島に残されていた古い空き家と蔵が改修され，レストラン（キッチン）とギャラリーになった．

既存の軒先を延長する
既存の軒先の延長に敷設された日除け屋根が特徴的である．2本の大きなカキの木の周りに，軒先からそのまま繋がるように日除け屋根を作ることで，屋根の下には軒の低い桟敷席ができ，カキの木の下の舞台で催される歌や踊りを楽しむための劇場空間となっている．

敷地の高低差に沿って軒高が低く抑えられているため，規模の割に周囲への圧迫感はない．

島内で入手できる資材を利用
豊島は高齢化とともに産業も衰退し，島内で調達できる建築資材，専門職人は限定されていたが，その条件を踏まえ効率的な施工が可能な材料や工法が選択された．

鉄工所のない豊島でも入手かつ加工可能な素材として，亜鉛メッキ製の水道管を日除け屋根の主構造材として再利用し，基礎は農業用ハウスのために開発されたGTスパイラル杭，日除け屋根には集落の外壁にも利用される焼杉板が使われている．

イベント後の運営
芸術祭終了後も，集落の施設として利用できるように，会期中に築かれた島民との協力関係によって運営が継続している．

最小限の部材を使った建築が，島の風土を生かした新たな集いの場となっている．

平面図　カキの木を囲うように屋根がかかる　1：400

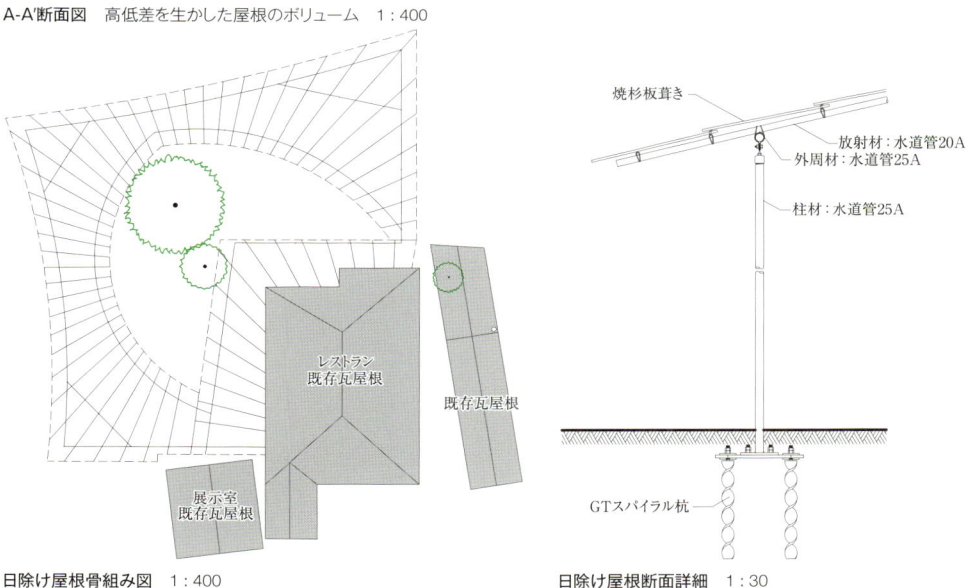

A-A'断面図　高低差を生かした屋根のボリューム　1：400

日除け屋根骨組み図　1：400

日除け屋根断面詳細　1：30

カキの木と屋根が作る劇場空間

島民によって運営されているレストラン

建築の再生：近現代の建築遺産を転用した庁舎
Renovation of Architecture: Conversion of Modern and Contemporary Architectural Heritage to City Hall

目黒区総合庁舎
- 所在地：東京都目黒区
- 事業主体：目黒区
- 設計：安井建築設計事務所
- 建設：2003年
- 用途：庁舎
- 敷地面積：15,976m²
- 延床面積：48,075m²
- 階数：地下3階，地上6階（本館），地下3階，地上9階（別館）
- 構造：鉄骨鉄筋コンクリート造＋鉄筋コンクリート造（本館），鉄骨造（別館）

企業本社屋を庁舎として再生
1966（昭和41）年に村野藤吾の設計で企業本社屋として建設された外壁の白色アルミ鋳物製ルーバーが印象的な建築物である．

2000（平成12）年に所有企業が経営破綻したことを受け，立地や利便性等が検討された結果，敷地と建物を目黒区が取得し，区庁舎に改修されることとなった．

既存構造と設備の活用
本計画は建築基準法上，用途変更および大規模改修・模様替に該当しない．既存建物は竣工後，改修，修繕，機器更新等がされていたため，これを前提に改修コストおよび工期等を加味した中長期保存計画を検討した結果，既存のものを最大限有効利用する方針が採用された．

耐震診断および建物の重要度係数を考慮した耐震補強が行われ，耐震性能を確保している．外部および内部デザインを継承しつつ庁舎としての執務空間を確保するために，耐震補強要素がコアまわりに集約されている．

また，各種イベントに対応できるよう3階エントランスは照明や音響の設備改修が施され保存利用されている．

区民の利用を想定した機能配置
企業本社屋から庁舎へ改修するにあたり，建物を区民へ開かれた空間へ転換する必要があった．そのため，駅から最短距離でアプローチできるように新設された西側エントランスの1，2階にパブリックな住民窓口部門が配置されている．

一時的に集中利用が想定される保健所・都税事務所機能は，既存のエントランスホールを有効活用できるように3階に配置され，利用者動線の交錯が避けられている．

さらに行政手続を行う施設というだけではなく，文化的価値の高い建物の見学や屋上緑化による和風庭園の利用等，住民に開放された場も提供している．

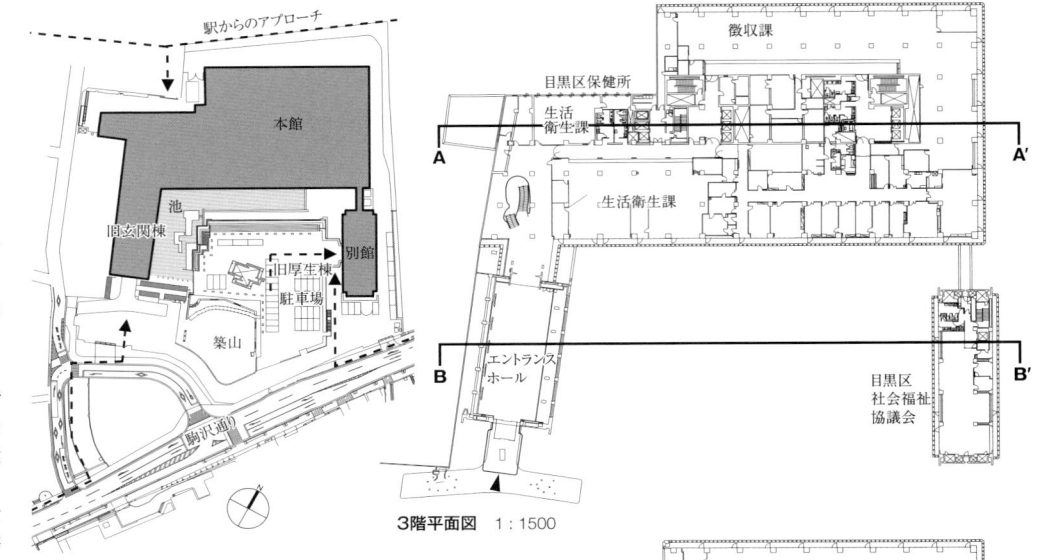

配置図とアプローチルート　1：3000

保存されたアルミ鋳物製ルーバー

3階エントランスホール

修復保存された花階段ホール

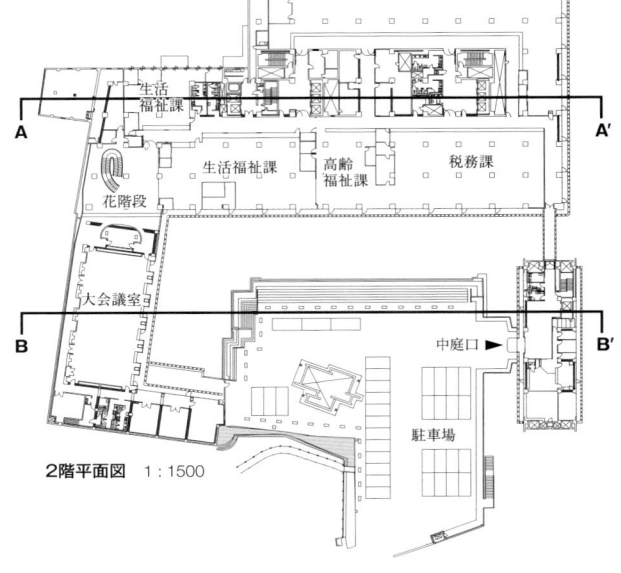

3階平面図　1：1500

2階平面図　1：1500

1階平面図　1：1500

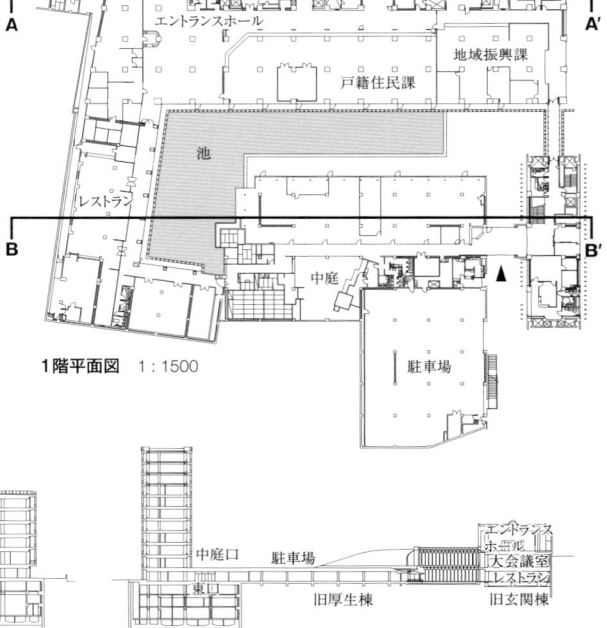

本館棟断面図（A-A'）　1：2000

別館，旧厚生棟および旧玄関棟断面図（B-B'）　1：2000

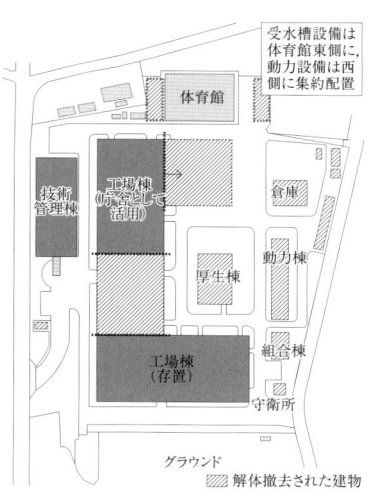

Renovation of Architecture: 建築の再生：生産施設を転用した庁舎
Conversion of Production Facility to City Hall

山梨市庁舎
- 所在地：山梨県山梨市
- 事業主体：山梨市
- 設計：梓設計
- 建設：2008年
- 用途：庁舎
- 敷地面積：39,901m²
- 延床面積：18,518m²
- 階数：地上5階，塔屋1階
- 構造：鉄骨造＋鉄筋コンクリート造

工場棟の再利用
1970～74（昭和45～49）年に建設された工場棟およびその付帯施設と，1989（平成元）年に建設された技術管理棟が操業終了時のまま保存されていた．

スパンが執務室のレイアウトに適しているかや，構造的な荷重条件が軽減できるかなどが検討された結果，2008（平成20）年に庁舎として再生された．旧工場棟は一部解体撤去の上，構造補強が施され東棟として，旧技術管理棟は内部が改修されて西棟として利用されている．

アウトフレームによる耐震改修
耐震基準に満たない東棟は耐火性能，耐久性に優れたプレキャスト・プレストレストコンクリート造のアウトフレームによる耐震改修方法が採用された．既存躯体と切り離されたアウトフレームが，耐震壁を含む既存の鉄筋コンクリート造の外壁をすべて取り払うことを可能にし，室内に光が降り注ぐ開放感のある空間が創出された．また，既存躯体とアウトフレームの間に新設されたスラブがせん断力を効率的に伝達している．

環境への配慮と大空間の活用
アウトフレームは夏の日差しを抑制し，日射負荷を軽減する役割も担っているが，他にも壁面緑化や太陽光発電ガラスを仕込んだ手すりが設けられ，環境への配慮が伺える．東棟は工場独特の大空間を生かすために，5か所で2階床スラブが撤去されて吹抜けとしている．既存のトラス梁はすべて黒塗装の現しとされ，各諸室はホワイトキューブとして独立した構成になっている．

東棟1階には市民利用が多い窓口部門，2階には市民活用スペース「コラボサロン」が配置されている．窓口の開放性や各階の視認性を高めるため，ローカウンターによるオープンな執務室としているため，開放的な庁舎が実現している．

配置図 整備前 1:4000 ／ 整備後 1:4000

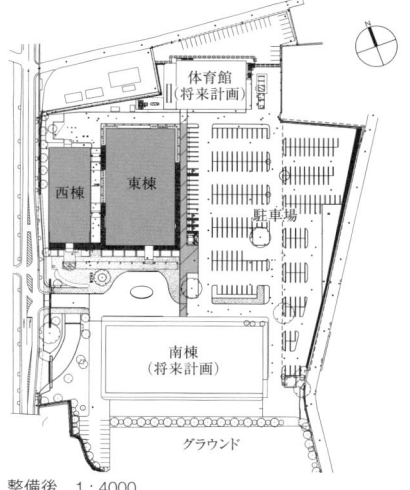

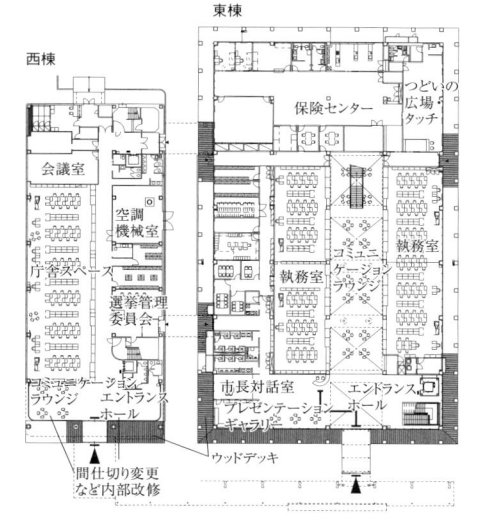

西棟・東棟1階平面図 1:1200

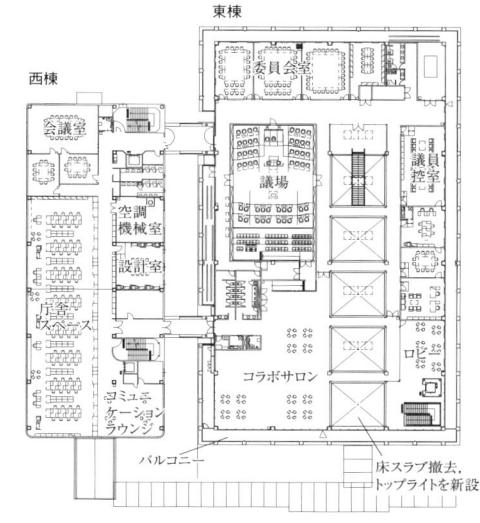

西棟・東棟2階平面図 1:1200

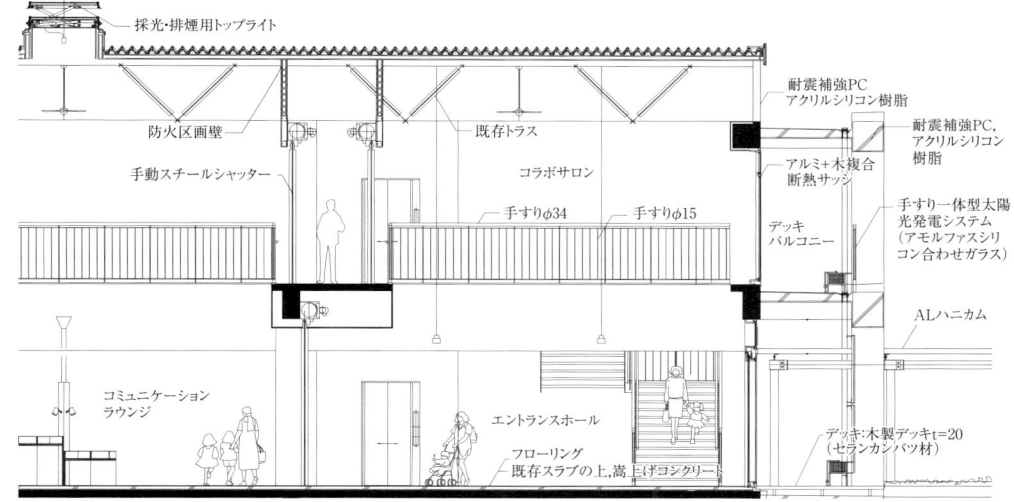

東棟のアウトフレーム・補修箇所詳細図 1:150

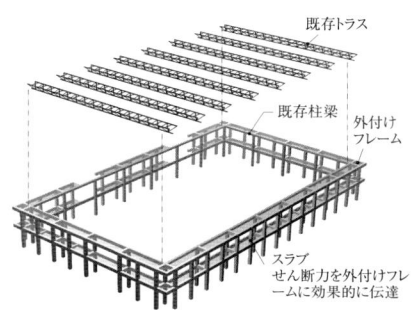

東棟の構造アクソノメトリック ／ 東棟窓口部門の吹抜け ／ 東棟南側ウッドデッキ

094　建築の再生：廃校を生かしたアートセンター1　Renovation of Architecture: Conversion of Closed School to Art Center

京都芸術センター

- 所在地：京都府京都市
- 事業主体：京都市
- 設計：京都市，佐藤総合計画関西事務所
- 建設：2000年
- 用途：文化施設
- 敷地面積：4,387m^2
- 延床面積：5,209m^2
- 階数：地下1階，地上3階，一部4階
- 構造：鉄筋コンクリート造＋鉄骨鉄筋コンクリート造

廃校小学校の再利用

1931（昭和6）年に建設された旧京都市立明倫小学校は，児童数の減少により1993（平成5）年に閉校したが，1998（平成10）年に市の芸術文化の拠点施設として改修されることとなり，2000（平成12）年に開館した．

建物の原形イメージの保存

改修にあたっては，京都市，設計者，地元住民，芸術家，学識経験者との数度にわたる協議により，芸術センターとしての機能を満たすだけでなく，近代建築としての文化財的価値にも着目し，内・外部ともできるだけ元の姿を保存する方針とされた．

外部改修は，耐震性能および校庭への搬入車両動線を確保するため，本館・北校舎間の既存渡り廊下が一時撤去されたが，後にエレベーター棟とともに新設された．渡り廊下は既存の半円アーチのデザインを踏襲するとともに，エレベーター棟は通りから見えないように本館・南校舎の入隅部に配置され，既存デザインと調和するよう配慮されている．

環境性能の向上と芸術活動の発信

地域住民の集会場だった大広間は，保存改修のため木部の洗いと壁の補修が行われ，空調設備が新設されて室内環境の向上が図られた．

元の体育館は床を最大90cm段状に掘り下げて天井高が確保され，段部分は空調設備の吹き出し，観客席などに利用され，展示イベントに対応できるフリースペースとなった．

芸術家，芸術関係者，市民，行政等が協力しながら運営組織がつくられていることや，好立地であることから施設利用の人気が高い．この場所から芸術に関わる多彩な活動が発信されている．

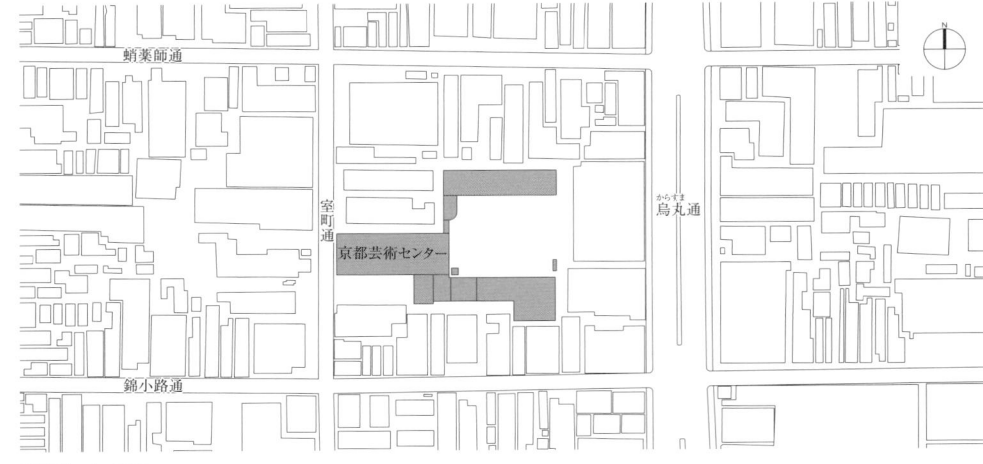

配置図　1：3000

グラウンドからの外観

整備前外観

エレベーター棟

大広間内観

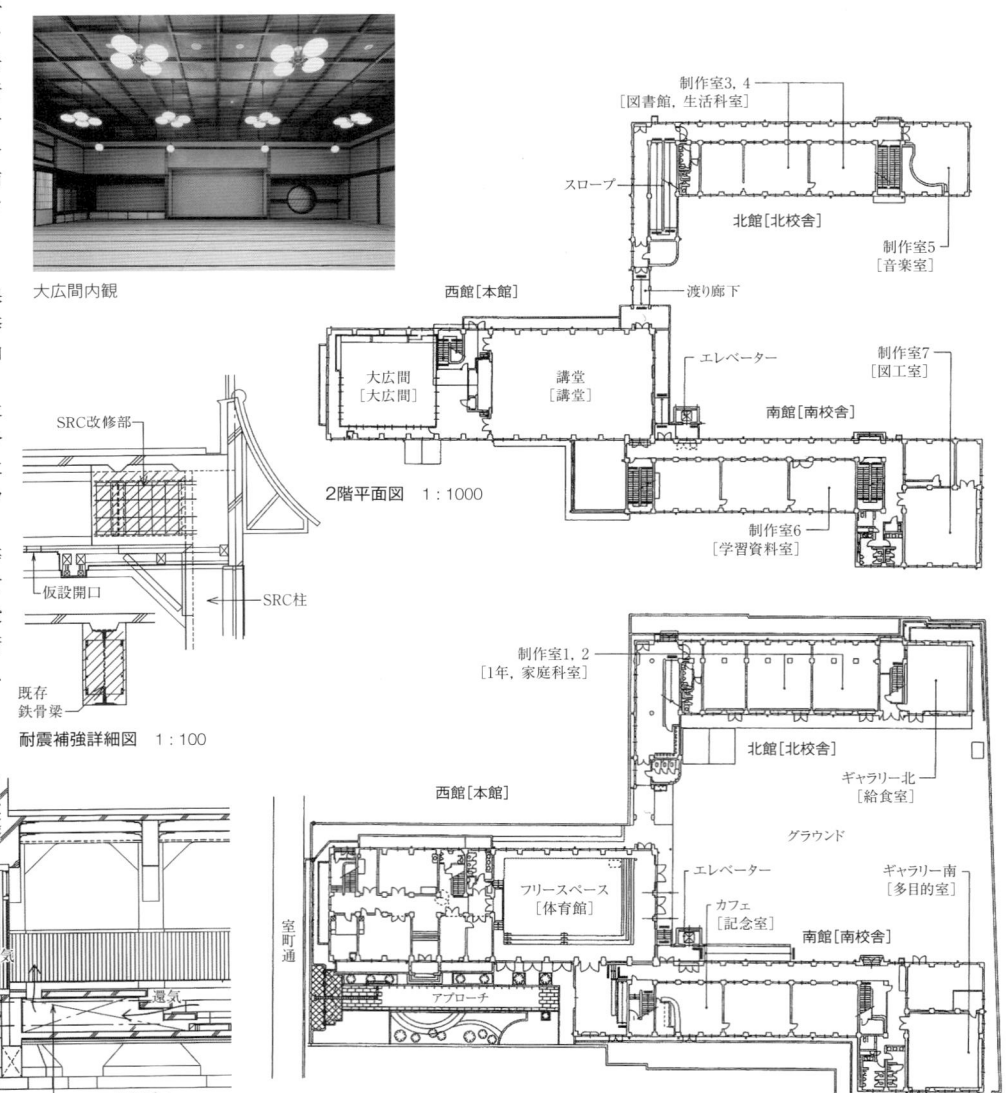

耐震補強詳細図　1：100

フリースペースの床下空調　1：200

2階平面図　1：1000

1階平面図　1：1000

［　］：改修前室名

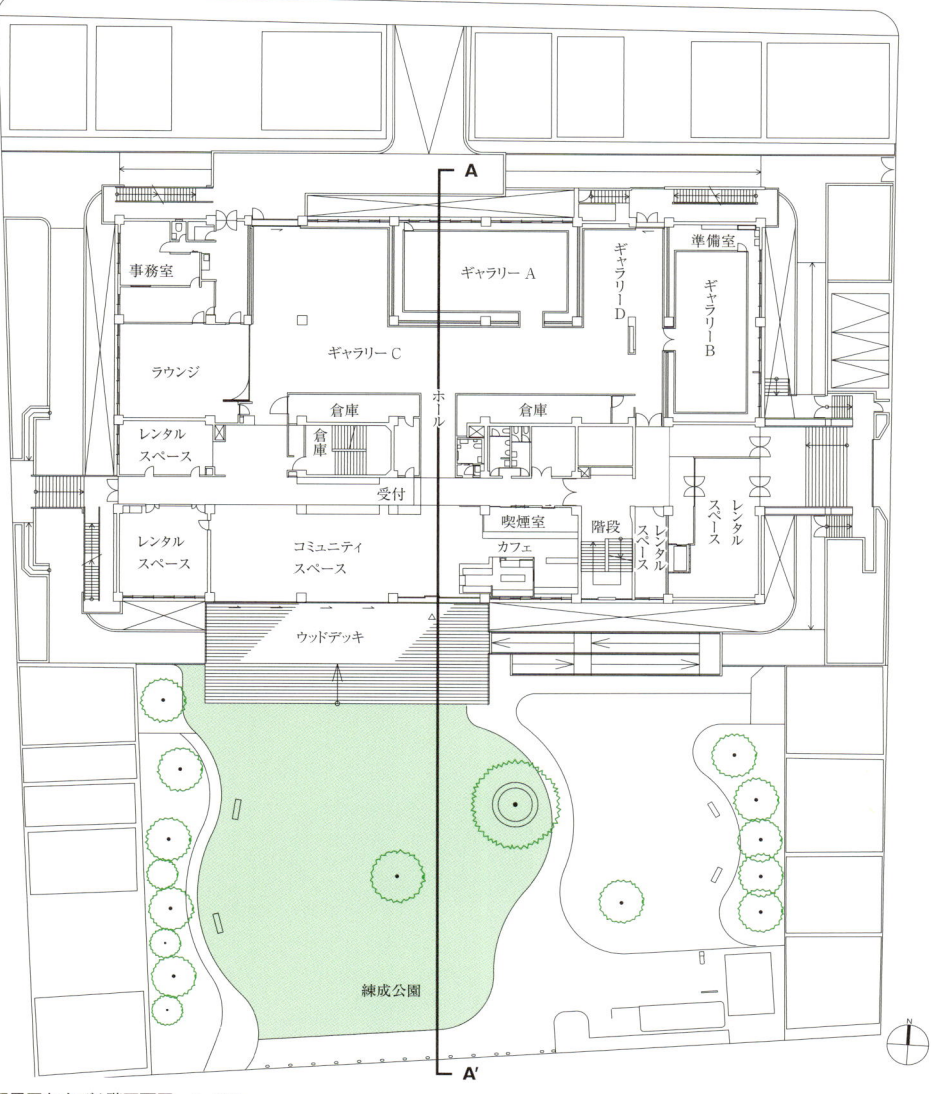

3331 Arts Chiyoda
- 所在地：東京都千代田区
- 事業主体：千代田区
- 設計：佐藤慎也＋メジロスタジオ
- 建設：2010年
- 用途：文化施設
- 敷地面積：3,496m²
- 延床面積：7,240m²
- 階数：地下1階，地上4階
- 構造：鉄筋コンクリート造 一部鉄骨造

廃校中学校の再利用
1948（昭和23）年に建設され2005（平成17）年に廃校になった旧練成中学校を改修し，2010（平成22）年にオープンしたアートセンターである．

南側に隣接する練成公園の再整備も同時に行われたため，施設と連続した整備計画が実現している．

流動的空間の確保
前面の公園との間に設けられた大きなウッドデッキによって，コミュニティスペース，カフェ，公園を一体的に利用できるようにしている．また耐力壁を解体・再配置することで自由度の高い流動的な空間が確保され，展示動線を必要とする美術館の機能が満たされている．

記憶を留める改修
本格的な展覧会を行うギャラリーは，完全なホワイトキューブへ改修される一方で，国内外のアーティストやクリエーターの活動場所を支援する活動スペースでは，既存の照明器具を再配置したり，学校が持っていた記憶をそのまま残す改修に留められている．新しい仕上げで覆い尽くすのではなく，既存の補修も一つの仕上げとして，新規と既存の橋渡しの役を担っている．

PPP方式による改修と運営の試み
改修費の大部分を千代田区が負担し，その後の運営費を民間が負担するPPP（Public Private Partnership）方式により事業が進められ，運営内容と合致したアートセンターが実現されている．単一の機能を担っていた近代の建築物が，美術館やギャラリー，カフェ，ショップ，オフィス，スクールなど，様々な使われ方をサポートする現代的な場所となり，内部だけでなく外部へ活動のつながりを広げている．

配置図および1階平面図　1：600

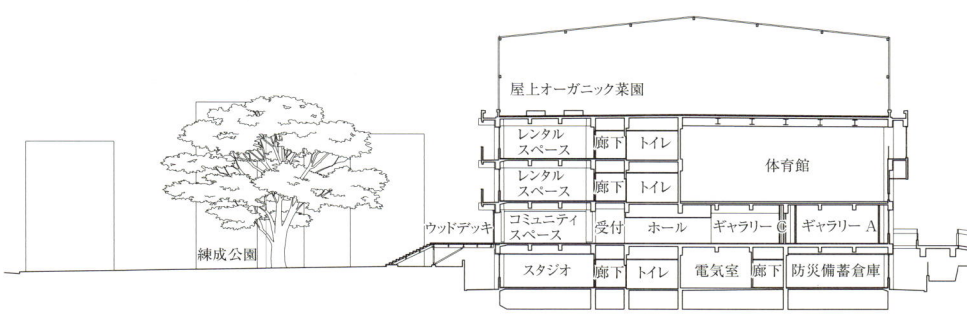

A-A'断面図　1：600

ウッドデッキにより一体的利用が可能となった練成公園　　開放的なコミュニティスペース

建築の再生：パブリックスペースへ生まれ変わった中庭空間
Renovation of Architecture: Renovation to Public Space of Courtyard

大英博物館 グレートコート
- 所在地：London, イギリス
- 事業主体：大英博物館
- 設計：Norman Foster
- 建設：2000年
- 用途：博物館
- 延床面積：19,000m²

中庭再生による博物館の動線核の創出
大英博物館は，1753年にロンドンに設立されて以来，最高で年間600万人が訪れる世界最大の博物館のひとつである．

当初，大きな中庭を展示室が囲む構成だったが，中庭は19世紀のうちに円形のリーディングルーム（図書閲覧室）とそれに付随する書庫に占領されてしまう．以来，中庭には立ち入ることができなかったため，館内の動線には核がなく統制の効かない状態だった．

1998年に図書館機能がセント・パンクラスの大英図書館に移転されたため，散在していた書庫が一掃され博物館機能が大きく向上した．2000年に誰も立ち入ることができなかった中庭にガラスの屋根が架かることで，博物館の核となるグレートコートが誕生した．

ガラスの屋根をかけて動線の核をつくる
グレートコートへのアプローチは，博物館の顔とも言える1階からで，隣接するギャラリーとすべて直接連結しているため，博物館の核として館内の動線をスムーズにするとともに，集客力のある機能を配置することで常ににぎわいがもたらされている．ここにはインフォメーションポイント，ブックショップ，カフェが入る．リーディングルームを抱えるように壁伝いに2つの大階段が延びている．

ガラス屋根は，小さな三角形のパーツを集めた架構により構成され，もとの中庭にふさわしい光に満ちあふれた内部空間が実現している．

パブリックスペースの連携
さらに前庭も車両の進入を禁止し，新たなパブリックスペースとして再生．屋内におけるパブリックスペースとして生まれ変わったグレートコートとともに，早朝から深夜まで誰もが自由に出入りできる都市におけるアメニティの場として位置づけられている．

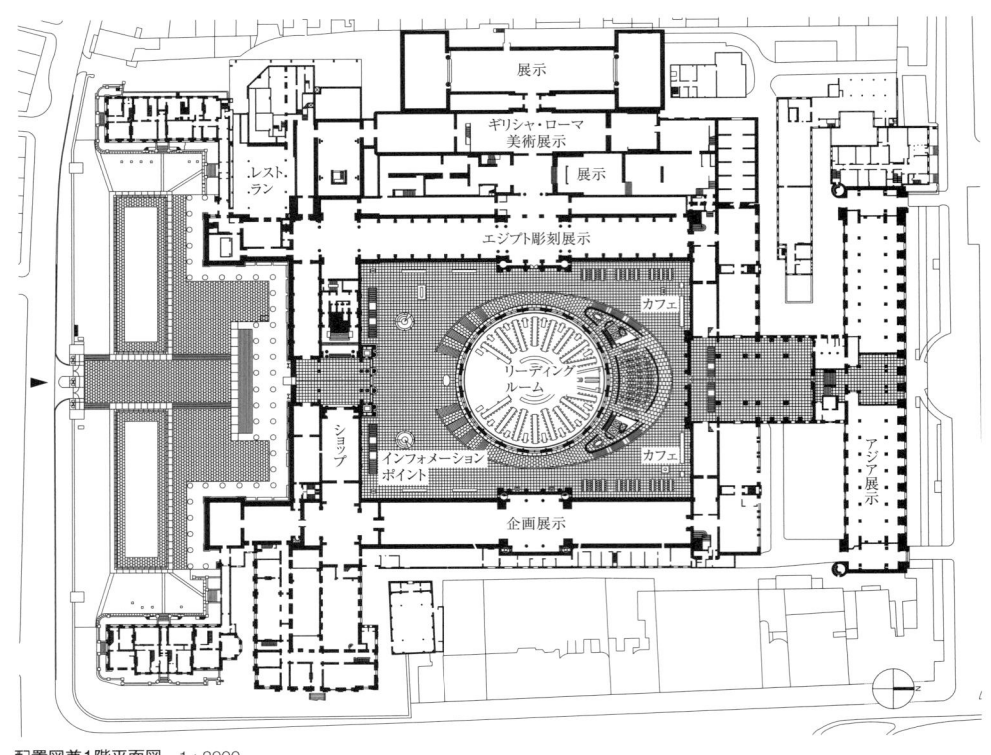

配置図兼1階平面図　1:2000

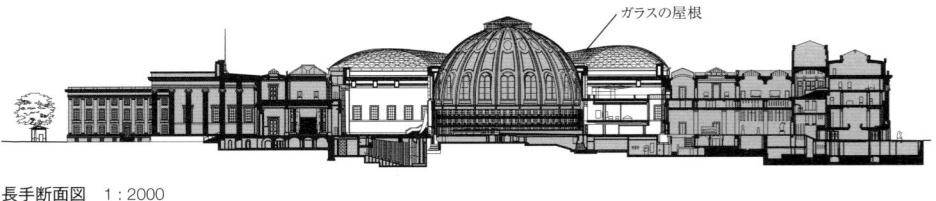

長手断面図　1:2000

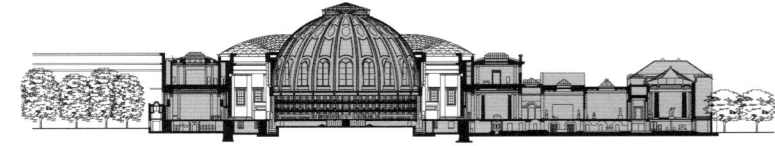

短手断面図　1:2000

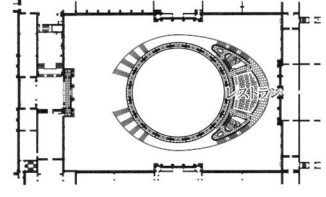

中2階レベル　1:3000

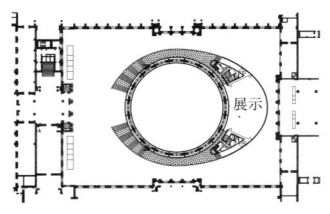

階段室レベル　1:3000

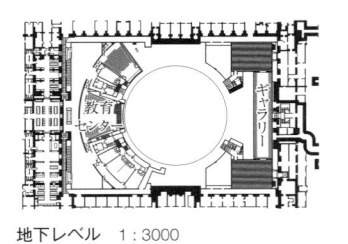

地下レベル　1:3000

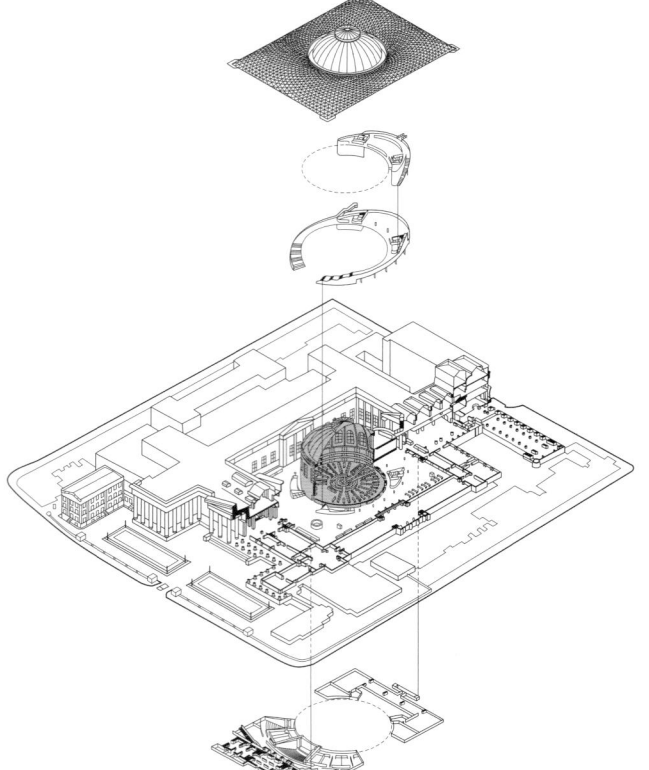

アクソノメトリック

グレートコート内観
（撮影：William Warby）

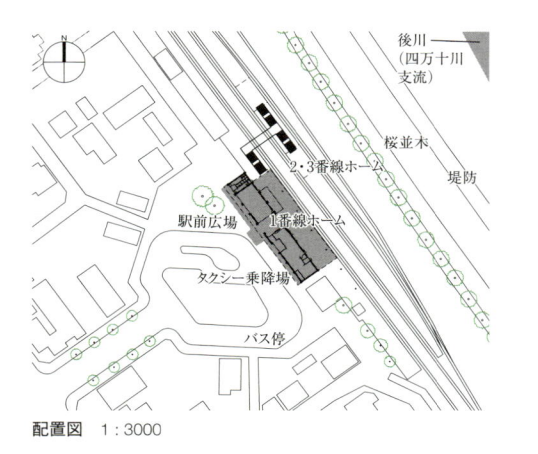

Renovation of Architecture: 建築の再生：待ち時間をデザインした駅舎の改修
Renovation of Station Designed Waiting Time

土佐くろしお鉄道 中村駅

- 所在地：高知県四万十市
- 事業主体：土佐くろしお鉄道
- 設計：nextstations
- 建設：2010年
- 用途：鉄道駅
- 敷地面積：663m^2
- 延床面積：694m^2（既存）
- 階数：地上2階
- 構造：鉄筋コンクリート造一部鉄骨造

「待ち時間」を豊かにする駅空間

高知県四万十市は，四万十川や足摺岬など豊かな自然が残された地域として知られる一方で，少子高齢化と過疎化によって活力を失った典型的な日本の地方都市でもある．

1日の乗降客数が約3,000人の中村駅は，発着する列車が1時間当たり1～2本の小さな駅である．このような状況下にある駅の改修に当たっては，乗客が少ないからこそ実現可能な空間を創出する工夫が求められる．

ここでは，地方都市では交通弱者とされる高校生や高齢者などの利用者が駅の待合室で過ごす「待ち時間」の質を高めるため，待合室の家具や床に最高級素材である四万十ヒノキを使用するとともに，駅を使いこなすための仕掛けが用意された．

改札を廃止して人と空気の流れを作る

当初は改札口の外のみが改装工事の対象であったが，鉄道会社の理解もあり，改札口が廃止され駅の内外を自由に行き来できるようになったため，待合いスペースはホームまで拡張された．待合室とショップを仕切る家具は背板や天板に四万十ヒノキを使用している．板材の背面に間接光用の光源を設置し，照明器具も兼ねており，家具も空間の一部としてデザインされている．さらに，駅前広場，コンコース，プラットホームはヒノキデッキ材で敷き詰められ，空間の一体感が演出されている．

四万十川の支流に面していることから，改札内は川から吹き抜ける涼しい風で真夏でも多くの人がリラックスすることができるようになった．

改札口を廃止してコンコースとホームとを連続させ，人がくつろげる仕掛けを準備することで，利用者一人ひとりが使いこなせる公共空間が実現している．

配置図 1:3000

改修後のホーム

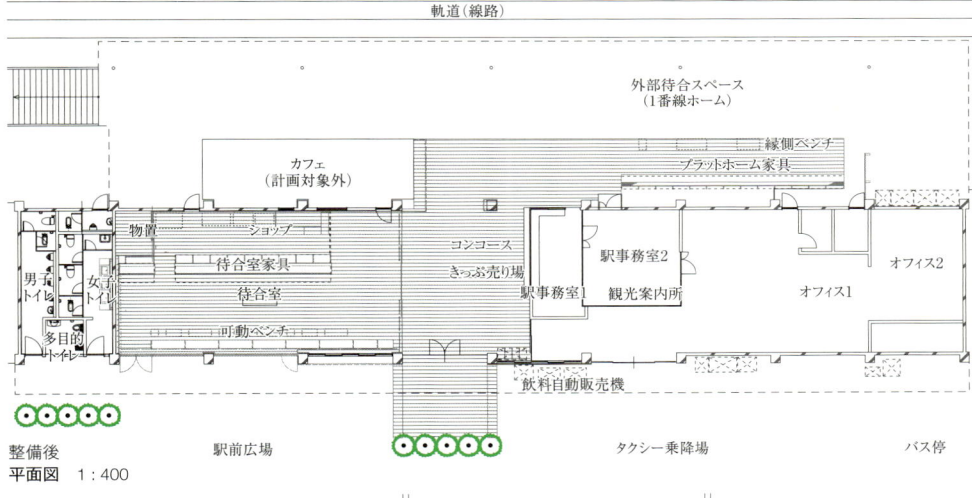

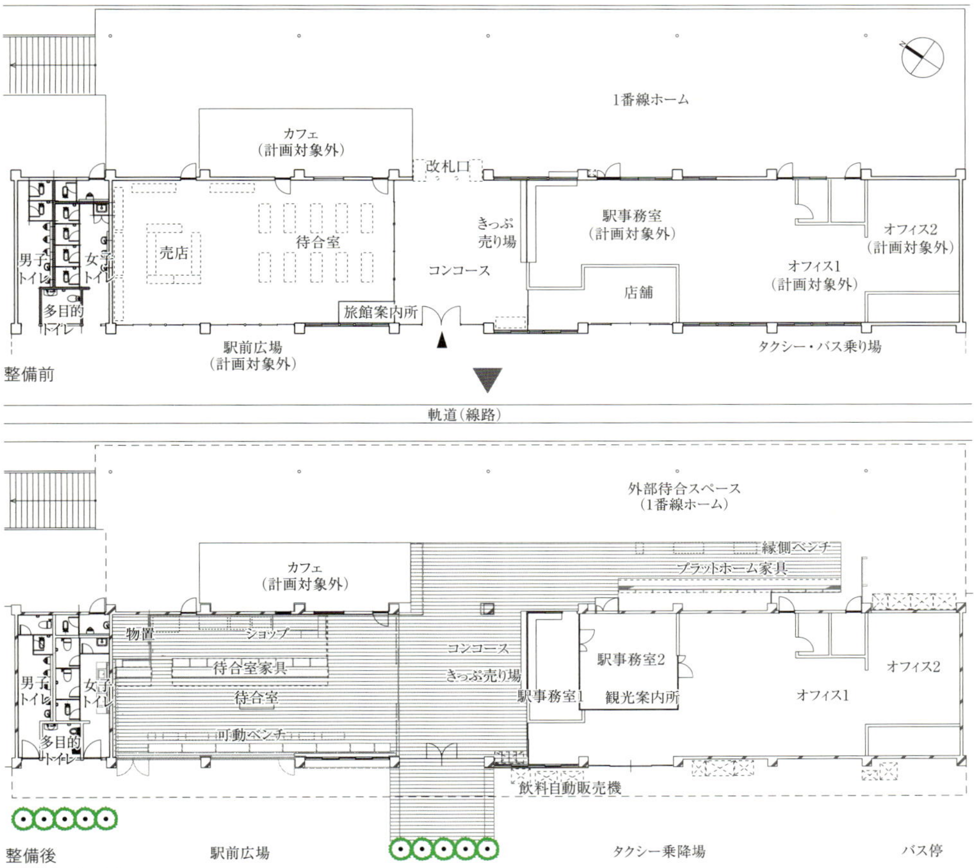

整備前

整備後 平面図 1:400

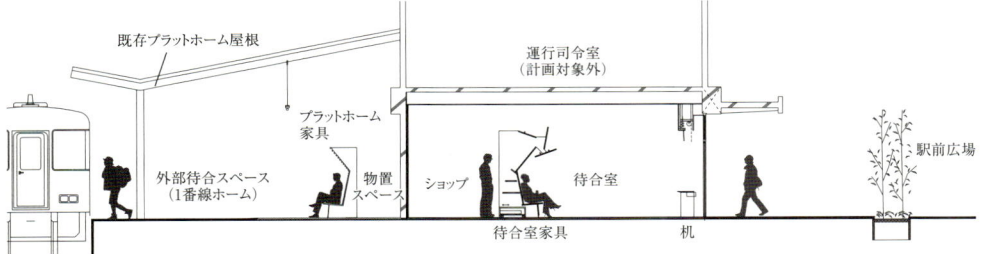

断面図 1:200

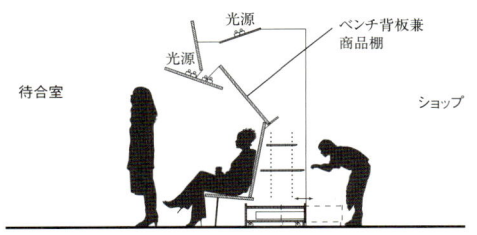

イス兼商品棚詳細断面図 1:100

改札口が廃止されたコンコース

ヒノキの家具が設置された待合室

098 建築の再生：炭坑を段階的に文化複合拠点へ
Renovation of Architecture: Renovation of Coal Mine to Cultural Complex Sites in Stages

ツォルフェライン炭坑業遺産群
- 所在地：Essen, ドイツ
- マスタープラン：OMA
- 用途：美術館, 国立公園ほか
- 敷地面積：約1,000,000m²

世界最大規模の炭坑の再利用

1847年から採掘が始まっていたツォルフェライン炭坑群は, 1932年までには12の立坑が整備されていた. 東西1.5km, 南北1kmにわたる世界最大の規模を持つ. 1990年頃, 産業構造の転換に伴い施設の操業が停止されたが, 以降, 1998年にかけて外観の保全が行われたこともあり, 2001年には世界遺産に登録された.

広大な敷地のゾーニング

再開発のマスタープランはOMAに委託された. エリア全体のマスタープラン策定にあたり, 施設全体の開放性およびコンテクストを際立たせることを目標とし, もとのコンテクストに従って敷地全体が4つのエリアにゾーニングされた. 炭鉱群の中心地域として, 大規模な内部空間を持つ第12坑が「文化展示ゾーン」, 西部の石炭処理機械が外部に露出するコーキング工場群が「外遊ゾーン」, 北部の低中層オフィス群を中心にした第1, 2, 8坑が「ビジネスゾーン」, 周縁の森が「散策ゾーン」となっており, 石炭運搬路を改修した遊歩道が4つのゾーンを結んでいる.

段階的なコンバージョン

Foster+Partnersによるノルトライン＝ヴェストファーレン・デザインセンター (1996, 元ボイラー施設), Ilya & Emilia Kabakovによるザルツラーガー・プロジェクトの館 (2001, 元塩化物貯蔵庫), SANAAによるツォルフェラインスクール (2006), OMAによるルールミュージアム (2007, 元選炭所) など, 世界中の著名な建築家やアーティストが段階的に参画し, 計画地のコンテクストに応じて, 新築するものから外観に全く手を加えないものまで様々なデザインが展開されている. 広大な炭鉱地区に対して, 多数の建築家が参加し, 産業と芸術に関連のある諸団体関連施設や学校, 展示施設などに転用されたことで, 多様性を内包する産業文化地区に生まれ変わった.

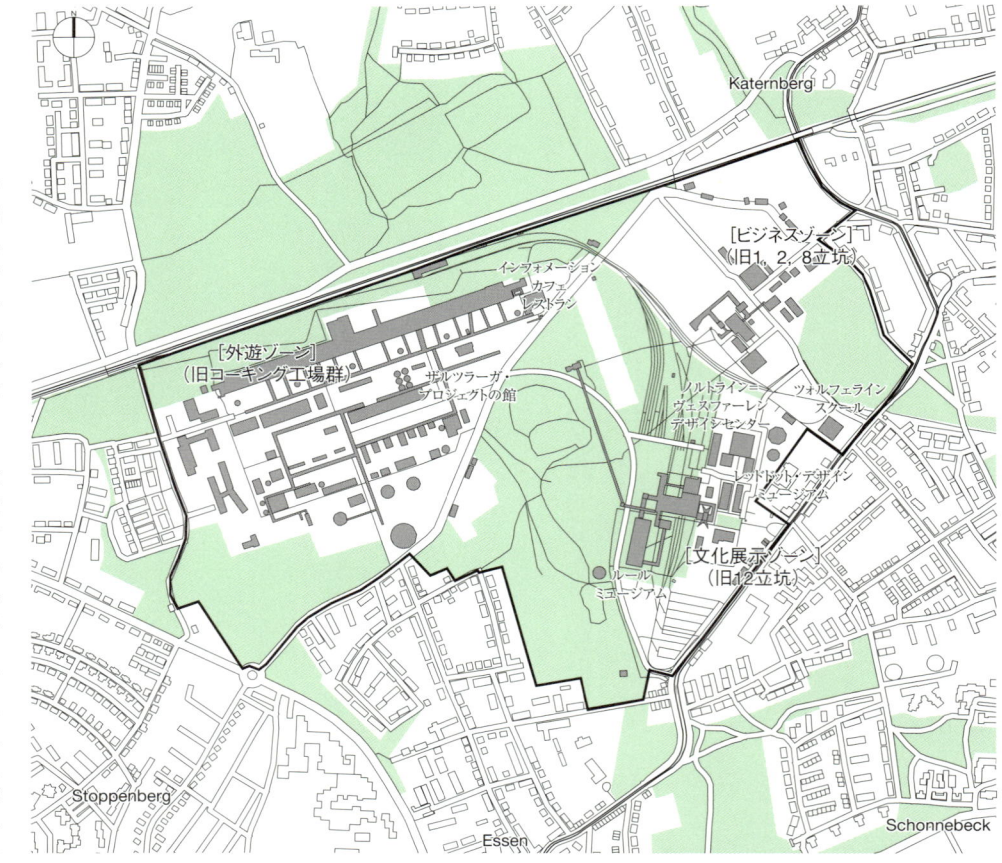

配置図 1:15000

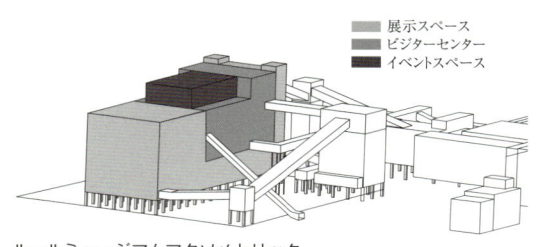

ルールミュージアムアクソメトリック

ルールミュージアム内観

ルールミュージアム
（撮影：Thomas Willemsen/Stiftung Zollrerin）

ルールミュージアム外観
（撮影：Brigida Gonzalez/Ruhr Museum）

ザルツラーガー・プロジェクトの館
（撮影：Frank Vinken/Stiftung Zollrerin）

ツォルフェラインスクール
（撮影：Thomas Willemsen/Stiftung Zollrerin）

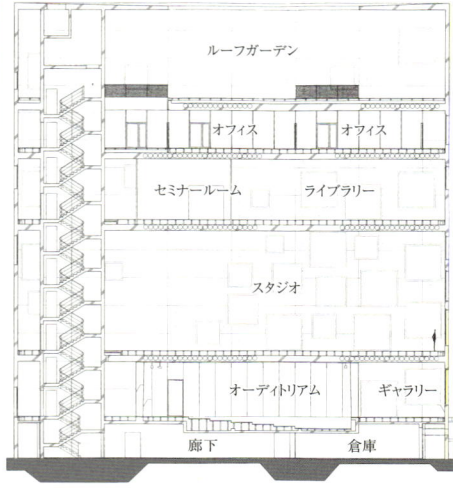

ツォルフェラインスクール断面図 1:600

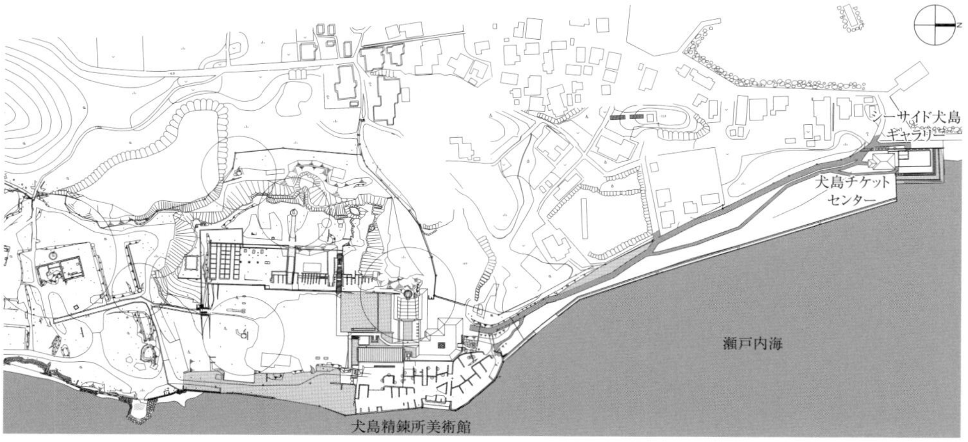

Renovation of Architecture:
Conversion of the Refinery of Isolated Island to Art Based
建築の再生：離島の製錬所をアート拠点へ

099

配置図 1:5000

屋根伏図 1:1500

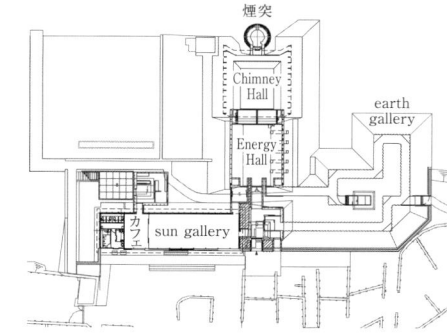

1階平面図 1:1500

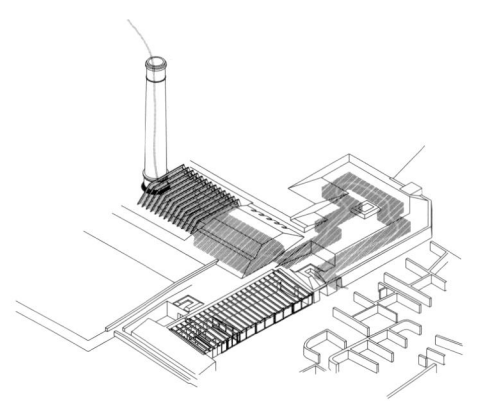

地中熱を利用したクーリング（earth gallery）

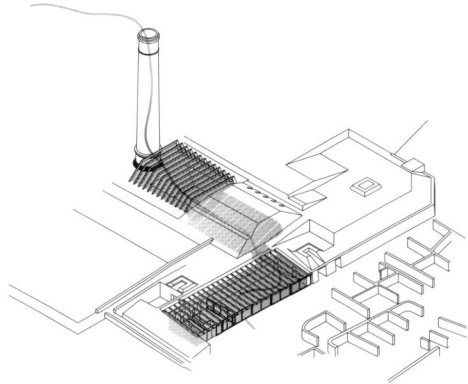

太陽光による蓄熱を利用したヒーティング（sun gallery）

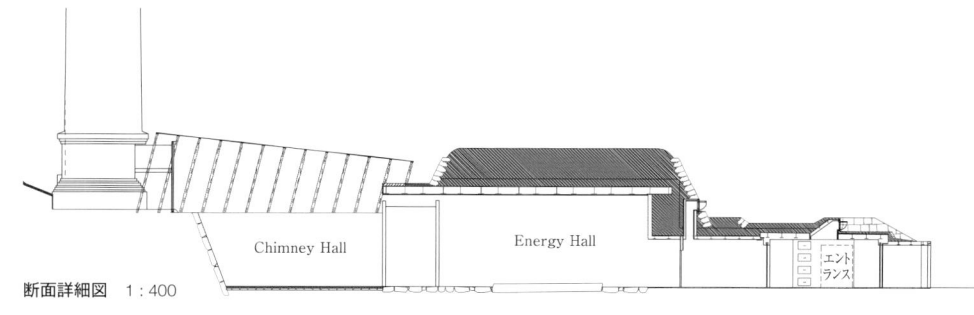

断面詳細図 1:400

美術館全景（撮影：三分一博志建築設計事務所）

太陽と煙突の浮力効果を利用した動力のホール（撮影：阿野太一）
（アート作品：柳幸典「ヒーロー乾電池／イカロス・タワー」）

ギャラリー（撮影：阿野太一）

犬島精錬所美術館
- 所在地：岡山県岡山市
- 企画運営：公益財団法人福武財団
- 設計：三分一博志建築設計事務所
- アート：柳幸典
- 建設：2008年
- 用途：美術館
- 敷地面積：52,012m^2
- 延床面積：790m^2
- 階数：地上1階
- 構造：鉄骨造＋木造

負の遺産を知の遺産へ

瀬戸内海に浮かぶ犬島は，島の南東部に設けられた製錬所で1909（明治42）年から1919（大正8）年まで，銅の製錬が行われていたが，わずか10年で閉鎖された．以後，約100年間放置され手付かずの状態になっていたが，2008（平成20）年，美術館として再生した．

資源としての産業遺産と廃棄物

製錬に必要な位置エネルギーを確保するための敷地内の高低差と，島の特徴的な風景として残るレンガ造の煙突群とを，エネルギーを得るための象徴的な存在と位置づけ，煙突を中心にエネルギーを引き出すための建築の形態が計画された．

また，島全体を構成する花崗岩の熱容量を利用することに加え，海や周辺一帯へ廃棄されていた銅製錬時の副産物のスラグなどが，太陽エネルギー集熱材や地中熱伝導材として床材や壁材として利用されている．

自然のサイクルを組み込んだ美術館

海に囲まれて孤立した地形的特徴を生かし，太陽，風，地熱など自然エネルギーを積極的に利用することが意図された．建築そのものも，自然の再生サイクルに従い，自然エネルギー収支全体の中に組み込まれるあり方が追求された．その結果，地中熱を利用した冷却の通路，太陽エネルギーを利用した採暖のギャラリー，太陽エネルギーと煙突の浮力効果を利用した動力のホール，それらの中心に環境調整されたメインのホール，この4つの空間と植生と水のランドスケープにより全体が構成されている．

自然エネルギーだけではなく，廃墟となった構造物，地形，廃棄物，それらすべてを再生可能な資源と捉え，自然のサイクルに組み込み，知の資産として再生されている．

建築の再生：被災した歴史的建造物を修復し駅施設へ
Renovation of Architecture: Repairing of the Historical Buildings Affected by the Disaster, and Conversion to the Station Facilities

みなと元町駅
- 所在地：兵庫県神戸市
- 設計：大林組
- 建設：2000年
- 用途：地下鉄出入口
- 敷地面積：864m²
- 延床面積：200m²
- 階数：地下1階, 地上1階
- 構造：鉄骨造＋鉄筋コンクリート造

震災の記憶を街のシンボルとして保存

栄町通に建つ旧第一銀行神戸支店は1908(明治41)年に辰野金吾により設計された建物で, 赤地のレンガを白御影石で縁取った外観が長く市民に親しまれてきた.

1965(昭和40)年から1985(昭和60)年までの20年間, 民間の企業が使用していたが, 1995(平成7)年の阪神・淡路大震災で甚大な被害を受けた.

一時は全面取り壊しも検討されたが, 行政, まちづくり協議会, 建物使用者, 設計者が一体となって検討し, 通りの景観保全を図るために, 南・西二面の外壁保存が決定され, 2000(平成12)年より市営地下鉄の出入口として再利用されている.

外壁のみの修復保存

震災の影響を受けた脆弱なレンガ造の外壁は, 補強のためにコンクリートが裏打ちされ, 地下鉄へのアプローチを示す回廊状の鉄骨フレームによって支持されている. 道路側の保存レンガ壁に対して, 反対側の回廊は鉄骨・ガラス・打ち放しコンクリートと, 全く異なる表情を見せる. この建物の改修では, ファサード保存された建物の背面の建築利用が決まる前に, ファサード補修と地下鉄駅入口の工事が行われた. 建物の背面の補強は建物のファサードだけを自立させる仮設的なものである. 建物の保存と活用の間に時間差が生じることは少なくなく, みなと元町駅の改修はファサード保存のあり方に一石を投じた事例でもある.

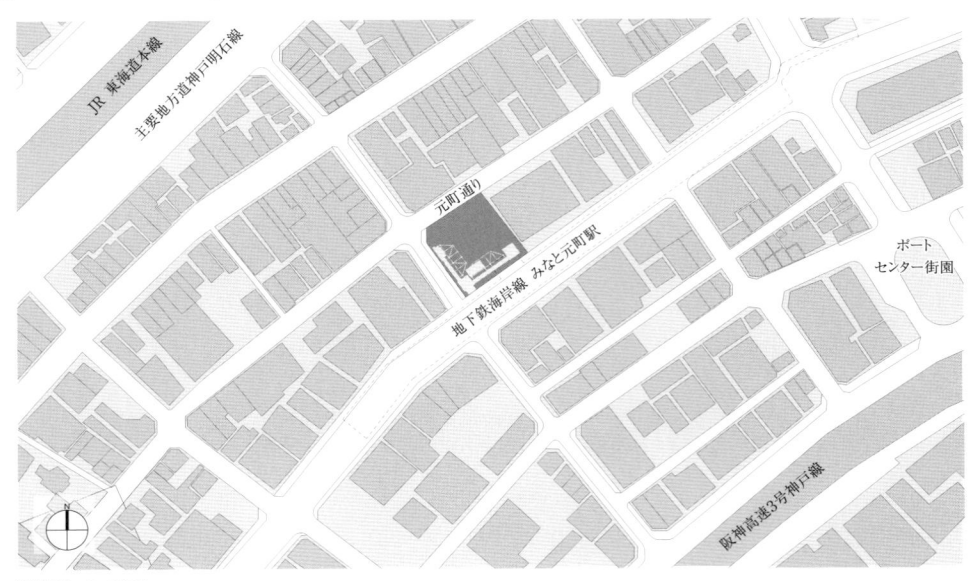

配置図　1：3000

北側立面図　1：500

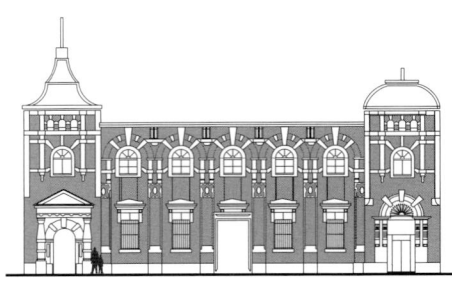

南側立面図　1：500

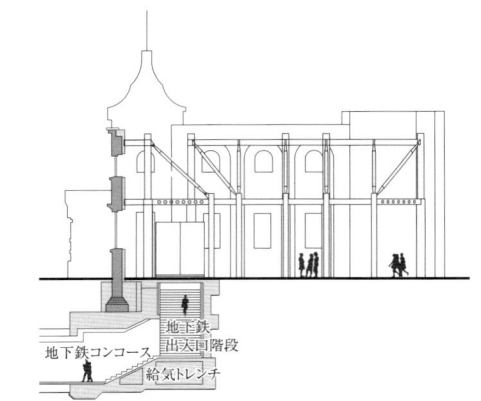

東西断面図　1：500

建物背面の補強（撮影：新建築写真部）

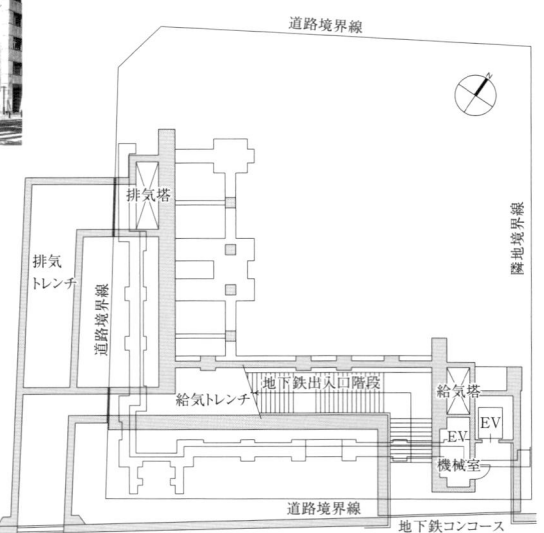

保存されたファサード（撮影：新建築写真部）

地階平面図　1：500

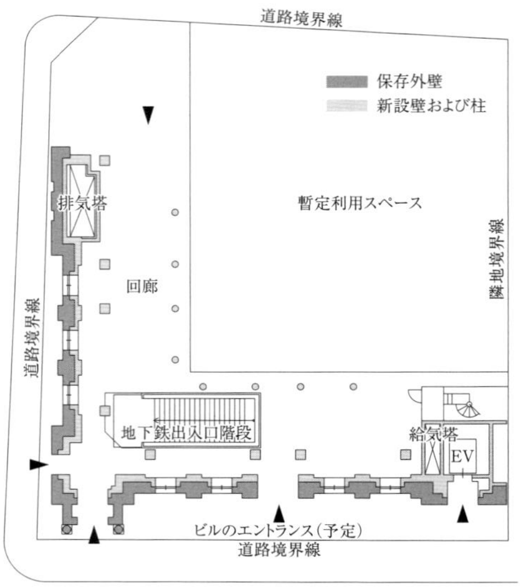

1階平面図　1：500

建築の再生：廃材を生かした小さな図書館
Renovation of Architecture: Small Library Using Waste Material

オープンエアー・ライブラリー
- 所在地：Magdeburg, ドイツ
- 設計：KARO* with Architektur+ Netzwerk
- 建設：2009年
- 用途：図書館
- 敷地面積：488m²

住民参加のデザインプロセス
マクデブルク市のサルブケ地区は他の多くの旧東ドイツの都市部と同様に，失業率は高く，打ち捨てられた工場，空地，大量の空き社員寮・空き家が散在する風景が広がっていた．

2005年，かつて地域図書館があった敷地で，地域住民が参加して新しい図書館のデザインを考える取組みが始まった．

取り壊された建物のファサードの再利用
始めに1,000個を超えるビールケースを使って図書館のモックアップが敷地内に作られた．この試みが成功し，建設のために必要な資金を連邦政府から調達することができた．1960年代に建設され，近年取り壊された建物のファサードで使われていたプレファブのアルミピースを，本棚を支える分厚い壁として再利用している．アルミピースの壁を敷地の北側と東側に設け，西側と南側は本を読める芝生の広場やステージのある開放的な空間としている．

住民が運営する図書館
図書館の敷地に隣接する1軒の空き店舗が，寄付を呼びかけて収集した約2万冊の蔵書の整理のための作業場所として使われた．監視等を設けず，24時間利用できる．ときにいたずらを受けることもあるが，地域住民は自らの手で図書館を運営することに意義を感じており，交流の場としても機能している．

配置図　1:2000

平面図　1:800

閲覧コーナー断面図　1:100

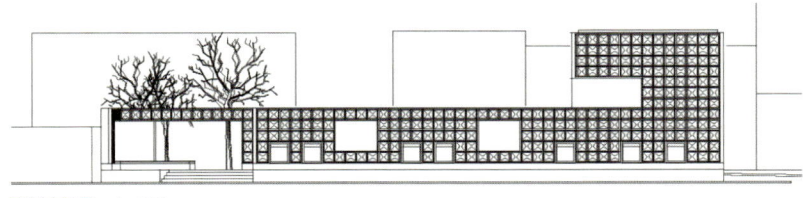

東側立面図　1:400

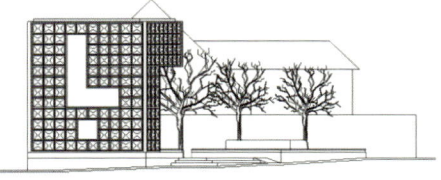

北側立面図　1:400

道路に開かれたオープンスペース
（撮影：Anja Schlamann）

街と連続するオープンスペース
（撮影：Anja Schlamann）

街のスケールにとけ込んだボリューム
（撮影：Anja Schlamann）

建築の再生：重要文化財の保存・復原と現代的活用1
Renovation of Architecture: Preservation, Restoration and Utilization of Important Cultural Property

東京駅丸の内駅舎
- 所在地：東京都千代田区
- 事業主体：東日本旅客鉄道
- 設計：東日本旅客鉄道東京工事事務所，東京電気システム開発工事事務所，ジェイアール東日本建築設計事務所・ジェイアール東日本コンサルタンツ設計共同企業体
- 施工：東京駅丸の内駅舎保存・復原工事共同企業体（鹿島・清水・鉄建建設共同企業体）
- 用途：駅，ホテル，ギャラリー
- 敷地面積：20,482m²（特例敷地）
- 延床面積：42,972m²
- 階数：地下2階，地上3階（一部4階）
- 構造：鉄骨レンガ造，鉄筋コンクリート造（一部鉄骨造，鉄骨鉄筋コンクリート造）

東京駅と丸の内地区
日本の首都・東京の中心に位置する東京駅（1914年竣工）は，日本における近代の代表的都市空間である東京・丸の内地区の要であり，その正面には皇居につながる「行幸通り」（1926年完成）が歴史的な都市軸を形成している．日本の近代建築の巨匠・辰野金吾（1854～1919）の代表作であり，その構造は鉄骨レンガ造で，関東大震災でもほとんど被害を受けなかった．しかし第二次世界大戦末期1945年の東京大空襲により被災し，戦後の復興工事による姿のまま60年以上にわたり使い続けられてきた．その間，建築基準法が高さ規制から容積制に移行し，かつての31mにスカイラインが揃った中層の街区は超高層の街区に変わってゆく．こうした中で，東京駅自身も幾度となく取り壊し・超高層へという建て替えが検討された．

しかし，1987年の日本国有鉄道の民営化を経て，流れは「保存・復原」へと大きく舵を切り，1999年には当時の東京都知事とJR東日本社長の間で復原への合意がなされた．さらに2000年に創設された特例容積率適用区域制度（2004年に特例容積率適用地区制度に改正）と2003年の国の重要文化財指定によって，東京駅丸の内駅舎上空の未利用容積の周辺街区への移転が可能となり，保存に向けた種々の課題が解決に向け大きく前進，東京駅の保存・復原プロジェクトがスタートした．「特例容積率適用地区制度」とは，土地の高度利用を図る必要性が高い区域で一定の条件を満たした敷地に対し，他敷地への容積の移転を認めるという制度である．東京駅周辺の定められた地区内に，東京駅の未利用容積が移転され，その原資によって東京駅の保存復原プロジェクトは実現した．

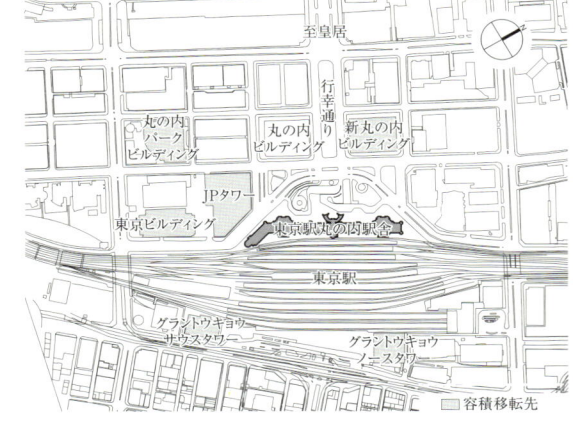

配置図および容積移転説明図　1:15000

1945年（東京大空襲被災時）

1947年（戦災復興時）

1914年（竣工時）

2012年（保存・復原完了後）

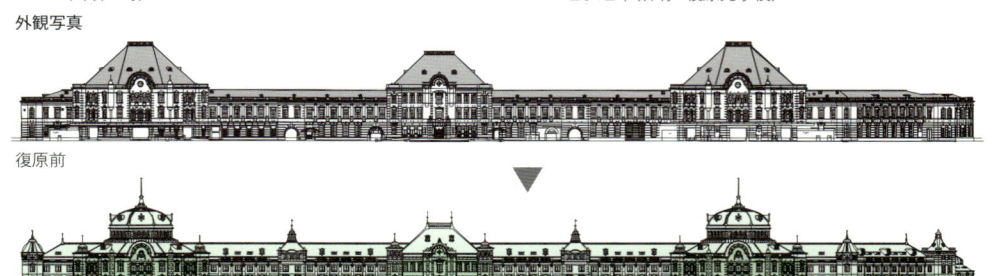

外観写真

復原前

復原後

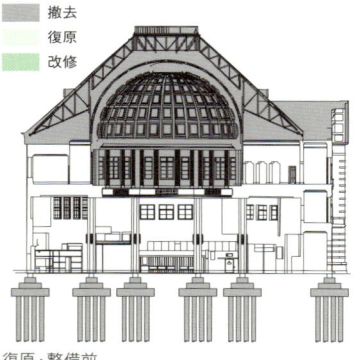

丸の内側立面図　1:2500

撤去　復原　保存

撤去　復原　改修

復原・整備前

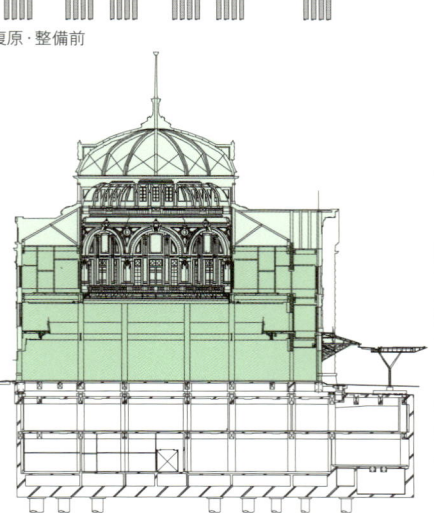

復原・整備後

復原・整備によるドーム断面の変化　1:1000

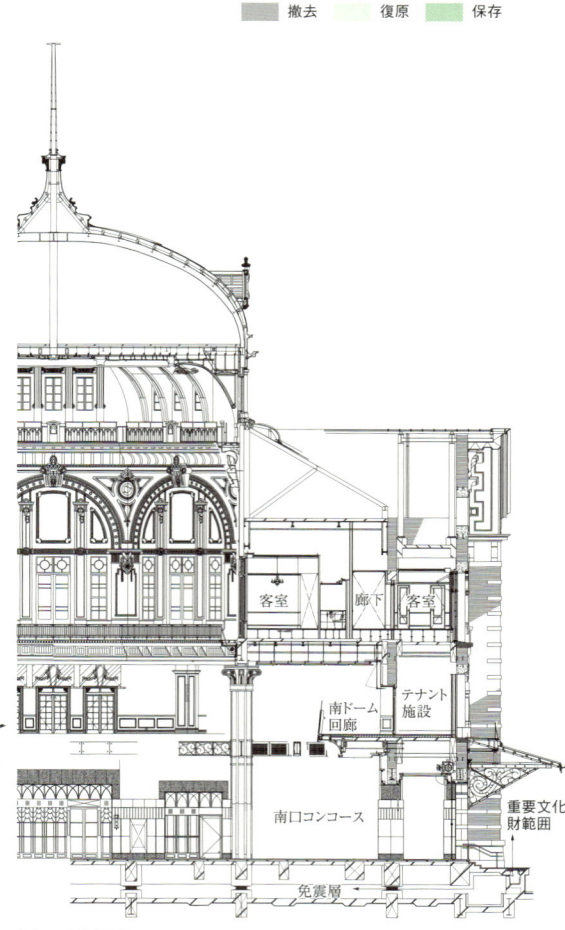

南ドーム断面図　1:400

Renovation of Architecture: 建築の再生：重要文化財の保存・復原と現代的活用2
Preservation, Restoration and Utilization of Important Cultural Property

3階の復原

- 2階から3階へ移設
- 復原
- 保存
- 柱の形状を2階から3階の曲率に戻す
- 花崗岩（新規）
- 擬石（新規）
- 花崗岩（既存）
- 擬石（既存）
- ―― 現状の柱形状

都市に開く駅舎（中央口コンコースA-A'断面）
丸の内街区

平面図 1:2500

4階／3階／2階／1階

主な室：ゲストラウンジ、客室、ギャラリー、店舗、EVホール、レストラン、厨房、交番、ホテルロビーラウンジ、ホテルエントランス、みどりの窓口びゅうプラザ、JR東日本トラベルサービスセンター、両替所、宴会場エントランス、宴会場、南ドームコンコース、EVホール、出札所・みどりの窓口、中央口コンコース、総武線地下駅連絡階段、トイレ、ギャラリーエントランス、北ドームコンコース

免震化工事ステップ

1. 杭打ち：①仮受け工事に先立って, 仮受け支柱を打ち込んだ本設杭と, 建物外周の山留め杭を施工. ②杭の多くは建物内部や狭い場所で施工するため, 低空頭の杭打ち機を使用.

仮受けステップ図
- STEP1：荷重の流れ、開口、松杭
- STEP2：縦梁
- STEP3：松杭撤去
- STEP4：つなぎ梁、仮受け支柱

2. 仮受け：③レンガ壁直下に少しずつ開口を開け, 5〜6mスパンを標準に縦梁を構築. ④また, 縦梁から支柱まで伸びるつなぎ梁を構築し, 仮受け支柱上に設置したジャッキで仮受け.

3. 地下躯体構築：⑤仮受け期間中, 上部の駅舎に重大な変形などが生じないように, 変形計測と制御管理を行いながら施工. ⑥仮受け完了後, 地下躯体は逆打ち工法で構築.

4. 免震化完了：⑦仮受け支柱にて仮受けした駅舎は, 地下躯体完了後にアイソレータに荷重を移行. ⑧荷重移行後, 仮受け支柱を撤去し, 地下部の内装・設備工事がスタート.

免震装置配置図

- アイソレータ （352台）
- オイルダンパー （158台）

保存・復原の基本方針

JR東日本では, 2002年に丸の内駅舎保存・復原に関するプロジェクト推進委員会のもとに, 歴史・意匠・材料および構造に関する分科会を「専門委員会」として組織し, 設計に関わる重要な課題については, すべてこの専門委員会の中で議論し設計に反映されていった. そのための合意事項として纏められた「東京駅丸の内駅舎保存・復原基本方針」は以下のとおりである.

方針1
1. 残存するオリジナルを最大限尊重し, 保存に努める.
2. オリジナルでないもののうち, オリジナルの仕様が判明しているものは, 可能な限りオリジナルに復原する.
3. オリジナルでないもののうち, オリジナルの仕様が明確でないものは, デザインに関する全体の印象を損なわないように配慮し, 手の加え方を設定する.
4. ただしオリジナルではない, 後世の補修や変更に関しては, 意匠的・技術的に優れたものは保存・活用する.

方針2
安全性, 機能性, メンテナンス性等を考慮し, 将来を見据えたスペックを設定する. ただし, 方針1よりも方針2を優先させる場合には細心の注意を払う.

また今回のプロジェクトにおいては, 復原を「現存する建造物について, 後世の修理で改造された部分を原形にもどすこと」と定義した. つまり1945年の戦災によって失われた部分は信頼性のある資料に基づき「原形」に戻すことを原則としている. ただし, 後世の工事で手が加えられた部分においても状態が良好なものは, 一部現状のままとされた.

文化財における保存と活用の両立

重要文化財部分の補強を最小限に抑えつつ十分な安全性を確保するために, 免震構造が採用された. 既存の駅舎を杭で仮受けしつつ, 逆打ち工法にて地下部を増築し, 地上部と地下部の間に免震層を構築する手法が用いられた. 地上保存部分は既存レンガ壁・鉄骨を構造体として極力生かし, 復原部分は新設のSRC架構やRC壁によって構成し, 建物全体の構造的バランスに配慮している.

また, 将来にわたり駅・ホテル・ギャラリーとして使い続けることとし, 重要文化財としてのレンガ壁や鉄骨を極力傷めない活用設計が行われた. 新設の内装の仕上げは乾式工法を原則とし, 内装の変更によって重要文化財の保存部分が影響を受けないよう配慮している. また, オリジナルの躯体レンガや鉄骨も一部現しつつ, 重要文化財としての価値が直接見て感じられる設計となっている.

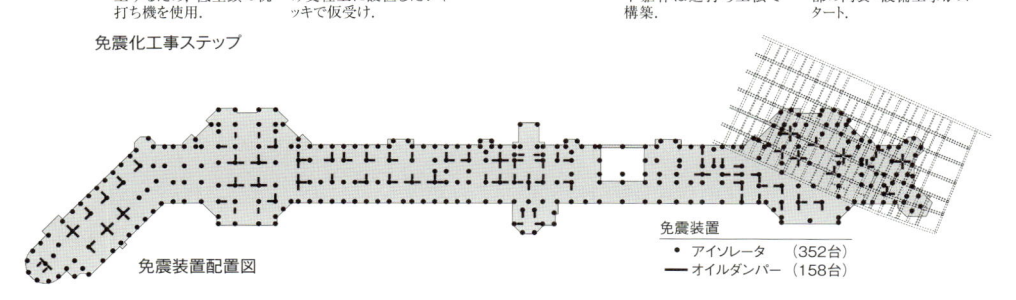

地区のリハビリ：部分建替えによる公共空間の創出
Rehabilitation of District: Creating of Public Space by Housing Rehabilitations

スイス通りのアパートメント，コートヤードビルディング

- 所在地：Paris, フランス
- 設計：Herzog & de Meuron
- 建設：2000年
- 敷地面積：2,734m²
- 建築面積：1,379m²
- 延床面積：8,419m²

歴史的地区におけるインフィルハウジングによる居住環境の再生

パリの典型的な配置である囲い型の集合住宅において，部分建替えにより住環境を改善した事例．1966年にパリ住宅局（RégieImmobilière de la Paris）主催のコンペティションの当選案で，連続する建物間の隙間を埋めることと中庭を活用することを目的に進められたプロジェクトである．隙間を埋める建物（スイス通りのアパートメント）は，金属の均質なファサードとすることで周囲の建物とは異なる際立った印象を与える一方，7階建てに抑え周囲の街並みと高さを揃えることで街並みにとけ込んでいる．

一方，中庭の建物（コートヤードビルディング）は，街区内部に3階建ての低層部を構成している．可動式の木造の日よけのファサードは，スイス通りのアパートメントの金属的なそれに対してコントラストを強調している．また，スイス通りのアパートメントは1階部分を通り抜けることができ，コートヤード脇の通り抜けと合わせて地区全体がゆるやかに繋がるように工夫されている．

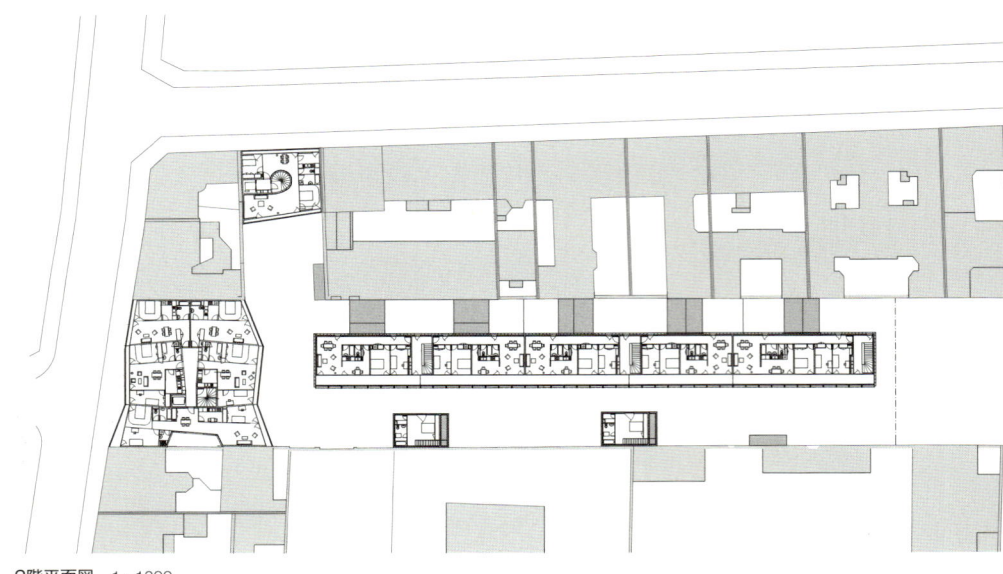

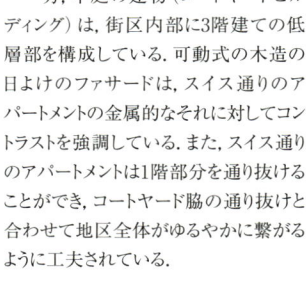

Chapter 3 再生の手法
- 建築の再生
- 地区のリハビリ
- 交通結節点の活用
- 環境創生のランドスケープ

2階平面図　1：1200

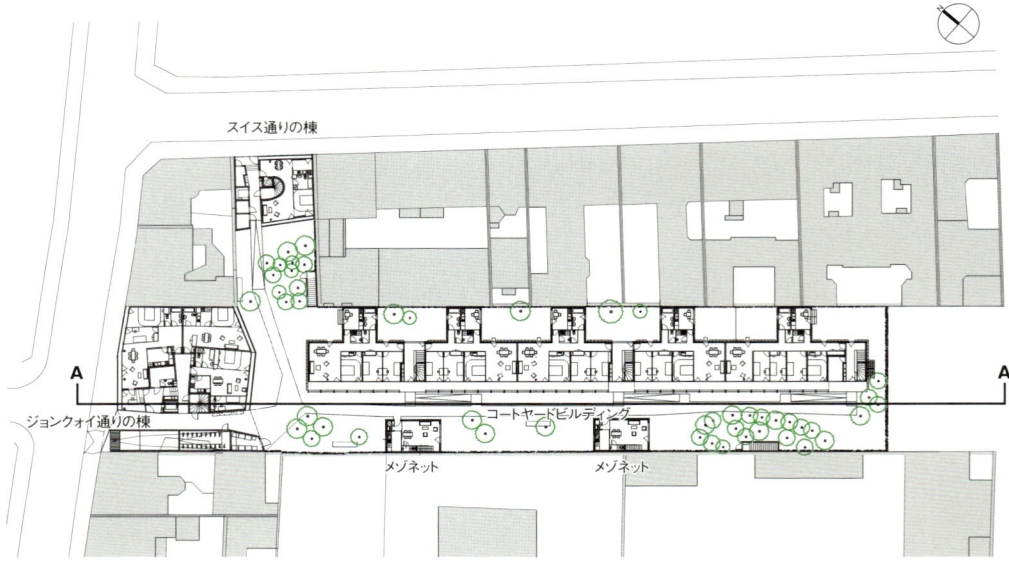

1階平面図　1：1200

2つの異なるファサード

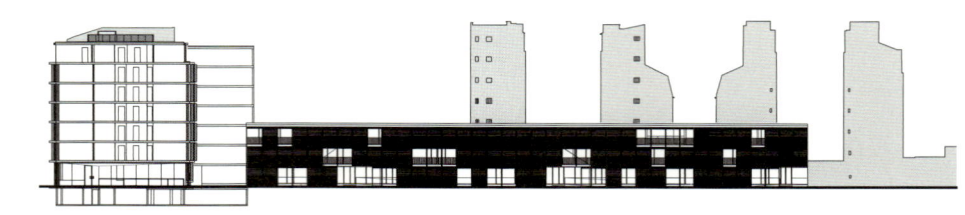

通り抜けのできる中庭

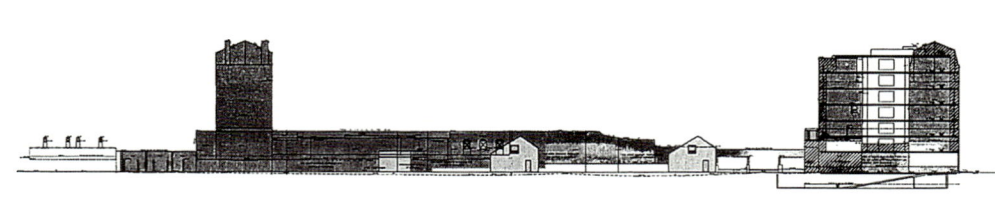

A-A'断面図　1：1200

南西側立面図　1：1200

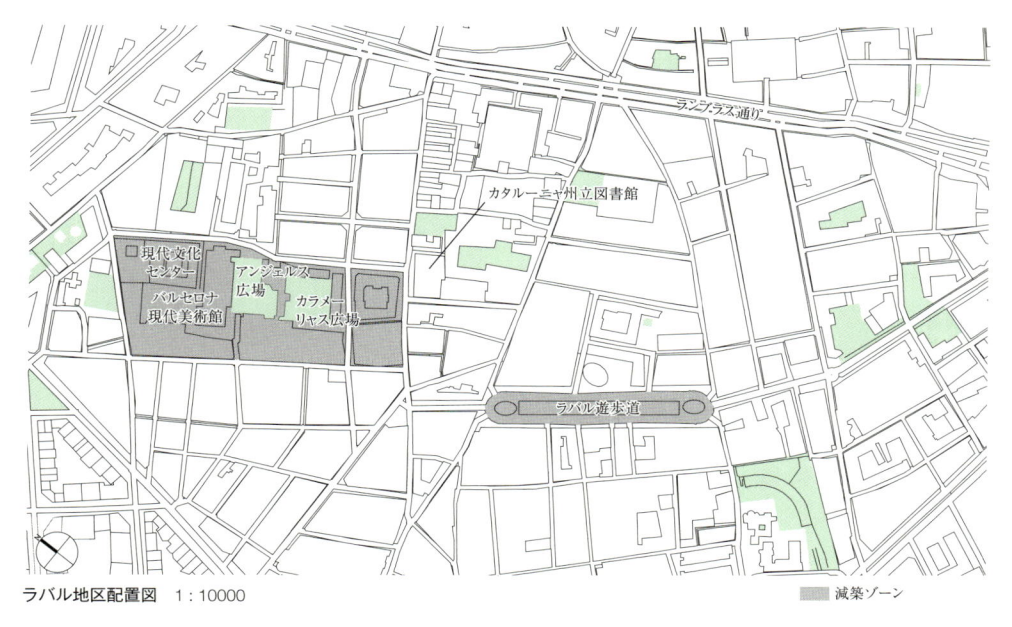

地区のリハビリ：減築による公共空間の創出
Rehabilitation of District: Creating of Public Space by Reduction

バルセロナ・ラバル地区
- 所在地：Barcelona, スペイン
- 計画面積：1,090,000m²

老朽化した建築を減築して公共空間を創出
バルセロナの旧市街地において，外国人や高齢者・単身者の割合が最も高く，高密かつ老朽化した住宅が並ぶラバル地区では，1985年に市街地改善特別プラン（PERI）が承認されたことにより，再生が始まった．再生にあたっては，建物の老朽化に伴いスラム化した市街地を戦略的に減築し新たな空間を生み出し，それを公共に開放することでネットワーク化していく手法がとられ，市街地全体を公共空間が張り巡らされた多孔質な都市空間に変貌させた．

ラバル遊歩道は旧市街の中で最も環境悪化が深刻だったラバル地区において，合計5街区を撤去するという大規模な区画整理によって生まれた57m×314mという大きな空間である．街路の中央部を遊歩道とする「ランブラス方式」の設計により，広場としての性格が付与されている．夕暮れになると，地元住民の家族連れやオープンテラスに陣取る観光客などの発する喧噪に満ちあふれ，あたかも地区共通の中庭のような空間となる．

地区の回遊を促す文化施設の整備
ラバル遊歩道に並び質の高い公共空間となっているのが，地区北側のアンジェルス修道院周辺エリアである．旧病院の図書館への改築・転用，バルセロナ現代美術館，現代文化センターと一連の文化施設を整備することによって新たな地区のアイデンティティを生み出し，観光客のみならず他地区からの訪問者を回遊させることで，ラバル地区を都市生活の舞台として再生している．

住み替え用の集合住宅の挿入
1992年のアンジェルス修道院保存を軸に，隣接していた建造物群の一部が取り壊されアンジェルス広場として生まれ変わった．さらに南側も同様に取り壊され，新たに計画された集合住宅によって囲まれたカラメーリャス広場が生み出された．この広場は計画地区の最も南側の街区の建て替えによって通された街路と連続した広場として，密集した市街地の中に挿入された．広場を囲む集合住宅は区画整理の際に立ち退きを余儀なくされた住民のための住み替え用住宅として機能した．

ラバル地区配置図　1:10000

ラバル遊歩道平面図　1:3000

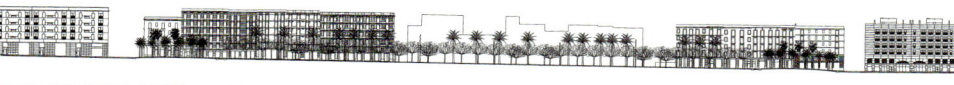

ラバル遊歩道南北立面図　1:3000

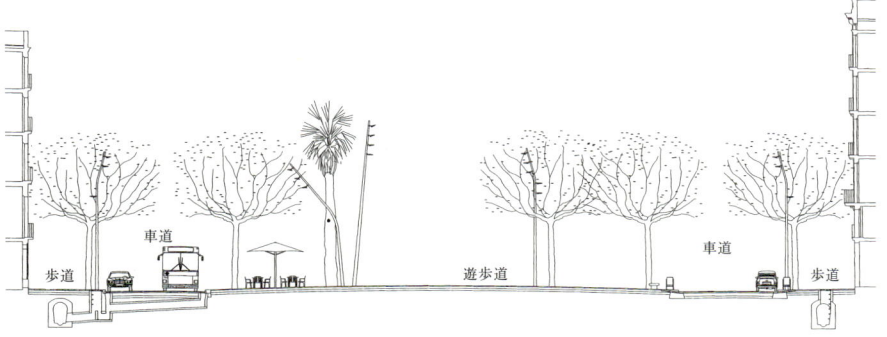

ラバル遊歩道東西断面図　1:500

広場と住み替え住宅の配置図　1:4000

減築により生まれたラバル遊歩道

集合住宅に囲まれたカラメーリャス広場

新築された住み替え用集合住宅

106 地区のリハビリ：移築による公共空間の創出1　Rehabilitation of District: Creating of Public Space by Relocation

越前武生　蔵のある町

- 所在地：福井県越前市
- コーディネーター：石本茂雄建築設計事務所，蓬莱地区再生事業推進協議会
- 建設：1996～2003年

曳き家と駐車場の修景によるイベント空間の創出

福井県越前市にある中心市街地の武生では，1996年から「街なみ環境整備事業」を実施した．市施行の整備により通り抜けのできるコミュニティ通路や憩いの広場を街区内に創出し，地元施行の修景整備により蔵を中心にした敷地単位の更新を段階的に行っている．建替え，修景，移動といった個々の手法を組み合わせることにより，街並みの連続性を維持している．

街区の中心部にあった駐車場を広場にし，建物を曳き家することで行き止まりの路地を貫通させ，周辺道路と広場をつなぐ路地として美装化した．この広場は「蔵の辻」と呼ばれており，地域の市民広場・イベント広場として利用されている．街区内部の蔵を公共空地に面した敷地や歯抜けになった敷地に曳き家し，さらにそれらを埋めるように新築の蔵風建築を建て，連続性を保持している．

ガイドラインによる街並みの統一

多くの地方中心市街地では回遊性のある歩行街路整備が行われている．しかしながら，周辺の建物が一体的に整備されていないため，街並みに統一感がない場合が多い．本計画では公共空地整備や曳き家などの手法に併せて，ガイドラインに沿った建物の修景がなされている．建築物は公道より1m以上セットバックし，高さは10m以内とする．色調は屋根は越前瓦の銀ねずみ，外壁は漆喰，じゅらく板張りを基本とする．街並みに関しては切妻入りとし軒庇・袖壁・塗込窓・格子窓の保存再生を行うなどの条例が定められた．こうしたガイドラインにより全体の街並みに統一感を生み出している．

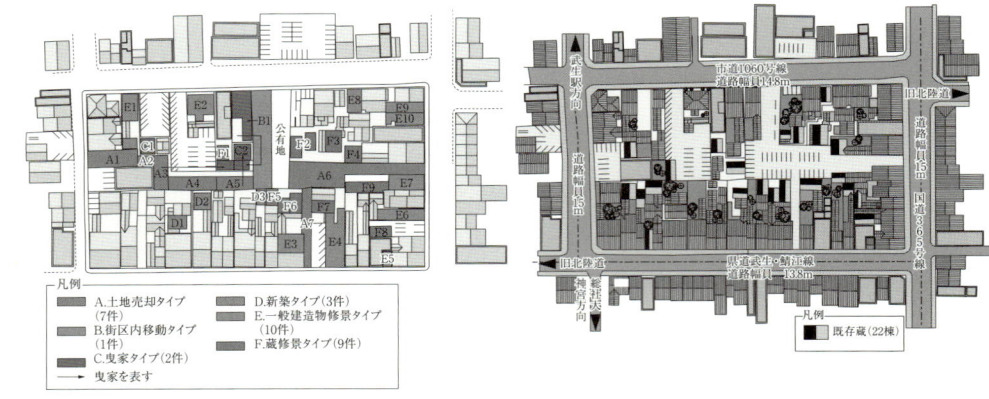

Chapter3　再生の手法
- 建築の再生
- 地区のリハビリ
- 交通結節点の活用
- 環境創生のランドスケープ

整備方針図　1：4000

凡例
- A．土地売却タイプ（7件）
- B．街区内移動タイプ（1件）
- C．曳家タイプ（2件）
- D．新築タイプ（3件）
- E．一般建造物修景タイプ（10件）
- F．蔵修景タイプ（9件）
- → 曳家を表す

整備前街区平面図　1：4000

凡例
- ■ 既存蔵（22棟）

整備後街区平面図　1：2000

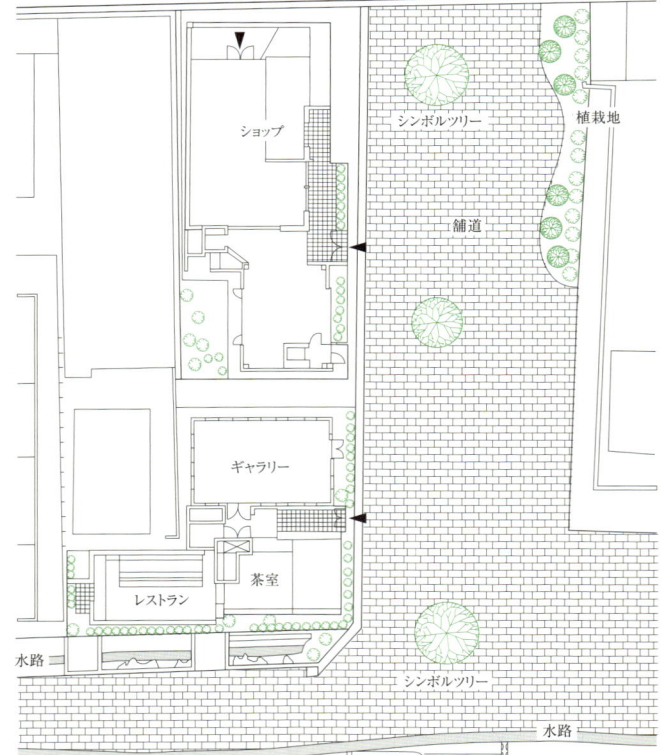

改修・曳き家された建物と外構整備　1：500

改修された建物

曳き家された茶室

整備後の広場

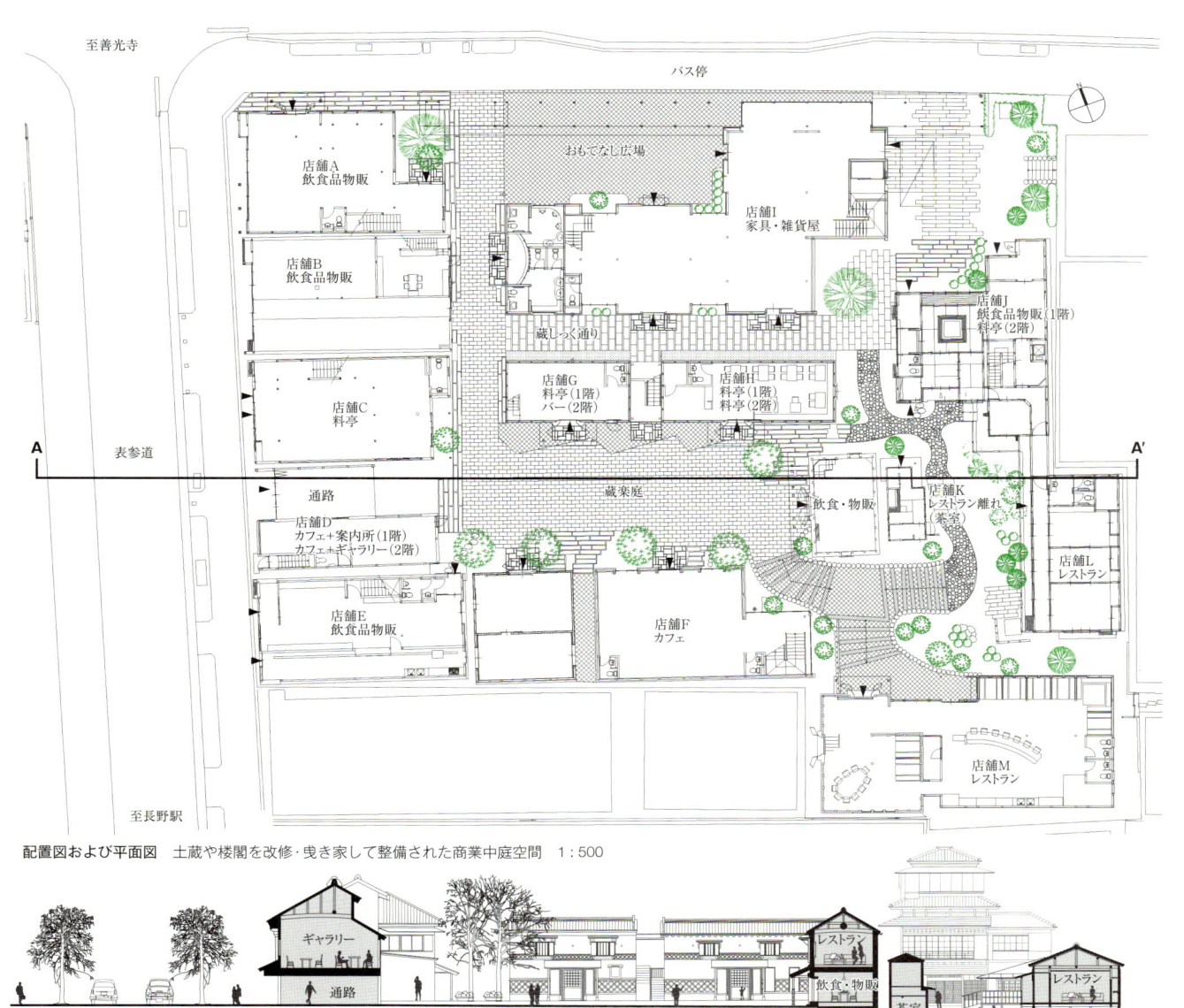

Rehabilitation of District: Creating of Public Space by Relocation 地区のリハビリ：移築による公共空間の創出2

配置図および平面図　土蔵や楼閣を改修・曳き家して整備された商業中庭空間　1:500

A-A'断面図　沿道と中庭の連続性による回遊性の創出　1:500

西側立面図　表参道の街並みに配慮した外観整備　1:500

北側立面図　スカイラインの揃った景観形成　1:500

中庭空間

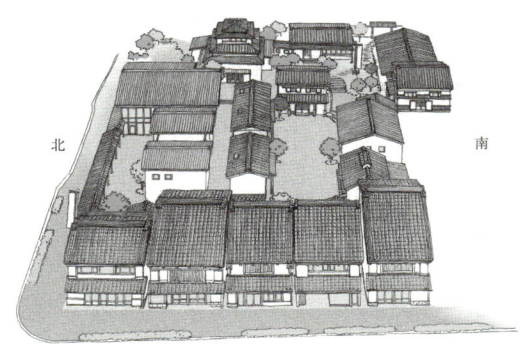

全体スケッチ

ぱてぃお大門
- 所在地：長野県長野市
- 事業主体：まちづくり長野
- 設計：エーシーエ設計
- 建設：2005年
- 棟数：木造2階建13棟
- 用途：店舗，ギャラリー
- 敷地面積：3,113m^2
- 延床面積：2,509m^2

歴史的建物を生かした中庭空間の整備
大門町に残る空き店舗，土蔵，空き家等を改修・曳き家し，中庭「蔵楽庭」を中心にテナントミックスによる商業施設を設置することによって新しい商業空間が整備された．

TMO（Town Management Organization）である（株）まちづくり長野が地権者から土地を事業用定期借地により借り受け，連担建築物設計制度を活用することで既存建築物を活かした空間整備を可能とした．また，国や市の補助金に加えて中小商業活性化総合支援補助金や商工組合中央金庫からの無担保無保証の融資を受けて事業費を確保，整備後も中庭でのイベント企画・運営を行い，観光客の回遊性創出に寄与している．

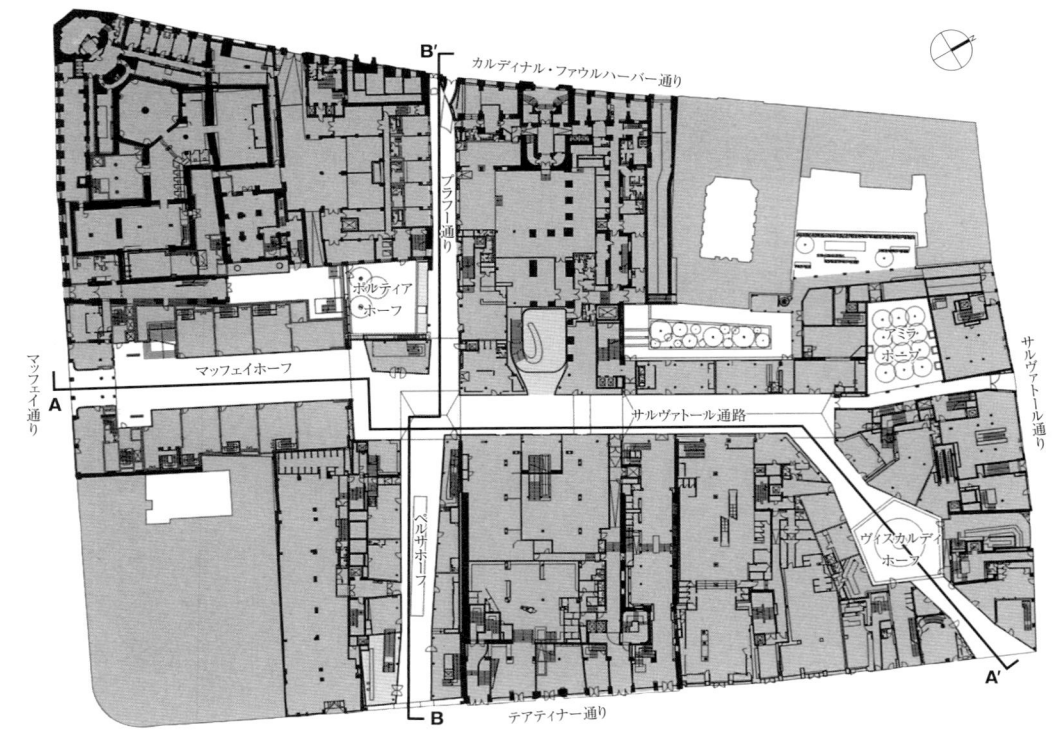

地区のリハビリ：街区と建築をつなぐパッサージュ
Rehabilitation of District: Passage Connecting Architecture and Urban Area

1階平面図　1：1500

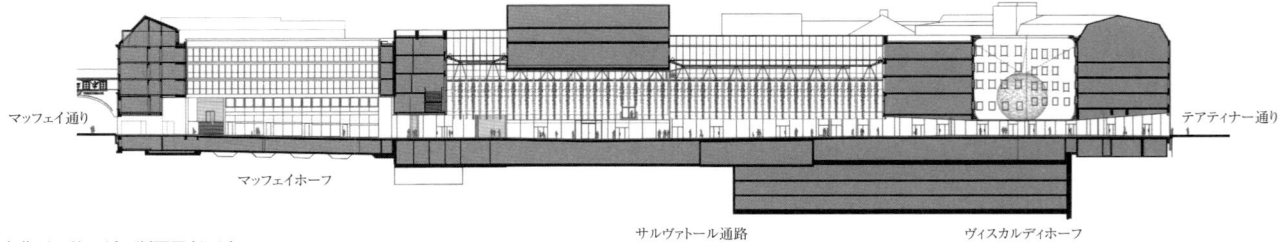

南北パッサージュ断面図（A-A'）　1：1500

東西パッサージュ断面図（B-B'）　1：1500

フォンフ・ホーフェ街区
- 所在地：München, ドイツ
- 設計：Herzog & de Meuron
- 建設：2003年

街区内部に現代的なパッサージュ空間を挿入

ミュンヘンはドイツの中で最も古典的な伝統を培ってきた都市である．テアティナー通りとカルディナル・ファウルハーバー通りにはさまれた一画も戦後に建てられた建物群が保守的な気風をそのまま漂わせていた．本計画はこの一画を多くの異なる街区や単体の建築およびそれらに囲まれたパサージュと中庭の空間を組み合わせることで再構成したものである．

都市と建築をつなぐパッサージュ・5つの中庭空間

街区内部に切り開かれたような中庭やパッサージュが，新設されたボリュームと既存の建築・通りを媒介しつなぐことで，人々に新たな都市の体験を与えている．

アミラホーフ，マッフェイホーフ，ペルサホーフ，ポルティアホーフおよびヴィスカルディホーフと呼ばれる5つの中庭は，それぞれに異なる表情を持ち，パッサージュにより既存の都市空間とリンクすることにより劇的なシークエンスを創出している．

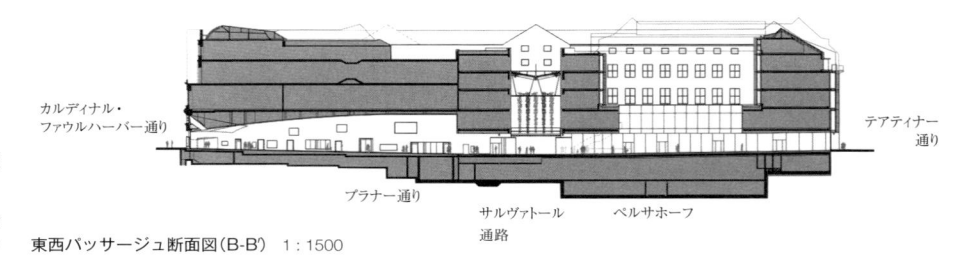

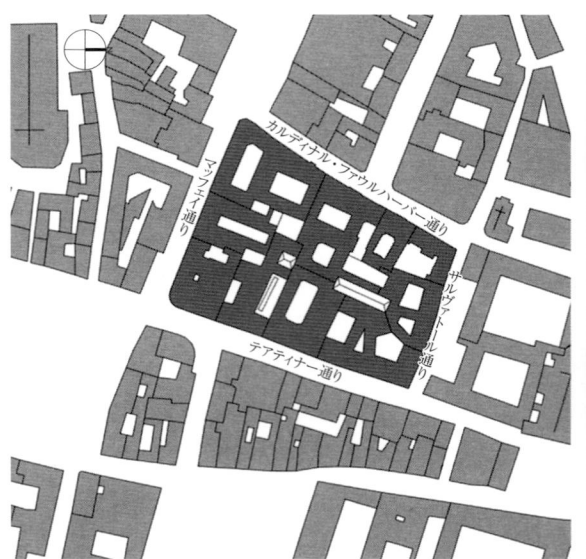

個別建物で占められていた計画前の街区

サルヴァトール通路

ヴィスカルディホーフ

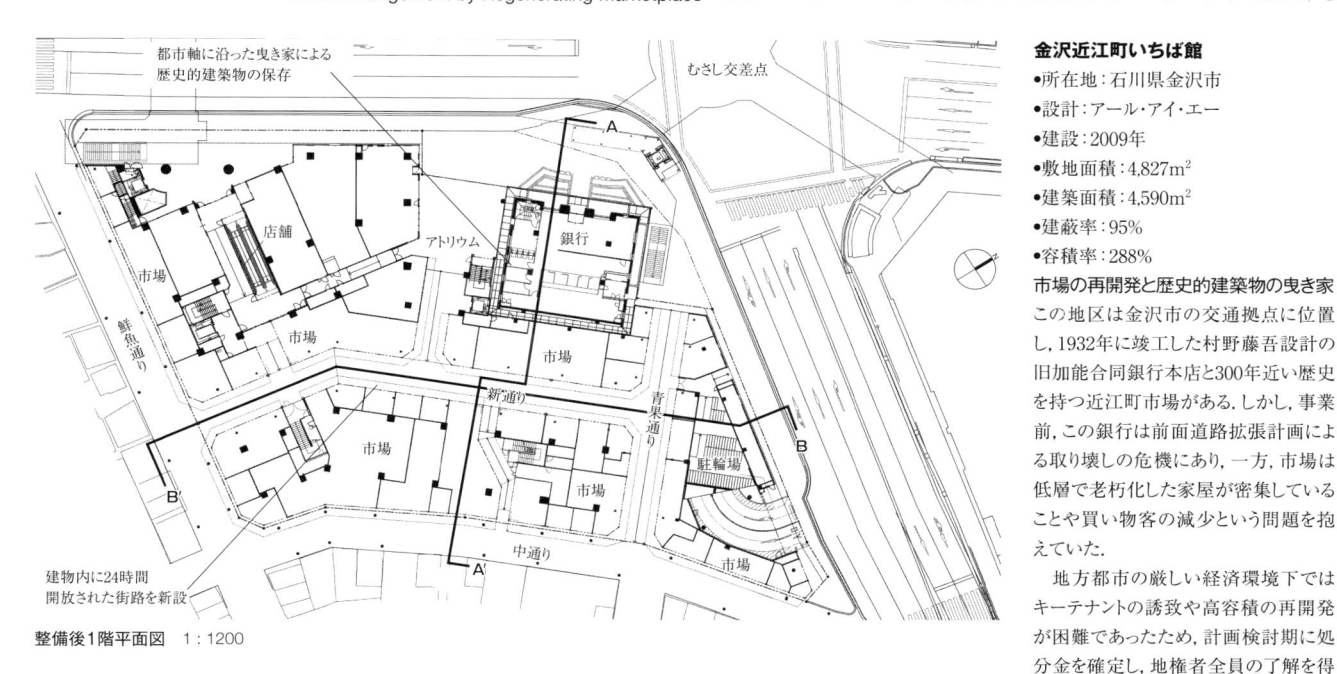

地区のリハビリ：街区と建築をつなぐ市場空間
Rehabilitation of District: Block Arrangement by Regenerating Marketplace

整備後1階平面図 1：1200

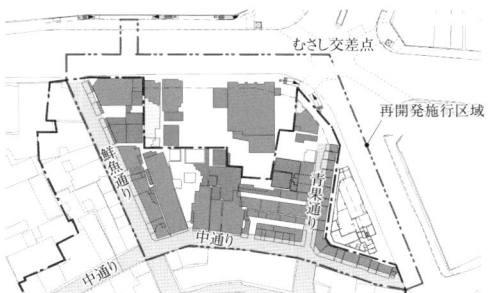

整備前配置図 1：3000

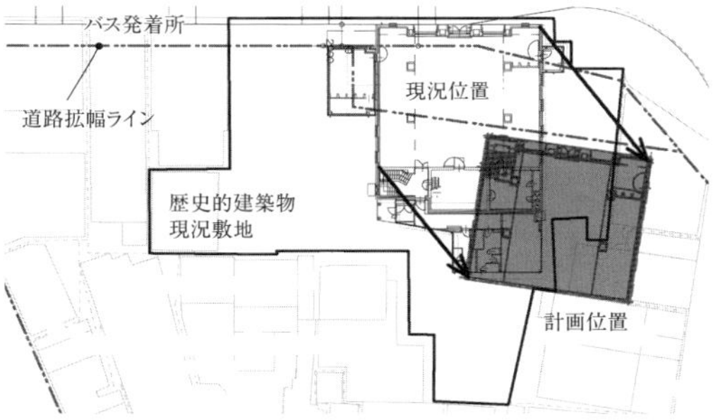

曳き家移動位置図 1：1200

曳き家の移動経過
- 曳き家（縁切り） 0.2m
- 曳き家中 9.0m 
- 曳き家完了 18.8m 

曳き家によるアイストップの景観変化
- 曳き家前
- 曳き家後

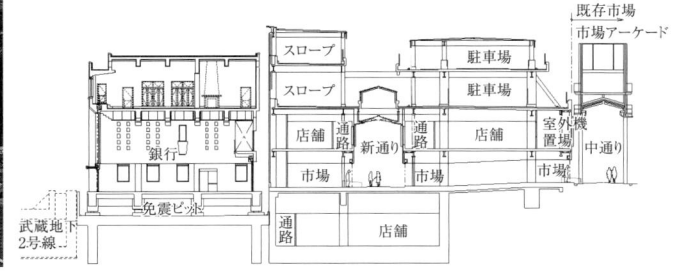

市場と歴史的建築物の断面図（A-A'） 1：800

改修後の外観

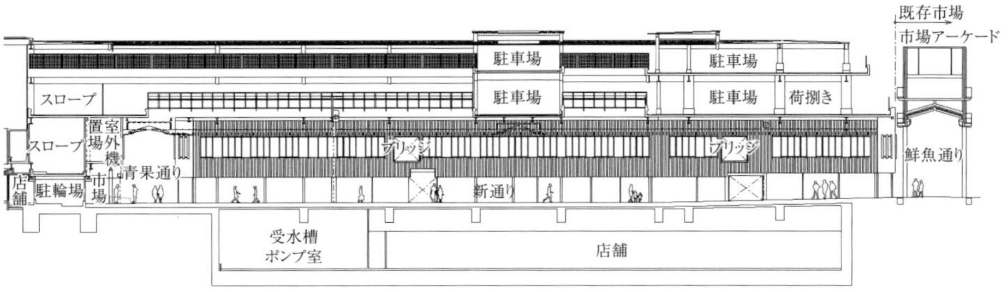

新通り断面図（B-B'） 1：800

金沢近江町いちば館
- 所在地：石川県金沢市
- 設計：アール・アイ・エー
- 建設：2009年
- 敷地面積：4,827m²
- 建築面積：4,590m²
- 建蔽率：95%
- 容積率：288%

市場の再開発と歴史的建築物の曳き家

この地区は金沢市の交通拠点に位置し，1932年に竣工した村野藤吾設計の旧加能合同銀行本店と300年近い歴史を持つ近江町市場がある．しかし，事業前，この銀行は前面道路拡張計画による取り壊しの危機にあり，一方，市場は低層で老朽化した家屋が密集していることや買い物客の減少という問題を抱えていた．

地方都市の厳しい経済環境下ではキーテナントの誘致や高容積の再開発が困難であったため，計画検討時に処分金を確定し，地権者全員の了解を得て低容積型の再生を図った．歴史的建物である銀行と市場を一体で考え，銀行は都市軸を意識し曳き家により約20m移動すると同時に免震化と補修を行い，地域のシンボルとして残すこととした．

原風景を継承した市場の再生

「通りで営まれる市場の商いの再現」をコンセプトに掲げ，整備前のアーケードの骨格を活かした配置が踏襲されている．外部と連続した24時間開放の街路，雑多な商店の配置，自然光の取り込みや外気の流れる環境デザインにより，以前と変わらない市場の雰囲気を生み出しており，既存の商店街を新しい形で復元した．

地区のリハビリ：回遊空間を創出する共同店舗
Rehabilitation of District: Creating of Excursion Space by Collective Store

城崎木屋町小路

- 所在地：兵庫県豊岡市
- 設計：早稲田大学後藤春彦研究室
- 建設：2007〜2008年
- 敷地面積：1,051m²
- 建築面積：618m²
- 建蔽率：58.8%
- 容積率：66.6%

温泉街再生の核となる参拝空間の整備

地域の信仰の中心である四所神社に隣接する温泉街の中心的位置にあった旅館が倒産し不良資産化した土地を，外部資本により景観に配慮されずに建物が建つことを危惧し城崎町が取得したが，長期的な観光振興施策に沿って有効活用を図ることが課題であった．

そこで，行政と地域および大学（早稲田大学後藤春彦研究室）が一体となって長期ビジョン（城崎このさき100年計画）を描き，その具体化の第一歩として町が自ら商業施設を整備し，運営を商工会に委託することで主要産業である観光の活性化を図っている．

このプロジェクトによって，新しい街の骨格となる四所神社の参道の軸に沿って「三十三間通り」と名付けた公共的な広場空間が参道空間を強調するように斜めに配置されることになった．これが，直線状のダイナミックなシークエンスを演出し参拝空間としての場所性を高めている．

横丁のような回遊小路と共同店舗

三十三間通りのフォーマルな空間とは対照的に，インフォーマルな「木屋町小路」と名付けられた小さな商業空間に通り土間，奥座敷，坪庭を配し，有機的なネットワークが街区内に埋め込まれ，横丁のような小さな変化に富んだ風景の連続するシークエンスを演出している．

この商業空間は，まちの活性化とインキュベーションのための施設として位置づけられており，全体で16店舗が入居している．このうち新たな業態開発や新規参入を主体とする事業者による店舗10件がテナントとして選考され，地域資源の掘り起こしや新しい試みなど観光振興の中核になっている．

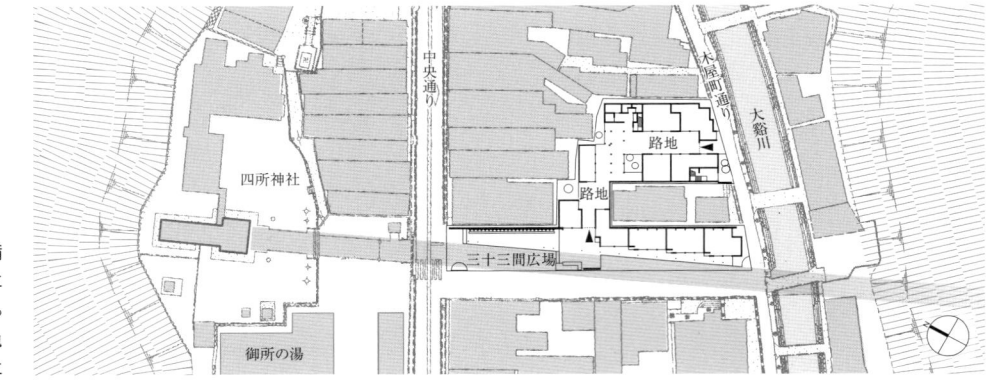

配置図　1:1500

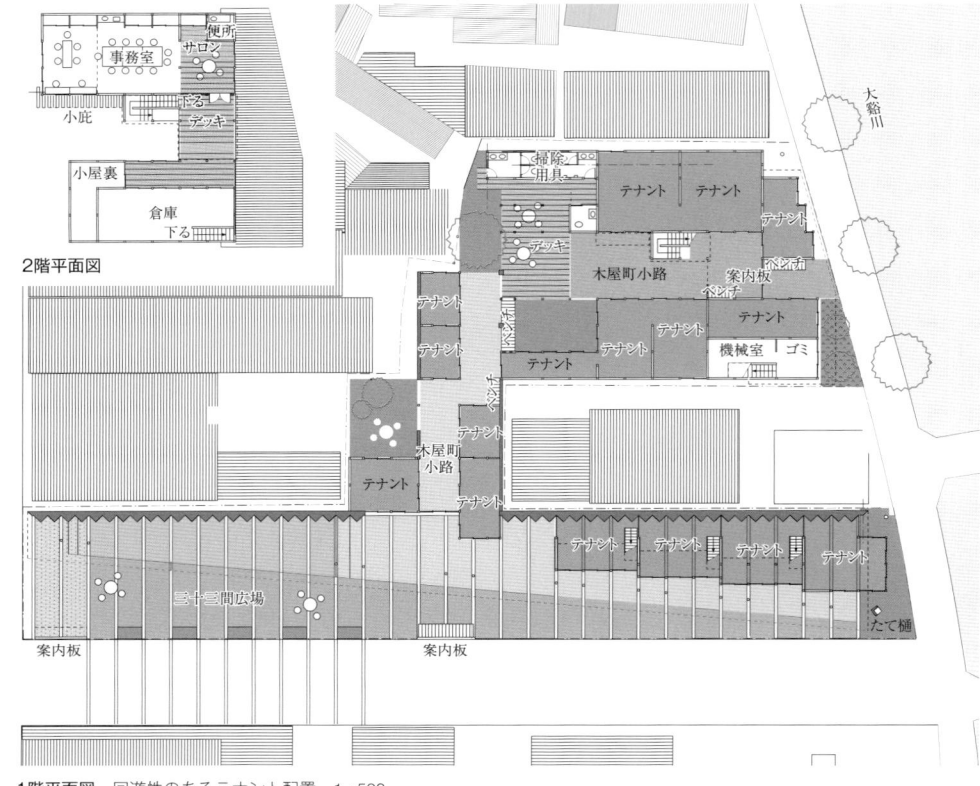

2階平面図

1階平面図　回遊性のあるテナント配置　1:500

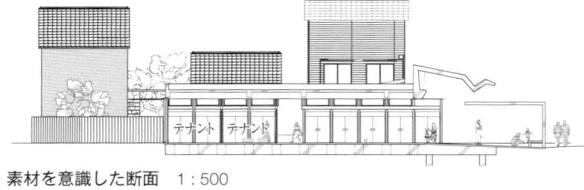

素材を意識した断面　1:500

神社参道に抜ける三十三間広場

隣地の建物となじんだテナント群　1:500

イメージスケッチ

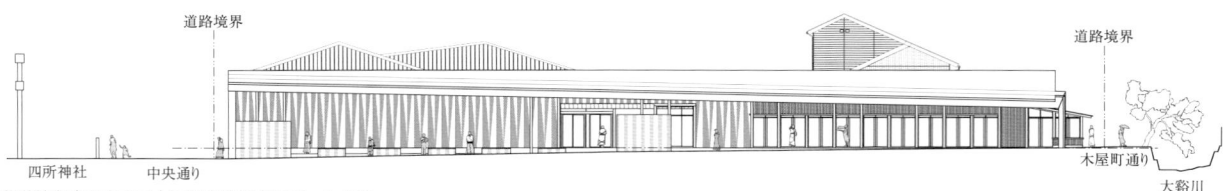

参道軸を強調する三十三間広場の立面図　1:500

Rehabilitation of District: Housing for Elderly Which Regenerates District
地区のリハビリ：まちなか拠点を創出するシニアハウス

蔵座敷

クオレハウス玄関正面

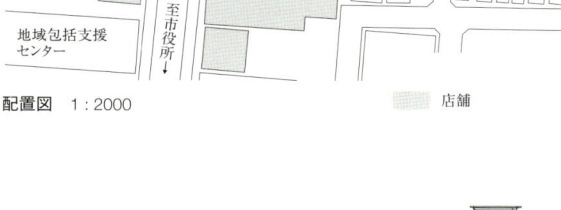

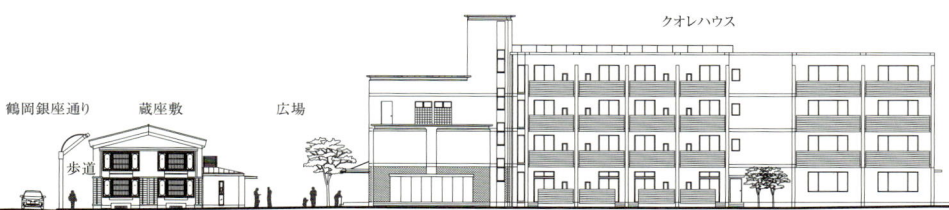

配置図 1：2000

立面図 1：600

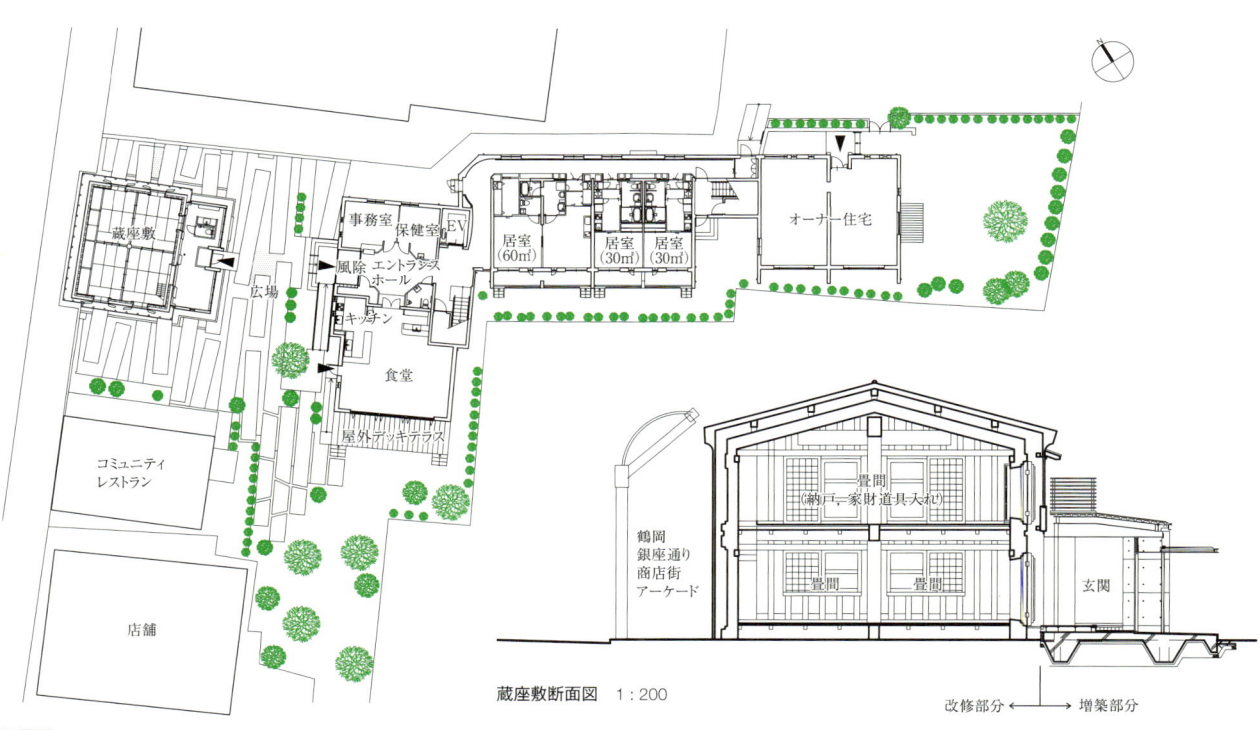

平面図 1：600

蔵座敷断面図 1：200

クオレハウス
- 所在地：山形県鶴岡市
- 設計：やなぎさわ建築設計室
- 建設：2008〜2009年
- 敷地面積：1,931m²
- 建築面積：500m²
- 建蔽率：25.9%
- 容積率：63.3%

シニアハウスと周辺の建物が一体となったまちなか拠点

人口減少や高齢化に伴う諸問題に対する取り組みの一環として，鶴岡市では都心居住を推進しており，2005年3月には「元気居住都心基本計画」が提示された．クオレハウスは，この基本計画に基づく民間による先導的プロジェクトであり，高齢者の自立した生活を支援するための集合住宅として，寂れゆく旧市街地の商店街「鶴岡銀座」の一角に建設された．クオレハウス敷地北側に建設が予定されている鶴岡市による市民交流施設等との連携による地域の活性化が期待されている．同商店街内にある地域包括支援センターとの提携や隣接するコミュニティレストランからの食事の提供等，地域資源を活用したネットワーク型運営が進められている．

蔵を活かした交流拠点

同敷地内には鶴岡市文化財である蔵座敷があり，クオレハウスの建設に併せて地域交流拠点として再生された．また，銀座通りから人を引き込む装置としてクオレハウスと蔵座敷の間に路地のような小広場を設け，高密な中心市街地に回遊空間を創出している．居住スペースとしてのクオレハウス，文化交流スペースとしての蔵座敷，コミュニティレストランが一体となり，まちなか居住の拠点にふさわしいにぎわいの場を提供している．

地区のリハビリ：地域資源を生かした回遊空間
Rehabilitation of District: Making Circular Spaces by Regenerations Regional Resouces

下田旧町内（旧澤村邸＋公衆トイレ）
- 所在地：静岡県下田市
- 事業主体：下田市
- 設計：山中新太郎建築設計事務所
- 建設：2011年（母屋・蔵），2012年（公衆トイレ・広場）
- 用途：観光交流・展示施設／公衆トイレ
- 敷地面積：母屋＋蔵538m²，公衆トイレ＋広場219m²
- 延床面積：母屋＋蔵293m²，公衆トイレ22.5m²

地域の魅力を引き出す「まち遺産」活用

幕末開港の町・下田にはなまこ壁や伊豆石を使った歴史的な建物が市内に点在している．しかし近年，住民の高齢化や造船・漁業などの地元産業の衰退，観光客の減少など，地域を取り巻く環境は厳しく，2000年頃には町に空き家や遊休施設が目立つようになっていた．こうした中，2003年に「新開港下田リノベーション計画」が計画された．これは地元にある建築ストックの再生を連鎖的に仕掛ける計画で，建物と使用者の関係を見直し，古い民家やホテル，保養所などを順次，転用・改修する計画であった．2005年から始まった旧南豆製氷所の廃墟利用や2006年のまち遺産調査などを通じて，地域に愛される景観資源や歴史的街並み（「まち遺産」）に対する市民の関心が高まり，まち遺産を使い地域を回遊できるような魅力づくりを住民が中心となって主体的に実行するようになった．

景観要素の一部となる旧澤村邸改修と公衆トイレ・広場のデザイン

歴史的な建造物が建ち並ぶペリーロードにある大正4年築の旧澤村邸は2008年に下田市に寄贈され，2012年に観光交流施設に改修された．耐震補強された母屋と蔵は無料休憩所や下田芸者の練習場，市民ギャラリーに，元の駐車場は公衆トイレになった．漆喰塗りの公衆トイレは片流れ屋根を町側に開き，その前面に祭りなどのイベントにも使える広場が設けられた．なまこ壁や伊豆石を使った旧澤村邸改修と公衆トイレ・広場の新設は，住民によるまち遺産の活用の呼び水になることを目指した事業であり，周辺の景観との連続性に配慮した地域の新しい顔となっている．

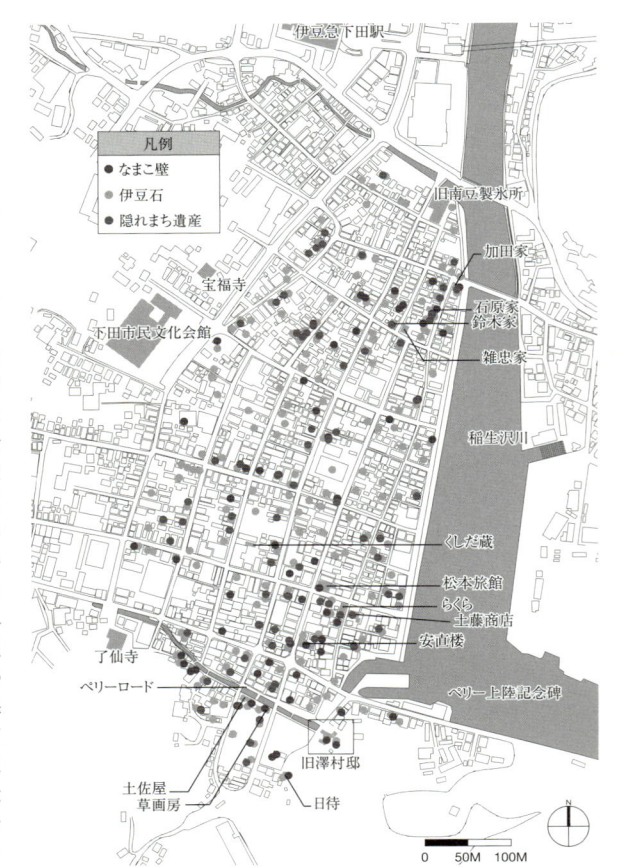

まち遺産の分布図

伊豆石で建てられた旧南豆製氷所

町に開いた公衆トイレ．後ろが旧澤村邸

広場からみたペリーロードのにぎわい

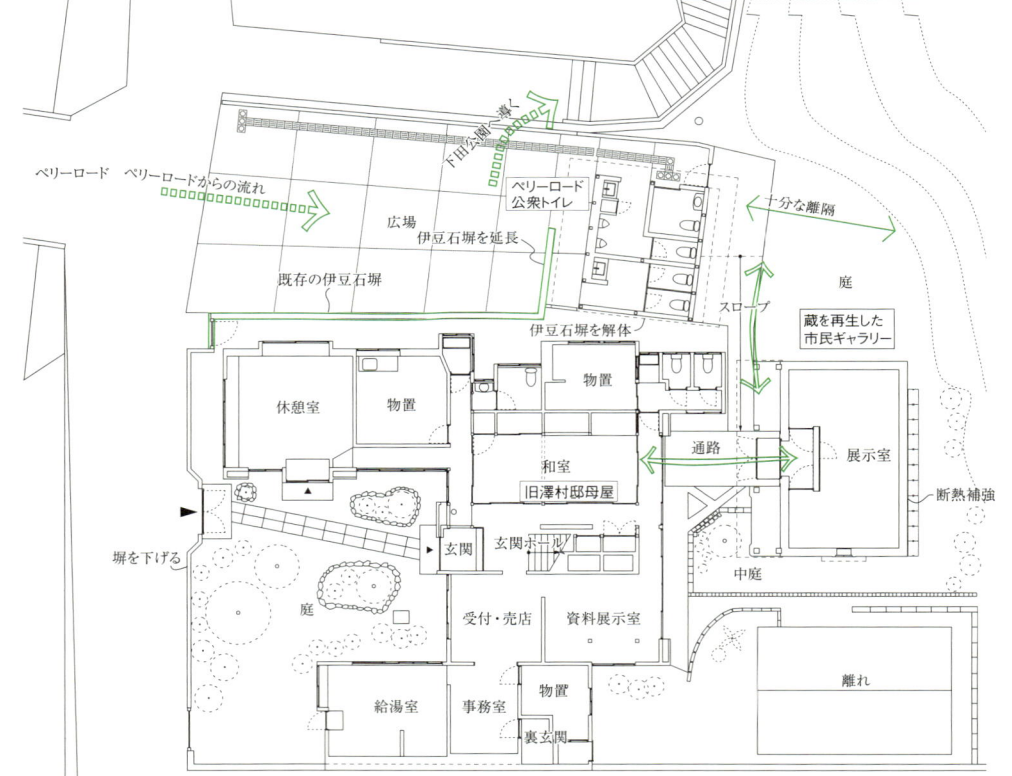

蔵を再生した市民ギャラリー

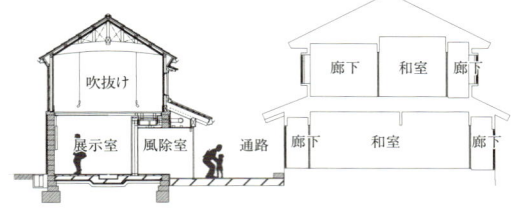

旧澤村邸＋広場＋公衆トイレ平面図　1：300

旧澤村邸母屋・蔵断面図　1：300

公衆トイレ断面図　1：300

Rehabilitation of District: 地区のリハビリ：空き家・空き地再生のネットワーク
Network of Regeneration of Vacant Lots and Vacant Houses

尾道斜面市街地

- 所在地：広島県尾道市
- 事業主体：NPO尾道空き家再生プロジェクト, AIR Onomichi, 新規居住者
- 建設：2000年〜
- 用途：住宅, 店舗, ギャラリー（空き家改修）, 公園（空き地整備）

居住者の自主改修による点在的な生活空間の更新

尾道の斜面は車の入れない狭い道と崖地上の立地等の制約から, 一般建物の環境改善は限られ, 改修行為が中心となっている. この状況に対し, 近年では若い新規居住者が自主的にアトリエ, カフェ, ギャラリーなどを含む改修を行い生活空間の更新を進めることで, 多様な空間の集積する地区環境を生み出している.

NPOによる再生マネジメント

2008年に設立されたNPO尾道空き家再生プロジェクトは斜面地の空き家再生を目的とした組織で, 空き家と移住希望者とのマッチングや支援活動を行い, 自主改修による空き家・空き地再生をサポートしている.

一方, アート作品の滞在制作を支援するAIR Onomichiのような組織が再生された場所の運営主体として育ちつつあり, 地域の新しい価値を創出している.

アクアの森（多目的広場） NPO尾道空き家再生プロジェクトが学生と一緒に改修してできた小屋と広場, 菜園, 花壇, ライブステージ, 野外キッチンなどもある.

七番街長屋, 空き地公園 斜面地に新たに住み始めた人達とNPOが協力して, 空き家の改修と空き地の整備を行った事例. まわりにはパン屋や陶芸家の工房などが集まっている.

森の家（ゲストハウス） NPO尾道空き家再生プロジェクトが学生と一緒に改修してできたゲストハウス. 眺望を活かした五右衛門風呂もある.

光明寺會館（カフェ, ギャラリー） アーティストの滞在制作を支援しているAIR Onomichiが運営しているギャラリー兼カフェ.

三角堂（アトリエ） 地元大学生が自分で改修を行い, オープンな住居兼アトリエを展開．

斜面市街地の配置図　1:2000
■は新規移住者による改修建物

連続した空き家・空き地の漸進的更新　1:300

住居A クリエイターの家 2005年移住
住居B アーティストの家 2005年移住
私設図書館 本の家 2012年改修
空き地公園 子供の遊び場 2011年開園
飲食店 ネコノテパン工場 2009年開業

多様なライフスタイルに対応した空き家・空き地の改修（B-B'断面図）　1:300

- 最小限の大きさの店舗（外の椅子で座って食べることができる）
- 子供に合わせたスケールの部屋づくり
- 周辺住民が作った公園（子供の遊び場を創出）

新旧の混在した街並みの形成（A-A'断面図）　1:600

- **眺望** 崖の上という立地を活かして眺望の良い坂暮らし体験ハウスへと改修. テラスをはり出す事で憩いの場を創出している.
- **歴史的建造物の混在する景観** 斜面地には多くの寺社が点在し, 改修された建物と歴史的建造物が混在して, 新たな景観を生み出している.
- **アートスペースの創出** 新しく移住した住民が中心となり, お寺が所有している物件を改修してカフェやギャラリーを展開している.

114 地区のリハビリ：集合住宅の連鎖による住環境改善1　Rehabilitation of District: Improvement of Residental Environment by Chain Reaction

上尾市仲町愛宕地区
- 所在地：埼玉県上尾市
- 設計：綜合設計機構，象地域設計
- コーディネート：まちづくり研究所，象地域設計，上尾市
- 建設：1988～1997年
- 地区面積：7,662m²

共同建替えと通り抜け道路整備の連鎖による短冊形密集地域の再生

この地区は，敷地の間口と奥行きが1:10という短冊状で，その敷地に4, 5軒が並んで建ち，自力での建替えが困難な状況にあった．その中で，住み続けられることを目標に「地域にあった容積率」「低層集合住宅による共同建替え」「歩車共存の街区内道路」「通り抜け路の復活」「オープンスペースと緑」「小規模遊び場の分散的配置とそのネットワーク化」などの基本原則が定められ，事業が進められた．第1号目の共同建替え「コープ愛宕」を筆頭に，地区の状況に合わせて段階的に整備を行うことで，地区全体がつながりを保ちながら更新されている．

また，道路整備と一体的に広場や通り抜け空間も整備されており，地域の防災性の向上にも貢献している．公民連携によって住まいの改善と町の環境の整備が段階的にかつ一体的にデザインされた密集市街地の整備モデルといえる．

Chapter 3　再生の手法
- 建築の再生
- 地区のリハビリ
- 交通結節点の活用
- 環境創生のランドスケープ

住環境整備モデル事業（1987年）　1:5000
全体計画図

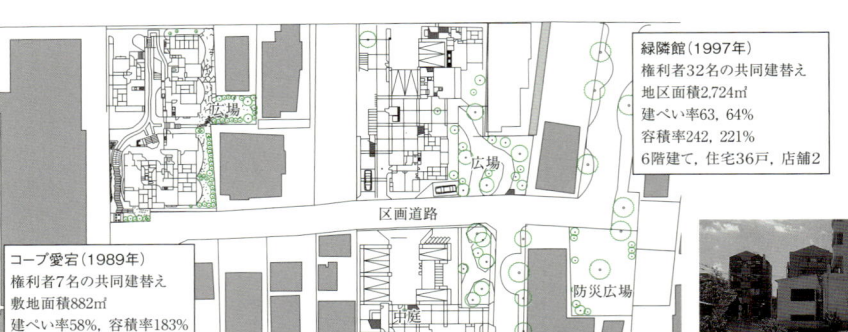

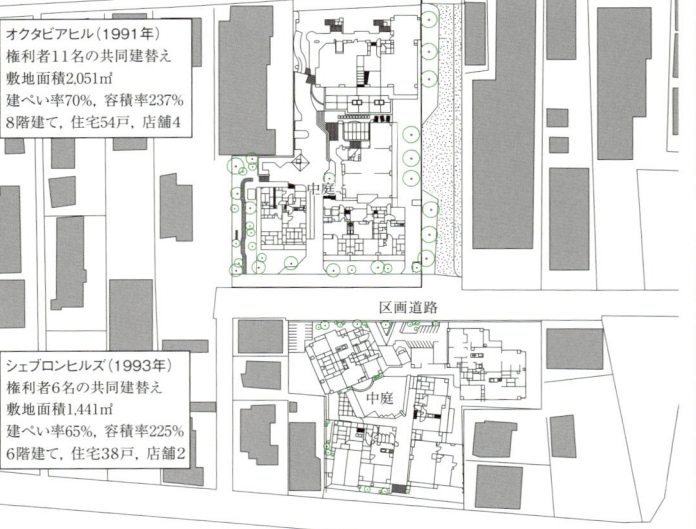

総合住環境整備事業（1993～2000年）　1:5000

緑隣館（1997年）
権利者32名の共同建替え
地区面積2,724m²
建ぺい率63, 64%
容積率242, 221%
6階建て，住宅36戸，店舗2

コープ愛宕（1989年）
権利者7名の共同建替え
敷地面積882m²
建ぺい率58%，容積率183%
4階建て，23戸

オクタビアヒル（1991年）
権利者11名の共同建替え
敷地面積2,051m²
建ぺい率70%，容積率237%
8階建て，住宅54戸，店舗4

シェブロンヒルズ（1993年）
権利者6名の共同建替え
敷地面積1,441m²
建ぺい率65%，容積率225%
6階建て，住宅38戸，店舗2

防災広場

緑隣館の間を通る区画道路

整備前

コープ愛宕外観

配置図　1:1500

オクタビアヒルの中庭

連続した通り抜け空間の断面図（A-A'）　1:500
中山道　オクタビアヒル　駐車場　区画道路　シェブロンヒルズ

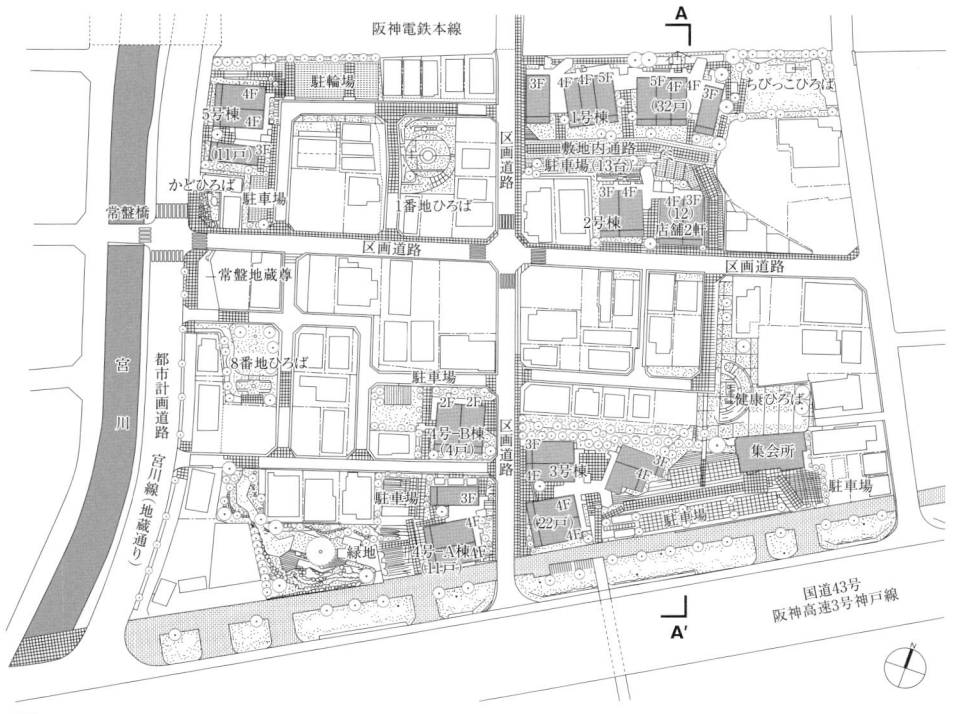

地区のリハビリ：集合住宅の連鎖による住環境改善2

若宮地区復興まちづくり
- 所在地：兵庫県芦屋市
- 設計：現代計画研究所
- 建設：1999～2001年

公的ハウジングと戸建住宅再建による密集住宅街区の再生

若宮地区は2.3haの区域で，阪神・淡路大震災により全壊162戸（62%），半壊70戸（27%）の甚大な被害を受けた．復興にあたり行政が先行してスクラップアンドビルド型の計画を作ったが，被害の少なかった地権者の強い反対により断念．そこで行政と住民が協議を積み重ね，既存の戸建て住宅を残しつつ，新しい集合住宅や公共空間を埋め込んでいく修復型のまちづくりが採用され，最終的に配置図のようになった．震災後の住み替えの特徴として，多くの人が4つの街区内での移動に留まり，地区外へ転出した人が少なかったため，従来からのコミュニティが維持されていることが挙げられる．

配置図　1：2000

改良住宅の整備と歩行者ネットワークの創出

小規模分散配置，住棟の分棟・分節，小スケール化に特に留意するなど，在置住宅や再建される戸建住宅と新たに作られる集合住宅が融和した街並みが形成されている．6棟92戸が建設され，5階建てから2階建ての集合住宅と集会所や広場などの公共空間が一体となって計画された．4つの街区にそれぞれ1つずつ広場を配置し，それらを街区内道路でつなぐことで安全な歩行者ネットワークが整備されている．

六甲山を意識したスカイライン　　セットバックによる圧迫感の軽減

街並みとのスケールの調和

5階建て以上の集合住宅では，4階以上をセットバックしファサードを分節することで，通り沿いから見たときに3階建てのように見せ，圧迫感が軽減されている．また，この地区の北側にある六甲山を意識し，建物の中心付近をトップとし，周端にいくに従って階層が下がっていくようなスカイラインや，六甲山の景色を眺めるために2階から3階に上がる階段が北側に向いているなど，既存の街並みや景観との連続性に配慮されている．

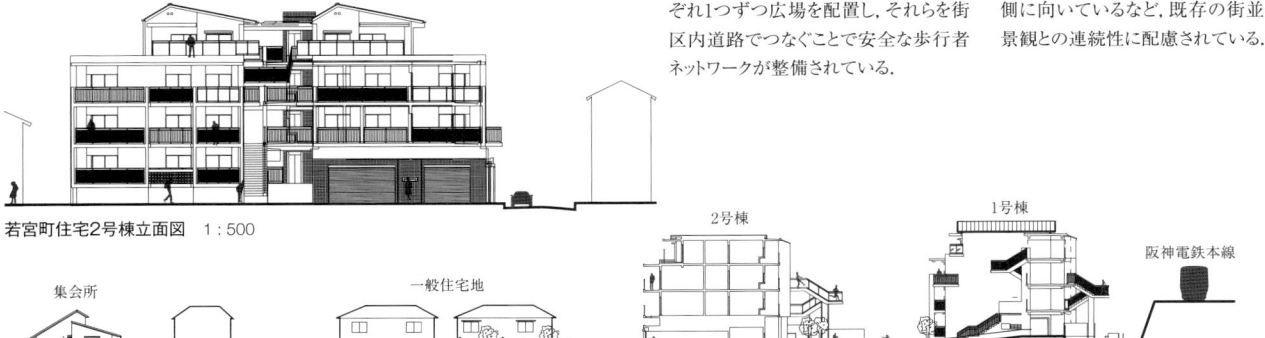

若宮町住宅2号棟立面図　1：500

断面図（A-A'）　1：800

復興後のコミュニティ

阪神・淡路大震災の復興後，多くの地区では住民が入れ替わり，もともとのコミュニティがバラバラになってしまったことが課題として挙げられる．

しかし，若宮地区では半分以上が全壊したにもかかわらず，全居住者の6割が残留し，その約7割が震災前に住んでいた街区にとどまった．震災前後で居住者の移動を最低限に抑えることで，隣近所のコミュニティを維持し，新たな近隣関係の構築を促している．

若宮地区被災状況図　　若宮地区の震災前後の住み替え動向図

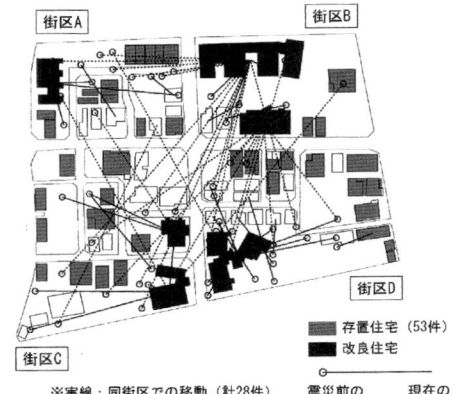

出典：塩崎賢明，住宅復興とコミュニティ，日本経済評論社，2009．

116 地区のリハビリ：密集市街地を改善する集合住宅1　Rehabilitation of District: Apartment to Improve High Density District

Apartment傳

- 所在地：東京都中野区
- 設計：泉幸甫建築研究所
- 建設：1988年
- 敷地面積：1,090.5m²
- 建築面積：904m²
- 建蔽率：79.8%（46.3%）
- 容積率：215.7%（83.6%）

老朽家屋の建替えに伴うカフェのある中庭の創出

密集市街地にあった老朽家屋数棟を集合住宅に建て替えた事例．周辺建物とスケール感を合わせるため低層・低密度とし，中庭やカフェといった公共的空間を埋め込んでいる．不整形な敷地を生かし奥まった中心に中庭を配し，カフェはあえて通りに面さないことにより来訪者を中庭へと引き込む．

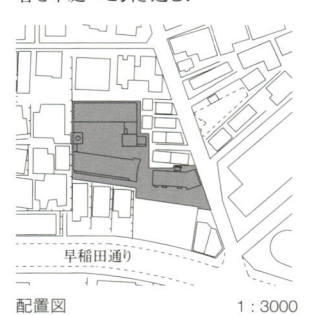

配置図　1:3000

中庭　　　（撮影：小林浩志）

Apartment鶉

- 所在地：東京都豊島区
- 設計：泉幸甫建築研究所
- 建設：2000～2002年
- 敷地面積：1,407m²
- 建築面積：634m²
- 建蔽率：47.9%
- 容積率：85.07%

通り抜け可能な中庭と路地空間の創出

学習院大学近くの400坪の敷地に建て替えられたギャラリー，オーナー住宅，12戸の賃貸住宅からなる集合住宅．中庭のビオトープの池を中心にギャラリーと3つに分棟された賃貸住宅が配されている．全体的に高さが抑えられているため周辺に圧迫感を与えず，閑静な住宅街と調和している．

建蔽率を低く抑えることで，豊かな中庭と回遊できるヒューマンスケールな路地空間を創出している．また，外壁は緑と調和させるために漆喰と土，ワラや砂を混ぜ合わせた左官仕上げとしている．

路地から中庭を見る

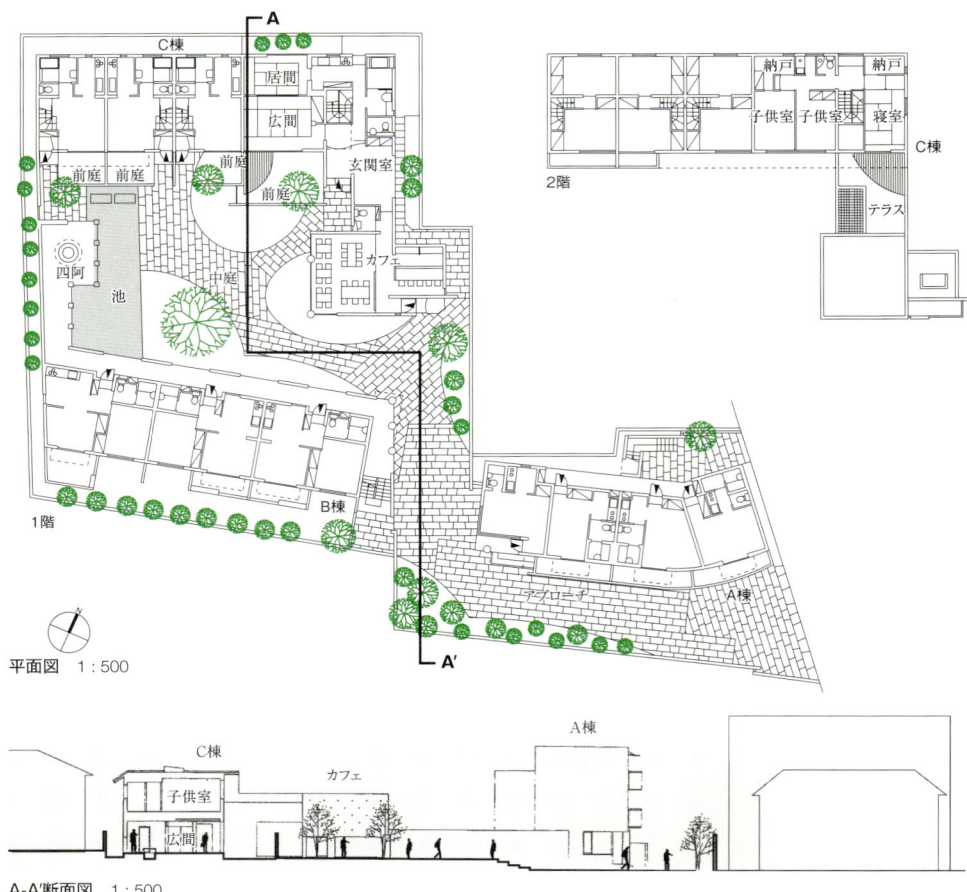

平面図　1:500

2階

A-A'断面図　1:500
Apartment傳

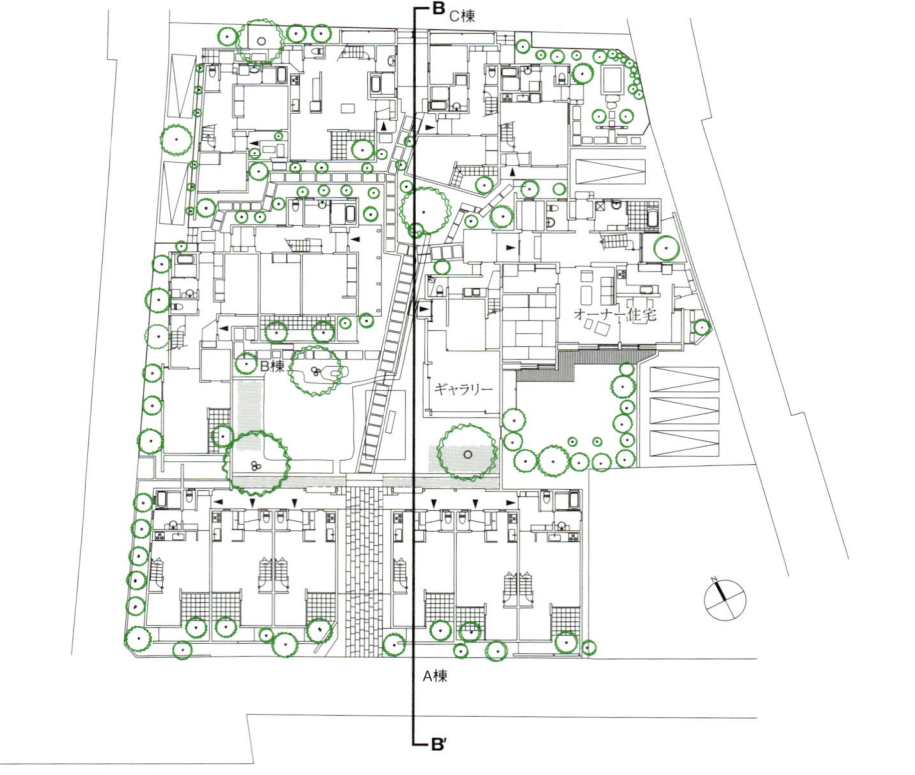

配置図および1階平面図　1:500

B-B'断面図　1:500
Apartment鶉

Rehabilitation of District: Apartment to Improve High Density District　**地区のリハビリ：密集市街地を改善する集合住宅2**　117

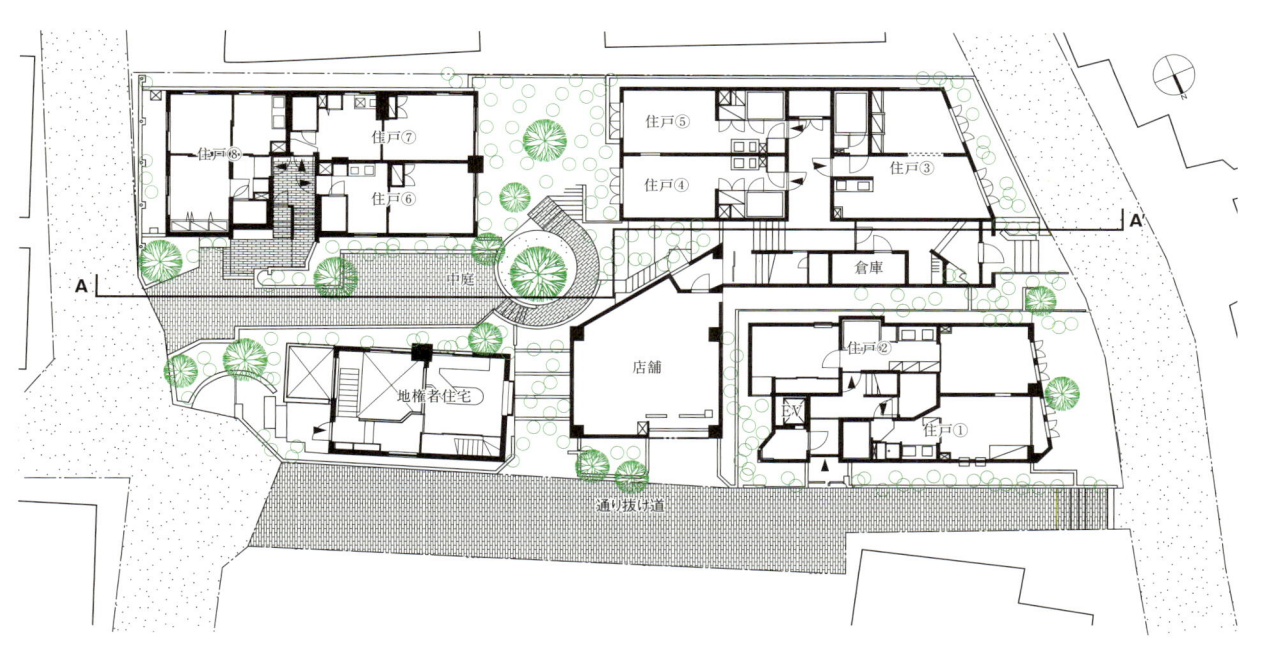

平面図　1:300

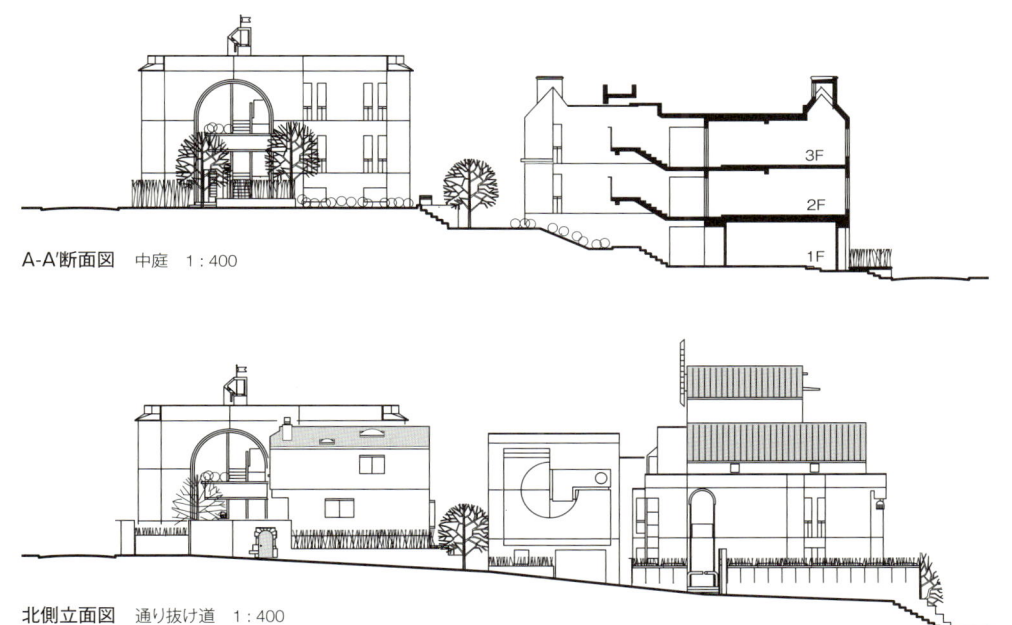

A-A'断面図　中庭　1:400

北側立面図　通り抜け道　1:400

和田村プロジェクト
- 所在地：東京都世田谷区
- 設計：山本次男（studio5）
- 建設：第1期1981年，第2期1995年，第3期1997年，第4期2004年
- 敷地面積：827m²

協調建替えによる中庭と通り抜け道の創出

木造密集市街地整備の行われている世田谷区太子堂で公共施設整備と民間の建替え事業が協調・連担した事例．

崖による約4mの高低差のあった街区内で，区が行った通り抜け道の整備と地主と親交のあった建築家による4つの段階的な建替えプロジェクトの協調によって，崖をつなぐ中庭や通り抜け道につながる路地などの空間を作り出している．また，和田村に居を構えるこの建築家は，3つ目のプロジェクトの際に，接道条件を満たすために通り抜け道を位置指定するなど，密集市街地整備における事業的な効果にも配慮している．

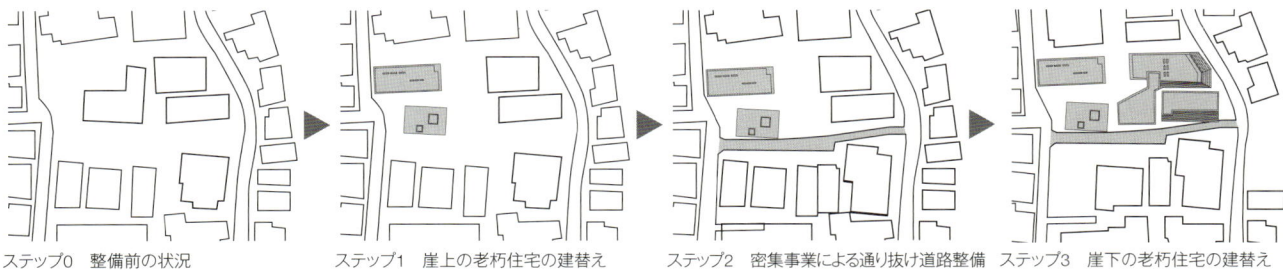

ステップ0　整備前の状況　　ステップ1　崖上の老朽住宅の建替え　　ステップ2　密集事業による通り抜け道路整備　　ステップ3　崖下の老朽住宅の建替え

建替えのプロセス

4mの高低差をつなぐ中庭　　緑豊かな中庭空間　　通り抜け道

地区のリハビリ：路地と長屋の再生1　Rehabilitation of District: Reformation of Alleys and Row Houses

大森ロッヂ
- 所在地：東京都大田区
- 設計：ブルースタジオ，アトリエイーゼロサン
- 建設：2009〜2011年
- 用途：共同住宅（賃貸）
- 敷地面積：909m²
- 延床面積：463m²
- 棟数：木造平屋建3棟，木造2階建5棟

安全性を重視した最低限の改修
高度経済成長期に建てられた木賃長屋6棟と木造住宅2棟を，空き室となった棟から段階的に改修した．

改修の際にはその時点で不要と思われる工事は避け，メンテナンスを行いながら短期間でその都度延命の措置を検討することにした．増築などのボリューム変更はせず，確認申請等の必要のない範囲で改修を行い，更新部分に関しては基準法や条例に準じ，耐震補強工事と防火・遮音性能を満たした界壁工事などを行っている．

町大工がなせる部材の再利用
大森ロッヂの既存家屋群は同じ棟梁の手で10年程の期間にわたって順次建てられたものである．改修する際にはその棟梁の意図を読み取りながら，解体した材料を素材に戻して棟をまたいで再利用している．このような在来木造住宅のリノベーションはプレカットや2×4の経験しかもたない大工には難しい工事であり，刻みや手加工ができる経験豊かな町大工の存在があって初めて成り立っている．

大家による暮らし方のファシリテート
大森ロッヂの大家は，低層・低密度の長屋暮らしの豊かさや，町の歴史・文脈を伝える風景・地域資源を残すことを目的に，リノベーションという方法を選んだ．空間整備だけではなく，敷地内の路地や東屋や広場を利用してイベントを催すことで「向こう三軒両隣」のご近所付き合いを生み出し，それがこの建築の付加価値ともなっている．

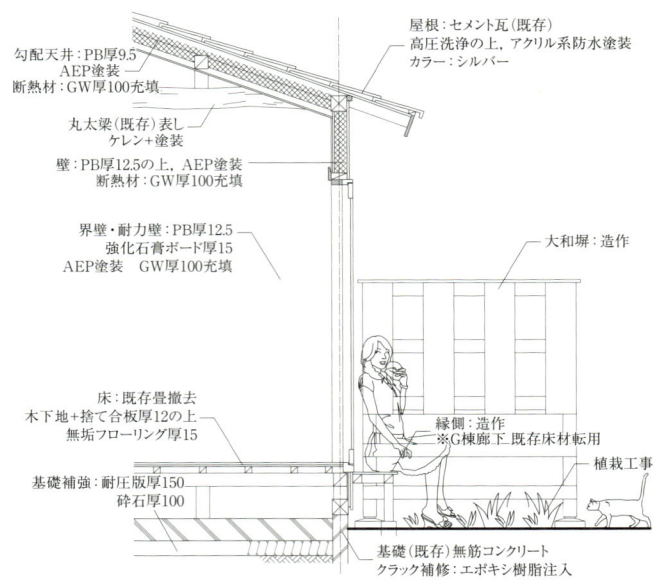

詳細断面図　長屋の内と外をつなぐ縁側と庭の再生　1：50

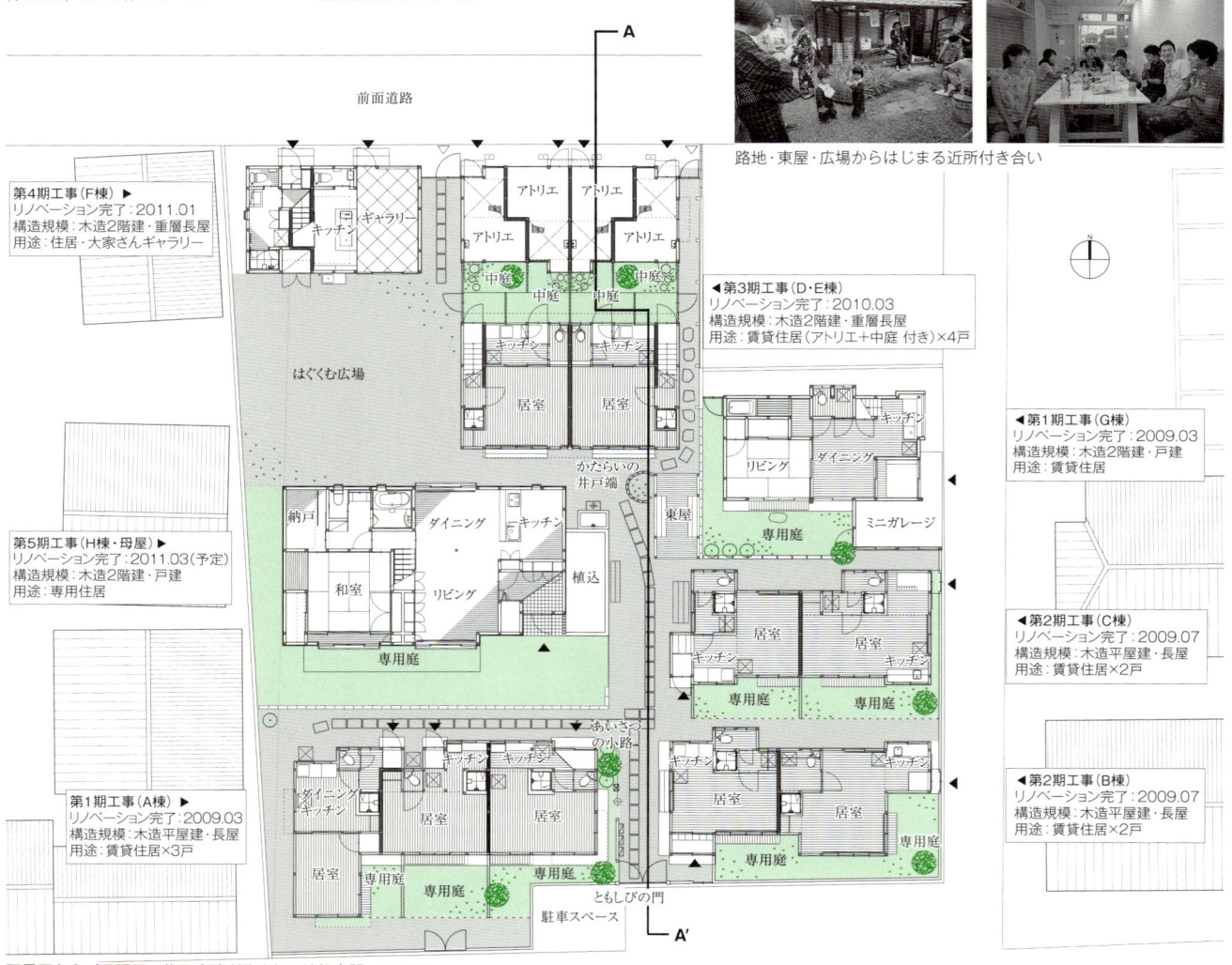

路地・東屋・広場からはじまる近所付き合い

配置図および平面図　住民交流が生まれる外部空間　1：300

A-A'断面図　低層・低密度の木造長屋暮らし　1：300

Rehabilitation of District: Reformation of Alleys and Row Houses 地区のリハビリ：路地と長屋の再生2

配置図および平面図　店舗に合わせた間取りの変更　1:300

地域のイベント

寺西家阿倍野長屋

西側立面図　木造長屋の店舗へのコンバージョン　1:300

寺西家阿倍野長屋
- 所在地：大阪府大阪市
- 監修：すがアトリエ
- 改修：2004年
- 用途：飲食店舗
- 敷地面積：315m²
- 延床面積：394m²
- 棟数：木造2階建1棟

大阪長屋のコンバージョンによる長屋レストラン

寺西家阿倍野長屋は1933（昭和8）年に建てられた当時の典型的な賃貸住宅である長屋建築で，大家がマンションへの建替えを検討している際に建築家が声をかけたのがきっかけとなり，飲食店舗へとコンバージョンした．

地域に向けたモデルマンション建替えと長屋コンバージョンの事業収支を比較すると，自己資金内での改修に抑えれば，長屋は固定資産税も安く，コンバージョンの方が運用収益面ではるかに優れていた．同時期に建てられた西側にある大家の自宅や周囲の古い建物の一部が一体となり，駅近の好立地も幸いし，昭和の雰囲気を残す楽しいエリア「寺西長屋」として知られるようになった．また，地域の職人や建築家の集まりである「あす」が始めた長屋オープンハウスが，今では大家や店子の努力によって拡大し，地域の大イベント「どっぷり昭和町」として継続している．

配置図および平面図　段階的な長屋再生　1:600

豊崎長屋

A-A'断面図　風東長屋における耐震補強　1:200

豊崎長屋
- 所在地：大阪府大阪市
- 設計：大阪市立大学竹原・小池研究室
- 建設：2007年（銀舎長屋），2008年（風東，風西長屋），2009年（南長屋），2010年（北終長屋）
- 棟数：主屋+長屋6棟
- 用途：賃貸住宅
- 敷地面積：1,457m²
- 延床面積：417m²

減築・改修・耐震補強による長屋暮らしの再生

豊崎長屋は明治時代から大正時代に建設された主屋と6棟の長屋であり，現在も地道の路地を挟んで向かい合っている．所有者と大阪市立大学が協力し，5年をかけて5棟の長屋の改修・耐震補強を段階的に行った．

大阪市内において長屋の再生事例は増えつつあるが，住宅として存続させたものはほとんどない．しかし，豊崎長屋では国の登録有形文化財への登録や大阪市の耐震補助制度を活用することで，貸家経営モデルとしての長屋再生を実現している．また耐震補強だけでなく現代の暮らしに合わせて設備を刷新することで賃貸住宅として機能させ，空き家への若い世代の入居を促している．

路地でのイベント

地区のリハビリ：親水空間の整備と歩行路の創出1
Rehabilitation of District: Improvement of Water Park and Creating Approach Route

音無川親水公園
- 所在地：東京都北区
- 敷地面積：約5,000m²

河川・公園・街路の一体的整備による親水空間の再生

地域の中心地を流れる石神井川は，この付近では音無川と呼ばれている．洪水の危険性が高いエリアであったが，隣接する放水路の完成によってその恐れがなくなったため，河川空間を公園および街路と一体的に整備することが可能になった．石神井川から枝分かれした音無川は都電王子駅の地下を通り，路面電車の停留所付近で再び姿を見せ，放水路へ合流する．実際は，夏場などの期間のみポンプで本流から水を汲み上げている．

眺め，触れ，親しむ水の場として市民の身近に水を取り戻すことを目的とし，短い距離の中に自然の川の流域を表現した．上流部には岩組みや流木，中流部には玉石やせせらぎ，下流部には舟，橋，水を配し，また水遊びの場は水道水とするなど衛生面にも配慮している．

整備前の音無川

親水空間で憩う市民

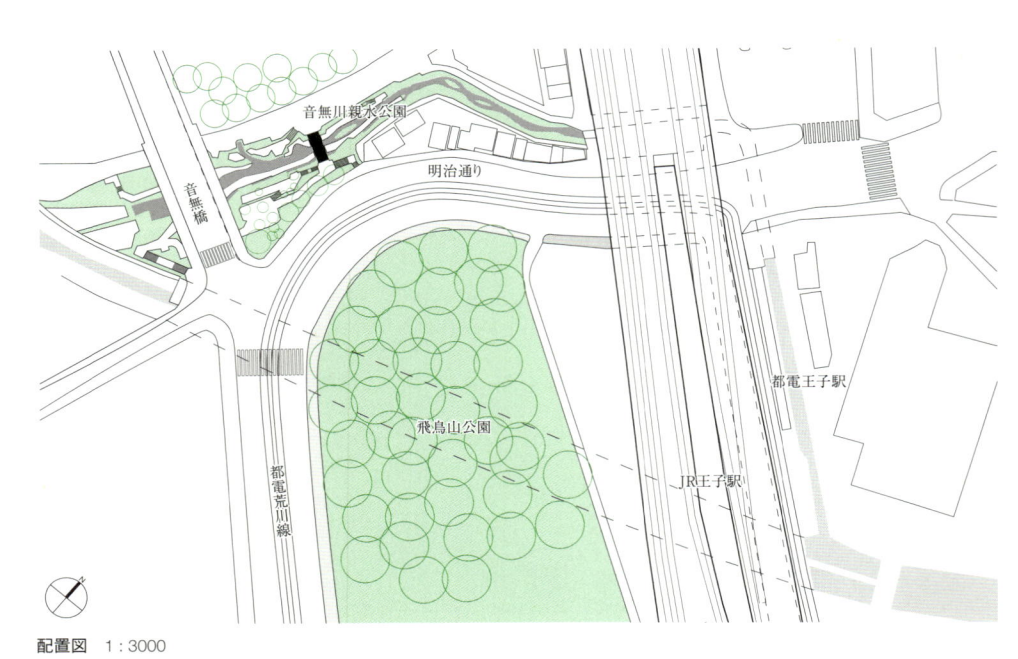

配置図　1：3000

音無川親水公園横断図　1：300

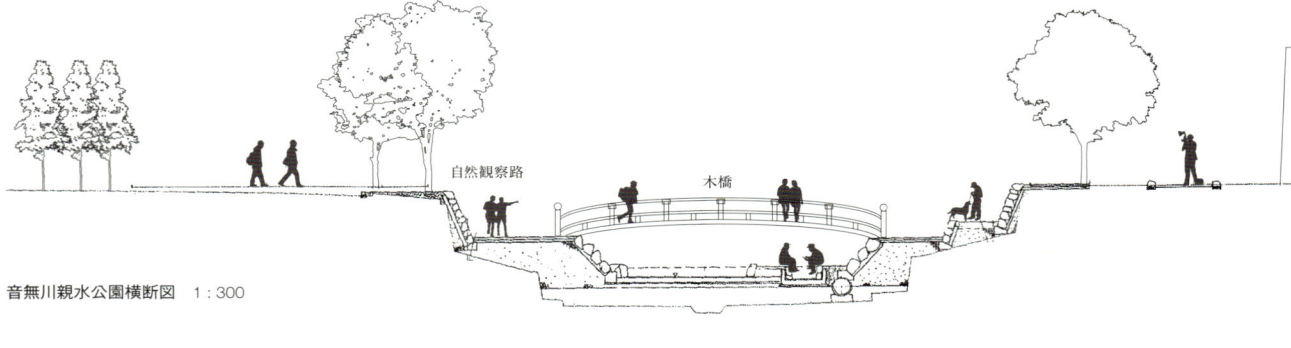

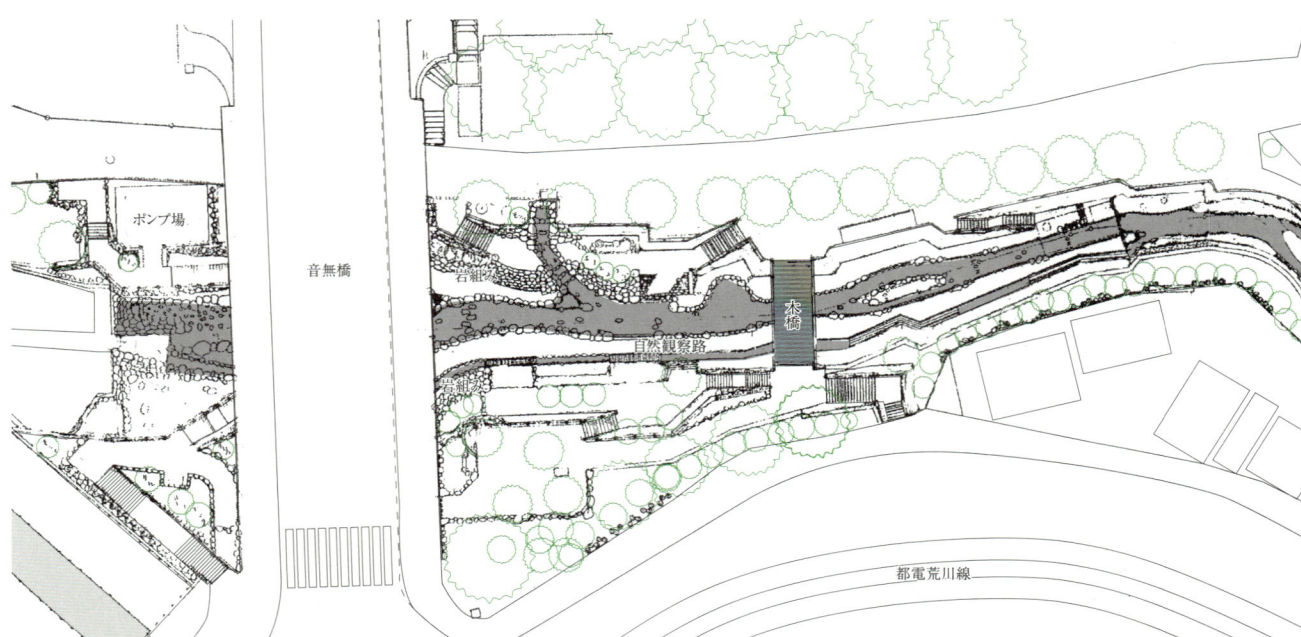

音無川整備後平面図　1：800

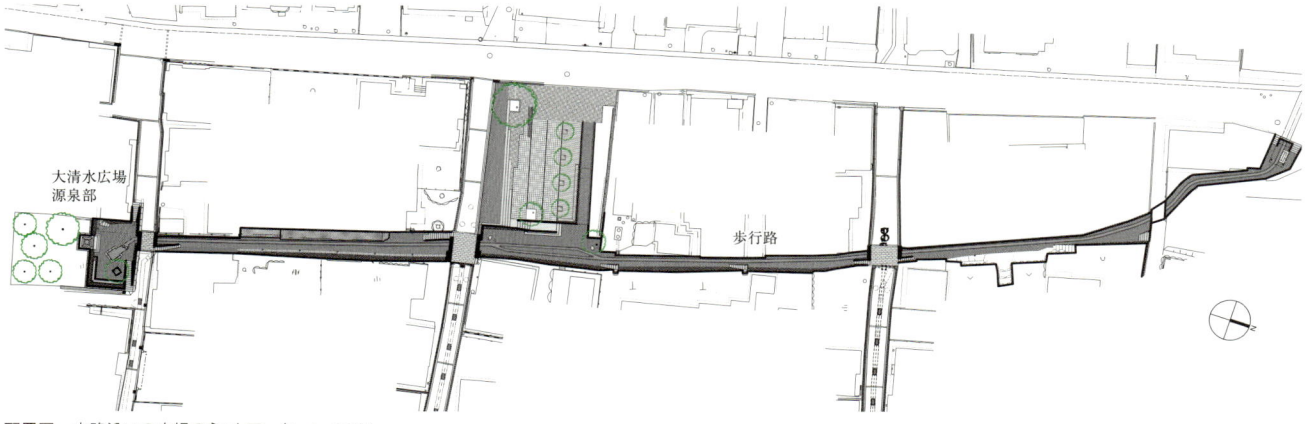

Rehabilitation of District: Improvement of Water Park and Creating Approach Route
地区のリハビリ：親水空間の整備と歩行路の創出2

配置図　水路沿いの広場のネットワーク　1:1200

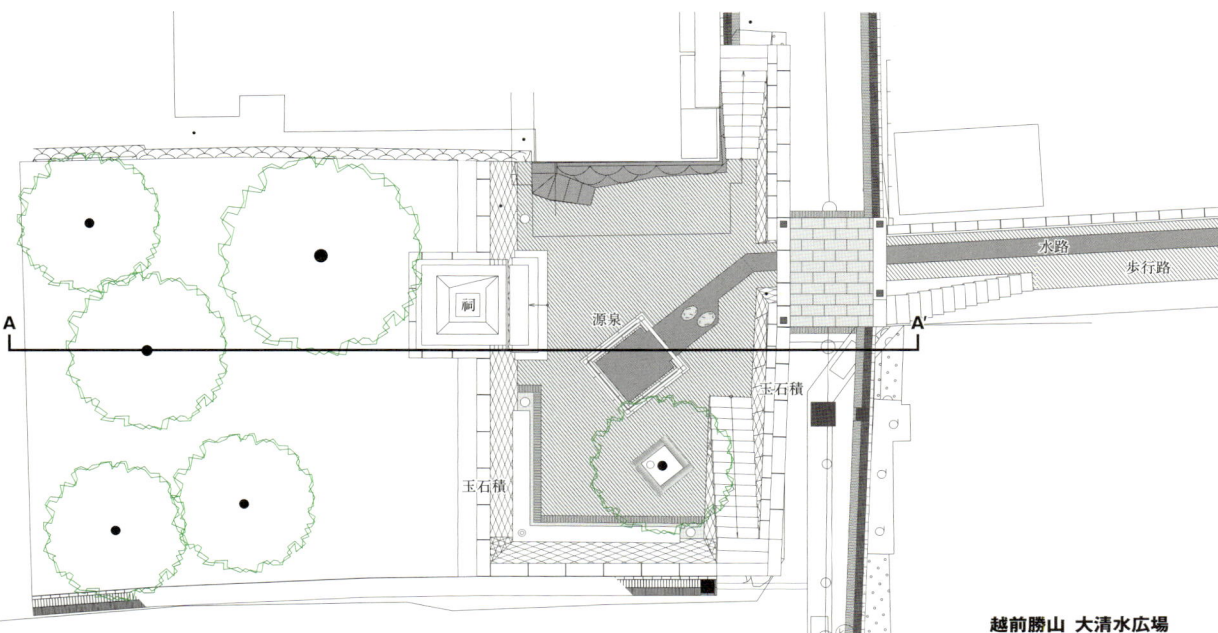

大清水広場源泉部の平面図　1:200

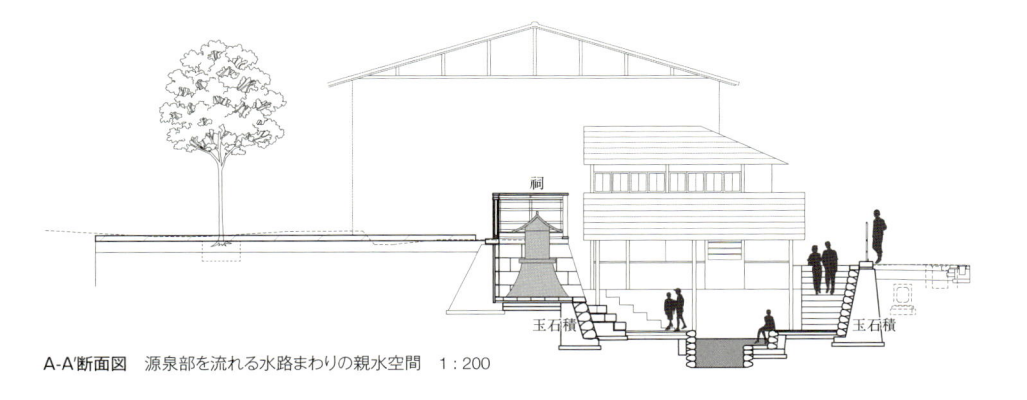

A-A'断面図　源泉部を流れる水路まわりの親水空間　1:200

大清水広場源泉部

整備された水路と歩行路

水路を利用したイベント

越前勝山　大清水広場
- 所在地：福井県勝山市
- 事業主体：福井県勝山市
- 設計：小野寺康都市設計事務所
- 建設：2005年
- 面積：源泉部広場100m^2，大清水広場480m^2
- 延長：180m（大清水水路）

歴史的市街地のシンボルとなる広場や水路の改修

旧市街の歴史的シンボルを整備するため，飲料・防火・排雪として用いられてきた大清水（おおしょうず）の源泉とそこから流れ出るせせらぎに接する大清水広場，せせらぎと交錯する細街路網を一体的に整備した．

整備を行う際には歴史を継承することが重要視された．せせらぎを玉石積みに変え，これに沿う歩行路は越前瓦で整えた．源泉部広場でも石壁をすべて積み直し，橋を架け直し，祠も広場内に収めることで歴史的なシンボル空間を再生した．

開かれた憩いの場の創出

広場や水路にゆとりあるスペースとベンチを確保することで憩いの場を創出した．大清水広場は駐車場を市民広場として再生したもので，地域のイベント会場として利用されている．水路沿いには歩行路が設けられ，大清水広場と源泉部広場をつないでいる．

地区のリハビリ：歴史地区の保存と歩行者ネットワーク
Rehabilitation of District: Restoration of Historical Area and Pedestrian Network

道後温泉本館周辺広場
- 所在地：愛媛県松山市
- 設計：小野寺康都市設計事務所
- 建設：2007年

シンボル建築の保存とその周辺の歩行者空間と交通広場の整備

松山市は、「歩いて暮らせる街づくり」計画に基づいた市街地整備を推進している。その中でも最重要と位置づけられた道後地区は、道後温泉周辺を完全に歩行者空間化することとし、道路の付け替えが行われた。

シンボル性や公共性が高い道後温泉本館を中心とした周辺空間を人間のための広場と位置づけ、徹底して石畳を敷き詰め、人間活動の舞台として整えている。また、道路のための用地取得により生じた残地を利用して、松山市は街角広場を設け、ここに木造切妻のトイレと休憩所を配置し、「交流広場」とした。休憩所は温泉に向かって開けた平入の小建築物で、腰掛ければ軒下に道後温泉の東立面がすっぽりと視野に入る。

伝統建築に合わせた舗装素材

道後温泉本館は、木造の伝統工法に則った確かな質感が存在感を押し上げている。この質感とバランスをとるため周辺の舗装には手加工の荒ノミ仕上げの質感豊かな錆御影石である伊予鉄道で使われていた敷石が再利用された。使い込まれたこの素材を敷き詰めて、道後温泉という歴史の「質感」との調和を図っている。

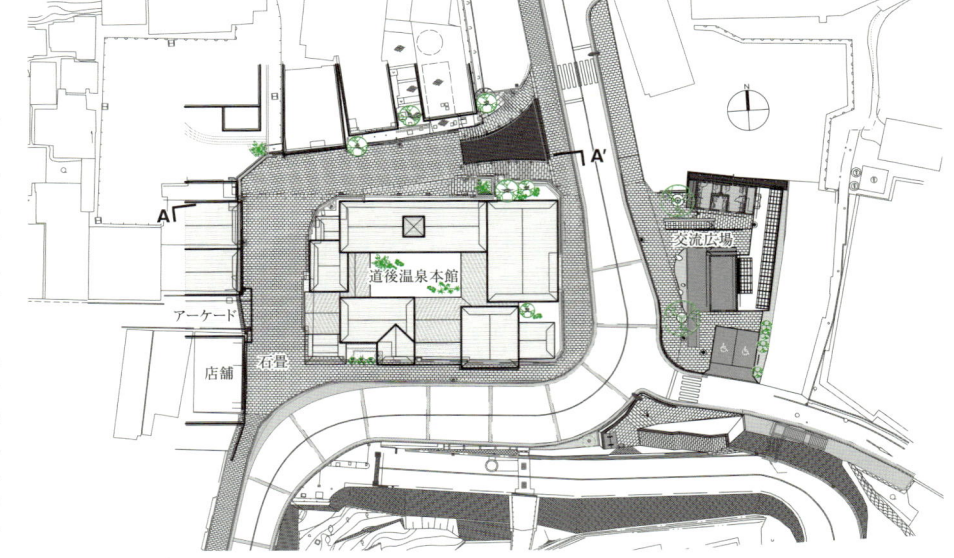

道路と道後温泉本館と周辺配置図 1:1200

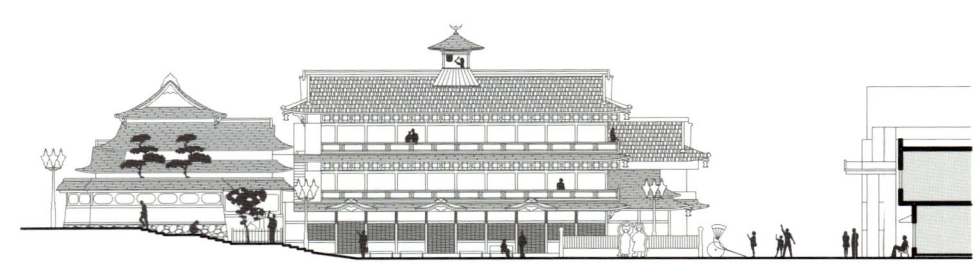

道後温泉本館周辺の立断面図（A-A'断面） 1:500

道後温泉本館周辺広場

有田町大公孫樹広場
- 所在地：佐賀県西松浦郡
- 設計：アルセッド建築研究所
- 建設：1984～1987年

裏路地と広場をつないだ歩行者ネットワーク

「やきもののまち」として有名な佐賀県有田町内山地区は国の重要伝統的建造物群保存地区に選定されており、表通りには伝統的な町家が建ち並んでいる。その伝統的な街並みの背後には、まちの奥行き感を生み出す裏路地や小広場が整備されており、地区住民や観光客がゆっくり歩ける歩行者空間となっている。

地域の素材を用いた裏路地整備

内山地区には、古くから登り窯を築いてきた耐火レンガを利用した土塀（トンバイ塀）が多く残っており、その土壁を地域を代表する景観と捉え、裏路地の景観が整えられている。また、舗装は伝統的家屋の土台に用いられている凝灰岩の三間坂石を用いている。この裏路地整備を契機に地元の石屋が採掘を再開し、その後周辺地域の多くの公共空間整備に活用されるようになった。地域の案内サインや石灯籠なども有田焼の磁器製タイルや三間坂石などを活用した整備が行われている。

大公孫樹広場 1:600

大公孫樹とトンバイ塀

景観構成要素 1:80

有田町大公孫樹広場

地区のリハビリ：まちづくり市民事業による町中の復興
Rehabilitation of District: Reconstruction of Town by Disaster Recovery and Revitalization by Machizukuri Social Enterprise

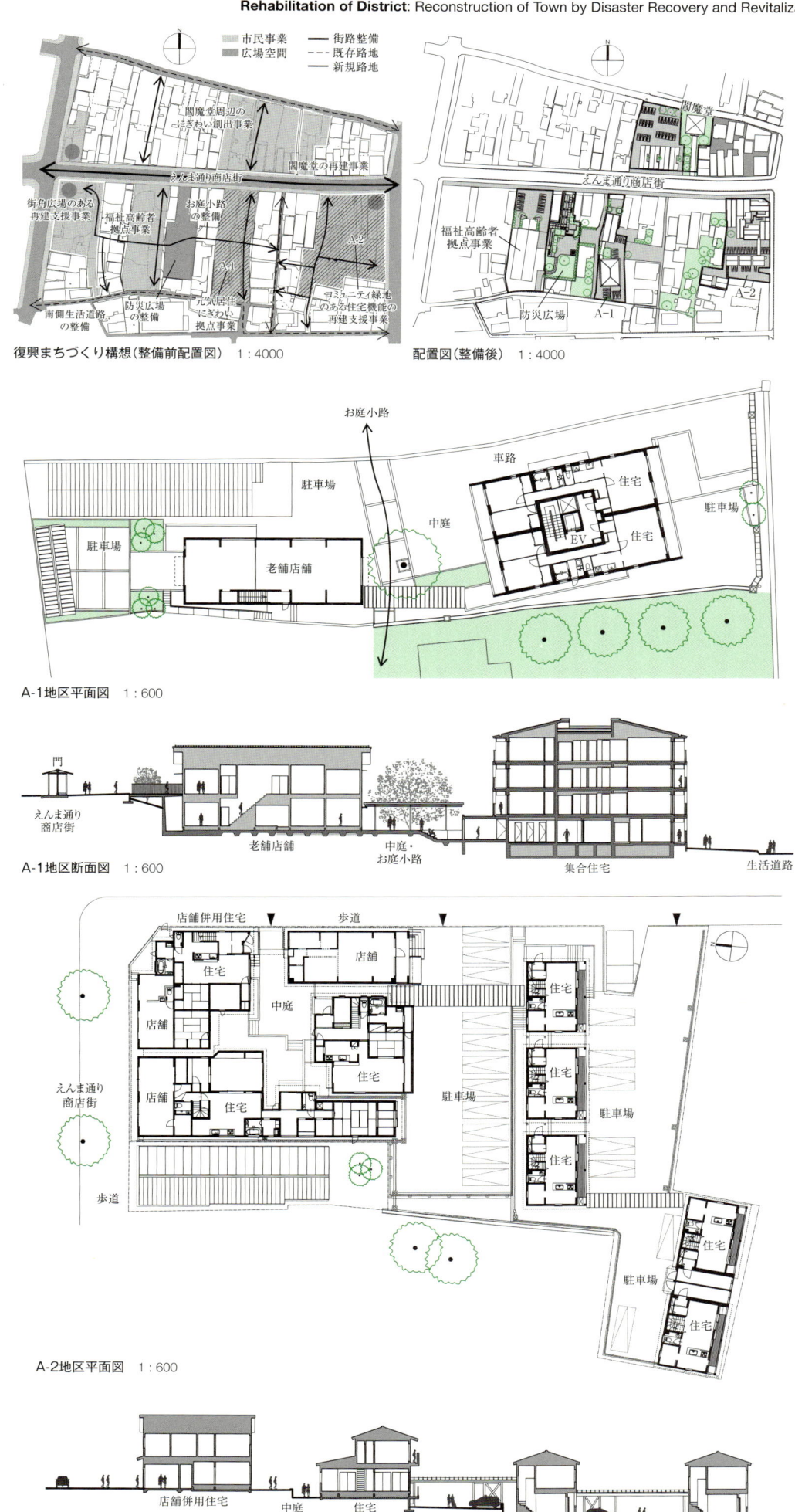

復興まちづくり構想（整備前配置図） 1:4000

配置図（整備後） 1:4000

A-1地区平面図 1:600

A-1地区断面図 1:600

A-2地区平面図 1:600

A-2地区断面図 1:600

柏崎えんま通り商店街
- 所在地：新潟県柏崎市
- まちづくり支援体制：新潟工科大学田口研究室，早稲田大学佐藤研究室，早稲田大学都市・地域研究所，アルセッド建築研究所（設計）
- 計画・設計・建設：2007～2014年

市民主導による復興まちづくり構想

柏崎市えんま通り商店街は2007年7月16日に発生した中越沖地震によって甚大な被害を受け，地区の約半分の店舗や住宅が全壊した．

えんま通り商店街では被災後1週間程度で地元大学の協力のもと，市民によるまちづくりの会が立ち上がり，復興まちづくりの考え方が取りまとめられた．8か月後には，協議会が立ち上がり，大学や専門家の支援のもと，具体的な事業化の検討が始まった．そして，震災から1年を目標に4か月で「復興まちづくり構想」が取りまとめられた．

復興まちづくり構想は，共同建替えによる再建，福祉事業による再建，埋め込み型の共同店舗による再建，閻魔堂（文化財）の再建など，様々なまちづくり市民事業を中心に取りまとめられている．また，えんま通りまちづくりガイドラインを作成し，景観形成のルールや町中での移動・住環境を向上させる中庭を連続させた「お庭小路」の実現を目指している．

共同建替えによる被災ビル再建と地区の再生

まちづくり市民事業の核となっているのが，優良建築物等整備事業を活用した共同建替えである．A-1地区は，解体が困難な5階建鉄筋コンクリート造の大規模な被災店舗ビルの再建である．隣接する2つの敷地の共同建替え事業により，えんま通り沿いに地域の核となる老舗店舗を木造で再建し，敷地背後に4階建て鉄筋コンクリート造の7戸の集合住宅を実現している．

A-2地区は，隣接する5つの敷地の共同建替え事業で，地権者3者共同の店舗併用住宅と5戸の分譲住宅，1戸の戸建再建を実現した．ガイドラインに則したえんま通りらしい佇まいの町家型の店舗併用住宅群を目指し，すべて木造での建替えである．沿道には店舗空間を連続させ，中庭や共同駐車場などの空地を豊かに確保し，坂に馴染む建物構成とすることで，密集した町中でも快適に暮らせる住まいを実現している．

まちづくりの運営体制

震災から約7年，復興まちづくり構想で計画したほとんどのまちづくり市民事業が実現した．一連の復興まちづくりを通して，商店街と地元大学，地元建築士との連携が始まり，協議会をプラットフォームにして共同店舗の運営やイベントの開催などを担うNPOやまちづくり会社などの様々な主体が連携するまちづくりパートナーシップが実現している．

124 地区のリハビリ：団地とコミュニティの再生1　Rehabilitation of District: Regeneration Housing Estate and Community

たむすびテラス
- 所在地：東京都日野市

民間事業者による築50年の公団住宅の再生

UR都市機構の昭和30年代の団地を民間事業者が改修・再生して活用したプロジェクト．建替えにより空き家となった5棟を3区画に分けて民間事業者3社が15～20年間借り受け，独自の企画により新たな再生を試みた事例である．

ゆいま〜る多摩平の森
- 事業主体：コミュニティネット
- 設計：瀬戸健似＋近藤創順／プラスニューオフィス
- 建設：2011年

外部空間の活用と地区コミュニティの創出

「ゆいま〜る多摩平の森」は「最後まで自分らしく暮らせるコミュニティづくり」をテーマに高齢者専用賃貸住宅として改修された．

50年の間に育まれた団地内の豊かな公園的な屋外空間を活かし，入居者の生活ににぎわいや安らぎを創出するたまり場が配置されている．団地の特徴である東西軸のボリュームが立ち並ぶ風景の中に，新たに増築した小規模多機能居宅介護施設棟と集会室棟を南北軸に配置することで新たな風景がつくり出されている．敷地内は地域の人も自由に散策でき，集会室棟に設けられた図書コーナーや食堂は地域の人も利用できる憩いの場となっている．

バリアフリー化と見守り体制

各住棟は既存階段を撤去し，エレベーターと共用廊下を増築して縦動線のバリアフリー化を実現．住戸内は不要な間仕切を撤去し，扉はすべて引戸とし，水廻りは車椅子使用者も利用可能な広さを確保している．また緊急通報設備を設置し，24時間の見守り体制を整えている．

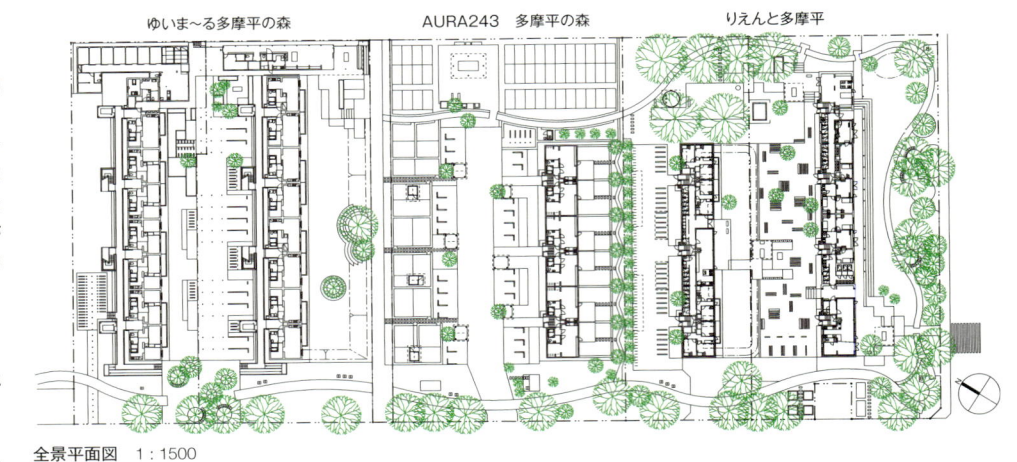

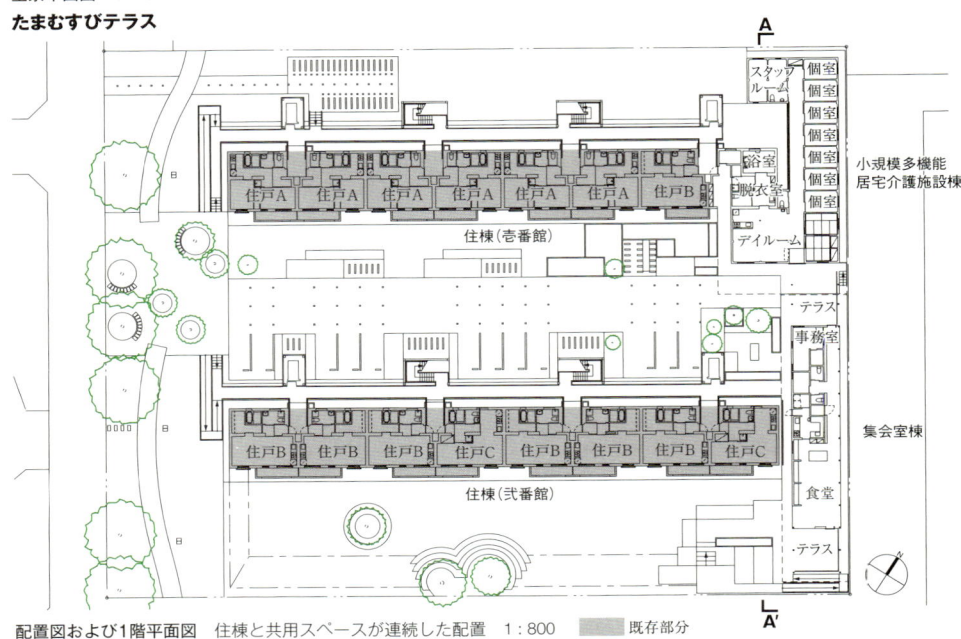

全景平面図　1:1500

たむすびテラス

配置図および1階平面図　住棟と共用スペースが連続した配置　1:800　既存部分

増築された集会室棟（手前）と介護施設棟

憩いの場としてのテラス（撮影：スタジオバウハウス）

増築されたエレベーター

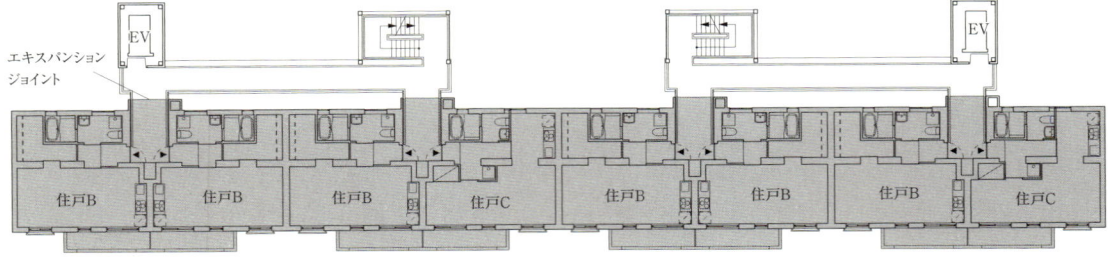

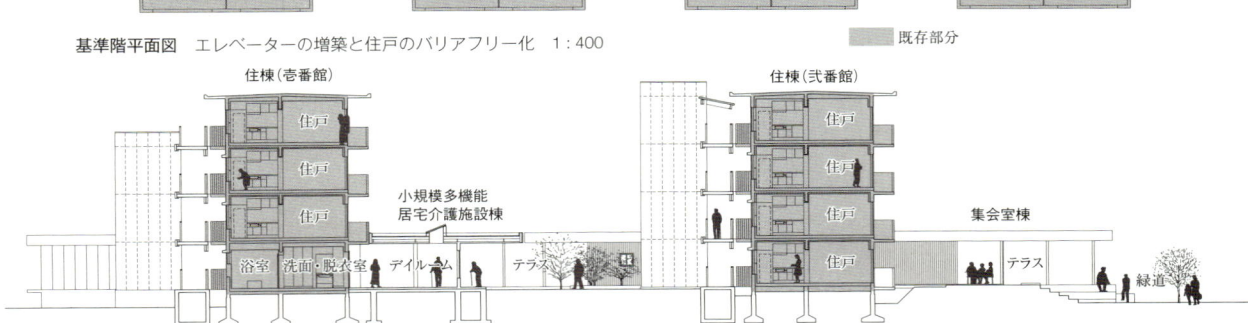

基準階平面図　エレベーターの増築と住戸のバリアフリー化　1:400　既存部分

断面図（A-A'）　外部空間と連続した介護施設棟と集会室棟　1:400

ゆいま〜る多摩平の森

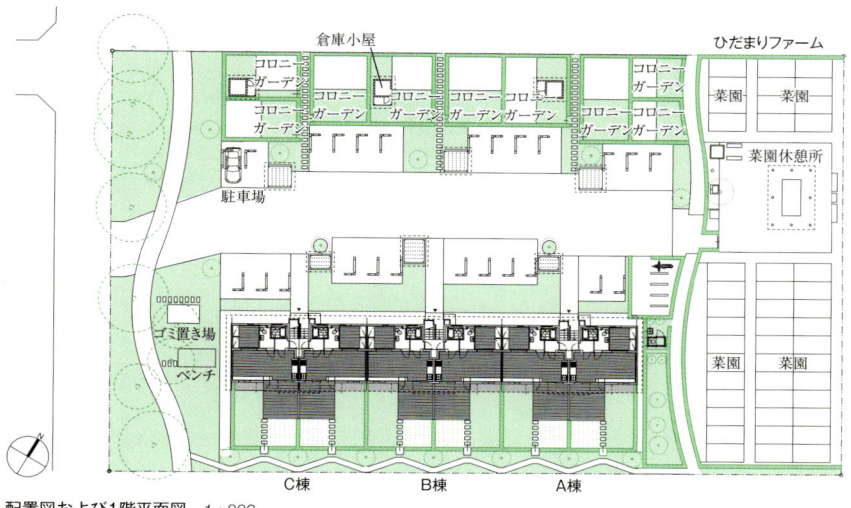

Rehabilitation of District: Regeneration Housing Estate and Community　地区のリハビリ：団地とコミュニティの再生2

AURA243　多摩平の森

- 設計：ブルースタジオ（設計），長坂設計工舎（構造），EOS plus, ymo（設備），オンサイト計画設計事務所（ランドスケープ）
- 建設：2010年
- 敷地面積：3,610m²，建築面積：368m²，延床面積：1,182m²

菜園付き住宅とコミュニティスペース
多摩平の自然地域とゆとりのある団地の特権を活かして，貸し菜園「ひだまりファーム」，デンマークのコロニヘーヴに着想を得た小屋付きの貸し庭「コロニーガーデン」，住人祭や地域のイベントを開催できる「AURAハウス」を併設した賃貸共同住宅．

配置図および1階平面図　1:800

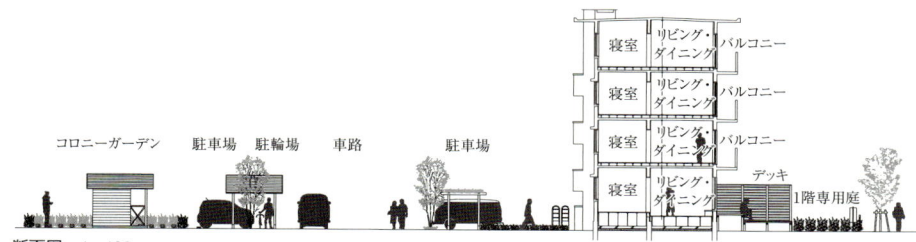

断面図　1:400
AURA243　多摩平の森

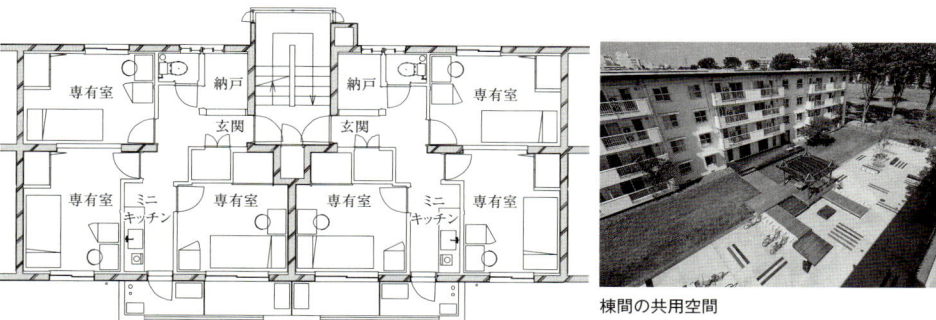

居住ユニット平面（整備前）　1:200

棟間の共用空間

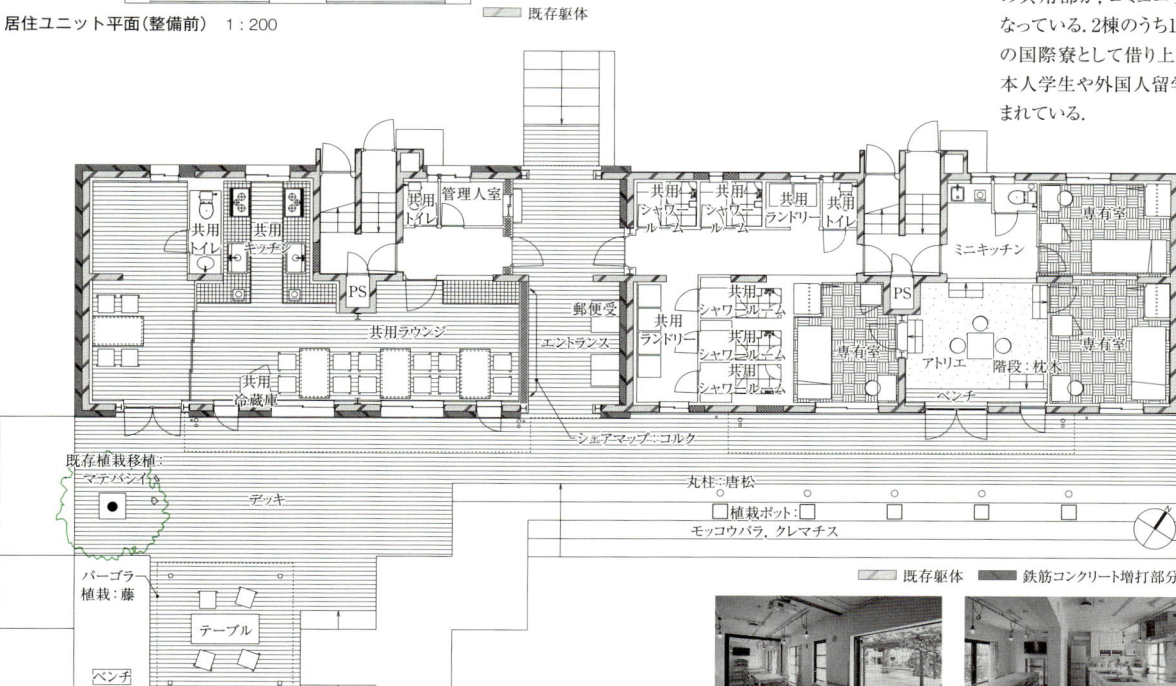

ひだまりファーム

りえんと多摩平

- 設計：リビタ（企画・統括），ブルースタジオ（設計），長坂設計工舎（構造），蒼設備設計（設備），オンサイト計画設計事務所（ランドスケープ）
- 建設：2010年
- 敷地面積：4,834m²，建築面積：791m²，延床面積：2,689m²

団地という環境を生かしたシェアハウス
多世代が交流できる団地型シェアハウスとして，リノベーションされた住棟．個室は3室で1ユニットを構成している．家具付きの個室ではプライバシーをしっかり確保しながら，調理具や冷蔵庫が揃えられたキッチンやラウンジ，テラスなどの共用部が，コミュニケーションの場となっている．2棟のうち1棟は，大学専用の国際寮として借り上げられており，日本人学生や外国人留学生の交流が生まれている．

1階平面図　1:200
りえんと多摩平

コモンラウンジ　　共用キッチン

交通結節点の活用：都市と交通1

都市再生と交通結節点
ここでは，駐車場，駐輪場，バス停，トラム停留所，鉄道駅舎，駅前広場などの交通結節点を起点とした都市再生の事例を示す．交通結節点は色々な交通手段が結合する場所であり多くの人が利用するため，商業施設や文化施設などを伴って整備されることが多く，都市再生における重要な要素と位置づけられる．

中心市街地の交通システム
中心市街地の交通渋滞や駐車場不足を解消し，公共交通を有効に活用した歩行者優先のまちづくりが行われている．この主な手法を以下に挙げる．

パークアンドライド：都心外周部や周辺の鉄道駅に駐車場を設置し，都心部には公共交通でアクセスする方式．

ロードプライシング：ロンドンで実施．都心部21km²のエリア内に流入する車両に課金．

TOD (Transit Oriented Development) [1]：公共交通指向型都市開発と呼ばれる概念で，公共交通整備と郊外開発をリンクする，公共交通をベースに都心機能を強化する，拠点鉄道駅を重点的に再開発する，といった取組みが実施されている．

フリンジパーキング [2]：都心外縁部（フリンジ）に駐車場を整備し，都心部への自動車の流入を抑制する方式．

ペデストリアンプレシンクト：地区の外周道路に駐車場を配置し，地区全体を歩行者優先空間として回遊性を確保する方式．

道路空間の再配分 [3][4]
個々の移動体や交通機関に割り当てられていた空間の量，割合を時代に対応するよう変更すること．近年の道路構造令改正では歩行者空間が重視されるようになり，歩道の最小幅員が1.5mから2.0mに拡大された．

地区総合交通マネジメント [5]
歩行者の通行の安全性，快適性，利便性の向上を図るためハード，ソフト両面を融合した総合的な交通対策．コミュニティ内の交通環境改善等に有効である．

歩行者モール，トランジットモール
都心商業地区の魅力を高め活性化を図るには，歩行者の安全や回遊性を確保した歩行者モールが有効である．モールには人と車との関係から以下の3つの形態がある[6][7][8]．

フルモール：区間全体を歩行者専用とする完全フルモールと交差点などを除くブロック間フルモールがある．

セミモール：歩行者専用空間と自動車通行路により構成．自動車交通は抑制される．

トランジットモール：歩行者モールから自動車を排除し，トラムやバスを導入した空間．

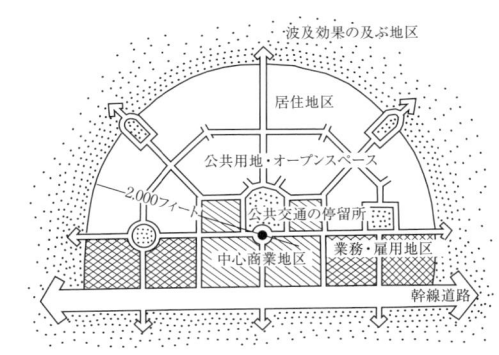

TODの概念図 [1]

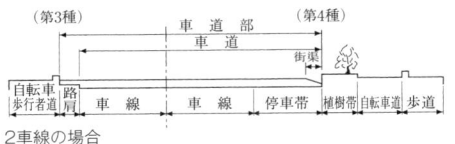

道路の構成要素とその組合せの例 [3]
2車線の場合
4車線の場合（第1～4種は道路構造令による道路区分） 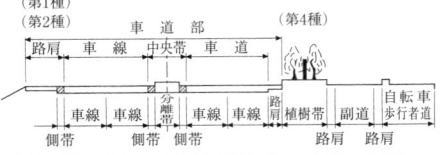
軌道敷を設ける場合 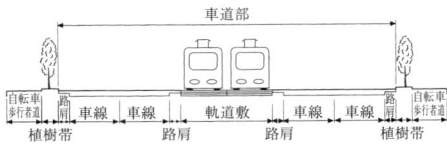

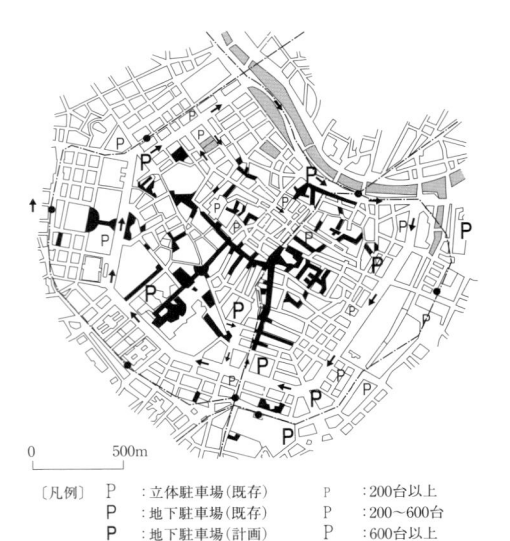

横浜・元町商店街
旭川・平和通買物公園
横浜・馬車道
ミネアポリス・ニコレットモール
ミュンヘン・ノイハウザー通り

歩行者モール断面 [6]

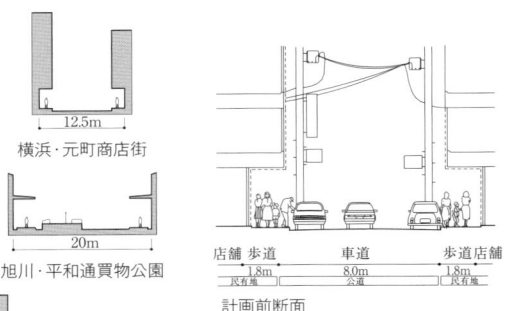

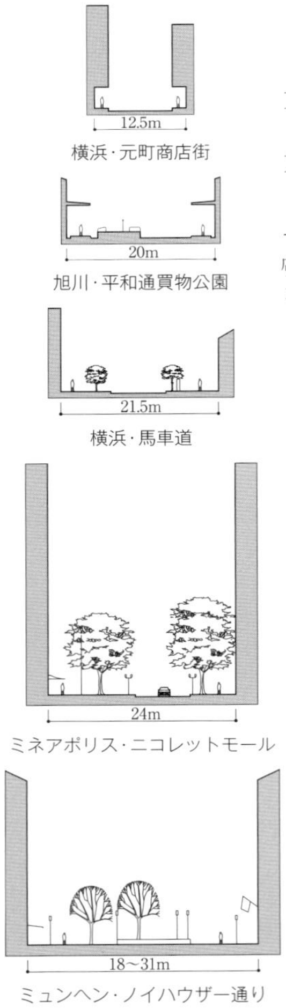

横浜・元町商店街 [7]
計画前断面
道路再整備断面（一般部） 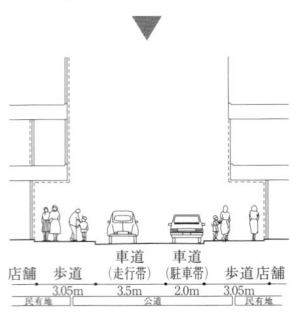
道路再整備断面（曲線部） 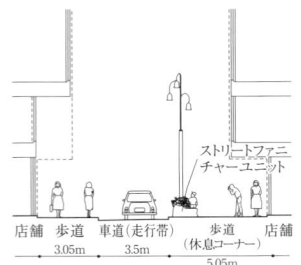

ウィーンのフリンジパーキング [2]
市街地流入ゲート，走行方向，駐車場位置図

海外での道路空間再配分の事例 [4]
道路空間断面イメージ（ストラスブール市）

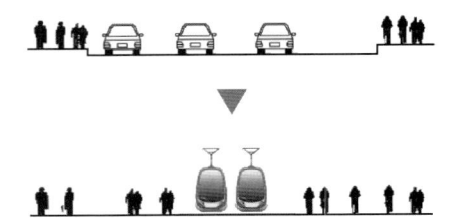

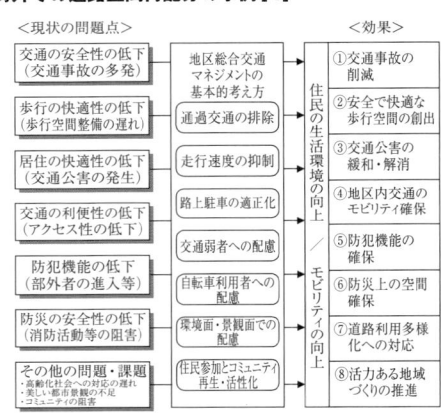

地区総合交通マネジメントによる効果 [5]

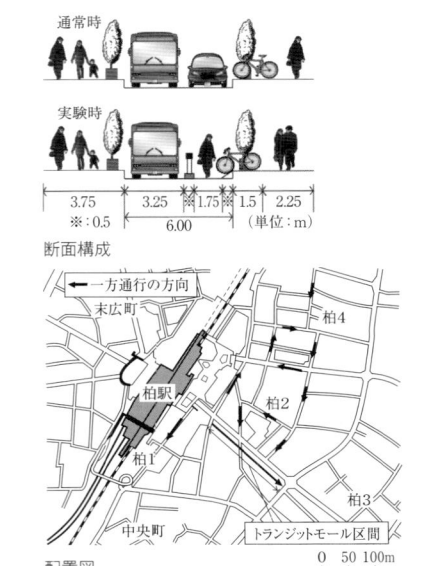

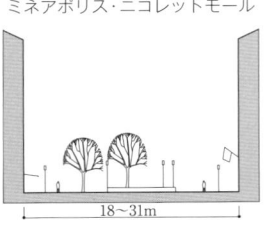

柏市トランジットモール実験 [8]
断面構成
配置図

Revitalization of Traffic Node:Planning for Urban Transport 交通結節点の活用：都市と交通2 127

規定の概要	
自動車駐車場の出入口を次の道路へ設置することは禁止されている．*1, *2 ①交差点，横断歩道，自転車横断帯，踏切，軌道敷内，坂の頂上付近，勾配の急な坂またはトンネル ②交差点の側端または道路の曲り角から5m以内の部分 ③横断歩道または自転車横断帯の前後の側端からそれぞれ前後に5m以内の部分 ④安全地帯が設けられている道路の当該安全地帯の左側部分および当該部分の前後の側端からそれぞれ前後に10m以内の部分 ⑤乗合自動車の停留所またはトロリーバスもしくは路面電車の停留場を表示する標示柱または標示板が設けられている位置から10m以内の部分	⑥踏切の前後の側端からそれぞれ前後に10m以内の部分 ⑦横断歩道橋（地下横断歩道を含む）の昇降口から5m以内の道路の部分 ⑧幼稚園，小学校，特別支援学校，保育所，児童発達支援センター，情緒障害児短期治療施設，児童公園，児童遊園または児童館の出入口から20m以内の道路の部分 ⑨ ⑩幅員が6m未満の道路または縦断勾配が10％を超える道路

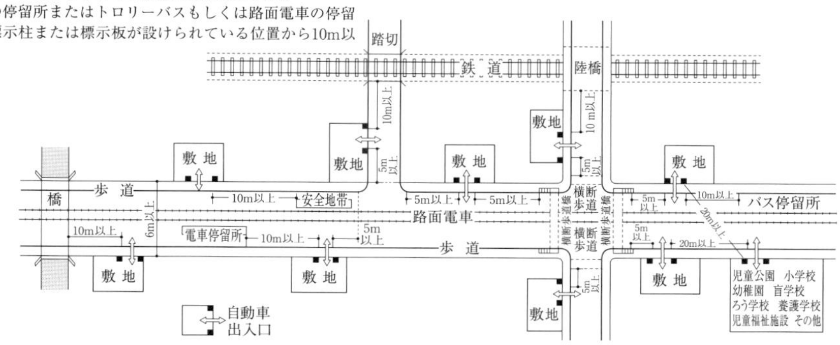

注1）駐車場法施行令：駐車の用に供する部分の面積が500m²以上の路外駐車場に適用 *2
*1 駐車場法施行令第7条の改正により，①〜⑥のうち，1）交差点の側端またはそこから5m以内の道路の部分，2）トンネル，3）橋については，必要な対策を講じた上で国土交通大臣が認めた場合は，駐車場出入口の設置は可能となる（平成16年7月改正・公布）．
*2 同上の施行令改正により，自動車の駐車の用に供する部分の面積が6,000m²以上の路外駐車場にあっては，従来，自動車の出口と入口とを分離した構造とし，かつ，それらの間隔を道路に沿って10m以上としなければならないとされていたが，「縁石線またはさくその他これに類する工作物により当該出口および入口を設ける道路の車線が往復の方向別に分離されているとき」は，出口および入口を10m以上分離しないで駐車場の出入口を設けることが可能となる（平成16年7月改正・公布）．

駐車場の出入口設置に関する規定（駐車場法施行令第7条，要約）[1]

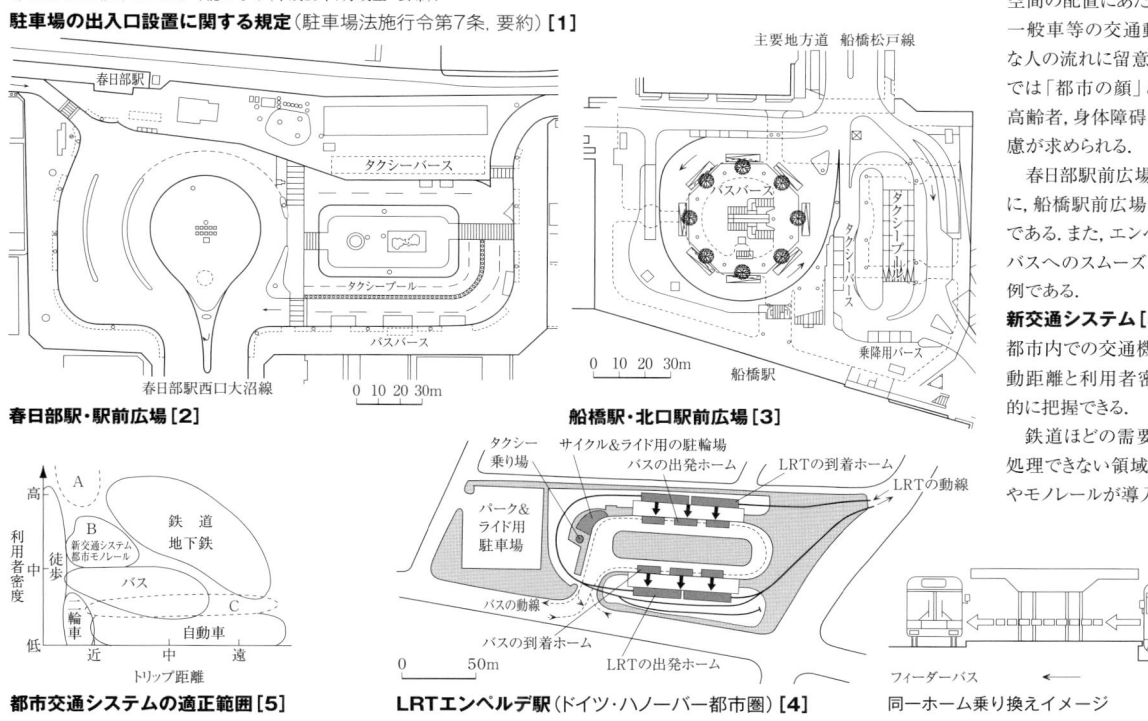

春日部駅・駅前広場[2]

船橋駅・北口駅前広場[3]

都市交通システムの適正範囲[5]

LRTエンペルデ駅（ドイツ・ハノーバー都市圏）[4]

同一ホーム乗り換えイメージ

駐車場に関する規定[1]
駐車場（路外駐車場）の計画に際しては，歩行者や利用者の安全確保，道路交通への支障等に対して十分な配慮が求められる．このため駐車場の構造や出入口の設置等に関し，駐車場法・同施行令をはじめ各自治体において条例を定め規定している．

また，一定規模以上の建物を駐車場整備地区などに新築・増築する際には，敷地内にいわゆる附置義務駐車施設を確保しなければならないことが駐車場法第20条に定められている．附置義務基準は各自治体が条例で定めることができ，近年ではまちづくりの視点から附置義務駐車場の確保や配置に対する要望が強くなっている．

駅前広場[2][3][4]
駅前広場は鉄道利用者のバスやタクシーへの乗換えなどの交通結節点（＝交通空間）としての機能と買い物客や待ち合わせ等の「都市の広場」（＝環境空間）としての機能を担っている．交通空間の配置にあたっては，バス，タクシー，一般車等の交通動線の単純化と円滑な人の流れに留意する．また，環境空間では「都市の顔」としての景観形成や高齢者，身体障碍者の利用に対する配慮が求められる．

春日部駅前広場はバスバースを線形に，船橋駅前広場は円形に配置した例である．また，エンペルデ駅はトラムからバスへのスムーズな乗換えを工夫した例である．

新交通システム[5]
都市内での交通機関が担う役割は，移動距離と利用者密度の関係から概念的に把握できる．

鉄道ほどの需要はないが，バスでは処理できない領域では新交通システムやモノレールが導入されている．

駅舎のバリアフリー化

鉄道駅等の旅客施設では，高齢者，身体障碍者，妊産婦などすべての人が単独で移動・乗降できるような連続性のある移動環境の構築が求められる．

エレベーター：主動線から認識しやすい位置に設置．車いす使用者が単独で利用でき，視覚障碍者や聴覚障碍者も安全に利用できるものとする．

エスカレーター：乗降ステップの水平区間や踏面端の色分け，乗降口の手すり等に留意する．

階段：手すりの設置や踏面の色分け，転倒防止に配慮する．

このほか，視覚障碍者誘導用ブロックやサイン計画等に配慮が求められる．

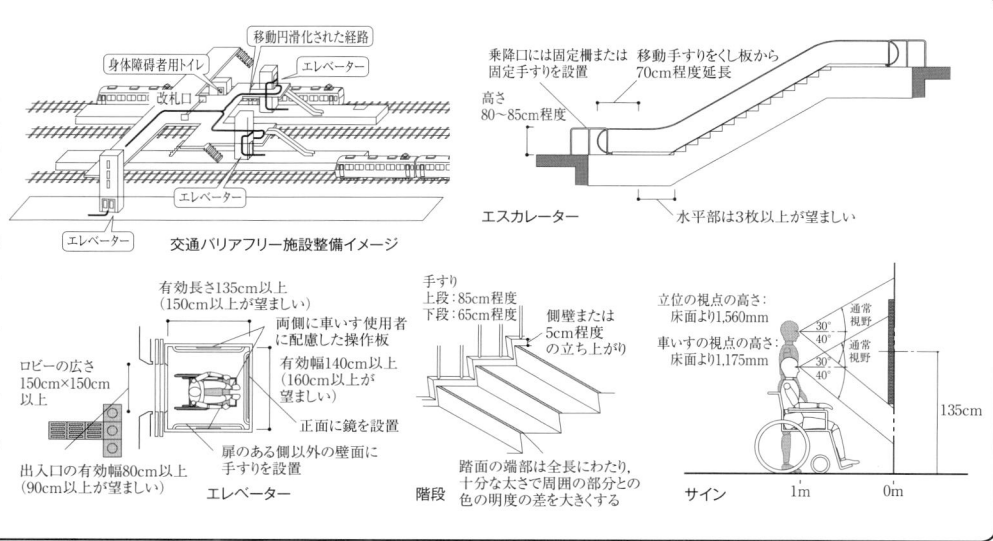

交通結節点の活用：駐車場1　Revitalization of Traffic Node: Parking

モレッリ駐車場
- 所在地：Napoli，イタリア
- 事業主体：Napoli市
- 設計：Fabrizio Gallichi, Felice Lozano Fonte（建築），Bruno Calderoni（構造）
- 建設：2008〜2012年
- 敷地面積：20,000m²
- 階数：地下7階
- 駐車台数：225台

洞窟を利用した駐車場

イタリアのナポリの中心地区に位置し，買い物客や観光客，ホテルの利用客やビジネスマンなど，様々な人に利用される地下駐車場．この駐車場は塹壕などに使われていた地下空間に新設の駐車場施設を内包させたものである．原型となっている洞窟の高さは最大40mにもなり，延べ体積は60,000m³に及ぶ．この巨大な地下空間は，大規模な駐車場を歴史的な街並みから隠蔽する役割を持つだけでなく，空間そのものが都市史を示す展示の場でもあり，さらに掘削時に削り取られた岩肌が多目的空間の背景にもなっている．

駐車場は7層からなり，プライベートとパブリックの駐車場が各3フロアを，従業員用が1フロアを占める．地下空間にはマルティーリ広場側から同じレベルで入っていくことができる．入口のトンネルはかつての鉄道跡を利用しており，その高さを使って上部を歩行者専用通路，下部を自動車専用通路としている．この巨大な地下空間の上には住宅地区があり，この地区とマルティーリ広場をつなぐ役割も果たしている．

配置図　1:20000

内部の歩行者空間

駐車場の立体模式図

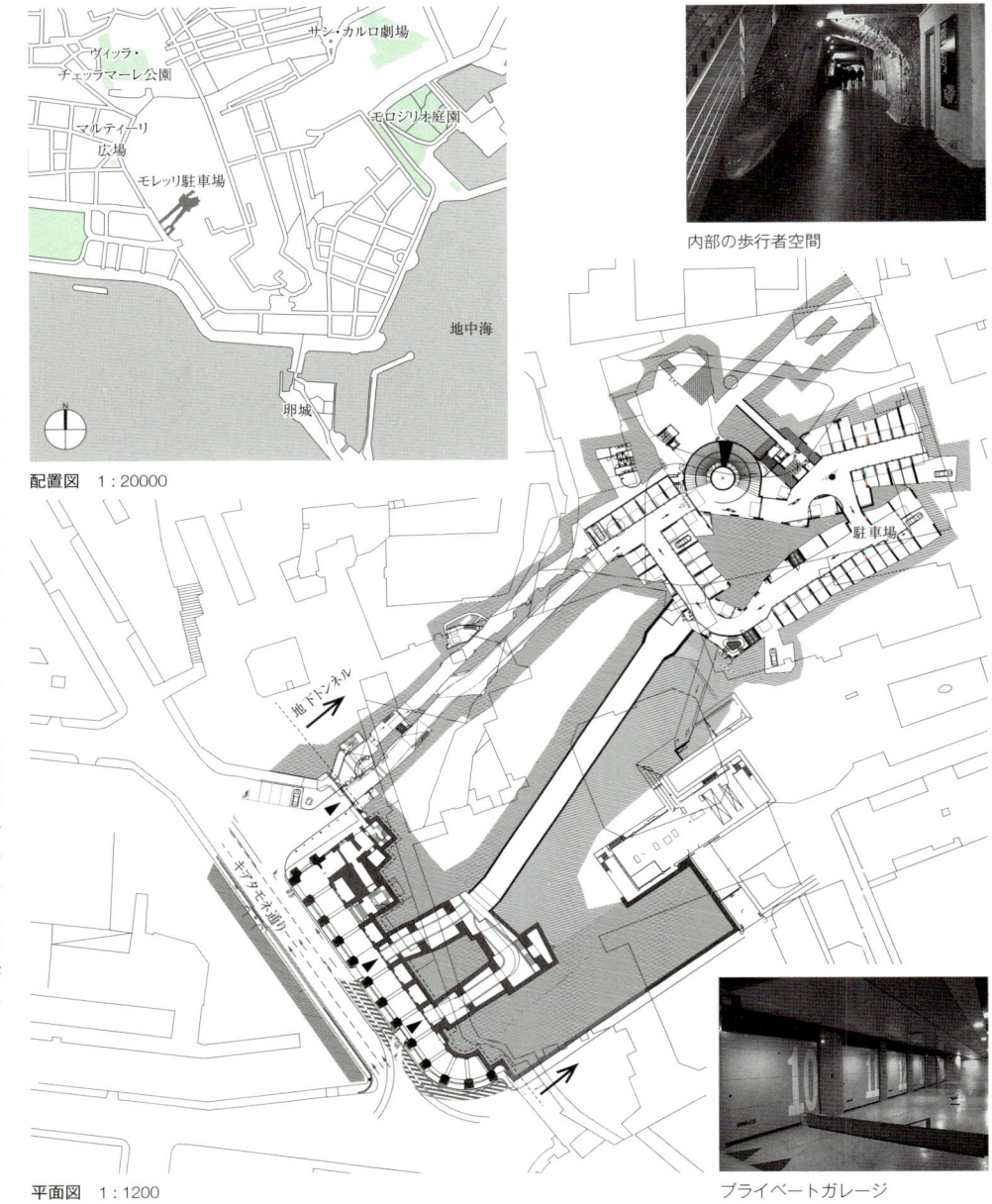

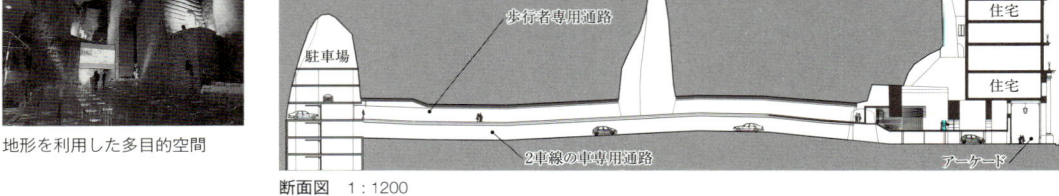

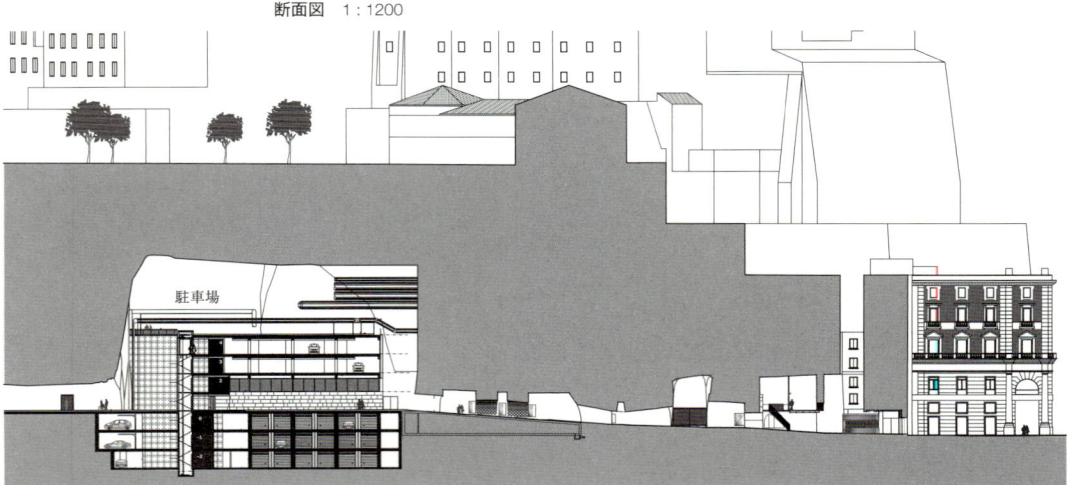

地形を利用した多目的空間

平面図　1:1200

プライベートガレージ

断面図　1:1200

断面図　1:1200

Revitalization of Traffic Node: Parking 交通結節点の活用：駐車場2

建物外観（撮影：Iwan Baan）

拡張されたモール（撮影：Roland Halbe）

リンカーン・ロード1111
- 所在地：Miami Beach，アメリカ
- 設計：Herzog & de Meuron
- 建設：2010年
- 敷地面積：2,510m²（駐車場），1,950m²（既存ビル），1,115m²（住宅・事務所）
- 延床面積：22,575m²（駐車場），12,635m²（既存ビル），1,980m²（住宅・事務所）

モールとつながるにぎわいの拠点

駐車場とオフィス，店舗，住宅の複合施設．2階建ての既存の銀行と中2階を持つ7階建ての既存事務所ビルを改修し，さらに隣接して中2階を持つ7階建ての駐車場棟を新設している．この施設群が面するリンカーン・ロードは，かつては車道であったが，施設の整備と共に歩行者のための緑豊かな広場空間とモールに生まれ変わった．来訪者は新設された駐車場に車を置き，街を散策したり，海水浴に出掛けたりする．

駐車場棟はコンクリートの柱とスラブと斜路からなり，外周部には壁がほとんどない．駐車場の他に店舗や屋上レストラン，個人住宅などが入っており，車や人の活動がむき出しのスラブの上にそのまま乗るようにして町に現れている．通常の2から3倍の階高のフロアもあり，構造表現がそのまま地域のランドマークとなっている．

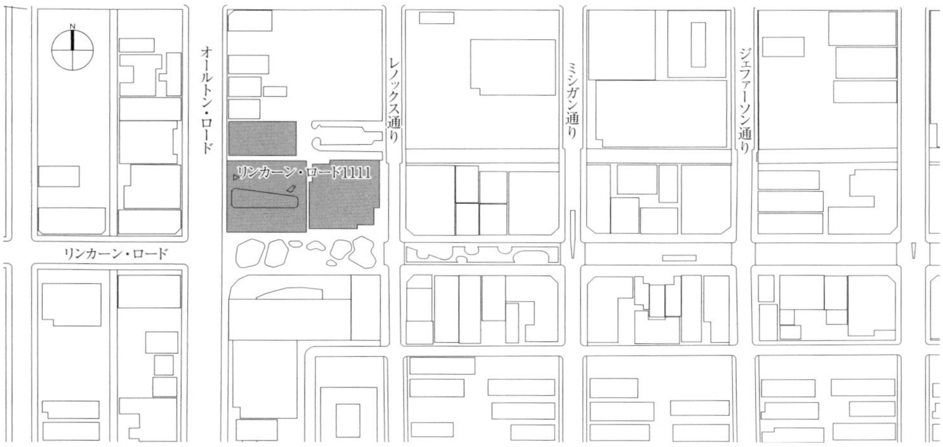

周辺配置図 1：5000

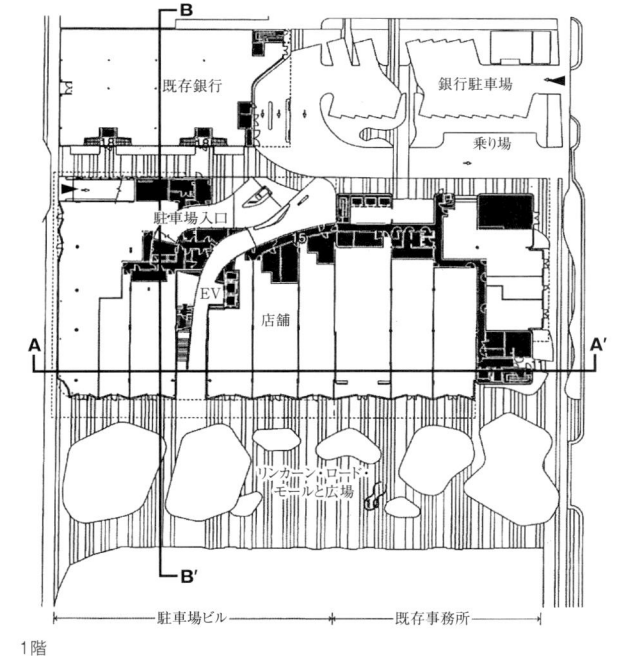

1階 平面図 1：1500

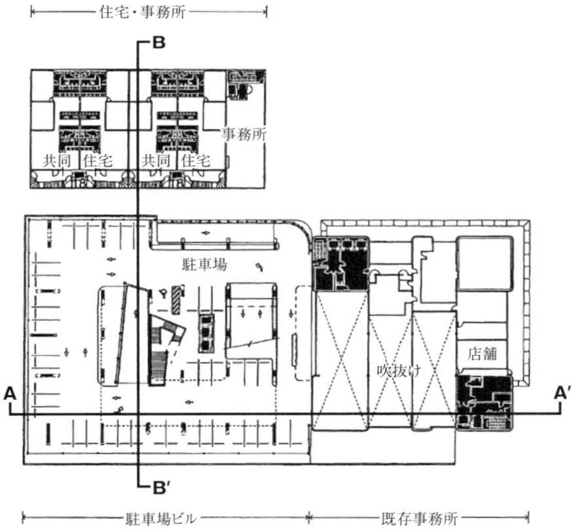

2階

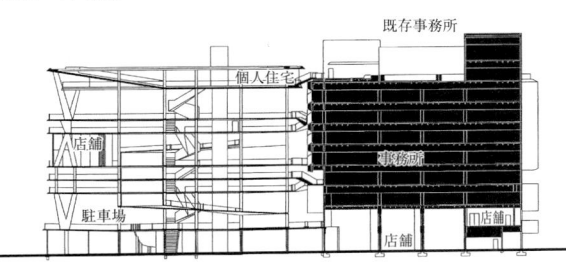

東西断面図（A-A'） 1：1500

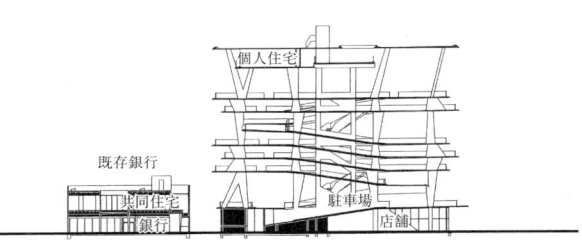

南北断面図（B-B'） 1：1500

130　交通結節点の活用：駐輪場1　Revitalization of Traffic Node: Bicycle Parking

テンペ交通センター
- 所在地：Arizona, アメリカ
- 設計：Architekton
- 建設：2008年
- 階数：地上3階

地域施設と複合した駐輪・サービスステーション

テンペ交通センターは，ライトレールの駅とバスセンターの接点に設けられた施設で，交通の円滑な運営および地域コミュニティのために設計された．市内の交通拠点として，交通管理センター，コミュニティルーム，店舗およびアリゾナ州初の駐輪場がある．テンペ交通センターからメトロライトレール，バス，自転車などの交通手段にスムーズに乗り継ぐことができるようになっている．敷地周辺には，歴史的なダウンタウンと広大なアリゾナ州立大学のキャンパス（生徒数約69,000人），サンデビルスタジアム，テンペ警察署，裁判所，市役所などがある．

1階の小売店やフードサービスは，バスや鉄道の利用者，州立大学の学生や訪問者など，多くの人が利用している．ここでは，自転車の販売，レンタル，修理，アクセサリーの提供をしており，また自転車ラック，シャワーとロッカーが備えられた4つの更衣室も利用することができる．これにより，自転車の利用を促し，マルチモーダルな交通体系を実現した．

周辺配置図　1：15000

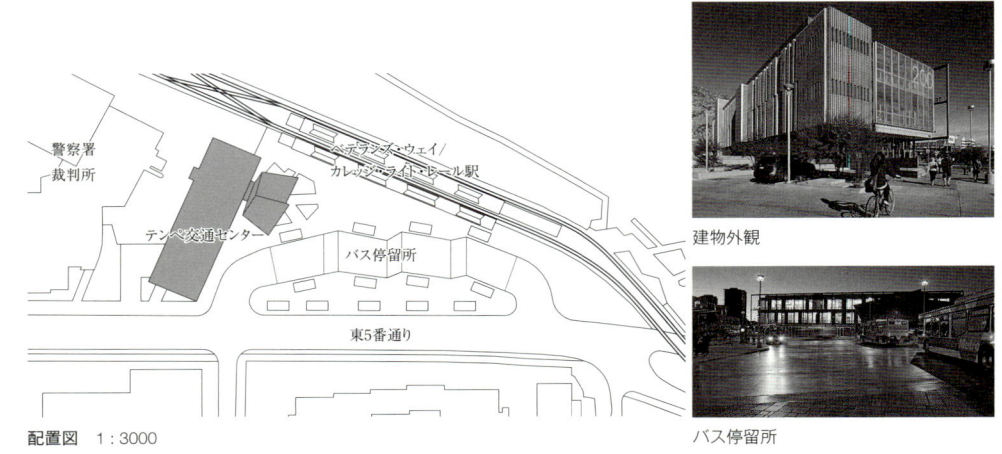

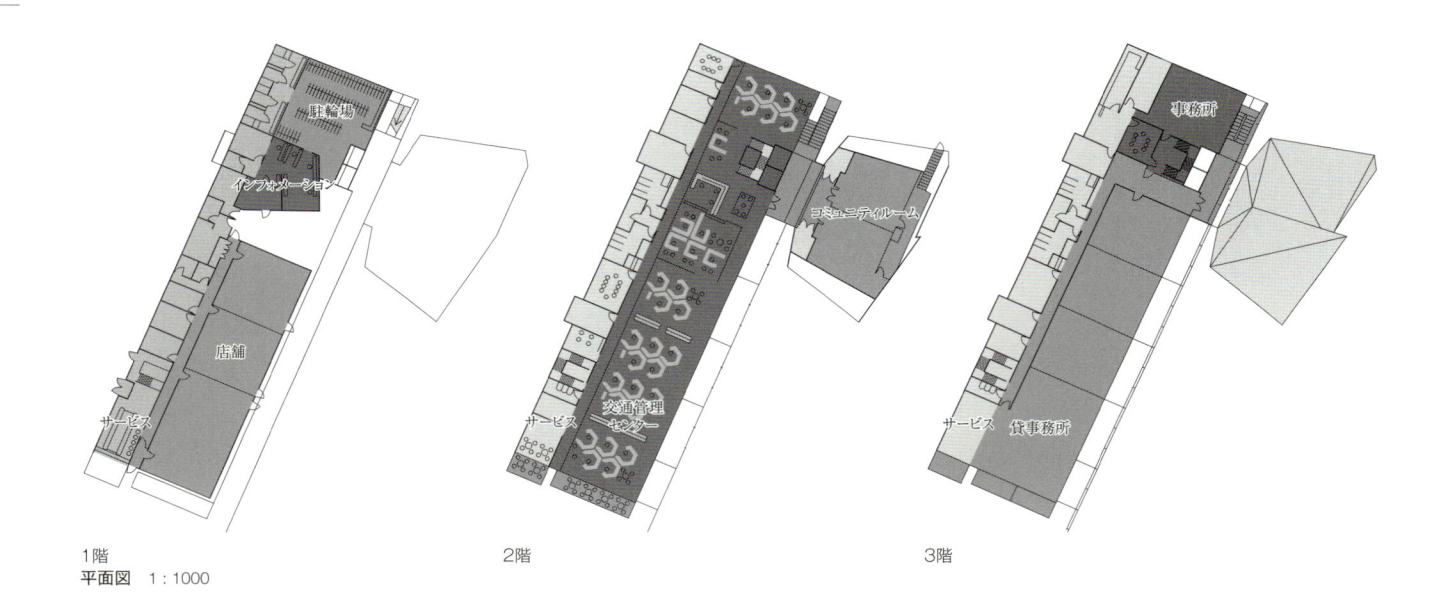

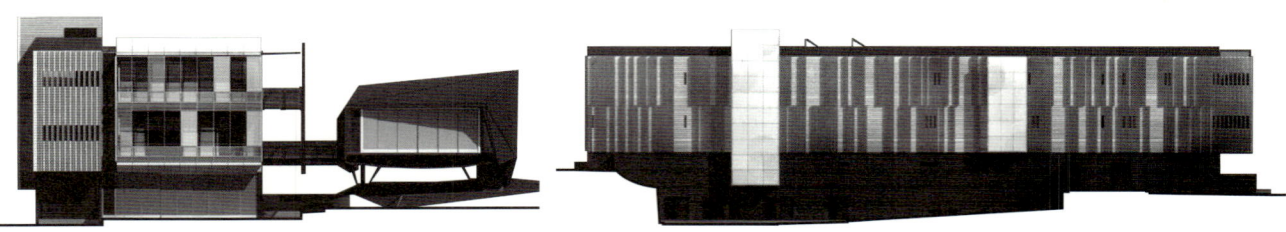

配置図　1：3000

建物外観

バス停留所

1階　平面図　1：1000

2階

3階

南側立面パース

西側立面パース

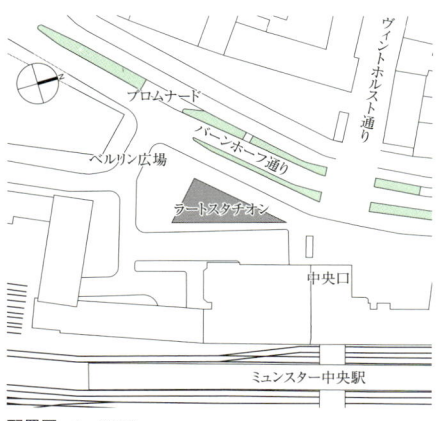

Revitalization of Traffic Node: Bicycle Parking 交通結節点の活用：駐輪場2

配置図　1:3000

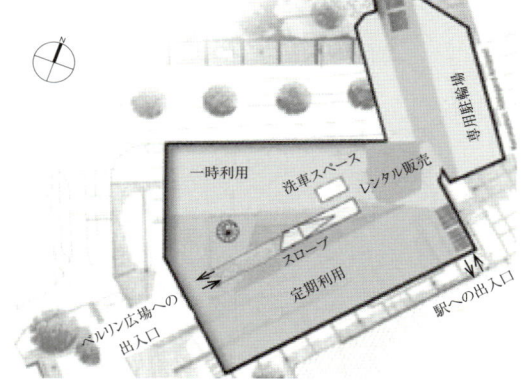

地下階平面図

整備前の駅周辺

建物外観

駐輪スペースと通路

地下階へ降りるスロープ（撮影：Florian Adler）

ラートスタチオン

ラートスタチオン
- 所在地：Münster, ドイツ
- 設計：Brandt & Böttcher Architekten
- 建設：2006年

交通結節点にある駐輪複合施設
ミュンスター市はドイツ国内でも特に市民の自転車利用率が高いことで知られる．第二次世界大戦からの復興都市計画において，中世の都市構造を生かすために自動車ではなく自転車を移動手段の中心としてインフラ整備および政策を推進した．その中心となるのが，ラートスタチオンと呼ばれるミュンスター中央駅前の広場にある駐輪複合施設である．自転車は地上からスロープでつながれた地下1階の駐輪場に止める．3,300台を収容することができ，そのうちの150台はレンタサイクルである．レンタサイクルには7段変速付き自転車，マウンテンバイク，子ども用，荷物運搬用，タンデム（2人乗り）などが幅広く用意されている．また，自転車の車体や部品の販売，修理，洗車，ロッカールームといったサービスも提供されている．駅から中心市街地へ向かう途中には，プロムナードと呼ばれる緑豊かな環状道路を横切る．ここは歩道，自転車道，車道が分離されており，自転車都市ミュンスターを象徴する交通空間となっている．

上空写真

水上空間の利用

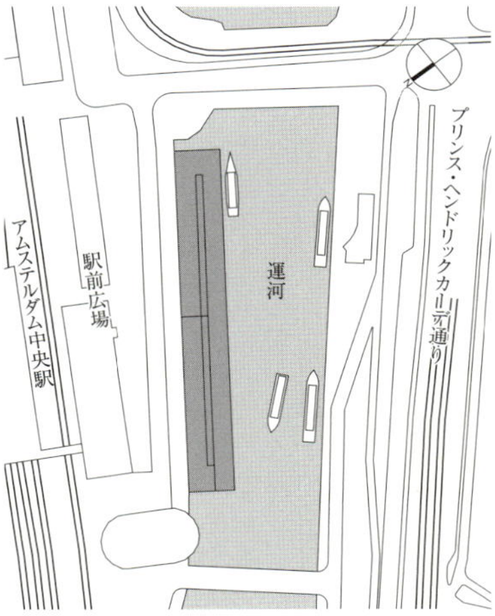

配置図　1:3000

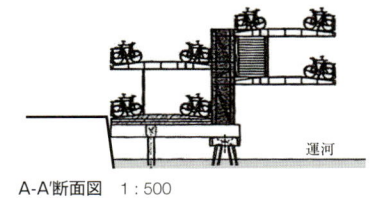

A-A'断面図　1:500

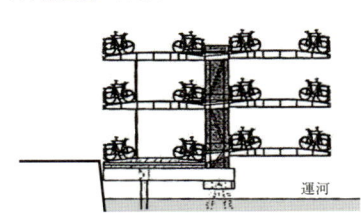

B-B'断面図　1:500

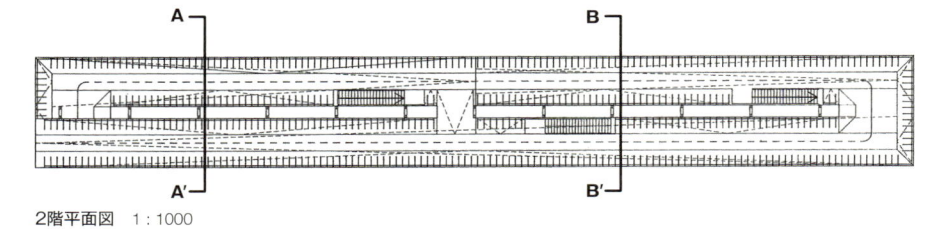

2階平面図　1:1000

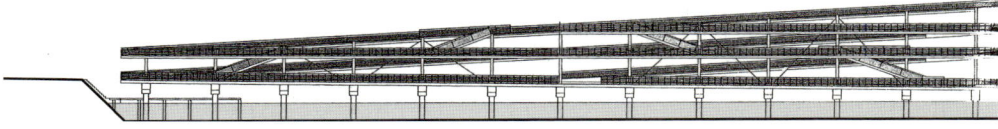

立面図　1:1000

アムステルダム駐輪場

アムステルダム駐輪場
- 所在地：Amsterdam, オランダ
- 設計：VMX Architects
- 建設：2001年
- 敷地面積：115,914m²
- 延床面積：1,128m²
- 階数：地上2階
- 構造：RC造+S造, 一部木造

駅前の水上空間を利用した駐輪場
1998年，自動車の代わりに自転車をという政策のもとに計画された駐輪場である．地方自治体の委託によって新しい地下鉄，バス停，歩行者専用地下道の建設と同時に計画され，2,500台の駐輪スペースを運河の上部に設けることでアムステルダム中央駅前広場への入口を大量の自転車から解放することが意図された．全長105mの自転車のためのスロープが作る景観が都市の新しい象徴となっている．

交通結節点の活用：バスによる交通システムの構築
Revitalization of Traffic Node: Development of Transportation System by Bus

クリティーバ
- 所在地：Curitiba, ブラジル
- 設計：IPPUC他
- 建設：1970〜1990年代

都市を支えるバスシステム

クリティーバのバスシステムは人口100万都市の公共交通をバスだけでまかなうことに成功し，世界中から注目された．通常のバスは渋滞で速度も遅く，定時運行できず，輸送量が不足する．クリティーバでは道路の構造を都市計画的に再編し，バス車両と停留所にも様々な工夫を施すことで，輸送力・定時運行・速度の確保を地下鉄の敷設よりも格安なコストで実現した．

渋滞を回避するバスレーンの設定

元々旧市街から郊外へとのびる5本の放射状幹線道路がこの街の骨格をなしていた．これらの幹線道路ではバスの運行を最優先し中央にバス専用レーンを設けている．乗降客が道路の真ん中で乗り降りするので，バスレーンの両側は駐車帯付きの車道にして高速車を排除している．この幹線道路と平行する両側の支線道路は一方通行で，最低走行速度を定めて自動車の流れを確保している．これら3本の道路に挟まれた区画は，土地利用と道路システムとを連動させるため高密度かつ高層の土地利用が指定されている．

筒状停車場テューボと乗降の合理化

乗降時間の短縮はバスの運行にとって重要である．そこで鉄道駅のようにプラットホームのある停留所を開発し，料金の事前徴収と多人数の一斉乗降を可能にし，乗降時間をそれまでの約1/8に短縮した．この鉄パイプと強化ガラスでできた筒状の停留所はテューボ（管）と呼ばれ，車椅子にも対応しており，特徴あるデザインで市民に親しまれている．ユニット化されていて縦にも横にも延長できる．乗換え駅やターミナル駅では，何本ものテューボが併設され，鉄道駅のようである．

バス車両にも様々な工夫が施されている．急行やローカル線など5種類に分かれており，5色に塗り分けられているので容易に識別できる．定員も40人乗りの小型車両から270人乗りの3両編成大型車両まで需要に応じて定員数も異なる．

多様なバスネットワーク

幹線道路の専用レーンを走る赤色の急行と連結型急行，急行が停車する乗換え駅を環状に結ぶ緑色の地区間線，地区内各駅に止まるオレンジ色のローカル線，主要駅間を高速で結ぶ銀色の直行線，それに黄色の在来型の5種類があり，これらを乗り継いで目的地に向かうことになるが，先払いかつ単一料金であるため，駅での乗換えはスムーズである．最近では白色の市内循環や2階建て観光バスも登場し利用されている．100万都市の成功例として脚光を浴びたこのシステムも，人口が倍増し一部に渋滞や運行の乱れが生じており，地下鉄やモノレール構想なども併用した，200万都市への修正が求められている．

花通り（歩行者専用道路化される前）（提供：IPPUC）

花通り（歩行者専用道路化された後）（提供：IPPUC）

都市軸（幹線道路と支線道路）

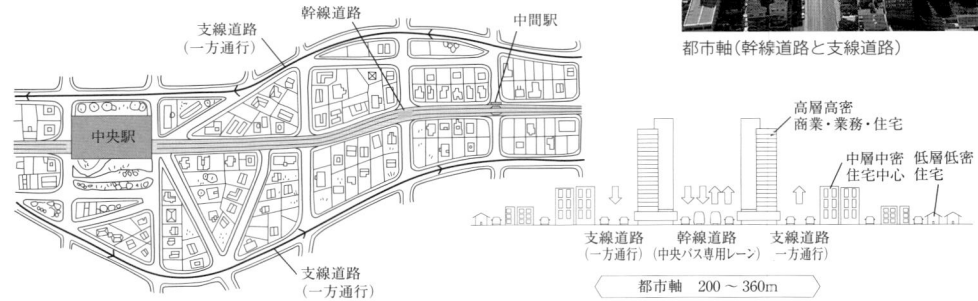

3つの道路による都市軸

土地利用と道路システムの連動

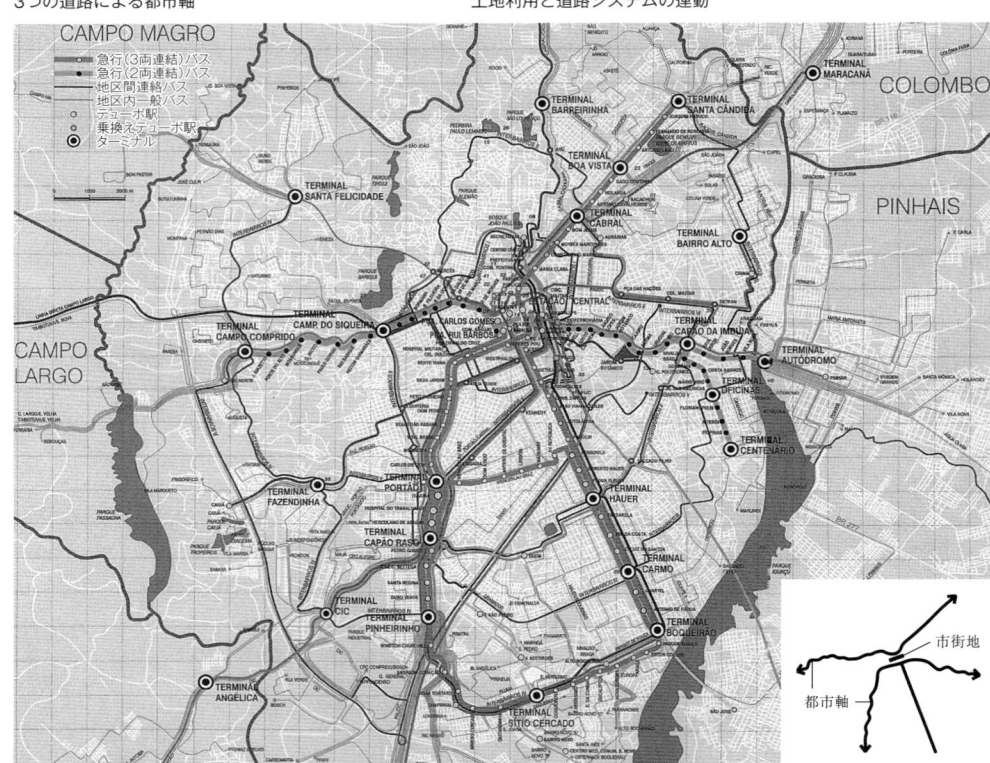

公共交通システムRIT系統図

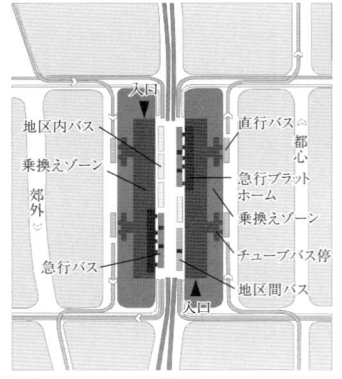

乗換えターミナルの模式図

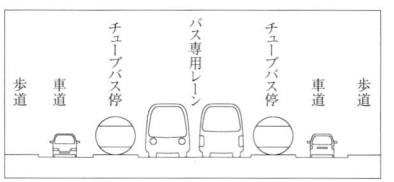

幹線道路のバス停留所断面

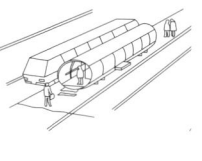

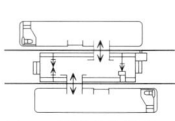

テューボ駅

テューボ駅の仕組み

Revitalization of Traffic Node: Town Development by Tram
交通結節点の活用：トラムによるまちづくり

富山のトラム
- 所在地：富山県富山市
- 開業：2006年

トラムによるコンパクトなまちづくり

富山ライトレール富山港線は，旧JR富山港線を路面電車化し新たに併用軌道として新設された駅周辺の1.1kmを合わせて全長7.6kmの軌道を整備したものである．再生された路線は，市民の重要な交通手段となり，日本初の本格的なライトレール（次世代型路面電車システム）となった．富山市は，少子高齢化や環境問題の深刻化に対し，これまでの自動車利用を中心とした拡散型の都市ではなく，公共交通を活用した「コンパクトなまちづくり」を目指している．

電停とユニバーサルデザイン

市民に優しい公共交通として，高齢者や車椅子などの利用者に配慮し，超低床式車両を導入するとともに，停車駅（電停）のホームも30cmの高さに抑え，スムーズな乗降を促している．ホームには4mの間隔で柱が並び，船のマストと帆のように柱上から屋根を吊る構造になっている．

沿線活性化地域のまちづくり事業図

岩瀬浜駅ホーム整備図　1:200

同一ホームによるスムーズな乗り継ぎ

道路整備図（牛島新町交差点付近）

軌道断面図

ホームと同じ高さの車両の床

断面図　1:200

芝生が敷かれた軌道面

断面図　1:100

立面図　1:200

134　交通結節点の活用：駅前広場1　Revitalization of Traffic Node: Station Square

川崎駅東口駅前広場
- 所在地：神奈川県川崎市
- 設計：日建設計シビル
- デザイン・アーキテクト：安田アトリエ
- 建設：2011年
- 敷地面積：4,835m²
- 建築面積：3,965m²

地上をつなぎながら地下と連続させる

東口広場の再整備を行うにあたり，駅前広場全体を結節点と捉え，明るい印象を持たせつつ，駅前広場の施設の老朽化や，樹木や構造物による視線の遮断による連続性の欠如などの問題を解決することが求められた．どの場所からも駅前広場全体を一望できるような開放感のある広場を目指して計画が進められた．広場の中で水平展開する平面的な動線計画は，どのような天候時にも人々をバス・タクシー乗場へ自然に誘導する豊かな歩行者空間をつくり，これに地下街との関係を加えた三次元的な動線計画が採用された．

地上部分を平面的に整備することにより，1986年に駅前広場と共に整備された地下街の衰退も懸念されたが，地下街の中央広場上部のサンライトを利用してエレベーターと透過性の高い上屋を設置し，地上と地下の視覚，動線の連続性を強化している．

広場のシンボルとしての大屋根

広場の中心的な存在であり，動線の要となる大屋根のデザインは，川崎というハイテク都市のイメージを保持しながら，視覚的にも新しい印象を有するゲート性が求められた．大きく透明な「覆い」は，広場全体のシンボルとなるだけでなく，バスシェルターへ移動する市民から冬場の北風を遮断し，夏場の強い日差しを和らげ，風雨から守り，人と自然を調和させる役割を担っている．また，地下商店街への既存階段・エスカレーターの天井としての機能も兼ねている．

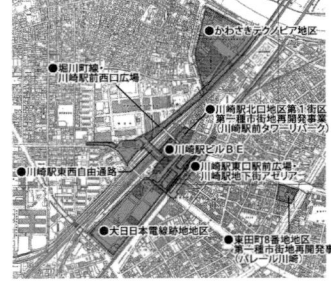

1980〜90年代／2000年初頭／2000年〜現在
川崎駅周辺再開発の経緯

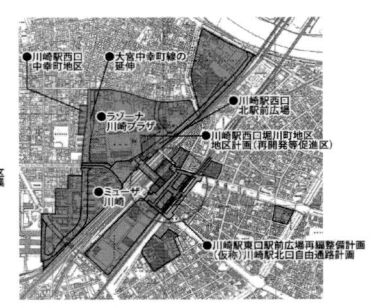

1952年（提供：神奈川新聞社）／1961年（提供：神奈川新聞社）／1976年（提供：神奈川新聞社） 
2009年／2011年（整備後）／ゲート性のある大屋根
川崎駅東口駅前広場の変遷

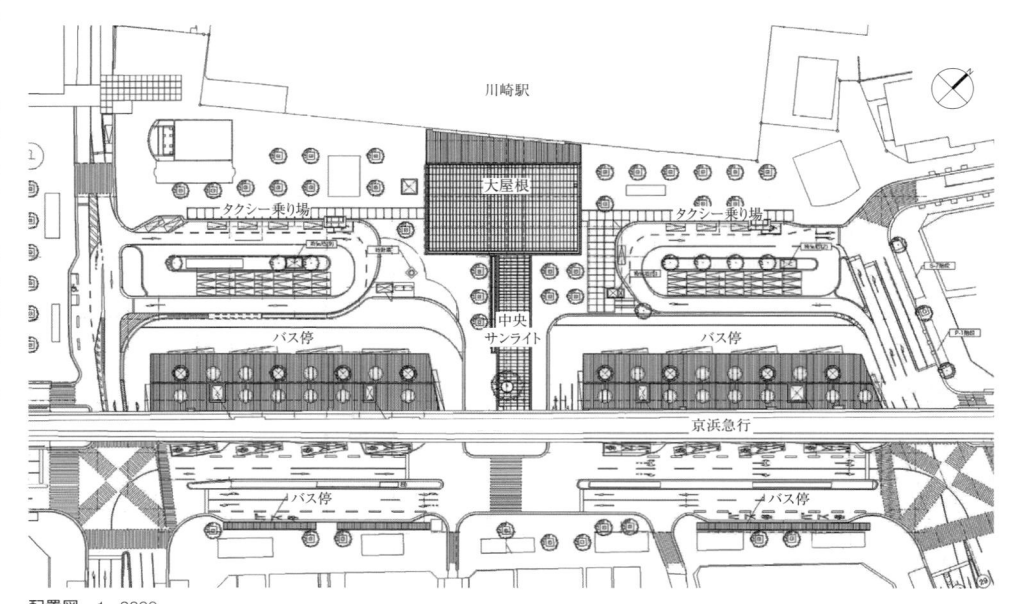

配置図　1:2000

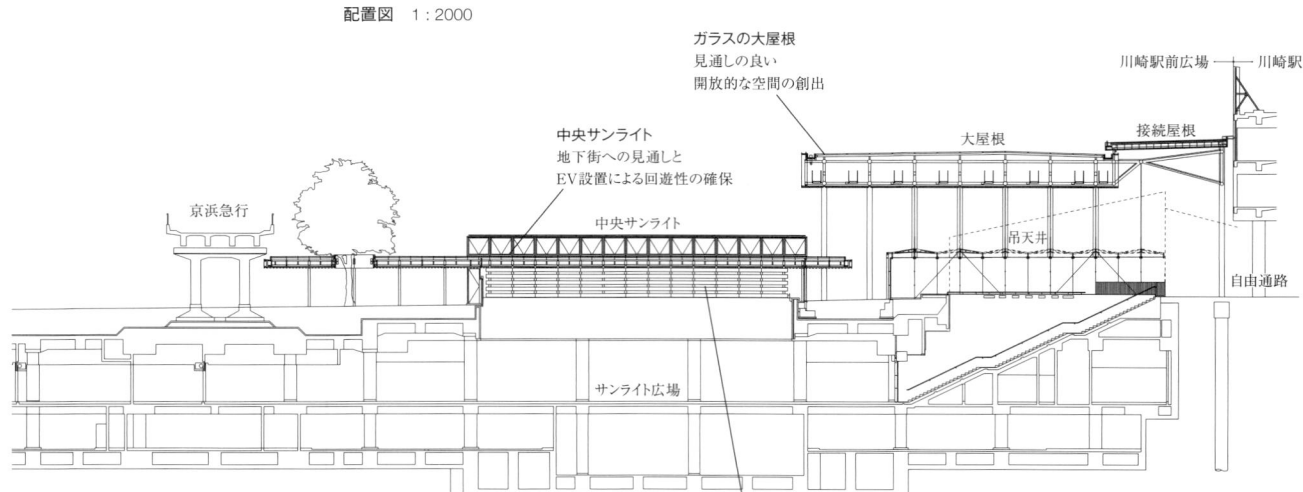

ガラスの大屋根　見通しの良い開放的な空間の創出
中央サンライト　地下街への見通しとEV設置による回遊性の確保
新たな歩行者軸　雨に濡れずに，広場中央を通り抜けられる歩行者空間の創出

断面図　1:600　------撤去部分

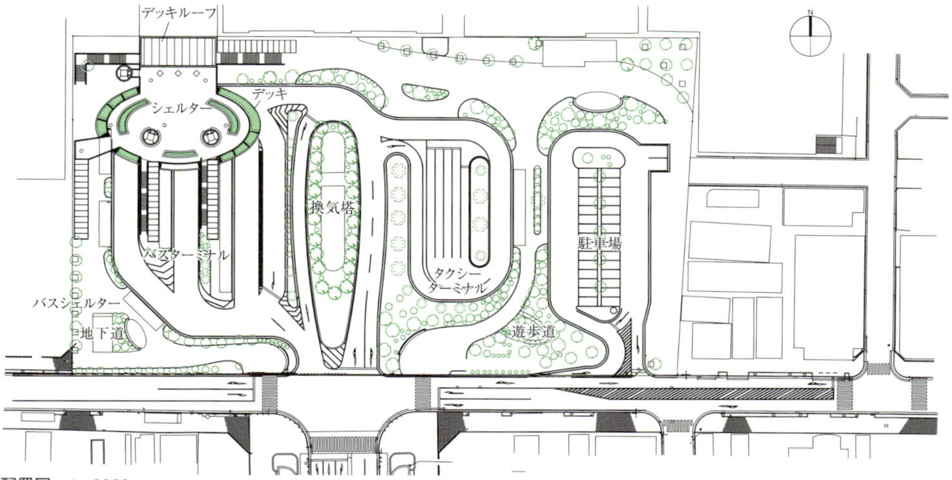

仙台駅東口駅前広場

- 所在地：宮城県仙台市
- 設計：日建設計
- 建設：2004年
- 敷地面積：15,000m²

空中に出現した市民広場

西側に比べ発展が遅れ気味だった仙台駅東口に整備された駅前広場．東西駅前地区の一体的な利用と，適正な交通機能の分担，杜の都仙台にふさわしい空間整備が求められた．東西自由通路からの連続性とバリアフリーの観点から，楕円形状の空中デッキが中心に設置され，隣接する店舗や周辺へとつながる通路への接続装置として機能している．空中デッキには，ベンチと一体にデザインされた植栽帯が整備され，市民の待ち合わせ場所や休憩場所となっている．

木で作られたバスシェルター

地上の広場は特に遠距離バスの発着点となっており，発券所が設置されている．バスシェルターは，杜の都のイメージとして構造体に木材を利用し，木を抽象化した形態である．タクシーやバスプールと独立した一般車用の乗降スペースも十分に設けられ，市街地の特性に適した交通広場を形成している．

統一されたサイン計画と誘導案内

案内・誘導を目的とするサインは仙台市のガイドラインに従って，駅出口のデッキ上で，総合的な情報提供を行い，目的地に近づくにつれて情報を絞り込む「階層配置」の考え方を基本としている．空中デッキからバス停やタクシープール，周辺の建物まで一望でき，サイン計画と建物形態がうまく合致している．さらに，デッキ階段や，歩行者道路の舗装には，電気式の融雪装置が設置され，雪が降ってもすぐに溶ける安全な歩行者空間を実現した．

配置図　1：2000

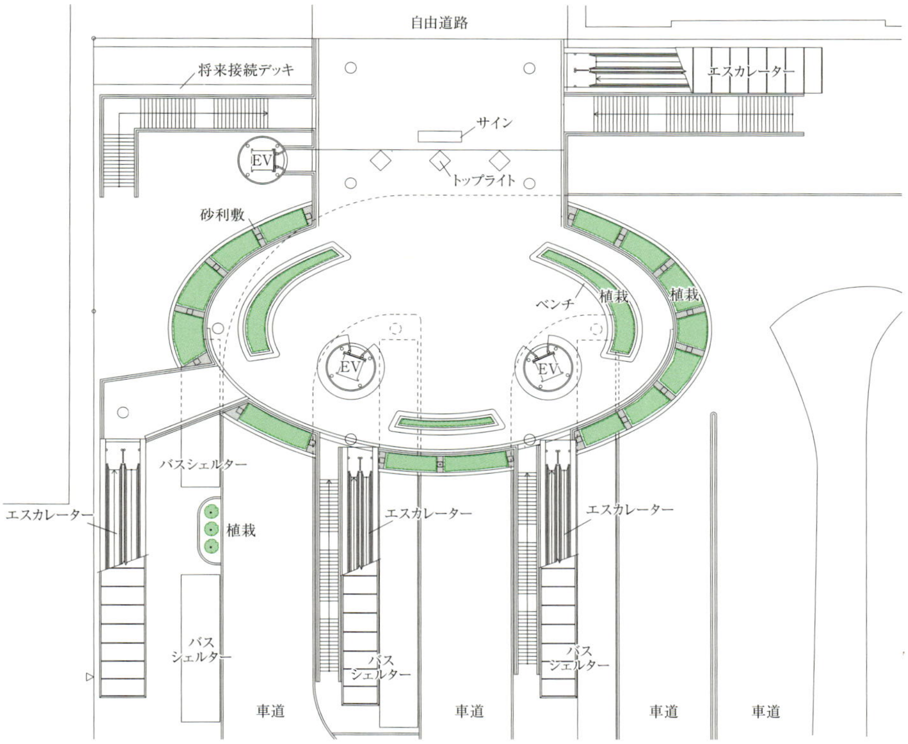

平面図　1：600

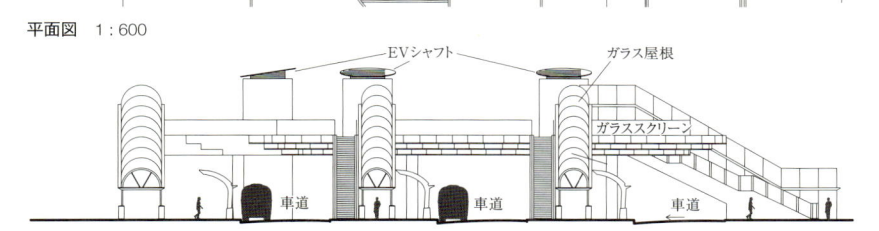

東西立面図　1：600

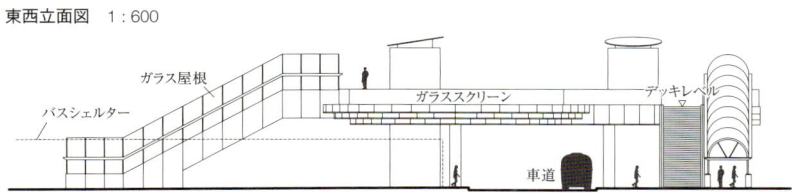

南北立面図　1：600

間接光で浮かび上がるベンチと夜景

空中デッキに接続するエスカレーター

木製のバスシェルター

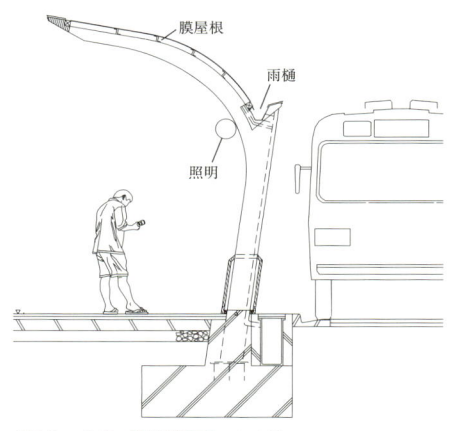

バスシェルター詳細断面図　1：100

交通結節点の活用：駅前広場3　Revitalization of Traffic Node: Station Square

熊本駅西口駅前広場
- 所在地：熊本県熊本市
- 設計：佐藤光彦建築設計事務所
- 建設：2011年
- 敷地面積：5,759m²
- 延床面積：1,282m²
- 構造：鉄骨造

ロータリーを囲むひと続きのスクリーン
2011年の九州新幹線の開通にあわせて駅舎だけでなく，東口駅前広場，西口駅前広場の整備が行われた．どちらの駅前広場も半屋外の公園として拠点化を図っているが，手法は異なっている．

西口はロータリーの輪郭に合わせてひと連なりのスクリーンを挿入することで，一般的な駅前広場からの脱却を図っている．スクリーンには乗降口や視認性を確保できるように所々に開口をあけている．通常の駅前広場にはサインやシェルターが個別にデザインされ配置されるが，ここではサイン・周辺案内図・時計・照明など必要な情報をスクリーンと屋根に集約している．人と車の領域を緩やかに分節することで，半屋外の公園のような空間ができ，周囲の風景を調停するデザインとなっている．

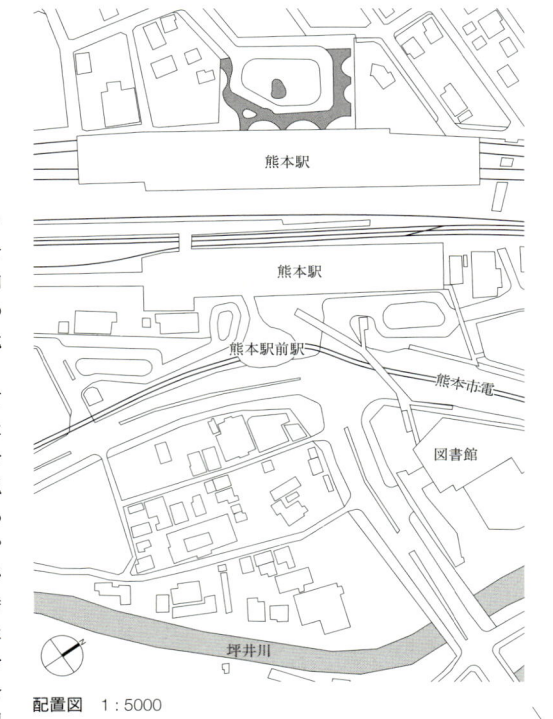

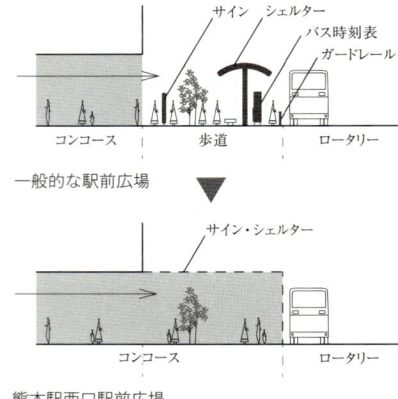

配置図　1:5000

熊本駅西口駅前広場
サイン・シェルターダイアグラム

機能が集約されたスクリーンと親水施設

スクリーンに囲まれたロータリー

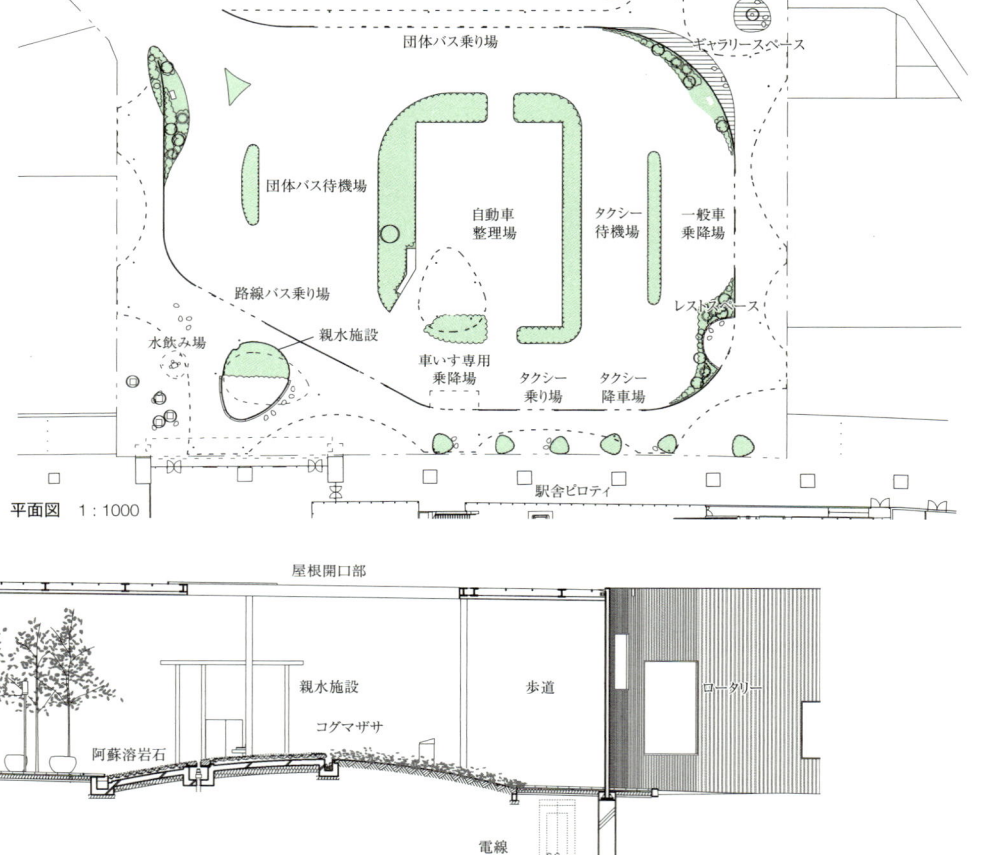

平面図　1:1000

断面図　1:200

ロータリー側展開図　1:600

歩道側展開図　1:600

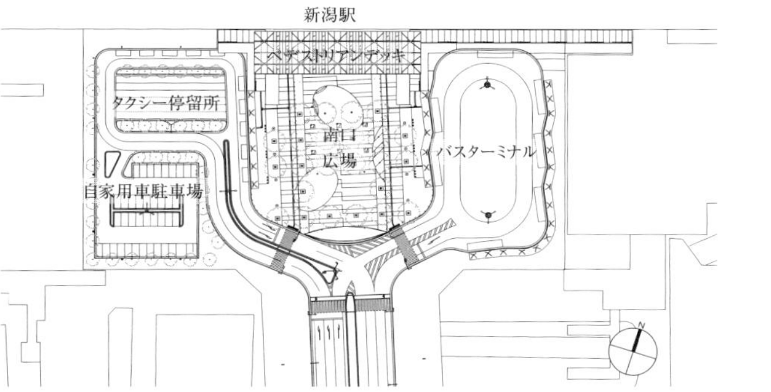

Revitalization of Traffic Node: Station Square 交通結節点の活用：駅前広場4

新潟駅南口駅前広場
- 所在地：新潟県新潟市
- 設計：堀越英嗣＋堀越共同企業体
- 建設：2009年
- 広場面積：13,700m²

駅前に設けられた多目的なオープンスペース

在来線の高架事業に伴う新潟駅周辺整備の一環として整備された駅前広場．駅前に広場を置き，バスターミナルやタクシーの停留所をその両側に配置した．駅舎に沿うペデストリアンデッキからコネクターキューブのガラス張りの階段を経て広場に行けるようになっている．この広場では人が通過し，佇み，休むだけではなく，市民が様々なイベントを開けるように池やステージなどの仕掛けは設けず，あえてシンプルな広場となっている．結果として維持管理の手間やコストも抑えられている．この南口の整備は一部に過ぎず，在来線を高架にし，バスターミナルが駅北口へ突き抜けるような計画がある．北口にも中央広場ができ，駅舎を挟み込む形で都市の庭が作られ，駅を貫く南北の都市軸が形成される予定となっている．

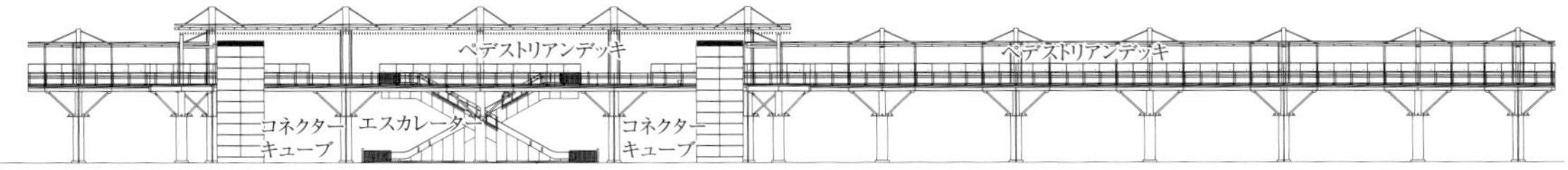

配置図 1：3000
ペデストリアンデッキ 1：1000
ペデストリアンデッキの大屋根／コネクタキューブと駅前広場 1：500 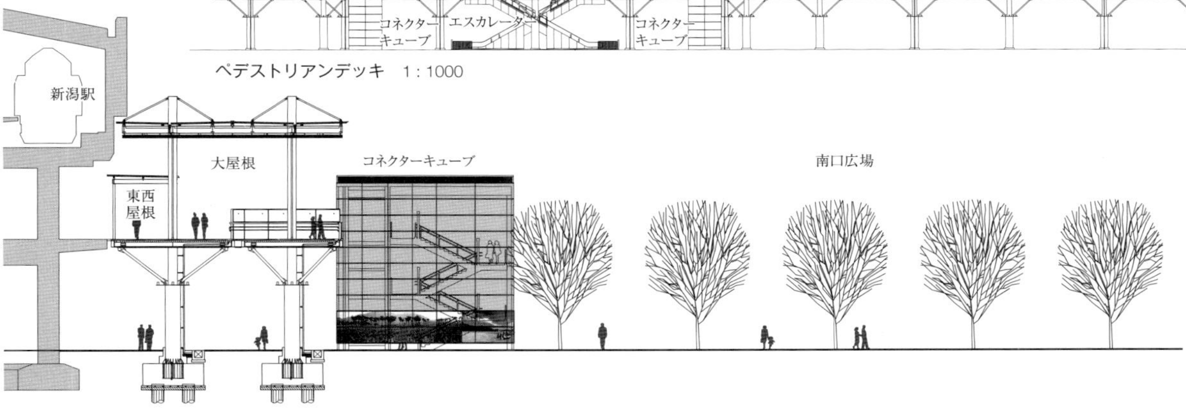

新潟駅南口駅前広場

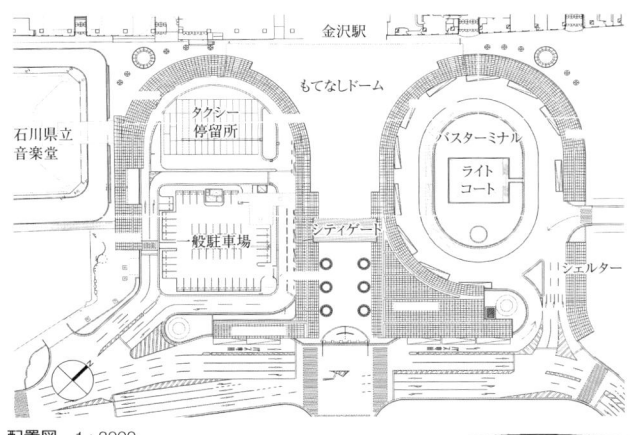

もてなしドーム（金沢駅東広場）
- 所在地：石川県金沢市
- 設計：トデック，白江建築研究所
- 建設：2005年
- 敷地面積：27,000m²
- 建築面積：約3,000m²（もてなしドーム）
- 階数：地下1階，地上1階

都市軸を象徴する広場のゲート

金沢市では市の中心部から金沢駅を通過して北側の金沢港へ至る都市軸を明確にする都市整備を行ってきた．もてなしドームはこの軸線上にあり，金沢駅の東側の玄関口として整備された．建物はガラス張りの大空間で冬の風雪から交通広場の利用者を守り，都市に新たなシンボルを与えている．都市の軸線を強調するように入口には木造のゲート（鼓門）が設けられ，その背後に都市軸を中心として線対称となる配置にガラスのドーム空間がある．ドーム空間は地下の広場と連続しており，そこから地下道を通って駅前の大通りに出ることができる．都市軸とそれに直交する鉄道駅，駅前広場と地下空間をつなぐ交通の結節点に設けられた象徴的なデザインのターミナルとして機能している．

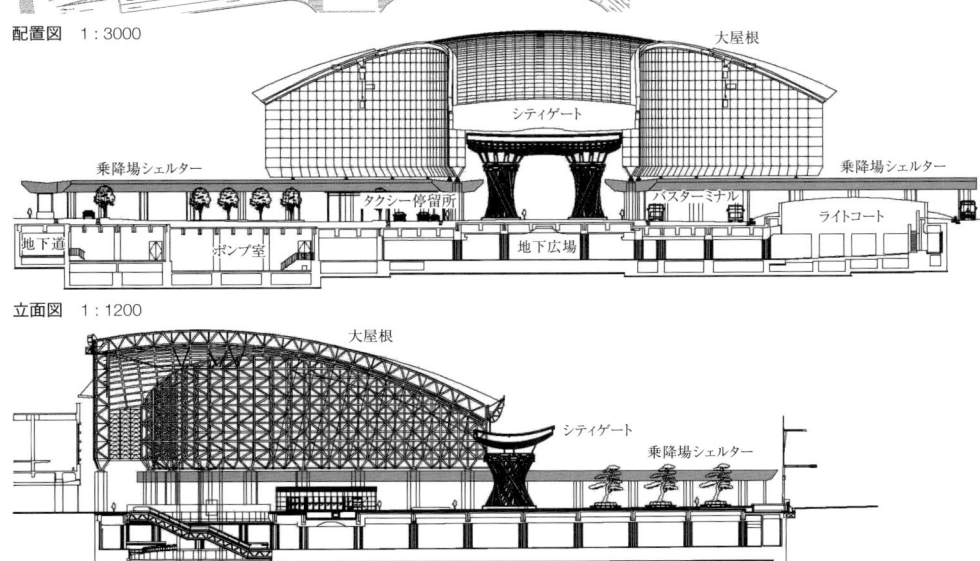

配置図 1：3000
立面図 1：1200
断面図 1：1200

もてなしドーム（金沢駅東広場）

ドーム内部

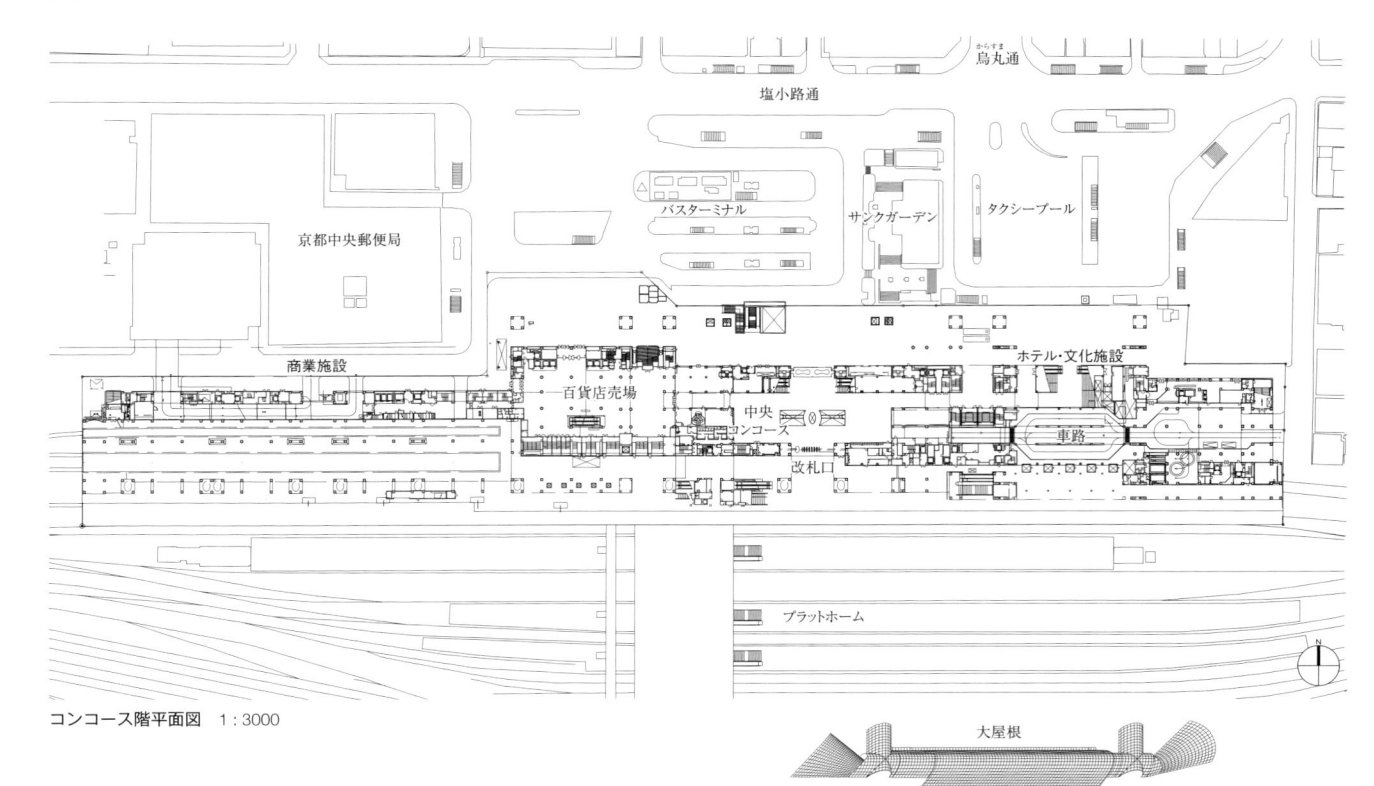

138　交通結節点の活用：駅舎1　Revitalization of Traffic Node: Station Building

コンコース階平面図　1:3000

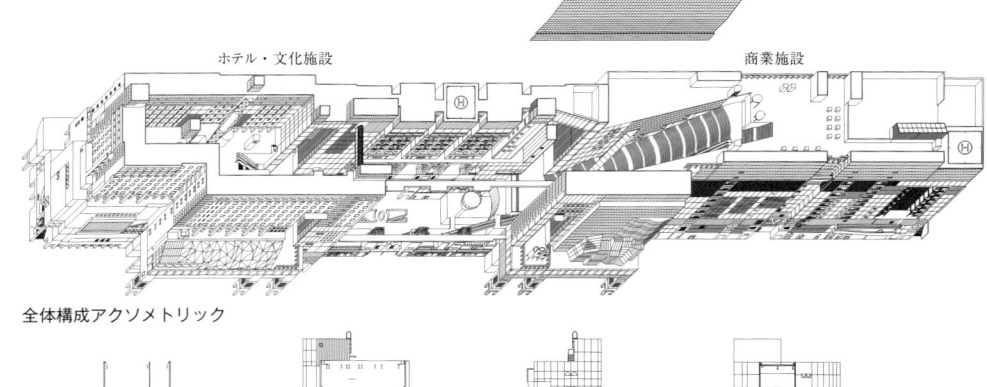

京都駅ビル
- 所在地：京都府京都市
- 設計：原広司＋アトリエ・ファイ建築研究所
- 建設：1997年
- 用途：駅，ホテル，商業，文化，駐車場
- 敷地面積：38,076m²
- 建築面積：32,351m²
- 延床面積：237,689m²
- 階数：地下3階，地上部16階（ホテル部）・12階（百貨店部），塔屋1階
- 構造：鉄骨鉄筋コンクリート＋鉄骨造

駅舎に都市を埋蔵する

平安遷都1200年を記念して建て替えられた高さ60m，幅470mの巨大な複合駅施設．建物の東側にはホテル・文化施設，西側には商業施設，中央にはコンコースがある．コンコースを底としたガラスの大屋根がかかった大階段と壇上の外部空間がこの建物を大きく特徴づけている．

　大階段が提供する谷状の自由に行き交うことができる空間を介して，東側と西側とでにぎわいが相互に見合えるような関係がつくり出された．京都駅は駅前に様々な施設が密集しているために駅周辺に人の留まる場所がないという問題があったが，この建築では横長の敷地に谷状の外部空間をつくることで，駅に立体的な滞留空間を生み出している．

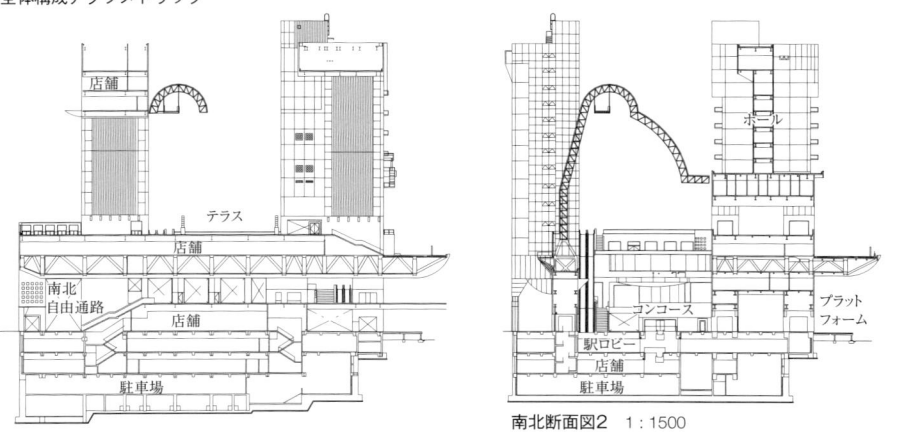

全体構成アクソメトリック

南北断面図1　1:1500

南北断面図2　1:1500

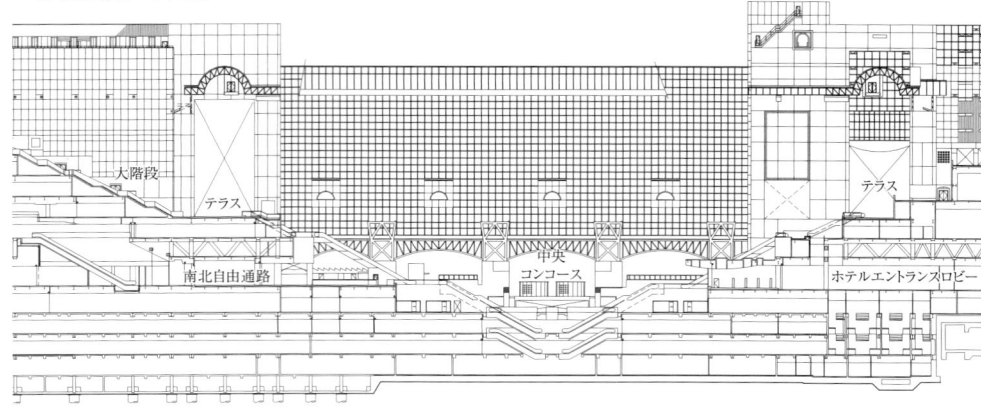

東西断面図　1:1500

Revitalization of Traffic Node: Station Building 交通結節点の活用：駅舎2

大阪ステーションシティ
- 所在地：大阪府大阪市
- 設計：西日本旅客鉄道，JR西日本コンサルタンツ
- 建設：2012年
- 敷地面積：58,000m²（全体）
- 建築面積：29,200m²
- 延床面積：5,500m²（橋上駅），36,800m²（高架下駅）

大屋根でにぎわいを連続させる

大阪駅が将来にわたって大阪の玄関口にふさわしい駅となるように駅舎と駅ビルが一体的に整備された．高架駅の線路上空に新たに南北連絡通路を設置し，地上レベルの南北連絡通路と合わせて駅の南と北を2つのルートでつなぎ南北動線を充実させた．あわせて東西方向の動線も整備し，駅周辺地区全体の回遊性の向上を図った．動線の整備と共に，駅舎内に様々な趣向を凝らした8つの広場を設け，にぎわいや憩いのある多くの滞留空間を生み出し，それらを線路上空に設置された約180m×100mの大屋根が統合している．

また，駅南側の広場は歩行者の利便性に配慮して再整備され，1983年竣工のアクティ大阪（2011年にサウスゲートビルディングに改称）の増築と広場の立体的利用により大阪駅南側の新しい顔となった．

駅舎だけでなく駅ビルも同時に整備することにより交通結節点に面的な広がりを持たせ，駅舎機能を都市と連続させることが可能となった．

1階平面図　1：3000

3階平面図　1：5000

5階平面図　1：5000

断面図　1：1500

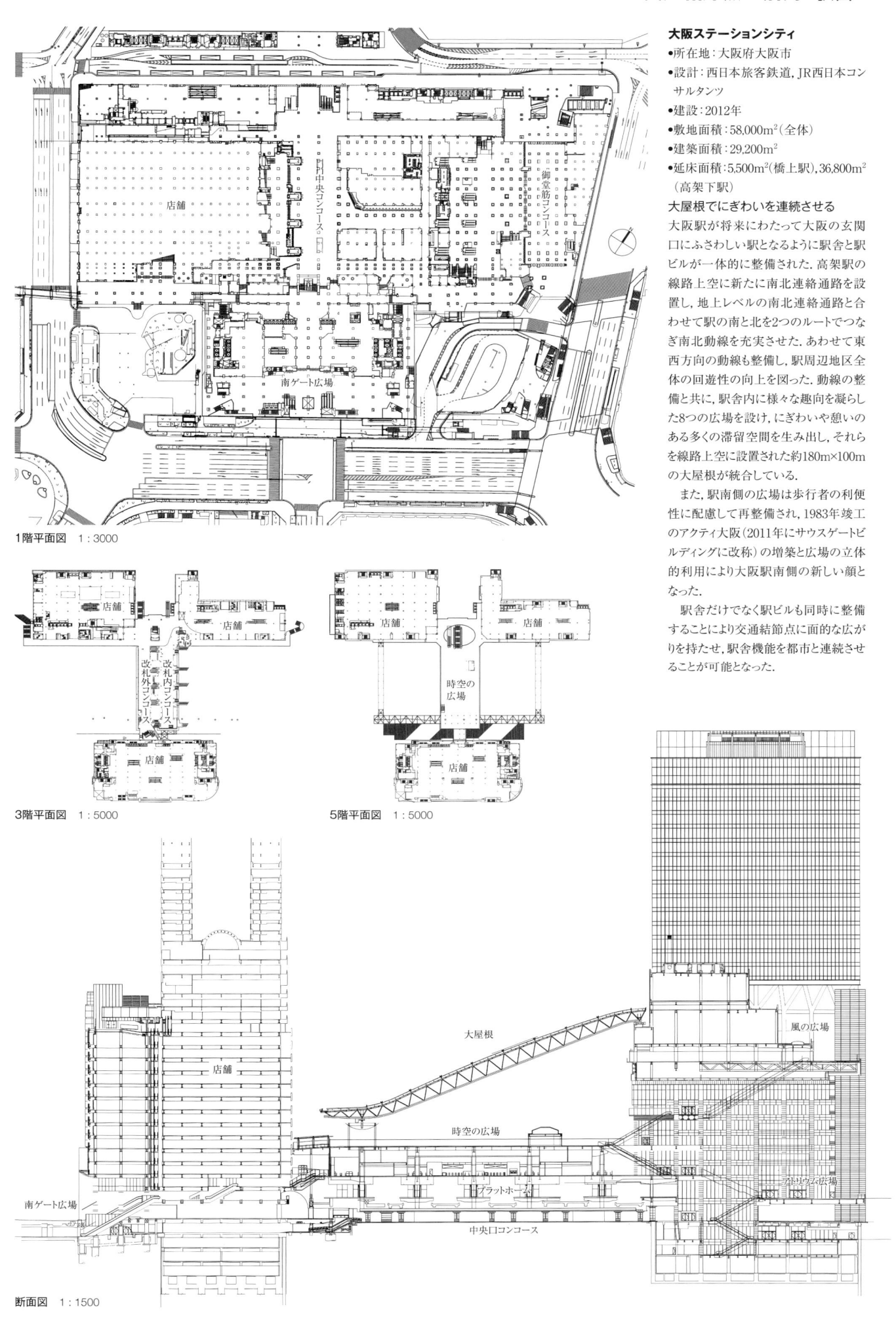

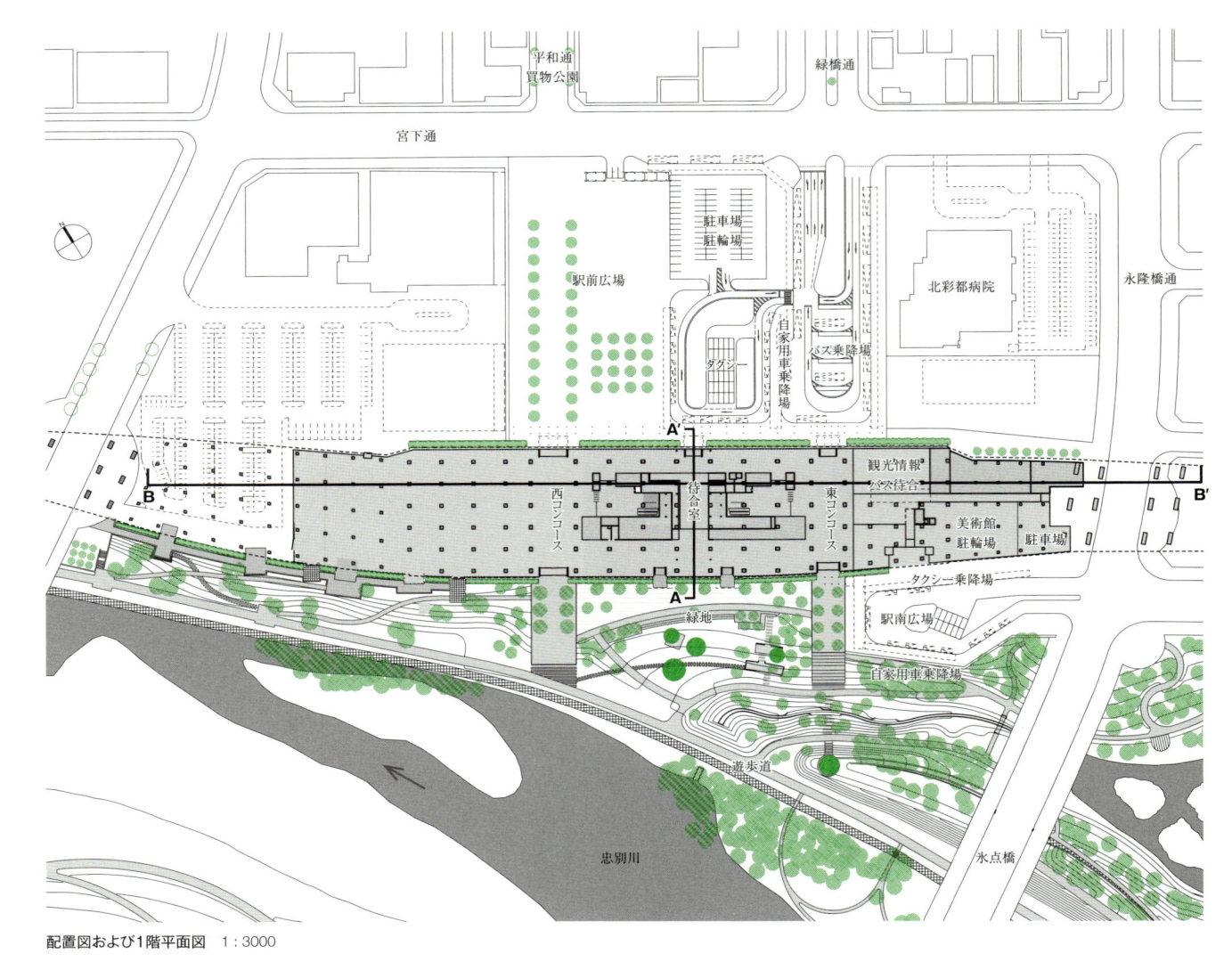

140　交通結節点の活用：駅舎3　Revitalization of Traffic Node: Station Building

配置図および1階平面図　1:3000

旭川駅
- 所在地：北海道旭川市
- 事業主体：北海道，旭川市，JR北海道
- 総括：篠原修，日本都市総合研究所（加藤源）
- 設計：内藤廣建築設計事務所，JR北海道，日本交通技術（駅舎），ドーコン，D+M・内藤廣建築設計事務所（駅前広場），PWWJ（ビル・ジョンソン），D+M，高野ランドスケープ（ランドスケープ）
- 建設：2011年（駅舎），2013年（駅前広場）
- 敷地面積：13,763m²（駅舎），約22,000m²（駅前広場），約11,500m²（駅南広場および緑地）
- 延床面積：14,197m²（駅舎）
- 乗車人員：4,425人/日（2010年度）

都市と川を結ぶ駅舎

街を南北に分断する鉄道と河川の周辺を，鉄道と駅の高架化，橋の新設，区画整理によって新たに都市拠点地区とする事業．日本初の恒久的歩行者専用道路である平和通買物公園からは駅前広場と西コンコースを経て忠別川へ視線が抜ける．河畔の緑地には遊歩道が設けられており，上流側の地区公園まで連続した利用ができる．

4面7線のホーム階は，根元にピン構造を持つ20本の四叉柱で支えられた大屋根で覆われている．柱上部はトップライトとなっている．

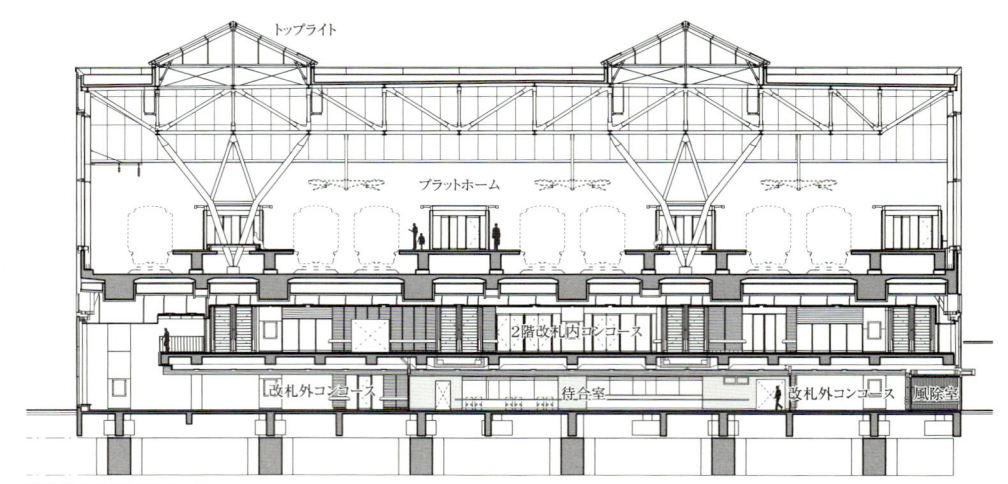

駅舎部南北断面図（A-A'）　1:500

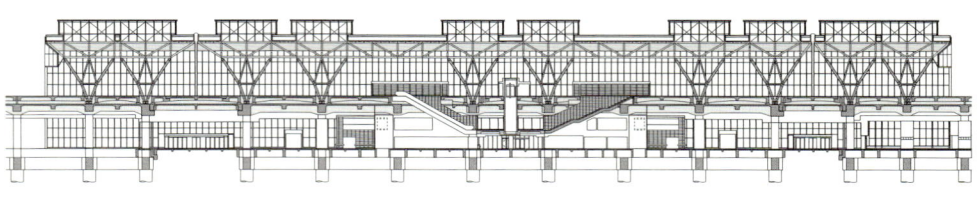

駅舎部東西断面図（B-B'）　1:1500

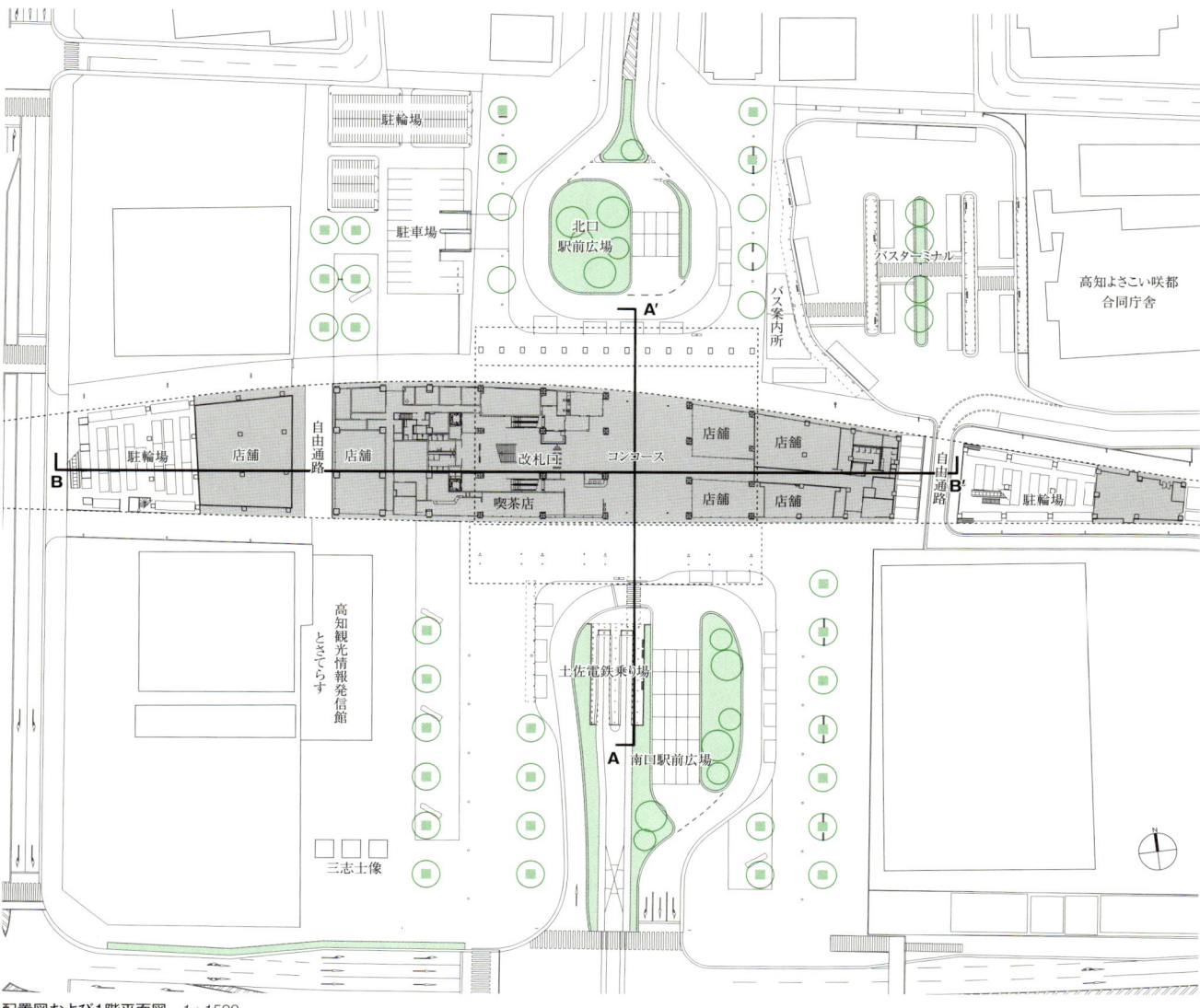

Revitalization of Traffic Node: Station Building **交通結節点の活用：駅舎4**

配置図および1階平面図　1：1500

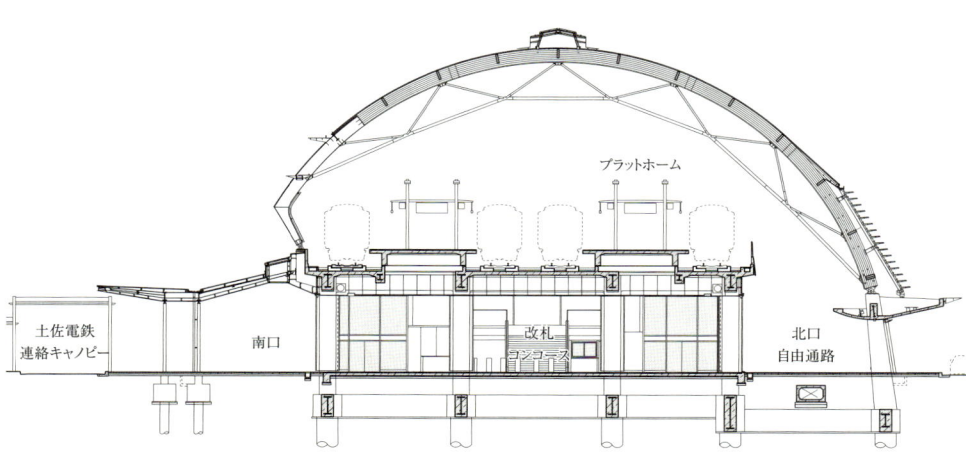

駅舎部南北断面図（A-A'）　1：500

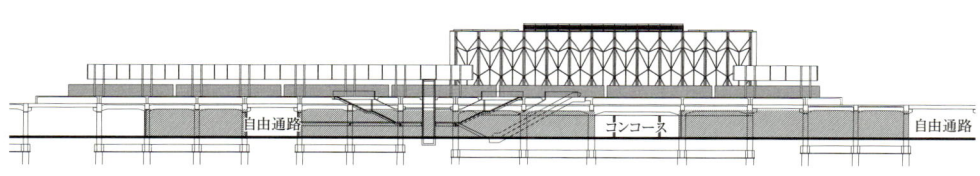

駅舎部東西断面図（B-B'）　1：1500

高知駅
- 所在地：高知県高知市
- 事業主体：高知県, 高知市, JR四国
- 設計：内藤廣建築設計事務所・JR四国・四国開発建設（駅舎）・小野寺康都市設計事務所, ナグモデザイン事務所（駅前広場）
- 建設：2008年（駅舎）, 2009年（駅前広場）
- 敷地面積：3,559m²（駅舎）
- 建築面積：3,078m²（駅舎）
- 乗車人員：5,237人／日（2008年度）

シンボルとしての木造駅舎
プラットホームを覆う大屋根は、県産のスギ集成材を用いたアーチ架構で、南側基礎を高架上に、北側基礎を駅前広場に置いている。制度上は道路となる駅前広場に構造物を置くことは容易ではないが、大屋根を市民が利用する広域施設と位置づけることで実現した。大屋根の幅は北口駅前広場と合わせて60mとされた。駅前広場と高架上の駅空間が連続し、さらにホームから南側に高知の街並みを見渡せる。また街の南北の連続性を確保するため、駅舎の地上レベルは大きく開放された。駅前広場には歩行者空間が広く確保され、土佐電鉄もJR駅近くに移設されたことにより交通拠点としての利便性も増した。

142　交通結節点の活用：駅周辺複合空間1　Revitalization of Traffic Node: Composite Space Around Station

ズータライン
- 所在地：Den Haag, オランダ
- 設計：OMA
- 建設：2004年
- 全長：1,250m
- 駐車台数：375台

地下トンネルに展開される複合交通空間

地上の通りを歩行者に開放するためにトラムを地下化して整備された1,250mに及ぶ長大な地下空間．2つの地下駅と375台分の駐車場，歩行者用のギャラリーなどが複合している．地下はトンネル状の空間になっており，地上の直下に当たるレベル1とその下のレベル2に駐車場が配置され，その下のレベル3に鉄道が敷設されている．それぞれの空間は吹抜けを介してつながっており，駐車場から駅施設や鉄道が見下ろせる．退屈になりがちな地下空間は鉄道と車と歩行者による立体的な交通空間となり，オープンスペースとなった地上のフローテ・マルクト通りとはエスカレータなどで接続されている．

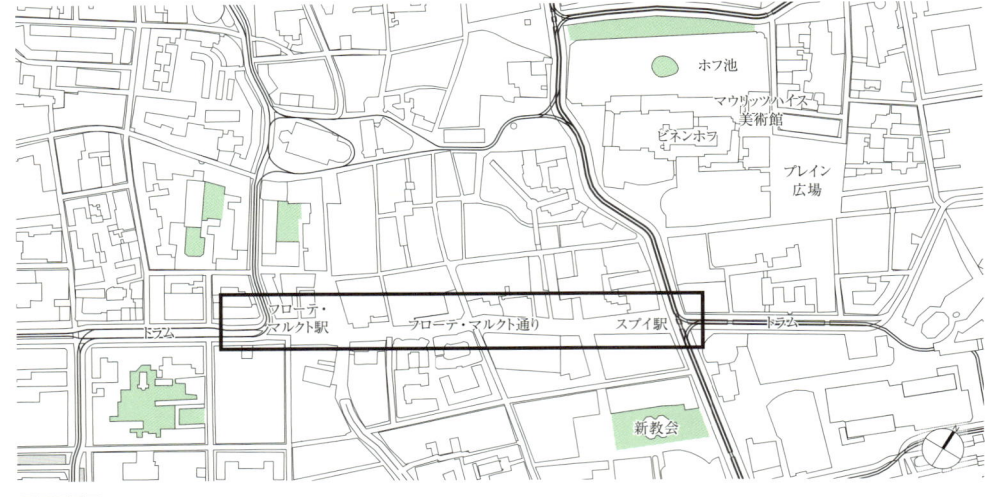

周辺配置図　1：10000

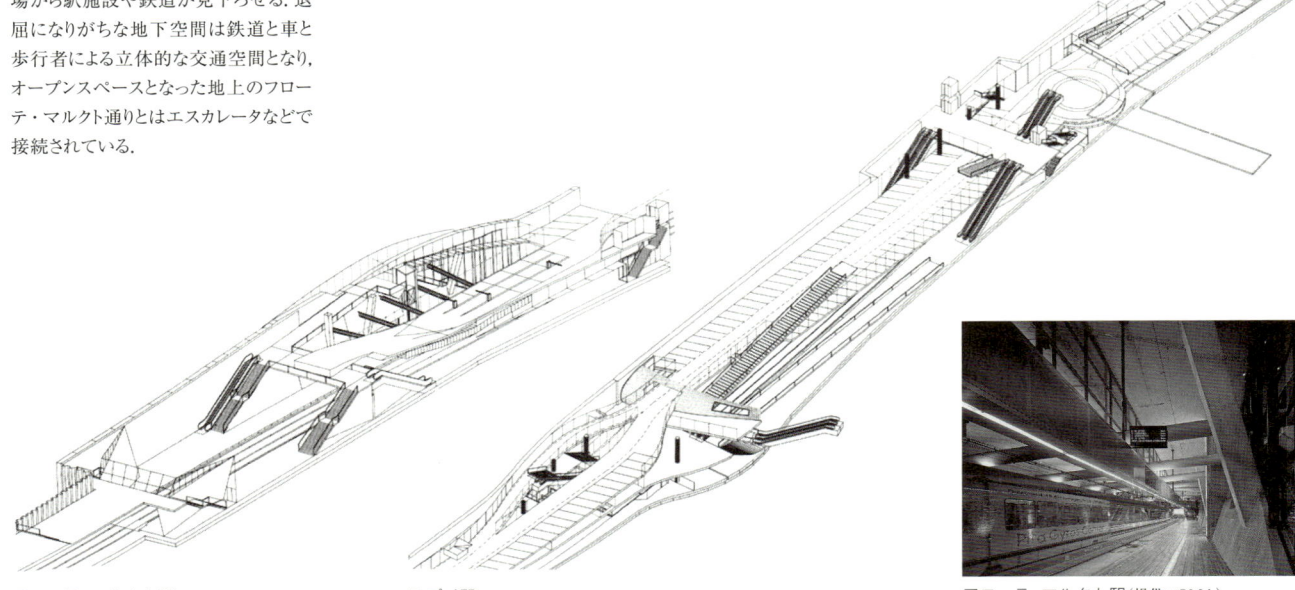

フローテ・マルクト駅　　スプイ駅　　フローテ・マルクト駅（提供：OMA）

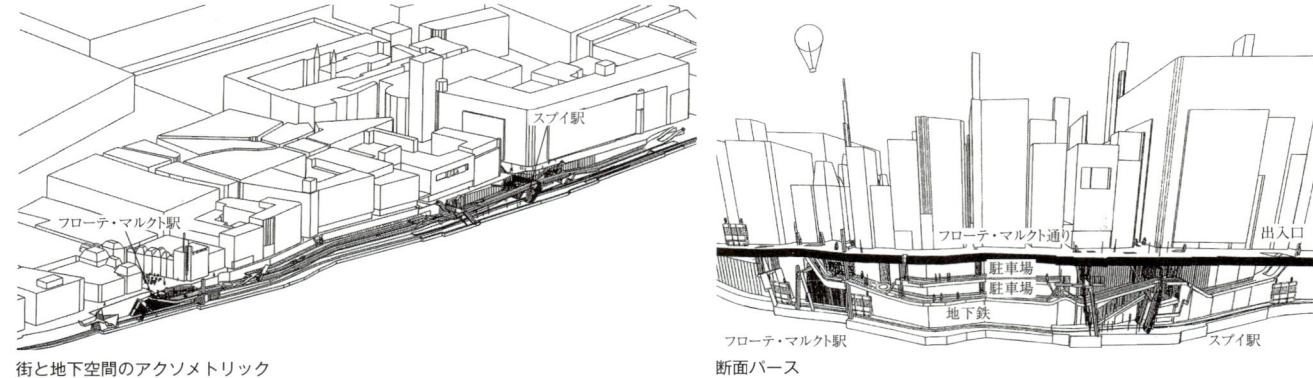

街と地下空間のアクソメトリック　　断面パース

立体的に広がるスプイ駅（提供：OMA） 　　駐車場（提供：OMA） 　　駐車場を横断する歩行者通路（撮影：Marco Raaphorst）

Chapter 3　再生の手法
- 建築の再生
- 地区のリハビリ
- 交通結節点の活用
- 環境創生のランドスケープ

Revitalization of Traffic Node: Composite Space Around Station 交通結節点の活用：駅周辺複合空間2

フェデレーション・スクエア

- 所在地：Melbourne, オーストラリア
- 設計：Lab architecture studio, Bates Smart
- 建設：2003年
- 敷地面積：36,000m²
- 延床面積：44,000m²
- 広場面積：7,500m²

駅前広場を演出する文化施設のファサード

鉄道駅のプラットホームの上に設けられた人工地盤上に，市民に開放された広場とそれを取り囲む複合施設群を設置した地区再生プロジェクト．この計画では，駅上空の空間を大胆に利用することで，メルボルン市内にまとまった大きさの広場空間を作るという市民の長年の夢が実現した．7,500m²の市民広場には，最大35,000人を収容できる野外円形劇場がある．その周囲に，ヴィクトリア州立美術館の新館，動画イメージセンター，ラジオ・テレビ局，レストラン，カフェ，書店，音楽関係の店舗などが複数の棟に入っている．建物の外観には，限定されたパーツの組み合わせから複雑で変化に富んだ構造体へと作り上げるフラクタルな構成（ピンホイール・グリッド）が使われ，視認性の高い都市のランドマークとなっている．

周辺配置図　1：15000

外観全景

屋外広場に集まる人々

動画イメージセンターのファサード

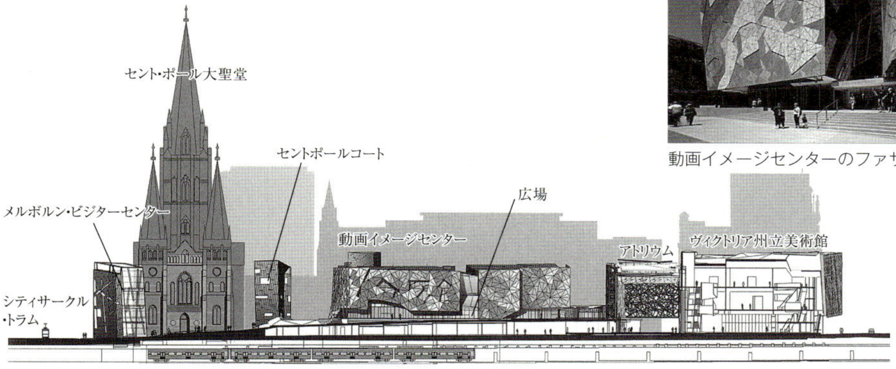

断面図　1：2000

1階平面図　1：2000

144 交通結節点の活用：歩行者ネットワーク1　Revitalization of Traffic Node: Pedestrian Networks

香港ペデストリアンネットワーク
- 所在地：Hong Kong,中華人民共和国
- 主要対象地区：上環地区,中環地区
- 設計：民間設計事務所＋Planning Department, Building Department, Highway Department
- 建設：1965年〜

民間による人の流れのデザイン

香港島は高層建築群が林立するビジネス街であり、地下鉄、バス、トラムなど公共交通網が張り巡らされ、世界でも屈指の高密度な都市環境である。ここでは、どのようにパブリックスペースを生み出すか、人の流れをデザインするかが重要な都市デザインの課題である。解決策として、ペデストリアンデッキのネットワークによる公共空間やオープンスペースの形成があり、その開発規模は上環地区、中環地区、金鐘地区の東西約2kmに及び、約半世紀をかけて徐々に今日の都市風景を作り出してきた。そのプロセスは7期に分けられ、1965年にプリンスビルとマンダリンオリエンタルホテルという民間建築を接続するブリッジが始まりである。すなわち、立体的な公共空間の創出は民間主導で始まったのである。1期では中環地区における複数のビルが内部でつながることによって、面的に広がる商業施設のネットワークが形成された。

行政による開発の誘導

2期では、1972年にビクトリア湾に向かって南北に、1980年代初めには東西に伸びる長大なスカイウェイが香港政庁によって先行投資された。公共によるスカイウェイは半外部であり、民間によるそれは内部空間になるのが特徴であるが、このスカイウェイに対し、周囲高層建築の低層部（ポディウム）による人工地盤が接続され、直線的なネットワークを作っていった。さらに90年代後半の埋立てでウォーターフロントが拡大し、7期ではショッピングモールやホテルが建てられた。あわせて2期の開発を拡大させ、建築群をペデストリアンデッキや屋上庭園、広場で接続している。このような公共主導の手法は6期でも用いられた。一方、3期では金鐘地区において、民間商業建築間の空中接続と公共のスカイウェイという1期と2期を組み合わせた公共と民間が協働する手法を用いている。これにより既存の公園や屋上庭園や建築内のアトリウム空間への自由なアクセスを可能にしている。

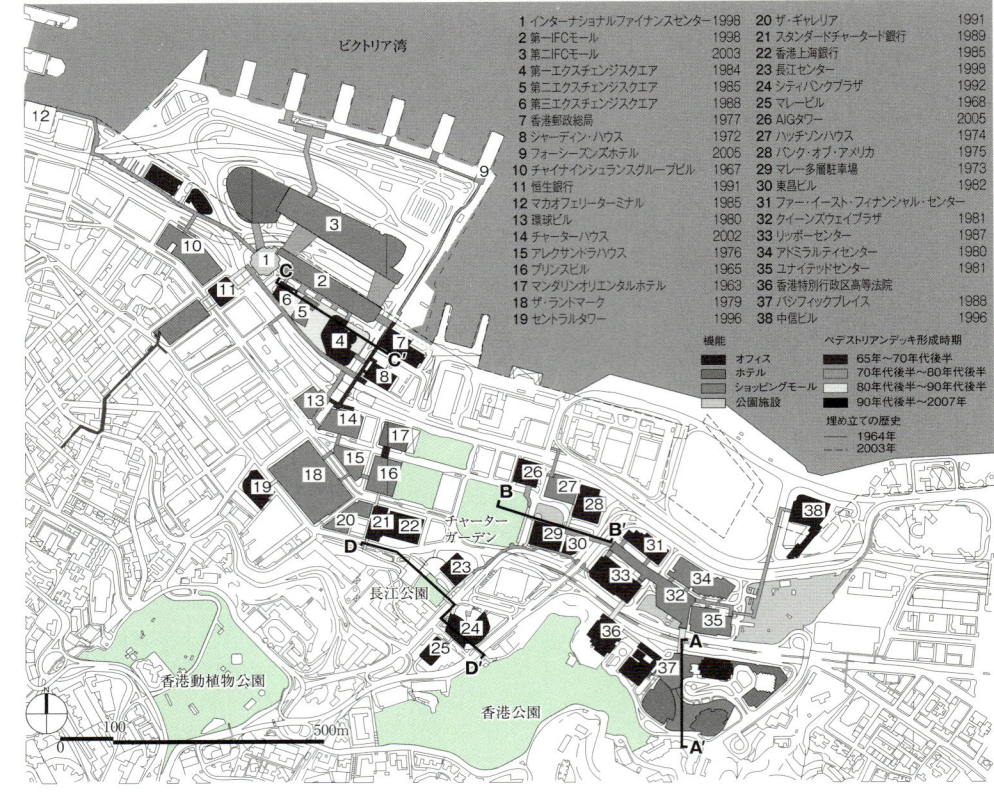

1 インターナショナルファイナンスセンター	1998	20 ザ・ギャレリア	1991
2 第一IFCモール	1998	21 スタンダードチャータード銀行	1989
3 第二IFCモール	2003	22 香港上海銀行	1985
4 第一エクスチェンジスクエア	1984	23 長江センター	1998
5 第二エクスチェンジスクエア	1985	24 シティバンクプラザ	1992
6 第三エクスチェンジスクエア	1988	25 マレービル	1968
7 香港郵政総局	1977	26 AIGタワー	2005
8 シャーディン・ハウス	1972	27 ハッチソンハウス	1974
9 フォーシーズンズホテル	2005	28 バンク・オブ・アメリカ	1975
10 チャイナインシュランスグループビル	1967	29 マレー多層駐車場	1973
11 恒生銀行	1991	30 東昌ビル	
12 マカオフェリーターミナル	1985	31 ファー・イースト・フィナンシャル・センター	1981
13 環球ビル	1980	32 クイーンズウェイプラザ	
14 チャーターハウス	2002	33 リッポーセンター	1987
15 アレクサンドラハウス	1976	34 アドミラルティセンター	1980
16 プリンスビル	1965	35 ユナイテッドセンター	1981
17 マンダリンオリエンタルホテル	1963	36 香港特別行政区高等法院	
18 ザ・ランドマーク	1979	37 パシフィックプレイス	1988
19 セントラルタワー	1996	38 中信ビル	1996

ペデストリアンデッキでつながれた建物の分布と建設年代

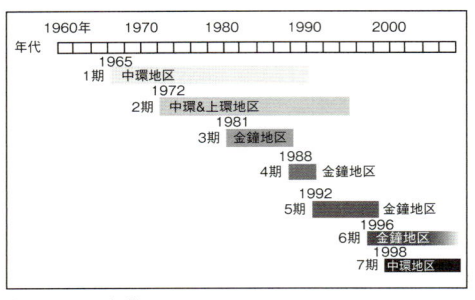

各地区の開発年代

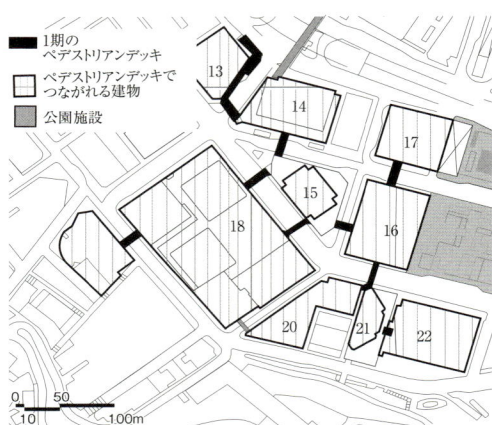

1期のペデストリアンデッキのネットワーク

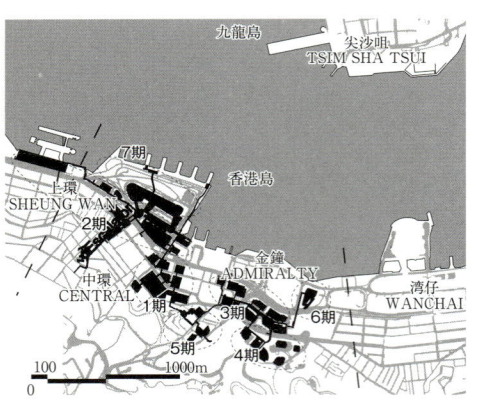

香港におけるペデストリアンデッキの位置

最初に接続されたスカイウェイ

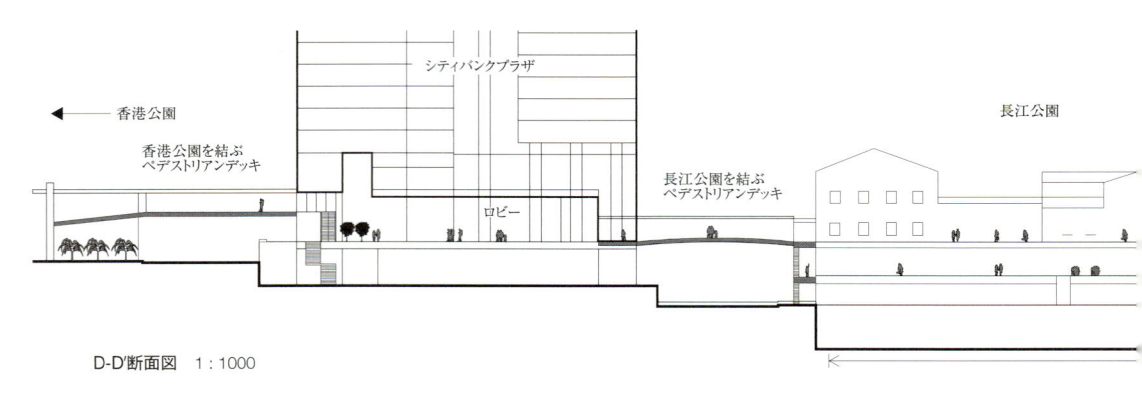

D-D'断面図　1:1000

Revitalization of Traffic Node: Pedestrian Networks　交通結節点の活用：歩行者ネットワーク2

A-A'断面の吹抜け空間

スカイウェイで過ごす人たち

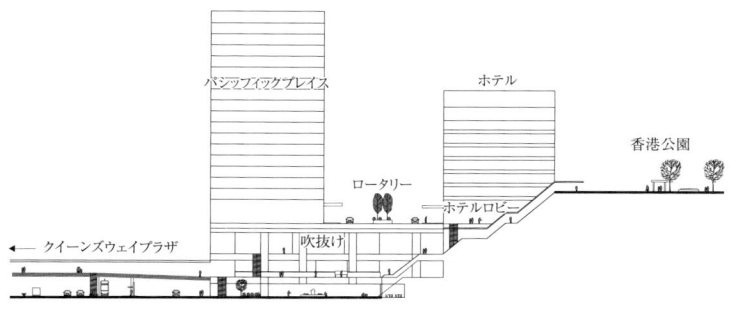

A-A'断面図　1:2000

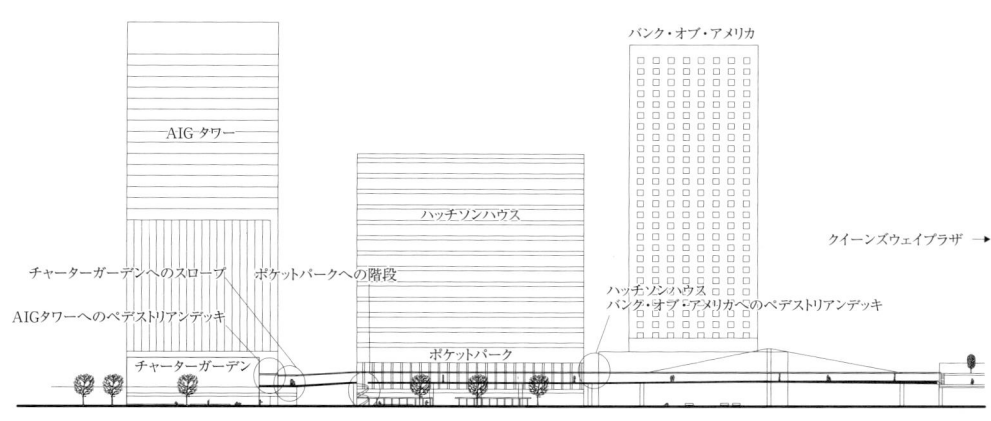

B-B'断面図　1:2000

ペデストリアンデッキ付近のカフェ

吹抜けを使った演奏会

人工地盤の広場で座る人々

屋上庭園に併設されるカフェ

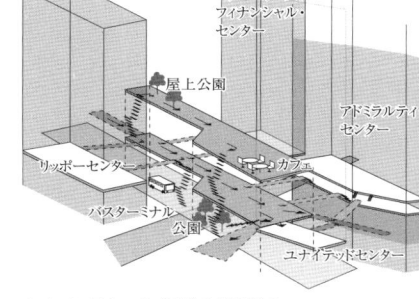

クイーンズウェイプラザの空間構成

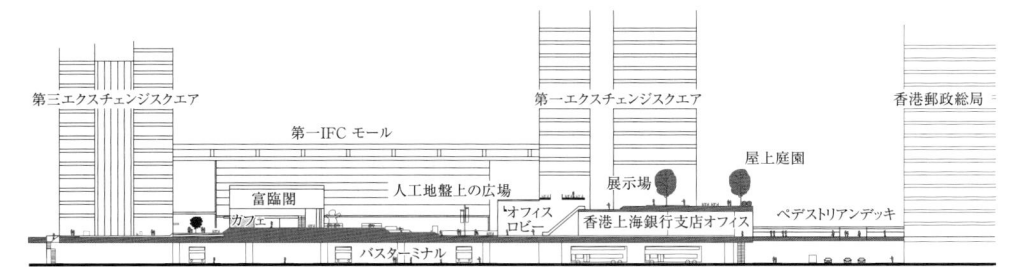

C-C'断面図　1:2000

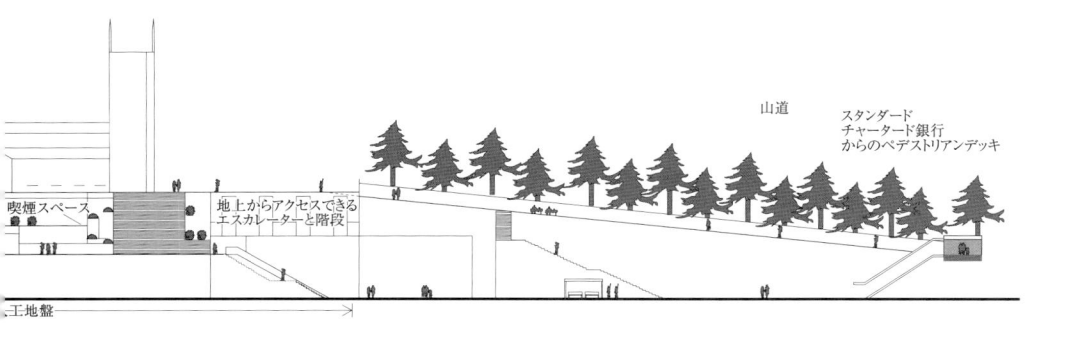

地形を活かし地区をつなぐ

4期，5期では地形を活かし，地区間をつなぐ面的なネットワークを形成した．1990年にスタンダードチャータード銀行から山側に，1992年にはシティバンクプラザから長江公園，香港公園へとスカイウェイがそれぞれ接続する．1989年建設のパシフィックプレイスはショッピングモールと3つのホテルとオフィスが一体となった複合施設であり，その低層部（ショッピングモール）の屋上は香港公園と連続した空間となっている．このように，既存の歩行者通路や香港公園を利用することで，独立して発展してきた中環地区と金鐘地区がひと続きとなった．

多様な機能を結ぶ公共空間

ペデストリアンデッキのネットワークによって，ショッピングモールやオフィス，ホテルといった様々な都市機能を持った38の建築群が約50年の時間を経て接続し，さらにフェリーターミナルや地下鉄，バス等の公共交通，公園と屋上庭園やアトリウム，広場といった多彩なオープンスペースと結びついている．これによりビル内部は公共通路としても機能し，様々なレベルでの水平・垂直移動を容易にする．その移動経路は複数選択が可能になっており，民間，公共といった複数のセクターが連続する床を管理運営することで，個々に閉じることはなく，約半分が終日利用可能なパブリックスペースになっている．さらに，多種多様なオープンスペースはカフェや露店といった小売商業によって，魅力的な公共空間として活用されている．

地下，地上，空中というレベルにおいて，建物内，屋上，ペデストリアンデッキという様々な床が連続し，所有管理の違いを超えて機能的に一つの連続する公共空間をつくり出し，市民が水平あるいは垂直に自由に移動することを支えている．

都市デザインの手法

この空間形成の特異性は，民間が商業ビジネスの発展のために始めた手法を公共がその価値を追認し，計画に加わり，都市デザインの手法へと展開したことにある．公共のペデストリアンデッキに関する法律は1980年初めに制定された．インセンティブが制度化されたのは1999年のことで，ネットワークへ寄与する開発に対して，供出された公共道路分の床面積を延べ床面積から除外し，供出された床面積の5倍，あるいは床面積の20%を割り増し，どちらか少ない方が容積率のボーナスとして認められる．

20世紀，アリソン&ピーター・スミッソンが描いてみせた空中の都市空間は，香港という超高密度な都市環境がつくり出すアクティビティによって成立することを示しているともいえるだろう．

環境創生のランドスケープ：高速道路の撤去による親水空間の再生
Landscape of Environmental Creation: Removal of the Elevated Highway and Reviving the Riverside Spase

清渓川復元事業
- 所在地：Seoul, 大韓民国
- 建設：2003～2005年

老朽化した高架道路の撤去と歴史文化の復元
首都の中心部を貫通する高架道路を撤去し，かつての河川水辺空間を復元するという画期的都市再生プロジェクトとして知られる清渓川（チョンゲチョン）復元事業は，2002年7月に計画が発表され，2003年7月1日に着工，2005年9月30日に竣工した．1960～70年代に建設された高架道路を解体・撤去するとともに，都心を流れる5.84kmの延長をもつ清渓川を覆う暗渠も撤去し，周辺のオフィスワーカーや住民のみならず，観光客が必ず訪れる憩いの場所を創出した．

ソウル市がこの事業を実施した目的は，都市管理のパラダイムシフト，とりわけ環境に優しい都市の実現を目指すとともに，歴史文化の復元，老朽化した高架橋問題の解決，そして環境の再生によって周辺の疲弊した市街地の再活性化を図ることであった．

実現するための交通対策
都市交通を支える幹線道路の車線数を大幅に削減し，暗渠に覆われた河川を復元するこの環境再生プロジェクトは，立ち退きを迫られる周辺商業者や住民も多く，反対運動が活発化し，実現は困難かと思われた．しかし，ソウル市の根強い説得と話し合いのもとで最終的には合意に辿り着き，2年8か月という短期間で実現に至った．

大量の自動車交通を捌いていた高架道路を撤去するためには，自動車交通量自体を減らす必要がある．そこで，迂回道路の新設，駐車場の整備，一方通行システムの導入，曜日ごとの運転自粛制，バス，地下鉄など公共交通機関の輸送能力の向上などその対策は多岐にわたった．

生態系の復元と都市環境の改善
自ら十分な水量を常時確保できない清渓川の用水として漢江の水や地下水を活用し，高度に浄化された水が流され，随所にビオトープ，湿地，緑地，魚道が配置され，生態系の復元も図られている．

自動車交通が減少した結果，大気の浄化が進むとともに騒音レベルも低下し，都心を貫通する風の道として機能するとともに，気温低下の現象も確認されヒートアイランド対策としての効果も期待されている．

清渓川復元事業の周辺市街地では多くの再開発事業が進み，ソウルの活力を牽引する心臓部として都市活動を支えている．

清渓川復元事業の区間　1:30000

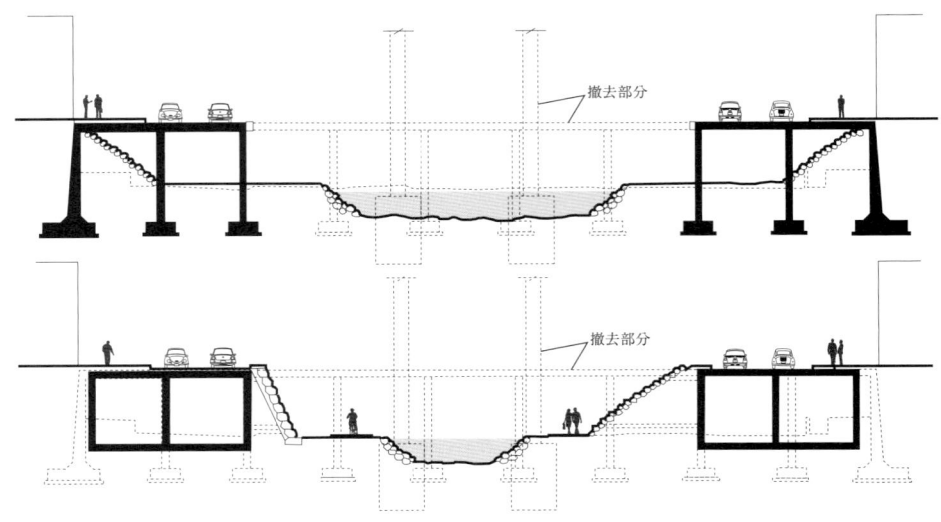

清渓川主要断面図　1:500

復元事業実施前の清渓川周辺

周辺再開発プロジェクトイメージ

整備された遊歩道

高架高速道路の撤去

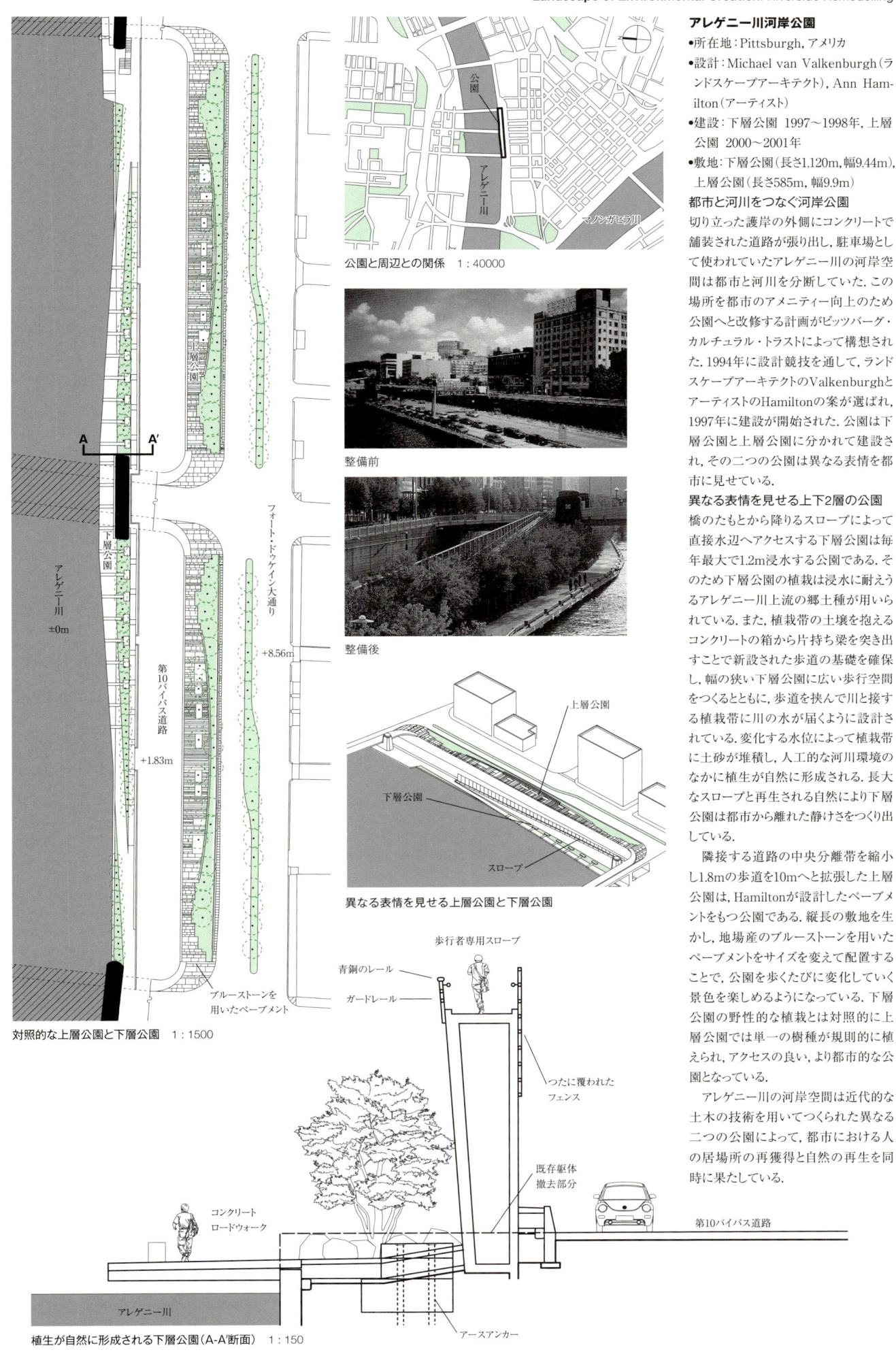

環境創生のランドスケープ：河岸改造

アレゲニー川河岸公園

- 所在地：Pittsburgh, アメリカ
- 設計：Michael van Valkenburgh（ランドスケープアーキテクト）, Ann Hamilton（アーティスト）
- 建設：下層公園 1997～1998年, 上層公園 2000～2001年
- 敷地：下層公園（長さ1,120m, 幅9.44m）, 上層公園（長さ585m, 幅9.9m）

都市と河川をつなぐ河岸公園

切り立った護岸の外側にコンクリートで舗装された道路が張り出し，駐車場として使われていたアレゲニー川の河岸空間は都市と河川を分断していた．この場所を都市のアメニティー向上のため公園へと改修する計画がピッツバーグ・カルチュラル・トラストによって構想された．1994年に設計競技を通して，ランドスケープアーキテクトのValkenburghとアーティストのHamiltonの案が選ばれ，1997年に建設が開始された．公園は下層公園と上層公園に分かれて建設され，その二つの公園は異なる表情を都市に見せている．

異なる表情を見せる上下2層の公園

橋のたもとから降りるスロープによって直接水辺へアクセスする下層公園は毎年最大で1.2m浸水する公園である．そのため下層公園の植栽は浸水に耐えうるアレゲニー川上流の郷土種が用いられている．また，植栽帯の土壌を抱えるコンクリートの箱から片持ち梁を突き出すことで新設された歩道の基礎を確保し，幅の狭い下層公園に広い歩行空間をつくるとともに，歩道を挟んで川と接する植栽帯に川の水が届くように設計されている．変化する水位によって植栽帯に土砂が堆積し，人工的な河川環境のなかに植生が自然に形成される．長大なスロープと再生される自然により下層公園は都市から離れた静けさをつくり出している．

隣接する道路の中央分離帯を縮小し1.8mの歩道を10mへと拡張した上層公園は，Hamiltonが設計したペーブメントをもつ公園である．縦長の敷地を生かし，地場産のブルーストーンを用いたペーブメントをサイズを変えて配置することで，公園を歩くたびに変化していく景色を楽しめるようになっている．下層公園の野性的な植栽とは対照的に上層公園では単一の樹種が規則的に植えられ，アクセスの良い，より都市的な公園となっている．

アレゲニー川の河岸空間は近代的な土木の技術を用いてつくられた異なる二つの公園によって，都市における人の居場所の再獲得と自然の再生を同時に果たしている．

公園と周辺との関係　1:40000

整備前

整備後

異なる表情を見せる上層公園と下層公園

対照的な上層公園と下層公園　1:1500

植生が自然に形成される下層公園（A-A'断面）　1:150

環境創生のランドスケープ：大規模工場跡地の再生 Landscape of Environmental Creation: Regeneration of Former Site of Large Factory

ウェステルハスファブリーク文化公園
- 所在地：Amsterdam, オランダ
- 設計：Gustafson Porter
- 建設：2000年
- 敷地面積：145,000m²

工場跡地を文化公園として再生
19世紀末にアムステルダム郊外に建設された都市ガス工場跡地の再生計画．石炭による都市ガス工場であったが天然ガスの台頭により1960年に工場は閉鎖した．ガス工場の建物は文化財として指定され，1992年，敷地は公園および芸術の発信施設としての再生が開始された．

変化をコンセプトにした空間デザイン
マスタープランのコンセプトは「変化（Changement）」である．「変化」とは，時間の経過が引き起こす自然と都市との関わり方や，それに対する認識の変化である．これらの異なる側面が敷地の複数のゾーンに割り当てられ，空間デザインに反映された．敷地の歴史を文化的なプログラムと組み合わせて現代的に表現することで，歴史的な遺構を再び都市空間に位置づけている．

細長い敷地は，設計範囲外である市役所前の既存公園を含めて4つのセグメントに領域分けされ，空間の質，アクティビティ，人々の関わり合いという3つの側面から異なるヒエラルキーを与えられている．このため空間は東から西へと段階的に変化するが，2本の直線の道と敷地北端を縁取る細長いプールがこれらのゾーンを串刺しにすることで，全体としての一体感をもたらしている．

敷地に点在する既存建築物はオペラやファッションショーが催されるホール，ギャラリーやショップ，レストランに転用され，芸術活動の拠点となっている．

アースワークでつなぐ自然と構築物
マスタープランのコンセプトを最もよく表現しているのはリボンプール沿いに展開するランドスケープのデザインである．東端に伝統的な風景式庭園で作られた都市公園，中央に20世紀半ばの近代都市開発の時代を彷彿とさせアクティブなレクリエーションを誘発する芝生広場が配置され，西端の森には小川と小道が通り抜け，エコロジーを重要視する近年の指向性を表現する．一方，芝生広場と小川と森の庭に挟まれるウォーターガーデンは，人間と自然を対立するものと捉えつつ，その共存を表現する．ガスタンクの遺構を用いた蓮池，人工的な水盤に育つ葦原とヌマスギの樹林は，自然と人工の対比的存在を視覚的に際立ち，かつて土壌を汚染したガス工場の歴史性を受け継ぎ，人間と自然の関係に関するより不安定で，より現代的な解釈がなされている．

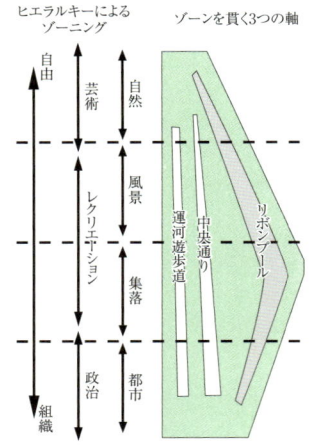

ゾーニングダイアグラム

葦原と水盤を滝で見切るウォーターガーデン

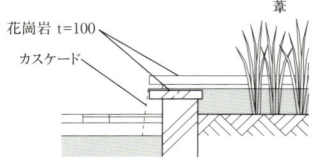

ウォーターガーデン断面図（A-A'） 1：80

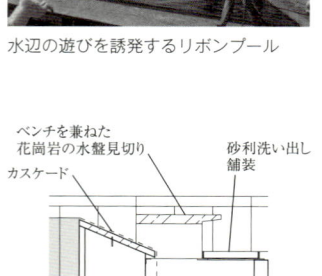

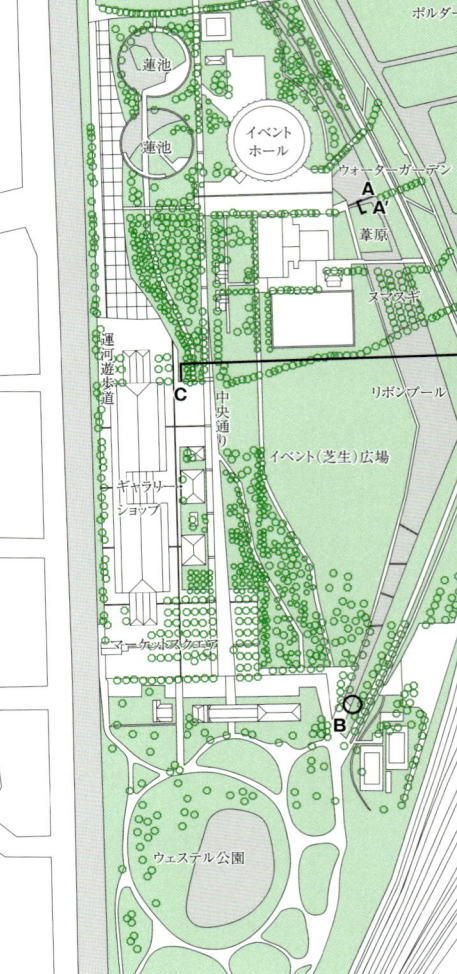

水辺の遊びを誘発するリボンプール

リボンプールB部端部 1：80

リボンプールより見たイベント広場

配置図 1：6000

リボンプール，イベント広場，中央通り断面図（C-C'）

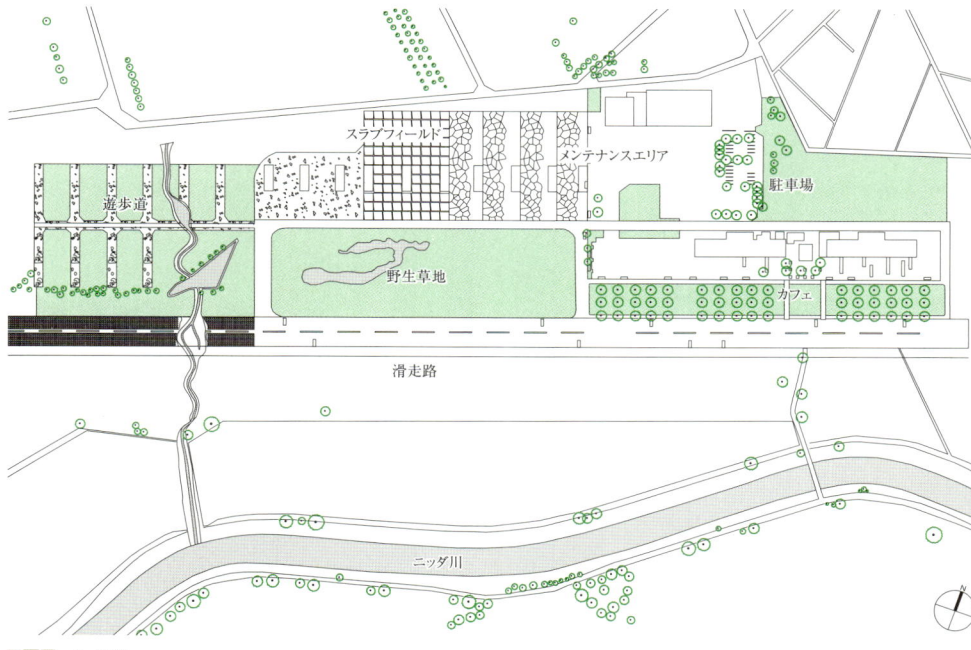

環境創生のランドスケープ：飛行場跡地の再生

Landscape of Environmental Creation: Conversion of Airfield

モーリス・ローズ空港跡地転用計画
- 所在地：Frankfurt am Main, ドイツ
- 設計：GTL (Gnüchtel Triebswetter Landscape architects)
- 建設：2004年
- 敷地面積：77,000m²

滑走路を活かした環境再生

敷地は1948～1950年に米軍の飛行場として開発されたが，騒音に対する抗議により1992年に閉鎖された．飛行場の多くの人工的な舗装面を解体し，市民のレジャーや憩いの場となるよう新たなプログラムを導入することで，自然景観を再生しつつ市民が過去の歴史を体感しながら利用できる公園的な空間として再生された．また，敷地南側のニッダ川沿岸においても自然再生事業が実施され，緑地帯として蘇った．

減築と舗装面撤去による自然環境の再構築

再生計画における主な方法は，減築と舗装面の削減であり，解体によって生じた瓦礫や砕石を再配置することで植物の生育可能な環境を創出している．建築物は市の職業安定所や景観を活かしたカフェ，スポーツ施設に転用し，オープンスペースにもスポーツを主体とした利用プログラムを導入している．

77,000m²に及ぶ敷地の大半はプログラムに合わせて地表をデザインし，残りはレクリエーションと移動のための空間とし，ニッダ川の河岸では昔ながらの水遊びが行われている．遊歩道エリアは舗装を砕き乱雑に置き直すことで雨水浸透を可能にすると同時に，暗渠となっていたニッダ川に至る流れを開渠化したり一部に開水面を設けることで，多様な生物の生息環境を担保している．

自然再生と既存条件を活かしたプログラムとデザイン

人工的な舗装面が解体・撤去された部分は，解体の程度によって多様な植生環境が再生し，自然観察のできる散策路となっている．滑走路にはコンクリートの砕石を充填した蛇籠が滑走路に直交して置かれ，広大な土地のスケールを分節する要素として機能するとともに，ローラースケートなどのスポーツができる場所として利用されている．

またカフェに面するエリアでは，新たに植えられた木立に面して蛇籠の上に座面を置いたベンチを配し，休息の場所を提供している．

平面図 1:5000

旧滑走路を利用したローラースケート場

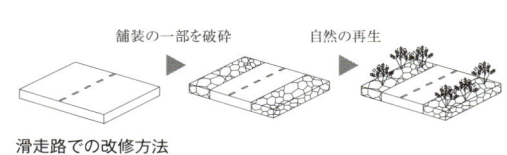

滑走路での改修方法
舗装の一部を細かく砕くことで，遊歩道エリアに新たな植生が繁殖する．

遊歩道の廃材を用いた水辺の遊び場　（撮影：GTL）

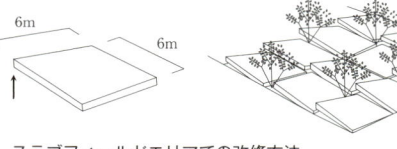

スラブフィールドエリアでの改修方法
既存スラブを6m×6mの単位に分割し，各スラブを切り割し傾きを与えることで，平坦さを残しつつ透水性を回復する．

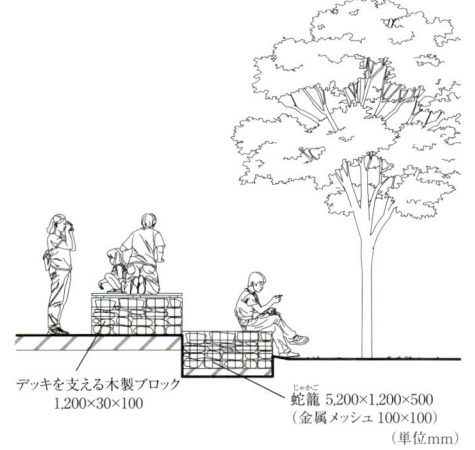

デッキを支える木製ブロック
1,200×30×100
蛇籠 5,200×1,200×500
（金属メッシュ100×100）
（単位mm）

スラブフィールド

ベンチ周り断面図 1:100

遊歩道エリア　　瓦礫を充填した蛇籠と座面　　空間構成の要素として機能する蛇籠

150 環境創生のランドスケープ：屋上緑化都市1　Landscape of Environmental Creation: Green Roof City

なんばパークス
- 所在地：大阪府大阪市
- 設計：大林組，日建設計，Jerde Partnership
- 建設：2003年（1期），2007年（2期）
- 敷地面積：33,729m²
- 建築面積：25,500m²
- 延床面積：243,800m²

都心再開発による屋上緑化都市の誕生

なんばパークスは御堂筋の南端，交通拠点である南海なんば駅の南側に位置し，大阪ミナミの活性化を目指した難波地区再開発計画（127,000m²）のリーディングプロジェクトである．敷地規模は，旧大阪球場の跡地を中心に南北方向は長さ260m，東西方向は180m，面積は約34,000m²であり，低層棟は商業とアミューズメント，高層棟はオフィスが入る大型複合施設である．

このまちづくりデザインの大きな特徴は，800%という高密度な開発条件の中で，広いオープンスペースをつくり出し，集客の目玉とするために，グラウンドレベルから8階にわたる商業棟の屋上全体を緑の公園にしたにぎわいづくりと環境への配慮を両立させためりはりのある構成を実現したことである．

近年，高密度に開発された都市では水や緑といった生活に潤いを与える自然の要素が消え，ヒートアイランド現象やCO_2排出量の増加といったような都市環境問題を引き起こしている．コンクリートジャングル化するこれまでの高密度都市開発に対して，ここでは建物の屋上を緑で覆い尽くし，自然の環境をつくり出そうとする環境の再生を核に据えた新しい都心再開発のモデルを提示している．

屋上公園は，アプローチ側である北側に向かって傾斜し，圧倒的な緑の景観で来訪者を迎え入れる．都心部に大きな緑を再生して，人にも地球にも優しいまちづくりを実現している．

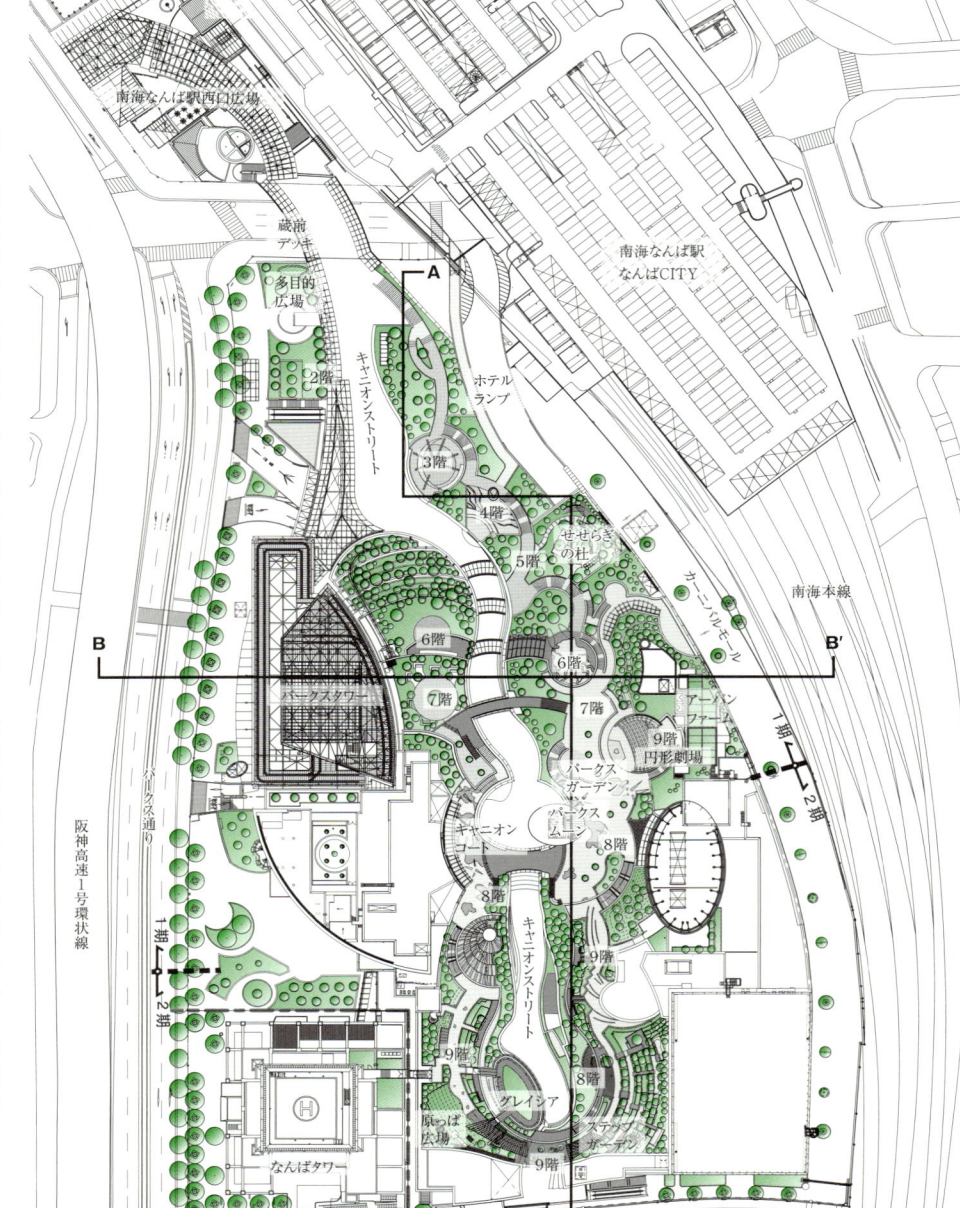

旧大阪球場と周辺の市街地

なんばパークス配置平面図　1：2000

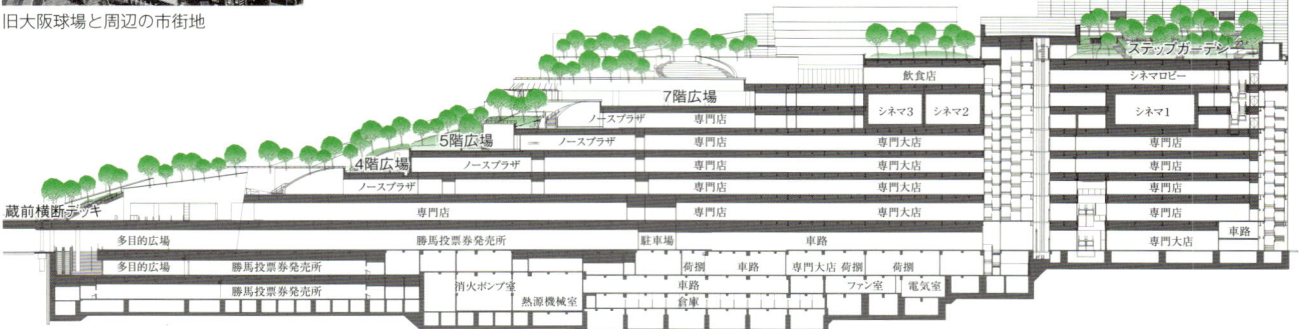

なんばパークス南北断面図（A-A'）　1：1500

Landscape of Environmental Creation: Green Roof City　環境創生のランドスケープ：屋上緑化都市2

なんばパークス全景

パークスガーデン

キャニオンストリート

5階広場

4階広場

6階広場

3つの体験の場

なんばパークスには「パークスガーデン」，「キャニオン」，「ビレッジモール」（商業モール）という3つの特色ある空間が体験の場として確保されている．

「パークスガーデン」は総面積約11,500m^{2}の屋上公園で，その内の約5,300m^{2}が緑地である．段丘状にせり上がる緑の大地の各所に自然と街が接するテラスを設け，レストランや喫茶店を配置している．自然と都市の両方を同時に体験できる屋上公園は単なる風景ではなく，インパクトのある商業施設の集客装置として，来客に憩いの場を提供している．

屋上公園を大地とすれば，商業棟を南北に貫く中央部のモールは，大地が侵食されてできた渓谷「キャニオン」であり，この街の固有性を伝える骨格となっている．キャニオンの空間は，平均幅員10m，長さが約180mあり，北側から徐々にせり上がって，中央付近では高さが約30mにもなる．ゆるやかに自然なカーブを描く「キャニオン」は，その中を進むにつれて，次から次へと新しいシーンが展開され，常に新鮮な体験を予感させながら来客を施設の奥へ，上へと誘導する．

一見複雑な形態に見える商業棟の中は，一筆書きの8の字型の分かりやすい商業モールとなっていて，「パークスガーデン」，「キャニオン」とつながっている．

テラス型屋上公園

屋上緑化の持つ重要な役割は，都市のヒートアイランド化防止，空調熱負荷の低減だけでなく，都市生活でのアメニティの創出である．なんばパークスでは生活の延長として屋上公園が利用できるテラス型屋上緑化を実現している．

周辺に大規模な公園やオープンスペースのないターミナル駅に近接した過密な都心繁華街の再開発における環境再生の新たなモデルといえる．

なんばパークス東西断面図（B-B'）　1：1500

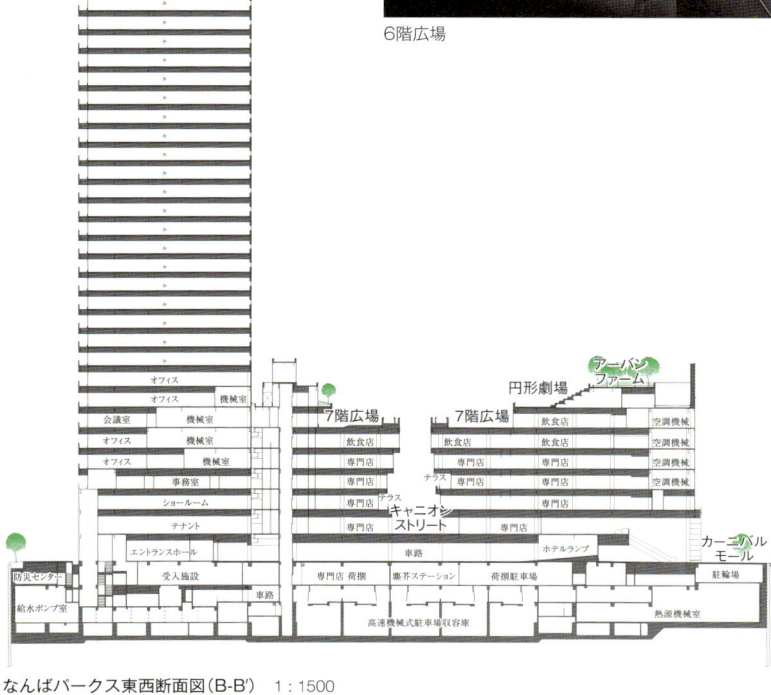

周辺市街地との関係と主要動線　1：15000

環境創生のランドスケープ：公園・広場の再生 Landscape of Environmental Creation: Park Regeneration

ブライアントパーク
- 所在地：New York, アメリカ
- 設計：Olin Studio
- 原設計：Lusby Simpson
- 修復支援：Bryant Park Restoration Corporation (BPRC)
- 建設：1992年（修復）
- 敷地面積：39,000m²

荒廃した公園の再生

ブライアントパークは1934年にニューディール政策の一貫で，図書館に隣接する公園として建設された．シーニック・ランドマークとして指定されるが，1970年代には薬物売買や強盗，その他犯罪が頻繁に起こる場となり荒廃した．1980年，都市計画家や図書館長，周辺の建物所有者らによって，公園を修復し安全で誰もが利用できる都市公園を目指す運動が始まった．

調査に基づく再生計画

1980年，都市計画家William H. Whyteは荒廃した公園の犯罪行動分布などの調査から公園のアクセスを問題として指摘し，入口の増設や拡張，大通りからの視界を遮断する鉄製フェンスや手すりの撤去と低木の移動による安全性とアクセスの向上，さらにスロープの設置，図書館のテラスに繋がる通路と泉の修復による利用の促進を提案した．これらの提案を実行するため，図書館長らによって民営企業BPRCが設立され，修復仕様の明確化と財源の確保を行い，Laurie Olinが具体的な改修の設計を行った．

図書館と公園を一体化するデザイン

花崗岩や砂岩，丸石などを用いた独自性の高いフェンスや泉，照明のデザインがなされ芝生広場の地下に書庫が新設された．図書館の前庭では，公園と同様に繁茂した植物と劣化した舗装を取り払い，舗装面を主とする改修がなされた．

都市活動のための公園マネジメント

芝生広場はBPRCの後身であるBPC (Bryant Park Corporation) などの管理の下，ファッションショーが催されたり冬季にはスケートリンクに衣替えする．これらの都市活動を支えるための照明機器，複数の売店，花壇，快適なトイレ，自由に動かせるイスとテーブルが設置されるなど，警備，衛生，運営に力が注がれている．2003年にはNPO法人NYCワイヤレスによって公園内で無線LANサービスが開始され，屋外公共空間における大規模な無線LANサービスの先駆けとなった．

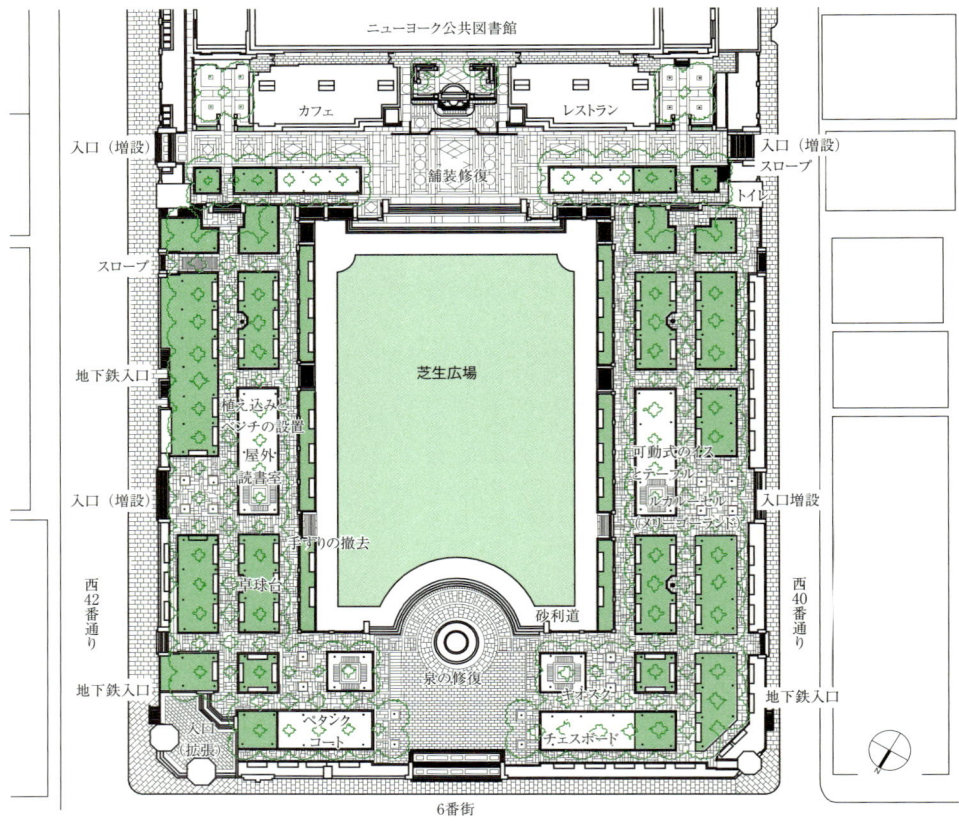

整備後平面図と改修要素　1:1500

Whyteによる整備前の犯罪行動分布

北入口の整備
整備前：見通しが悪く，閉鎖的 → 整備後：開放的でアクセスしやすい

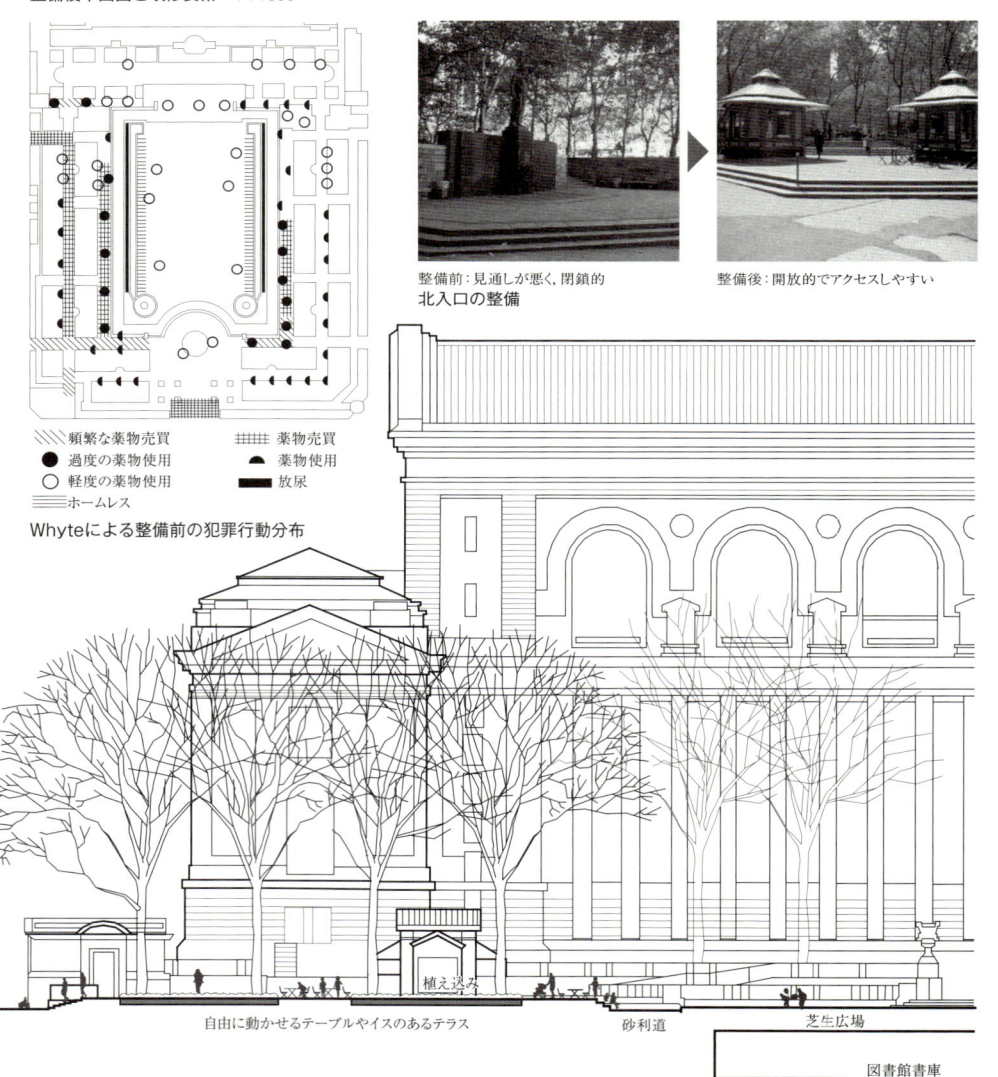

外から内へ視界とアクセスを改善した改修　1:500

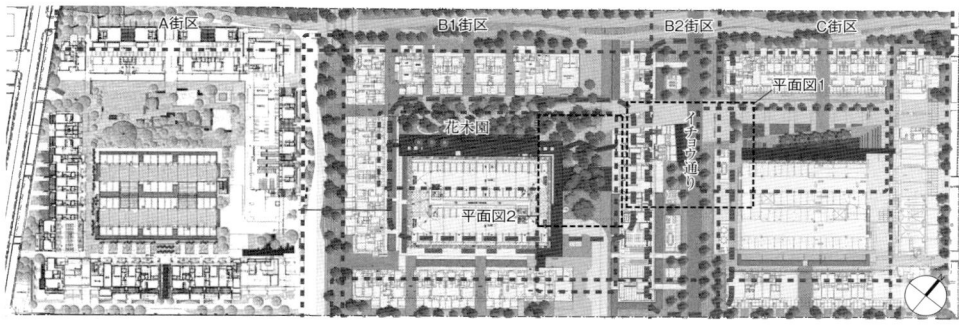

Landscape of Environmental Creation: Exterior Space Regeneration of Housing Estate
環境創生のランドスケープ：団地の外部空間の再生

全体計画平面図　1:3000

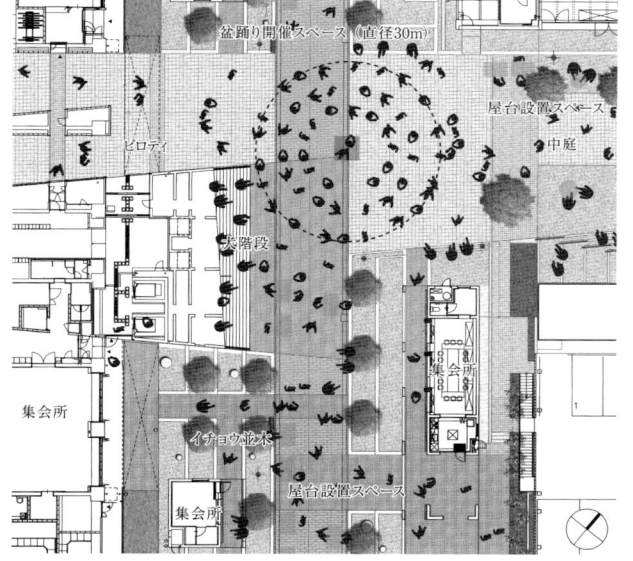

平面図1　夏祭り開催時のイチョウ通り活動ダイアグラム　1:600

整備前・整備後のイチョウ通り

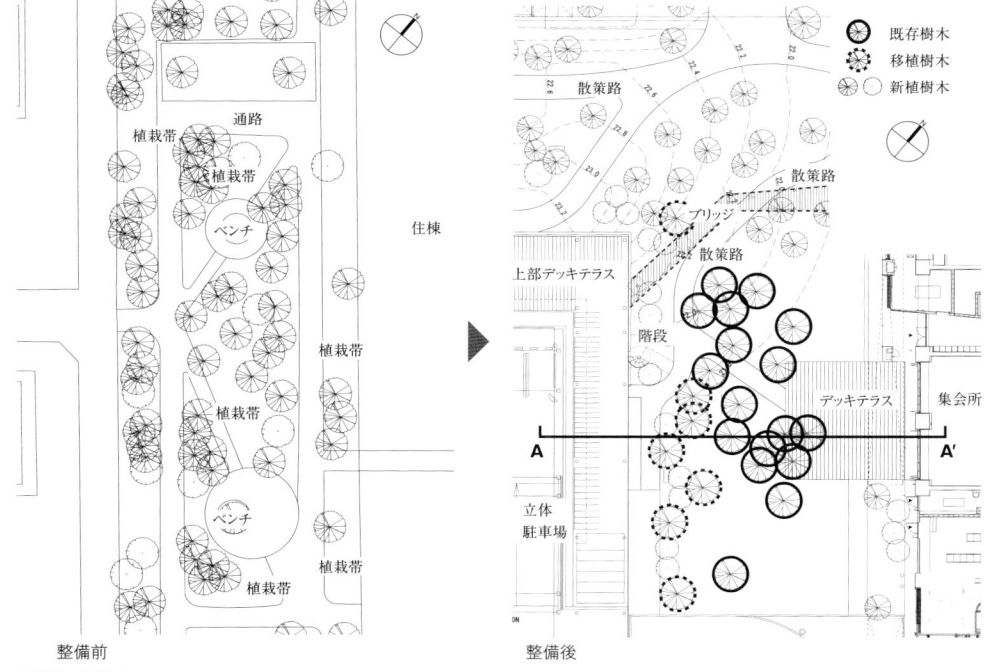

整備前・整備後の平面図2　1:600

整備前・整備後の花木園

断面図(A-A')　1:300

ヌーヴェル赤羽台

- 所在地：東京都北区
- 設計：都市再生機構
- 建設：2010年
- デザイン監修：E-DESIGN
- 敷地面積：45,427m²
- 建築面積：18,943m²

既存コミュニティと環境資産の継承

昭和30年代後半に都市居住のモデル団地として誕生した赤羽台団地の「UR賃貸住宅ストック再生・再編方針」に基づく建替事業．長い年月の間に培われた成熟したコミュニティや街の記憶，自然環境を受け継ぎながら団地を再生し，新たな住環境が形成された．

先行整備されたA街区に隣接するB1，B2街区，C街区では，高齢者を中心とした戻り用住戸が8割であることから，建替計画にあたってワークショップが開催され，住民にとって愛着のある風景を継承することが重視された．特に既存団地のイチョウ通りや花木園では，既存樹木を可能な限り生かし，建替住宅のシンボルとなる通りや生活の場となる中庭空間として計画し，建物と屋外空間が一体となって，新たな生活環境へ再生することが試みられた．

集会所の配置と夏祭りの継承

車道であったイチョウ並木は歩行者専用道路とし，大小5棟の集会所(自治会室などを含む)と一体となってコミュニティ活動の中心の場となる「イチョウ通り」へと転換された．既存のコミュニティ活動を継続している姿が，新たな住環境のシンボルとなる通りから垣間見られる構成としている．

また，毎年行われていた夏祭りは，継続の要望が強かったため，イチョウ通りで開催できるよう，既存の夏祭りの行動調査，場所の計測などから，新たな夏祭りとして展開できる空間を創出した．

既存花木園の再生

整備前の花木園は緑量は豊かであったが，植栽帯と狭い通路が明確に分かれていたため動線が限定され，植栽帯には高密度に植えられた中低木が生い茂り，見通しが悪い状況であった．住宅の中庭として駐輪場利用も考慮し，既存の樹木を最大限生かした上で，新たな建築の規模に合わせた広がりのある花木園へと転換した．集会所と連続する縁側空間や立体駐車場の上部デッキテラス，また住棟と駐車場を結ぶブリッジなどと花木園の樹木配置や地形を関係付け，複数の選択肢を持つ散策路と合わせて立体的な回遊空間とし，利便性を向上させた新たな施設と共にある生活環境となるように再生された．

154　環境創生のランドスケープ：空中公園に変貌した高架鉄道1　Landscape of Environmental Creation: Transformation into Public Park in the Sky

ハイライン
- 所在地：New York, アメリカ
- 事業主体：ニューヨーク市, Friends of the Highline
- 設計：James Corner Field Operations, Diller Scofidio+Renfro（建築）, Piet Oudolf（植栽）, Bovis Lend Lease（CM）
- 建設：2006〜2009年（第1期）, 2009〜2011年（第2期）
- 総延長：1.6km
- 敷地面積：112,000m^2

草の根運動が都市計画に発展

ハイラインは, ニューヨーク・マンハッタンのウェストサイドの高架貨物線跡を空中庭園として再利用した長さ1.6kmの公園である. かつてこのエリアが食品, 繊維製造拠点だったころに敷設された産業遺産を公園として再生した.

1934年に建設された鉄道線路は1980年に廃線となり, 以降長く放置されていた. 砕石道床やレールの間からは雑草が生い茂り, いったんは取り壊しが決まったものの, 市民の運動によって存続・再利用へと展開した. 存続・再利用のきっかけは「NPOフレンズ・オブ・ザ・ハイライン（Friends of the High Line）」という地元住民組織が提示した, 高架を公園化するアイデアである. 設計プランの作成やイベントを通じメディアや政治家が注目し, 活動を支持したブルームバーグ氏が市長となったことで, 2002年に取り壊しは撤回された.

コミュニティ参加型の設計過程

ハイラインは住民の草の根運動から発展したボトムアップ型のプロジェクトである. フレンズ・オブ・ザ・ハイラインが主催した2003年のアイデアコンペでは, 一般公募によって36カ国から720作品が寄せられ, 以降, ハイラインの未来について活発な議論を呼び起こすきっかけとなった.

アイデアコンペに引き続き, 2004年にはフレンズ・オブ・ザ・ハイラインとニューヨーク市で, 建築家, 造園設計家, 都市計画家, エンジニア, 植栽家, 照明デザイナー, その他様々な分野の専門家からなる設計チームを公募し, 第二次審査に残った4チームの案が一般に公開された. ハイラインの設計過程には, 支持者, 地域住民, その他の関係者が, 直接, 設計チームとフレンズ・オブ・ザ・ハイラインに参加できるシステムを採用した.

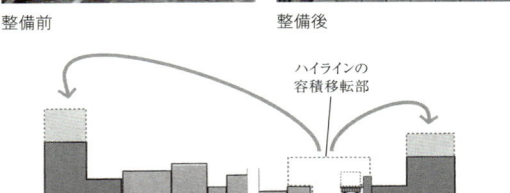

配置図　1:20000

整備前　　整備後

11番通り　　10番通り

平面図　1:4000

ウェスト・チェルシー地区の土地利用区分の変更[01]

ハイライン沿線の街区は, 2005年に市によって土地利用区分が改められ, ウェスト・チェルシー特別区として, 沿線の開発権を10番街と11番街沿いの所有者に売却・移転することができるようになった.

01：Joshua David, Robert Hammond, High Line, FSG Originals, 2011.

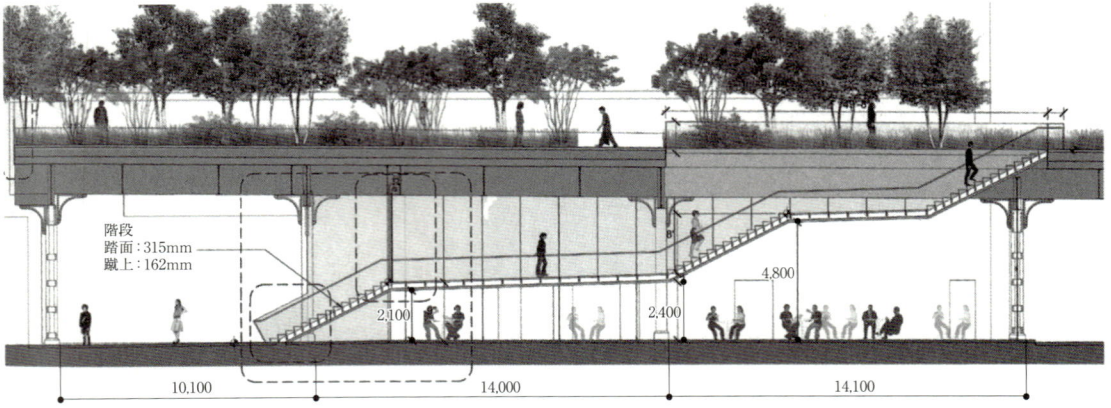

ハイライン断面図[01]　1:300

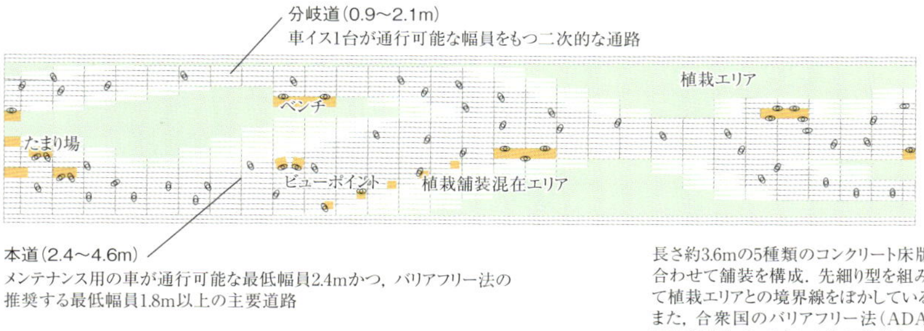

環境創生のランドスケープ：空中公園に変貌した高架鉄道 2

Landscape of Environmental Creation: Transformation into Public Park in the Sky

分岐道（0.9〜2.1m）
車イス1台が通行可能な幅員をもつ二次的な通路

植栽エリア
ベンチ
たまり場
ビューポイント　植栽舗装混在エリア

本道（2.4〜4.6m）
メンテナンス用の車が通行可能な最低幅員2.4mかつ，バリアフリー法の推奨する最低幅員1.8m以上の主要道路

長さ約3.6mの5種類のコンクリート床版を組み合わせて舗装を構成．先細り型を組み合わせて植栽エリアとの境界線をぼかしている．
また，合衆国のバリアフリー法（ADA）による幅員規則とメンテナンス性の確保から，2種類の動線を用意した．

標準的な舗装システム　1：1000

手摺りにつけられた照明
レールに設置されたベンチ
レール

ディラー＆フォン・ファステンバーグ・サンデッキ断面図　1：150

落下防止のために角度のついた縁石

チェルシー・シケット断面図　1：150

2,400

リサ・マリア＆フィリップ・A・ファルコン・フライオーバー断面図　1：150

ビルに挟まれたハイライン

ハイライン南端部ガンズヴォート・プラザ

ワシントン・グラスランド

野性的な自然と建築物の混成

ランドスケープのデザインは，野性的な自然と建築素材とが一つの混成体となることが目指された．さまざまなバリエーションを持ったプレキャスト・コンクリート板と植栽が視覚的に混じり合うように設計された．

さらに多様な植生のための地盤が用意されている．例えば，ディラー＆フォン・ファステンバーグ・サンデッキは，コンクリートの歩道にごく浅い水流が流れるコーナーがあり，子どもたちに人気がある．また，ハドソン川のすばらしい眺めと，デッキチェア，せせらぎコーナーのあるサンデッキは最も人の集まる場所でもある．

チェルシー・シケットは，2011年6月に完成したハイラインで最も新しいエリアである．曲がりくねった歩道を囲むように，ハナミズキ，ボトルブラシ，バックアイ，バラなどが濃く生い茂っている．

リサ・マリア＆フィリップ・A・ファルコン・フライオーバーの歩道は，床がコンクリートから金属メッシュに切り替わり，ハイラインの地面から徐々に浮き上がっていく．やがて2.4mの高さまで上がり，樹木を上から見ることができる．

サンデッキでくつろぐ人々

旧鉄道の記憶を残したデザインと野生の自然景観

新しく改修されたハイラインには，いったん外された旧線路の多くの部分が再敷設された．線路の上に，歩道用の先を細くしたコンクリート板が敷かれた．

跡地には200種類以上のグラス類，草花，低木，樹木が植えられ，地上9mの高さからニューヨークの眺めを楽しめる緑豊かな散策路へと変貌した．

ハイラインの植物の大半は，ここに元々自生していた種で，土壌の乾燥に強い品種である．3月はじめから10月の終わりにかけては緑色，時期によっては黄金色の草類に混ざって，多年草の野草が花を咲かせる．このように，1年を通して多様な変化を示すように植栽された．

照明はLEDを用い，ベンチや手摺りなどの公園設備に内蔵され，歩道や植え込みを優しく照らしている．

ハイライン周辺地区への波及

ハイライン周辺地区は，かつての負のイメージが払拭され，さまざまな文化施設や商業施設が集積し始めた．市に管理運営を委託されたフレンズ・オブ・ザ・ハイラインにより，公園も円滑な運営がなされている．市は，ハイラインをマンハッタンの新たな観光資源と位置づけ，観光客の誘致に乗り出している．

156　環境創生のランドスケープ：緑道と店舗に変貌した高架鉄道　Landscape of Environmental Creation: Transformation into Public Park and Shops

バスティーユ高架橋
- 所在地：Paris, フランス
- 事業主体：SEMAEST（Societe d'Economie Mixted'Amenagement de L'Est de Paris）
- 設計：Patric Berger, Janine Galiano
- 建設：第1期1994年，第2期1996年
- 長さ：約4.7km

緑豊かな歩道に生まれ変わった軌道跡
1969年の廃線以降，打ち捨てられていた約1.4kmにわたる高架鉄道が，パリ市によって緑豊かな歩行者用プロムナードとショッピングモールに生まれ変わった．かつての鉄道構造物の軌道跡には木製デッキが敷かれ，ベンチや植栽などを設置，24時間通行可能な市民の憩いの広場を形成している．

ショッピングモールに再生された高架下
高架下の大空間は，デザインの統一された木製サッシが埋め込まれ，レンガのヴォールト天井がそのまま露出した内部空間となっており，かつての鉄道高架の記憶がとどめられている．多くの店舗は，この高架下を2層に区切り活用している．

店舗選定にあたっては，カフェや文化的な情報を発信する業種に絞り，センスの良いカフェや家具ショップ，デザイン雑貨などが軒を並べている．こうした試みにより，現在では人々の絶えることのない通りに変貌した．

周辺の公園と接続したデッキ空間
高架上の緑道にアプローチするための階段やエレベーターも各所に設置されており，バリアフリー対策も徹底している．

特筆すべきは，単調になりがちな軌道跡のリニアな空間に，連続して行き来できる空中広場やブリッジなどを設けて変化のある空間を形成している点である．かつて都市を支えた産業遺産である土木構造物が人々の憩いの場として再生された好例といえよう．

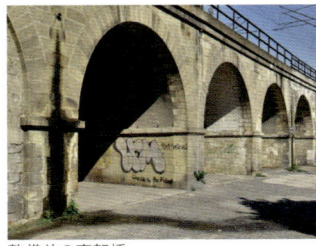

整備前の高架橋

パリ市街を通るヴィアダクト　1:160000
高架鉄道跡の緑道ヴィアダクトは，バスティーユの新オペラ座の裏手から，ルイイ公園を通って，旧外環状線と交わる地点まで続いている．中央に流れる川はセーヌ川．図の東端の緑色部分は，ヴァンセンヌの森．

配置図　1:3000

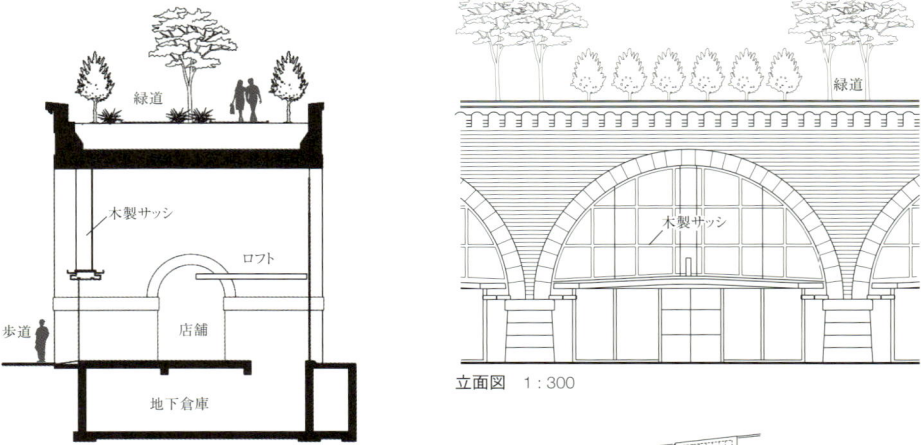

断面図　1:300

立面図　1:300

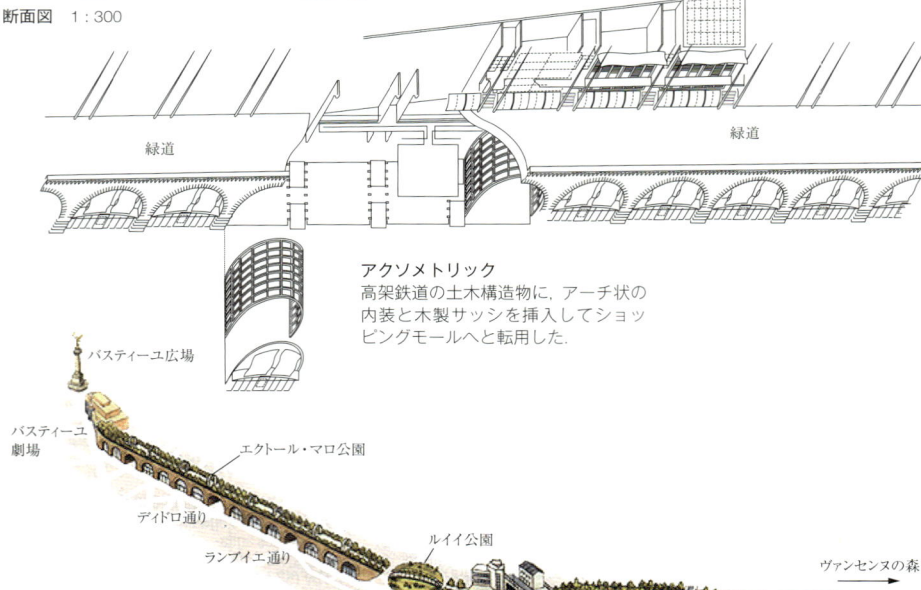

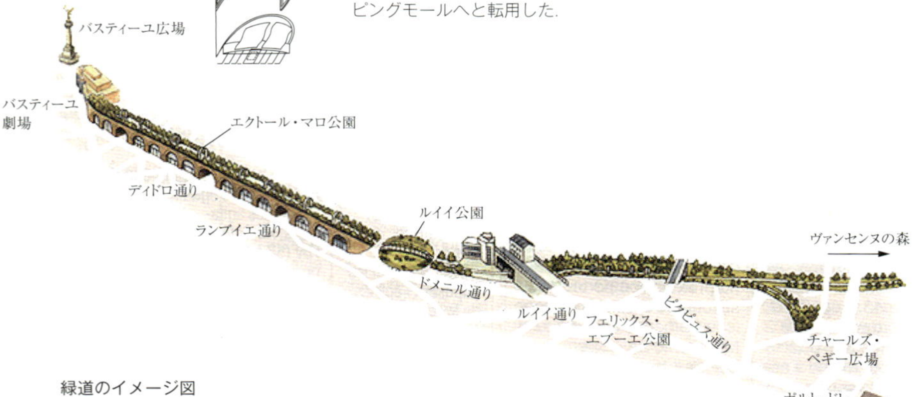

ショッピングモールとなった高架下

高架上は緑豊かな歩行者空間

デッキ空間に変貌した軌道部分

アクソメトリック
高架鉄道の土木構造物に，アーチ状の内装と木製サッシを挿入してショッピングモールへと転用した．

緑道のイメージ図
バスティーユ広場から各所の公園をつなぎ，ヴァンセンヌの森まで続く．

Chapter 4 　　　　　　　　　　　　　　　　　　　第4章

Urban Intervention Method　　　　　　　　　　**手法の重ね合わせ**

Redevelopment of Urban Core	都心再生
Regional Revitalization	地域再生
Revitalization of Waterfront	ウォーターフロント再生
Renewal of Brownfield	ブラウンフィールド再生
Creative City	創造都市

産業構造の変化, 少子高齢化, ライフスタイルの変容などの社会的課題を背景に, 世界の多くの都市は変革を余儀なくされている. こうした状況を背景に2000年代以降, 様々な都市再生の実践が試みられ, 国内外に多くの実績が積み上げられている. ここでは, そうした実践の中から都心再開発やウォーターフロント再生といった比較的大規模かつ広域にわたるもので, 民事信託方式, デザインコードなどのいろいろな再生手法を重ね合わせながら取り組まれた事例に焦点を当て紹介・分析している. 複数の再生手法を重ね合わせる方法やその効果を参照することは, これからの都市再生やまちづくりを考える上で有効な切り口を与えてくれる.

都心再生：既存街区を生かした連鎖型都市再生1
Redevelopment of Urban Core: Uninterrupted Urban Regeneration Use of Existing City Block

整備前（1978年）（撮影：渡部まなぶ）

整備後

東京・丸の内
- 所在地：東京都千代田区
- 開発主体：各地権者
- まちづくり組織：大手町・丸の内・有楽町地区まちづくり協議会
- 地区面積：約1,200,000m²
- 用途：オフィス，商業施設，ホテルなど
- 計画人口：業務人口23万人（2013年現在），来街者数150万人／日

近代的なビジネス街の成立
大手町から丸の内，有楽町へ至る地区（以下，大丸有地区）は，金融，マスコミ，メーカーなどおよそ4,187の事業所と約23万人の就業人口を抱える国内有数のビジネスセンターである．

大丸有地区は，江戸幕府の成立とともに武家地として整備された．その後，明治維新により行政・軍事等の施設が置かれ1889年「東京市区改正設計」を経て経済地区へと整備される．翌1890年に民間に払い下げられることで近代オフィス街が誕生する．馬場先通り沿いには200mに及ぶ赤レンガのビル街が建設され「一丁ロンドン」という歴史性を感じさせる街並みを形成していた．一方，東京駅を中心とした行幸通り沿いは大正時代を迎えると丸の内ビルヂング（1923年）などのアメリカ式大型オフィス街を形成し「一丁ニューヨーク」と呼ばれた．

その後，戦後の高度経済成長期におけるビル建設の需要を受けて，丸ノ内総合改造計画（1959年）が行われる．これにより赤レンガ街は姿を消すことになり，丸の内から有楽町にかけて近代的大型ビルへの再整備が進み，軒高31mで統一された仲通りの街並みが形成された．

商業や交流機能をもった複合的な都市像への変革
バブル経済崩壊以降，国際的な経済競争，都市間競争における競争力を失いつつあった東京では都心の再整備を進め魅力を向上することが最重要課題となった．東京都は1997年の「区部中心整備指針」において大丸有地区をCBD（Central Business District：中心業務地区）からABC（Amenity Business Core：多様で魅力的な諸機能を備えたアメニティ豊かな業務地区）へ機能更新する目標を打ち出した．さらに1999年の「危機・突破戦略プラン」や2001年の「東京の新しい都市づくりビジョン」によって，経済のグローバル化に対応する国際ビジネスセンターとして業務に特化した街から商業・文化機能が充実した快適でにぎわいのある空間を持つ都心像への道が示された．このような流れの中，国は2002年に大丸有地区を第一次都市再生緊急整備地域に指定し，都市再生の流れを加速させた．

一方，大丸有地区では競争力を失いつつあった街の再構築を図るため，1988年に約80者の地権者からなる「大手町・丸の内・有楽町地区再開発協議会」を立ち上げた．また，1996年には協議会とJR東日本・東京都・千代田区からなる「大手町・丸の内・有楽町地区まちづくり懇談会」を設立した．懇談会は「ゆるやかなガイドライン」（1998年），「まちづくりガイドライン」（2000，2005，2008，2012年改訂）を策定し，大丸有地区の将来像・ルール・手法の共有化を図ることで，PPP（Public Private Partnership）と呼ばれる官民協調のまちづくりを進めてきた．

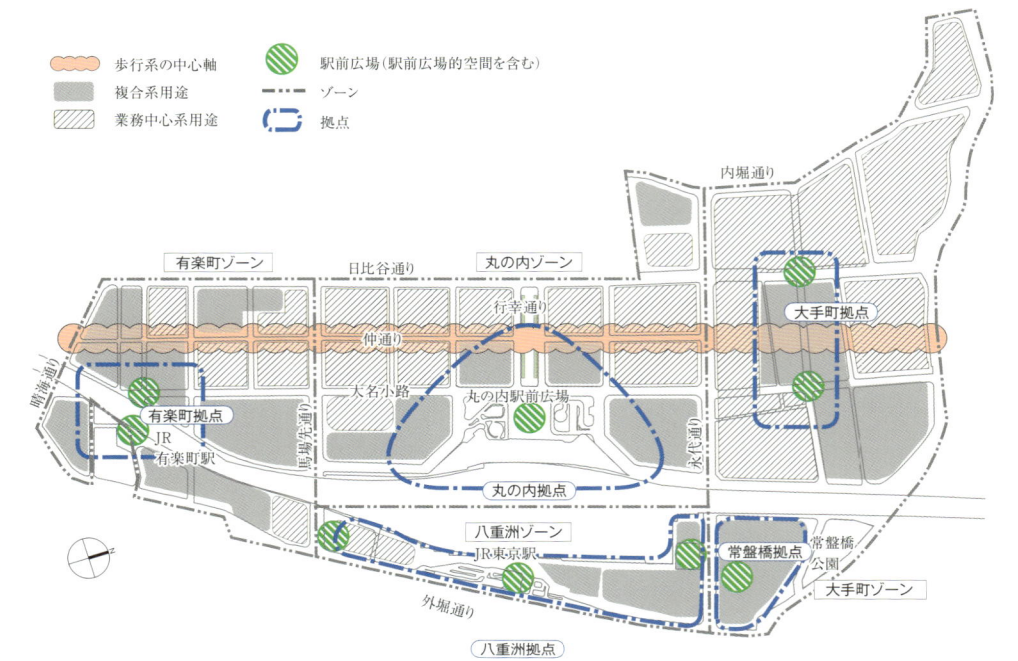

地区特性に則した機能配置
[出典：大手町・丸の内・有楽町地区まちづくりガイドライン2012]

区分		1970年代以前	1980年代	1990年代	2000年以降
行政施策	国	建築基準法公布（1950） 都市計画法公布（1968）	東京駅周辺地区総合整備基礎調査（1988）	東京都心のグランドデザイン（1995）	都市再生特別措置法（2002） 第一次都市再生緊急整備地域指定（2002） 都市計画法および建築基準法改正（2002）
	都			業務商業施設マスタープラン（1994） 区部中心部整備指針（1997） 危機・突破戦略プラン（1999）	東京構想2000（2000） 東京の新しい都市づくりビジョン（改定）（2001）
	区			21世紀の都心（1996） 都市計画マスタープラン・景観まちづくり条例（1998）	大手町・丸の内・有楽町地区地区計画（2002） 美観地区ガイドプラン（2002）
関連計画		丸ノ内総合改造計画（1959）	丸の内インテリジェントシティ計画（1983）	街づくり基本協定締結（1994） ゆるやかなガイドライン（1998）	まちづくりガイドライン（2000，2005，2008，2012） 大丸有環境ビジョン（2007）
関連組織		丸の内美化協会（1966）	再開発計画推進協議会設立（1988）	まちづくり懇談会設置（1996）	大丸有エリアマネジメント協会（2002）

大丸有地区関連政策および計画の展開

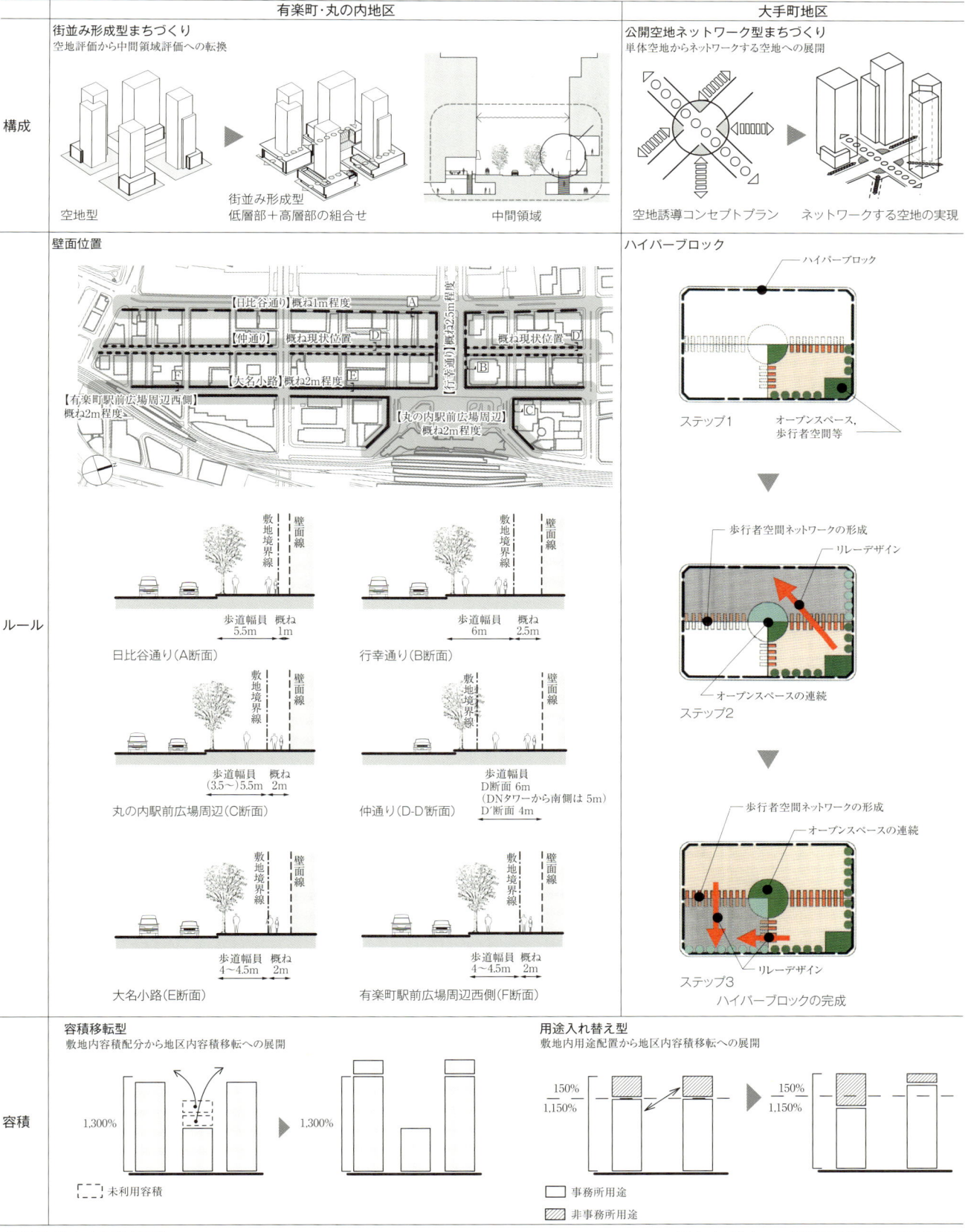

都心再生：既存街区を生かした連鎖型都市再生2

Redevelopment of Urban Core: Uninterrupted Urban Regeneration Use of Existing City Block

有楽町・丸の内地区

構成：街並み形成型まちづくり — 空地評価から中間領域評価への転換

- 空地型
- 街並み形成型 低層部＋高層部の組合せ
- 中間領域

ルール：壁面位置

- 【日比谷通り】概ね1m程度
- 【仲通り】概ね現状位置
- 【行幸通り】概ね2.5m程度
- 【大名小路】概ね2m程度
- 【有楽町駅前広場周辺西側】概ね2m程度
- 【丸の内駅前広場周辺】概ね2m程度

日比谷通り（A断面）：歩道幅員 概ね5.5m／1m
行幸通り（B断面）：歩道幅員 6m／2.5m
丸の内駅前広場周辺（C断面）：歩道幅員 概ね（3.5〜）5.5m／2m
仲通り（D-D断面）：歩道幅員 D断面6m（DNタワーから南側は5m）、D'断面4m
大名小路（E断面）：歩道幅員 概ね4〜4.5m／2m
有楽町駅前広場周辺西側（F断面）：歩道幅員 概ね4〜4.5m／2m

容積：容積移転型 — 敷地内容積配分から地区内容積移転への展開 1,300% → 1,300%（未利用容積）

大手町地区

構成：公開空地ネットワーク型まちづくり — 単体空地からネットワークする空地への展開

- 空地誘導コンセプトプラン
- ネットワークする空地の実現

ルール：ハイパーブロック

- ステップ1：オープンスペース、歩行者空間等
- ステップ2：歩行者空間ネットワークの形成／リレーデザイン／オープンスペースの連続
- ステップ3：歩行者空間ネットワークの形成／オープンスペースの連続／リレーデザイン／ハイパーブロックの完成

容積：用途入れ替え型 — 敷地内用途配置から地区内容積移転への展開 150%／1,150%（事務所用途／非事務所用途）

［出典：大手町・丸の内・有楽町地区まちづくりガイドライン2012］

ガイドラインによる都市再生

まちづくりガイドラインの活用

「まちづくりガイドライン2012」では都市機能、環境共生、都市景観、地上・地下ネットワークなど総合的な視点でハードとしての街の将来像・整備方針・手法の検討をしている．これらに法的拘束力はないものの、まちづくりのルールとして個別建て替え事業の際に整合性が求められる内容となっている．

都市のイメージをつくるソフト戦略

エリア全体でまちづくりを推進するためハードのみならず、積極的にソフト戦略を展開している．仲通りで開催される多くのイベントは、地権者の連携を高めるとともに、訪れる人や働く人も参加することで街に一体感を生み出している．イルミネーションもその一つで、ライティングガイドブックを発行し、地権者の理解を得つつ、地区全体の夜間景観の美しさや環境負荷の軽減を目指している．また、彫刻の森美術館の協力の元、通りには彫刻作品が展示され、街の文化発信や美しい街並みの形成が図られている．さらに地区内には2階建てのスカイバスや無料シャトルバスなど様々な交通手段が用意され、効率的に観光することができる．あわせてサインデザインブックによるサイン計画の整備やフリーマガジン、フロアガイドなどの情報発信により来街者の利便性と回遊性を高めている．

2002年にはNPO法人「大丸有エリアマネジメント協会」が設立され、地域活性化や地球環境に貢献する活動を行うなど管理・運営面におけるエリア全体の価値向上に努めている．

160　都心再生：既存街区を生かした連鎖型都市再生3
Redevelopment of Urban Core: Uninterrupted Urban Regeneration Use of Existing City Block

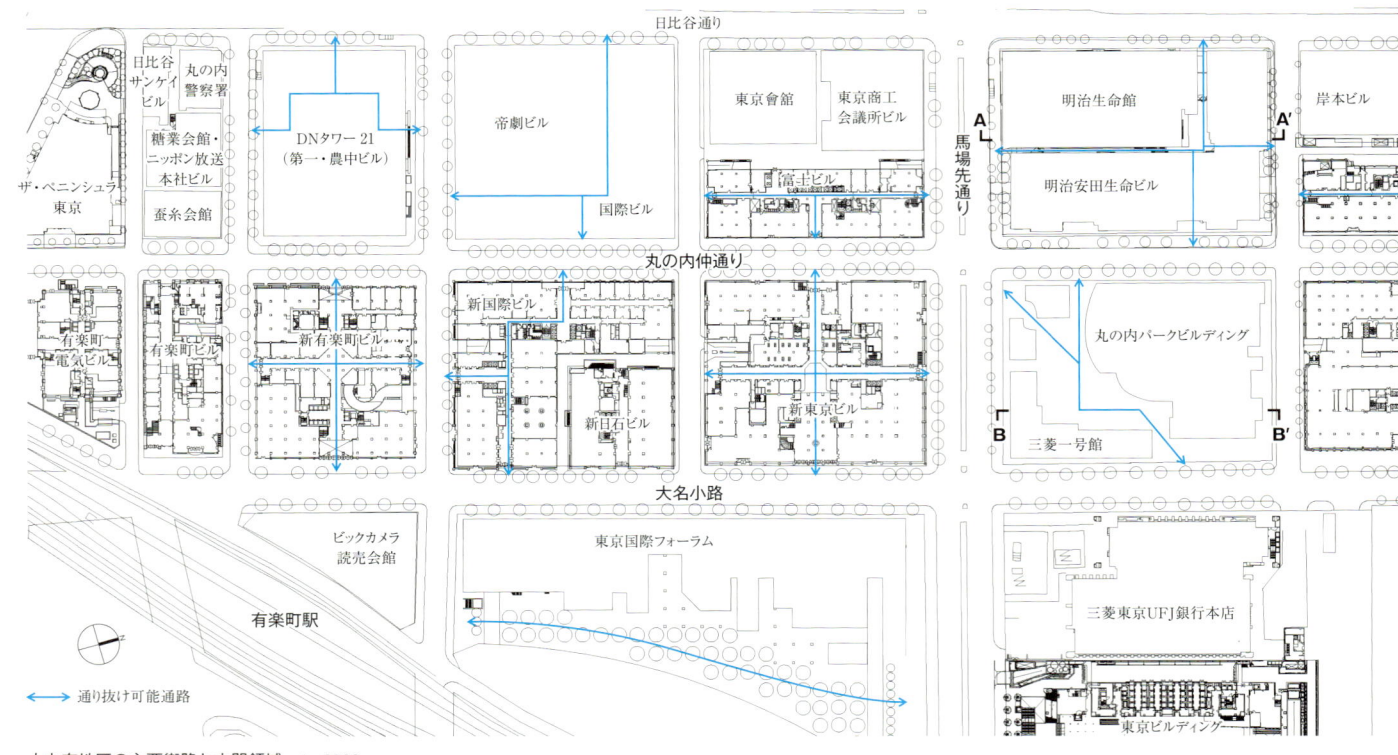

大丸有地区の主要街路と中間領域　1:3500
（提供：東京大学千葉学研究室，2008年時点の配置平面図．）

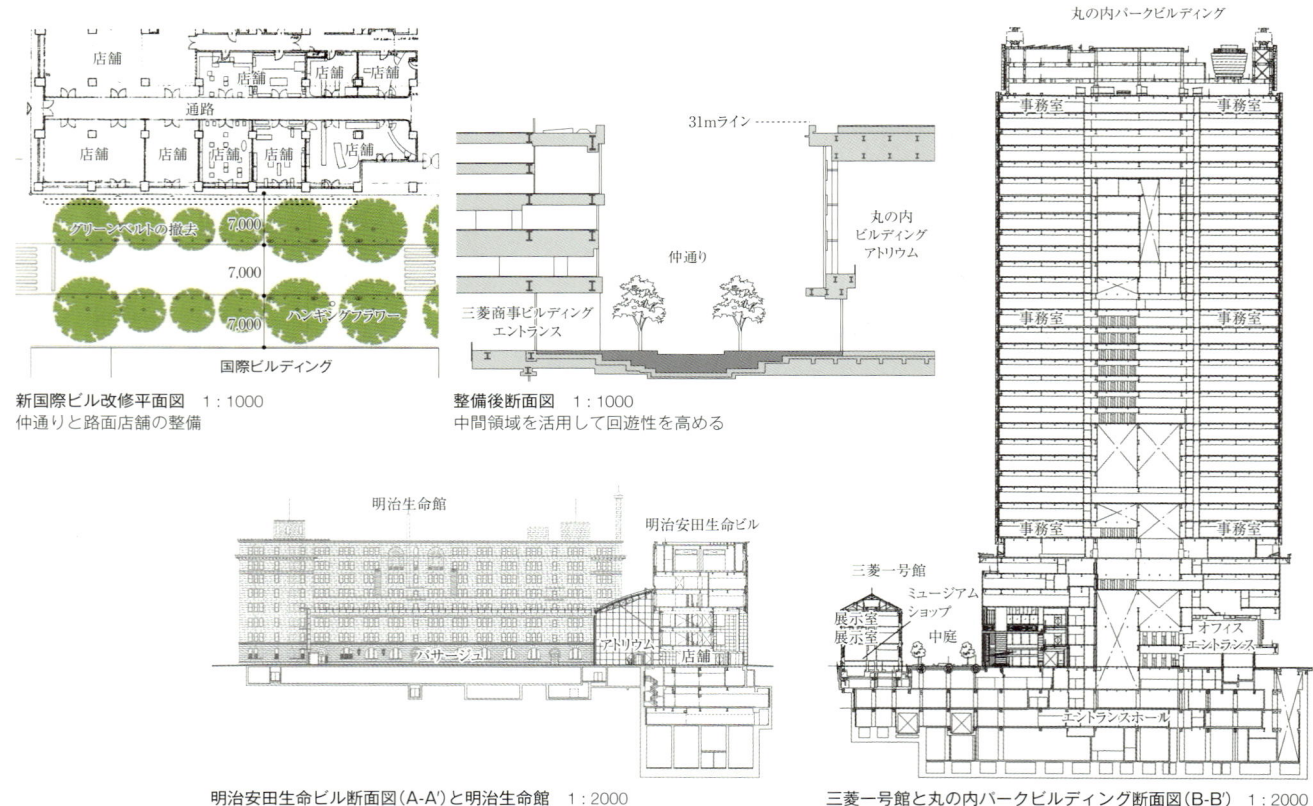

←→ 通り抜け可能通路

新国際ビル改修平面図　1:1000
仲通りと路面店舗の整備

整備後断面図　1:1000
中間領域を活用して回遊性を高める

明治安田生命ビル断面図（A-A'）と明治生命館　1:2000

三菱一号館と丸の内パークビルディング断面図（B-B'）　1:2000

東京駅周辺における拠点形成

東京・丸の内を代表する公共空間をつくるため，丸の内ビルディング，新丸の内ビルディングなどの個別のプロジェクトに併せて東京駅丸の内駅舎から駅前広場，行幸通りの整備を一体的に行っている．東京駅丸の内駅舎では，特例容積率地区制度を利用し，未利用容積を他の街区に移転することで歴史的建造物の保存・復原を実現している．⇒102

仲通りと路面店舗の整備

平成における「丸の内再構築」では，モータリゼーションによるまちづくりから人間の居場所を中心としたまちづくりがなされている．大丸有地区を南北に横断する仲通りでは，車道幅の縮小（9mから7m），歩車道間の段差の解消，タイルの統一，歩道の拡張（6mから7m）がなされた．歩道が拡張された新しい仲通りには来街者の憩いの場となるベンチが置かれ，アート，サインやハンギング・フラワーなどを設置してアイレベルで都市を楽しめる快適な空間を実現している．また通り沿いの低層部のイメージを刷新するべく，既存建物の改修とともにブランドショップを誘致した．これによりグリーンベルトが撤去され店舗へのアクセスを容易にしている．既存建物の改修手法は既存建物のラーメン構造部分を残し，非構造壁をとることで店舗空間として利用しやすい計画としている．

中間領域を活用して回遊性を高める

仲通りに面する個別の建て替え事業では，中間領域の構築を展開している．丸の内ビルディングでは公開空地に代わる「街並み形成型」という丸の内ならでは

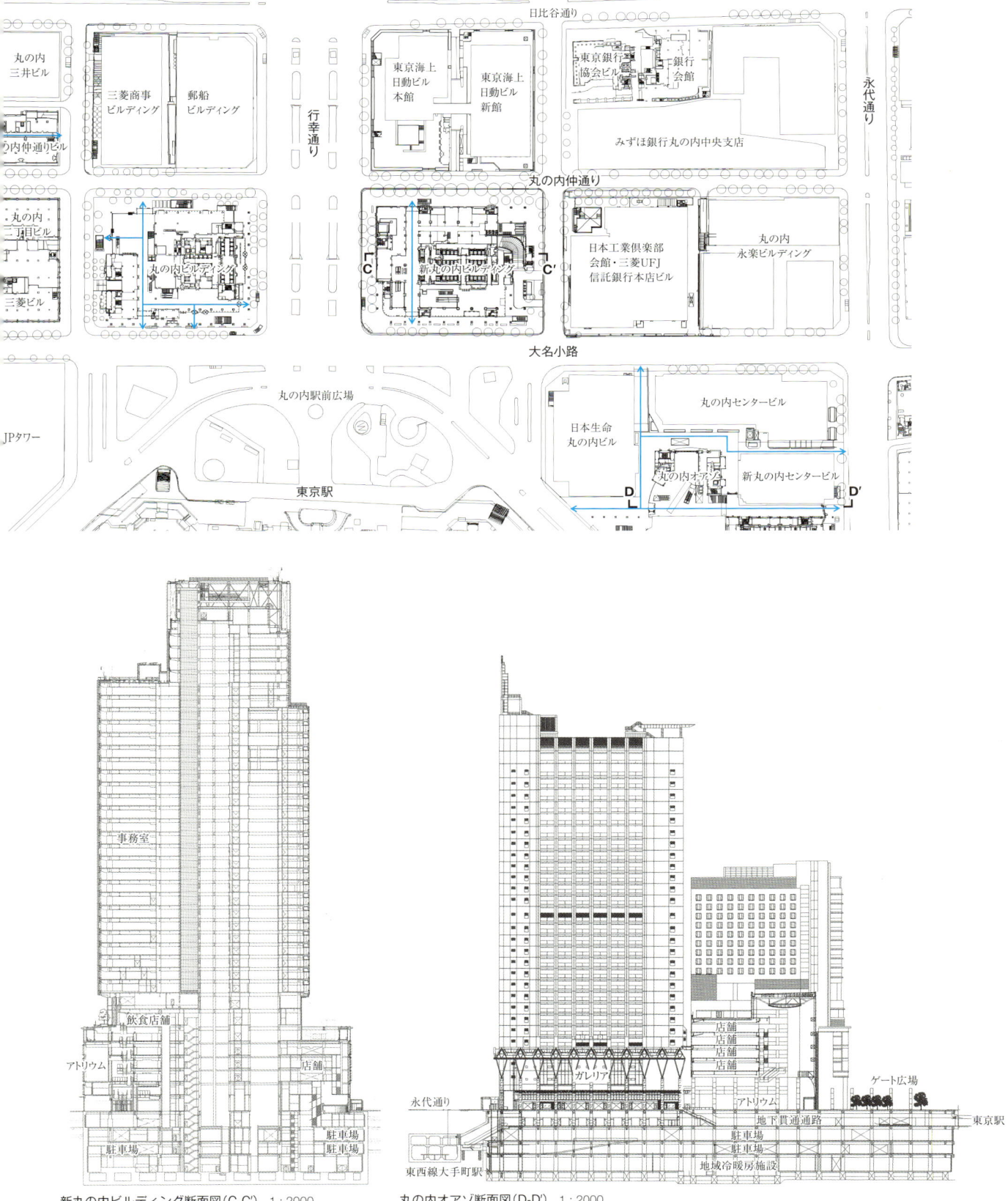

都心再生：既存街区を生かした連鎖型都市再生4

Redevelopment of Urban Core: Uninterrupted Urban Regeneration Use of Existing City Block

161

新丸の内ビルディング断面図（C-C'） 1:2000

丸の内オアゾ断面図（D-D'） 1:2000

の構成手法を採用し，基壇状の低層部を31mの軒高として歴史を継承しながらも仲通り側に中間領域としてアトリウムを設け活気を創出している．

個別建て替えに伴う公共空間の整備
「丸の内再構築」の第1ステージでは丸の内ビルディング，丸の内オアゾ，第2ステージでは丸の内パークビルディングなどが竣工している．個々のプロジェクトは区画調整を伴わずに行われている．これらは仲通りや都市空間の連続性を意識した低層部の計画となっており，パサージュ，中庭，テラス，貫通通路，ガレリアなど多彩なバリエーションをもつ公共性を提示している．これは建物内にまちのにぎわいを引き込むために十字アーケードを通した丸の内ビルディングから続く，都市空間の開放性の特徴を発展させたものである．今後の再開発においても，エリアを想定した更新が行われるが，民有地内における公共空間の設け方や街路空間のにぎわいを有機的に連結する手法，都市の開放性，回遊性の高め方等について新たな試みが期待される．

整備された仲通り

都心再生：都市機能を集積した複合的市街地再開発1
Redevelopment of Urban Core: Complex Urban Redevelopment Integrating Various Urban Functions

整備前

整備後

六本木ヒルズ
- 所在地：東京都港区六本木六丁目
- 事業主体：六本木六丁目市街地再開発組合
- 建設：2003年
- 開発面積：約116,000m²
- 建築面積：約37,994m²
- 用途：オフィス,商業,文化,住宅,その他

細分化していた土地の集約と文化都市の創造
六本木ヒルズは,約400件の地権者と17年の歳月をかけて進めてきた民間による国内最大級の市街地再開発である.「文化都心」というコンセプトのもと,オフィス・商業施設・ホテル・文化／芸術／交流施設・住宅・タウンメディア・学校によって構成されている.細分化していた土地をまとめ建物を高層化するとともに,新しい人工地盤や地下空間を活用.地上に緑豊かなオープンスペースを創出し,垂直性の強い緑化都市を実現している.同時に立体的な土地利用により,交通基盤の整備も行われた.

区画整理による街区の再生と機能ごとのゾーニング
計画敷地となった六本木6丁目には,消防車や救急車が入れない狭い道路に面して木造家屋や中小アパートが密集しており,防災上の問題を抱えていた.

森ビルは地権者対応,保留床の取得,行政との協議,事業計画,管理運営計画,設計など,再開発に伴う諸手続きを主導的立場で担い区画整理を行った.

この地区は,ABCの3つの街区から構成される.六本木通りに面した北側のA街区は,地下連絡通路によって駅と直結し,商業を中心とした機能をもつ.環状三号線と地区幹線道路に囲まれた中央のB街区は,業務を中心に商業・文化・情報機能が集積する.元麻布地区に面する南側に位置するC街区は,住宅を配し,良好な居住環境を形成する.さらに各建物の低層部,路面部には商業施設が連続的につながり,街の回遊性が高まるにぎわいのある歩行者空間を生み出している.

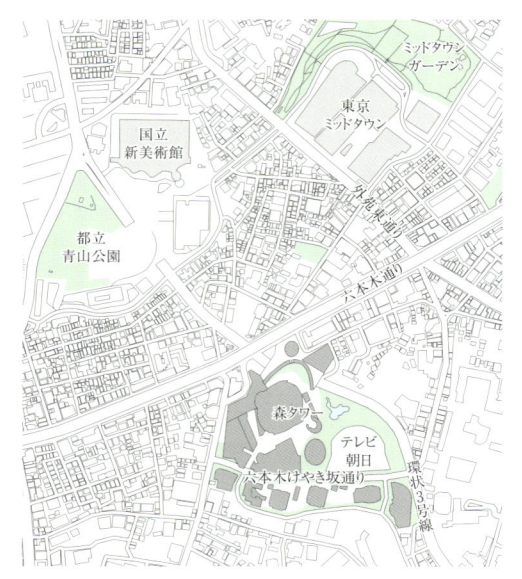

周辺地図 1:15000

整備前の区画

整備後の区画

年	行政	地区
1986	東京都 六本木六丁目地区「再開発誘導地区」に指定	
1987	港区「再開発基本計画策定調査」	
1988		「街づくり懇談会」発足
1989	港区「市街地再開発事業推進基本計画策定調査」	「街づくり協議会」発足
1990	港区「事業推進基本計画説明会」開催	六本木六丁目地区再開発準備組合 設立
1991	港区「再開発事業に関わる説明会」開催	
1992	港区「六本木六丁目地区再開発地区計画」都市計画原案公告・縦覧	施設計画案6・6plan発表
1993	東京都「六本木六丁目地区第一種市街地再開発事業」都市計画案公告・縦覧	環境影響評価手続き開始
1994		施設計画案6・6plan94発表
1995	東京都「都市計画決定告示」	「環境影響評価書」
1998	東京都「六本木六丁目地区市街地再開発組合」設立認可	六本木六丁目地区市街地再開発組合 設立
1999	東京都 権利変換計画認可	
2000		着工
2003		竣工 グランドオープン

開発年表

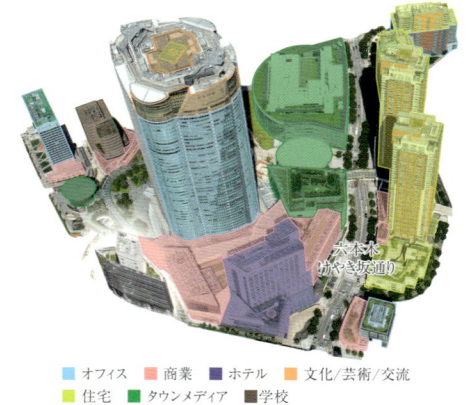

建物の機能構成
■オフィス ■商業 ■ホテル ■文化/芸術/交流
■住宅 ■タウンメディア ■学校

六本木けやき坂通り

都心再生：都市機能を集積した複合的市街地再開発2

Redevelopment of Urban Core: Complex Urban Redevelopment Integrating Various Urban Functions

メトロハット

毛利庭園

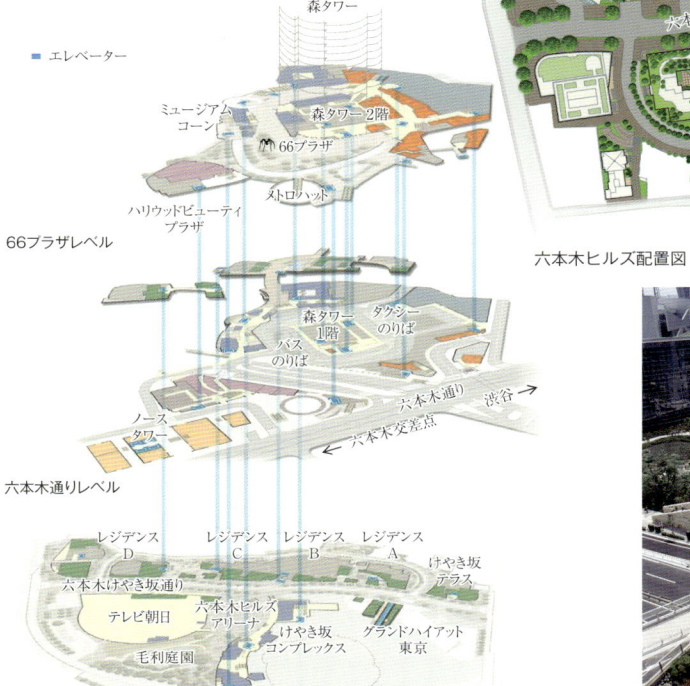

66プラザレベル

六本木通りレベル

けやき坂通りレベル

低層部の構成

六本木ヒルズ配置図　1:5000

低層商業施設

66プラザ

円形の回遊構造

建物の高層化によるオープンスペースの整備

六本木ヒルズの緑被率は約28%である．建物の高層化によるオープンスペースの緑化と，建物の屋上部分の緑化，既存樹木の保全などにより，区域内全域の緑化を図り，結果，区域緑化面積を開発前の16,500m²から開発後26,000m²（竣工直後）と大きく増やすことができた．開発区域内に位置する旧毛利邸跡地にあった池を埋土保存しながら，既存樹木を活かした，回遊式日本庭園「毛利庭園」へと再生した．映画館のある建物の屋上には，約1,300m²の水田や畑を配した屋上庭園（通常非公開）があり，田植えなどコミュニティ形成の場として活用している．

立体的な交通基盤の整備

開発前は平面接続されていなかった六本木通りと環状三号線を連結道路で接続することにより，広域交通網の向上を図り，六本木六丁目交差点を広域幹線道路の結束点として再開発にあわせて整備した．また，新設した連結道路の上空に人工地盤「66プラザ」を設け，地下鉄と直結し，六本木ヒルズの玄関とすると同時に，建物の下へロータリー空間を整備し，歩車分離を実現した．新設された地区の東西を横断する約400mの「六本木けやき坂通り」は，私有部分の壁面後退部分を含め，幅員24mの街路空間となり，60本以上のケヤキにより緑あふれる街路空間を創出した．また，住宅街区の南側にも桜並木となる「六本木さくら坂」を整備している．

都市インフラの整備

六本木ヒルズでは，再開発地区全体において，エネルギーネットワークを構築し，効率よく面的に利用している．地下の発電所で都市（中圧）ガスによる発電を行い，その排熱を区域内の事務所やホテル，商業施設などの冷暖房に有効活用する「大規模ガスコージェネレーションと地域冷暖房（DHC）」を組み合わせたシステムを導入している．電力供給は，電力会社からのバックアップと灯油のストックも備え，三重のバックアップ体制をとり，常に安定した電力供給を行うことができる．

曲線的な建物の外観

六本木ヒルズのランドマークとなる54階建の森タワーは，高さ238mの超高層のオフィスビル．日本でも最大規模となる基準階の貸室面積は約4,500m²で，窓面からコア部までの奥行きを最大22m確保した無柱の大空間を実現している．さらに最上層には，森美術館，東京シティビュー，メンバーズクラブ，アカデミー施設からなる複合文化施設「森アーツセンター」を備え，「文化都心」のコンセプトを象徴する施設が計画されている．高層建築が単にオフィスビルとして存在するだけではなく，様々な機能を複合させることで，高度情報化時代に対応した超高層のあり方を示している．外観デザインは，規制や周辺地域への影響をクリアするために，様々な先端技術を駆使して構築されている．電波の反射障害対策と風害対策に有効な形態として採用した曲面がこの建物の特徴でもある．外装材は，メタリック塗装のPCパネルとアルミカーテンウォールで構成され，全体的にメタルのイメージを演出している．

低層部における回遊構造

六本木ヒルズの特徴の一つは，商業施設が1か所にまとまっていない点である．建物の低層部や路面部に約200を超える商業施設を配置し，商業用途の構成やファサード計画，色彩計画，照明計画などをゾーンごとに特徴をもたせ，一貫性のある街並みの形成を試みている．商業施設部分のデザインはジョン・ジャーディー（JPI）が担当し，中央に位置する六本木ヒルズアリーナや毛利庭園などと連続することで，訪れる人が街全体を回遊しながら楽しめる街並みを実現している．

都心再生：都市機能を集積した複合的市街地再開発3
Redevelopment of Urban Core: Complex Urban Redevelopment Integrating Various Urban Functions

森タワーおよび周辺施設の1階平面図　1：2000

53階

49階

森タワー平面図　1：2000

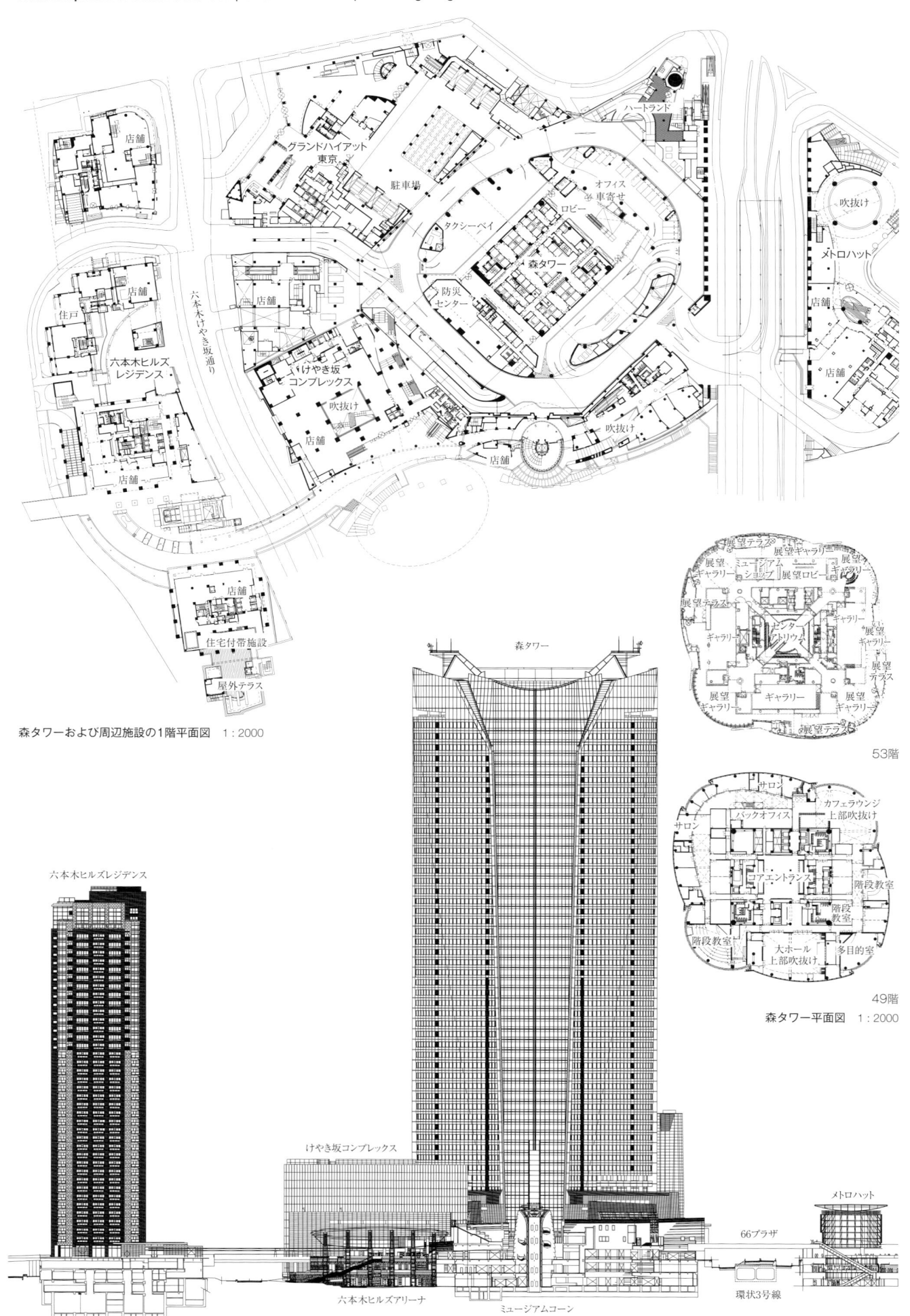

立断面図　1：2000

Chapter 4
手法の重ね合わせ
- 都心再生
- 地域再生
- ウォーターフロント再生
- ブラウンフィールド再生
- 創造都市

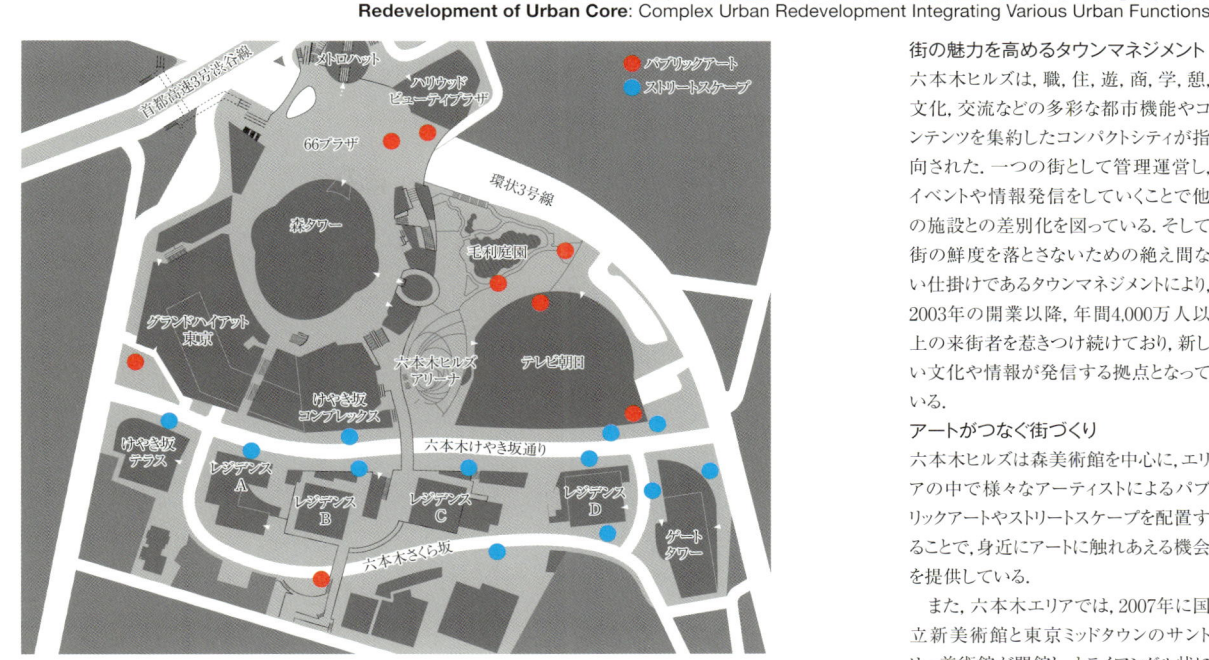

都心再生：都市機能を集積した複合的市街地再開発4

エリア内のアートマップ

ストリートスケープとパブリックアート

街の魅力を高めるタウンマネジメント

六本木ヒルズは、職、住、遊、商、学、憩、文化、交流などの多彩な都市機能やコンテンツを集約したコンパクトシティが指向された。一つの街として管理運営し、イベントや情報発信をしていくことで他の施設との差別化を図っている。そして街の鮮度を落とさないための絶え間ない仕掛けであるタウンマネジメントにより、2003年の開業以降、年間4,000万人以上の来街者を惹きつけ続けており、新しい文化や情報が発信する拠点となっている。

アートがつなぐ街づくり

六本木ヒルズは森美術館を中心に、エリアの中で様々なアーティストによるパブリックアートやストリートスケープを配置することで、身近にアートに触れあえる機会を提供している。

また、六本木エリアでは、2007年に国立新美術館と東京ミッドタウンのサントリー美術館が開館し、トライアングル状にリンケージすることで、夜の街としてのイメージからアートや文化の街へとイメージの転換が図られている。

民事信託方式を活用した権利者共有床の運用

大規模な市街地再開発事業では、施行地区内の権利者の合意を得る上で、建物完成後の権利床の運用方法が課題になることが多い。六本木ヒルズの場合、権利者の大半は住宅棟の区分所有床を権利床として取得したが、賃貸収益を期待できるオフィス棟の床を権利床として希望する権利者も多くいた。

オフィス棟の床を権利床とする場合、権利形態を区分所有としてしまうと、床の区画が細分化され、オフィス床としての価値が損なわれることになる。このため、権利者の床を共有床として集約し、これを森ビルが借り上げることで、権利者に安定的な賃料収入をもたらすことが期待された。

しかしながら、共有という権利形態は、そのままでは極めて不安定な権利形態である。一例をあげれば、各共有者は、いつでも共有物の分割を請求することができ（これを共有物分割請求という）、こうした権利が実行されると、共有物としてのオフォス床を賃貸などで安定的に運用することは極めて困難となる。また、共有物の売買などの変更行為は共有者全員の同意を得る必要があること、相続により共有者の数が際限なく増加する可能性があることなど、共有床をそのままの形で運用することは、極めて困難なのである。

こうしたことから、六本木ヒルズのオフィス棟では、従前の権利者が共有するオフィス床を、民事信託という仕組みで運用することにした。具体的には、各共有者が、権利者全員の出資による民事信託会社に共有床の土地建物の権利を期間20年間で信託し、信託期間中の共有床は、この民事信託会社が一元的に管理運用することにしたのである。信託期間中は、土地建物の権利は民事信託会社の名義となり、各共有者はその共有持分に応じて信託受益権を与えられ、信託財産（共有床）から得られる賃料収入から必要な経費を差し引いた純収益を、持分に応じて信託配当として受け取るわけである。この民事信託の仕組みにより、共有床の安定的な運用が可能になったのである。

実は、六本木ヒルズにはもうひとつ民事信託の仕組みを活用した工夫がある。それは、住宅棟の管理費と修繕積立金の支払いに、この民事信託を利用したのである。六本木ヒルズの住宅棟は、都心部の高級マンションとして、通常よりもはるかにグレードの高い管理を行っており、そのコストとしての管理費と修繕積立金も、通常よりもはるかに高額となっている。この高額な管理費と修繕積立金を賄うために、住宅棟の権利者は、そのコストに応じた賃料収入が得られるように、オフィス棟の床を共有しており、この共有床についても、同様の民事信託の仕組みを取り入れているのである。

このように、民事信託方式は、大規模開発事業の共有床の運用方式として優れた方式であり、様々な応用が期待できる方式である。

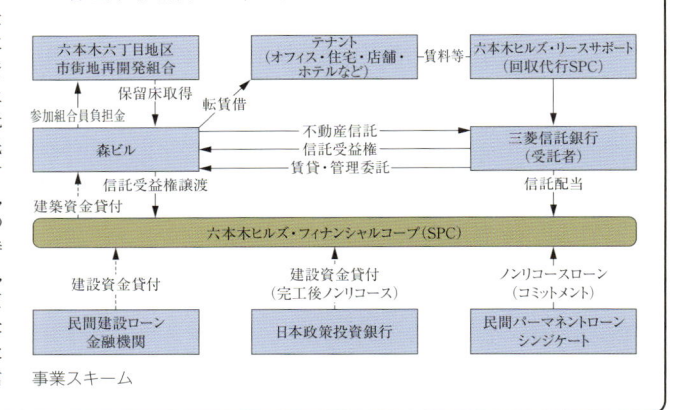

事業スキーム

都心再生：巨大施設跡地に周囲と連続するまちをつくる1
Redevelopment of Urban Core: Urban Development of Contiguous with Surrounding at Site of Huge Facility

整備前（1979年）

整備後

東京ミッドタウン
- 所在地：東京都港区
- 事業主体：全共連，富国生命，大同生命，明治安田生命（特定目的会社），三井不動産
- 建設：2004〜2007年
- 敷地面積：約68,891m²
- 延床面積：約563,743m²
  ミッドタウン・タワー：約246,608m²
  ミッドタウン・イースト：約117,068m²
  ガーデンサイド：約84,146m²
  ミッドタウン・ウェスト：約56,324m²
  ザ・パーク・レジデンシィズ・アット・ザ・リッツ・カールトン東京：約57,665m²
  21_21 DESIGN SIGHT：約1,932m²

閉ざされた土地を開く
鉄道操車場や軍事施設，官庁や研究機関など，都心にある閉鎖的で大規模な土地が民間に払い下げられ，再開発によって都市再生の起爆剤になる事例は少なくない．その中でも東京ミッドタウンは六本木から赤坂までの商業・業務エリアに隣接しており，地域への波及効果が高い再開発事例である．

敷地は，江戸時代の長州藩毛利家下屋敷に始まり，明治時代には陸軍駐屯地，戦後には米軍宿舎，返還後には防衛庁舎と，400年あまりの間，まちに閉ざされた土地であった．2000年の防衛庁移転に伴い，閉鎖的であった土地が周囲に開かれることになった．

速やかな都市計画決定による開発へのインセンティブ
このプロジェクトは6社のコンソーシアムによって進められ，国有地の跡地としては過去最大のプロジェクトとなった．プロジェクトの特徴は，官による開発前の周到な準備と投資環境の整備である．移転決定後，速やかに当該地の再開発地区計画都市計画決定がなされ，売却公示の前に国，都，区による三者協議会で開発負担の内容が定められていた．

周辺地図 1：15000

歩行者ネットワークの整備

年月	経緯
1999.6	防衛庁本庁檜町庁舎処分方針決定
2000.5	防衛庁本庁檜町庁舎移転
2001.4	当該地の再開発地区計画都市計画決定
2001.5	防衛庁本庁檜町庁舎跡地一般競争入札の公示
2001.9	三井不動産を幹事社とするグループが落札
2002.4	現地事務所の設立
2002.7	都市再生緊急整備地域第一次指定に参入
2003.3	都市計画決定
2003.9	東京都アセスメント環境影響評価書工事 港区開発許可取得
2003.10	既存樹木移植および整地工事着工
2004.5	着工
2007.1	竣工
2007.3	グランドオープン

開発年表

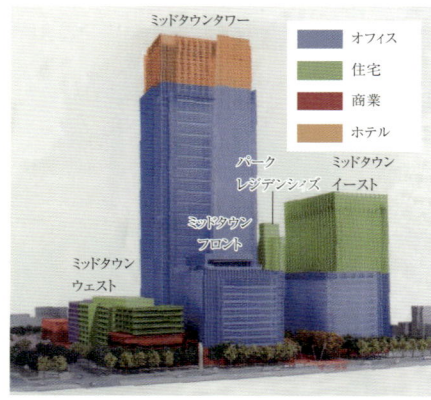

建物の機能構成

外苑東通り沿いに整備された公園

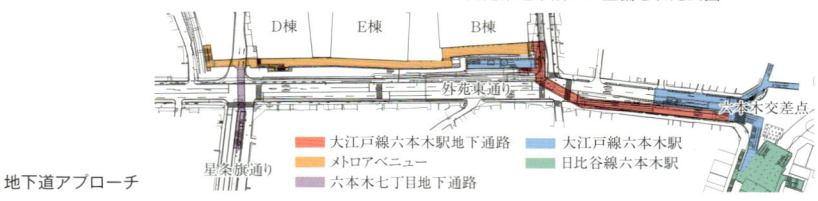

地下道アプローチ

都心再生：巨大施設跡地に周囲と連続するまちをつくる2
Redevelopment of Urban Core: Urban Development of Contiguous with Surrounding at Site of Huge Facility

東京ミッドタウン配置図　1:3000

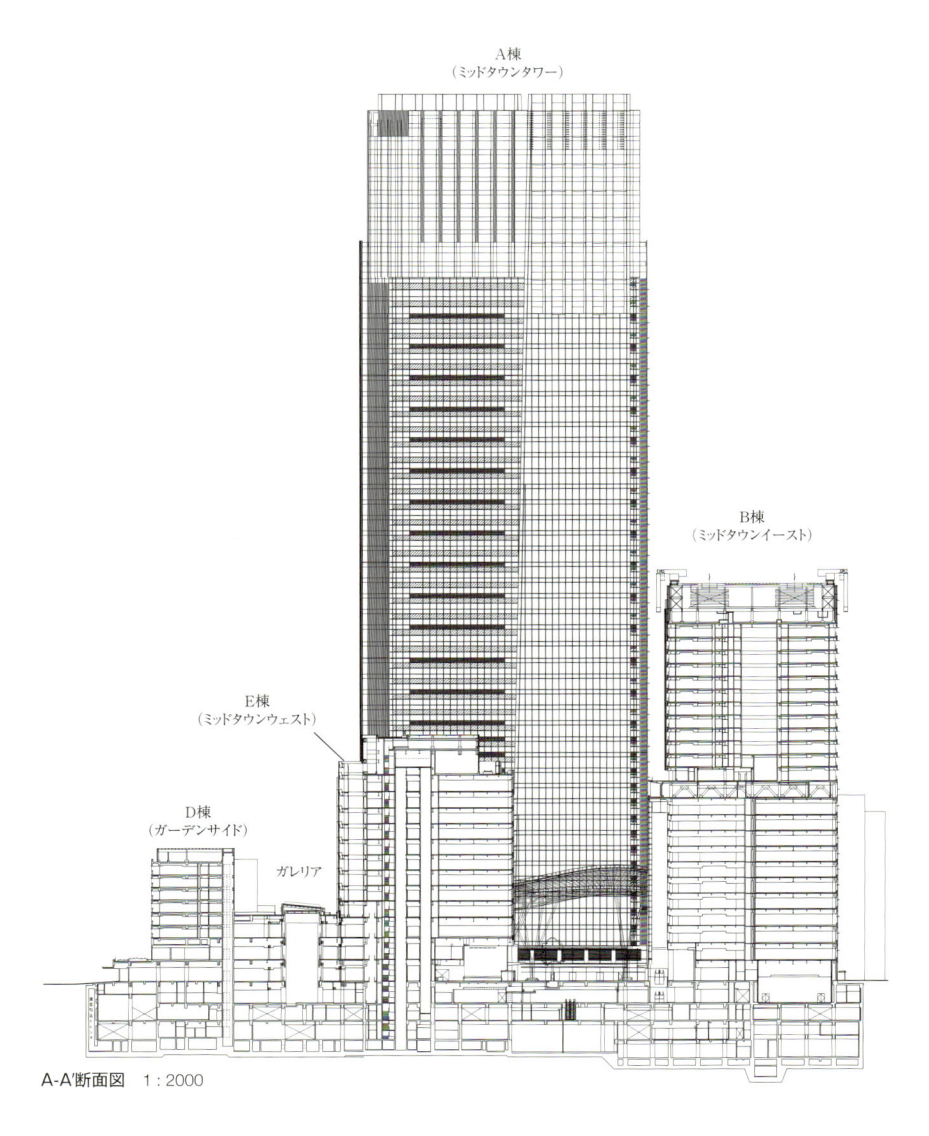

A-A'断面図　1:2000

職・住・遊・憩の融合と分棟形式
敷地面積は約68,891m²であるが，隣接する檜町公園を含める地区計画面積は約102,000m²に及ぶ．開発コンセプトは，働くこと，住まうこと，遊ぶこと，憩うことが一体となった複合都市．日影規制や一体的な緑地の確保，採算上必要とされる容積の確保から，北側に空地を取り，建物を敷地の南側に集約する計画となった．全体計画から高層棟を1棟計画することが前提であったため，マスターアーキテクトであるSOMは伝統的な日本庭園の石組みをイメージして，敷地の中心に全体の調和を象徴する岩としてのミッドタウン・タワーを配置．その周りに中低層のビルを配置し，画一的ではなく変化のあるスカイラインを形成した．

機能が複合された建築群
これらの建築群が単機能の分棟になるのではなく，それぞれの機能が複合・補完し合って建築群を構成している．南側には，事務所，ホテル，医療施設，デザインハブなどが入る45階建てのミッドタウン・タワー，事務所，住宅，商業，コンベンションが入る24階建てのミッドタウン・イースト，事務所と商業が入る13階建てのミッドタウン・ウェスト，商業と美術館などが入る8階建てのガーデンサイドが配置され，北側には地上1階のデザイン・ウィング（21_21 DESIGN SIGHT），29階建ての住居棟（ザ・パーク・レジデンシィズ・アット・ザ・リッツ・カールトン東京）が配置されている．また，南側の各棟の間にプラザとガレリアを計画し，プラザに対してオフィスエントランスを，ガレリアに対して商業施設を配置することで，動線の分離を図っている．

周辺の歩行空間を結ぶ通りの再生と地下の歩行者ネットワーク
乃木坂や六本木へつながる外苑東通りを主要な接道と捉え，商業や業務のアプローチを外苑東通り側に集約した．沿道から歩行者を引き込み，滞留させるような空間を作ることで通りを再生し，周辺エリアとの相乗効果を図っている．地下では六本木駅を中心に，安全に移動することができる地下の歩行者ネットワークが形成された．通常，地下通路は公共により整備され民間の建物に接続されるが，この計画では地上の建物と一体的に開発事業者が整備し，完成後に公共に移管するというスキームが組まれた．わが国において民間事業者が公共歩行者ネットワーク整備を手掛けた最初の事例である．

周囲との連携
このプロジェクトでは，回遊性を取り戻すことで街に憩いある経路を再生した．国立新美術館・森美術館・サントリー美術館間に約1,500mの周辺アートスペースと連携した歩行者ネットワーク「六本木アートトライアングル」を設定．さらに敷地北側の港区立檜町公園を含めた緑あふれるオープンスペースから，敷地外の青山墓地や赤坂側の氷川神社へとつながる緑のネットワークをつくり出した．

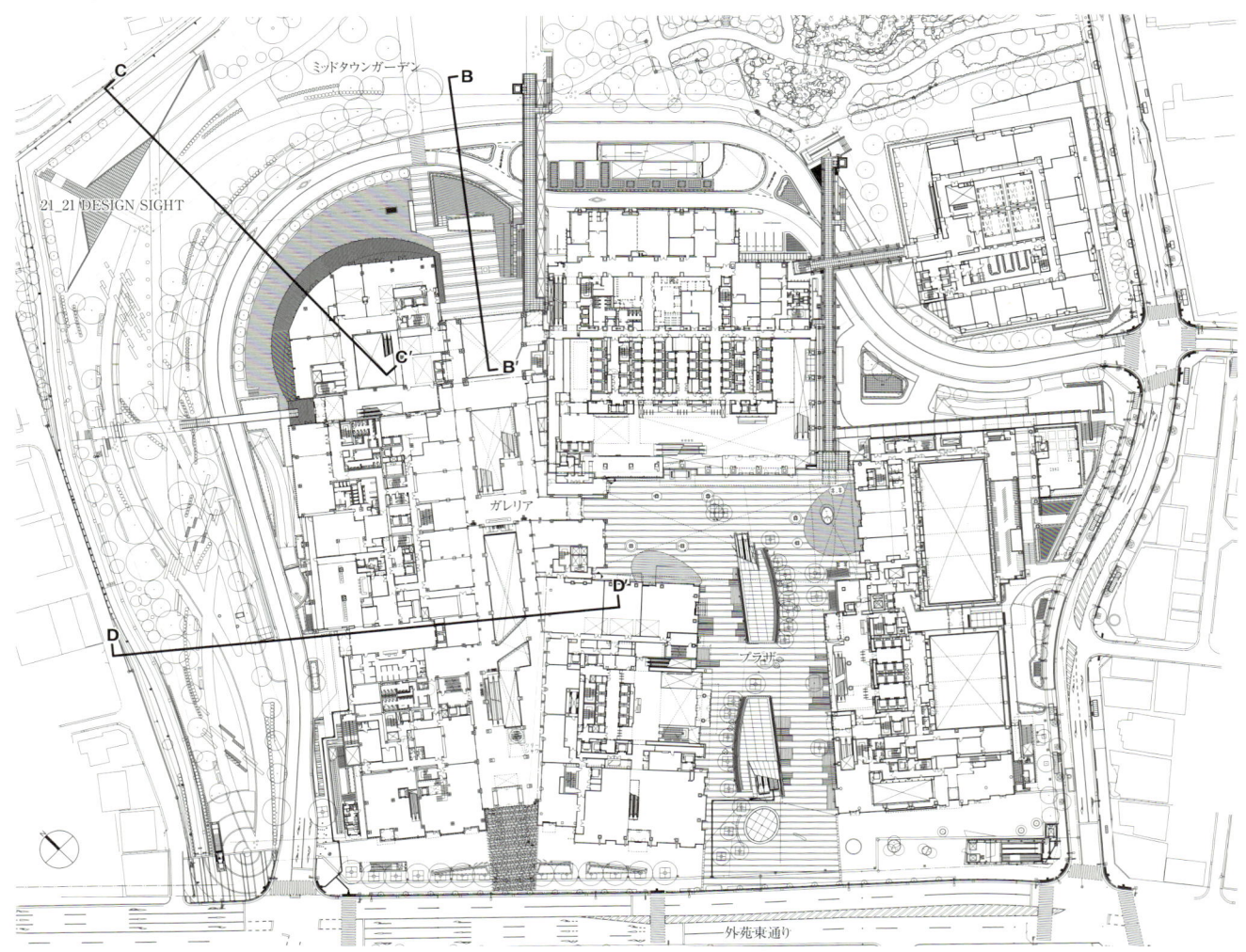

都心再生：巨大施設跡地に周囲と連続するまちをつくる3
Redevelopment of Urban Core: Urban Development of Contiguous with Surrounding at Site of Huge Facility

平面図　1:2000

多彩な組織・建築家・デザイナーの協働
7つの棟、延床面積560,000m²あまりの計画は国内外の多彩な組織・建築家・デザイナーによる協働によって実現した．全体調整と各棟の基本計画と各棟（サントリー美術館と21_21 DESIGN SIGHTを除く）の設計・監理を日建設計，各棟のマスタープランとミッドタウン・タワー，ミッドタウン・イースト，ミッドタウン・ウェストのデザインをSOM，パーク・レジデンシィズの外装デザイン監修を青木淳建築計画事務所，ガーデンサイドのデザインを坂倉建築研究所，ガーデンテラスのデザインとサントリー美術館のデザインおよび設計監理を隈研吾建築都市設計事務所，ランドスケープのマスタープランとデザインをEDAW，21_21 DESIGN SIGHTのマスタープランおよび設計・監理を安藤忠雄建築研究所＋日建設計が担当した．

非整形なグリッド
建物は画一的なグリッドではなく，少しずつ角度を振るように配置されている．これは地図上に様々なジオメトリーが混在する東京の特徴を読み取ることによって創案されたもので，これによって建物間の空間に変化を与え，通路や店舗が折り重なるような視覚的な奥行を生み出している．一方で，ボリュームの間にガレリアやブリッジを配することで，多様な経路と回遊性を実現している．

2つの敷地への分割と空間の連続性の担保
計画敷地の境界に外周道路を回すのではなく，敷地を公園や芝生広場，デザイン・ウィングや住棟のある北側敷地と，商業や業務が配置された南側敷地に分けて，その間に敷地内道路を設けた．これによって複合化した用途に対して必要なゾーニングを図り，沿道と連続する商業部分のにぎわいと，喧噪から一歩置いた静かで良好な公園や住環境の両立を実現した．

ガレリアと芝生広場は視覚的に連続しており，植栽越しに互いの風景が重なって見える．2つの敷地を結ぶリニアなブリッジは，2つに分かれた敷地を歩行者が移動するために設けられたものであると同時に，敷地間の高低差を調整する役割も担っている．

地下の歩行空間に設置されたアート作品

各エリアの入口が集約されたプラザの大屋根

大勢の人でにぎわうガレリア

格子をモチーフとした建物の外観

都心再生：巨大施設跡地に周囲と連続するまちをつくる 4

Redevelopment of Urban Core: Urban Development of Contiguous with Surrounding at Site of Huge Facility

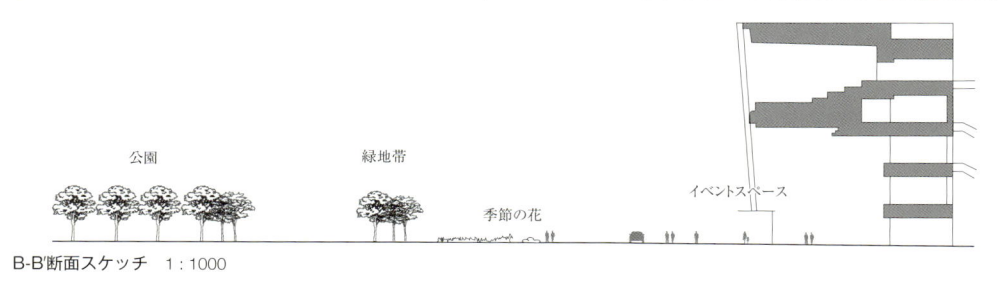

B-B'断面スケッチ　1:1000

2つの敷地を結ぶブリッジ

テラスと公園の立体的な連続

21_21 DESIGN SIGHT

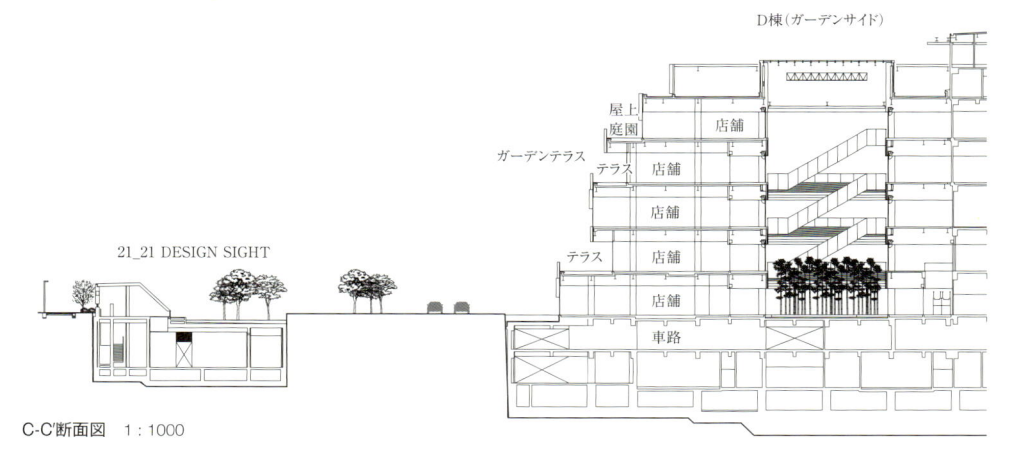

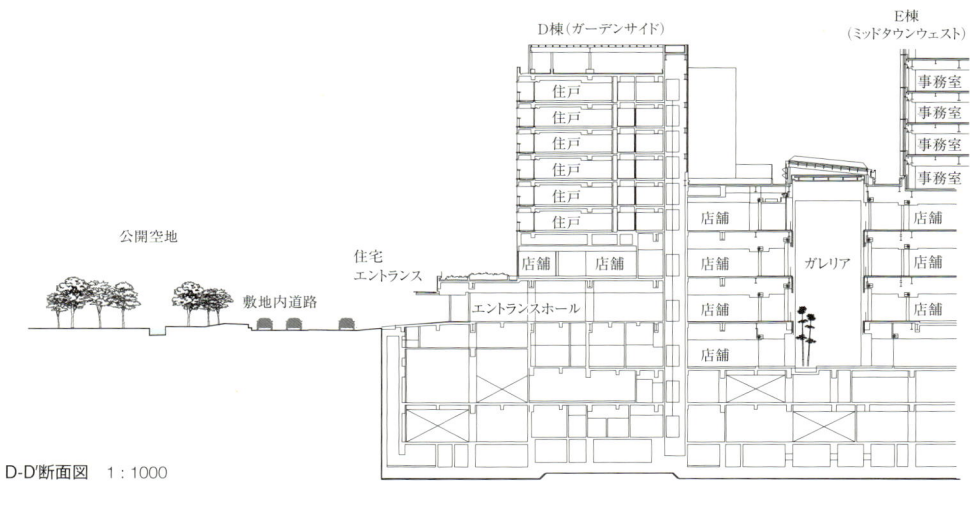

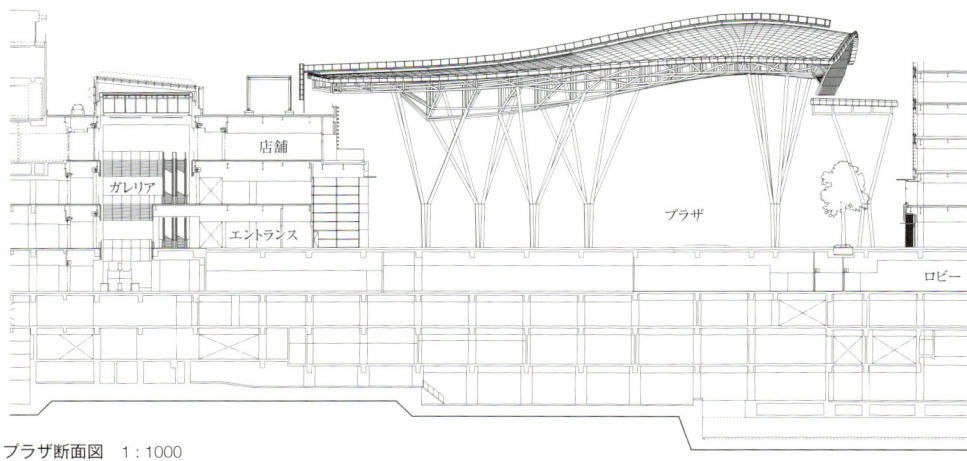

C-C'断面図　1:1000

D-D'断面図　1:1000

プラザ断面図　1:1000

巨大なボリュームを細分化するファサード

各棟のファサードは建物の足下から頂部にまで至る垂直性を強調した「セイル」と呼ばれるガラスのカーテンウォールと，水平方向が強調されL字型に建物の側面をカバーするカーテンウォールとの組み合わせを基本にしている．さらに主にルーバーから成る縦横の線的な要素を織模様のように組み上げ，巨大なファサードをいくつかのグループに分けながら細分化している．さらに，ミッドタウン・タワーの南北のファサード面は中層階が膨らみ足下と上層部が絞られた，緩やかな曲面でできている．これらのデザイン操作は周辺のスケール感に調和した建築の表情を生み出すことを目的にしたもので，建物の分棟化と同様に，建築のボリューム感を感じさせないための工夫となっている．共通の材料やデザインモチーフを使いながら，過度にデザインを統一しないように作られ，それぞれの棟の個性を保ちながら，建築群が折り重なったようなファサードをさらに繊細にするようにデザインされている．

プラザとガラスの大屋根

鉄骨とガラスで構成されたプラザの大屋根は，大規模な空間にまとまりを与え，その下に商業・オフィス・地下のエントランスを集約させている．この場所に活動の起点を集約するだけでなく，案内板やサインも集約することで，ソフト面においても起点となっている．ガラスのルーフは樹木を模した構成柱によって支えられており，高層部とは異なるデザインになっている．このデザイン操作によって低層部における人の動きの結節点を象徴的に示している．

複合化と多層化によるランドスケープ

EDAWによるランドスケープは，複合化・多層化という着想に従い，オープンスペースの連なりが考えられている．都心でありながら様々な形で地面がオープンスペースに現れていることが特徴である．庭園部分には周囲の通りや歩道からスムーズに入れるようになっており，園内を緩やかなアンジュレーションや曲線を伴った道が，あたかも異なるレイヤーを重ねるように有機的に設けられている．道沿いにはアートや案内板などが配置され，アイストップとなっている．

緑化と環境負荷の低減

この開発では，敷地面積の40%が公開空地となっており，都心では貴重な緑地を確保している．緑化面積は旧防衛庁時代の約2.7倍にも及ぶ，中でも北側敷地は住居や店舗のいたる所に様々な形で緑を取り込む工夫がなされている．既存樹木についても約140本が保存活用された．高さ15m以上のクスノキは外苑東通りに移植され，敷地内の道路の沿道にはサクラが配置された．この桜は星条旗通りから連続する桜並木を形成している．また，約2,300m²に及ぶ屋上緑化により建物屋上部の遮熱やヒートアイランド現象の緩和が図られている．

170　地域再生：文化施設をつなぐ都市のオープンスペース1
Regional Revitalization:
Urban Open Spaces to Connect Cultural Facility

ルートヴィヒ美術館とケルン・フィルハーモニー

- 所在地：Köln, ドイツ
- 事業主体：ケルン市
- 設計者：Peter Busmann, Godfrid Haberer
- 建設：1986年
- 敷地面積：62,500m²
- 延床面積：260,000m²
- 用途：美術館, 音楽ホール

町と川辺の歴史的な関わり

ライン川河畔に位置するケルンは, ローマ植民都市として建設され, 中世には交易の中心地として栄えた. 旧市街では, 世界最大級のゴシック建築で世界遺産にも指定されているケルン大聖堂が中央駅の目の前にそびえたち, 大聖堂, 鉄道駅, ライン川, 鉄道・人道橋のホーエンツォレルン橋が近接して, スケールの大きい印象的な都市空間をつくり出している.

これらの構築物が完成したのは19世紀後半だが, 時代的な状況から長らく市街と川辺は隔絶されていた. 19世紀末までは市街と川辺を隔てる市壁の砦が存在し, 川沿いには広幅員の道路が造られた. 20世紀初頭にはこの道路上に市街電車が開通し, 第二次世界大戦後は道路に沿った専用軌道となる. さらに, モータリゼーションが進むと, 川辺と大聖堂の間には広大な駐車場とバスターミナルが置かれた.

1970年代後半から状況が変化する. 市街電車の地下化とルート変更によって1978年に河岸部の軌道が廃止され, 1982年に川沿いの幹線道路を地下化するトンネル工事が完了して, 川辺はゆったりとした遊歩道になった. 並行して1975年には, 大聖堂と川辺の間の敷地で美術館の国際コンペが行われ, 大聖堂広場と川辺の遊歩道をつなぐ広場や階段をもつ現案が1986年に完成した.

歩行者回遊ルートの形成

遊歩道と美術館の完成によって大聖堂と川辺がつながっただけでなく, 中央駅・大聖堂から美術館の広場や川辺の遊歩道を経て, 旧市街の中心アルターマルクト広場や歩行者専用のメインストリートで大聖堂につながるホーエ通りまで, 中心市街の歩行者回遊ルートが形成された.

多様なオープンスペースの連続

川辺には遊歩道に沿って緑の公園が広がる. ホーエンツォレルン橋が遊歩道を逸って自然に市街地へと方向転換を促し, ゆったりとした階段・スロープ・テラスのコンプレックスが高台の大聖堂へと導く. ホール上のハインリヒ・ベル広場は, その二面が2層吹抜けのカフェに囲まれる. 美術館と美術修復棟との間の絞られた空間では, ピロティの下に美術露天商が出ることもあり, 小さなにぎわいを生んでいる. 美術修復棟が途切れると, 左に大聖堂の威容, 右に中央駅のダイナミックな空間を臨む空間が広がる. 大聖堂前のロンカリ広場は, クリスマス市などのイベントが開催される晴れがましい広場である. このように新旧の様々なタイプのオープンスペースがリズムよく配され, 各文化施設をつないでいる.

地下を利用したヒューマンスケールの計画

この文化施設は, コンペ時は2つの異なる美術館の複合プログラムであったが, 設計中にコンサートホールが入ることが決まり, 開館から15年後に一方の美術館が移転して, ルートヴィヒ美術館とケルン・フィルハーモニーの複合建築となった. コンサートホールや駐車場といった大きなボリュームを地下に入れ, 地上部のスカイラインを細く分節することにより, 川辺から見上げた大聖堂の姿を妨げず, 歩いて楽しいヒューマンなスケールをつくり出している.

ルートヴィヒ美術館とケルン・フィルハーモニーの配置図および平面図　1:2000

A-A'断面図　1:1000

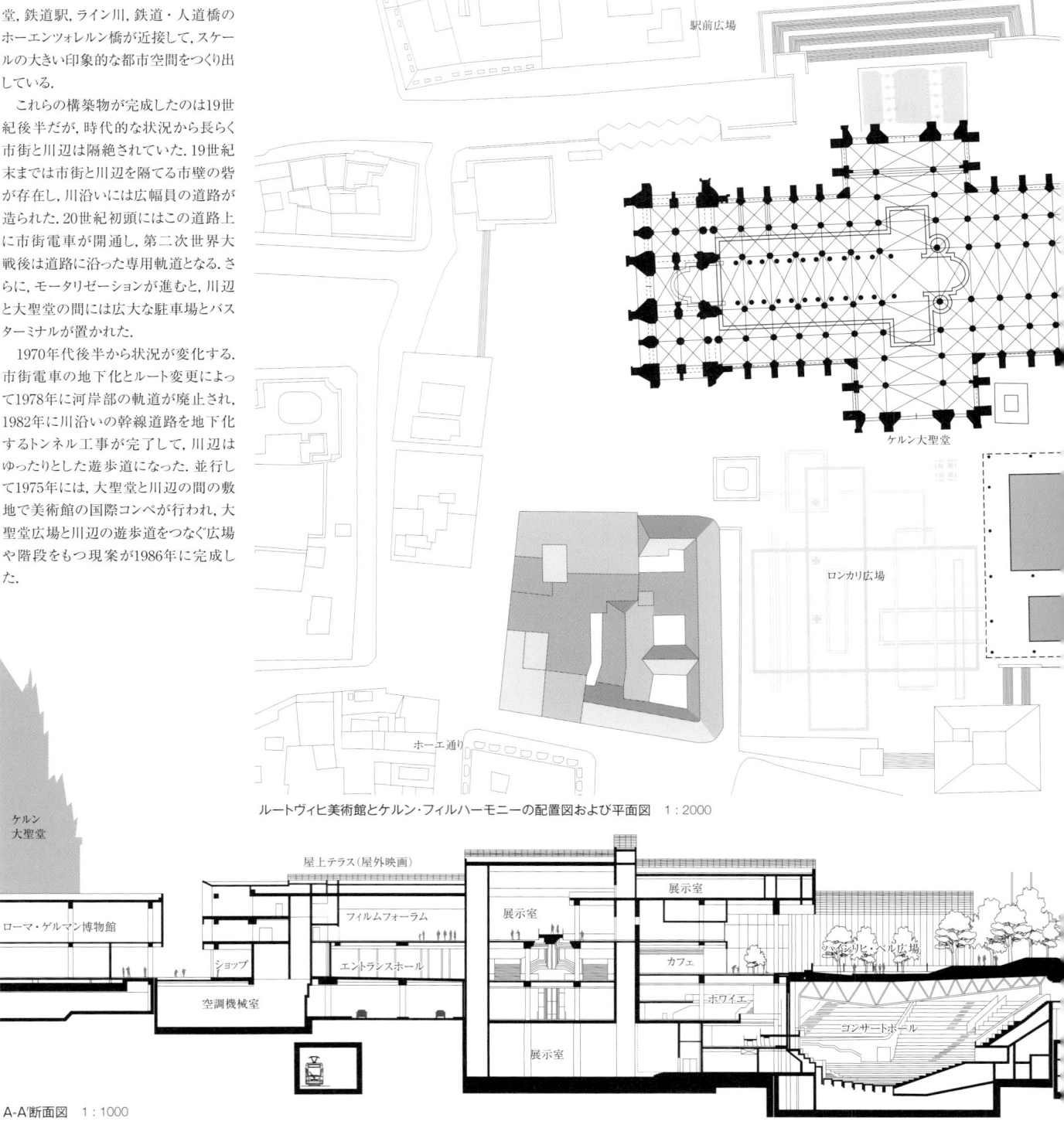

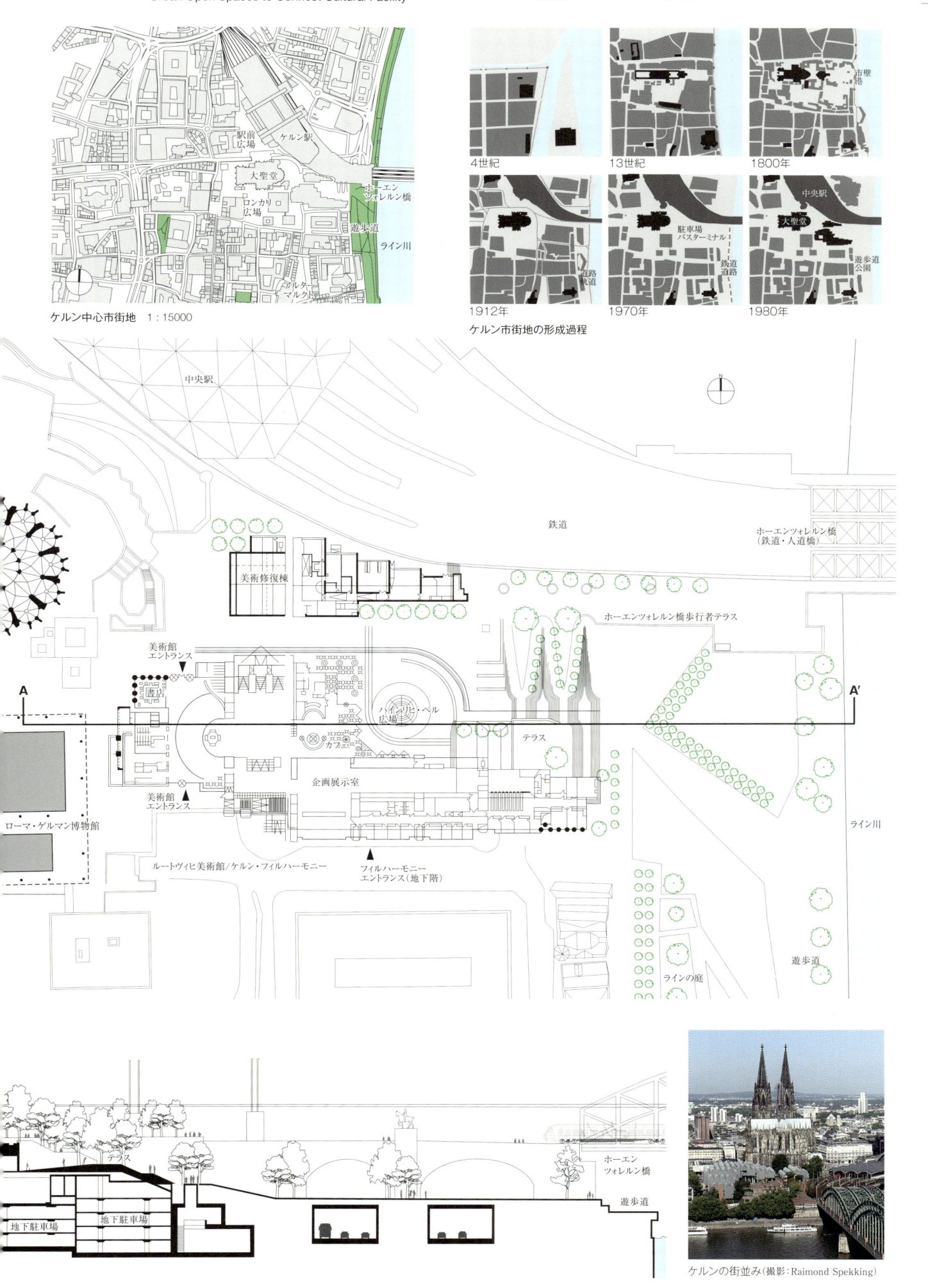

Regional Revitalization: Urban Open Spaces to Connect Cultural Facility
地域再生：文化施設をつなぐ都市のオープンスペース2

171

ケルン中心市街地　1:15000

ケルン市街地の形成過程
- 4世紀
- 13世紀
- 1800年
- 1912年
- 1970年
- 1980年

主な地名・施設：駅前広場、ケルン駅、大聖堂、ホーエンツォレルン橋、ロンカリ広場、遊歩道、ライン川、アルターマルクト、市壁港、中央駅、駐車場バスターミナル、鉄道、道路、遊歩道公園

平面図の注記：中央駅、鉄道、ホーエンツォレルン橋（鉄道・人道橋）、美術修復棟、ホーエンツォレルン橋歩行者テラス、美術館エントランス、ハインリヒ・ベル広場、カフェ、テラス、ローマ・ゲルマン博物館、美術館エントランス、ルートヴィヒ美術館／ケルン・フィルハーモニー、企画展示室、フィルハーモニーエントランス（地下階）、ライン川、遊歩道、ラインの庭

断面図注記：テラス、地下駐車場、ホーエンツォレルン橋、遊歩道

ケルンの街並み（撮影：Raimond Spekking）

172　地域再生：工場跡地から音楽都市へ1　Regional Revitalization: Revitalization to Music City of Old Factory Site

エックス・エリダニア地区
- 所在地：Parma，イタリア
- 事業主体：パルマ市
- 設計：Renzo Piano Building Workshop
- 計画：1995〜1998年
- 建設：2001年〜

工場跡地を市民公園として再生

パルマの歴史的中心市街地に隣接し，交通の利便性の良い環状線に面した工場跡地を，建物の一部を残しつつ音楽ホールや映画館，高齢者福祉施設などの文化複合施設を有する公園へと転用したプロジェクトである．

パルマ市の旧市街地北東部は，鉄道と旧市街地に挟まれた交通利便性から，20世紀初頭には工場地帯（公共食肉処理場や農業組合，エリダニア砂糖工場，バリアパスタ製造工場など）として位置づけられていた．1980年に閉鎖した工場群は，立地の良さから，1998年に文化複合公園として再開発することが策定された．

パルマ市は，イタリアの中でも著名な指揮者ニコロ・パガニーニを輩出した音楽都市としても有名であり，市民にとっては，戦時下の1944年に爆撃で破壊された旧パガニーニ音楽堂を再建することは長年の悲願であったため，音楽堂の再建を中核施設として工場跡地を整備することになった．また，少子高齢化の流れから，高齢者の社会保障住宅の整備が求められ，他に屋内運動場や市民菜園，レジャーセンター等，市民が利用できる施設を中心として整備された．

ニコロ・パガニーニ音楽堂の再建

工場跡地の旧建物のどこを保存し，どこを廃棄するかは，音楽家ミューラーの助言を得ながら，建築家Renzo Pianoが独自の判断で行った．パガニーニ音楽堂建設に際しては，800席程度の音楽ホールにちょうど適した気積を持つ旧砂糖工場であった建物を選び，妻面をすべて解体して，ガラスを挿入して緑豊かな公園が舞台背景となるように活用している．

長年，砂糖工場として地域に貢献してきた建物の一部を残し，音楽堂に再生することは，パルマの産業遺産としてのアイデンティティ保存と，音楽都市としてのアイデンティティ再生につながった．さらに，既存建物の活用保存は，建設費のコスト削減にも大いに役立った．

市街地に隣接したエックス・エリダニア地区　1:50000

エックス・エリダニア地区のマスタープラン[01]　1:10000

年	経緯
1898	砂糖工場が建設される
1921	冷蔵庫工場が隣接して建設され地域一帯が工場エリアとして整備された
1940	第二次大戦で被災するが復興
1968	鉄道が隣接している優位性により規模拡大
1980	産業構造の転換等により工場閉鎖
1985	ミラノ・ビコッカ複合再開発を手本に複合文化施設への転用の検討を開始
1998	旧工場地域を文化複合地域として再生することをパルマ市が決定
2001	第1期工事竣工

計画年表

旧砂糖工場外観[01]

旧砂糖工場内観[01]

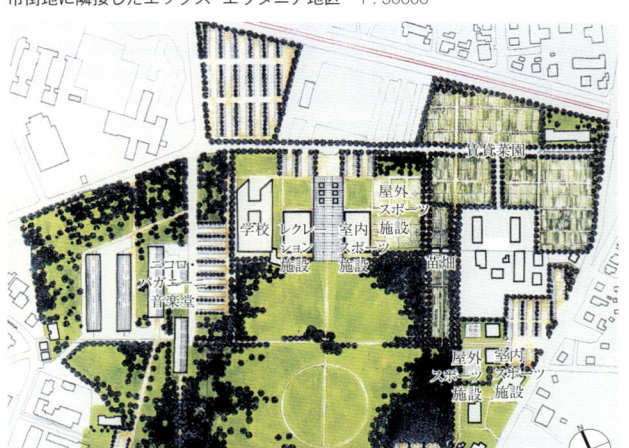

旧砂糖工場の外壁だけ残して修復している状況[01]

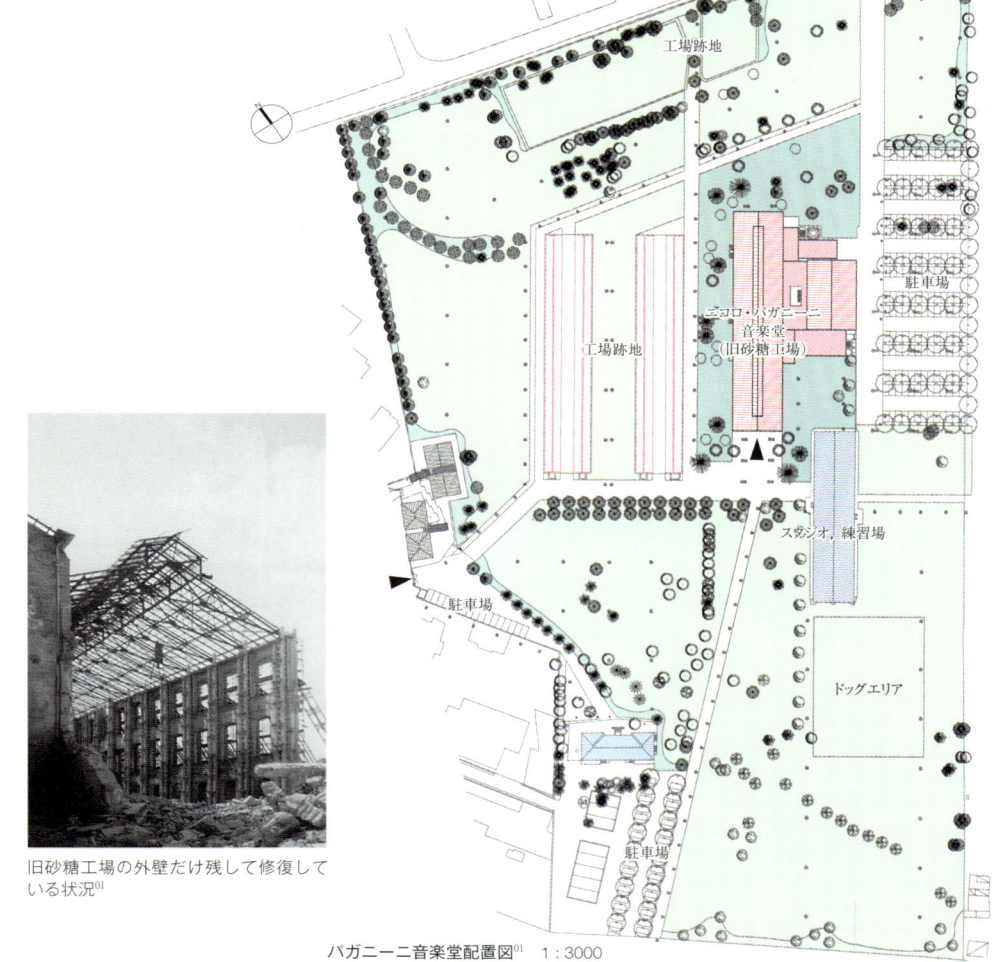

パガニーニ音楽堂配置図[01]　1:3000

Chapter 4
手法の重ね合わせ
都心再生
地域再生
ウォーターフロント再生
ブラウンフィールド再生
創造都市

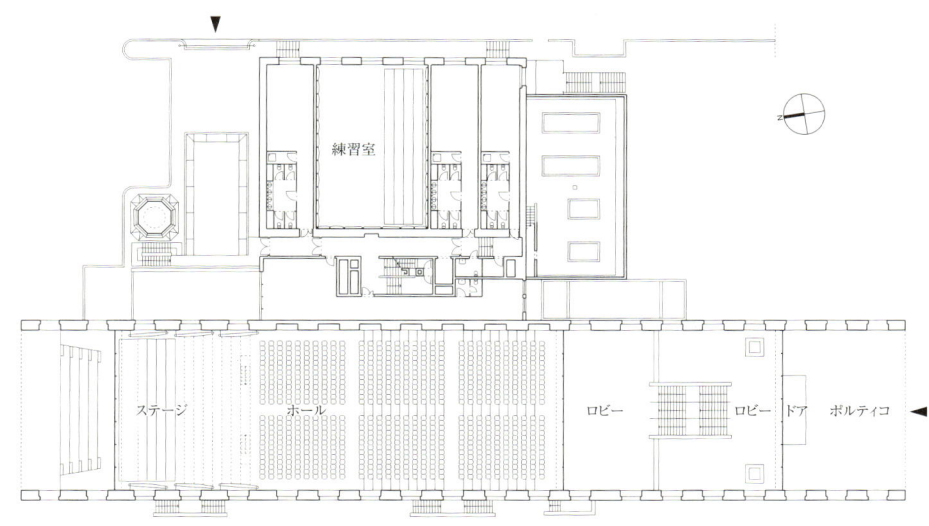

Regional Revitalization: Revitalization to Music City of Old Factory Site **地域再生：工場跡地から音楽都市へ2**　173

平面図[01]　1:800

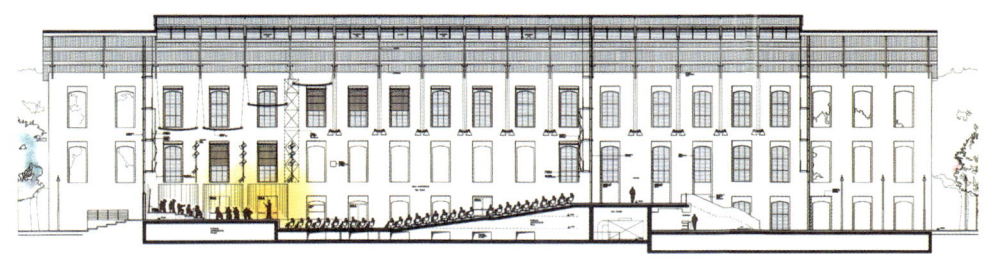

長手断面図[02]　1:800

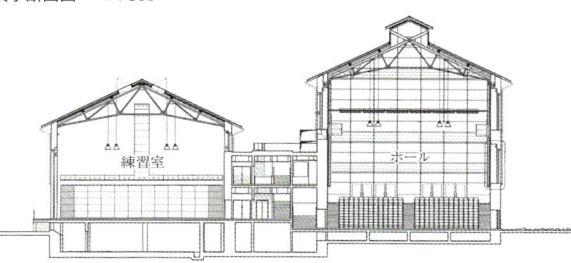

断面図[02]　1:800

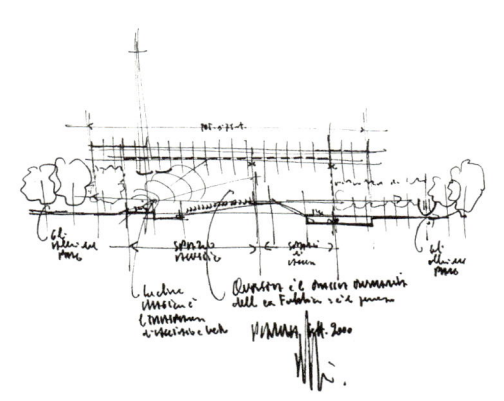

Renzo Pianoによるコンセプトスケッチ[02]
音楽ホール内部と外部の透過性を強く意識していた．

ステージからホールを臨む[02]

屋外に視界が抜けるガラス壁[01]

修復された外観[01]

パガニーニ音楽堂

保存再生を支えた最新技術

パガニーニ音楽堂の保存再生の特徴は，奥行き90mの建物内部を端から端まで見通せる透明性を確保するというアイデアと，それを実現するため主体となる建物の妻側の壁を取り払い，3つの大きなガラスのカーテンウォールに付け替えた技術的な高さにある．

音楽堂の座席数は780席あり，590m²の客席は6つの区画に分けられている．静寂な公園の中に立地した建物の環境を最大限に生かし，一般的には閉ざされている音楽ホールを外部に開かれたホールとして計画した．その結果，ホワイエのどこからでも，またすべての座席からもガラス壁を通して屋外に広がる樹木が臨める．

構造は既存外壁の内側にコンクリートの構造躯体を付加し，耐震性を高めた．屋根と妻面の壁は一新された．コンセプトスケッチによると，Renzo Pianoが建物妻面の外壁を取り払い，周辺の緑と視覚的に連続したホールを意図していたことが読み取れる．

空調は床から吹き出すアンビエント空調を採用し，ガラスの音響板や金属の反射板を多用して，音響的にも質の高いホール空間が生み出されている．

都市の緑地帯トライアングル

エックス・エリダニア再開発の実現により，歴史的中心市街地にある他の城塞公園や緑地公園と合わせて，都市の緑地帯トライアングルが形成された．市街地住民はこれまで以上に都市公園へのアクセスが改善され，パルマ市の都市環境は飛躍的に向上した．トリノのリンゴット，ミラノのビコッカに続いて，市街地に近接する工場跡地の再生事例として，イタリアを代表する好例といえよう．

01: Angelo Rossi編, Renzo Piano. La fabbrica della musica. L'Auditorium Paganini nella citta di Parma, Abitare Segesta, 2002.
02: Renzo Piano Building Workshop編, Architecture and Music—Seven Sites for Music, Lybra Immagine, 2002.

地域再生：工場跡地から芸術活動拠点へ 1
Regional Revitalization: Urban Renovation of the Disused Factorie's Area

エックス・タバッキ地区
- 所在地：Bologna, イタリア
- 設計：Aldo Rossi
- 用途：教育施設, 文化施設, 公園

歴史的中心地区の周縁部に位置する旧タバコ工場地区は, 16世紀から20世紀半ばまで, ボローニャの産業の中心として栄えた場所である. しかし第二次世界大戦で大きな被害を受け, その後長い間放置されていた. 地区内には, タバコ工場事務棟, 塩貯蔵庫, 市営の食肉処理場, パン工場等, ボローニャの産業を俯瞰する上で歴史的意義の高い建物が残存していた.

エックス・タバッキ地区の再生は, こうした建物を保存活用しながら, 新たな文化的核を形成し, さらに地区の生活環境を向上させることを目的として開始された.

文化生活拠点として地域イメージの刷新を図るマスタープラン

残されていたすべての歴史的建造物と大きな公園の保存および運河の再生を条件に, 1993年, Aldo Rossiが計画のコンサルタントとして指名された. Aldo Rossiは, 旧工場地域に文化施設, 保育園等の育児支援機能, および住宅を挿入することで, 地域イメージの刷新を図るマスタープランを作成した.

旧食肉処理場には, ボローニャ大学の映像・演劇学科(DAMS)が誘致され, 映画修復で世界的評価の高いフィルムセンターや, 視覚芸術のための図書館, 劇場等が併設された.

旧塩貯蔵庫は, 地区センターに改築された. 屋外エレベーターが設置され, 隣接する親水公園へバリアフリーでアクセスできるようになっている.

01：Carlo Mancosu, Grandi Tascabili di Architettura, mancosu editore, 2006.

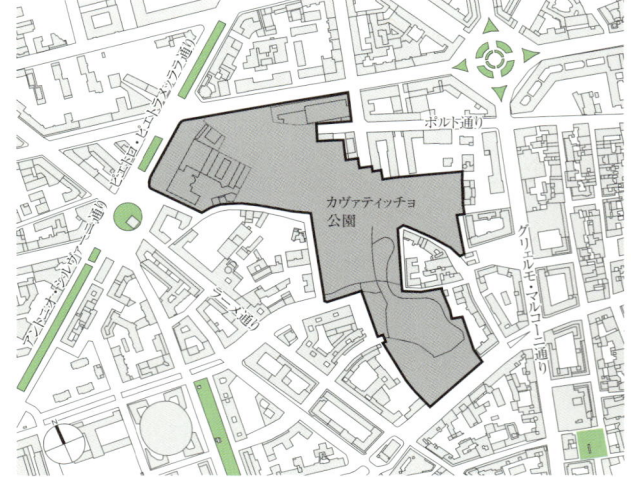

旧市街の周縁部に位置するエックス・タバッキ地区　1：10000

整備前のたばこ工場事務棟

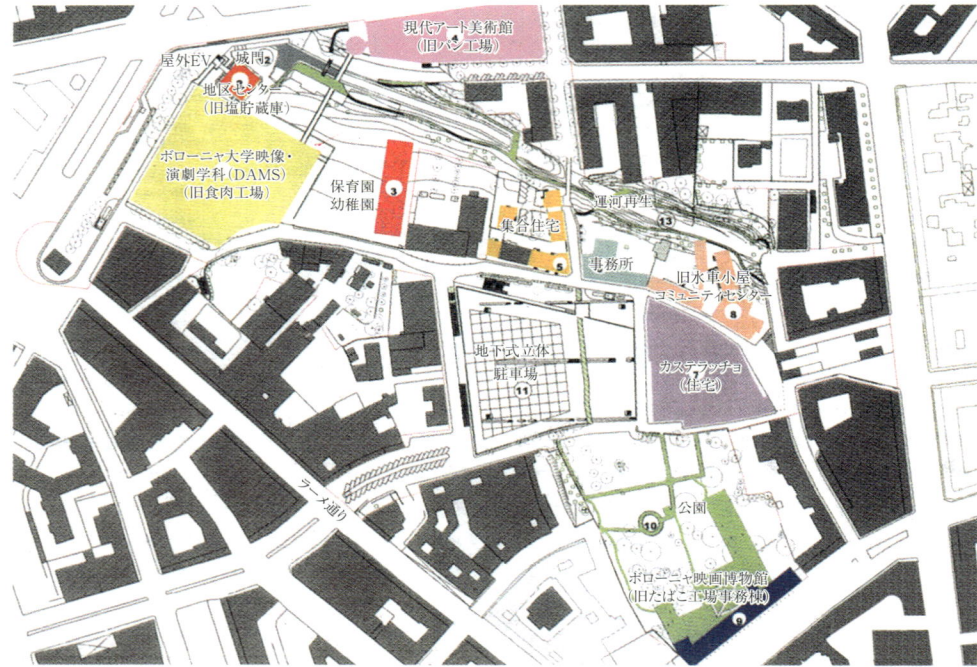

エックス・タバッキ地区の土地利用計画図[01]　1：3000

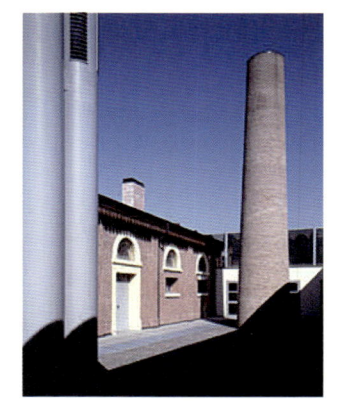

記憶として残された煙突

親水公園と道路をつなぐ屋外エレベーター

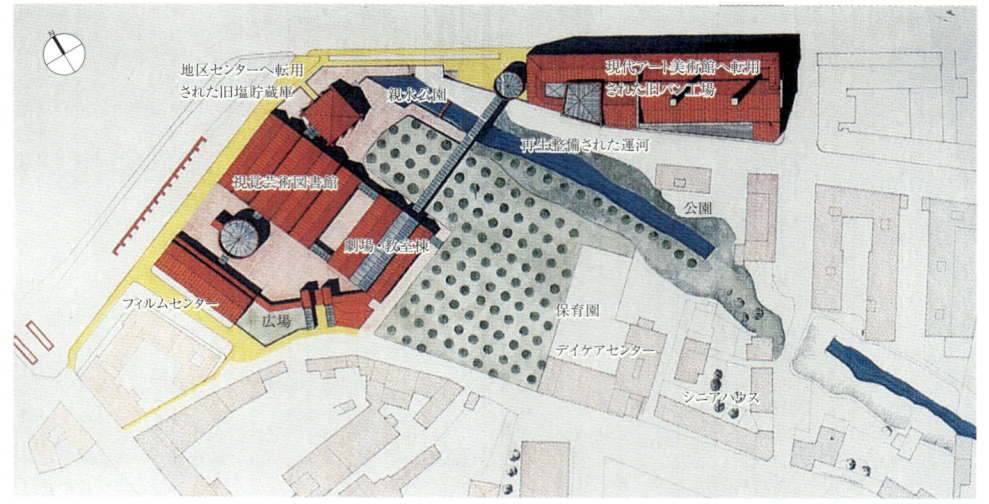

Aldo Rossiによる地区再生案　旧工場建屋間に屋根を掛け内部空間が作られた　1：2000

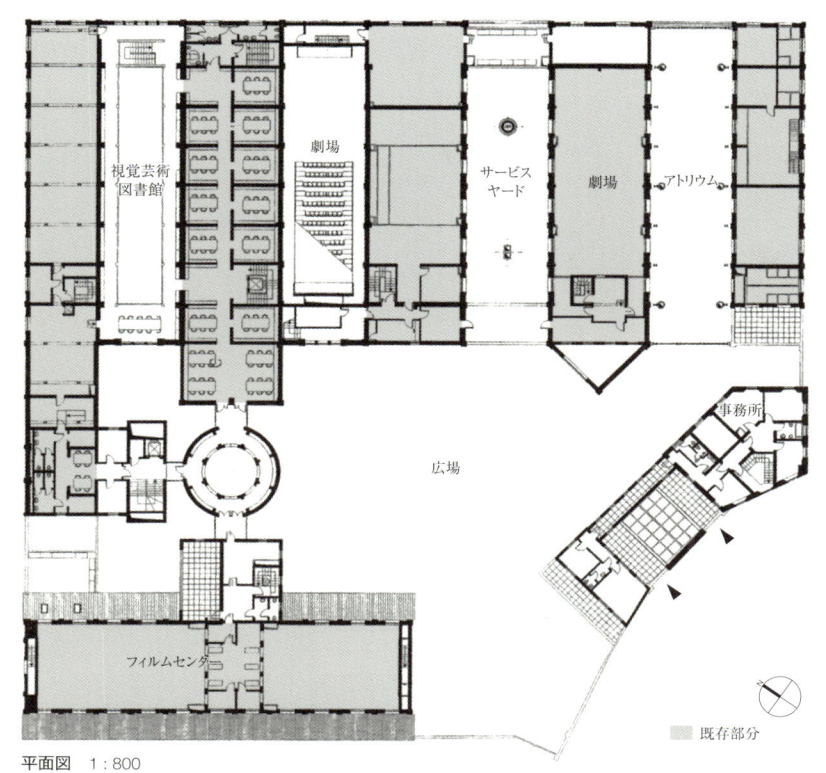

Regional Revitalization: Urban Renovation of the Disused Factorie's Area **地域再生：工場跡地から芸術活動拠点へ2**

平面図　1:800
ボローニャ大学映像・演劇学科（DAMS）

視覚芸術図書館

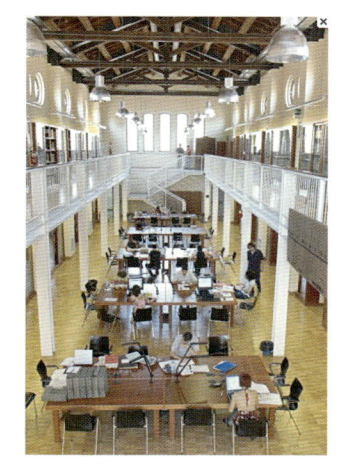

大きな吹抜けのある図書館内部

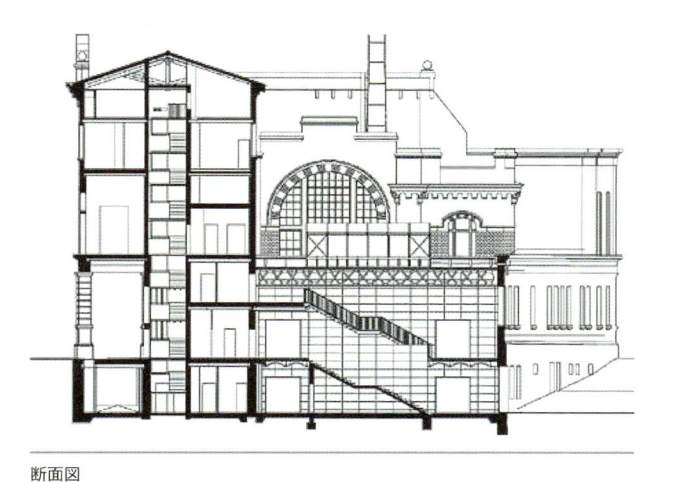

断面図

立面図

ホール内部のパース
ボローニャ現代アート美術館

旧パン工場の面影を残す外観パース

外観

内観

運河を再生した親水公園

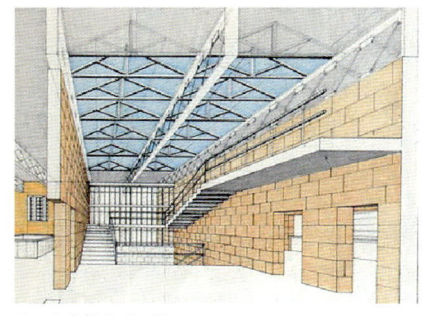

ボローニャ現代アート美術館（MAMbo）と地域イメージの再構築

旧パン工場は，建造物の外観をそのまま保存し，内部はボローニャ現代アート美術館として再生された．隣接した運河・港湾エリアは，親水公園として整備され，地域の憩いの場を形成している．フィルムセンターや図書館，劇場等と共に，地域の文化拠点となっている．

一連の歴史的建造物は，既存部分を最大限生かしつつ機能上必要な施設を，塔・ガレリア・煙突等，都市の構成要素を想起させる形態や鮮やかな色彩で増築し，既存建物との対比を見せながら，地域固有イメージの再構築を図っている．

このエックス・タバッキ地区の再生は，1995年に欧州文化都市2000に選ばれたことによって，予算や体制の強化が図られ，事業が推進された．

176 地域再生：町並み修景と広場ネットワーク1　Regional Revitalization: Townscape and Network of Parks

小布施町並み修景事業
- 所在地：長野県小布施町
- 計画：小布施町，宮本忠長
- 事業期間：1976年～

町並み修景とガイドライン

1976年葛飾北斎美術館の開館によって観光客が急増したこの地区では，地区の有力者や金融機関などが修景事業を連続的に行った（建築設計資料集成［地域・都市I-プロジェクト編］参照）．

小布施町は，住民の自発的な美しい環境づくりを喚起するため景観づくりの指針として「住まいづくりマニュアル」を作成した．「住まいづくりマニュアル」は，強制力のない環境デザイン協力基準（ガイドライン）であり，「内側は個人のモノ，外側はみんなのモノ」という主旨に沿って策定されている．町並みの歴史的な個性，特徴を継承することに狙いを置いているが，新しい発想，取り組みも否定していない点に特徴がある．

壁面に関するガイドライン
伝統的な特徴は可能な限り現状を維持する．土壁，砂壁などは保存し，壁面線をそろえる．街区全体をひとつと考え，新しい町並みを創生することが好ましい．

道路沿いの工作物のガイドライン
伝統的な土蔵，門，塀などの仕上げや形態をできる限り保存する．広告物や看板はデザイン色，素材，大きさについて，周辺環境との調和を図る．

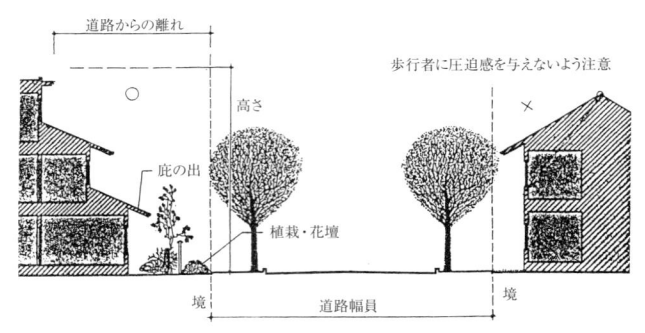

道路沿いの建物高さ，壁面位置，緑化など外側の修景を大切にする
［出典：小布施町：住まいづくりマニュアル］

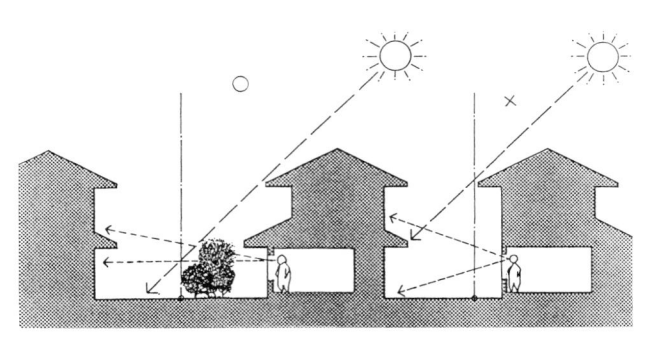

プライバシーや日当たりを配慮する
建物の高さのガイドライン

町並みの連続感を大切に

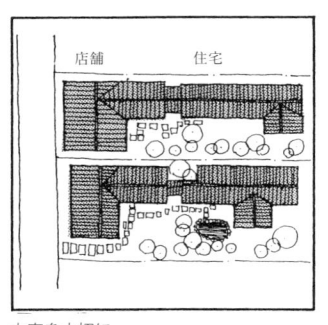

中庭を大切に
隣地との間には植栽を施す

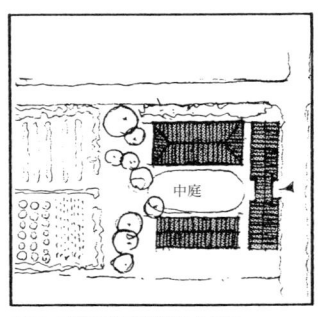

中庭，屋敷畑との関係を大切に
敷地および配置についてのガイドライン

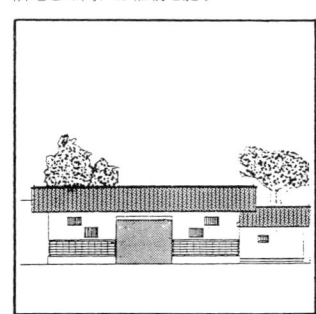

伝統的なデザイン，特性を大切に

駐車場の周囲はもう一つの正面と考えて緑化もしくは修景する

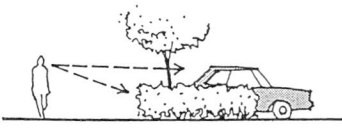

駐車場の周囲は生け垣等で視線を遮る

駐車場面を掘り下げて車が視線に入らないようにする

敷地境界に余裕があれば駐車場の周囲に盛り土をし，視線を遮る方法もある

駐車場の周囲の修景についてのガイドライン

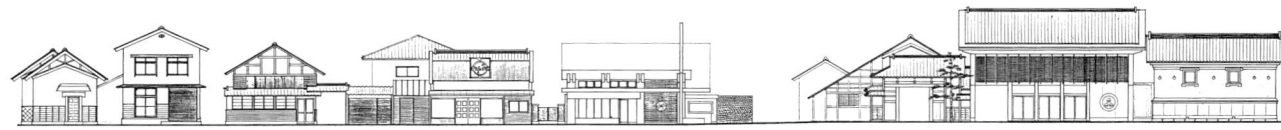

1980年小布施堂周辺の修景前立面図

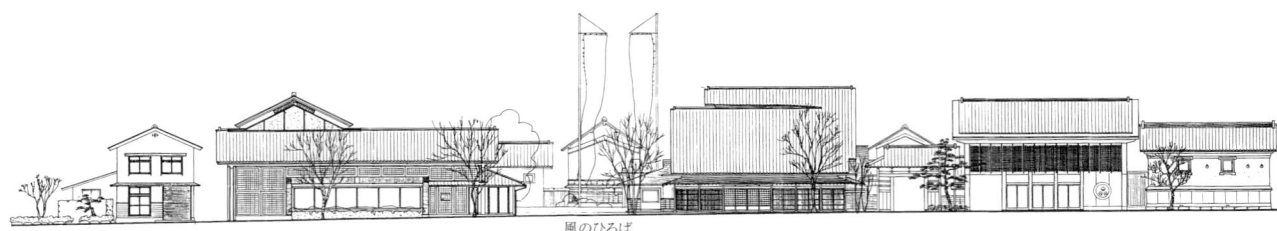

小布施堂周辺の修景後立面図　中央に「風のひろば」がつくられた
風のひろば

Chapter 4 手法の重ね合わせ
- 都心再生
- 地域再生
- ウォーターフロント再生
- ブラウンフィールド再生
- 創造都市

Regional Revitalization: Townscape and Network of Parks 地域再生：町並み修景と広場ネットワーク2

長野信用金庫小布施支店

風のひろば

小布施堂本店

小布施堂・枡一酒造場

小布施堂栗菓子工場

小布施町町並み修景計画エリア

小布施ガイドセンター

ゲストハウス小布施

栗の小径

小布施堂「レストラン傘風舎」

笹のひろば

北斎館

町並みに新しく加わった小布施町立図書館（まちとしょテラソ）

複数の地権者でつくられた「風のひろば」

民間の駐車場を広場に利用

これまで塀などに囲まれた私的な駐車スペースを「公共の空地」ととらえ，周辺の民地を含めた数ヵ所の敷地で，既存建物を曳き家などをし，空地を寄せ集めて広場を整えている．

「風のひろば」の土地の権利は，周辺の地権者が複数で所有しているが，敷地境界にネットフェンスを設けることなく，普段は共用駐車場として利用されている．時には車の進入を禁止し，子どもたちのための自由広場にしたり，祭りの際のイベント広場として利用される．

地域再生：地域のデザインコードから街並みを再生する1
Regional Revitalization: Revitalization and Design Code of the District

金山まちなみづくり100年運動
- 所在地：山形県最上郡金山町
- 計画・設計：林寛治, 片山和俊, 住吉洋二, 金山町

金山町住宅建築コンクールと風景と調和する街並み景観条例

山形県東北部にある金山町は, 人口6,300人に満たない雪深い小さな町である. 良質な杉として有名な金山杉を産する. 環境浄化マナーの改善を目指した1963(昭和38)年の「全町美化運動」にまちづくりの原点をもつが, 景観づくりが本格化したのは1984(昭和59)年に「街並み(景観)づくり100年運動」が提唱されてからである.

1985(昭和60)年当時は様々な色のカラー鉄板の屋根をもつ町であった. はじめに取り組んだのは, 全町にわたる街並みの「地」をつくる試みである. その一つが昭和56年に始まる「金山町住宅建築コンクール」という表彰制度. これは町の基幹産業である金山杉を活用し, 当時に相応しい住まいのあり方を求め, 金山大工・職人たちの意識の向上と技術を守っていくことを目的に始められた.

二つ目はHOPE計画策定調査を経て, 昭和61年に制定された「金山町街並み景観条例」(後に「風景と調和する街並み景観条例」)である. 町の風景と街並みに相応しい住宅建設を誘導するために, 建築物の位置や意匠(屋根, 外壁, 構造)などのあり方を定め, 助成制度を設けている. 同時に町が求める住宅について形態誘導ガイドラインを示している. この条例は, 当時の景観条例が歴史的な街並みを保全するというものであった中で, 町民がこれからの歴史をつくるという性格に特徴がある.

また景観条例が主として外観による量的なレベルに対応するものとすれば, 住宅建築コンクールは合理的な平面や構造計画, 金山杉等の素材の適切な使い方などを審査対象とし, 住宅の質的なレベルを担保するもので, この二つが補完関係にあるところに意味がある.

町の魅力資源を増やす

豊かな自然に囲まれた風景を有するものの, 金山町には伝統的建造物群保存地区のように歴史的伝統建築物が集積しているわけではない. したがって町の景観形成のために, いかにして新しい魅力資源を蓄積していくかも重要な課題であった. その中心的な役割を果たしてきたのが, 公共・公益施設づくりと古い歴史的建築物の再・利活用である. 昭和50年の私立めばえ幼稚園, 町立金山小学校の建替えをはじめ役場庁舎, 町立病院(現診療所), 町営住宅羽場団地, 中学校, 葬祭場, 明安小学校, シューネスハイムなどが前者の例であり, 岸家前蔵や旧郵便局が蔵史館や「ぽすと」に蘇り, 小さな公共施設として街並みに魅力を添えているのが後者といえる.

上台峠からの眺め　七日町通りの街並み　大堰公園の風景

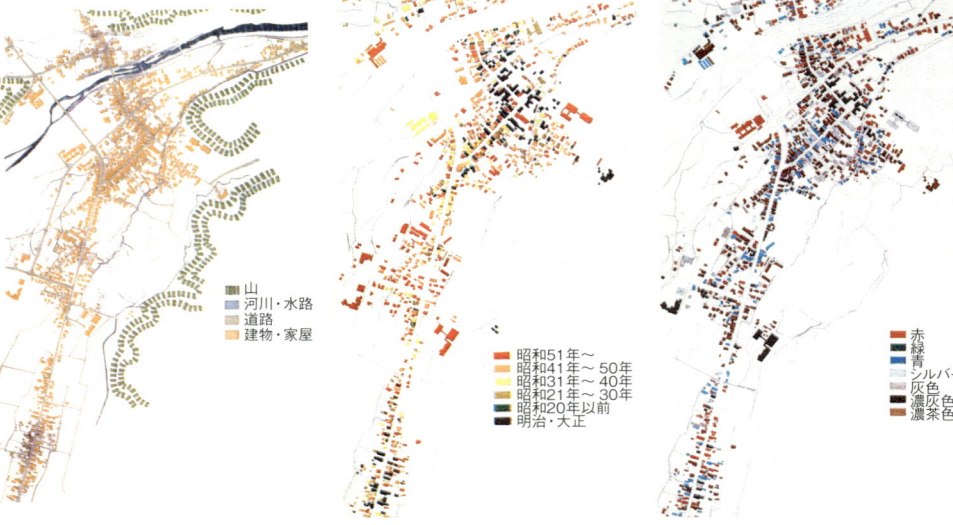

金山町姿図(1985年)　建設年代別分布図(1985年)　屋根色彩分布図(1985年)

住宅コンクール入賞住宅例

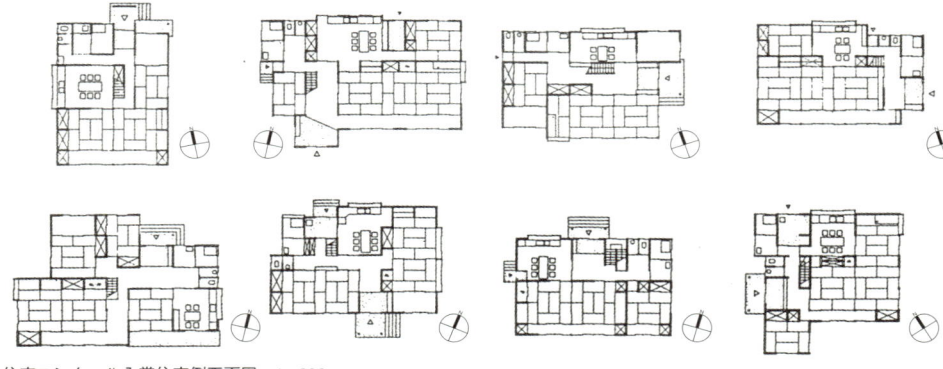

住宅コンクール入賞住宅例平面図　1:600

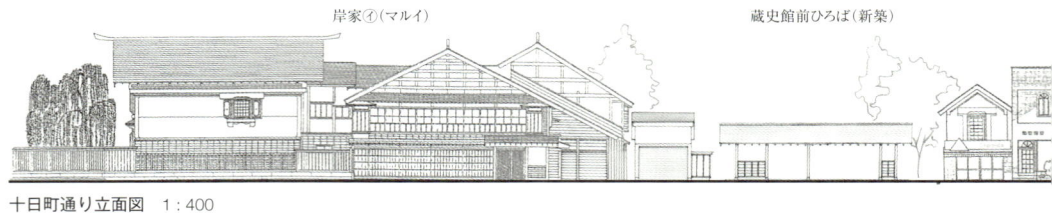

十日町通り立面図　1:400

七日町通り立面図　1:400

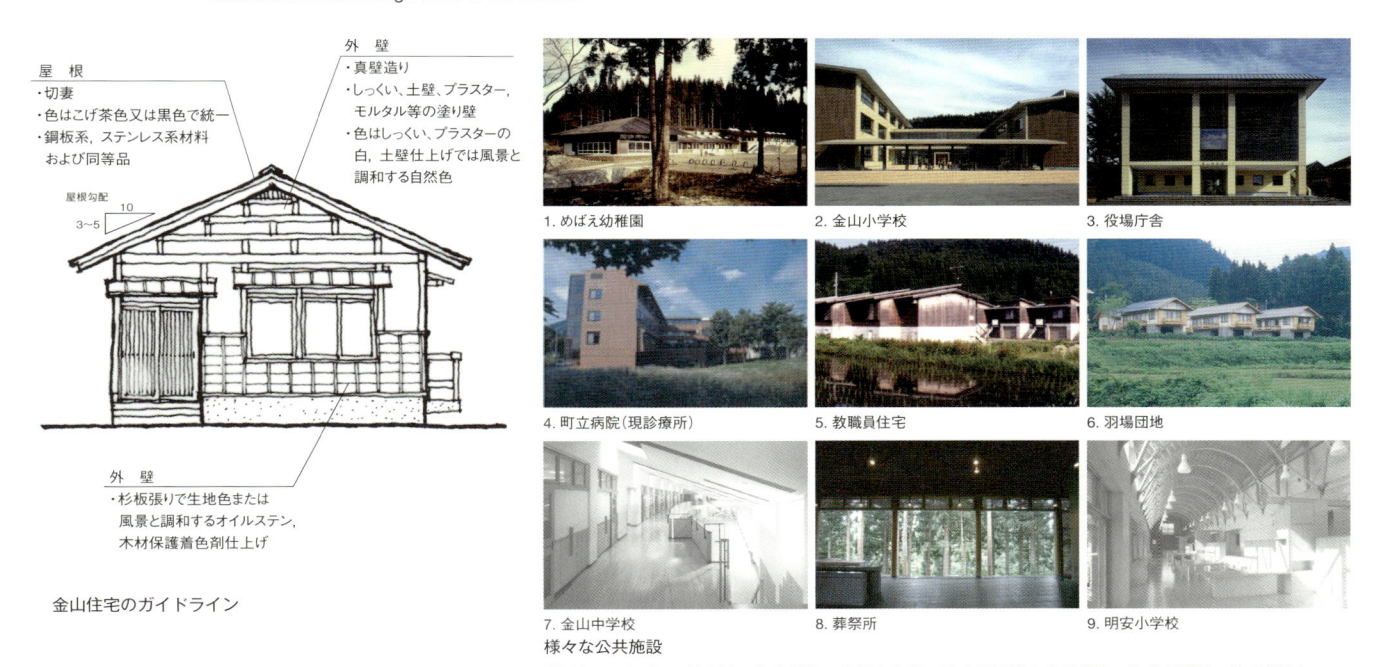

Regional Revitalization: 地域再生：地域のデザインコードから街並みを再生する2
Revitalization and Design Code of the District

金山住宅のガイドライン

屋根
・切妻
・色はこげ茶色又は黒色で統一
・鋼板系，ステンレス系材料および同等品

屋根勾配 3〜5／10

外壁
・真壁造り
・しっくい，土壁，プラスター，モルタル等の塗り壁
・色はしっくい，プラスターの白，土壁仕上げでは風景と調和する自然色

外壁
・杉板張りで生地色または風景と調和するオイルステン，木材保護着色剤仕上げ

様々な公共施設

1. めばえ幼稚園
2. 金山小学校
3. 役場庁舎
4. 町立病院（現診療所）
5. 教職員住宅
6. 羽場団地
7. 金山中学校
8. 葬祭所
9. 明安小学校

（設計：1・2・3・4 林寛治　5 林哲也　6 片山和俊　7 奥村昭雄＋益子義弘　8 益子義弘　9 小澤明）

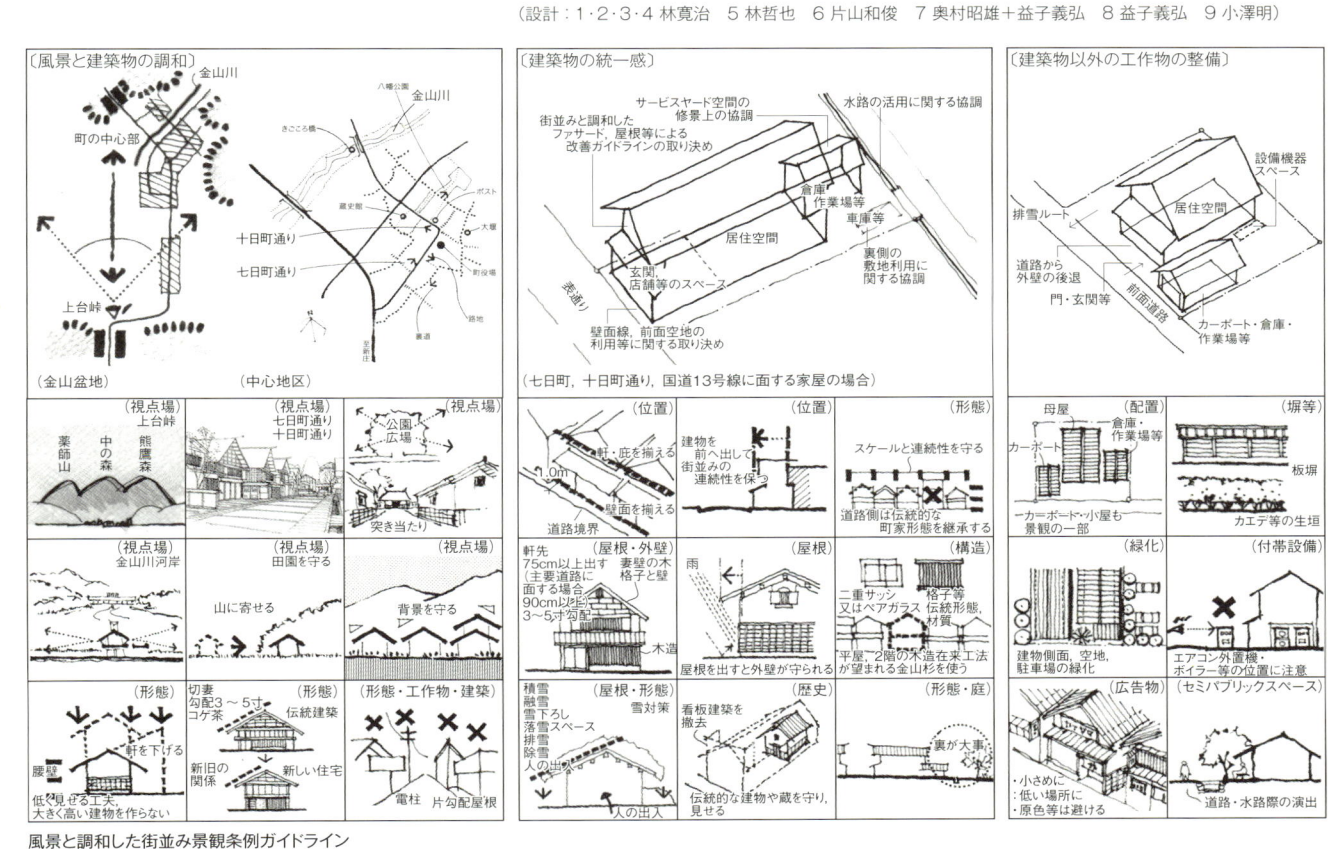

風景と調和した街並み景観条例ガイドライン

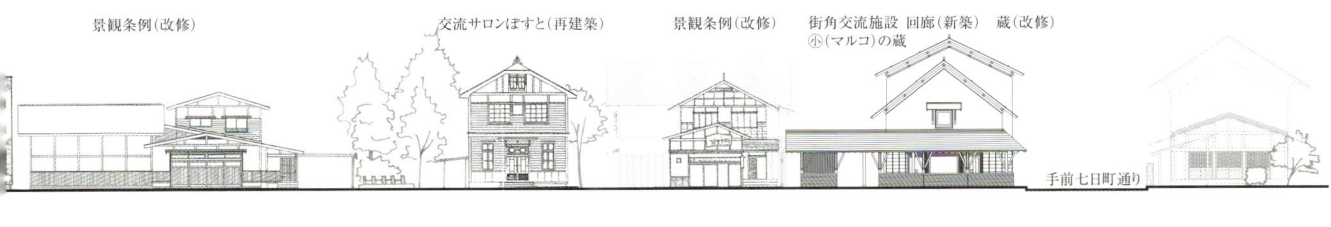

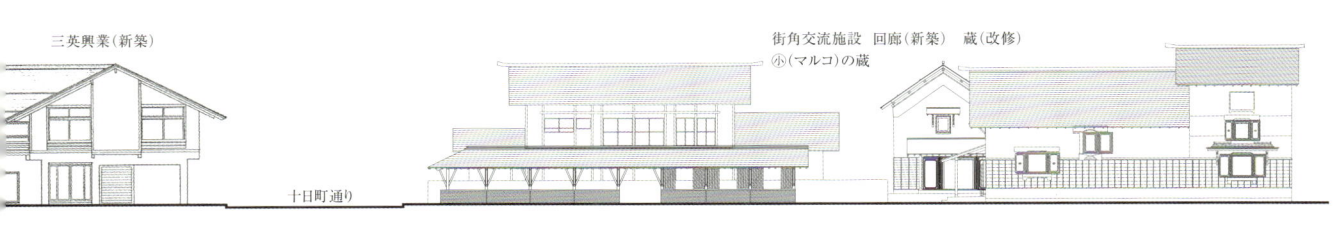

〔風景と建築物の調和〕　〔建築物の統一感〕　〔建築物以外の工作物の整備〕

地域再生：地域のデザインコードから街並みを再生する3
Regional Revitalization: Revitalization and Design Code of the District

マスタープランと道路公園計画

全町の住宅建築に対する施策と平行して，中心地区の将来像について1993（平成5）年度にマスタープランが立案され，1995（平成7）年度「くらしの道づくり整備計画」によって具体的な整備が始められた．当時，東北電力と表通りの電線地中化の調整がつかなかったが，下水道工事を契機に裏道やひろばの整備が始まり，裏側と表側を結ぶ空間づくりが進められた．

第一ステップは，マスタープランで定めた道路舗装パターンによる中心地区全体にわたる裏道，裏と表をつなぐ道，路地の舗装工事であった．ときによって変わる素材ではなく，時間と共に古びながらもいつでも同じものが手に入る石材を中心に，裏道や路地のきわに植栽を配し自然らしさを保つ設計としている．

続いてのステップは使われていなかった公園や空き家の敷地を，公園や広場に再整備することであった．表通り，裏道，周囲の施設や家屋との関係を生かすような配置と園路設計を行い，町中にもう一つの歩行者ネットワークを広げる計画としている．またその中で"水よき町 金山"が町中で実感できるように，大堰公園では，かつてあった屋敷内の池を町民の生活文化の記憶として残しつつ広げ，八幡公園，蔵史館前ひろばでは用水から分岐して新たな池や水路が設けられた．

八幡公園から蔵史館前ひろば・蔵史館までは，十日町通りを挟んで裏道から裏道をつなぎ，大堰公園では金山小学校から大堰に抜けられる園路を設け，イザベラ・バード碑を公園の一角に移設している．

「きごころ橋」も歩行者ネットワークの一部として，西郊外羽場地区から通う小学生の冬期の通学路確保のため金山川に架橋された．町民の朝夕の散歩や朝市や夏の花火大会や祭りの会場に利用されている．現在西郊外地区を含む新たなマスタープランが構想されている．

十日町，七日町通り交差部の旧西田家蔵2棟は町文化展示室，町づくり資料室，屋内広場，町民ギャラリーに改修され，L字型の回廊の新設とともに町の中心広場を構成する．

さらに，中心地区裏手の戦国時代に城があった楯山に登る遊歩道が地区の自主的な計画によって整備され，町を囲む自然の風景と家並みが見晴らせる視点場となっている．

小さな町ではマスタープランのような全体的かつ長期的な計画と併せて細かい部分のデザインが重要であり，町の案内サインや道路際，水路際の石積みも町並みに調和するように注意して設計されている．

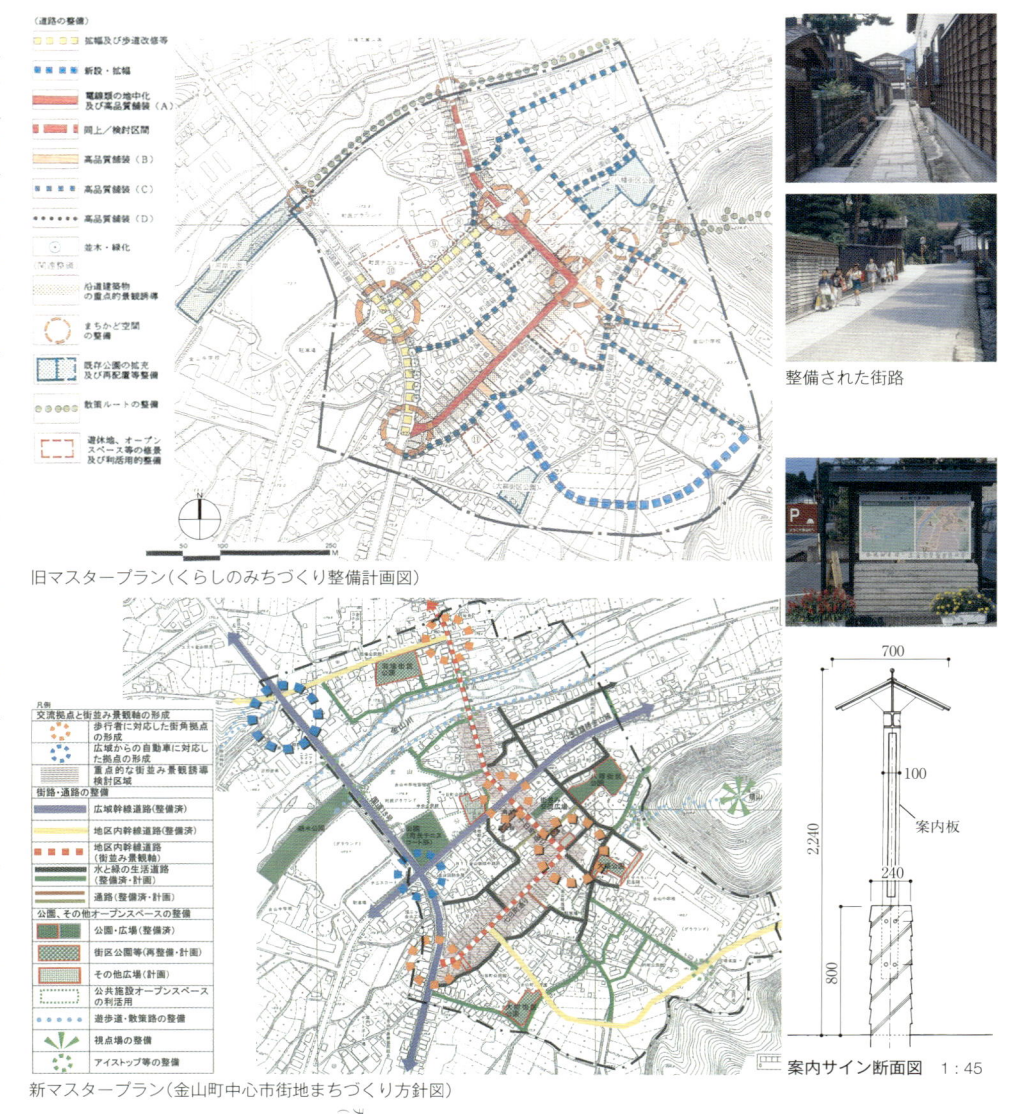

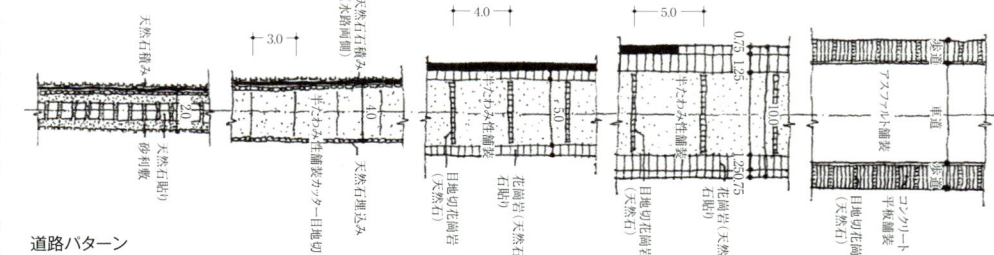

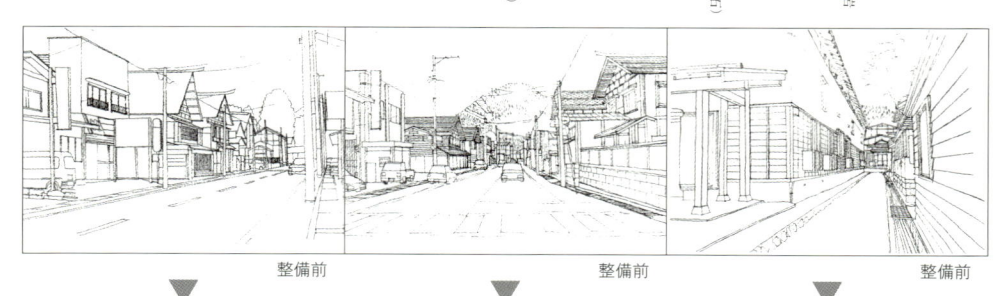

整備された街路

旧マスタープラン（くらしのみちづくり整備計画図）

新マスタープラン（金山町中心市街地まちづくり方針図）

案内サイン断面図　1:45

道路パターン

整備前後の風景変化

七日町通り　整備後　十日町通り　整備後　七日町と裏道をつなぐ路地部分　整備後

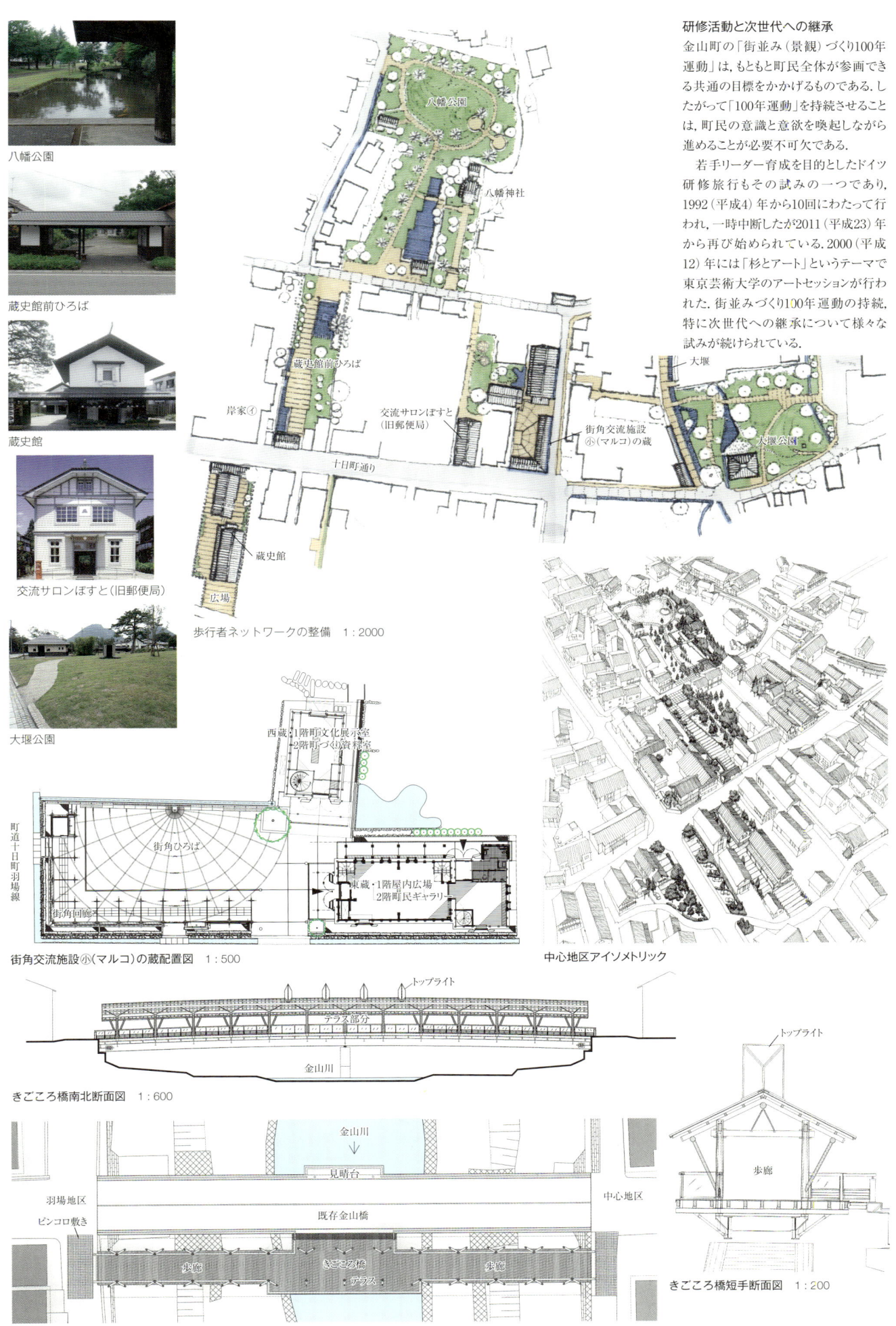

Regional Revitalization: Revitalization and Design Code of the District
地域再生：地域のデザインコードから街並みを再生する4

研修活動と次世代への継承

金山町の「街並み（景観）づくり100年運動」は、もともと町民全体が参画できる共通の目標をかかげるものである。したがって「100年運動」を持続させることは、町民の意識と意欲を喚起しながら進めることが必要不可欠である。

若手リーダー育成を目的としたドイツ研修旅行もその試みの一つであり、1992（平成4）年から10回にわたって行われ、一時中断したが2011（平成23）年から再び始められている。2000（平成12）年には「杉とアート」というテーマで東京芸術大学のアートセッションが行われた。街並みづくり100年運動の持続、特に次世代への継承について様々な試みが続けられている。

八幡公園

蔵史館前ひろば

蔵史館

交流サロンぽすと（旧郵便局）

大堰公園

歩行者ネットワークの整備　1:2000

街角交流施設小(マルコ)の蔵配置図　1:500

中心地区アイソメトリック

きごころ橋南北断面図　1:600

きごころ橋平面図　1:600

きごころ橋短手断面図　1:200

ウォーターフロント再生：海岸線をつなぐまちづくり1
Revitalization of Waterfront: Town Planning by Connecting Coastline

横浜みなとみらい21
- 所在地：神奈川県横浜市
- 事業主体：公共セクター（横浜市，国土交通省・神奈川県，都市再生機構・旧住宅都市整備公団），第三セクター（横浜みなとみらい21，横浜国際平和会議場，みなと未来21熱供給，民間セクター）
- 建設：区画整理事業：1983～2012年，埋立事業：1983～2015年予定
- 計画対象面積：全体1,860,000m²，道路・鉄道用地420,000m²，公園・緑地等460,000m²，ふ頭用地110,000m²

港の歴史文化と新都市の融合
当地区は1980年代まで造船所や貨物線ヤード，ふ頭などの港湾関連施設で占有されていたが，1981年に横浜市が発表した「都心臨海部総合整備基本計画（中間案）」の中で当事業名が明示され，その基本方針として「港湾機能の質的転換」「横浜の独立性強化」「首都圏の業務機能分担」という3つの目的が掲げられた．その実現に向けた基盤整備事業として，計画実施当初から「臨海部土地造成事業」「土地区画整理事業」「港湾整備事業」など，複合的に事業が組み合わされて整備が進められた．

櫛状に突出した埋立地間をつなぐ
わが国のウォーターフロント再生のきっかけは，市街地にほど近い内港部に遊休埋立地が発生したことであった．港湾空間は，1960年代より物流機能の拡大・向上をめざして，複数の大型ふ頭が都市臨海部の海岸線に次々と建設された．その後，大型船舶が着岸できるような水深のある海域を求め，埋立てによる沖合展開が進められた．その結果，港湾空間の海岸線には，複数の櫛状の埋立地が形成されたが，この沖合の埋立地に港湾機能が集中したことより，内港部の埋立地は遊休化が進んでいった．そこで，1980年代に市街地と内港部が近接している優位性から，内港部を一般開放する動きが活発化し，緑地や商業的拠点としての空間整備が開始された．しかし，櫛状の埋立地間には水域が介在することから，拠点間相互のアクセス性と意識的連続性が保ちにくいという問題がある．こうした問題に対し，当地区では多様な空間デザインによって，櫛状の埋立地相互を物理的かつ意識的にも連続させることに成功し，広域的なウォーターフロントの再生を実現している．

方向性を強調するプロムナード
ウォーターフロント空間は海岸線が長く続くことから，そのプロムナードも市街地の公園のそれと比して距離が長く，冗長になりがちである．しかしこの地区では，当地の歴史を色濃く残す鉄道レールの遊歩道・汽車道のほか，歩行動線をまたいだ建築フレームにより赤レンガ倉庫を象徴づけるといった空間操作により，歩行者の方向性を明確に示すとともに冗長さを感じさせないプロムナード構成としている．

Chapter4 手法の重ね合わせ
- 都心再生
- 地域再生
- ウォーターフロント再生
- ブラウンフィールド再生
- 創造都市

横浜みなとみらい全景

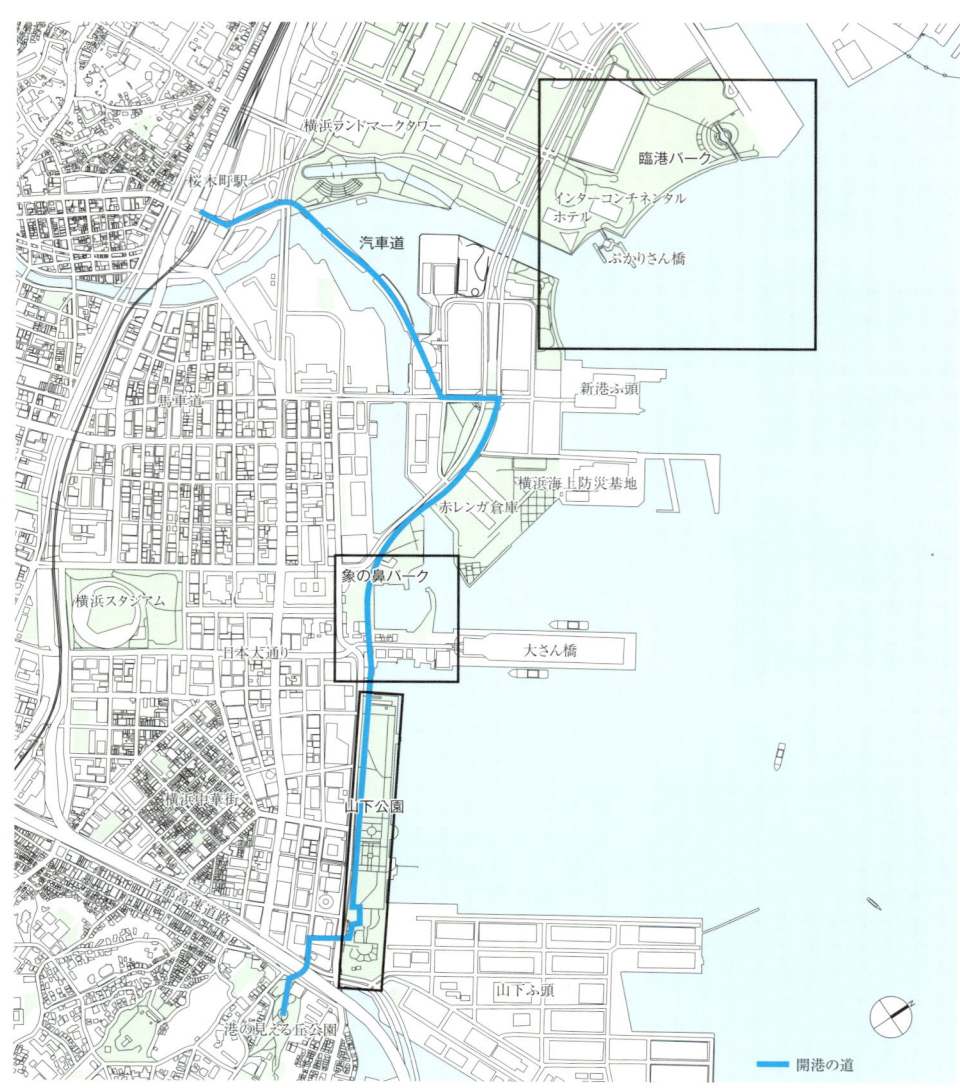

横浜みなとみらい周辺配置図　1：20000

海岸線延長方向の景観 　　レールが紡ぐ歴史の道 　　風景を切り取る遠景の窓（額縁フレーム）

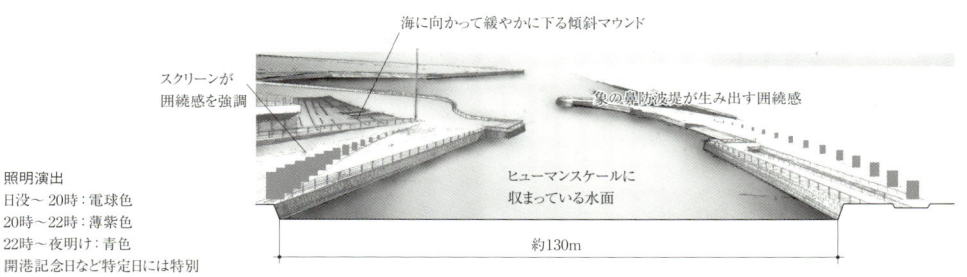

ウォーターフロント再生：海岸線をつなぐまちづくり2

Revitalization of Waterfront: Town Planning by Connecting Coastline

象の鼻パーク ⇒220
- 設計：小泉雅生
- 建設：2009年

囲繞空間の創出と強調

象の鼻パークを象徴する歴史的護岸・防波堤は、100m四方の適度な大きさを有する水面や、陸上の広場を抱き込むように位置しており、これにより居心地の良いヒューマンスケールの囲繞空間が形成されている．

また、復元後の防波堤の曲線を活かしながら、スクリーンを海側と陸側に一定の間隔で配置している．海側のスクリーンは、現代を象徴する材料としてFRPグレーチングを用い、陸側のスクリーンは近代日本の産業発展を支えた港の象徴として、鋳鉄の縦格子を重ねた構造をしている．これらにより、囲繞感が強調され、水・陸の一体感が高められたシンボル空間を形成している．

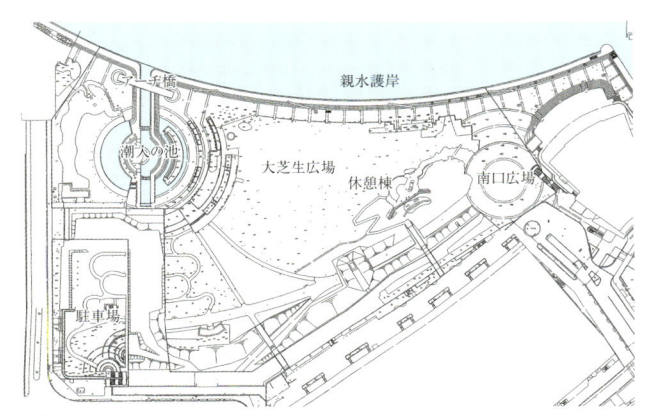

照明演出
日没〜20時：電球色
20時〜22時：薄紫色
22時〜夜明け：青色
開港記念日など特定日には特別仕様の照明演出を行う

象の鼻パーク断面概念図

1910（明治43）年ごろの象の鼻地区

居心地の良い包み込むような緑地空間

夜：広場の照明として活用され、夜の囲繞感を演出

昼：広場でのイベントをサポートする役割を果たす

スクリーンの構造（海側／陸側）

臨港パーク
- 事業主体：横浜市
- 建設：1989年

視線を誘導する湾曲した護岸

一般的に埋立地は、直線護岸の形状により単調かつ間延びした印象を作り出しやすい．しかし臨港パークの緩やかに湾曲した護岸は、視線を延長方向へと導く効果をもち、延長上にあるホテルは、アイストップの役割を果たす．これは「長汀曲浦」というわが国の伝統的な自然海岸美にも通じる．

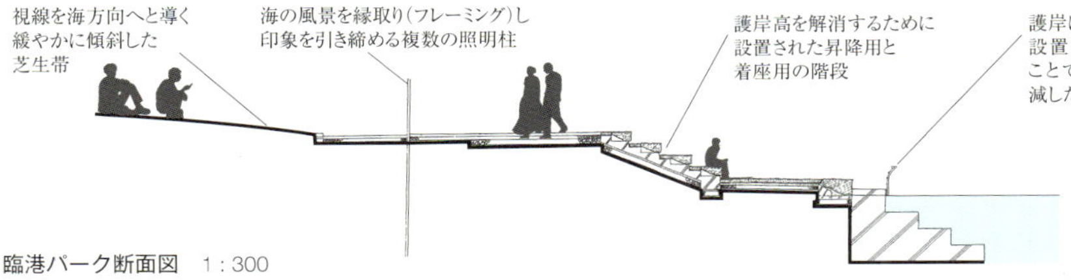

臨港パーク平面図　1:6000

視線誘導を促す曲線の道（臨港パーク）

臨港パーク断面図　1:300

山下公園 ⇒11
- 建設：1930年
- 敷地面積：74,121m²

都市を感じつつ海に触れる空間演出

山下公園のような線状緑地は、背後の建築群と海との距離が近いことから、都市と自然が同時に感じられる空間となる．緑地内の植栽は下生えがなく、地面から樹冠までの間に十分な空隙があることから、緑地背後の市街地からでも緑地越しの海への眺望が堪能できる．ウォーターフロントならではの緑地演出といえよう．

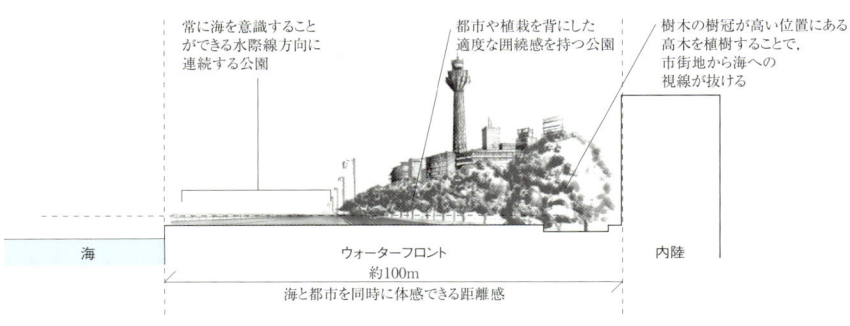

山下公園断面概念図

都市と海を同時に感じられる山下公園

ウォーターフロント再生：囲繞水域を演出する施設計画1
Revitalization of Waterfront: Architectural Design of Creating Impressive Seascape

神戸ハーバーランド
- 所在地：兵庫県神戸市
- 事業主体：公共セクター（神戸市，都市再生機構・旧住宅・都市整備公団，神戸市住宅供給公社），第三セクター（神戸ハーバーランド），民間セクター
- 用途：港湾，商業・業務，緑地等
- 計画対象面積：全体230,000m^2（公共施設用90,000m^2，建築敷地140,000m^2）

神戸駅東側に位置する当地区は大阪と結ぶ鉄道駅があったことから，かつては神戸の中心地として栄えていた．しかし，三宮駅周辺がターミナルとして整備されたことを契機に中心地が三宮地区に移り，当地区を含む神戸駅周辺は衰退の一途をたどった．このため，当地区は「海につながる文化都心の創造」をテーマに，「新しい都市拠点の創造」「複合・多機能都市としての整備」「（港の）環境をいかしたまちづくり」という3つの方針のもと，旧国鉄湊川貨物駅跡地と高浜岸壁一体を再開発するに至った．

この再開発の中心となるのが「神戸ハーバーランド」である．その地先水面は，海に突き出たふ頭間で囲まれた囲繞水域を形成しており，周辺には商業施設の神戸ハーバーランドumie MOSAIC（旧神戸モザイク，以下umie MOSAIC）や神戸ポートタワー，神戸海洋博物館などが立地している．それぞれが，このエリアのランドマークになることで囲繞性（水域の囲まれ感）が高められている．

海の表情を楽しむためのスリット演出
水面の存在は，水辺らしさを象徴したり，町に方向性を与えるなどの効果がある反面，平面的な広がりを持つ空間であるだけに，ともすれば単調な印象をもたらしやすい．umie MOSAICでは，海側の壁面に開口（スリット）を設けることで，屋内に居ながら水面や対岸景を額縁におさめるように眺められる．こうしたスリット効果により，海の風景は引き締められ，屋内であっても海の方向をいつでも感じ取ることができる．

海の表情を楽しむための多様なレベル差の演出
海への眺望は，視点場の高さにより印象が様々に変化する．水面に近い位置では水面の表情に意識が向きやすく，高い場所では水面越しの対岸景へと関心が向く．umie MOSAICでは，海面に近い岸壁上をはじめ，建築空間では海側に多層のオープンデッキが設けられ，多様な視点場から海の景色が堪能できる．

海側・陸側の両面ファサード
海辺に立地する建築物は，海側（対岸，橋上等）と陸側の双方から眺められるため，それぞれに正面性が求められる．umie MOSAICでは，海側にオープンデッキを設けることでにぎわいを創出し，裏になりがちな陸側には水路や小橋・遊歩道を設けることなどにより，海・陸の両面ファサードを実現させている．

神戸ハーバーランド，メリケンパーク全景

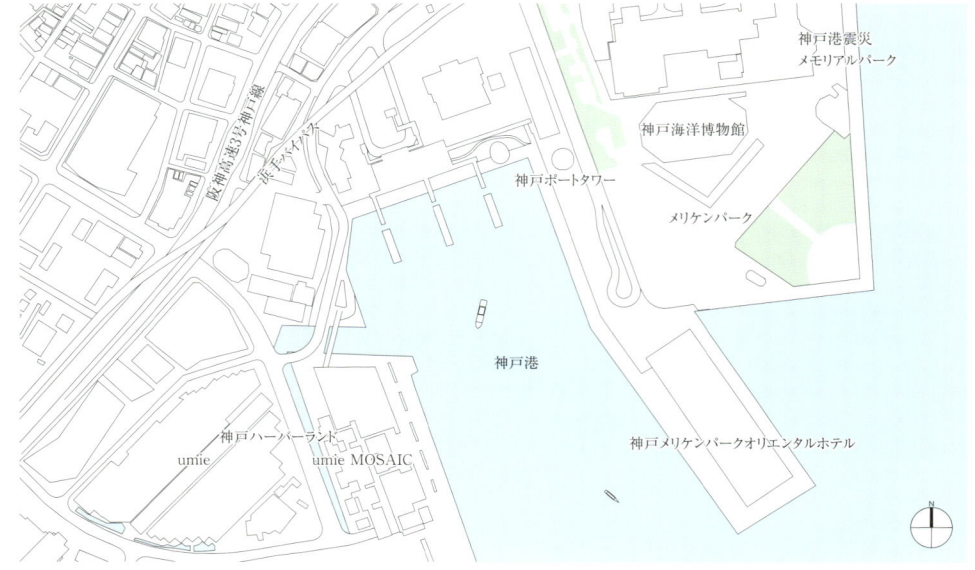

神戸ハーバーランド周辺配置図　1:8000

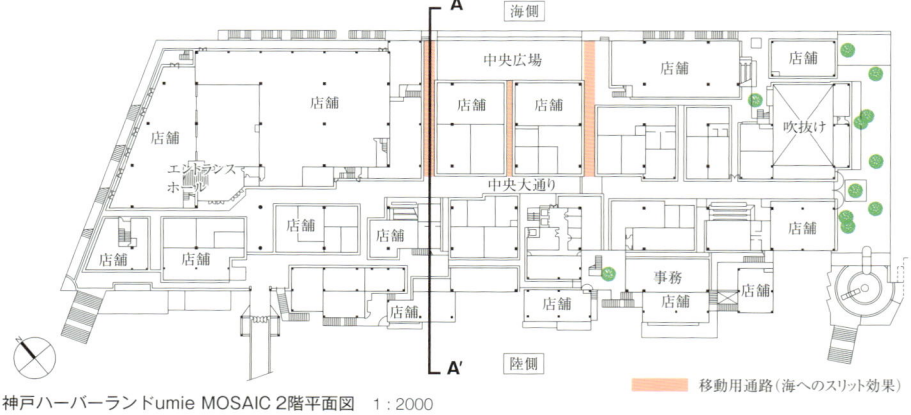

神戸ハーバーランドumie MOSAIC 2階平面図　1:2000

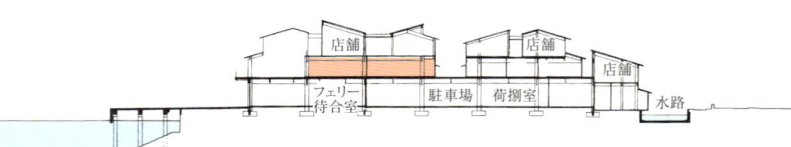

神戸ハーバーランドumie MOSAIC断面図（A-A'）　1:1500

神戸ハーバーランドumie MOSAIC 　　スリット効果を持たせた通路 　　陸側の水路

Chapter4 手法の重ね合わせ
都心再生
地域再生
ウォーターフロント再生
ブラウンフィールド再生
創造都市

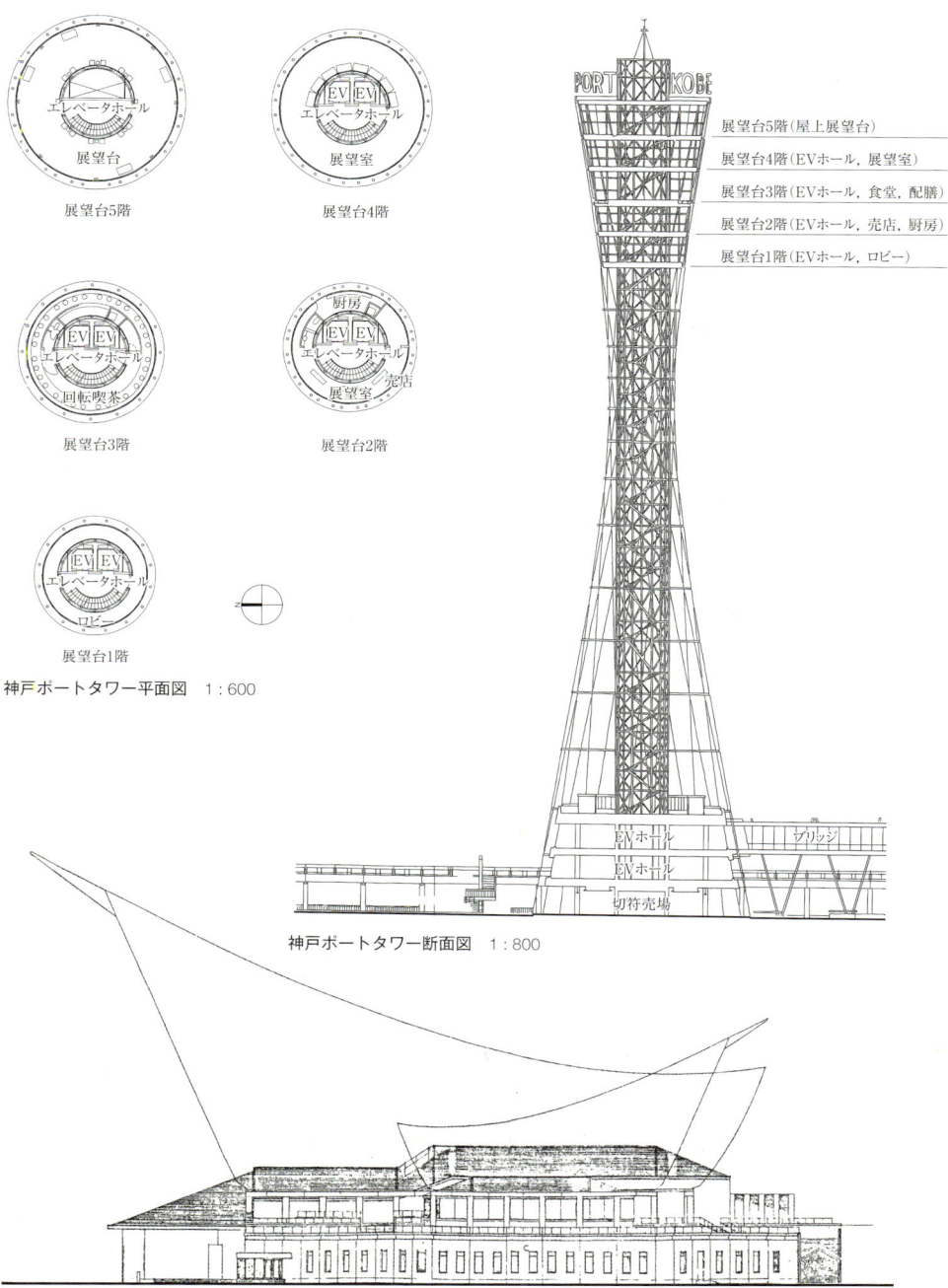

ウォーターフロント再生：囲繞水域を演出する施設計画2
Revitalization of Waterfront: Architectural Design of Creating Impressive Seascape

海の環境との向き合い方

ウォーターフロントは，内陸に比べて風が吹きやすい環境にある．海域から吹き寄せる風は，塩分を含んだ湿気の多い空気を運んでくるため，防錆対策や防湿対策を十分に検討しなければならない．

この点に関し，umie MOSAICでは，木材をベースとした建築形態により塩害への影響をできるだけ緩和する配慮がなされている．さらに，海側と陸側をつなぐ2階部分の回廊は，海風が施設内に抜けるよう通風効果を高めている．神戸海洋博物館では，シンボリックなスカイラインを形成する屋根を，神戸ポートタワーでは，施設を取り巻く表層部分を，それぞれメッシュ処理することにより，海風の影響を和らげている．また，一般的に建築物は背後への眺望を断絶するといった景観阻害要素にもなりやすいが，神戸海洋博物館のメッシュ状の屋根は，この地域の景観資源である六甲山地への眺望を半透過状（スケルトン効果）で視認できるため，地域個性を象徴する地形への見通し確保という意味でも大きな効果を発揮している．

神戸ポートタワー

震災の記憶の象徴化

1995年1月に発生した阪神・淡路大震災による海岸線の被害は甚大なものであった．メリケンパークでは，港の被災状況を当時の記憶として残すために，ありのままの状態で神戸港震災メモリアルパークの「保存ゾーン」を整備した．ここでは，メリケン波止場の被災箇所の一部を保存し，海上回廊を設けて，港湾の生々しい被災状況を回遊して見学できるようになっている．

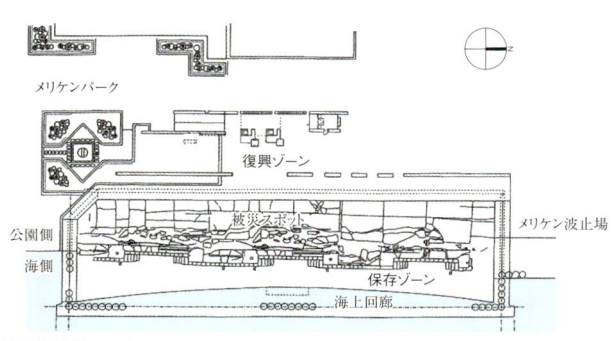

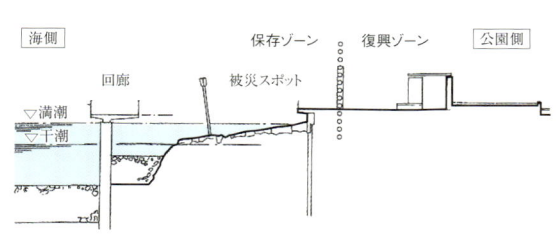

また「復興ゾーン」では，神戸港に震災が与えた影響の大きさを映像や写真などで提示している．

海上回廊から崩壊した岸壁を望む

186　ウォーターフロント再生：河川水辺空間再生のネットワーク1　Revitalization of Waterfront: Network of River Waterfront Regeneration

水都大阪
- 所在地：大阪府大阪市
- 計画：2001年〜

水都大阪の形成と変容

かつて大阪は水都と呼ばれた．近世には堀川の整備と新市街地の造成が一体的に行われ，市街を縦横に流れる河川と堀川を用いた舟運は，全国から米や名産品が集まる天下の台所を支えた．天満青物市場，道頓堀芝居小屋，天神祭など，大阪の人々の日常生活は水辺とともにあった．

近代に入っても水都は大阪の顔であり続けた．経済・産業の繁栄と近代都市計画の導入によって，中之島周辺には水辺に向かって近代建築が建ち，河川には意匠を凝らした橋梁群が配置された．しかしその後，室戸台風，ジェーン台風，第二室戸台風などによる度重なる高潮被害や，地下水の汲み上げによる地盤沈下，人口急増による生活排水流入に伴う水質悪化などが深刻化していった．このため水辺では防潮堤や護岸の整備が進められ，都市と水辺とのつながりは失われていった．また，あふれる自動車交通への対処として，堀川を埋立て，河川・堀川上に高速道路も建設された．こうして人々の生活の中にあった水都の記憶はいつの間にか霧散してしまった．

この流れを変え，再び大阪を水都へと再生する動きが始まっている．2001年に国の都市再生プロジェクトとして水都大阪の再生が決定され，2002年には行政，経済界により「水の都大阪再生協議会」が設立され，大阪の水辺を活用しながら新たな景観づくり，にぎわいづくり，環境づくり，新たな都市魅力づくりを図り，大阪都心部の再生につなげていく取り組みが進んでいる．

水の回廊を中心とした親水空間整備

水都大阪の再生の取り組みは，大阪の都心をぐるりと巡る環状河川ネットワークである水の回廊（堂島川，土佐堀川，東横堀川，木津川，道頓堀川）を中心に展開され，親水空間整備，船着場の設置，遊歩道整備，ライトアップなどが周辺の再開発等と一体となって進められている．

水都大阪の取り組みの特色は，水辺のハード整備にとどまらず，水辺空間の使いこなし，にぎわいづくりや市民と水辺公共空間との関係を再構築するためのまちづくりと連動しているところにあり，河川敷地占用によるにぎわい施設を設置する社会実験，規制緩和にも積極的に取り組んでいる．

とんぼりリバーウォーク

2004年から供用が開始された大阪の繁華街道頓堀川沿いの遊歩道で，川沿いのにぎわいが生み出されたことにより，これまで川に背を向けていた沿川建築物の河川側への開口設置等の変化が現れている．

また，この遊歩道では社会実験によるにぎわい利用が進められており，行政，民間によって設立された道頓堀川水辺協議会により企画・運営されている．

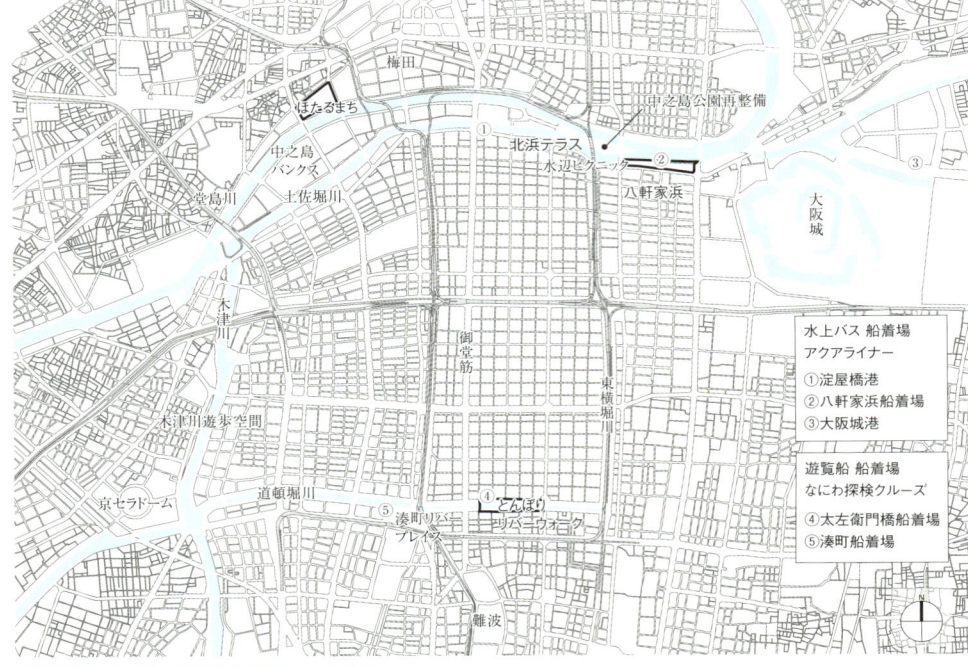

水都大阪のプロジェクト周辺配置図　1:50000

川舞台
水都大阪での社会実験

水辺ピクニック

中之島地区全景

水都大阪

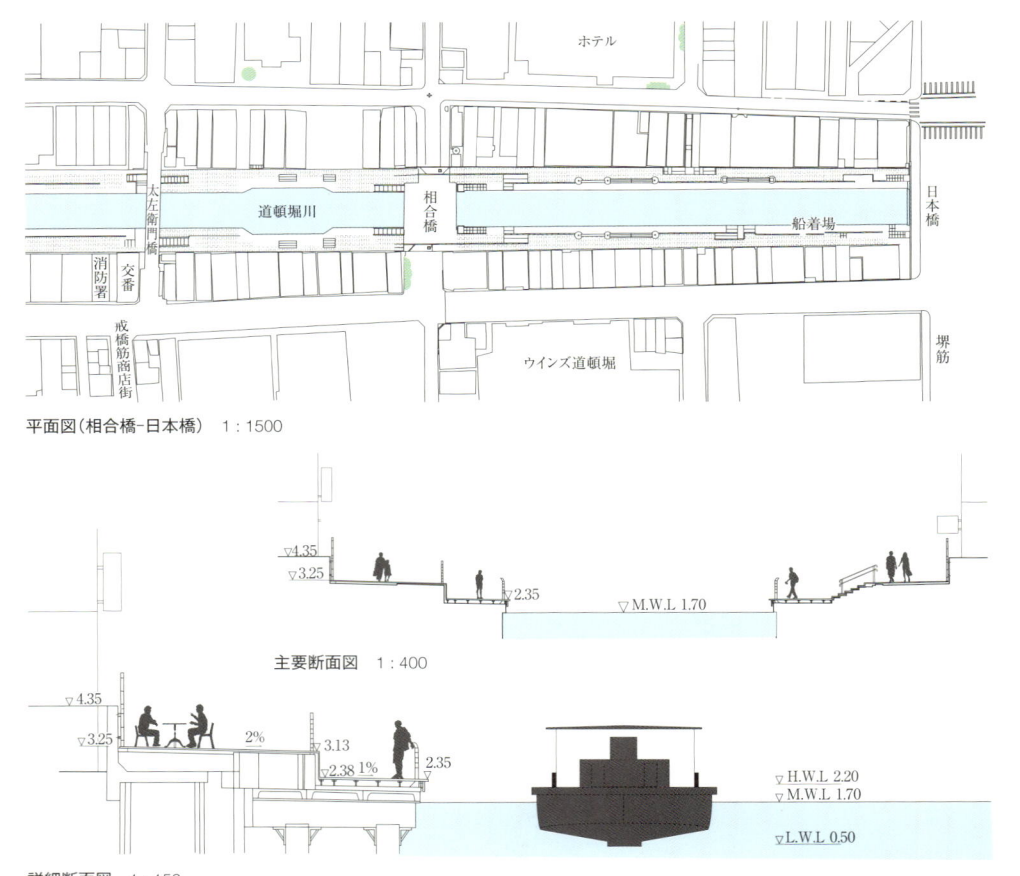

平面図（相合橋-日本橋）　1:1500

主要断面図　1:400

詳細断面図　1:150

とんぼりリバーウォーク

Chapter4
手法の重ね合わせ
都心再生
地域再生
ウォーターフロント再生
ブラウンフィールド再生
創造都市

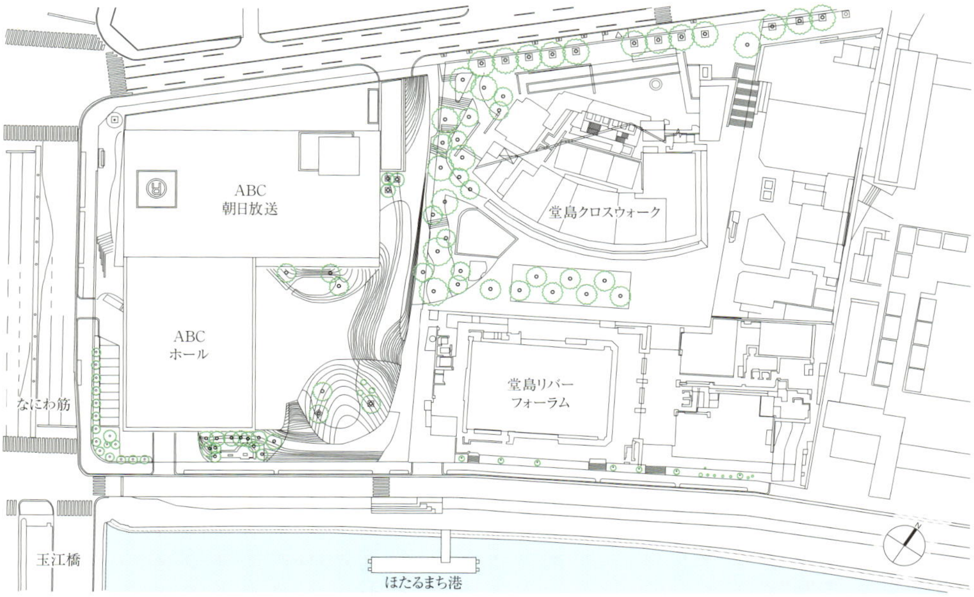

ウォーターフロント再生：河川水辺空間再生のネットワーク2

配置図　堂島川沿いのスーパー堤防と一体的に整備されている　1:2000
ほたるまち

川床と土佐堀川 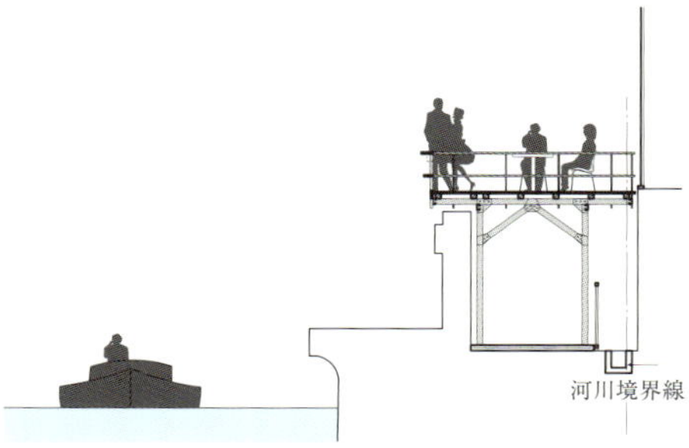
断面図　1:200
北浜テラス

配置図および1階平面図　1:4000

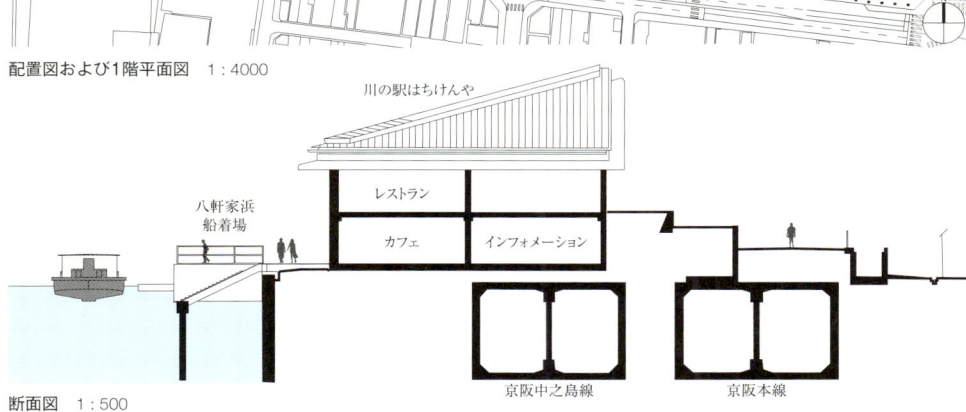

断面図　1:500

川の駅はちけんや（撮影：母倉知樹）
八軒家浜と川の駅はちけんや

道頓堀川万灯祭

ほたるまち
- 建設：2008年
- 敷地面積：約21,000m²

堂島川沿いの旧大阪大学病院跡地の再開発として，UR都市機構による事業コンペが実施され，2008年に誕生した．

2003年の堂島川沿いのミニスーパー堤防事業によって堤防に遮られない開放感ある親水空間が整備されていたため，放送局，ホール，飲食店，住宅といった複合的な機能を備えたこの施設でも堂島川との一体性のある空間づくりが行われた．

民間事業者からの提案により，船着場，福島港（ほたるまち港）も設置され，水辺空間整備と一体となった市街地の再開発が行われたことにより，業務系用途が中心であった大阪の都心において多様な土地利用の導入に成功している．

北浜テラス
- 建設：2009年

北浜テラスは水辺のにぎわいを取り戻すため，土佐堀川沿いの建築物から河川空間に張り出した川床を設置する事業で，民間の任意団体としては全国で初めて河川敷の包括占用者として許可を受けた民間事業者・NPO等による北浜水辺協議会が実施している．当初は社会実験として行われたが，その後規制緩和によって常設化された．

八軒家浜と川の駅はちけんや
- 設計：HTAデザイン事務所（川の駅はちけんや）
- 建設：2009年

2009年7月に水都大阪再生のシンボルとして整備された八軒家浜は，かつては淀川舟運の港であり，熊野街道の起点でもあった．鉄道駅，地下鉄駅からダイレクトにアクセスできる利便性を備えた八軒家浜は，情報発信施設，遊覧船発券待合所，レストラン等が入った「川の駅はちけんや」を拠点施設とし，京阪中之島線の開通にあわせ再整備された水辺遊歩道と八軒家浜船着場と一体的に整備された．

水都大阪の推進体制

2009年には水都大阪のまちづくりを推進するため，一過性のイベントではなく，水辺のまちづくりを進めていくためのムーブメントを醸成するため水都大阪2009が開催された．ここでは市民参加によって水都のまちづくりを進めていく数々の社会実験が実施された．

大阪府，大阪市，経済界が一体となって取り組んでいる河川空間や公園等を活用した数々の社会実験やアートプログラム，親水空間整備といった水都大阪の取り組みは，水都大阪2009終了後も官民連携組織に引き継がれ，2013年からは水都大阪パートナーズという民間組織が中心となって継続的な活動を展開している．特に市民参加型のプラットフォームを構築しながら，水都大阪の再生に向けた規制緩和をはじめとする各種の取り組みが今後も展開される予定である．

ウォーターフロント再生：治水システムの構築と自然環境の保全
Revitalization of Waterfront: Construction Flood Control System and Preservation of Natural Environment

ルームト・フォー・ダ・リヴィーラ
- 所在地：Randstad, オランダ
- 設計：Dirk Sijmons (H+N+S), Ruimte voor de Rivier計画総本部, 他
- 建設：2000年〜

海面上昇対策としての広域治水計画
「ルームト・フォー・ダ・リヴィーラ」計画はランドスタット圏を中心にリング上の河川軸を対象とした，地球温暖化に伴う海面上昇を調整するための治水計画である．2050年を最終完成目標年とし，河川拡幅等の土木的手法によって都市の広域的治水を改善すると同時に，ランドスケープ的な観点から景観の向上や都市空間の利用可能性の拡大を目指す試みである．

新しい治水システムがつくる新しい都市の形
政策の検討段階で，都市規模の長期的計画として3つのシナリオが提示された．①「ストリング・オブ・パール」は，いくつかの都市で都市開発と抱き合わせた許容水量の向上を集中的に行い，他地域での増水時の負荷を最小限にする．②「新・旧河川」は既存の河道を浚渫することで，堤防沿いの大規模な開発を将来的にわたって可能にする．③「河川拡幅帯」では，河川の氾濫原を拡幅する．工事費が小さい代わりに河川沿いの開発は見込めない．2015年までの各地区の実行計画は，上記のシナリオを適宜取り入れつつ土手内の領域を開発から保護し，同時に土手外の陸地における長期計画に必要な用地を担保するものであり，具体的な計画手法のパターンが提示されている．

カンペン・バイパス（オランダ北部エイセル川デルタ）
カンペン地区における実行計画では，温暖化によるエイセル川の水量の増加が予期される中，エイセル川からエイセル湖へのバイパス新設により，許容水量の向上とともに周辺地域のインフラの開発，地区の都市開発，自然環境の整備を含む計画である．「ストリング・オブ・パール」と「新・旧河川」を融合したこの計画は，南側の農地と北側の都市部との境界に配置され，これに沿ってレクリエーションが可能な自然地と住宅地が計画されている．バイパス上流部は水が浸食しない草原で，西に進むほど湿地が増す．500年確率でのエイセル川の増水に備えつつ，葦原や草原は常時から氾濫原として機能することで，風の影響によるフォッセ湖の水位変化に対応する計画となっている．

許容水量の増加が求められるリング状の河川群

洪水対策のシナリオ①
「ストリング・オブ・パール」 1：3500000
調整地域以外は非開発とし，保全する．
都市が水の負荷を受け入れる代わりに水の創出する自然環境による新たな付加価値を獲得できる．

洪水対策のシナリオ②
「新・旧河川」 1：3500000
既存河川を浚渫し，土地利用は現状維持．
全長にわたって河川調整力を増強．

洪水対策のシナリオ③
「河川拡幅帯」 1：3500000
全長にわたって河川調整力増強，河川を拡幅する．
利用できない土地が増えるが，コストは低い．

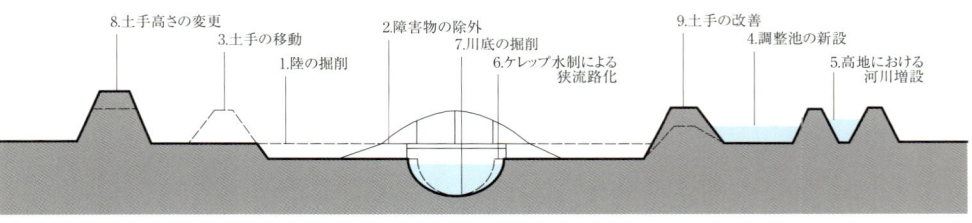

河川拡幅の手法

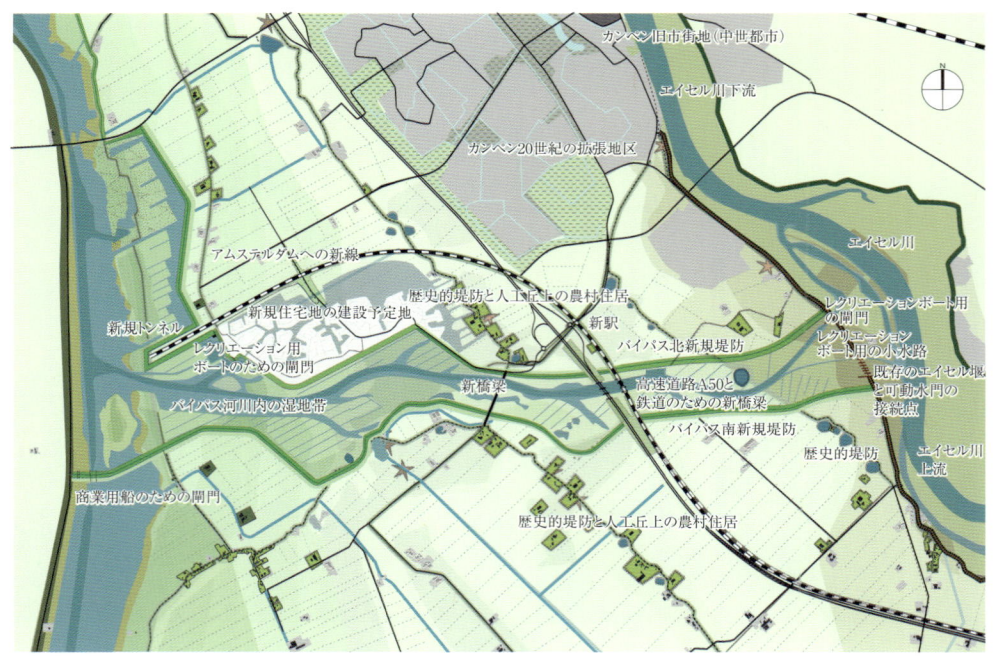

ライン川の分流，エイセル川北部にあるカンペン地区の都市開発計画

ウォーターフロント再生：河川浄化と親水空間の創出
Revitalization of Waterfront: Hydrophilic Space and River Purification

汚染されたシンガポール川
整備された親水空間
川沿いの家々
保全されるショップハウス

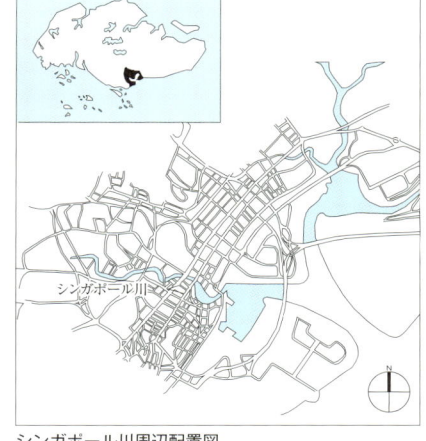

シンガポール川周辺配置図

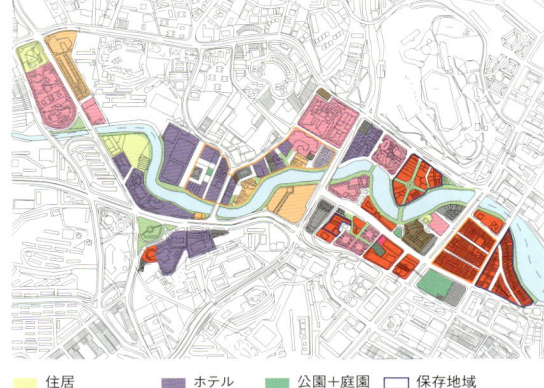

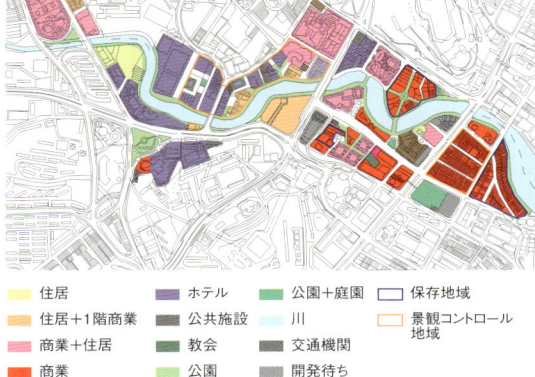

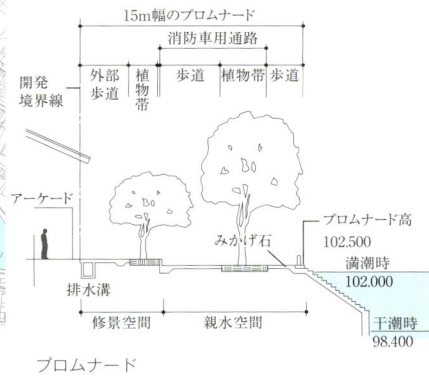

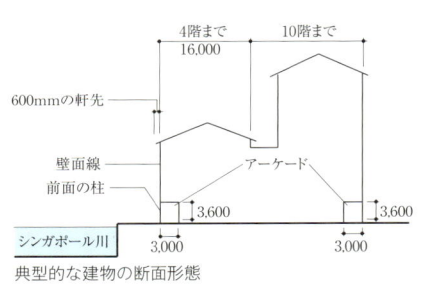

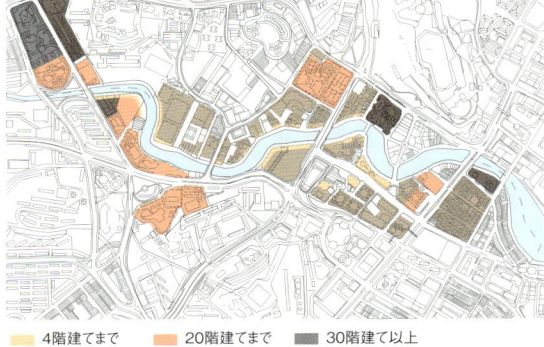

プロムナード

典型的な建物の断面形態

アーケード詳細
デザインガイドライン

ゾーニング

建物階高規制

シンガポール川全体計画図

シンガポール川
- 所在地：シンガポール
- 設計：URA（Urban Redevelopment Authority）
- 建設：1977年～
- 敷地面積：ボートキー（152,000m²），クラークキー（302,000m²），ロバートソンキー（509,000m²）

水辺のライフスタイルの再生
東西貿易の要であるシンガポールにおいて，シンガポール川は舟運機能を果たしてきたが，川沿いには家，養豚場，農場，屋台が立ち並び，下水，排水，汚水，食べ残しを川に流していたため，川の汚染は深刻化していった．しかし，1977年以降，川からすべての船を一旦取り除き，水辺のライフスタイルの改善に向けての取り組みが動き始めた．そして，保存計画を含む三か所の埠頭を中心とする観光地区の創出が1985年，URAによって最初のコンセプトプランとして提示された．

地区の特性を活かした土地利用計画
三地区とは，港湾部側からボートキー，クラークキー，ロバートソンキーで，これらの地区にはショップハウスや古い倉庫等があるため，それらの保存と再利用が5街区，2万3千m²の保全計画として進められた．その戦略は，三地区を河川沿いの6kmにわたる街路樹と船着き場を持つプロムナードで結び，ボートキーは公共施設と商業空間，クラークキーは商業空間と娯楽施設，ロバートソンキーはホテルと住宅および商業空間による土地利用を図るというものであった．

商業空間の導入とデザインガイドライン
水辺の3, 4階建てのショップハウスは1階に飲食店を入れる条件で保全され，水辺のテラスと一体となり，心地よいプロムナードの創出を再整備された露店とともに演出する．例えば，クラークキーの6つの倉庫群は，1993年に200の小売店舗へ転用保全された．これに加え，都市デザインガイドラインによる建築の高さ制限が示された．水辺の建物高さは4階までで壁面をそろえ，その背後の建物は10階建てまでとし，隣接する中心業務地区（CBD）の高層建築群と対比的かつ段階的な都市景観をイメージしている．

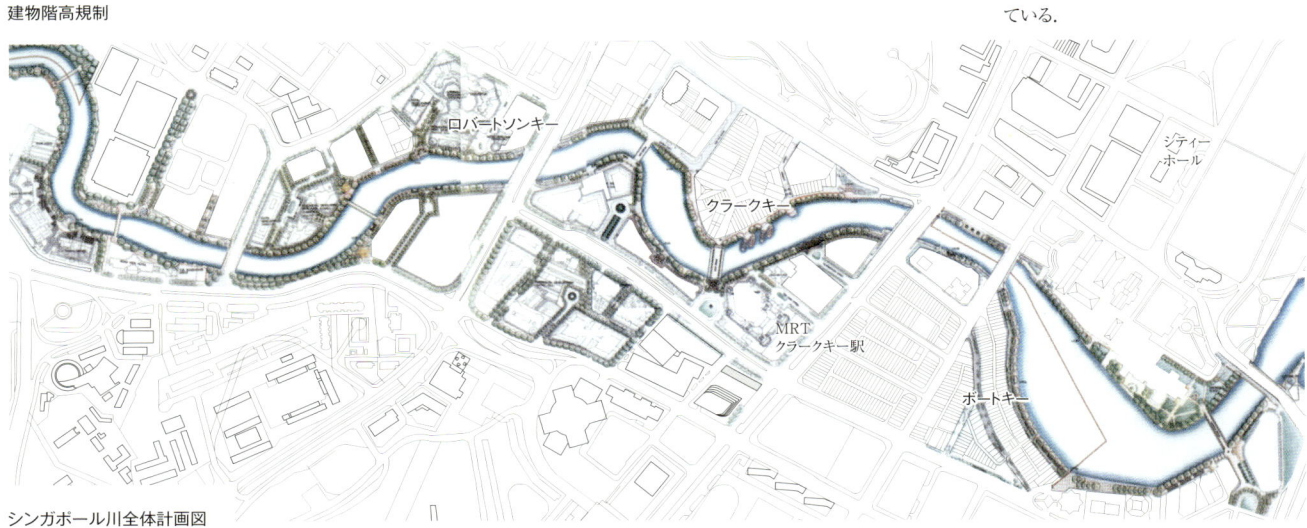

ウォーターフロント再生：港の再生と観光拠点の創出1
Revitalization of Waterfront: Creation of Tourist Hub and Regeneration of Habor

門司港
- 所在地：福岡県北九州市
- 計画：アブル総合計画事務所
- 建設：1988年〜

港の繁栄と衰退
九州北端に位置する門司港は、1889（明治22）年に築港され、大陸貿易や旧国鉄関門連絡船のターミナルとして昭和初期まで発展を続けた．その間、日本銀行門司支店をはじめ金融・商社が集積し、商港の港まちとしてにぎわった．しかし、戦後の大陸貿易途絶や関門鉄道トンネル開通などに伴い、ターミナル機能は急速に低下し、にぎわいと地域経済が衰退する中、最盛期に建造された重厚な近代建築も老朽化・遊休化が進んでいった．そこで、北九州市は1988年に自治省の補助事業（ふるさとづくり特別対策事業）として「門司港レトロめぐり海峡めぐり推進事業（レトロ事業）」を展開した．これは北九州市ルネッサンス構想の一環として都市型観光地育成を掲げ、門司港周辺の歴史的建造物群と関門海峡・港の美しい景観を活かした魅力あるまちづくりをテーマとしている．

門司港レトロ事業の展開
事業展開の第一歩は、埋立て予定にあった門司第一船だまりの保全活用である．この船だまりは、門司港発祥の中心ともいえる歴史性を有し、周囲には旧門司税関等の歴史的建築物も残っていたことから、船だまりを保存し、周囲をウォーターフロントプロムナードとして整備する方針を立てた．このため、隣接する臨港道路の車両を遠ざけるために臨港道路を変更した．これらは法定の港湾計画変更となるため、行政担当者のその功績は大きい．

さらに、船だまりの回遊性を高めるために、港口の架橋が計画されたが、これは船だまり本来の機能である船舶の航行も維持できる跳ね橋（ブルーウイングもじ）が採用され、その形態から海峡のランドマークにもなっている．その他、周囲の歴史的建築物の修復・移築をはじめ、海岸線周辺の緑地整備や門司港駅前広場整備、Aldo Rossi設計のホテル建設、駅前から海峡への眺望確保のための既存建物撤去など、多様かつ継続的な空間再編が展開されている．

地区共通のデザイン方針は、建物、橋および周囲の海峡・地形への眺望等を「図」と位置づけ、それを支える「地」のデザインとして護岸・緑地・遊歩道等は余計な装飾の排除、自然素材の尊重などにこだわっている．こうした多様な計画実現には、一貫したプランナーの存在、行政の柔軟な対応と地道な折衝、プランナー・住民・行政間の信頼関係などが大きな役割を果たしている．

門司港全景（撮影：Jordi Sanchez Teruel）

	事業名	特徴	工事期間
1	緑地A	物揚場と緑地の連携、石階段、傾斜芝生地	1990年1〜3月
2	緑地B	臨港道路と緑地の連携、海峡を望む広場	1990年12月〜1993年10月
3	緑地C	階段状の親水広場、帆船通りとの連携	1990年12月〜1992年3月
4	緑地D	旧税関の外構、旧建物の外形を示す腰壁	1994年8月〜1995年3月
5	緑地E	跳ね橋右岸橋詰め広場、旧税関との接続	1994年8月〜1995年3月
6	跳ね橋	歩行者専用橋、橋詰広場	1992年8月〜1993年11月
7	ボードウォーク	船だまり側、再開発建物の外構との連携	1995年秋〜
8	旧門司税関	港湾緑地の休憩所として保存修復	1993年10月〜1994年12月
9	臨港道路	歩道を石貼ブロックとして緑地と一体化	1990年1〜3月
10	物揚場	インターブロッキングブロックによる舗装、色彩等調整	1990年1月〜
11	海峡ビル跡地	駅前と海との視界を開く、緑地のゲート	1996年1〜3月
12	レトロ広場	門司港駅前の歩行者主体の多目的広場	1993年9月〜1994年6月
13	文化広場	国際友好記念図書館の前庭広場	1994年9月〜1994年12月
14	旧門司三井倶楽部外構	移動移築に伴う外構の再生	1994年9月〜1994年12月

事業の特徴と配置図凡例

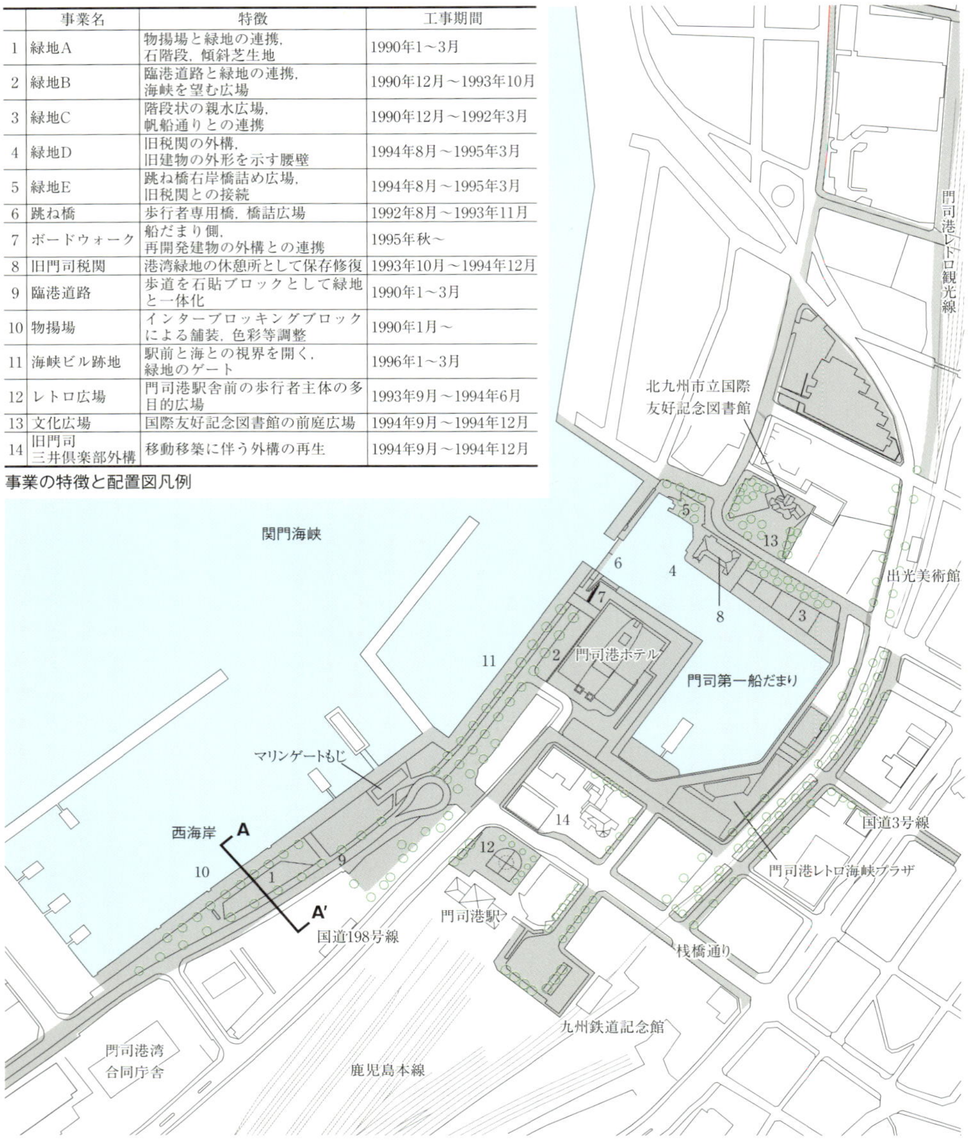

門司港レトロ地区配置図　1:6000　　整備範囲

旧門司税関 　　旧大阪商船ビル 　　旧門司税関
第一期事業

門司港ホテル(旧門司ホテル) 　　門司レトロ展望台 　　マリンゲートもじ 　　海峡プラザ
第二期事業

ウォーターフロント再生：港の再生と観光拠点の創出2
Revitalization of Waterfront: Creation of Tourist Hub and Regeneration of Habor

西海岸断面図（A-A'） 1：400

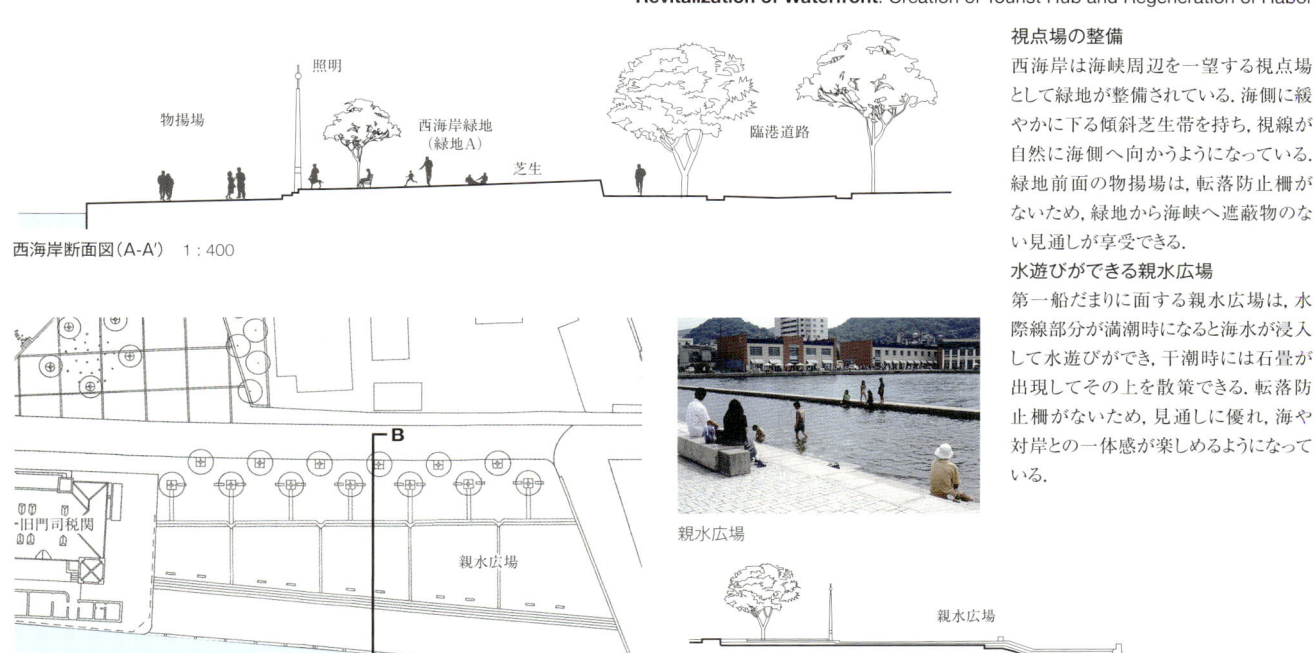

緑地Cの親水広場平面図 1：1500

緑地Cの親水広場断面図（B-B'） 1：800

親水広場

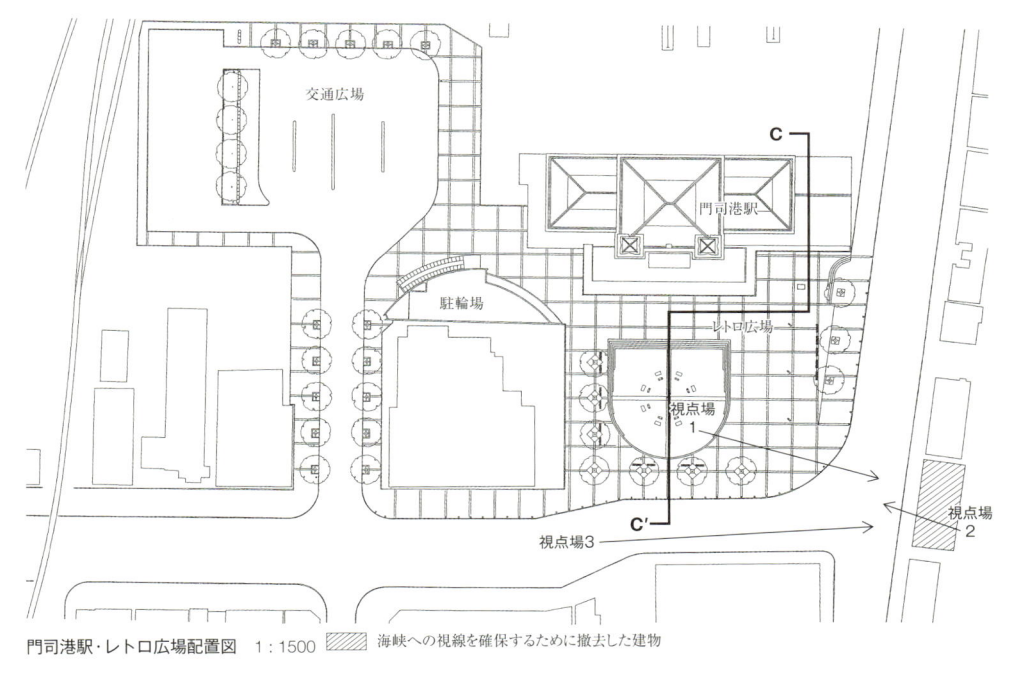

門司港駅・レトロ広場配置図 1：1500　海峡への視線を確保するために撤去した建物

視点場1　視点場2　視点場3

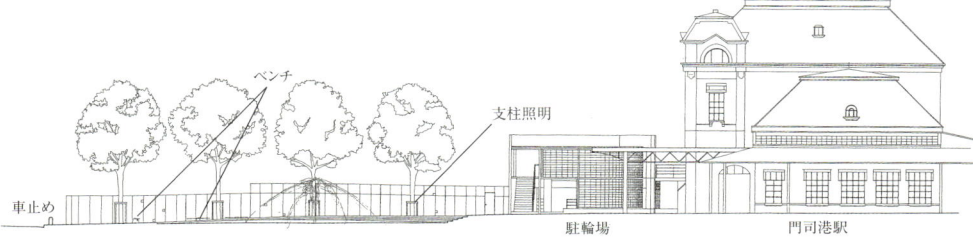

門司港駅立面図（C-C'） 1：600

門司港駅と噴水

視点場の整備
西海岸は海峡周辺を一望する視点場として緑地が整備されている．海側に緩やかに下る傾斜芝生帯を持ち，視線が自然に海側へ向かうようになっている．緑地前面の物揚場は，転落防止柵がないため，緑地から海峡へ遮蔽物のない見通しが享受できる．

水遊びができる親水広場
第一船だまりに面する親水広場は，水際線部分が満潮時になると海水が浸入して水遊びができ，干潮時には石畳が出現してその上を散策できる．転落防止柵がないため，見通しに優れ，海や対岸との一体感が楽しめるようになっている．

象徴的な駅舎の保存と海への眺望の確保
門司港駅の駅舎は二代目として1914（大正3）年に建設された国の重要文化財である．国内では数少ない終着駅形式であり，ネオ・ルネサンス調の形態をもつ．この地区の玄関口となる当駅舎と門司港との一体的な整備がレトロ事業の方針である．このため，一般的には自動車が主役となりがちな駅前広場を，あえて歩行者中心の場とするために自動車動線を移設し，憩いとにぎわいの空間を駅前に創出しつつ，その広場を介して海峡方向への眺望と駅舎への眺望の両者が楽しめるような空間構成としている．その舞台裏には10年にわたる行政との折衝を経て実現した既存建物の撤去がある．これにより，海側からの来訪者を市街地側へ視線誘導し（視点場1，2），また駅前から海峡方向への眺望も確保されることになった（視点場3）．さらに，1921（大正10）年建造の旧門司三井倶楽部（国の重要文化財）を駅前へ移築することで，「レトロ」を体現する歴史的雰囲気を高めている．

ウォーターフロント再生：港湾の再開発と都市軸の形成1
Revitalization of Waterfront: Redevelopment of Port and Forming of Urban Axis

七尾

- 所在地：石川県七尾市
- 事業主体：第三セクター（香島津）
- 開発期間：1990年着工，1991年開業
- 用途：商業，旅客ターミナル，緑地等
- 計画対象面積：35,000m²
- 延床面積：4,500m²

港湾再開発による街のにぎわいと回遊性の創出

人口約6万人の七尾市は，かつては天然の良港として栄えたが，1980年代より港湾産業が徐々に衰退し，市全体の活力が低下した．こうした状況に対し，地元有志が港を中心とした「新しい市民交流拠点」をコンセプトに「七尾フィッシャーマンズワーフ（能登食祭市場）」を七尾港発祥の地に設けた．これを市の海側の核とし，もう一方の陸側の核として七尾駅前を位置づけた．駅前は市街地再開発事業により商業・交流拠点ビル（パトリア）の整備を行い，この二つの核をつなぐ軸として御祓川沿いの道路整備（七尾都市ルネッサンス都心軸整備事業）をシンボルロードと名付け展開した．これら拠点施設は地区の民間まちづくり組織である「御祓川」が整備・運営を行っている．

このような一連の取り組みにより，現在では年間90万人が訪れる地方都市として注目を集めている．

地域の核の充実と観光拠点との連携

「人・海・祭」をまちづくりのコンセプトとし，フィッシャーマンズワーフを中心とした多くのイベントが企画された．市内でのオープンスペースの確保と憩いの空間を創出するため，行政が主体となりフィッシャーマンズワーフ周辺を埋め立てて「七尾マリンパーク」が建設された．また，持続的に観光客を獲得するため県内有数の観光地である和倉温泉と連携し，両者を陸路と海路の双方で結ぶことにより集客性を高めている．

行政と民間の連携による都市軸の魅力向上

駅前再開発事業と同時並行で御祓川沿いのシンボルロードの整備を行い，七尾の都市軸を形成するとともに，御祓川に接する歩道も併せて整備することにより都市軸の魅力を向上させている．市内の有志を中心とした地元企業の御祓川が，河川空間の魅力創出に向け，川沿いの公共施設整備や河川の浄化を行うなど，行政と民間が七尾の再生を共通目標として動いたことで，港と中心市街を結ぶ魅力的な都市軸が形成された．

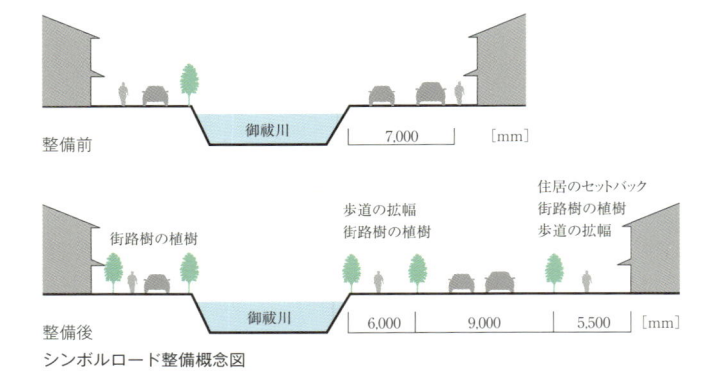

シンボルロード整備概念図

シンボルロード俯瞰（出典：石川県）

柵のない護岸　　整備後の祭り

七尾周辺配置図　1:5000

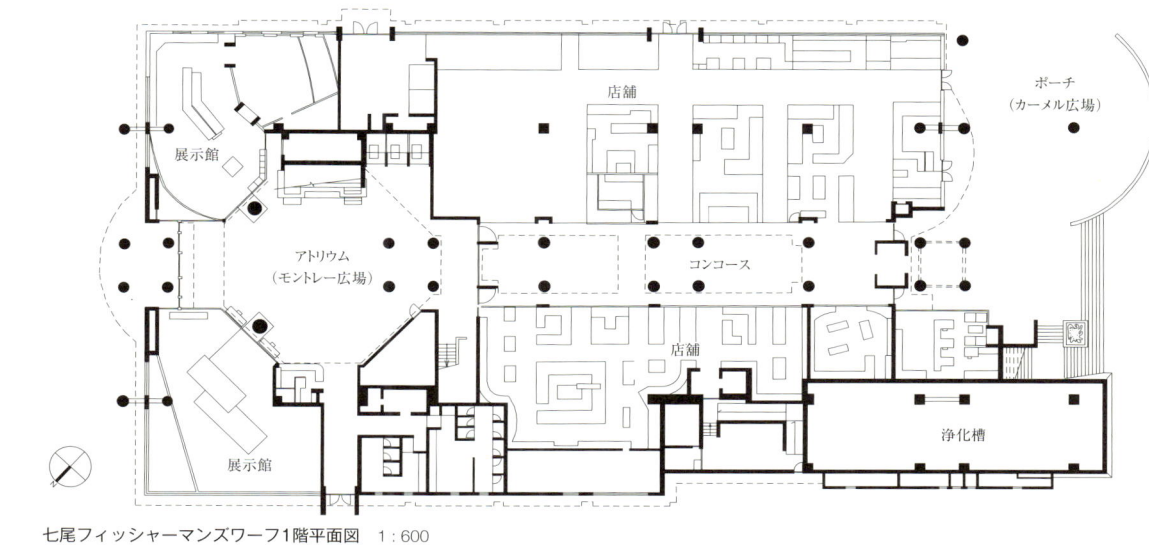

Revitalization of Waterfront: Redevelopment of Port and Forming of Urban Axis
ウォーターフロント再生：港湾の再開発と都市軸の形成2

七尾フィッシャーマンズワーフ1階平面図　1:600

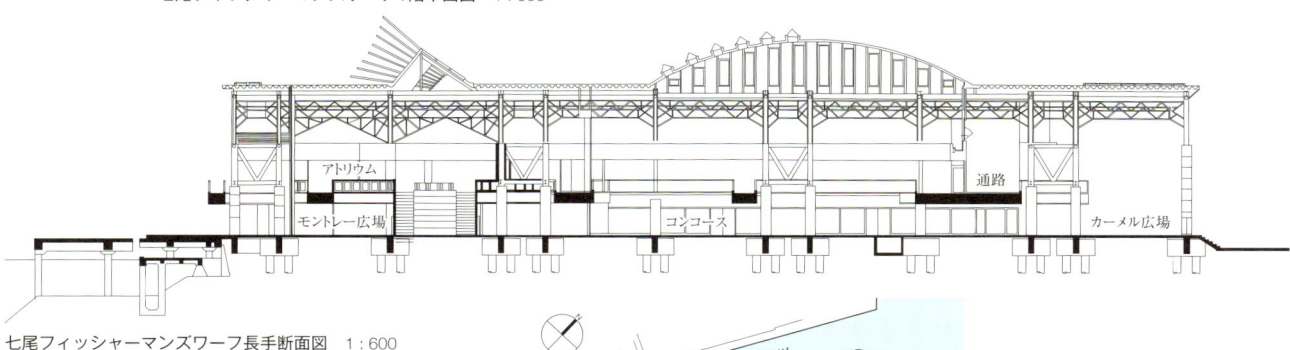

七尾フィッシャーマンズワーフ長手断面図　1:600

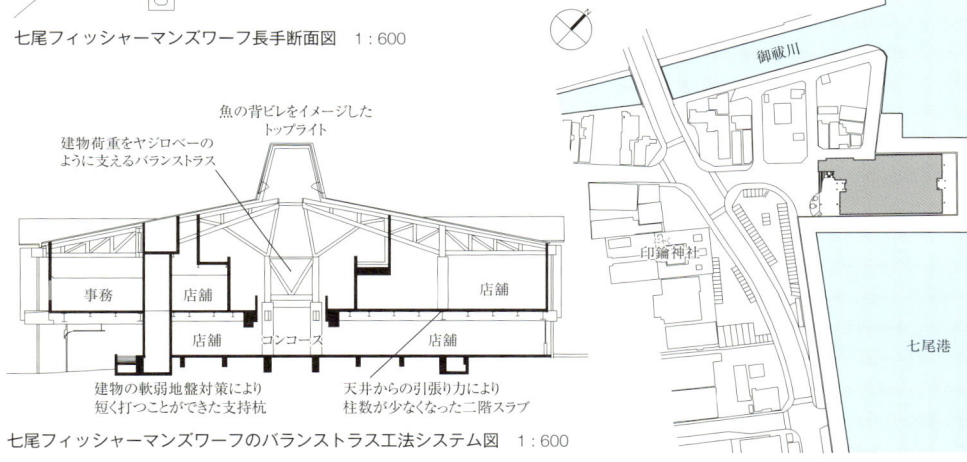

七尾フィッシャーマンズワーフのバランストラス工法システム図　1:600

七尾マリンパーク整備前配置図　1:5000

整備前

整備後

七尾マリンパーク全景

七尾フィッシャーマンズワーフと七尾マリンパーク

七尾フィッシャーマンズワーフ
・設計：水野一郎＋金沢計画研究所

七尾フィッシャーマンズワーフ（能登食祭市場）は，市街中心部の発展軸上にあった能登島連絡船のふ頭跡地に計画された．施設は日本海特有の風雪に耐えるべく鉄骨造（一部SRC造），軟弱地盤対策として杭構造を採用した．また，地盤にかかる荷重負荷を軽減するため，鋼管の支柱による吊り構造（バランストラス工法）を用いて，施設の建設コスト削減を図った．加えて，エスカレータ等の設備も最小限に抑えることでランニングコストも削減し，地元企業の事業負担を緩和している．

七尾マリンパーク
七尾フィッシャーマンズワーフの集客増加に伴い駐車場の拡張が必要になったことから，イベント会場や避難所としても利用可能な多目的広場として七尾マリンパークが建設された．これにより災害時の防災拠点としての機能のほか，地元の祭りやジャズフェスティバルなどのイベントが盛んになり，住民にも広く利用されるようになった．繁盛期の集客機能の強化だけでなく，避難時にはベンチが浜焼きの台にもなるなど，港を使った施設ならではの工夫がみられる．

　こうした取り組みにより，人々の活動空間が拡張され，新たなにぎわいが創出された一方で，この公園自体が既存の水域を埋め立てたものであることから，七尾フィッシャーマンズワーフの施設そのものが海からやや遠ざかってしまったとの見方もある．

ウォーターフロント再生：複合土地利用による港湾と都市の一体化1
Revitalization of Waterfront: Integration of City and Port by Complex Land Use

シアトル
- 所在地：Seattle, アメリカ
- 事業主体：Port of Seattle

物流と観光が融合する水辺空間
シアトルのウォーターフロント開発の特徴は，物流の用に供する港湾機能と一般市民の利用に供する商業機能が適切かつ戦略的な土地利用のもとに魅力的な空間が構成されているという点にある．

そうした土地利用戦略を展開するシアトル市港湾局の事業は，遊休化が進むわが国の港湾地区再生に対する新たな経営施策としてひとつの示唆を与えるものと考えられる．

民間利用を図る水辺事業
市港湾局は市内のウォーターフロントの土地を部分的に所有し，海運に関わる業務はもとより，市の関係部局との協議を通じて所有地を民間に貸与または売却するという不動産事業を積極的に推進している．

その所有地としての特徴は，市内全体が傾斜地であることから，平坦な海岸線には車輌の走行が円滑となる幹線道路や鉄道敷で占められるため，大部分が海に突出した既存の桟橋上ということである．その桟橋上での事業展開において，市港湾局は市の都市計画マスタープランに基づいて，そのプランに適合する業種を当該地に誘致したり，民間に土地を売却している．

複合的土地利用戦略
市港湾局の土地利用戦略として，海岸線沿いは，収益の8割を占める物流機能を中心に配置を考え，その周囲には物流機能に依存する業種（保険会社，弁護士事務所，駐車場，飲食店等）を配置している．さらに一般市民でにぎわう中心市街地を背後にひかえる海岸線地点には，一般市民も楽しめる飲食・商業系施設を誘致している．港湾地区はともすれば海運業やそれに伴う物流拠点としての機能が優先され雑然となりがちであるが，こうした適切な土地利用計画のもと一般市民が集う空間が創出されることで，港に親しみあるにぎわい空間が形成されている．

このように，市のマスタープランと港湾局の土地利用計画の連携により，水際線と背後地との土地利用ならびに水際線沿いの隣接地相互の土地利用が強く関連付けされるようになった．

この土地利用を対岸から望めば，港湾関連施設と都市関連施設（商業・業務施設）が混然一体となった，魅力的な景観が形成されていることに気づかされる．

01：Seattle市編，Seattle's Central Waterfront Concept Plan, 2006.

商業，業務，住宅地などが混然一体となった市内中心部の全景

背後地と連動した海岸線沿いの整備

海を眺望できる市街地

シアトル港の工業ゾーン

シアトル市内のウォーターフロントと後背地とのネットワーク図　1：25000

→ ウォーターフロントへのアクセス路
● ウォーターフロントを繋ぐ歩道橋

シアトルの都市計画年表

年	計画名
1985	シアトル都心部整備計画
1994	シアトル総合計画
1995–2000	シアトル地区計画
2003	オープンスペース計画（ブルーリングプラン）
2006	都心部ウォーターフロント地区整備構想
2007–2008	都市交通計画
2008	シアトル都心部21世紀総合計画
2009	歩行者道総合整備計画

シアトルの都市・地域計画は1980年代に活発化し，初期は都心部から郊外に至る全体計画が中心となった．その後，1903年にオルムステッド兄弟が計画したオープンスペース計画（シアトルグリーンリングプラン）とリンクさせるブルーリングプランのほか，都心と郊外をつなぐ交通計画を策定．近年ではウォーターフロントのにぎわいづくりや市全体の歩行者道整備計画とともに，21世紀全体にわたる長期構想にも着手している．

〔略号〕
- UH　Urban Harborfront
- CN　Conservancy Navigation
- UI　Urban Industrial
- DMC　Downtown Mixed Commercial
- DMR　Downtown Mixed Residential
- DH　Downtown Harborfront
- PSM　Pioneer Square Mixed
- PMM　Pike Market Mixed

シアトルウォーターフロント地区の複合的土地利用01
海岸線は港湾機能はもとより，商業中心のにぎわいゾーン（中央部）や業務・産業機能を集積させた複合ゾーンなどがモザイク状に配置され，多様な用途で有効活用されている．

Chapter 4　手法の重ね合わせ
- 都心再生
- 地域再生
- **ウォーターフロント再生**
- ブラウンフィールド再生
- 創造都市

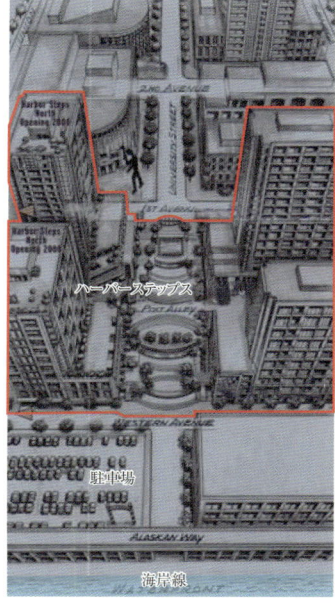

ウォーターフロント再生：複合土地利用による港湾と都市の一体化2

Revitalization of Waterfront: Integration of City and Port by Complex Land Use

水際と後背都市の連続性

ウォーターフロントでは，背後の市街地から円滑に行き来できたり（物理的アクセス），背後の町中に居ながらにして水域への眺望が楽しめたり（視覚的アクセス）というように，背後の市街地と連続かつ一体的になっている空間構成が求められる．シアトル市では，水際線に傾斜地が迫っていることから，水際線と傾斜地との高低差を立体横断橋やスロープでつなぐという工夫や，水域が一望できるオープンスペースを創出するなど，水際線とその背後地を物理的・精神的につなげる工夫が施されている．

ハーバーステップス

市内中心部とウォーターフロントを結ぶ公共空間の模範的デザインを提示しており，他のプロジェクトへの波及効果が期待されている．

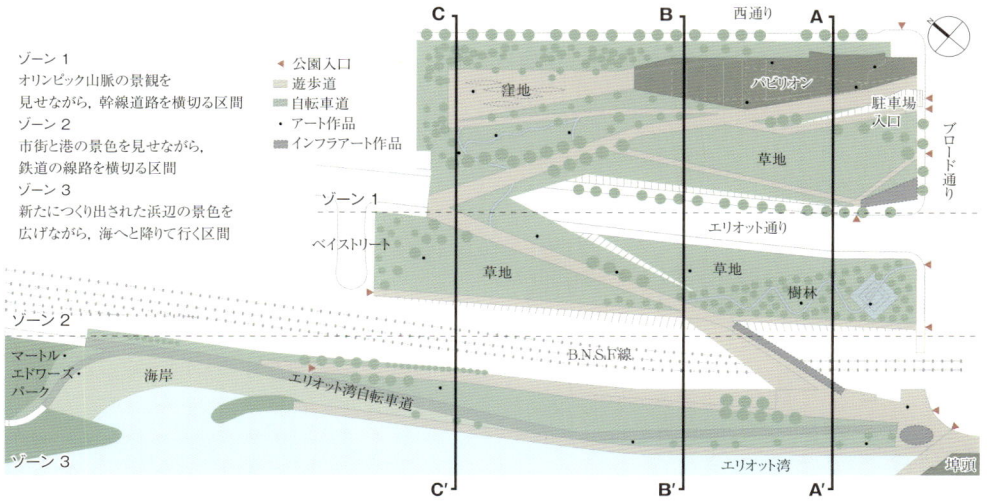

ハーバーステップス俯瞰図

傾斜のある街とウォーターフロントをつなぐアクセス路

オリンピック・スカルプチャー・パーク

- 設計：Marion Weiss, Michael Manfredi
- 建設：2007年

この敷地は，整備前は石油・ガス関連施設が立地していたが，1970年代に運用を中止し，10年にわたる土壌浄化を経て，シアトル美術館が土地を購入して屋外彫刻公園として再整備された．この公園は，再生されたウォーターフロントと市内中心部を繋ぐ，環境負荷の小さい緑地帯としても重要な役割を果たす．市街地側から海岸線まで15mほどの高低差があるため，その傾斜地のスカイラインとエリオット湾への眺望を活かすような敷地計画になっている．

ゾーン1　オリンピック山脈の景観を見せながら，幹線道路を横切る区間
ゾーン2　市街と港の景色を見せながら，鉄道の線路を横切る区間
ゾーン3　新たにつくり出された浜辺の景色を広げながら，海へと降りて行く区間

平面図

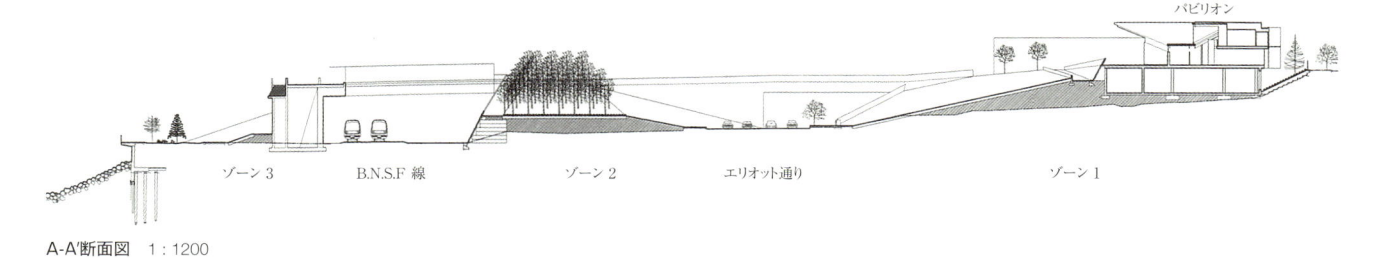

A-A'断面図　1：1200

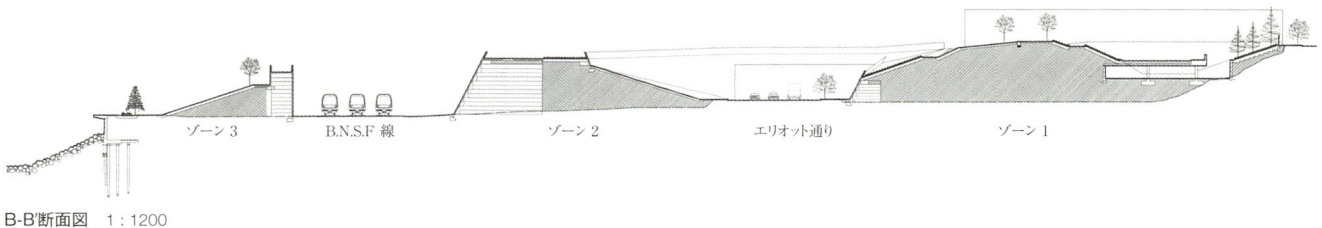

B-B'断面図　1：1200

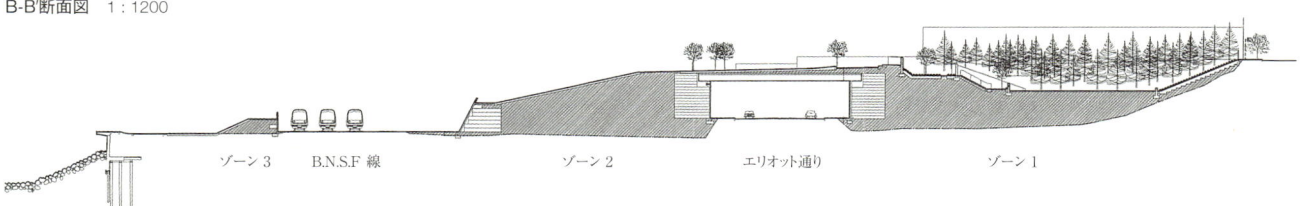

C-C'断面図　1：1200

オリンピック・スカルプチャー・パーク

ウォーターフロント再生：流域を生かした水辺の拠点づくり1
Revitalization of Waterfront: Riverfront Redevelopment of Connecting River Basin

ロンドン・ドックランズ
- 所在地：London，イギリス
- 事業主体：London Docklands Development Corp（LDDC）
- 開発期間：1970年〜
- 計画対象面積：22,000,000m²

ロンドンのドックランズ開発計画は，港湾機能の低下によって衰退したテムズ川沿いのロンドン市内の旧港湾地区において，住宅，商業・業務，ホテル，レジャー施設等を整備することにより，複合機能を満たした都市空間を創出する流域再生プロジェクトである．

港湾機能の低下と再開発計画
貨物船の大型化・コンテナ化に伴う南部地域への港湾機能移転や，水運から陸運への輸送体系の変革などを背景に，1960年代以降，ロンドン港の港湾本来の機能の低下が進み，テムズ川沿いのドックが軒並み閉鎖された．このため，ロンドン港の周辺は居住者激減や治安悪化といったスラム化が深刻化した．こうした都市問題の解決策として，1978年にインナーシティ再開発法（The Inner Urban Area Act）が制定され，当地区の再開発が進められることになる．その初期段階として，閉鎖されたドック用地再開発の全体的な統一を図るため，1974年に大ロンドン庁（Great London Council: GLC）と政府環境省，各主要ドックが存在する5つの地区で構成されるドックランズ合同委員会（Docklands Joint Committee）が設立され，ロンドン・ドックランズ戦略計画（London Docklands Strategic Plan）が発表された．

開発公社の新設
しかし，こうした計画は複数組織が関係していたことから調整に難航して，実現にはほど遠かった．そこでサッチャー政権の行政改革のひとつとして，GLCが廃止される．一方，1981年にロンドン・ドックランズ開発公社（London Development Corp.: LDDC）が設立され，当地区再開発は一挙に進展した．

ドックランズは，包括的な目的と計画概要が要求される多くの大開発用地を有していたことから，新たな市街地を形成することとなった．LDDCの社内チームと外部アドバイザーらによる当開発業務の体系は，主要な開発促進地区の開発フレームワークによって確立された．

建築規制による景観の保全
都市開発が進められる地区では，新たに建設される建物が地区の様相を大きく変えてしまうため，ドックランズにある18の保護管理地区の景観を守るために，その地区を特徴づける壁面線，建物高さ，容積，材料の色調などについて建築規制をかけている．

参考文献：The London Docklands Development Corporation

ドッグランズ・カナリーワーフ全景

| 1985年 | 1983年 | 1982年 |
| 1998年 シャドウェル・ベイジン地区 | 1998年 ライムハウス・ベイジン地区 | 1997年 カナリーワーフ地区 |

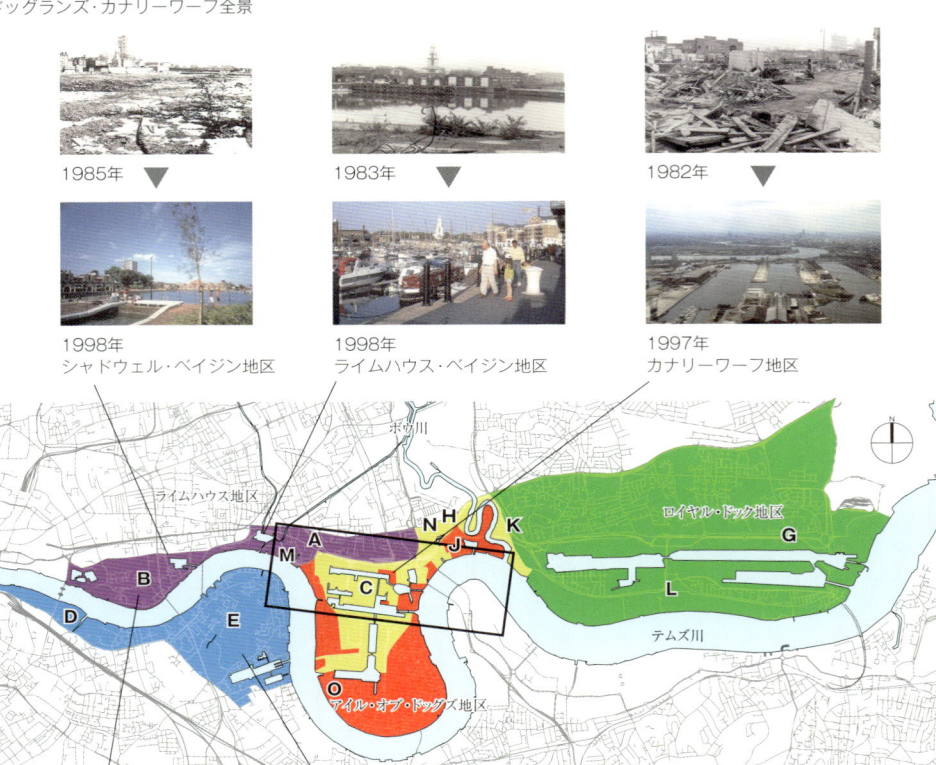

ワッピング地区 サリードッグ地区 
1981年 1980年代
1998年  1996年 
ドッグランズ開発エリア配置図と整備前後の風景　1：100000

Ref	地区名	計画年	計画者
A	ライムハウス周辺地区計画	1982	LDDC
B	ワッピング地区将来構想	1982	LDDC
C	アイル・オブ・ドッグズ デザインガイド	1982	LDDC
D	ヘイズ・ワーフ地区計画（ロンドン・ブリッジ地区）	1983	LDDC
E	サウスワーク地区計画	1983	LDDC
F	グリーンランド・ドック地区計画	1984	コンランアーキテクツ
G	ロイヤル・ドック地区計画	1985	LDDC
H	リーマス周辺地区計画	1985	LDDC
I	アイランド・ヤード地区計画	1987	LDDC
J	ブランズウィック・ワーフ地区計画	1987	リチャード・ロジャース・パートナーズ
K	テムズ・ワーフ/リモ＆イースト・インディア・ドック・ベイジン地区計画	1988	マック・コーマック，ジェミーソン・プリチャードアンドライト
L	ロイヤル・ドック地区計画	1992	LDDC
M	ライムハウス地区計画	1994	LDDC
N	リーマス地区計画	1994	LDDC
O	アイル・オブ・ドッグズ地区計画	1994	LDDC

エリアごとの段階的な開発

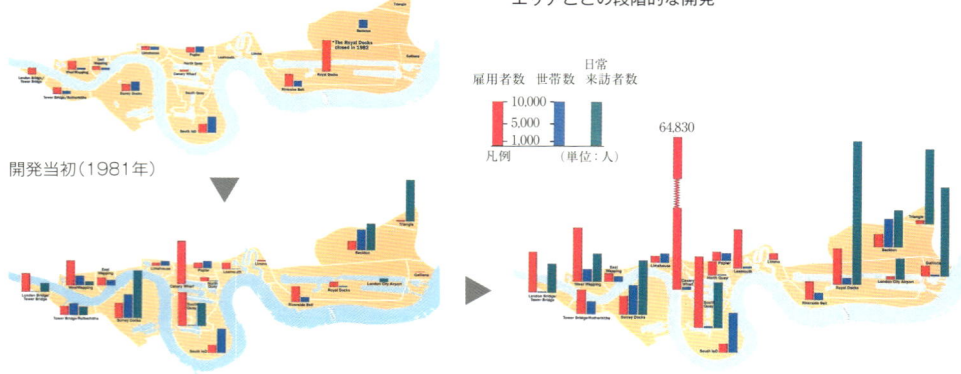

開発当初（1981年）
開発中期（1996年）
最終目標
開発による人口規模の移り変わり

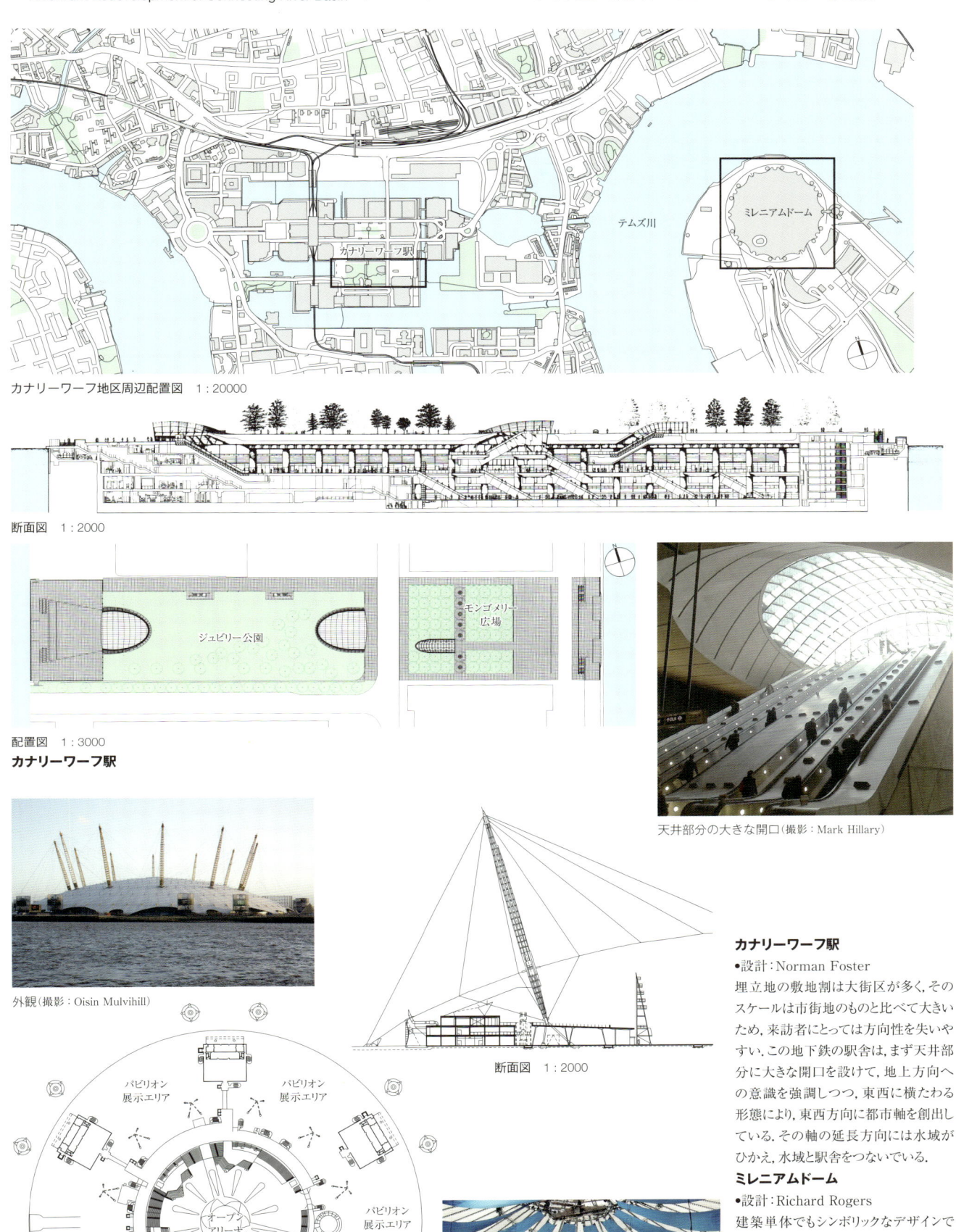

ウォーターフロント再生：流域を生かした水辺の拠点づくり2

Revitalization of Waterfront: Riverfront Redevelopment of Connecting River Basin

カナリーワーフ地区周辺配置図　1:20000

断面図　1:2000

配置図　1:3000
カナリーワーフ駅

天井部分の大きな開口（撮影：Mark Hillary）

外観（撮影：Oisin Mulvihill）

断面図　1:2000

平面図　1:5000
ミレニアムドーム

内観（撮影：Chris Dixon）

カナリーワーフ駅
- 設計：Norman Foster

埋立地の敷地割は大街区が多く，そのスケールは市街地のものと比べて大きいため，来訪者にとっては方向性を失いやすい．この地下鉄の駅舎は，まず天井部分に大きな開口を設けて，地上方向への意識を強調しつつ，東西に横たわる形態により，東西方向に都市軸を創出している．その軸の延長方向には水域がひかえ，水域と駅舎をつないでいる．

ミレニアムドーム
- 設計：Richard Rogers

建築単体でもシンボリックなデザインであるが，水域に対して半島状に突き出た特徴的な敷地に立地していることから，そのシンボル性が一層強調される．半島状敷地は，四方から眺められるため，360度の正面性を有したこの建築形態は効果的であり，さらに水面の広がりから水平性が卓越するウォーターフロント空間において，垂直方向に伸びる複数の支柱は当施設の最大のアクセントになっている．

ブラウンフィールド再生：火力発電所を美術館へ1　Renewal of Brownfield: Conversion to Art Museum of Thermal Power Station

テートモダン美術館
- 所在地：London, イギリス
- 設計：Herzog & de Meuron
- 建設：1997〜2000年
- 用途：美術館, 店舗, レストラン
- 敷地面積：36,300m²
- 建築面積：15,375m²
- 延床面積：42,390m²
- 増築床面積：4,730m²
- 改修床面積：42,390m²

歴史的建造物を手がかりとしたマスタープラン

ロンドンのセント・ポール大聖堂とテートモダン美術館の周辺は, 複数の計画者が時代を超えて, 歴史的景観を手がかりとしたマスタープランを共有し, 豊かで統一感のある都市景観が徐々に形成されていった.

河川や歴史的建造物, 地域モニュメントとして長く残された産業遺産など, 多くの市民が共有する都市景観を基調にデザインガイドラインが作られた.

セント・ポール大聖堂とテムズ川を軸線とした景観形成

美術館の北側にはNorman Foster設計によるミレニアムブリッジが美術館とほぼ同時期に完成した. ロンドンで唯一の歩行者専用橋は, コンセプト段階からテートモダン美術館とセント・ポール大聖堂とを結ぶ軸線を意識して計画されている.

この橋により, かつての火力発電所を象徴する煙突, 新たに付加された水平に伸びるライトビーム, 美術館と大聖堂とを結ぶ歩行者通路といった3つの軸が形成され, その焦点には訪れる人のための新たな場が生まれた.

火力発電所から美術館へ

1982年以降使われなくなっていた「バンクサイド火力発電所」を美術館に転用することによって, 周辺地域の活性化が図られた. 発電施設という一工業地区を転換するために, 大がかりな都市計画の変更を伴ったが, 工場施設を産業遺産として後世に残し, ウォーターフロントを憩いの広場に還元する試みは, 新世紀の幕開けを象徴するものであった. この開発によりロンドンの街の様相も変化し, 周辺に美術関連の産業が集積するなど, 大きな経済波及効果を生んだ.

外観をとどめ既存を生かした更新

美術館は, 発電所のもつ閉鎖的で権威主義的な印象を取り除くために, 煙突横の装飾的なボリュームを取り除き, 煉瓦の壁に開口を穿つなど, 手を加えている. 川沿いのオープンスペースは, ミレニアムブリッジと併せて整備され, 人々が憩う広場となっている.

美術館の内部は, 大きな吹抜け空間であった細長いタービン室をエントランスホールとして生かし, 内部が一目で見渡せる空間構成となっている.

今後は周辺地域の結節点として機能する美術館を目指し, 人の流れをスムーズに東西南北へと導く動線の改善が計画されている.

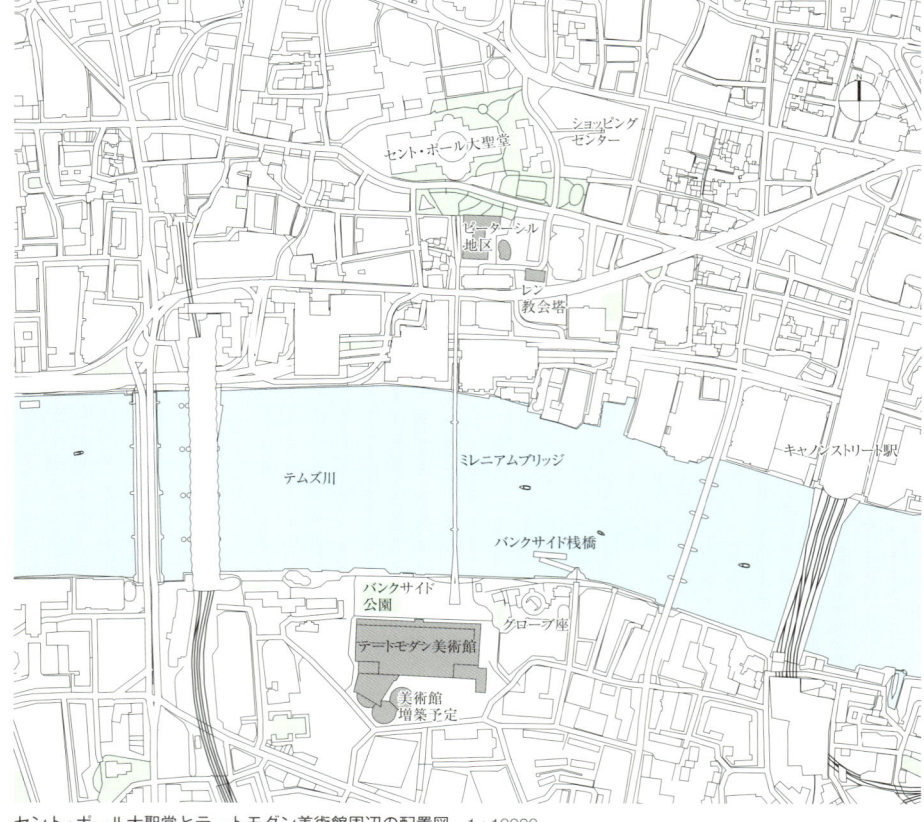

Chapter 4 手法の重ね合わせ
- 都心再生
- 地域再生
- ウォーターフロント再生
- ブラウンフィールド再生
- 創造都市

セント・ポール大聖堂とテートモダン美術館周辺の配置図　1:10000

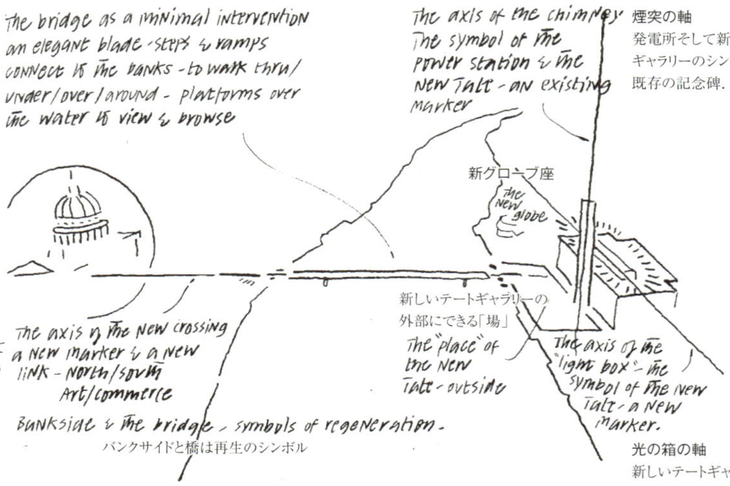

Norman Fosterによるミレニアムブリッジ設計のためのコンセプトドローイング

最小限の介入としての橋
エレガントで水平な床（階段とスロープ）が, 通り過ぎるため, くぐるため, 飛び越えるため, 歩き回るため等の行為を促し, バンクサイド広場へと接続する. 水上の舞台は, 眺めること, そしてざっと見ること.

煙突の軸
発電所そして新しいテートギャラリーのシンボルとなる既存の記念碑.

新たな交わりの軸
新たなマーカー, そして北と南, アートと商業の新たな繋がり.

バンクサイドと橋は再生のシンボル

光の箱の軸
新しいテートギャラリーのシンボル, 新たな目印.

1991年の景観01

ミレニアムブリッジ周辺の遊歩道

整備前の外観

整備後の外観
煙突の足元部分が撤去され, 建物上部と煙突上部に新たな地域シンボルである「ガラスの箱」が増築された.

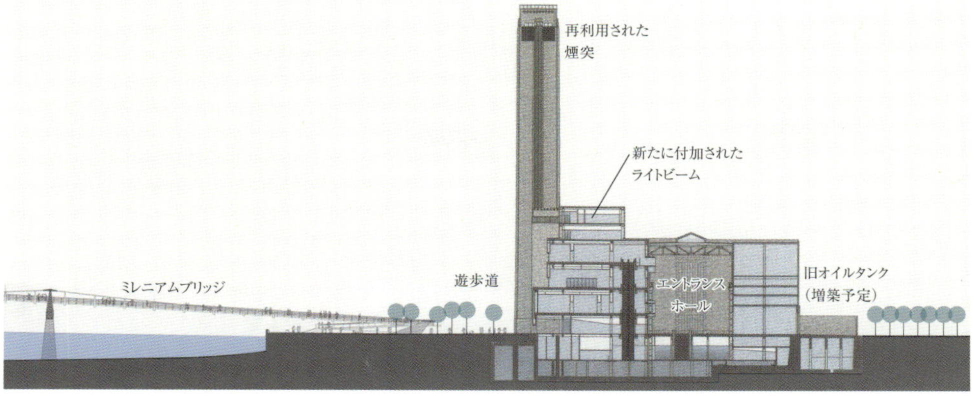

ブラウンフィールド再生：火力発電所を美術館へ2

199

Renewal of Brownfield: Conversion to Art Museum of Thermal Power Station

ピーターシル地区再開発

- 所在地：London, イギリス
- 設計：Rolfe Judd（設計）, Rolfe Judd（計画）, Ove Arup & Partners（機械設備）, CharlsesFunke Associates（ランドスケープ）
- 完成：1998年
- 用途：事務所, レストラン, 歩行者空間
- 延床面積：18,580m²

歴史的景観とビスタを配慮したアーバンデザイン

ピーターシル地区は第二次大戦後の一体的再開発によって，歴史的な都市文脈が断ち切られた場所であった．このピーターシル地区に，残された歴史的街並みとセント・ポール大聖堂への眺望およびレン教会塔への眺望を配慮した地区一帯のマスタープランが作られた．

テムズ川へと続くセント・ポール大聖堂のオープンスペース（Old Church Court）は車を排除して歩行者空間とし，建物も高さや軒線，セットバック距離の統一を行った．また，巨大な壁面が連続しないように，新しいオフィスビルは2棟に分節され周辺の建物との調和を図っている．

隣接して計画されたテートモダン美術館やミレニアムブリッジの設計者にも，Rolfe Juddのマスタープランの考え方は引き継がれた．オープンスペースは，ミレニアムブリッジによりテートモダン美術館と結ばれて，沿道にはアートが並び，地域住民や観光客などでにぎわっている．

セント・ポール大聖堂とレン教会塔

テムズ川へ向かう街路は，緩やかな傾斜があったため，階段とスロープからなる幾何学的なデザインが採用された．建物の裏側に隠れていた歴史的建造物であるレン教会塔も街路から姿を見せ，景観にアクセントを加えている．セント・ポール大聖堂とテートモダン美術館を結ぶ街路は歩行者空間に変わり，閉鎖的だったウォーターフロント空間は，歩行者や自転車に開放され，にぎわい空間へと変貌した．

テートモダン美術館南北断面図　1:2000

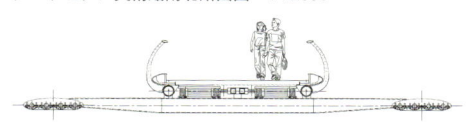

ミレニアムブリッジ断面図　1:200
眺望を阻害しないように高さを抑えて計画された

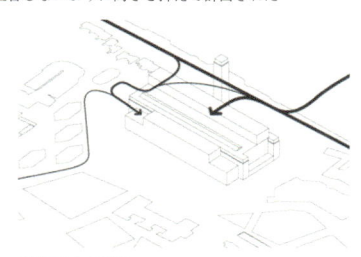

現在の人の流れ
ミレニアムブリッジとテムズ川沿いの遊歩道からのアプローチが多い

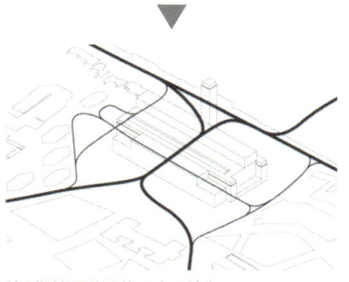

第2期拡張計画後の人の流れ
東西南北へとつながる結節点として機能する美術館を目指す

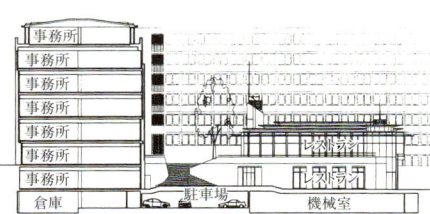

火力発電所時代の内観[01]

エントランス（旧タービン室）

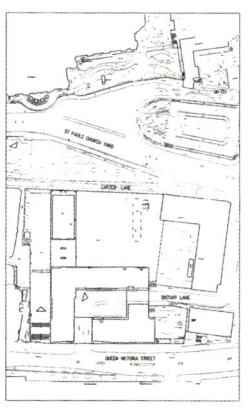

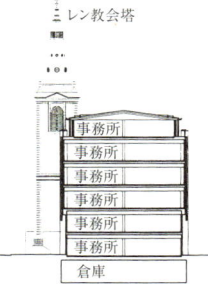

ピーターシル地区整備前[02]

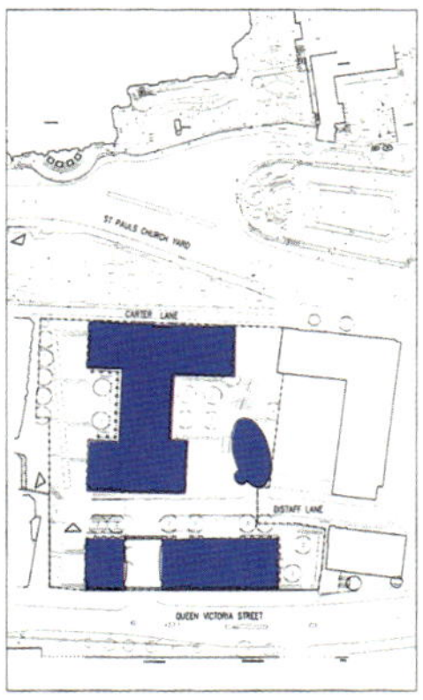

ピーターシル地区整備後[02]

ピータシル南北断面図[02]　1:1000　右手にレン教会塔を望む

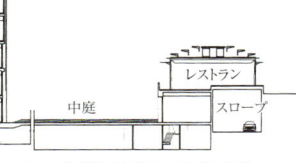

ピーターシル地区東西断面図[02]　1:1000　駐車場は景観上，地下に設置

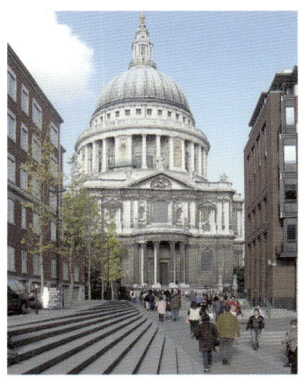

セント・ポール大聖堂前のオープンスペース

建物裏に隠れていたレン教会塔が前面に

テートモダン美術館に向かって伸びるオープンスペース[02]

01：Rowan Moore, Raymund Ryan, Building Tate Modern, Tate Gallery Publishing, 2000.
02：RIBA Joural, 1998.

ブラウンフィールド再生：ガスタンクを集合住宅へ1　Renewal of Brownfield: Conversion to Multiple Dwelling of Gas Tank

ガソメタシティ
- 所在地：Wien, オーストリア
- 設計：Jean Nouvel（A棟），Coop Himmelb(l)au（B棟），Manfred Wehdorn（C棟），Wilhelm Holzbauer（D棟）
- 建設：1999～2001年
- 用途：集合住宅，事務所，商業施設，文化施設

ガスタンクから住宅・商業施設へ
1899年に建設された代表的産業遺産であるガスタンクを，都市の歴史的景観を形成してきた文化遺産として位置づけ，外壁と屋根のフレームを保存しつつ，集合住宅や商業施設等の複合施設に転用したプロジェクト．

ウィーンの中心市街地から約4km離れたかつての工場地域は，1980年代初頭まで実際に稼働していた．ガスタンクとしての役目を終えた後，万博会場として整備される予定だったが見送られ，イベント会場として使われたことを契機に，活用方法が本格的に議論されるようになる．

4基のガスタンクは，都市インフラ発展の象徴として位置づけられ，居住ユニット，学生用ホステル，イベントホール，ショッピングモール，映画センターなどが複合した都市センターとして再生することによって，豊かな住宅・商業地域へと変貌を遂げた．

新旧の対話と多様な都市景観
多様な空間を内包する4つの棟は，地上レベルにあるショッピングモールを通じて連結している．A棟は都心部からの地下鉄駅に接続し，B棟にはロックコンサートなどを行える3,000人収容のホール，C棟には住民以外の利用者のための駐車場，D棟にはウィーン市の資料館がそれぞれ配置された．

新たな構造体が古い外壁の内側に挿入されることで新旧の対話が生まれ，多様性のある独特の都市景観をつくり出している．

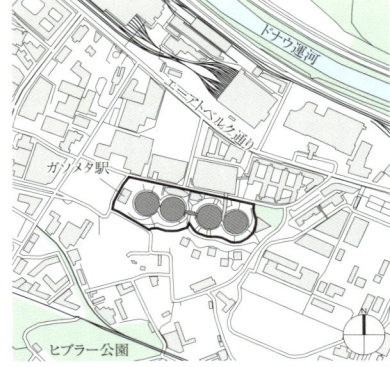

配置図　1:20000

旧ガスタンク

解体後の残された外壁

集合住宅や店舗等の複合施設に転用（提供：Peter Korrak）

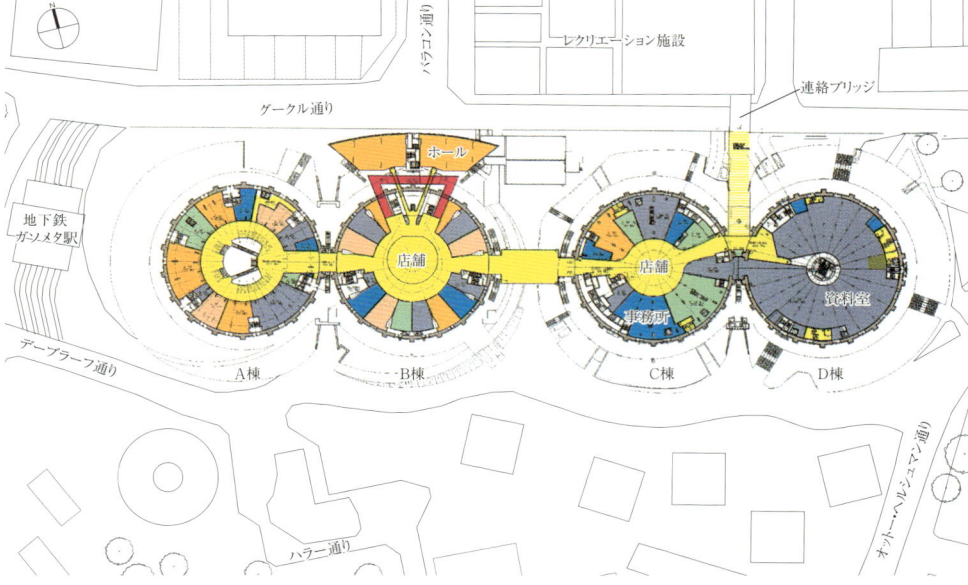

地上から見た外観（提供：Georges Fessy）

平面図　1:3000

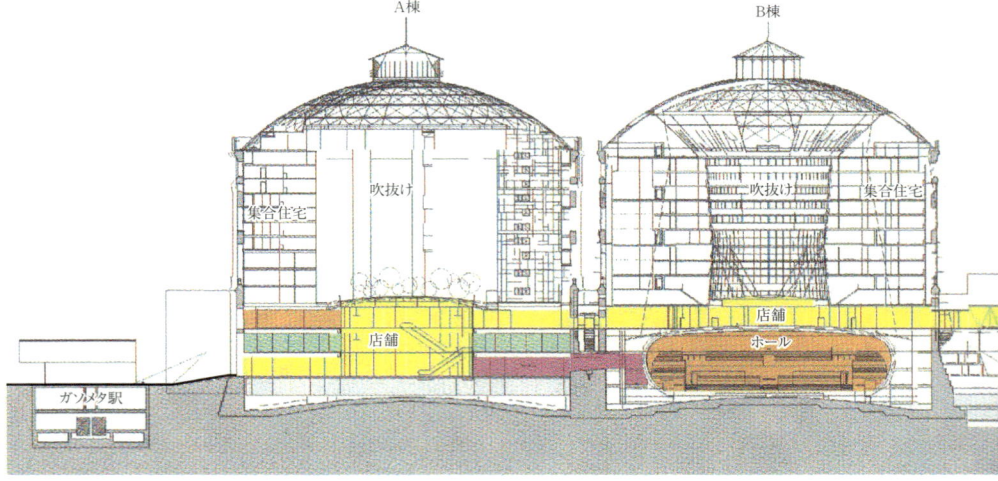

断面図　1:1500

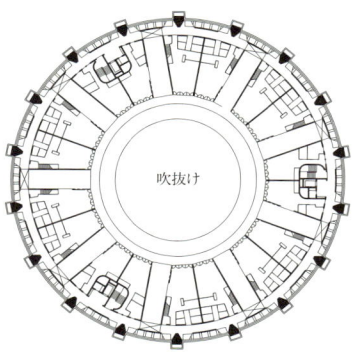

Renewal of Brownfield: Conversion to Multiple Dwelling of Gas Tank　ブラウンフィールド再生：ガスタンクを集合住宅へ2

A棟住宅階平面図　1:1500

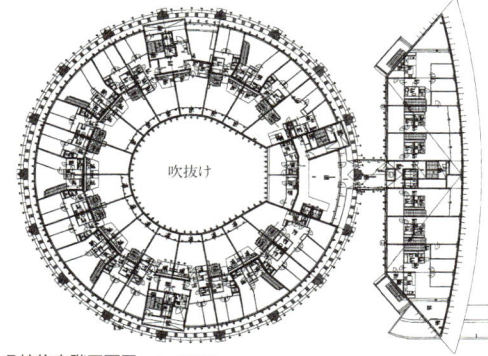

B棟住宅階平面図　1:1500

A棟の吹抜け（提供：Philippe Ruault）

A棟の鏡面仕上げ（提供：George Fessy）

B棟に付加された住棟（提供：Duccio Malagamba）

C棟の吹抜けからみた住戸

保存された外壁と新たに設けられた開口部

D棟の中庭

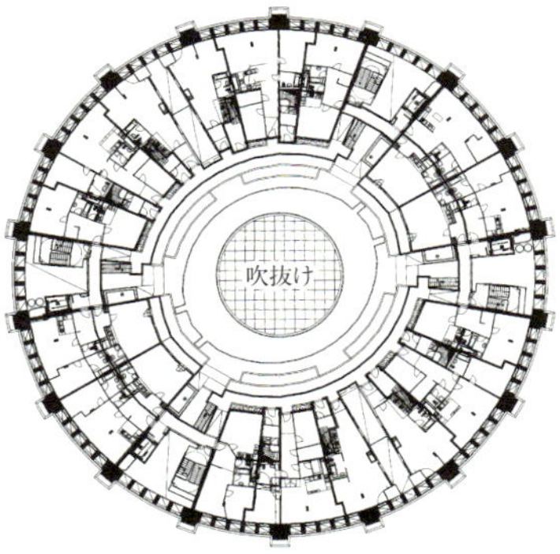

C棟住宅階平面図　1:1500

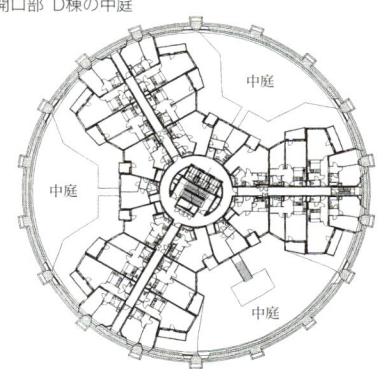

D棟住宅階平面図　1:1500

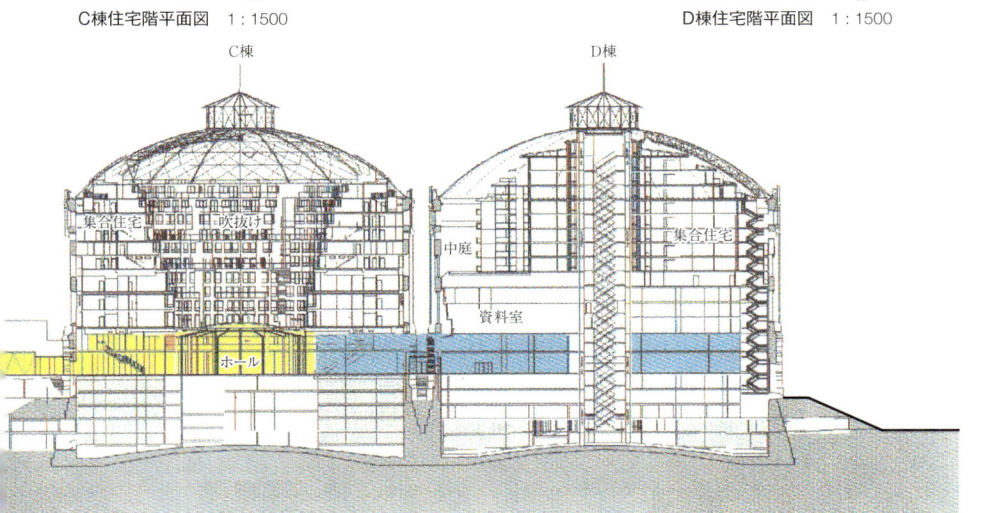

A棟
- 事業主体：SEG都市開発・不動産有限会社
- 設計：Jean Nouvel
- 用途：住戸128戸，事務所5,100m²，商業施設7,500m²，駐車場78台

A棟は，2000年12月に都心部から延伸開通した地下鉄の駅に接続している．内部は，重厚な壁に対して軽さを追求した構造体による9本のアパートメントタワーに分割され，鏡面仕上げの外壁により地下まで光が差し込むようになっている．タワー間の空隙からは，古い外壁に穿たれた大きな開口部を通して都市への眺望が確保された．

B棟
- 事業主体：GPA給与所得者向住宅建設公社
- 設計：Coop Himmelb(l)au
- 用途：住戸254戸，学生寮76戸，エンターテイメントホール3,000席，駐車場265台

外観に特徴のあるB棟は，新しさの象徴として，また事業の採算性に応えるためにシールドと呼ばれる住棟が付加された．ガスタンクに寄り添うように傾けられたボリュームはあくまでも主のガスタンクに対して従のタワーといった印象を与える．

C棟
- 事業主体：SEG都市開発・不動産有限会社，GESIBA公共住宅建設株式会社
- 設計：Manfred Wehdorn
- 用途：住戸92戸，事務所5,405m²，商業施設4,680m²，駐車場350台

歴史的建造物の修復家が担当したC棟は，新しい6本の住宅棟によって歴史的な構造体を保護するとともに，中庭を樹木園へ転換し，環境を重視する姿勢が貫かれている．既存の屋根は骨組みだけ残し，住戸プランもスリットが設けられ，中庭が光と外気で満たされるよう計画された．

D棟
- 事業主体：GESIBA公共住宅建設株式会社
- 設計：Wilhelm Holzbauer
- 用途：住戸141戸，事務所＋ウィーン市資料館15,523m²，駐車場163台

D棟は各棟を中心部から3方向に放射状に広げた平面形状になっている．集合住宅部分の内部には3つの中庭が設けられた．住みながら緑を眺め，同時に中庭越しに既存の外壁を見られるように配慮されている．既存のレンガ造の外壁は調査した専門家が驚くほど強固に建設されており，補強の必要はなかった．外壁は当初，まったく手を付けない方針だったが，住戸の採光を優先して新たに開口部を設けている．

ブラウンフィールド再生：重工業・港湾施設を芸術文化拠点へ1
Renewal of Brownfield: Conversion to Art and Culture Base from Heavy Industrial/Harbor Facility

ビルバオ
- 所在地：Bilbao, スペイン

工業から文化への水辺都市再生
ビルバオはスペイン北部，バスク州の中心都市で，かつては鉄鋼・造船業を中心に栄え，市街地中心部を流れるネルビオン川周辺には工場や物流施設が立地し産業を支えてきた．しかし，1970年代に入ると重工業の衰退が始まり，水辺の産業地帯は環境汚染を抱えたまま遊休化した状態が続いていたが，1986年にスペインがEUに加盟したことが転機となった．EUの基準に則した改善対策が必要になる一方で，ビルバオはスペインの辺境から，ヨーロッパの中心に近接した立地が再評価されることになる．

ビルバオの都市再生戦略は，EU，スペイン中央政府の手厚い資金援助を受けながらバスク州，ビルバオ市を中心に策定された．そのコンセプトには「生活の質の向上」が据えられ，環境の再生，新たな都市の産業創造，都市の競争力の強化などが方針として示された．こうした方針を受け，バスク州政府が実施する総合的な再開発プロジェクトが実施され，面的な再開発に加え，港湾，道路，地下鉄，LRT等の都市インフラの整備等18件のプロジェクトが実施されている．

官民連携組織で推進される事業体
ビルバオ大都市圏における都市再生の推進は，Bilbao Metropoli-30とBilbao Ria 2000という2つの官民連携組織がその中核を担っている．Bilbao Metropoli-30はビルバオ大都市圏再生戦略プランの立案・実現推進およびプロモーションを担い，バスク州，ビルバオ市，ほかの行政機関や民間企業，大学等がその構成員となっている．Bilbao Ria 2000は政府系共同出資会社であり，国営企業所有地を活用した再開発を実施する事業主体である．行政区の枠を超えたネルビオン川沿いの連鎖型都市再生を実現するため設立された．事業スキームは株主が土地を現物出資し，行政が土地利用・都市計画を検討するという役割分担が図られている．それぞれの担い手が構成員となり，迅速かつ総合的な意思決定ができる体制が構築されている．

ネルビオン川沿いで計画される都市再生プロジェクトは，それぞれ立地ポテンシャルに差があるため，まずはビルバオの中心市街地に近接するアバンドイバラ地区の再開発から順次プロジェクトを展開している．それぞれは新設した地下鉄路線で結ばれ，プロジェクト間のアクセシビリティを高めている．

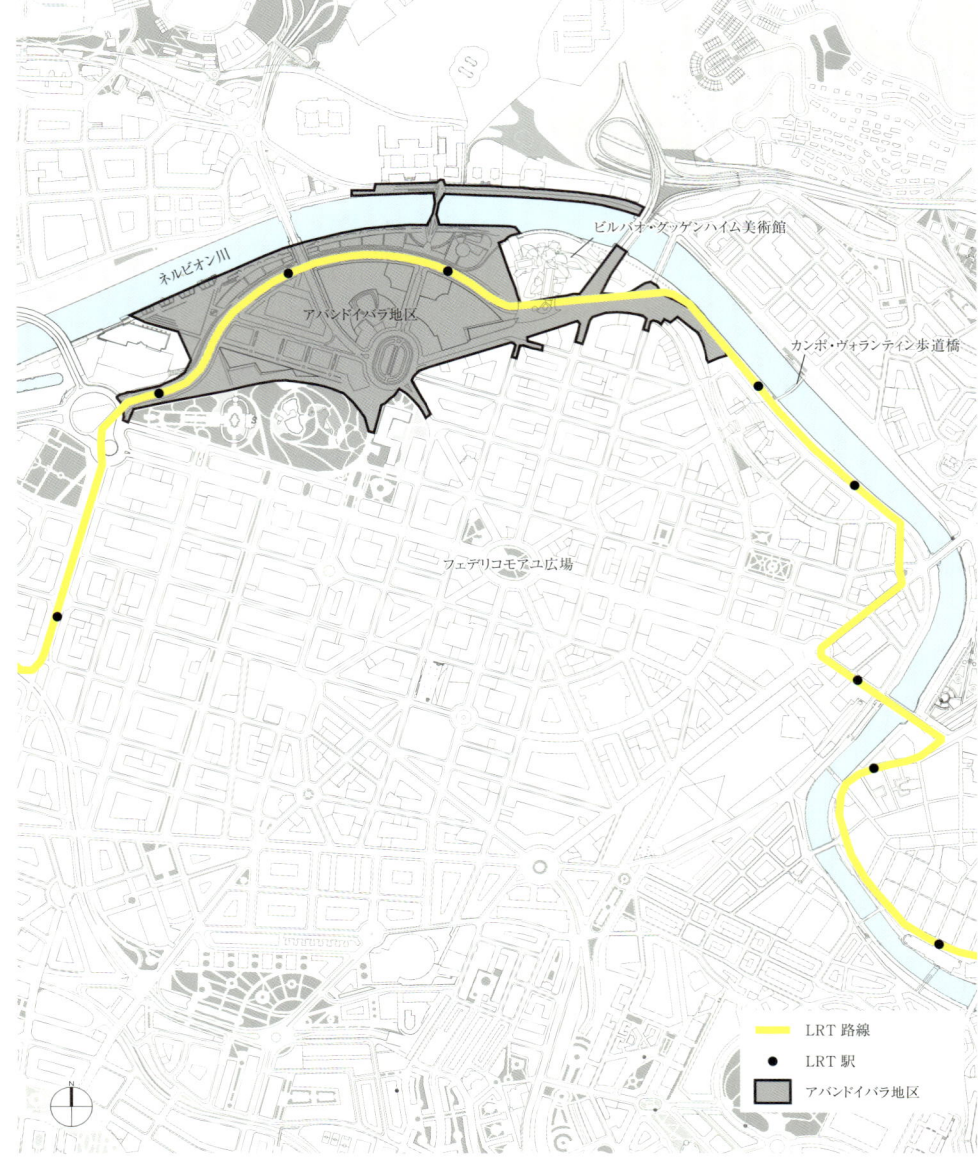

アバンドイバラ地区とビルバオ市街地配置図　1：15000

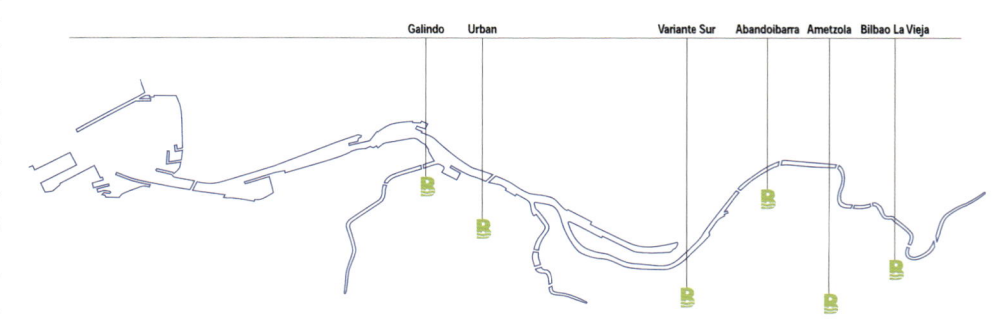

Bilbao Ria 2000によるネルビオン川沿いの都市再生プロジェクト

アバンドイバラ地区　整備前　▶　整備後

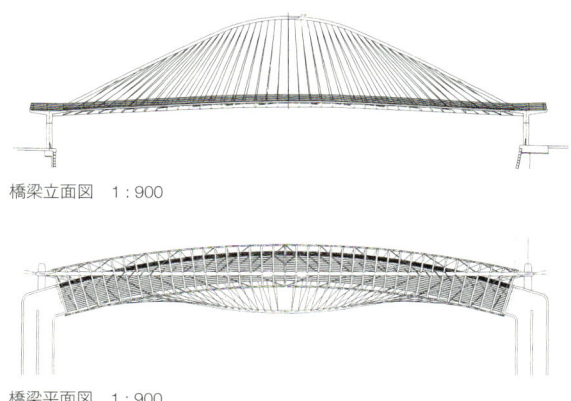

ブラウンフィールド再生：重工業・港湾施設を芸術文化拠点へ2
Renewal of Brownfield: Conversion to Art and Culture Base from Heavy Industrial/Harbor Facility

203

橋梁立面図　1:900

橋梁平面図　1:900

再開発のシンボルとなったカンポ・ヴォランティン歩道橋

ネルビオン川の両岸を結び人の流れを生み出す

カンポ・ヴォランティン歩道橋

市街地と水辺とのアクセス改善のために導入されたLRT

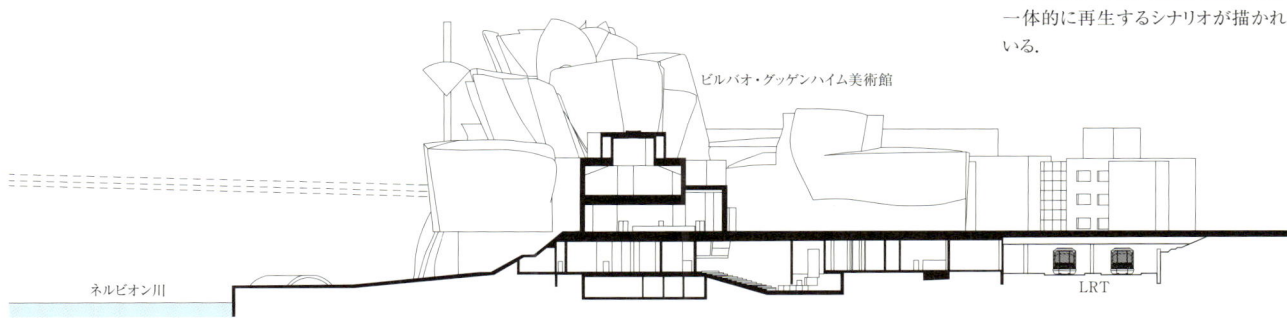

アバンドイバラ地区再開発
●マスタープラン：César Pelli

情報発信力の強化と産業構造の転換
一連の都市再生プロジェクトのなかで象徴的なのが，グッゲンハイム美術館が立地するアバンドイバラ地区再開発である．ビルバオの情報発信力の強化，重工業からの産業構造の転換，環境再生といった新たな都市再生戦略のシンボルとして「文化」をその主眼に据え施設整備，機能集積を図っている．

地区の再開発は，ビルバオ大都市圏における都市再生の推進機構であるBilbao Ria 2000によって実施され，マスタープランに基づいて，グッゲンハイム美術館，エウスカルドゥナ国際会議場・コンサートホールに加え，オフィス，大学，文化施設，住宅地，ホテル，ショッピングセンター，公園緑地等が整備されている．

アクセス改善と車両乗り入れ制限
再開発にあたっては地区内の計画のみならず，ビルバオ市街地との関係性を重視した都市構造の再構築が図られている．市街地とのアクセス改善として，LRTを敷設するとともに，対岸とのアクセス改善に向け橋梁を新設し，周辺を含めた一体的な再生を目指している．

一方，都心市街地ではバス，タクシー以外の自動車の乗り入れを制限するなど，自動車交通に依存しない都市への転換を図るなど，旧市街地とアバンドイバラ地区再開発が相互に連携しながら一体的に再生するシナリオが描かれている．

高低差のある市街地と水辺をつなぐ（ビルバオ・グッゲンハイム美術館とLRT）施設の断面図　1:1500

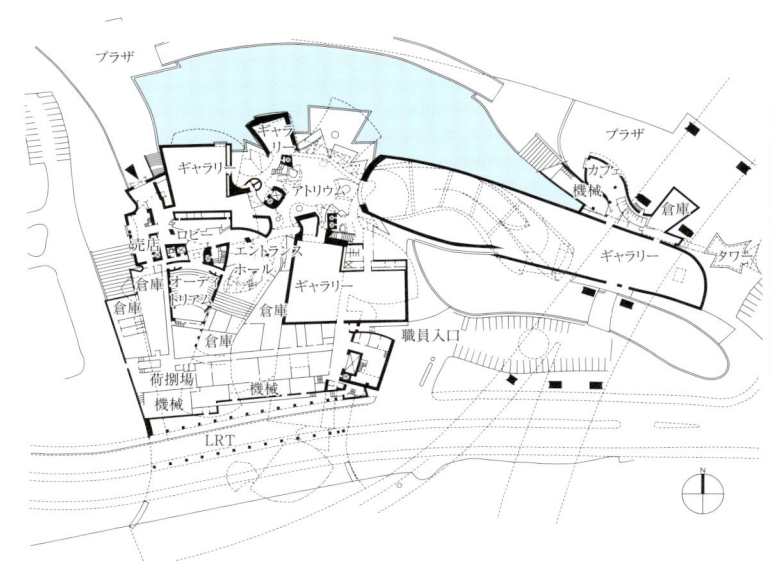

ビルバオ・グッゲンハイム美術館平面図　1:3000

地域性を反映した外観

204 ブラウンフィールド再生：タイヤ工場を文化複合施設へ1　Renewal of Brownfield: Conversion to Cultural Complex of Tire Factory

ミラノ・ビコッカ地区
- 所在地：Milano, イタリア
- 事業主体：ピレッリ社
- 協力：ミラノ市，ミラノ県，ロンバルディア州
- マスタープラン：Gregotti Associates
- 設計：Gregotti Associates, Gino Valle
- 事業期間：1985〜2010年
- 敷地面積：717,000m²

開発と歴史的建造物群の共存

ビコッカ地区再開発は，ピレッリ社の旧タイヤ工場跡地を，集合住宅・大学・事務所ビル・研究所・劇場などを中心とした文化複合都市へと約25年間かけて再生した民間主導型のプロジェクトである．工場の街路，街区をほぼそのまま生かし，シンボルである冷却塔を事務所ビルに転用するなど，旧工場地域の記憶を随所に残している．同時に鉄道，ライトレール，バスなどの公共交通網も整備されたため，ミラノ市街地中心部から約20分でアクセスできる良好な立地に変身した．

市街地に隣接したビコッカ地区　1:2000000

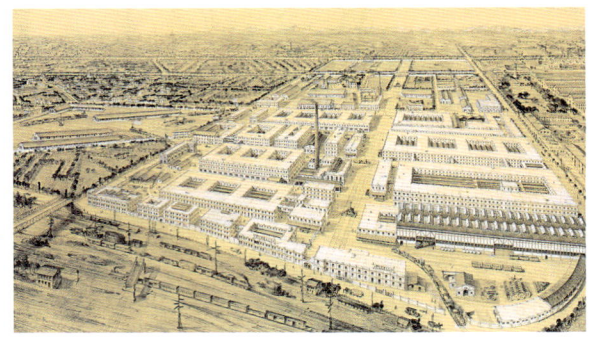

1922年当時のビコッカ地区ピレッリ工場

会議等で利用される創業時の建物

戸建ての職員住宅（手前）を残す

工場の部品を残しオブジェに利用

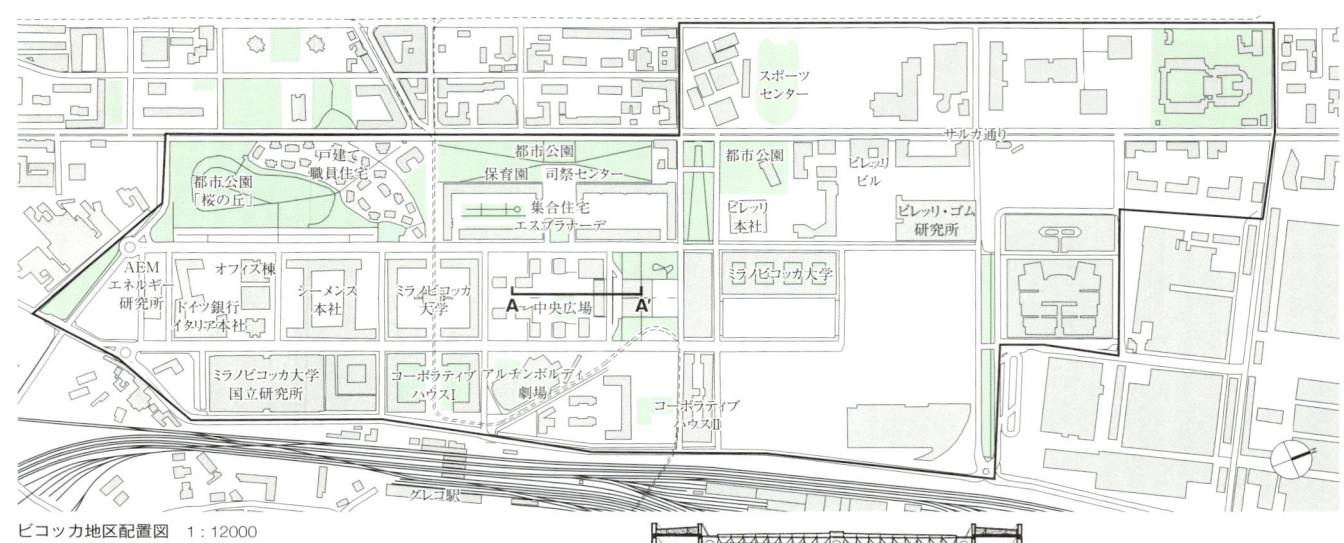

ビコッカ地区配置図　1:12000

旧冷却塔を改造した会議場内観

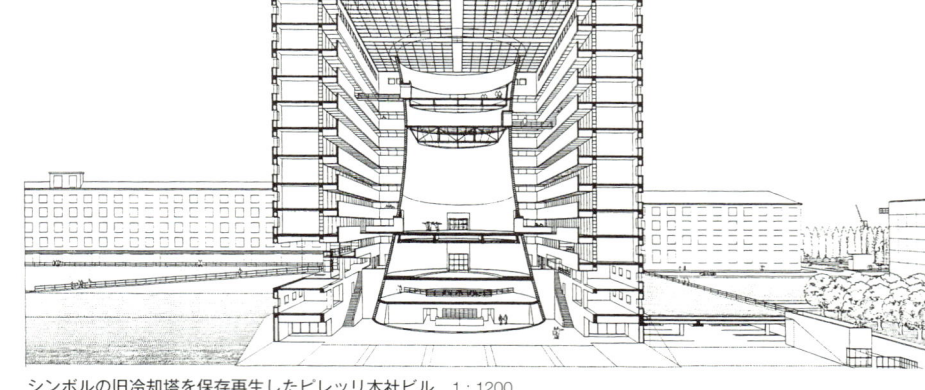

シンボルの旧冷却塔を保存再生したピレッリ本社ビル　1:1200

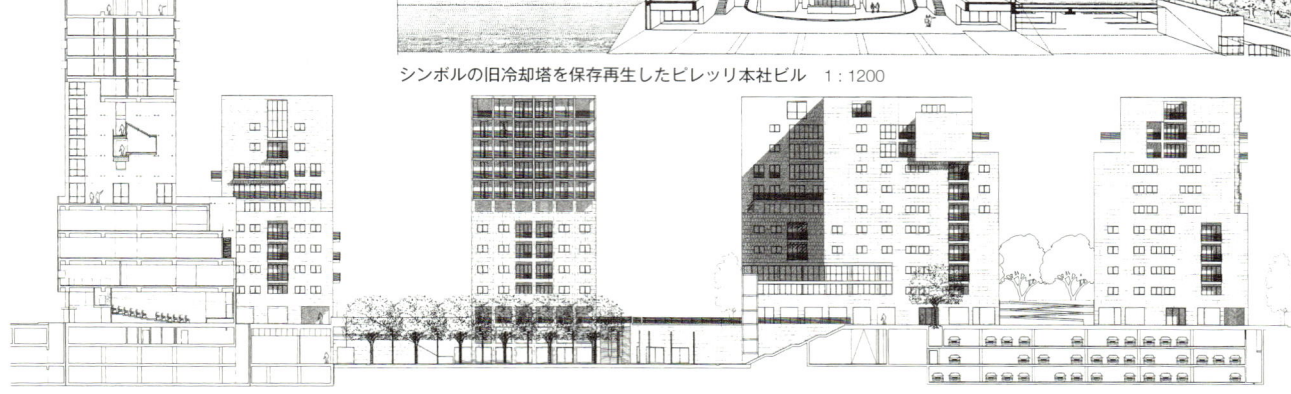

中央広場の断面図（A-A'）　1:1200

Chapter4　手法の重ね合わせ
- 都心再生
- 地域再生
- ウォーターフロント再生
- ブラウンフィールド再生
- 創造都市

Renewal of Brownfield: Conversion to Cultural Complex of Tire Factory
ブラウンフィールド再生：タイヤ工場を文化複合施設へ2

建設残土や建物解体時のガレキを再利用した都市公園「桜の丘」(B-B') 1:700

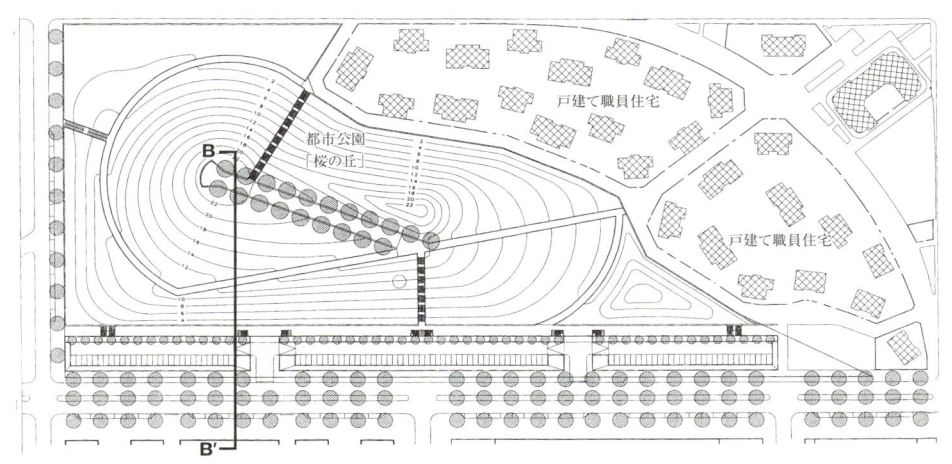

都市公園「桜の丘」と戸建て職員住宅 1:3600

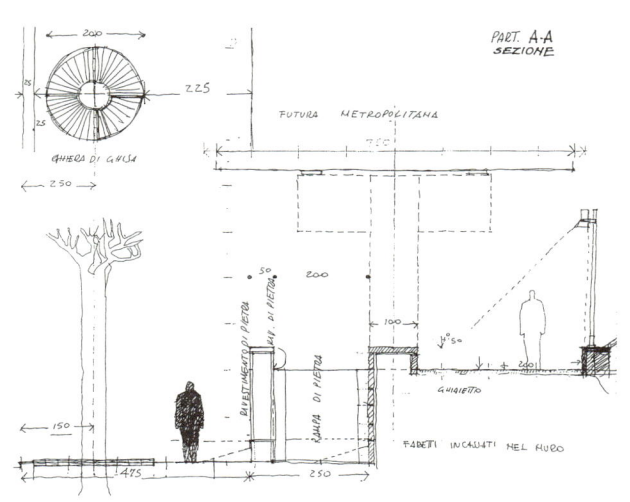

将来の地下鉄延長を配慮した歩行者道路計画 1:150

対象	面積
再開発対象敷地	717,000m²
緑地・道路・広場	253,000m²
運動場・サービス施設	78,000m²
開発延べ床面積	628,000m²
生産施設	135,000m²
住居施設	132,000m²
公共・文化施設（劇場等）	50,000m²
オフィス施設	227,000m²
学校・研究施設	114,000m²
商業施設	20,000m²

プロジェクトの用途別面積配分

ミラノビコッカ大学

アルチンボルディ劇場

デザインガイドラインを設けて統一感のある街並みを形成

統一感のある街並み

低床車を導入したトラム

旧工場のシンボル等を保存再生したマスタープラン

①既存の街路網を最大限に生かし，街路樹のある豊かな道路空間を形成する．
②旧工場の冷却塔を内部に取り込んだ事務所ビルなど，工場地域の記憶を残し，地区再生のシンボルとする．
③建設残土や建物解体時のガレキを利用した人工の丘を作り，周辺地域との間に緑の緩衝帯を設ける．また圧迫感を抑えるため，建物をセットバック配置するなど周辺環境に配慮する．
④街路をまたぐ歩行者ブリッジや駅の東西を連結するブリッジ，自動車トンネルなど，ビコッカ地区と周辺地域をつなげる広範囲な動線を確保する．

民間プロジェクトを自治体が特別地区に指定して支援

再開発は経済的に自立することを前提に進められ，開発資金は100%民間資本に拠った．敷地を各ロットに分割の上，分譲して資金の調達を行った．ミラノ市と再開発の調整をしながら，マスタープランは国際コンペにより選出した．

再開発プログラムはピレッリ社が策定した．ミラノ市は設計者案をもとにビコッカ地区の都市計画を変更し，1987年に特別地区の指定を行い，容積率，延べ床面積の上限，建築面積の下限，建物用途，用途別面積の上限および下限を規定した．他に建築面積，緑化面積，オープンスペースについてもガイドラインを設定している．また，道路や駐車場の現況を詳細に調査し，予測定住人口，昼間人口から，必要な交通体系と道路網を整備した．新規にバスやトラム（市電）路線を設け，地下鉄や市鉄道駅へのアクセスを確保している．

ガイドライン策定による統一感のある街並みを形成

建物の形状や外観デザインは設計者の主導で策定した．外壁の後退距離，高さ，色彩，設備機器の隠蔽，建物頂部のデザイン，窓の大きさ等についてガイドラインを設定している．マスタープランから設計および工事まで，同一設計者が統括的に計画したため，統一感のある街並みが生まれている．

創造都市：文化プログラムによる空間資産の活用1
Creative City: Utilization of Space Resources by Cultural Program

リンツ09
- 所在地：Linz, オーストリア

欧州文化首都

欧州文化首都は，欧州連合が1985年から行っているプログラムで，毎年1～2都市（2000年のみ9都市）で開催される．開催都市は，1年間を通して様々な文化プログラムを実施する．当初のねらいは「ヨーロッパの豊かな文化的多様性に光を当てながら，共通の文化遺産とアートの活力を強調していく」というものであったが，回数を重ねるにつれ，文化政策の開発ツールとしての広範な有用性が認められるようになった．1990年にグラスゴーが欧州文化首都を機に中心市街地の再生を為し遂げてからは，特に都市再生の触媒としての役割が認識され，近年はより長期的なインパクトが期待されるようになってきている．欧州文化首都を誘致する都市は，自都市の持つ文化的・空間的資産を活かしこの機会を活用する戦略を練る．

2009年に欧州文化首都となったリンツは，オーストリア北部の人口19万人の都市である．ドナウ川に間近い中央広場と鉄道駅とをつなぐメインストリートの周囲に広がる中心市街地は，ドナウ川を越えた新市庁舎の辺りまで続いている．中心市街地には，現代アートセンターのOKセンター（Offenes Kulturhaus），現代美術館のレントス，扇状のコンサートホールのブルックナーハウスなどの文化施設が充実しているが，特にメディアアートのパイオニア的存在であるアルスエレクトロニカ・センターは世界的にリンツの文化シーンを特徴付ける存在と言える．

リンツの欧州文化首都は，世界の目を引くような派手な目玉イベントを企画するというよりは，まちなかに散在する会場で来街者も住民も楽しめるようなプロジェクトを多く実施するようなプログラムであった．また，欧州文化首都を機に，アルスエレクトロニカ・センターの増改築，OKセンターの増築および改修，旧市街のリンツ城ミュージアムの新館増築，プロメナーデの整備，広場の再整備など，文化施設や公共空間を充実させるハード整備が行われた．

リンツ09組織の収入・支出はそれぞれ6,867.6千万ユーロであった．また，ハード整備には市と州が合わせて約3.38億ユーロを投資している．66か国からの約5,000人のアーティストや文化関係者が参画して，大小220のプロジェクトが企画され約7,700のイベントが行われた．文化プログラムは年間を通して行われたが，5月から9月には特に多くのプログラムが開催された．リンツの観光も活性化し，宿泊客は9.5%増となった．

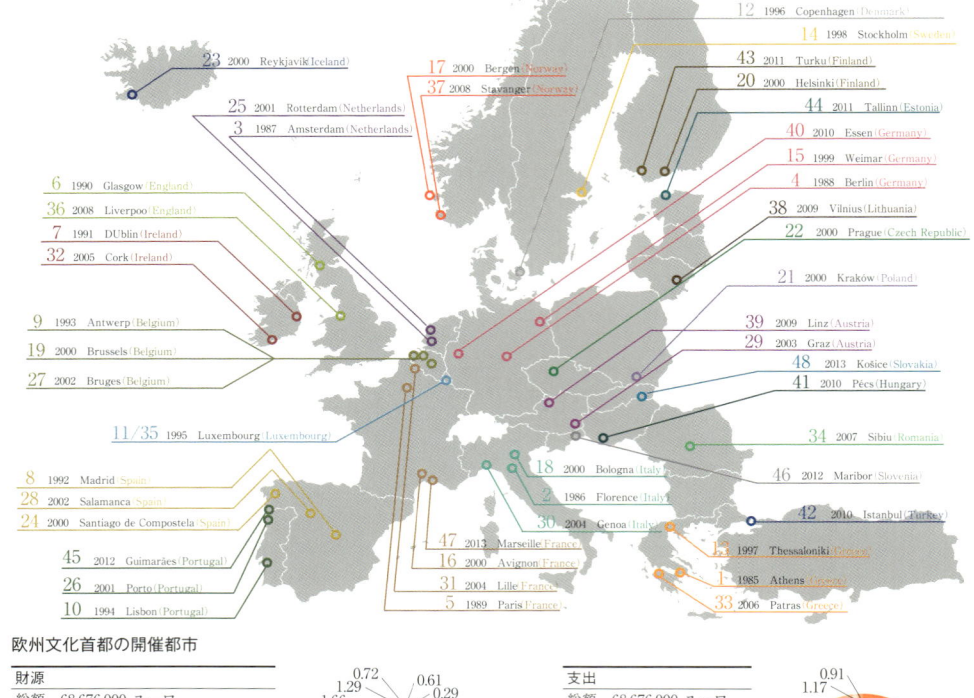

欧州文化首都の開催都市

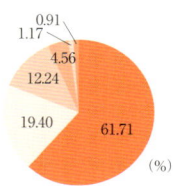

リンツ09の収支（2009年12月）

財源	
総額	68,676,000 ユーロ
オーストリア共和国	29.12%
オーバーエスターライヒ州	29.12%
リンツ市	29.12%
スポンサー	5.88%
欧州連合	2.18%
チケット売り上げ	1.66%
プロジェクト・サポーター	1.29%
関連商品売り上げ	0.72%
その他	0.61%
権利利用料など	0.29%

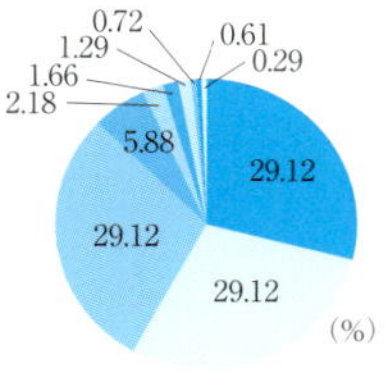

支出	
総額	68,676,000 ユーロ
プログラム	61.71%
マーケティング	19.40%
人件費	12.24%
材料費・運営費	4.56%
資本準備金	1.17%
投資金	0.91%

リンツ09の来訪者数

時期	来訪者数
2009年	2,903,000人
2006-2008年（プレイベント）	580,000人
合計	3,483,000人

リンツ09が開催されるまでのあゆみ

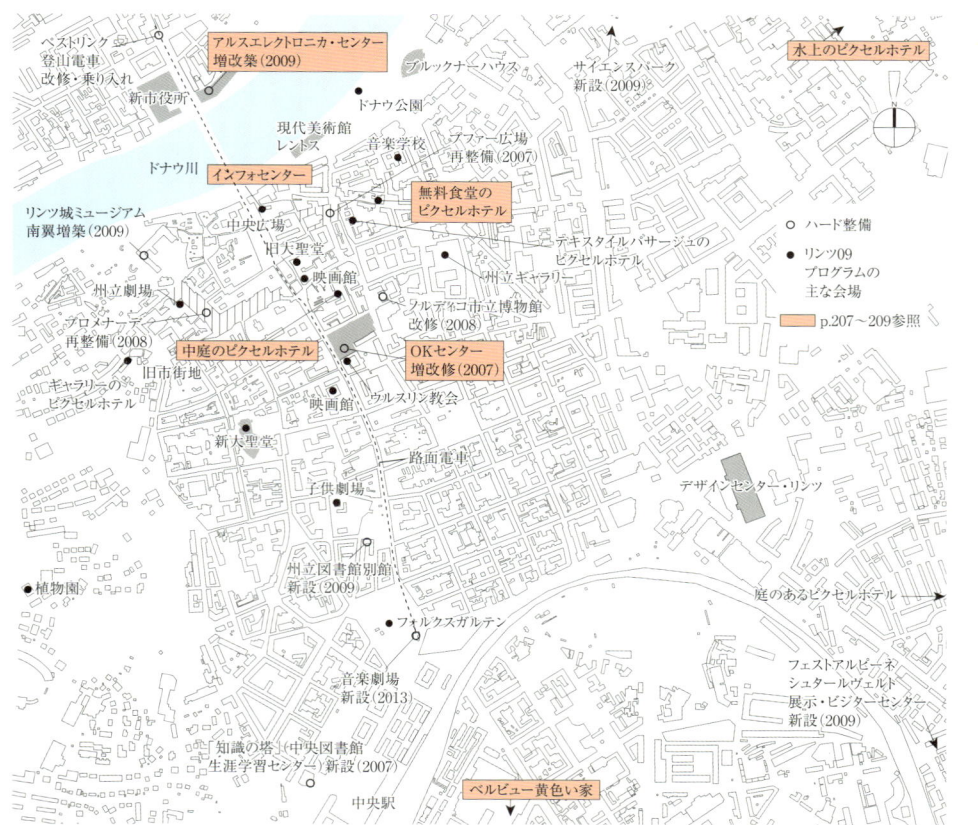

1990年代初頭	市が欧州文化首都招致への関心を表明
1998年5月	予行演習を兼ねて「欧州文化月間」を実施
2000年	市の文化開発計画策定
2001年	招致のための専門家グループ結成
2004年	市議会，次いで国の閣議でリンツの推薦が決定
2005年	欧州連合がリンツを2009年欧州文化首都に認定
2005年	リンツ2009有限会社設立（市の100%子会社，必要に応じて国や州からの寄付を受ける）
2005年	アーティスティック・ディレクター等着任
2009年	欧州文化首都「リンツ09」

リンツ09に伴うハード整備とプログラムの主な会場

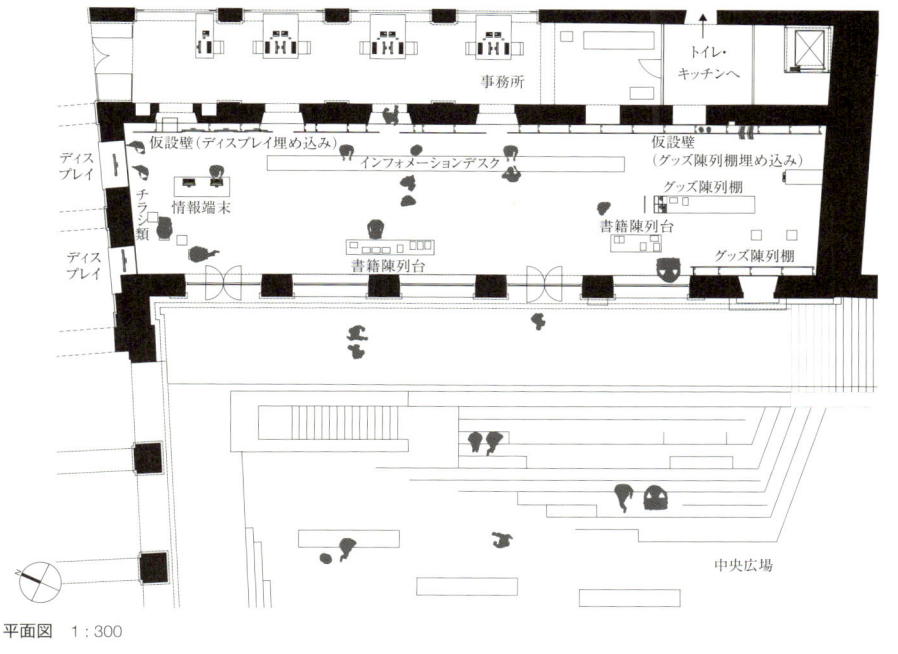

Creative City: Utilization of Space Resources by Cultural Program 創造都市：文化プログラムによる空間資産の活用2

平面図 1:300

断面図 1:300

リンツ09インフォセンター

中庭のピクセルホテル配置図 1:5000

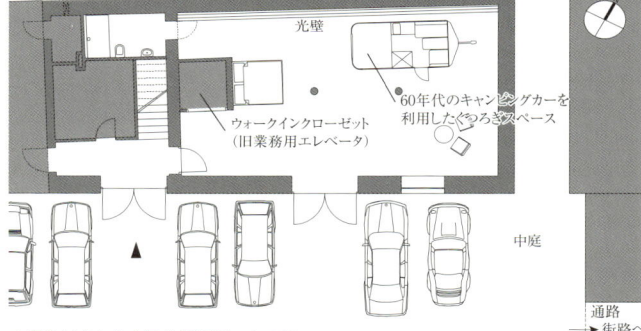

中庭のピクセルホテル平面図 1:300

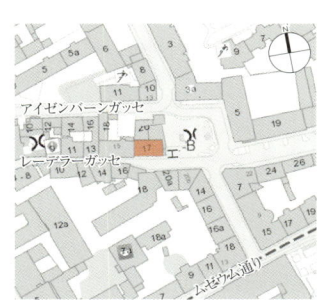

無料食堂のピクセルホテル配置図 1:5000

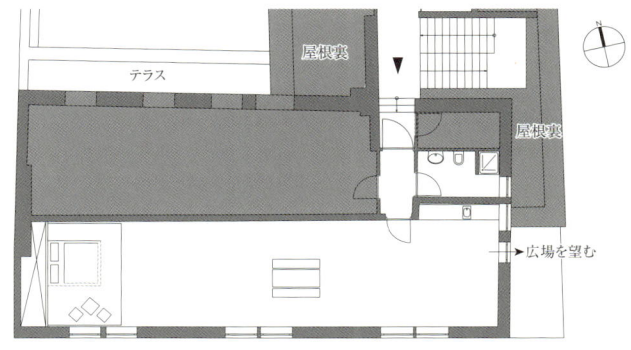

無料食堂のピクセルホテル平面図（3階） 1:300

水上のピクセルホテル配置図 1:5000

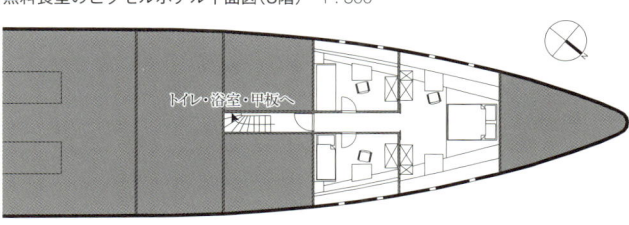

水上のピクセルホテル平面図（下甲板） 1:300

ピクセルホテル

リンツ09インフォセンター
- 所在地：Linz, オーストリア
- 設計：Caramel Architekten ZT Gmbh
- 建設：2009年
- 床面積：235m²（室内）350m²（屋外）
- 敷地面積：800m²

広場に面した情報センター

中央広場に面した建物の1階にリンツ09の情報センターが開設された．インフォメーションデスクやチラシ類によって様々なプロジェクトの情報が得られるほか，関連グッズや書籍の販売も行う．壁の厚い既存建物に対して，入りやすい情報センターとする工夫がなされた．広場と1階のレベル差を埋めるため，建物前面に緩い階段状のスペースを設け，その人工地形を連続させたような陳列台やデスクが室内に配されている．また，室内奥の長手方向の壁面，インフォメーションデスクや陳列台，室内床，建物前面スペースまでを，テーブルクロスを広げたような連続するパターンで仕上げている．

リンツ09インフォセンター

ピクセルホテル
- 所在地：Linz, オーストリア
- 設計：Sabine Funk, Michael Grugl, Jürgen Haller, Richard Steger, Christoph Weidinger, Christian H. Leeb
- 建設：2007〜2008年

町中に織り込まれた宿泊室

町に点在する空き室をホテルの一室として滞在できるようにし，来訪者に「町の物語」を身近に体験してもらうためのプロジェクト．若手建築家グループによって提案され，内装設計も彼らの手による．町中のそれぞれ個性的な敷地が選定され，6室がオープンした．欧州文化首都終了後は室数を減らしながらも宿泊事業は継続されており，ドナウ川沿いのいくつかの都市にも派生している．

「中庭のピクセルホテル」は，家具工房をリノベーションした一室である．中心市街の街路からさらに建物の通路をくぐった中庭に面している．この建物は1786年に建設され，改修を重ねられてきた．「無料食堂のピクセルホテル」は，広場に面した建物の3階にある．この建物は慈善団体から市が買い取り，19世紀末から1968年まで貧困者のための無料食堂として使われていた．1920年代に改装され，ネオゴシックと表現主義を組み合わせた外装になっている．「水上のピクセルホテル」は，ドナウ川に係留された古い船の中にある．欧州文化首都のための仮設多目的ホールにも近い港に位置する．

208 創造都市：文化プログラムによる空間資産の活用3　Creative City: Utilization of Space Resources by Cultural Program

OKセンター「ヘーエンラウシュ展」
- 所在地：Linz, オーストリア
- 設計：アトリエ・ワン
- 期間：2009年5月～10月

都市の上空を巡り，アートに出会う

現代アートセンターのOKセンターは，リンツ09に合わせて「ヘーエンラウシュ展（Höhenrausch＝高所恐怖症）」と題し，高さをテーマにした展覧会を開催した．この展覧会は，欧州文化首都関連で最も集客の多かったプロジェクトのひとつになった．通常の展示室も使われるが，主たる展示は屋上レベルに展開する．

展示室から屋上レベルに突き出した木製の仮設階段は，木道となって隣接する立体駐車場と百貨店の屋上に配された作品の間に枝を広げていく．この木道「リンツ・スーパー・ブランチ」はメインストリート上に張り出したり各方向を臨む視点場を設けて，リンツの上空を歩き回るような体験をもたらす．

展示は，1960年代の大観覧車，体重が35kg軽くなる体験ができるバルーン「ラビリンセティス」，トレーラーを縦置きにしたキオスク，傘に落ちる水音がメロディを奏でる装置「レインダンス」など，オープンエアで高さを楽しむ作品が多く発表された．

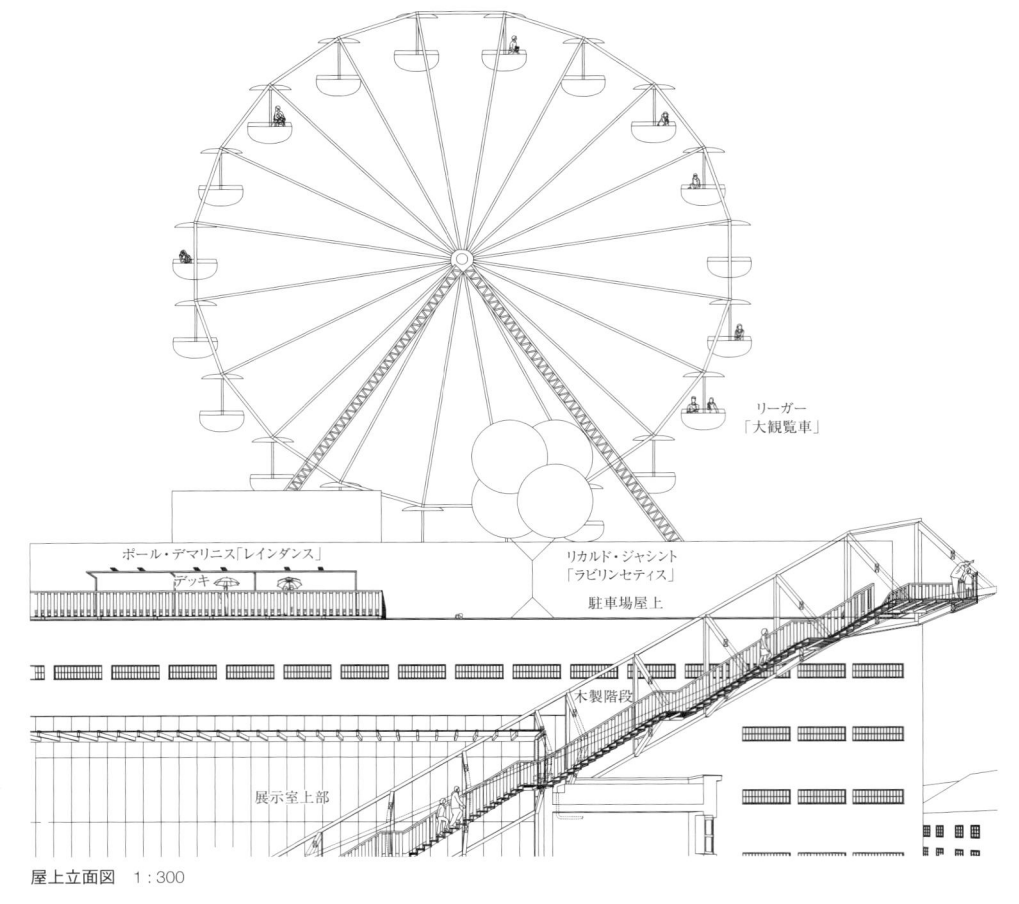

屋上立面図　1:300

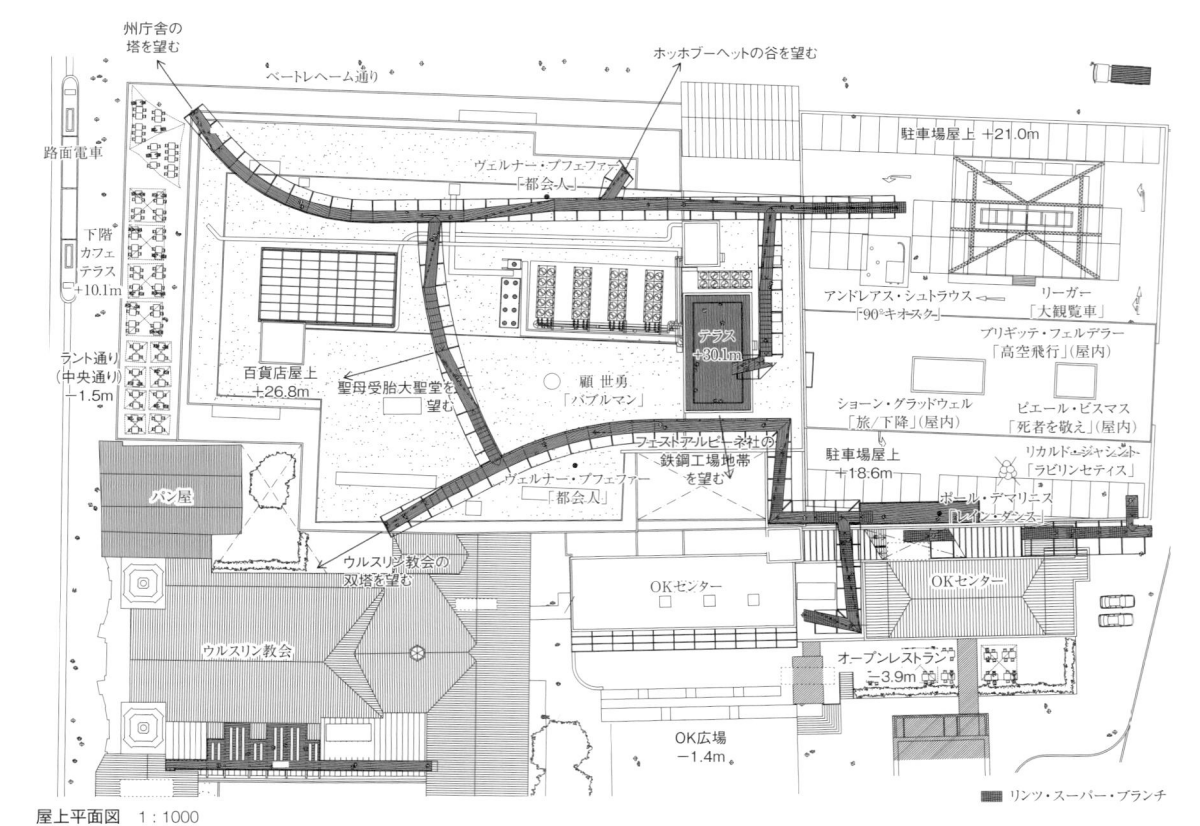

屋上平面図　1:1000
OKセンター「ヘーエンラウシュ展」

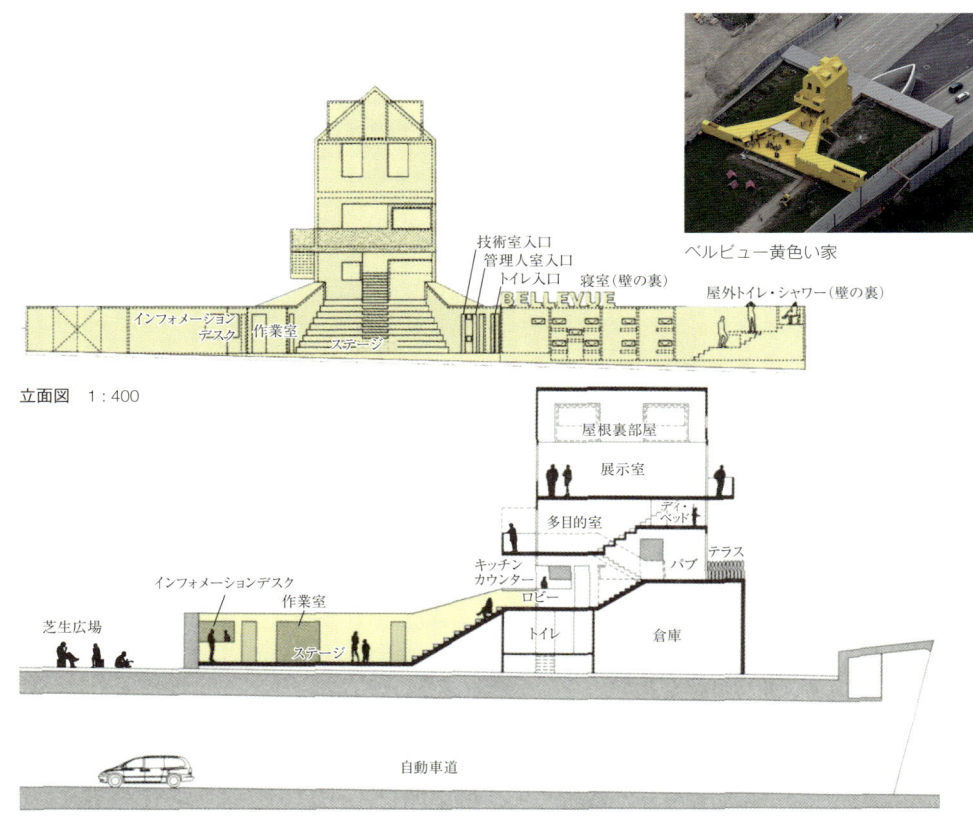

Creative City: Utilization of Space Resources by Cultural Program **創造都市：文化プログラムによる空間資産の活用4**

立面図 1:400

断面図 1:400
ベルビュー黄色い家

平面図 1:1000

断面図 1:1000
アルスエレクトロニカ・センター

ベルビュー　黄色い家
- 所在地：Linz，オーストリア
- 設計：Peter Fattinger, Veronika Orso and Michael Rieper
- 期間：2009年6月〜9月

ベルビュー黄色い家

市民とアーティストの創造的楽園
中央広場から南に約4km，2006年に新設された自動車道トンネルの上の緑地に3か月間だけ出現したベルビューでは，アーティストと住民が一緒に作品制作やイベントを行った．切妻屋根の建物は全体が黄色くペイントされており，階段状の広場と緑地の幅いっぱいに延ばした両翼の壁でイベントの背景を作り出す．夏季限定のためオープンな建物となっており，前面のステージから階段広場，キッチンカウンターのあるロビー，パブと外のテラスへと人々を導く．ここでの活動を支えるために，展示室，多目的室，工具等の備えられた作業室，インターネットブース，メディアルーム，アーティスト等のための寝室6室がある．子どもから高齢者まで地域の住民の憩い，活動を楽しむ場となった．

アルスエレクトロニカ・センター増築
- 所在地：Linz，オーストリア
- 増築設計：Treusch Architecture
- 増築：2008年
- 建築面積：6,500m²（増築前2,500m²）

川辺を開く創造拠点の拡張
アルスエレクトロニカは1979年のフェスティバルに始まり，コンピュータアートの世界的な賞であるプリ・アルスエレクトロニカを創設，1996年にアルスエレクトロニカ・センターを開設して，展示施設とともに研究施設フューチャーラボを設けた．この施設が欧州文化首都を機に増築された．

アルスエレクトロニカ・センターは中央広場からドナウ川を渡った対岸の橋のたもとに位置する．メインストリート沿いにあった既存施設を覆い，ドナウ川に沿って地下階を延長した先にフューチャーラボ棟を立ち上げ凹型断面を形づくる増築が行われた．地下展示室の上部は街路レベルのメインデッキとなっており，ピクニックテーブルが置かれ，カフェや教会のある市街地をドナウ川河畔に開く．メインデッキは展示やイベントにも使われ，フューチャーラボ棟の上部デッキからつながる階段が客席となる．

建物を覆う二重のガラスのファサードは，4万個のカラーLEDにより様々な光の演出ができる．対岸の現代美術館レントスのガラスファサードも光の演出がなされており，夕刻からはドナウ川を隔てて対峙する両文化施設の光の競演が見られる．

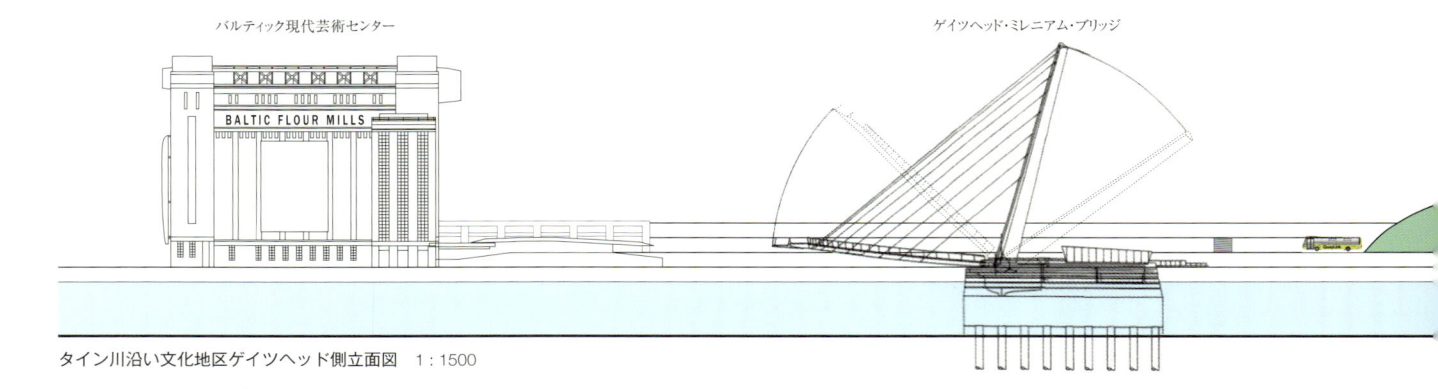

創造都市：文化的アイコンと体験のデザインで再生する1
Creative City: Regeneration with Cultural Iconic Buildings and Designing Experiential Processes

タイン川沿い文化地区ゲイツヘッド側立面図　1:1500

ニューカッスルゲイツヘッド
- 所在地：Newcastle upon Tyne and Gateshead, イギリス

文化牽引型の都市再生

タイン川を挟んで隣り合うニューカッスル・アポン・タインとゲイツヘッドは，中世より炭鉱業が盛んであった．19世紀になると造船等の工業で飛躍的に発展し，その繁栄を背景にグレインジャー・タウンと呼ばれるニューカッスル中心市街地が再整備された．しかし，20世紀半ばには主幹産業が急速に衰退し，地域は活気を失った．長期間にわたる深刻な不振の後，ニューカッスルでは，川沿い地区の商業・レジャー開発計画や，グレインジャー・タウンの街並みを保全再生し商業を中心に混合用途の事業を促進するプロジェクトが進んだ．

同じ頃，ゲイツヘッドでは文化への投資が始まり，これが「文化牽引型都市再生」となっていく．後に両市はパートナーシップを組み，「ニューカッスルゲイツヘッド」の名称で都市再生を進めることになる．

文化牽引型都市再生の可能性を最初に顕在化させた彫像エンジェル・オブ・ザ・ノースによって，街の人々が「アートによって都市が変わる」ことを実感するようになっていった．次いで，ゲイツヘッド側のタイン川沿い地区で，歩行者・自転車橋ゲイツヘッド・ミレニアム・ブリッジ，バルティック現代芸術センター，セージ・ゲイツヘッド音楽ホール（以下それぞれ，ミレニアム・ブリッジ，バルティック，セージ・ゲイツヘッド）と，3つの文化的アイコンが立て続けに実現し，ドックや倉庫の広がる旧世紀の景観は，歴史と現代性が融合した景観に生まれ変わった．

ミレニアム・ブリッジは両市を結ぶ初めての歩行者橋で，両岸のヒンジを中心に回転させることで船を通すデザインである．その立面は，1928年に建造され工業都市の誇りを象徴したタインブリッジと相似形をなす．バルティックは1950年代の製粉工場のリノベーションである．外壁のみを残して新しい床を挿入し，展示室等のアートスペースを設けた．また，カフェ，ショップ，テラスなどを低層部に新設しミレニアム・ブリッジのたもとの広場に開いた．ガラスの三次元曲面で覆われたセージ・ゲイツヘッドは，彫塑的な姿で新たな景観を印象づけている．

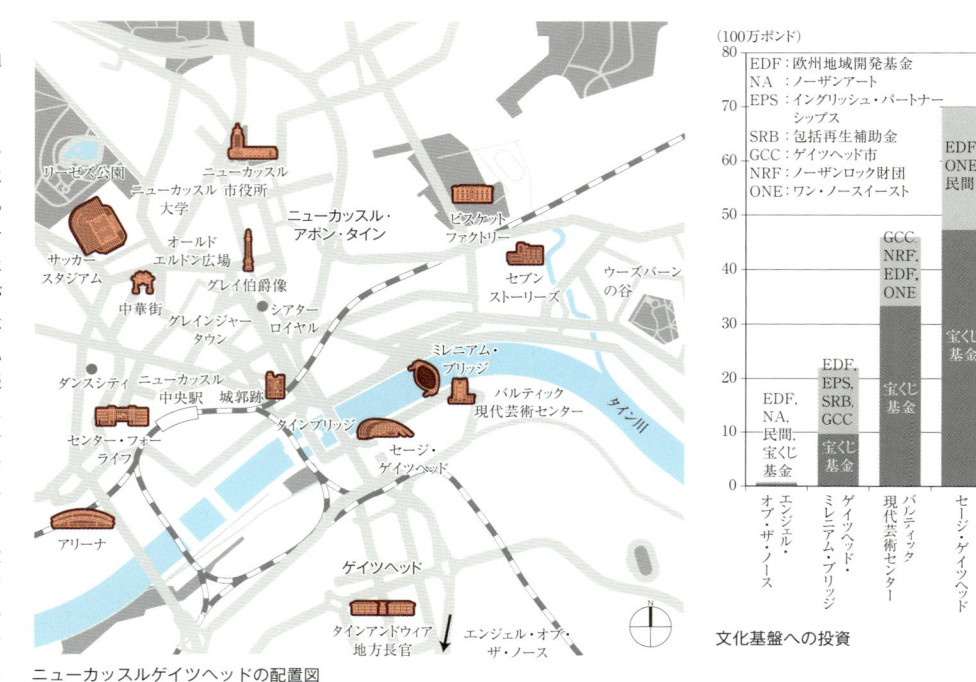

ニューカッスルゲイツヘッドの配置図

文化基盤への投資

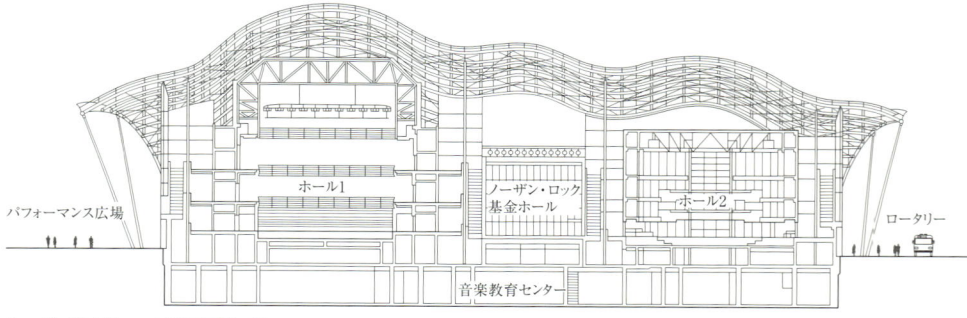

セージ・ゲイツヘッド断面図（A-A'）　1:1000

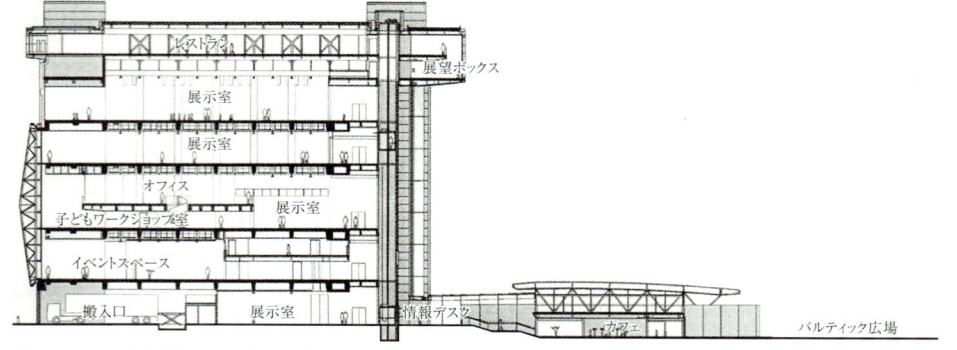

バルティック現代芸術センター断面図（B-B'）　1:1000

創造都市：文化的アイコンと体験のデザインで再生する2
Creative City: Regeneration with Cultural Iconic Buildings and Designing Experiential Processes

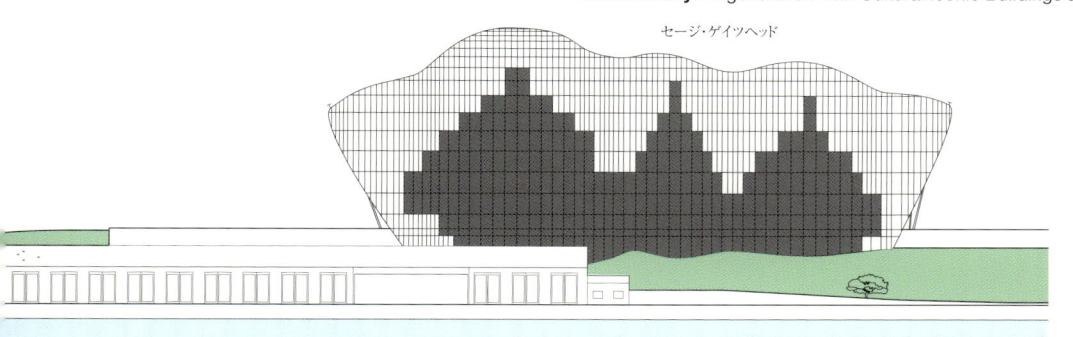

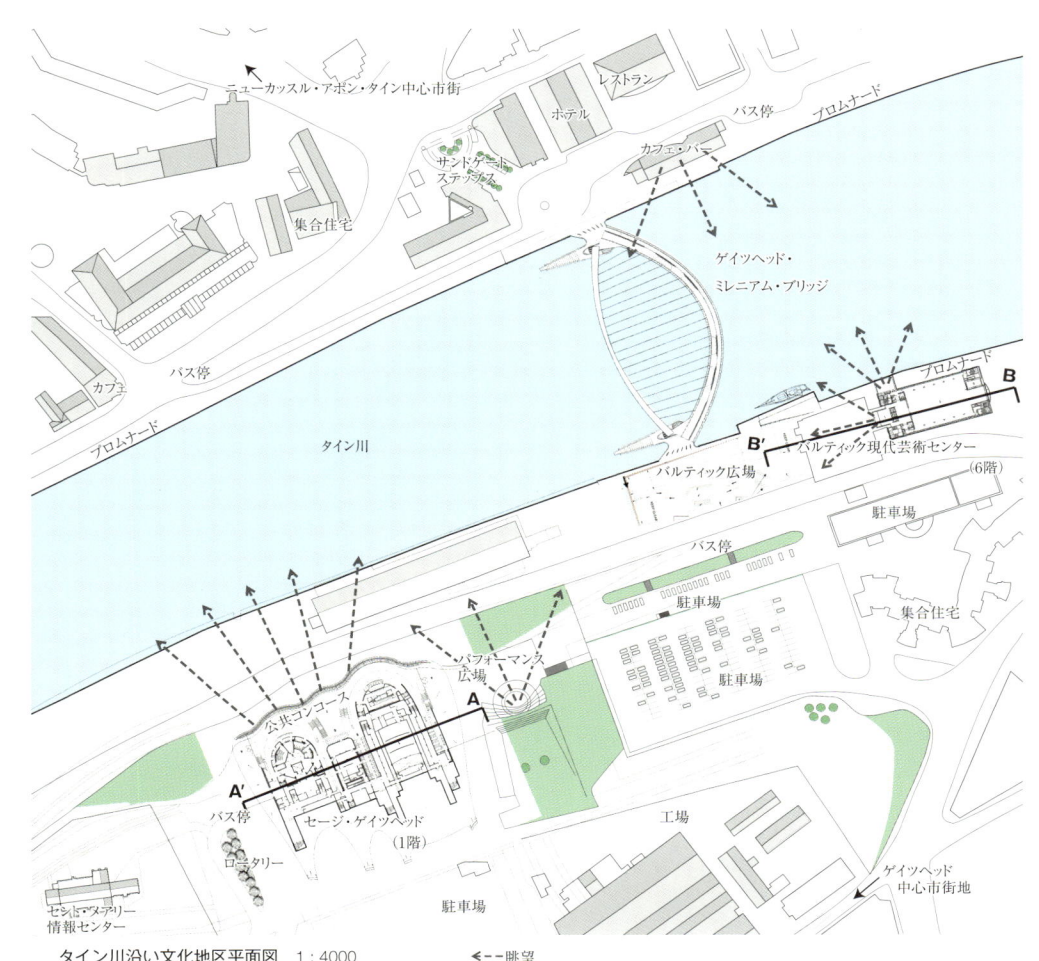

豊富な参加型プログラム
バルティックはコレクションを持たず、企画展と参加型プログラムを主たるコンテンツとする。川に面した北西端タワーにはワークショップ室やレクチャー室があり、3階には子どもワークショップ室、図書室、アーカイブなどがある。

セージ・ゲイツヘッドは、立面にもその形が表れているように、地上部に3つのホールを持つ。地下階は市民のために楽器の練習やワークショップに使える25の室をもつ音楽教育センターとなっており、市民利用率の高い音楽施設である。

ビューポイントの整備
ビューポイントがあちこちに配され、再生された川沿いの景観を様々な視点場から楽しむことができる。ニューカッスル側には、ミレニアム・ブリッジのたもとにガラス張りのカフェ・バーがあり、対岸の景観を楽しむ人々で昼夜にぎわう。ゲイツヘッド側の土手に建つセージ・ゲイツヘッドの1階は公共コンコースとなっており、水辺のパノラマを一望できる。バルティックは、5階北西側の展望テラスや6階西側の展望ボックスなどが設けられ、新旧の融合した川辺と遠景のニューカッスル中心市街を見晴らすことができる。

公共交通アクセスの確保
タイン川沿い地区はニューカッスル、ゲイツヘッドのどちらの中心市街地からもはずれた場所のため、通常のバス路線網とは別にキーリンクという黄色い電気バスの路線網を整備した。川沿いの文化地区、両市の中心市街地、ウーズバーン地区を結んでいる。

ゲイツヘッド・ミレニアム・ブリッジ
- 設計：Wilkinson Eyre Architects
- 建設：2001年
- スパン：105m ●幅員：9.5m（有効幅員歩道4m+自転車道2.5m）

バルティック現代芸術センター
- 改修設計：Ellis Williams Architects
- 改修：2002年 ●床面積：13,200m²

セージ・ゲイツヘッド
- 設計：Foster+Partners
- 建設：2004年
- 床面積：20,000m²
- 建築面積：8,584m²

タイン川沿い文化地区平面図　1:4000

ウーズバーンの谷
大規模な建設を伴うタイン川沿いの文化地区再生に対して、草の根型・ストック利活用型の創造的地区として認められているのが、ウーズバーン地区である。タイン川に注ぐウーズバーン川の小さな谷は、17世紀から工場が立地し地域の産業革命の震源地となった。しかし、地形的に大規模工場が建設できなかったため、発展から取り残され、産業革命初期の雰囲気を色濃く残している。

1980年代初頭から、劇団の練習場、アトリエ、スタジオなどが使われなくなった工場に入り始め、次第に創造コミュニティが形成されていった。当時ニューカッスル側のタイン川周辺で進んでいたクリアランス型大規模再開発計画がウーズバーンにも及ぶことを危惧した住民やアーティストが地域を守るための組織を作り、後年トラストに発展している。

1990年代後半からはウーズバーン地区にも投資が増え始め、パブ、ギャラリーやアトリエ、パブリック・アートが急増する。アーティストによるスタジオとギャラリーを兼ねたマッシュルーム・ワークス（2004）、商用ギャラリーのビスケット・ファクトリー（2006）などはその代表例である。国立児童書センター・セブン・ストーリーズ（2005）も開館し、訪れる世代の幅も広がった。近年では、デジタル産業などの小規模創造産業のシェア・ワークスペースも作られている。

これらの施設のほとんどは、かつての工場や倉庫などのコンバージョンである。草の根から始まり公的に認められるようになるという、タイン川周辺地区とは逆のプロセスを辿っているが、古く小規模な産業遺構が多いという特徴があったからこそそれが可能であったとも言える。

かつて開発の危機にさらされたウーズバーン地区は、その後ニューカッスル市の保存地区に指定されるとともに、再生戦略で創造地区と位置づけられた。同時に、タイン川沿い地区、グレインジャータウン、ニューカッスル中央駅周辺地区も文化活動の盛んな地区と位置づけられている。

ビスケット・ファクトリー内観
（撮影：Paul Robertson）

セブン・ストーリーズ

創造都市：文化的アイコンと体験のデザインで再生する3
Creative City: Regeneration with Cultural Iconic Buildings and Designing Experiential Processes

アートで世界の目を引く

ニューカッスルゲイツヘッドの文化牽引型都市再生において，最初に大きなインパクトを与えたのが，彫刻エンジェル・オブ・ザ・ノース（北の天使）である．閉山した炭鉱跡の風の強い丘の上で，54mの"羽"を広げている．地域の歴史を象徴する耐候性鋼鉄で作られており，総重量は208トンになる．計画が発表された当初市民や各種業界から大きな反対があったが，完成すると国内外からの大きな反響もあり，大多数が賛成に転じた．初年度に35万人が訪れ，地域に新たなアイコンが生まれたことを印象づけた．

バルティックは，その開設準備中から大胆なアートプロジェクトを実施した．製粉工場を改修する過程で，外壁だけを残した巨大ヴォイド空間を使って，Anish KapoorのTaratantaraという作品を公開し，来る現代芸術センターのポテンシャルを国内外に知らしめるとともに地域の人々にアートの驚きと魅力を体感させた．その翌秋には，建設中の外壁に対岸からテキストを投影するJenny Holzerの作品も公開された．

プロセスを通して景観を届ける

労働者の多いこの地域は，現代アートを受け入れる土壌に乏しいと考えられていたが，バルティックには開館直後から多くの市民が訪れ，人気を博した．開設準備中に，上述のアートプロジェクトに加えて，16号に及ぶニューズレターを発行し，施設やアートについて伝え続けたことで，現代芸術センターへの期待感が醸成されていった結果である．

エンジェル・オブ・ザ・ノースの制作の過程では，地域の学校での教育プログラムや市民ワークショップが開催された．作品は胴と両翼に分けて制作され，現地で一日で組み立てられた．その様子を見に数千人の市民が集まった．

ミレニアム・ブリッジは，タイン川下流の工場で組み立てられ，3万6千人の市民が見守るなか，欧州最大のクレーン船でタイン川を運ばれて町にもたらされた．

市民にとっては，新しい景観を生み出す開発のプロセスが体験を伴って届けられることで，より自分たちのものであるという実感を持つことができる．ニューカッスルゲイツヘッドの都市再生では，優れたプロセス設計を見ることができる．

エンジェル・オブ・ザ・ノース
- 所在地：Gateshead, イギリス
- アーティスト：Antony Gormley
- 構造設計：Arup
- 設置：1998年
- 幅：54m
- 高さ：20m

Taratantara
- 所在地：Gateshead, イギリス
- アーティスト：Anish Kapoor
- 構造設計：Neil Thomas
- 期間：1999年7月～9月

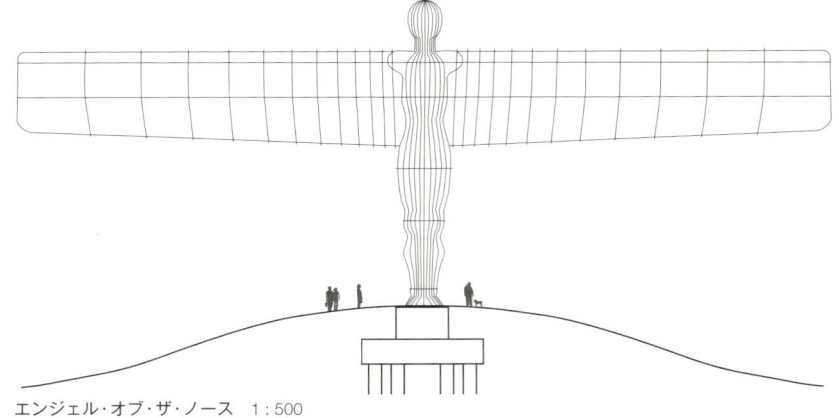

エンジェル・オブ・ザ・ノース　1:500

1号	ディレクター挨拶，建築断面図，プレオープニング・プログラムB4B紹介
2号	「B.MERZ」クルト・シュヴィッタース紹介
4号	クルト・シュヴィッタース特集（市内ギャラリーでの展覧会に際して）
5号	「B.KAPOOR」アニッシュ・カプーア特集（Taratantaraインスタレーションに際して）
6号	スーザン・ヒラー，DVDプロジェクト「フラッシュ」，Taratantara報告
7号	コレクションを持たないこと，設立経緯
8号	現代アートセミナー報告，パース等建築紹介
9号	「B.INSIDE」建築特集，家具，独自フォント
10号	「B.HOLZER」ジェニー・ホルツァー特集（工事現場での作品展示に際して）
11号	マライケ・ファンヴァルメルダム，ホルツァー作品報告
12号	ストックホルム現代作家，ナポリでのTaratantara，アーティスト・イン・レジデンス
13号	グレナン&スペランディオ特集（B4B作品発表に際して）
14号	「B.OPEN」に向けて，B4B，「B.INSIDE」，「B.STAFF」
15号	アートがかき立てる世界への問い（B4Bによる）
16号	「B.OPEN」オープニング展の紹介，施設紹介，「B.THERE」

バルティック現代芸術センター　オープンまでのニューズレターの内容

Taratantara

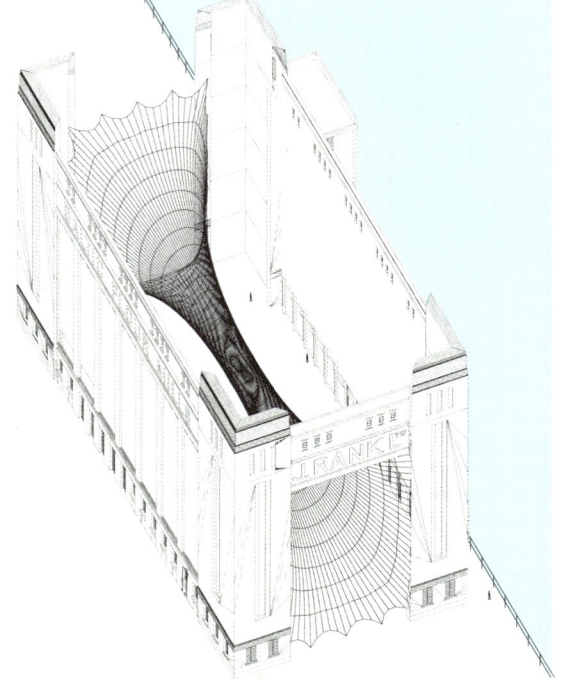

施工中のバルティック現代芸術センターでのTaratantara

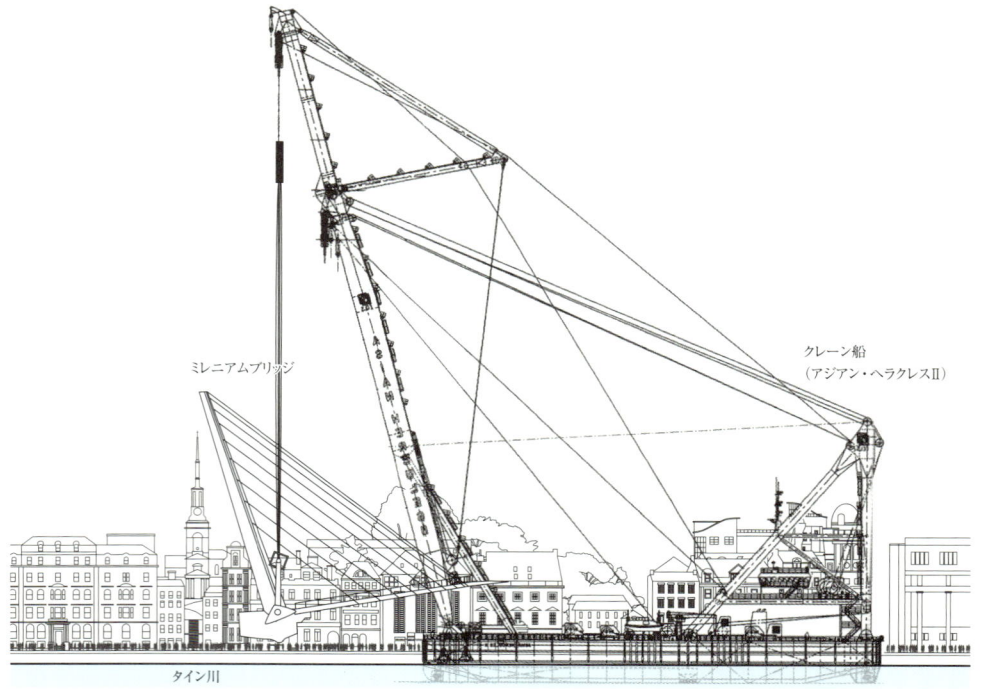

ミレニアムブリッジを運ぶクレーン船　1:1500

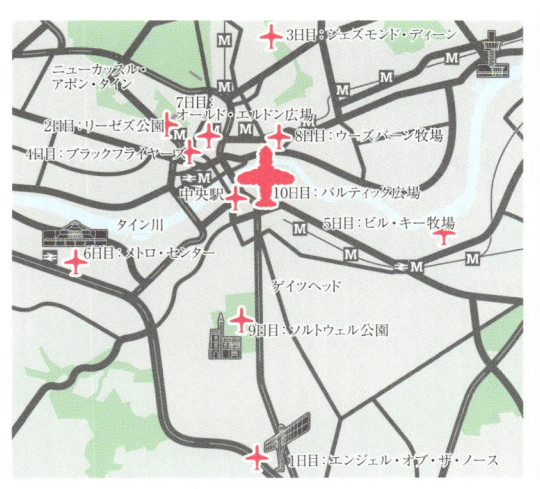

創造都市：文化的アイコンと体験のデザインで再生する4
Creative City: Regeneration with Cultural Iconic Buildings and Designing Experiential Processes

ピクノポリス開催マップ

ピクノポリス：エンジェル・オブ・ザ・ノース平面図　1：1000

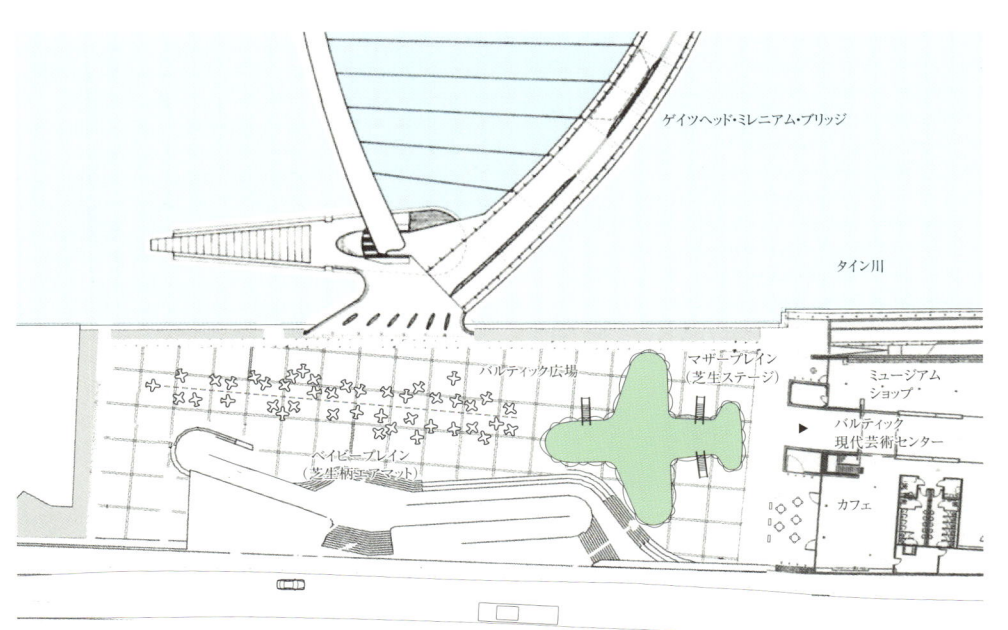

ピクノポリス：バルティック・スクエア平面図　1：1000

Spencer Tunickの「Naked City」

La Fura dels Bausのパフォーマンス

大型帆船レース

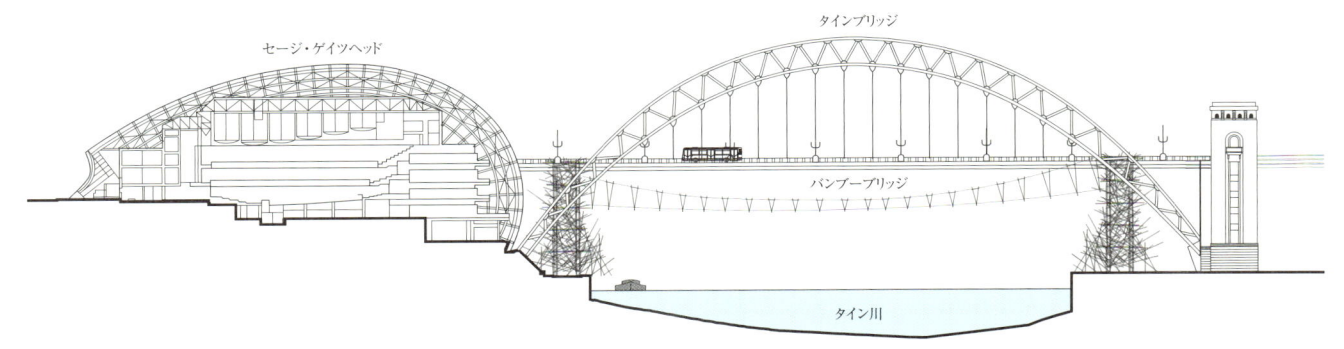

バンブー・ブリッジ　1：1500

再生された都市空間を文化体験のステージにする

ニューカッスルゲイツヘッド・イニシアティヴは，両市の「2008年欧州文化首都」誘致活動の中心組織であったが，最終選考でリヴァプールに敗れると，誘致のために集めた資金で，独自の「文化首都」をつくり出すことを目標に掲げた．ニューカッスルゲイツヘッド・イニシアティヴが中心となり，バルティックやセージ・ゲイツヘッドなど様々な文化施設との協力のもと，再生された都市空間や施設を使った多彩な文化プログラムが実施された．

たとえば，1,700人の全裸の人々の群れがミレニアム・ブリッジやセージ・ゲイツヘッドとともに写真に収まるSpencer Tunickの「Naked City」で全英を驚かせ，造船ドックではスペインの曲芸団La Fura dels Baus のパフォーマンスに練習を重ねた市民が参加し，毎年行われる欧州を巡る大型帆船レースをタイン川に誘致した．東京ピクニッククラブは，川沿い地区と町の歴史や個性を体現する10の風景を巡って公共空間にピクニックフィールドを出現させ，オーストラリアのBambucoは，竹とケーブルで組んだ橋をタイン川にかけた．

文化施設を整備するだけでなく，アートや文化を通して市民自身が再生された都市空間を体験するような機会を作り続けている．

ピクノポリス
- アーティスト：東京ピクニッククラブ
- 期間：2008年8月16日〜25日

バンブー・ブリッジ
- アーティスト：Bambuco
- 期間：2008年7月
- スパン：120m
- 高さ：25m

創造都市：工業地帯を変革させた面的コンバージョン1　Creative City: Urban Conversion Changing from Industrial Area

バルセロナ・22@BCNプロジェクト
- 所在地：Barcelona, スペイン

創造都市への面的コンバージョン

公共＝市民共同体としての都市概念を共有しているバルセロナでは，80年代から90年代以降，旧都心部の多孔質化による公共空間の創出や，オリンピック開発を絡めた臨海部の再生など，都心部を中心に展開してきた「バルセロナ・モデル」と呼ばれる公共主導で質の高い公共空間を創出するプロジェクトを重ねつつ，都市更新の方法論を展開してきた．

2000年代以降，このバルセロナ・モデルを踏襲しながら，旧都心部周辺，特に臨海部に広がる旧工業地帯を中心に，ハードの公共空間のみならず，IT・デザイン産業を含む創造産業のコンテンツ育成に取り組んでいる．

22@BCNは，「カタルーニャのマンチェスター」と呼ばれた都心部から南方数kmに位置する旧工業地域であるポブレノウ地区(200ha)を，知識集約型創造都市へと再編する面的プロジェクトである．22@という呼称には，工業専用地域(土地分類コード[22a])から，工業空間の遺伝子(歴史資産)を継承しながら，IT・デザイン等の知識集約型産業(@activity)による新たな創造都市地域([22@])への面的コンバージョンを行う意志が込められている．

具体的な再生手法としては，①都市計画規制の修正による(工業専用地域からの複合用途の実現)，②地域集約型産業用途への容積インセンティブの導入，③インフラや遺産に関する特別プランの策定，④戦略的な重点地区による公共主導のパイロット事業，⑤22@BCN公社による中間組織を通じたプロジェクトマネジメントなどの手法を用いて，公共を中心として総合的な創造都市戦略が行われている．

@activity(アクティビティ)

「@activity」とは「情報通信技術(ICT)の新しい分野，またそれらから派生した経済部門に属する，研究・デザイン・出版・文化・マルチメディア・データベース・知識管理」に関連する活動のことである．これを振興するための土地分類が7@(公共アメニティ支援施設を示すコード)と22@であり，実行するために都市計画の特別プランが定められている．

22@地区のインセンティブ

計画前は容積率200%の工業専用地域に定められていた同地区が220%に引き上げられた上で，さらに@アクティビティの導入で+50%，社会住宅の導入で+30%など，計画前から最大で+120%の容積インセンティブが設定されている．またその分，計画前は3%であった公共空間(公有地)は，計画後は30%確保され，公共インフラ，公設住宅，@activity支援空間などに用いられている．

地区に関わる都市計画，アーバンマネジメント，インフラ，遺産管理，都市計画局との協働，広報に関する運営は，管理責任を持つ公社(22@BCN公社：100%市の出資)によりマネジメントされている．

22@BCNプロジェクト

バルセロナ市都心と臨海部

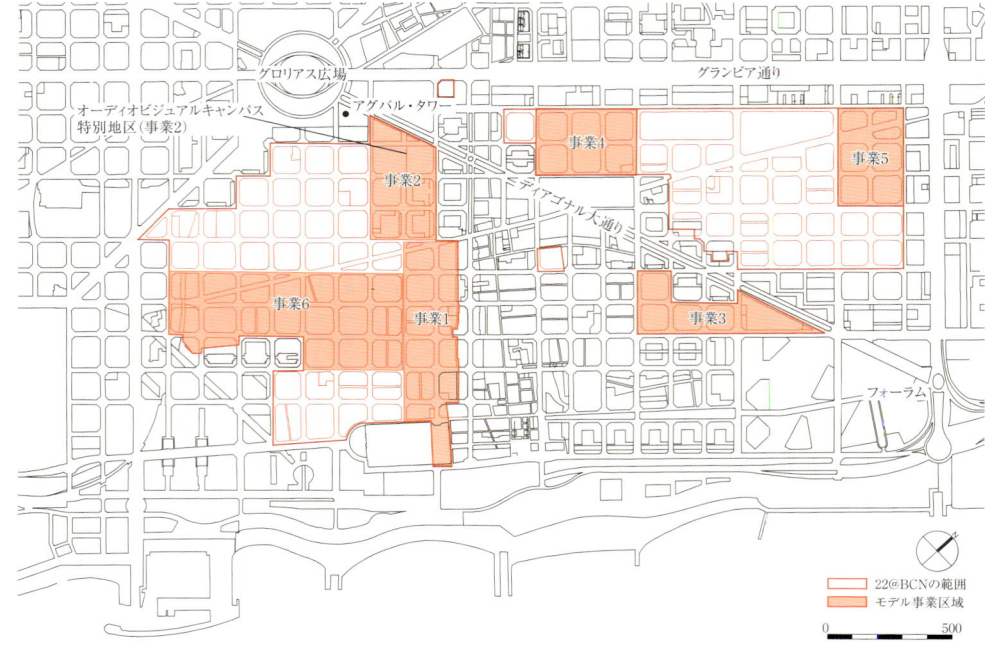

修正大都市圏総合プラン(MPGM)における22@BCNプロジェクトの全体図

名称	事業	範囲	組織	基本構想	計画手法		
					分野別		地区別
	22@事業	22@地区	22@公社	修正大都市圏総合プラン(MPGM)	インフラ特別プラン(PEI)	産業遺産特別プラン(PEPI)	市街地改善特別プラン(PERI)
内容	知識集約型産業を中心とした旧産業地域の再開発	ディアゴナル大通り沿いの3地区	都市計画 アーバンマネージメント インフラ整備 遺産管理都市計画局との協働・広報	知識集約型産業(@activity)のためのコード策定(22@・7@)	知識集約型産業振興のためのインフラ整備	地域のアイデンティティと位置づけた産業遺産の保全・再生	刷新を促進するプロジェクトの詳細計画

22@BCNプロジェクトの概要

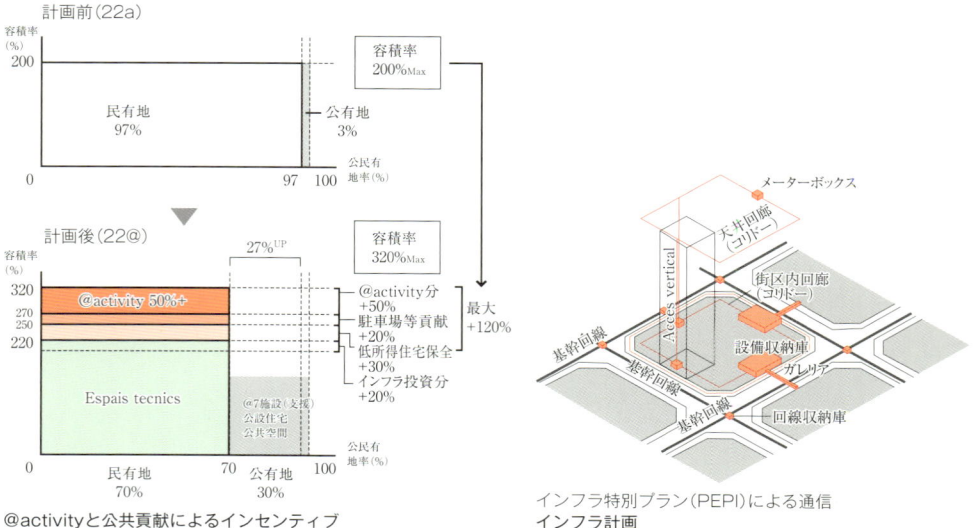

@activityと公共貢献によるインセンティブ

インフラ特別プラン(PEPI)による通信インフラ計画

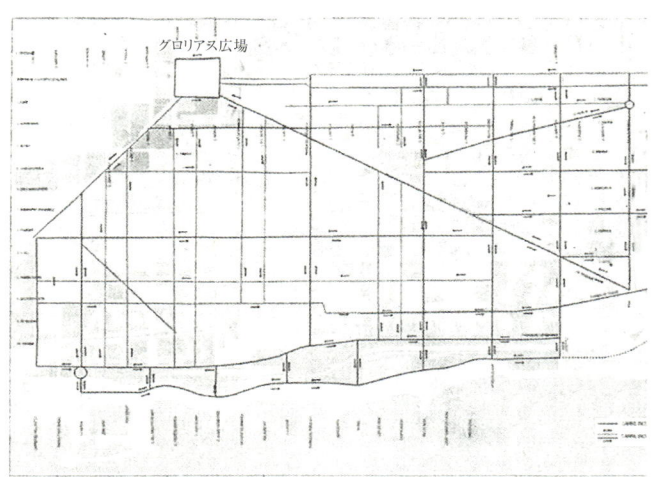

Creative City: Urban Conversion Changing from Industrial Area **創造都市：工業地帯を変革させた面的コンバージョン2**　**215**

交通インフラ図

産業遺産特別プラン（PEI）によるポブレノウ地区の産業遺産の保全

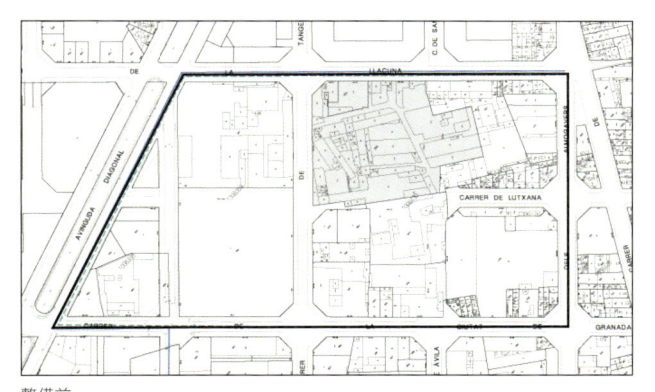

整備前
オーディオビジュアルキャンパス特別地区（事業2）

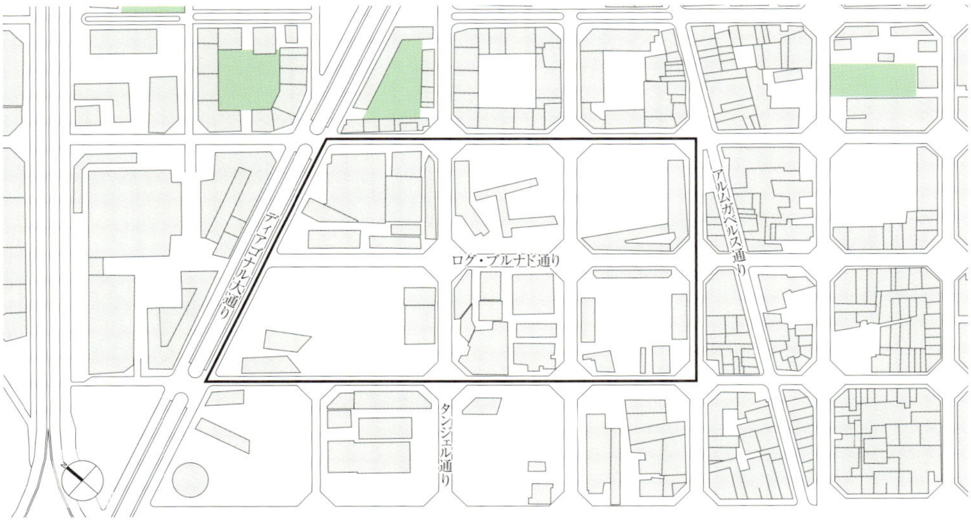

整備後

オーディオビジュアルキャンパス特別地区配置図　1:8000

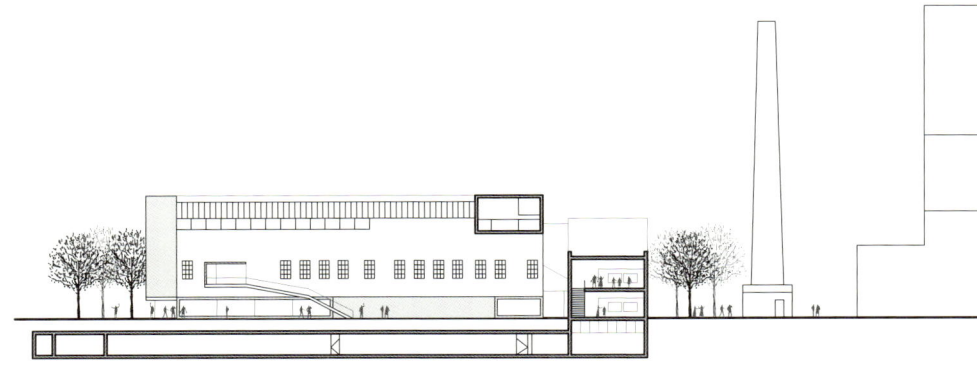

オーディオビジュアルキャンパス断面図　1:1000

テーマ別による柔軟な都市計画
バルセロナ市の都市計画では，総合的な計画（PGM）のほかに，テーマに関する特別プランを策定して，さらにテーマに関する公共事業やルール・保全などを定めている．22@BCNにおいては，特に，産業遺産に関するプラン（産業遺産特別プラン：PEPI），ITやインフラに関するプラン（インフラ特別プラン：PEI）が策定され，地域アイデンティティの保全や，ITを中心とした創造文化産業の誘致を進めるための基盤整備が行われている．また，工業用地に設けられていた地区内における既存住戸の合法化や，事業対象床面積の10%に及ぶ公共住宅（うち1/4が賃貸住宅）整備，アフォーダブル住宅へのインセンティブなども行われており，職住の共存した複合的な創造都市形成が図られている．

インフラ特別プラン（PEI）
修正大都市圏総合プラン（MPGM）で新たに決定された用途，特に@activityを支えるためのインフラ整備を目的とし策定されたプランである．総延長35kmに及ぶ街路が再整備され，地区内外のアクセスが向上するとともに，地下空間と連携した公共空間，緑地システム，地域冷暖房や空気圧ゴミ収集システム，電力ネットワークなどのエネルギーインフラのほか，最新のIT通信システムが各街区に行き渡るような計画となっている．

産業遺産特別プラン（PEPI）
ポブレノウ地区に残る工業系建築物（産業遺産）などを，地区を特徴づける財産と位置づけ，産業遺産目録に掲載するとともに，「一体的保存」「構造保存」「環境保存」などを指定し，保全や利用方針を定める．特に，旧工場の煙突などが多く保全されている．

特別地区（PMU/PERI）の公共事業
22@BCN地区のうち，不動産価値が上昇しにくく投資対象になりにくいエリアでは，戦略的に地区指定を行い，公共主導で先行的に地区の将来像を示すパイロット事業が展開されている．MPGMにより，6地区が重点的な開発地区として指定されている．

オーディオビジュアルキャンパス
22@BCNプロジェクトの先導的パイロット事業であり，古い工場の一部を保存しながらも，全体としてはメディアに関する企業や大学の相互コミュニケーションを高めるためのインフラを集積することによって地区として再生を図っている．

創造都市：街区再生とコンバージョンによる複合的都市の創出1
Creative City: Regeneration of Complex City with Block Renewal and Conversion

上海市創意産業園区

•所在地：Shanghai, 中華人民共和国

2005年8月, 上海市経済委員会は,「上海市第11次5カ年戦略」を発表し, 創造産業は, 上海及び中国経済の重点発展項目と位置づけられた. 同年11月に示された「上海市創造産業発展重点指針」では, 5つの方針（①産業の促進, ②歴史建築物の保存, ③地域機能の顕在化, ④市と区の協力体制, ⑤改革開放と国際化）を示し, 創造産業を以下の5分野（研究開発とデザイン, コンサルティングとプランニング, 建築設計, アートとメディア, ファッションとエンターテイメント）に分類し, これらの積極的な育成を図ることとした.

創意産業園区の認定と分布

創意産業園区とは, 旧市街地や工場跡地を再生し, 創造産業に関連するアトリエやオフィスを整備して, 文化創造空間を創出するプロジェクトである. 上海市（上海創意産業センター：SCIC）は, 2005年4月から2008年12月までに, 中心市街地および郊外部に, 合計75カ所の大小様々な「創意産業園区」（創造産業クラスターパーク）を認定した. 市内を流れる2つの河川黄浦江・蘇州河を軸として蘇州河北区と蘇州河南区, 浦東新区の3区は創造産業の重点発展地区（両帯三区）となっている.

創意産業園区のタイプとしては, 以下の4つとなり, 様々なタイプの開発が, 場所や状況に応じて挿入されている.

①旧中心部の密集市街地にある下町の界隈の再生をアトリエ・工房を通して実現した事例（田子坊など）.

②ランドマークとなるような旧施設（食肉処理場）等をコンバージョンして文化芸術・創造産業機能を挿入して再生した事例（老楊坊1933など）.

③旧工場・工業地帯跡地を, 街区・地区ごとコンバージョンし, アトリエ・オフィス, 公園やカフェ・ミュージアムなどを含めた総合的な再生を行った事例（8号橋・M50・紅坊など）.

④新築により快適で効率的なIT・デザイン・文化芸術系のオフィス・SOHO・文化拠点施設を創出する事例.

「3つの不変」による街区開発

基本的には, センターを媒介としながら, 民間開発主体による創造空間再生を創意園区の認定や事業・税制システム等によって支援している. 中国では土地は公有地であり, 工業系公営企業が所有・運営していた工場を土地利用転換し, 開発を行うためには, 転用のための手続き・費用, そして開発コストがかかるが, 創意園区の開発では, ①土地用途不変, ②財産権不変（所有権を移転しない）, ③建築構造の不変（工場建築物を再生利用する）という「3つの不変」という手法を用いて, 開発コストを抑制し, アーティスト, 創意産業企業, 大学のインキュベーションなど, 創意空間が自発的に活用できるよう工夫されている.

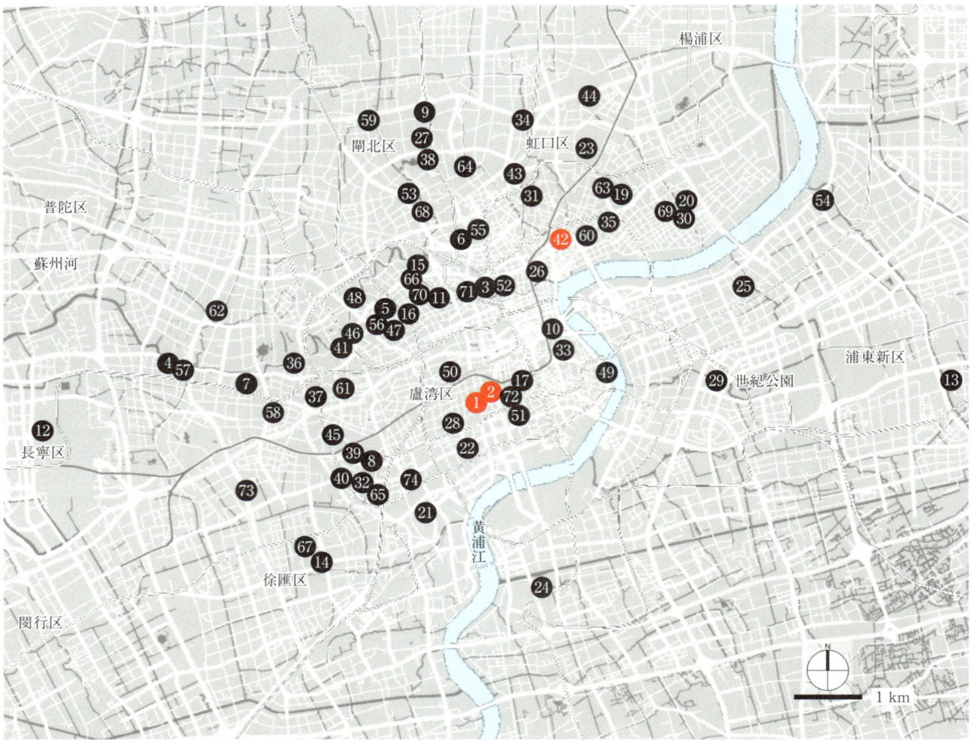

第1期（2005年4月）		26	徳隣マンション	51	智造局
1	田子坊	27	合金工場	52	老四行倉庫
2	8号橋	28	尚街LOFT	53	新慧谷
3	創意倉庫	29	逸飛創意街	54	中環浜江128
4	天山ソフトウェアークラスターパーク	30	東紡谷	55	孔雀園
5	メディア文化クラスターパーク	31	空間188	56	静安創造芸術空間
6	楽山ソフトウェアークラスターパーク	32	尚建園	57	ファッションブランド会館
7	ファッション創造クラスーパーク	33	旅行記念品設計ビル	58	原弓芸術倉庫
8	虹橋ソフトウェアークラスターパーク	34	智慧橋	59	物華園
9	インダストリーデザインクラスターパーク	35	通利園	60	建橋69
10	上海旅行記念品産業発展センター	第3期（2006年5月）		62	聚為園
11	静安現代産業クラスターパーク	36	創邑・河	62	金沙谷
12	周家橋	37	創邑・源	63	新興港
13	張江文化科学技術創造産業基地	38	JD製造	64	鮮虹雨
14	設計工場	39	数娯ビル	65	文定生活
15	M50	40	西岸クリエイティブクラスターパーク	66	長寿蘇河
16	堂楽坊	41	湖絲桟	67	SVA越界
17	卓維700	42	老楊坊1933	68	名仕街
18	昴立デザインクリエイティブクラス	43	緑地陽光園	69	MEDIA 1895
第2期（2005年11月）		44	優族173	70	3楽空間
19	海上海	45	新十鋼	71	南蘇河
20	創意連盟	46	華聯クリエイティブクラスターパーク	72	SOHO麗園
21	2577創意大院	47	98クリエイティブクラスターパーク	73	古北鑫橋
22	X2デジタルクリエイティブスペース	48	E倉	74	第一視覚クリエイティブ広場
23	建築設計工場	第4期（2006年11月）		75	臨港国際メディアインダストリクラスターパーク
24	天地園	49	外馬路倉庫		
25	車博匯	50	匯豊		

上海市創意産業園区の分布図

①下町界隈の再生

②旧施設のコンバージョン

③旧工業地帯のコンバージョン

④新築の施設

創意産業園区の4タイプ

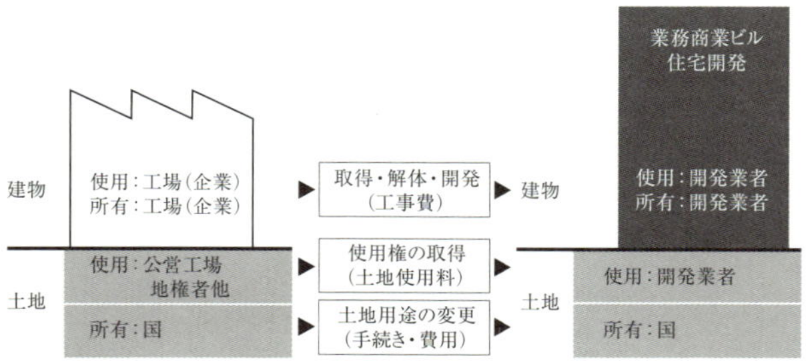

従来型の開発

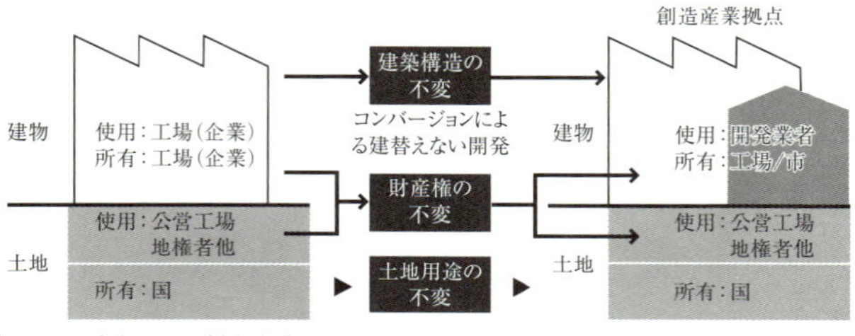

「3つの不変」による創意産業園区開発

上海市創意産業園区における創造空間創出の仕組み

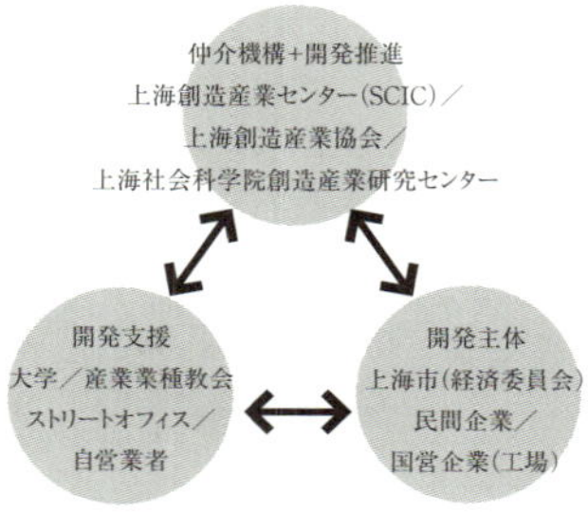

開発主体・推進・支援の連携

創造都市：街区再生とコンバージョンによる複合的都市の創出2
Creative City: Regeneration of Complex City with Block Renewal and Conversion

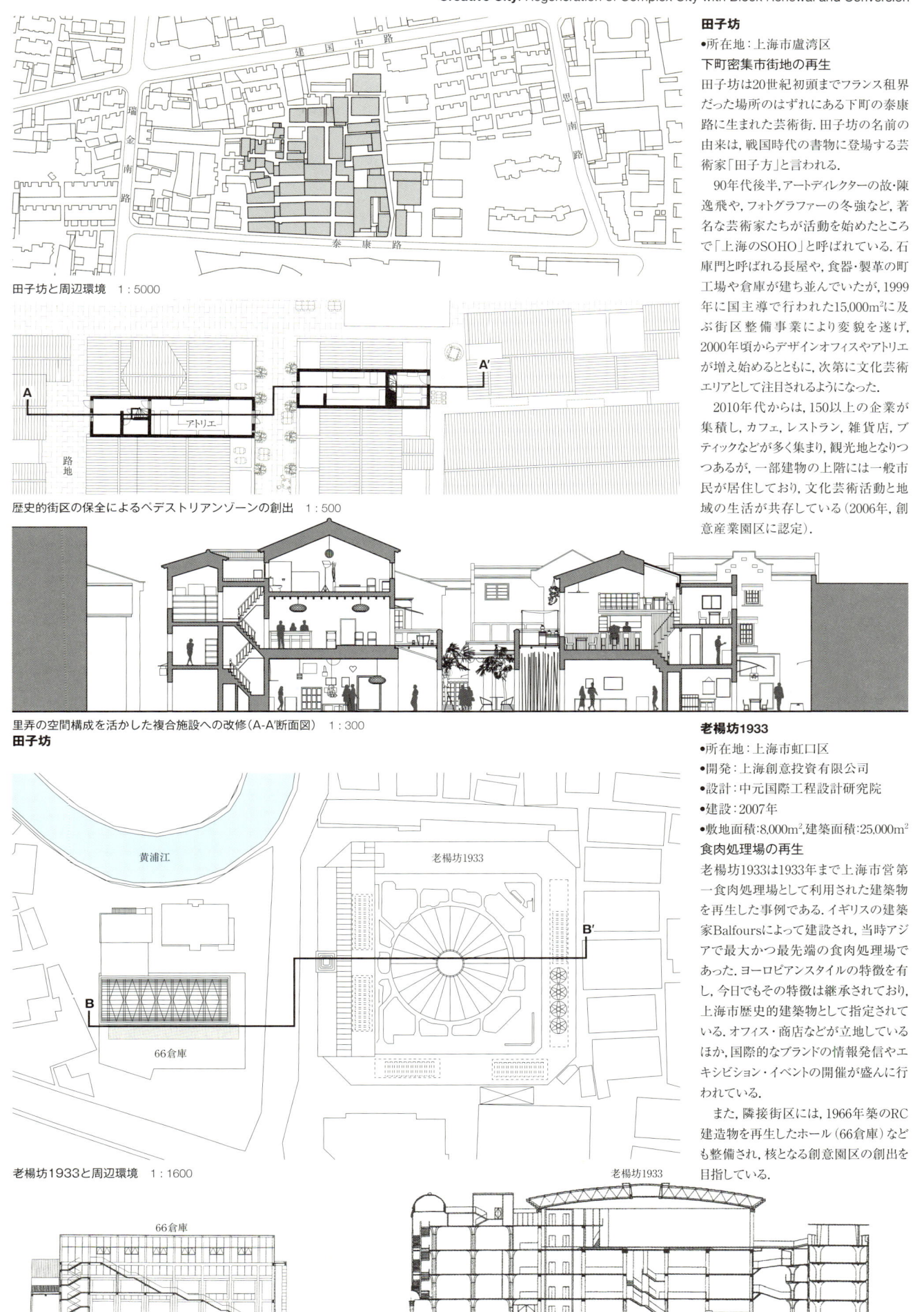

217

田子坊と周辺環境　1:5000

歴史的街区の保全によるペデストリアンゾーンの創出　1:500

里弄の空間構成を活かした複合施設への改修（A-A'断面図）　1:300
田子坊

老楊坊1933と周辺環境　1:1600

老楊坊1933とその向かいに立つ66倉庫断面図（B-B'）　1:900
老楊坊1933

田子坊
- 所在地：上海市盧湾区

下町密集市街地の再生

田子坊は20世紀初頭までフランス租界だった場所のはずれにある下町の泰康路に生まれた芸術街．田子坊の名前の由来は，戦国時代の書物に登場する芸術家「田子方」と言われる．

90年代後半，アートディレクターの故・陳逸飛や，フォトグラファーの冬強など，著名な芸術家たちが活動を始めたところで「上海のSOHO」と呼ばれている．石庫門と呼ばれる長屋や，食器・製革の町工場や倉庫が建ち並んでいたが，1999年に国主導で行われた15,000m²に及ぶ街区整備事業により変貌を遂げ，2000年頃からデザインオフィスやアトリエが増え始めるとともに，次第に文化芸術エリアとして注目されるようになった．

2010年代からは，150以上の企業が集積し，カフェ，レストラン，雑貨店，ブティックなどが多く集まり，観光地となりつつあるが，一部建物の上階には一般市民が居住しており，文化芸術活動と地域の生活が共存している（2006年，創意産業園区に認定）．

老楊坊1933
- 所在地：上海市虹口区
- 開発：上海創意投資有限公司
- 設計：中元国際工程設計研究院
- 建設：2007年
- 敷地面積：8,000m²，建築面積：25,000m²

食肉処理場の再生

老楊坊1933は1933年まで上海市営第一食肉処理場として利用された建築物を再生した事例である．イギリスの建築家Balfoursによって建設され，当時アジアで最大かつ最先端の食肉処理場であった．ヨーロピアンスタイルの特徴を有し，今日でもその特徴は継承されており，上海市歴史的建築物として指定されている．オフィス・商店などが立地しているほか，国際的なブランドの情報発信やエキシビション・イベントの開催が盛んに行われている．

また，隣接街区には，1966年築のRC建造物を再生したホール（66倉庫）なども整備され，核となる創意園区の創出を目指している．

創造都市：街区再生とコンバージョンによる複合的都市の創出3
Creative City: Regeneration of Complex City with Block Renewal and Conversion

紅坊国際文化芸術社区
- 所在地：上海市長寧区
- 敷地面積：55,000m²
- 建築面積：46,000m²

芸術文化複合センターの創出

1950年代に建設された，上海製鉄会社第十製鉄工場跡地の再生利用を中心とした創造都市空間開発である．2005年より工場の歴史的な雰囲気を保ちつつ，新たな機能（芸術展示空間，ギャラリー・オフィスほか）を挿入する再生が試みられ，2008年秋に完成した．

55,000m²の敷地は，第Ⅰ期（A・B・C・H区，1号棟：20,000m²）と第Ⅱ期（D・E・F・G区，3号棟：26,000m²）に分かれ，前者は主に古い工場建築の構造を残したままの再生に力が注がれ，後者は古い部分を最小限に限定しつつ，新たな建築空間を付加し，新旧を併置した創造空間を創出している．

また，広々とした敷地内の中央には，15,000m²の緑地が広がり，多くの野外彫刻が展示されており，創造空間全体を統合している．

レンガ造りの旧工場建築を利用した「上海城市彫塑芸術中心」（上海都市彫刻芸術センター）には，展覧会用空間と中小のギャラリー，オフィス，ブックショップ，絵画教室などがおかれ，館内には立体作品が展示されており，これを中心とした文化芸術の創出が図られている．その他，敷地内には独立した建物のギャラリーが点在し，各スペースでも，美術や彫刻，デザイン関係の展覧会が開催されているほか，地区内では，年間を通じて，芸術や文化関連のイベントが盛んに行われている．

創意産業園区指定後は，ビジュアルアーツ産業（文化芸術の展覧会，教育，インキュベーション，商談，観光）も含めた60以上の創造産業系企業も入居している．その後エリア内には，2010年4月に民生銀行が創設した「民生現代美術館」がオープンした．

創造産業系の企業の入居するビル

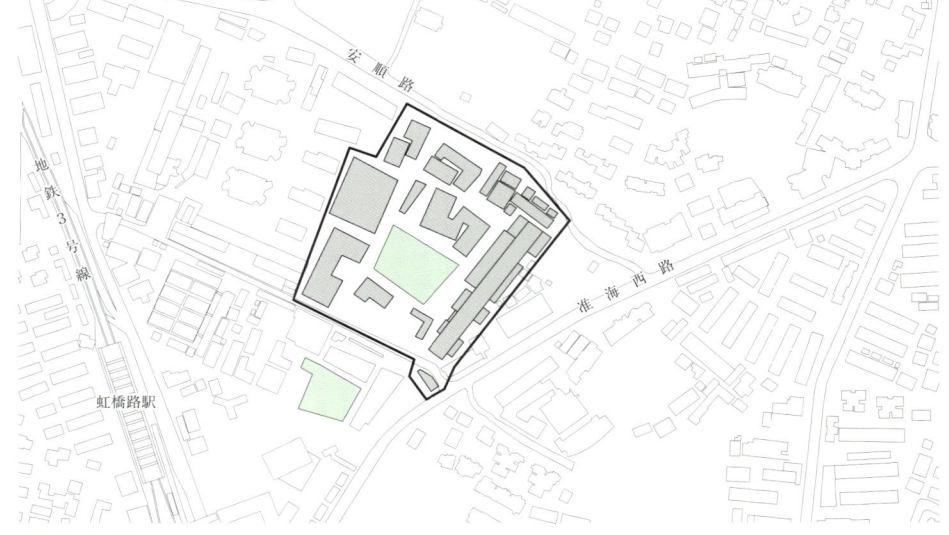

配置図　1:8000

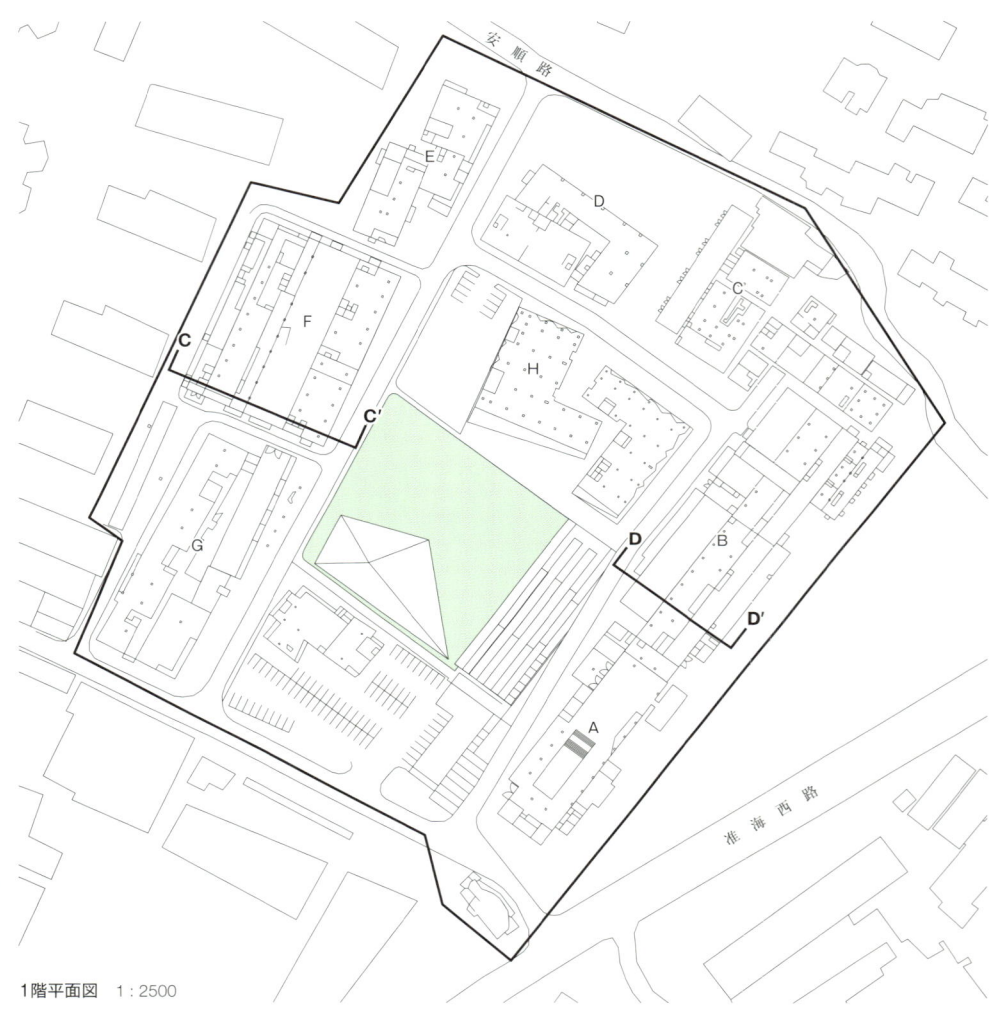

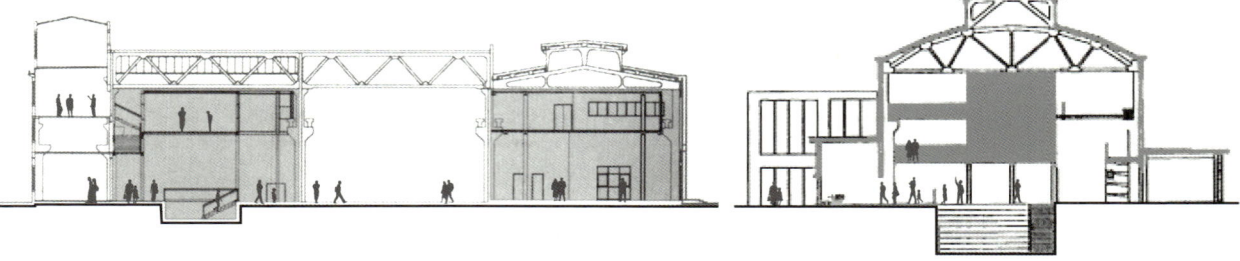

1階平面図　1:2500

F街区（上海彫刻芸術センター）断面図（C-C'）　1:600

B街区断面図（D-D'）

紅坊国際文化芸術社区

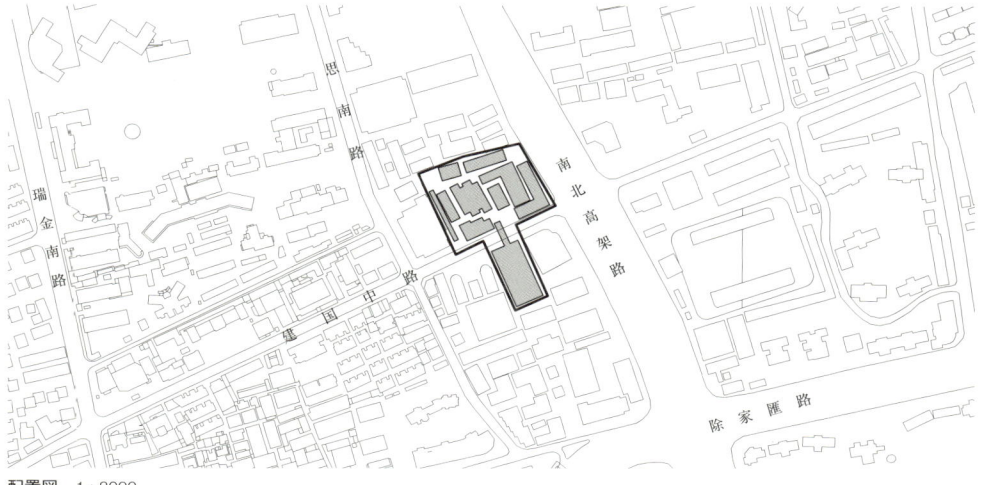

創造都市：街区再生とコンバージョンによる複合的都市の創出4
Creative City: Regeneration of Complex City with Block Renewal and Conversion

8号橋
- 所在地：上海市盧湾区
- 設計：日本HMA建築設計事務所
  深圳良图，航天院上海分院三家朕合
- 建設：2004年
- 敷地面積：約7,000m²
- 延床面積：約9,000m²

都市部の創造産業拠点

元々は自動車部品工場であった8棟の建物を再生利用した創造産業拠点である．2003年から20,000m²に及ぶ創造産業用途へのコンバージョンを行い，2004年12月に開設した．主に建築デザイン，デザインコンサルタント，映画製作の企業などが入居する賃貸オフィスが80%，残りの20%は飲食，カフェバー等のサービス施設が入っている．8棟がブリッジで連結されているのが特徴で，ブリッジの連結および公共空間の積極的な創出を通して，活動の活性化，国内外の各創造団体が交流を促進するという意図が込められている．

工場の時の厚いレンガ壁，林立した配管などを残しつつ，新しく照明，色使いなどのデザイン的要素を挿入し，都市の新しい景観を生み出すと同時に，太陽光発電・熱温水・ヒートポンプシステムなどを利用した省エネシステムも導入されている．

今日では多くのプロが活動するランドマークの一つになっており，フランス領事館の行事を開催したこともある．上海市経済委員会と区政府の許可を得て，上海華軽投資管理有限会社と，ファッション生活中心有限会社の両社によりマネジメントが行われている．

配置図　1:8000

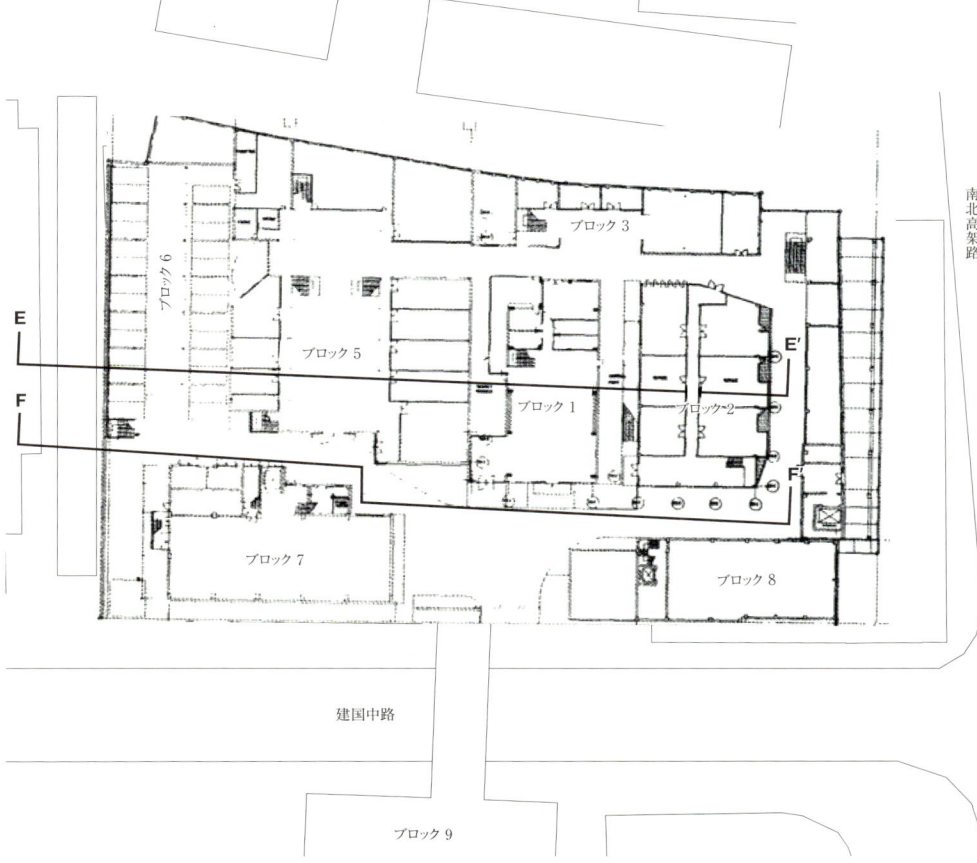

平面図とその周辺図　1:1000

8号橋

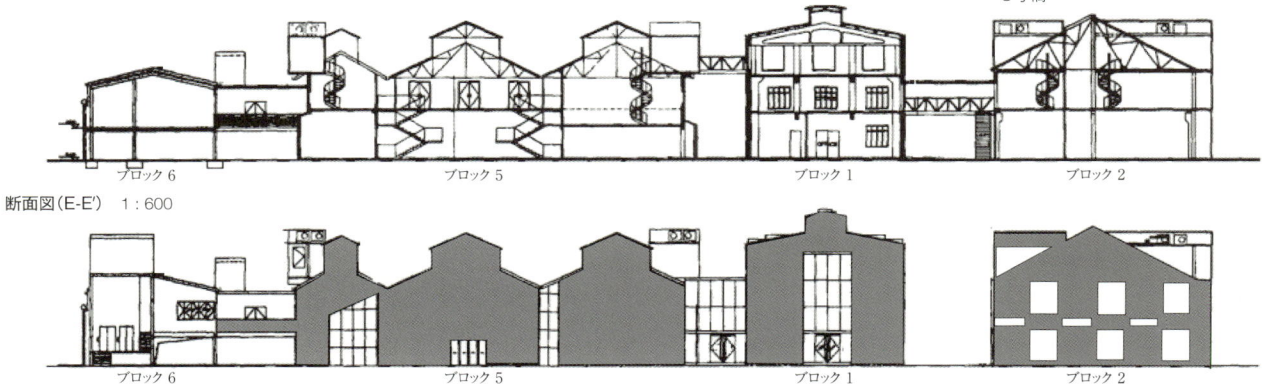

断面図（E-E'）　1:600

断面図（F-F'）　1:600

8号橋

創造都市：文化芸術創造都市1　Creative City: Culture, Art and Creative City

クリエイティブシティ・ヨコハマ
- 所在地：神奈川県横浜市

創造界隈による文化芸術創造都市
戦後、米軍の接収により滞っていた横浜都心部は、1960年代以降、都市デザイン手法を用いた魅力的な都心づくりが展開され、くすのき広場や開港広場、大通り公園などの公共空間整備、元町商店街、馬車道、イセザキモールなどの商店街整備などをはじめとする様々な都市空間再編戦略が実施された。しかし、2000年以降、歴史的建造物の取り壊しや空家の増加、マンションの乱立などが目立つようになり、横浜中心部の衰退が進んだ。そこでハードのみならず、既存の文化資源を活かした、文化芸術と観光振興による都心部の活性化を目指して、文化芸術創造都市(クリエイティブシティ・ヨコハマ)政策が進められた。横浜市は「クリエイティブ・シティの形成に向けた提言」(2004年1月)を表明し、同年9月には文化芸術都市創造事業本部を市役所内に設置し、重点施策として推進している。

ここでは、アーティストやクリエイターが住みたくなる環境の実現、創造産業集積による経済活性化、魅力ある地域資源の活用、市民主導の文化芸術創造活動などを目標としながら、①クリエイティブコア(創造界隈)の形成、②映像文化都市構想、③ナショナルアートパーク構想という3つの実現プロジェクトを掲げ、民間・市民と協働で事業を推進している。

ナショナルアートパーク構想
ナショナルアートパーク構想とは、横浜を代表する都心臨海部(ポートサイド地区から山下埠頭までのウォーターフロント)を舞台として、国と連携しながら国際的な文化観光拠点整備によって横浜の顔をつくる構想であり、いわば創造都市における空間計画にあたる。そこでは、エリア内に6つの拠点(ヨコハマポートサイド軸、みなとみらい21地区キング軸、みなとみらい21地区クイーン軸、新港・馬車道軸、大さん橋・日本大通り軸、山下・中華街・元町軸)と3つの創造界隈(馬車道、日本大通り、桜木町・野毛)を設定し、中でも、①象の鼻・大さん橋地区、②山下ふ頭、③馬車道周辺を先導的に整備する地区と定め、大さん橋、象の鼻パークなどの整備(象の鼻地区再整備)や、BankARTなどの創造拠点づくりが展開されている。

横浜トリエンナーレ
横浜トリエンナーレとは、文化芸術術活動の展開を図るべく主に3年に一度行われる国際現代芸術展である。横浜では、文化創造芸術都市を展開する以前の2001年から始まり、その後、2005年、2008年、2011年に開催され、特に第三回(2008年)では、「新港ピア」、赤レンガ倉庫等を拠点としつつ、横浜都心部全体を活用して、芸術文化活動の展示だけでなく、都市の魅力を高めるコンテンツとしての芸術文化活動が展開された。

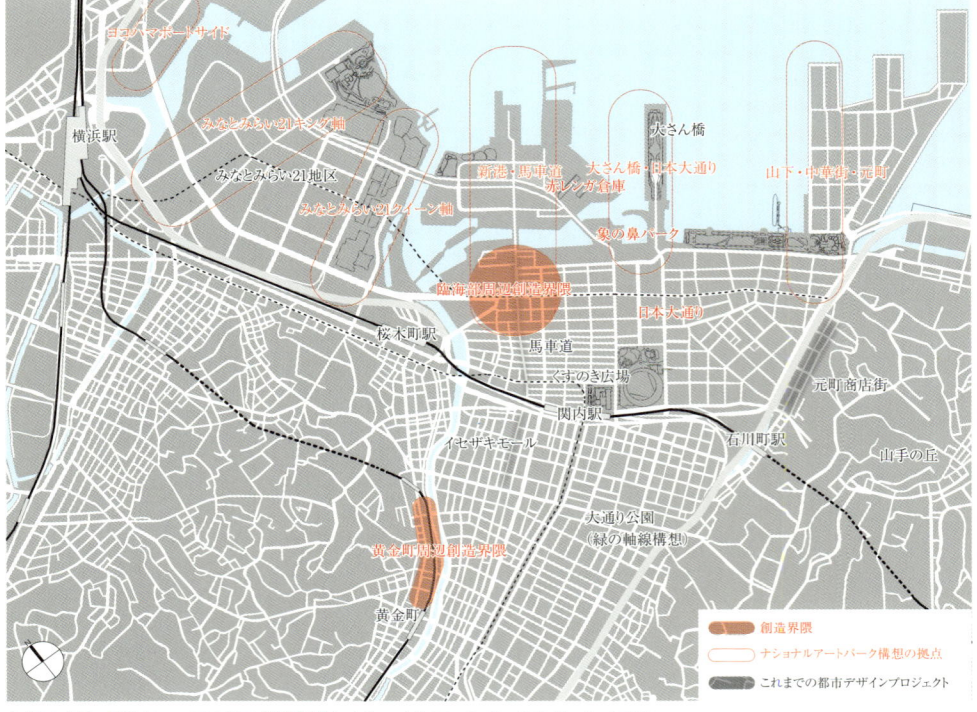

クリエイティブシティ・ヨコハマ 創造界隈とナショナルアートパーク拠点　1:20000

2001年	9月	横浜トリエンナーレ2001開催	2005年	6月	「創造都市横浜推進委員会」発足 北仲BRICK&北仲WHITEオープン	2007年	3月	「クリエイティブシティ・ヨコハマ研究会」から提言が出される
2002年	4月	横浜赤レンガ倉庫 オープン		9月	横浜トリエンナーレ2005開催 映像コンテンツ制作企業等・クリエイター等立地促進助成制度始まる			横浜国立大学大学院/建築都市スクール"Y-GSA"開設
	11月	「文化芸術・観光振興による都心部活性化検討委員会」発足					6月	Kogane-X Lab. オープン
2003年	10月	クリエイティブシティセンター事業公募	2006年	1月	「ナショナルアートパーク構想 提言書」が出される		7月	「創造都市横浜推進協議会」発足 「アーツコミッション・ヨコハマ」設立
2004年	1月	「文化芸術創造都市・クリエイティブシティ・ヨコハマの形成に向けた提言」が出される		3月	万国橋SOKOオープン		9月	創造空間9001 オープン
	3月	BankART1929 オープン		4月	開港150周年・創造都市事業本部に組織改編	2008年	4月	東京藝術大学アニメーション専攻開設
	4月	横浜市文化芸術都市像事業本部発足			BankART事業 実験事業から本格事業へ移行		8月	新港ふ頭展示施設誕生
	9月	(仮称)ナショナルアートパーク構想推進委員会発足			東京藝術大学大学院メディア映像専攻開設		9月	黄金スタジオ・日の出スタジオ オープン
2005年	1月	BankART Studio NYKオープン		6月	創造界隈拠点施設「ZAIM」オープン			横浜トリエンナーレ2008開催
	4月	東京藝術大学大学院映像研究科映画専攻開設			初黄・日の出町地区にBankART桜荘 オープン			連動してBankART LifeⅡ・黄金町バザール等が開催
	6月	旧関東財務局・旧労働基準局を「トリエンナーレ・ステーション」として暫定利用		7月	映像文化都市フェスティバル「ヨコハマEIZONE」開催		11月	横浜クリエイティブシティ・シンポジウム2008開催
				10月	急な坂スタジオ オープン			
				11月	本町ビル45(シゴカイ) オープン			

クリエイティブシティ・ヨコハマのあゆみ

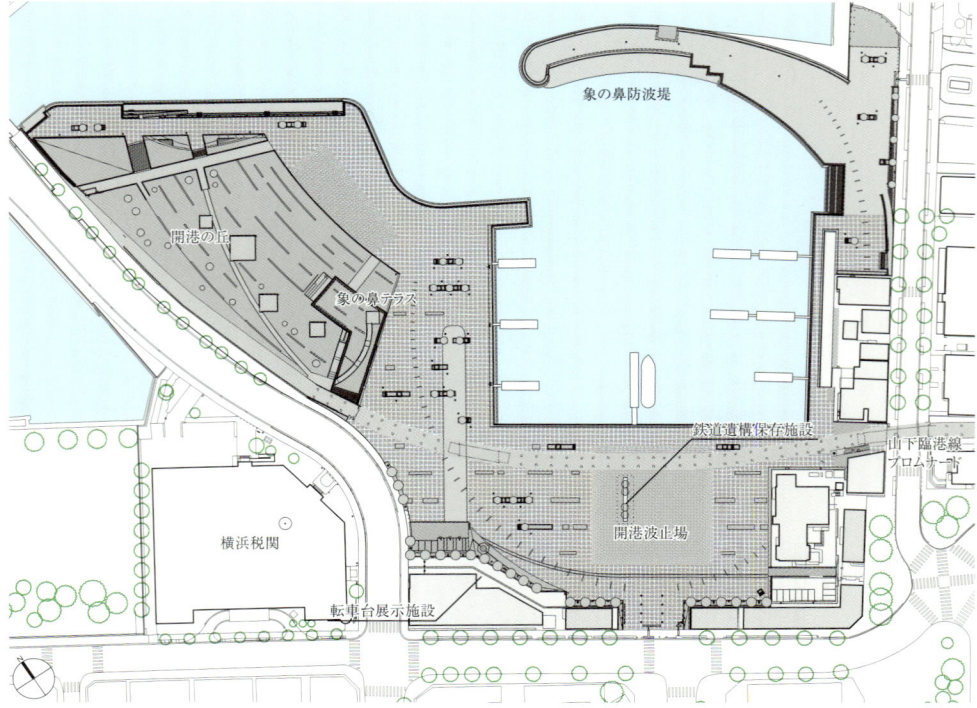

象の鼻パーク 再整備　1:1500

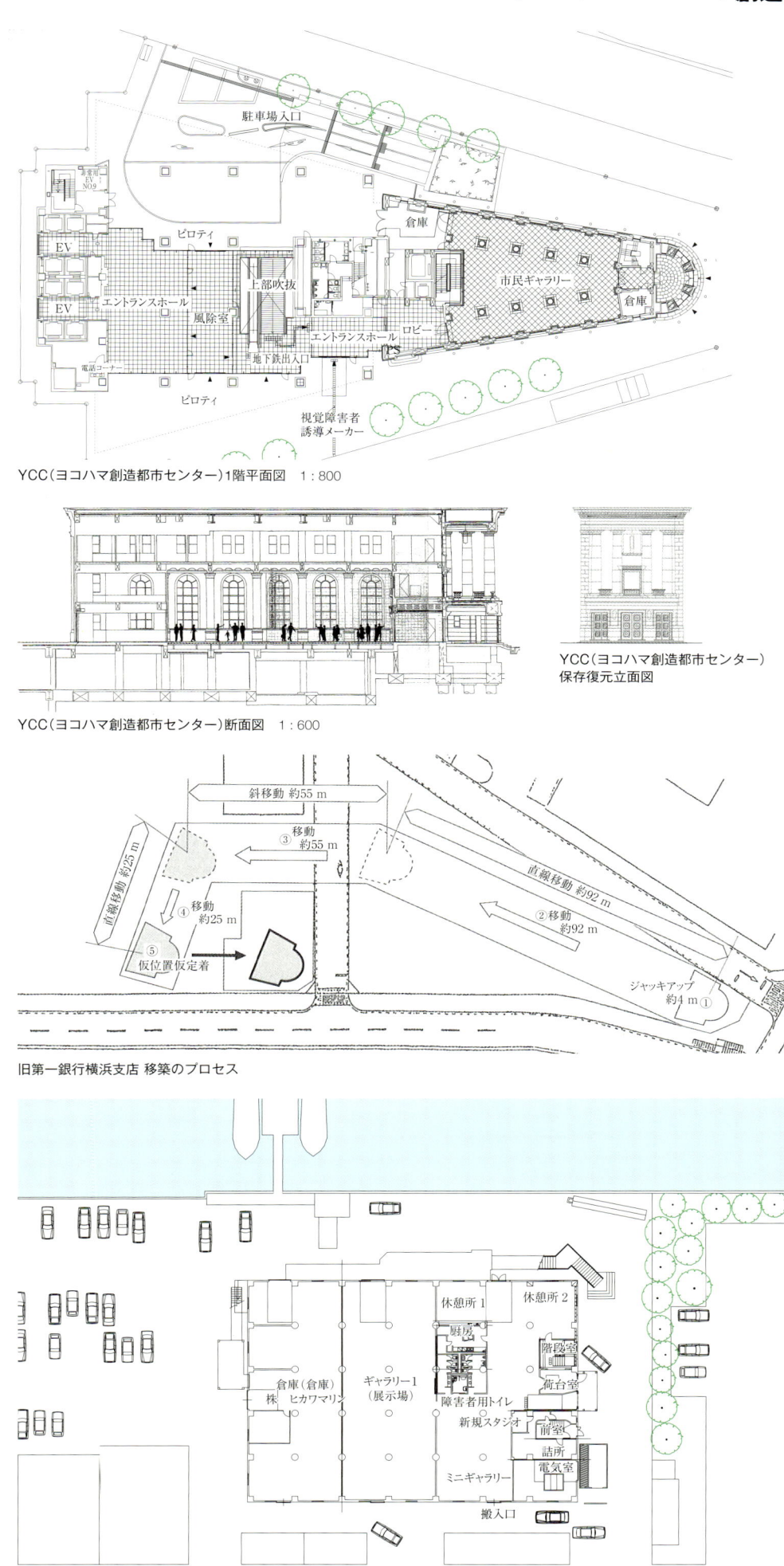

Creative City: Culture, Art and Creative City 創造都市：文化芸術創造都市2

YCC（ヨコハマ創造都市センター）1階平面図　1：800

YCC（ヨコハマ創造都市センター）断面図　1：600

YCC（ヨコハマ創造都市センター）保存復元立面図

旧第一銀行横浜支店　移築のプロセス

BankART Studio NYK 1階平面図　1：800

BankART1929プロジェクト
文化芸術拠点の形成

これまで横浜市が展開してきた歴史を生かしたまちづくり，市民活動との協働，そして文化創造芸術活動のための拠点形成を通した横浜都心部の活力向上を目指して行われた，銀行建築等の歴史的建造物（Bank）を活用した文化芸術創造（ART）の先行的な実験プログラム（歴史的建築物文化芸術活用実験事業）である．

創造界隈の形成を，歴史的建築物の集積する馬車道周辺で先行的に展開すべく，旧第一銀行横浜支店，旧富士銀行横浜支店を市有財産として獲得し，文化芸術活動を行う市民団体やNPOによる運営が計画された．公募により選定されたアートマネジメント組織のYCCC，STスポット横浜による統一組織としてのマネジメント団体「BankART 1929」によって施設運営および，BankART Schoolを始めとした様々な文化芸術活動や，アーティスト・クリエイターの活動支援に関するマネジメントが展開されている．

旧第一銀行横浜支店は，BankART 1929 Yokohamaとして，多目的スペース，ブックショップ，本部事務所など（現在はYCC（ヨコハマ創造都市センター）として，横浜市文化芸術振興財団にその管理が移管されている），旧富士銀行横浜支店は，BankART 1929馬車道として，多目的スペース・パブが営まれている（2005年より東京芸術大学大学院映像研究科が開校），その後の活動拠点は，旧日本郵船歴史博物館（BankART Studio NYK）へと移動している．

YCC（ヨコハマ創造都市センター：旧第一銀行横浜支店）
- 所在地：横浜市中区本町
- 企画：都市基盤整備公団（現・都市再生機構）
- 設計：都市基盤整備公団（現・都市再生機構），槇総合計画事務所（既存：西村好時）
- 建設：2003年（既存：1929年）
- 敷地面積：3,840.76m²
- 建築面積：153m²
- 規模：地上27階／地下3階一部
- 用途：オフィス＋ギャラリー

BankART Studio NYK（旧日本郵船倉庫）
- 所在地：横浜市中区海岸通
- 改修設計：みかんぐみ
- 建設：2008年
- 規模・構造：地上3階・RC造
- 用途：ギャラリー＋PUB＋スタジオ＋ライブラリー

222　創造都市：文化芸術創造都市3　Creative City: Culture, Art and Creative City

建物の暫定利用による文化芸術集積

臨海部周辺は都心旧市街地における、アーティストやクリエーターの創作活動および発信の場を集積させたエリアである。通常のオフィスとして使いづらい歴史的な建造物や倉庫、オフィスビルなどを改修・コンバージョンや、期限付きの暫定利用などを展開することで、低い賃料設定でアーティストやクリエーターの利用を促進するプロジェクトを民間主導で展開し、創造界隈を実現させている。前述のBankART事業を皮切りに、北仲WHITE・北仲BRICK、その後の本町ビル45、ZAIM、万国橋SOKOビル、BankART桜荘、急な坂スタジオなど、次々と老朽化の進んだ倉庫・業務ビルなどを利用した創造界隈づくりが行われている。

北仲WHITE・北仲BRICK

かつては、生糸のための倉庫業を営んでいた旧帝蚕倉庫の倉庫・事務所群が、再開発により解体されることとなり、開発事業者（北仲通北地区再開発協議会）に歴史的建造物の一次保存を呼び掛ける中で、2005年7月から2006年10月まで、旧帝蚕倉庫本社ビル（北仲WHITE）および旧帝蚕倉庫事務所ビル（北仲BRICK）の2棟において、アーティストやクリエイターにアトリエ・オフィスを低廉な家賃で提供するプロジェクト。2棟に約50組のアーティストらが入居し、創造界隈が形成された。その後、北仲BRICKは、その後も北仲スクール等としても活用され、再開発に際しても保存が継続されることが予定されている。

本町ビル45（シゴカイ）／宇徳ビルヨンカイ

北仲BRICK、北仲WHITEに集まったクリエイターの一部は、旧帝蚕倉庫と道路を挟んで向かい側に建っていた本町ビル（旧帝国火災ビル、その後八楠本社ビル）の4・5階を改修してここに移動し、10組の入居者によって創造界隈が受け継がれた（本町ビル45）。2006年10月から、当初は2年間の予定であったが、2010年10月まで継続された。その後さらに、入居者は新たなビルの一角（宇徳ビルヨンカイ）に移転している。

ZAIMビル

日本大通りの入口に建つ、スクラッチタイルが鮮やかな旧関東財務局・旧労働基準局は、市が文化活動を想定して国から買い取ったものである。2005年の第二回横浜トリエンナーレ開催中にサポーターや市民グループの拠点として暫定活用され、2006年から2008年までは、ZAIM本館・別館として、横浜市芸術文化振興財団の運営により、創造文化活動拠点、アーティストインレジデンスやカフェなどが開かれた。

創造空間 万国橋SOKOビル

創作活動を行っている人材が集まり、文化芸術活動が展開されている。

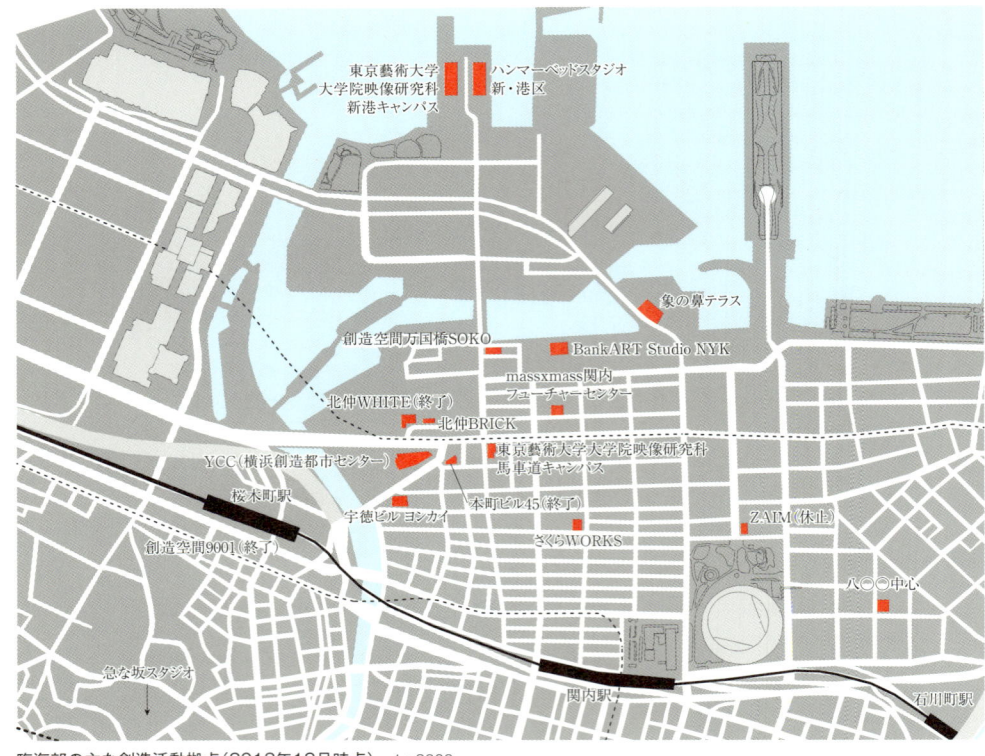

Chapter4　手法の重ね合わせ
都心再生
地域再生
ウォーターフロント再生
ブラウンフィールド再生
創造都市

臨海部の主な創造活動拠点（2013年12月時点）　1：9000

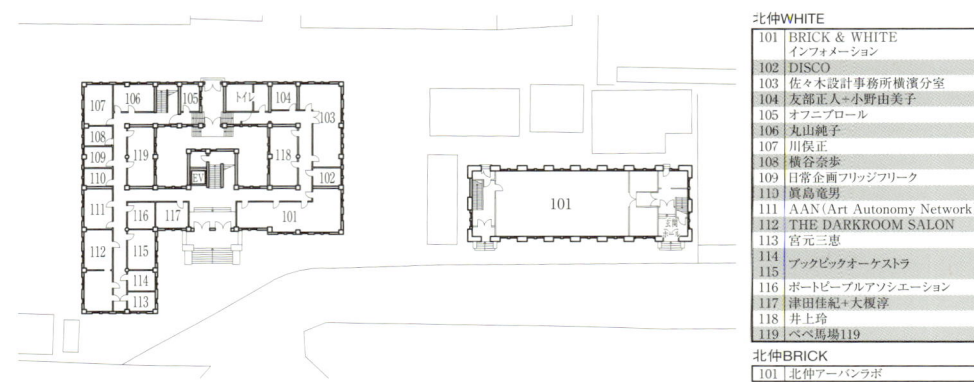

北仲BRICK・北仲WHITE 1階平面図　1：1000

	北仲WHITE
101	BRICK & WHITE インフォメーション
102	DISCO
103	佐々木設計事務所横浜分室
104	友部正人・小野由美子
105	オフニブロール
106	丸山純子
107	川俣正
108	横谷奈歩
109	日常企画フリッジフリーク
110	眞島竜男
111	AAN（Art Autonomy Network）
112	THE DARKROOM SALON
113	宮元三恵
114	
115	ブックピックオーケストラ
116	ポートピープルアソシエーション
117	津田佳紀＋大榎淳
118	井上玲
119	ベベ馬場119

	北仲BRICK
101	北仲アーバンラボ

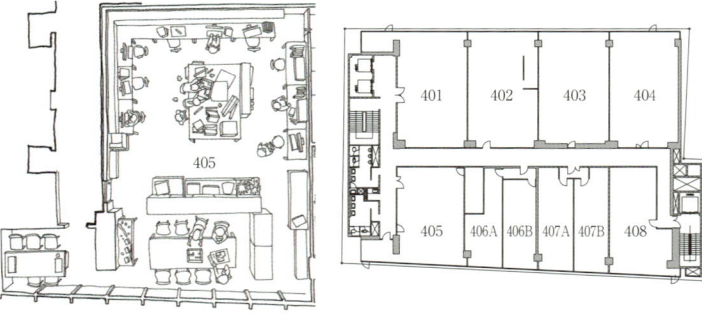

宇徳ビルヨンカイ 平面図　1：800

401	小泉アトリエ
402	城戸崎和佐建築設計事務所・曽谷朝絵アトリエ
403	櫻井順計画工房・悦計画室・横濱ジェントルタウン
404	ステップチェンジ・佐々木設計事務所横浜分室・UDCY・abanba・GEN INOUE
405	オンデザイン
406A	鈴木理策アトリエ
406B	前田篤伸建築都市設計事務所
407A	共同アトリエ
407B	Explosions
408	NOGAN・丸山純子実験スタジオ・to-co-to

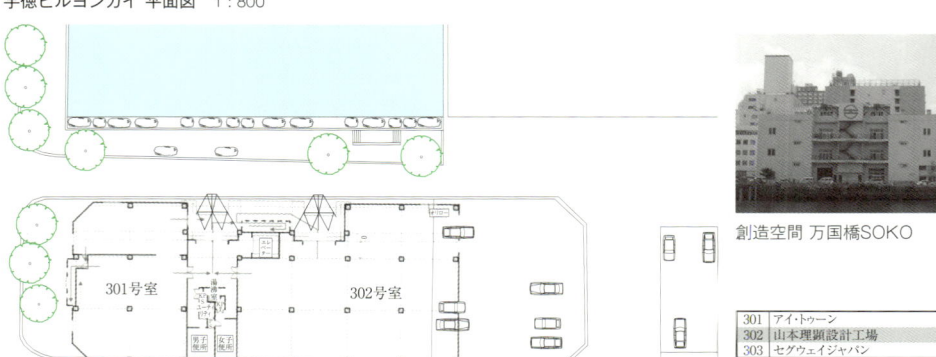

創造空間 万国橋SOKO

創造空間 万国橋SOKO 3階平面図　1：1000

301	アイ・トゥーン
302	山本理顕設計工場
303	セグウェイジャパン

Creative City: Culture, Art and Creative City 創造都市：文化芸術創造都市4

黄金町周辺の活動拠点

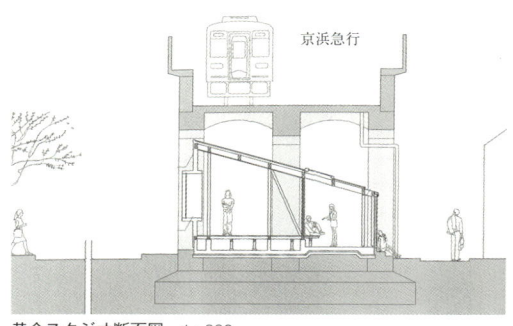

黄金スタジオ断面図　1:300

黄金スタジオ土間

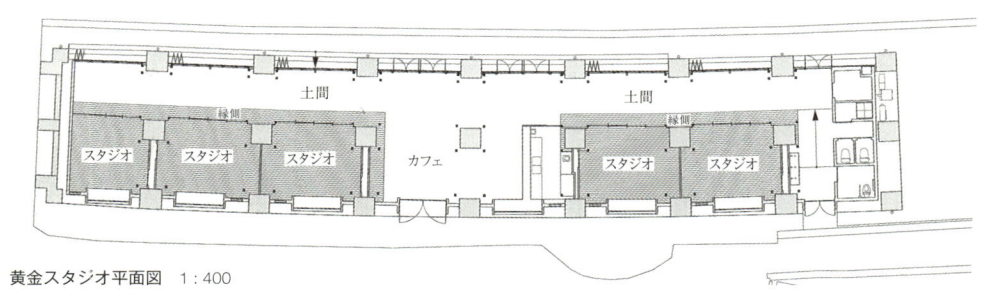

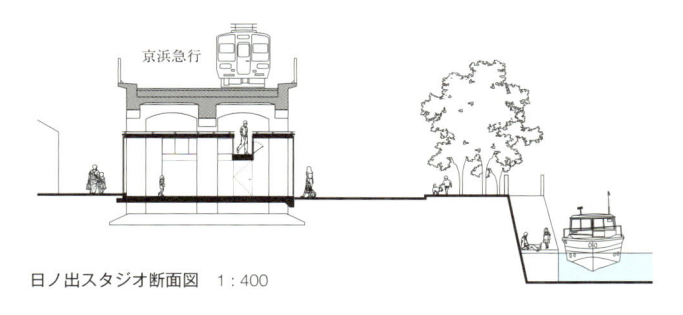

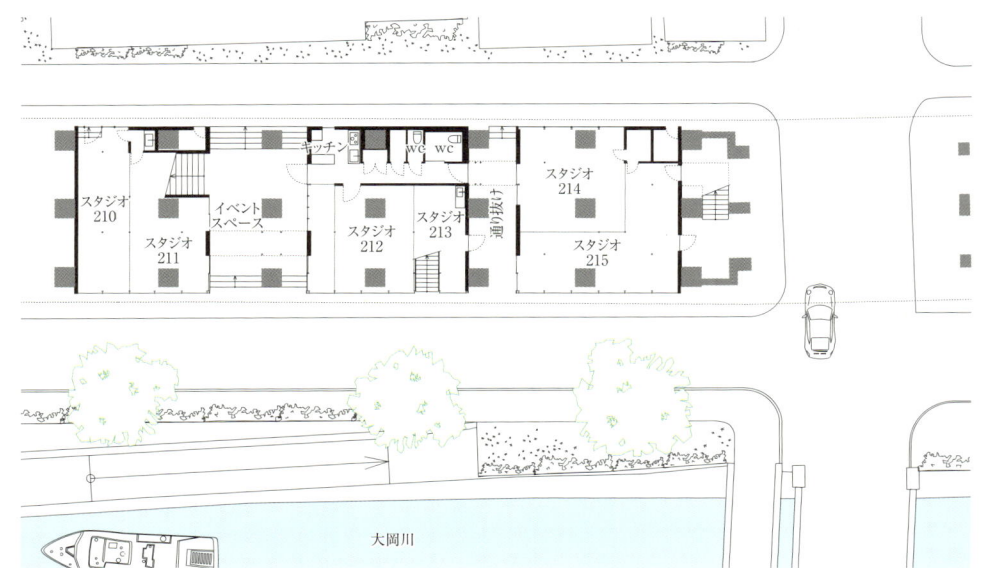

黄金スタジオ平面図　1:400

日ノ出スタジオ断面図　1:400

日ノ出スタジオ平面図　1:400

文化芸術による黄金町での取組み

かつては，麻薬や非合法売春地帯であり，社会的な問題を抱えていた黄金町周辺地区では，2005年1月から行われた警察と地域が一体となった特殊飲食店街の取締りが行われた．その後地域・警察・行政が一体となり，まちづくり活動が「初黄・日ノ出町文化芸術振興拠点形成事業」として展開された．

取締りにより一掃された約250にもおよぶ空き店舗の活用も含めた地域再生が模索された．権利関係の複雑化や，地域イメージの影響もあり，通常の店舗や飲食店の誘致，賃貸・売買には困難が伴うため，安い賃料でアーティストやクリエイターを地域に根付かせるための拠点づくりが行われた．

横浜市立大学らによる地域まちづくり拠点（「KOGANE-X LAB.」：初黄・日ノ出町環境浄化推進協議会の活動拠点）を皮切りに，旧飲食店舗をアーティストインレジデンスおよび活動拠点に改修した「BankART桜荘」や「ハツネテラス」等をはじめとした，リノベーション型の小さな文化芸術活動空間が点在して挿入されている．

また，こうした小さなクリエイター拠点を用いて，町の再生を視野に入れたイベント（「黄金町バザール」）が2008年以降毎年開催されており，黄金町エリアマネジメントセンターを中心として，ハードとソフトを組み合わせた一体的な取組みが行われている．

京急高架下文化芸術活動スタジオ

黄金町での文化芸術活動の拠点として，1990年代末から行われた京浜急行高架下の耐震改修工事の完成に合わせて，地域の残余空間を利用するように計画された，アーティストのためのスタジオおよび展示場である．

黄金スタジオ

- 設計：神奈川大学曽我部研究室＋マチデザイン
- 敷地面積：425.01m²
- 建築・延床面積：299.87m²
- 構造：木造平屋建

通常はアーティストの滞在型活動のためのスタジオとして用いられ，必要に応じて，展示等にも利用される．傾斜屋根と折れ戸が親しみを持たせるとともに，折れ戸内部にある連続した土間は，地域の活動拠点としても活用されるように工夫されている．

日ノ出スタジオ

- 設計：横浜国立大学大学院／建築都市スクールY-GSA飯田善彦スタジオ＋SALHAUS
- 敷地面積：385.17m²
- 延床面積：212.07m²
- 階数・構造：地上1階・鉄骨造

アーティストのスタジオおよびショウルーム，ギャラリー，店舗として活用されている．3つの分棟にするとともに，アーチの高架下に屋上通路を設け，目の前の大岡川に開かれた施設となっている．

事項索引
Subject Index

数字・欧字
- 22@BCNプロジェクト ……………… 214
- HABITAT ………………………………… 2
- PEI …………………………………… 215
- PEPI ………………………………… 215
- PPP方式 …………………………… 95, 158
- TMO ………………………………… 107
- TOD ………………………………… 126

あ
- アイストップ ……………………… 109, 169
- アウトフレーム …………………………… 93
- 空き家再生 ……………………… 91, 113
  - ――プロジェクト ……………………… 46
- アジェンダ21 …………………………… 6
- アート
  - ――センター …………………… 94, 95
  - ――によるまちづくり ……………… 165
  - ――プロジェクト ……………………… 99
  - ――マネジメント ……………………… 221
- アドボカシープランニング ………………… 6
- アーバニゼーション ……………………… 2
- アーバン・ハズバンダリー ………………… 7
- アーバンデザイン …………………… 199
- アーバンビレッジ ………………………… 7
- アーバンリニューアル ………………… 2, 9
- アフォーダンス照明 ……………………… 78
- アンダーパス …………………………… 58

い
- 移築 ……………………………… 106, 107
- 一時的空間 ……………………………… 68
- 市場の再生 ……………………………… 109
- 移動行動 ………………………………… 16
- イベント ………………………………… 68
- インターフェイス …………………… 43, 46, 54
- インナーシティ再開発法 …………… 196
- インナーシティ問題 ……………………… 2
- インフィル型住宅プロジェクト …………… 6
- インフィルハウジング ……………… 104

う
- ヴォイド空間 …………………………… 49
- ウォーターガーデン …………………… 148
- ウォーターフォール …………………… 74
- ウォーターフロント ……………… 53, 74, 88
  - ――再生 …………………………… 182
- 雨水浸透 ……………………………… 149
- 埋め込み型共同店舗 …………………… 123
- 裏路地整備 …………………………… 122
- 運河の再整備 …………………… 11, 60, 61, 186

え
- 映画館に再生 …………………………… 87
- 映像文化都市構想 …………………… 220
- 駅舎
  - ――の改修 …………… 97, 102, 138-141
  - ――のバリアフリー化 ……………… 127
- 駅周辺複合空間 ……………………… 142
- 駅前広場 ………… 127, 134, 140, 141, 143
- エムシャー・ランドスケープパーク …… 7
- エリア再開発 ……………………… 44, 158
- エリアの再生 ………………………… 158
- 演劇練習場に再生 ……………………… 89

お
- 欧州文化首都 ………………………… 206
- 屋上広場 ……………………………… 53
- 屋上緑化 ……………………………… 169
  - ――都市 ………………………… 150
- 奥性 …………………………………… 43
- 奥の思想 ………………………………… 8
- オープンスペース ……………… 169, 170
- 音楽都市 …………………………… 172
- 温泉街の再生 ………………………… 110

か
- 海岸空間 ……… 36, 53, 63, 182, 188, 220
- 開渠化 ………………………………… 149
- 街区の再生 …………………………… 108
- 改修⇒再生
- 階段
  - ――勾配 ……………………………… 21
  - 水辺の―― …………………………… 56
- ガイドライン ………… 106, 123, 176, 205
  - ――による都市再生 ……………… 159
  - まちづくり―― …………………… 159
  - 街並み景観条例―― ……………… 179
- 外部階段の最大勾配 …………………… 21
- 外壁保存 ……………………………… 100
- 回遊空間 …………………………… 110, 112
- 回遊性
  - ――の創出 ………………………… 58
  - まちの―― ………………………… 57
- 街路 …………………………………… 16
  - ――スケールの重ね合わせ ………… 33
  - 公共交通を中心とした―― ………… 18
  - 都市スケールの―― ………………… 19
  - 歩行者のための―― ………………… 17
  - 歴史的―― ………………………… 34
- 街路灯整備 …………………………… 80
- 河岸改造 …………………………… 59, 147
- ガスタンクの転用 …………………… 200
- 仮設客室 ……………………………… 75
- 仮設コミュニティ施設 ………………… 14
- 仮設住宅 ……………………………… 13
- 河川
  - ――拡幅 ………………………… 188
  - ――敷地占用 …………………… 186
  - ――浄化 ………………………… 189
  - ――親水空間 …………………… 120
  - ――水辺空間再生 …………… 146, 186
- 河道計画 ……………………………… 59
- 金山住宅ガイドライン ……………… 179
- カニッツァの三角形 …………………… 79
- カーフェリーの船型 …………………… 61
- 貨物船の船型 ………………………… 61
- 火力発電所の転用 …………………… 198
- 川床 ……………………………… 70, 187
- 川の整備 ……………………………… 59

川船乗船場 …………………………… 38
- 環境汚染 …………………………… 202
- 環境再生 …………………………… 146
- 環境問題 ……………………………… 2
- 観光拠点 …………………………… 192
- 観光交流施設 ……………………… 112
- 関東大震災 …………………………… 9
- 官民協調まちづくり ………………… 158
- 官民連携組織 ……………………… 202
- 観覧車 …………………………… 208

き
- 機能主義 ……………………………… 6
- キャットストリート …………………… 32
- 協調建替え ………………………… 117
- 共同建て替え …………………… 114, 123
- 橋梁 ………………………………… 64
- 居住環境の再生
  - …………… 104, 105, 111, 114, 118
- 切土の標準勾配 ……………………… 21
- 近代産業遺産 ……………………… 172
- 近代土木遺産 ………………………… 60

く
- 空中庭園 …………………………… 154
- 区分所有床 ………………………… 165
- 区役所にリノベーション ……………… 92
- クラスターパーク ………………… 216
- クリエイター拠点 ………………… 223
- クリエイティブコア ……………… 220
- クリティーバのバスシステム ……… 132
- 車いす使用の斜路勾配 ……………… 20

け
- 景観
  - ――条例 ………………………… 178
  - 夜間―― ………………………… 80
- 芸術センター ………………………… 94
- 芸術文化施設に再生 ………………… 82
- 係留施設 ……………………………… 61
- ゲート性 …………………………… 134
- 減築 ………………………………… 105
- 建築遺産 …………………………… 92
- 建ぺい率 …………………………… 40
- 権利者共有床 ……………………… 165
- 権利床 …………………………… 165

こ
- 広域治水計画 ……………………… 188
- 公園の再生 ………………………… 152
- 公開空地 ………………… 27, 29, 169
  - ――ネットワーク型まちづくり …… 159
- 高架鉄道跡地 ……………………… 156
- 公共空間
  - ――暫定利用 …………………… 74
  - ――のデザイン ………………… 4
- 公共交通 ……………………… 16, 126
  - ――システムRIT ……………… 132
  - ――を中心とした街路 ………… 18
- 公共施設の階段勾配 ………………… 21
- 公衆距離 …………………………… 22
- 公衆トイレ ………………………… 112
- 工場跡地の再生 …… 86, 148, 172, 204
- 工場の再生 ………………………… 93
- 構造規定 …………………………… 87
- 高速道路の撤去 …………………… 146
- 交通結節点 ……………………… 126
- 交通のデザイン ……………………… 4
- 高低差のある街区 ……………… 52, 117
- 公的ハウジング ………………… 115

勾配 …………………………………… 20
- 工房の再生 ………………………… 207
- 高齢者施設 ……………………… 125
- 港湾経営 ………………………… 194
- 港湾再開発 ………… 63, 182, 184, 192
- 港湾整備事業 …………………… 190
- 護岸 ………………………………… 56
  - ――構造物 …………………… 59, 62
- 湖岸空間 ………………………… 62
- 個体距離 ………………………… 22
- コネクタキューブ ……………… 137
- 個別建替え ……………………… 158
- コミュニティ
  - ――カフェ …………………… 14
  - ――通路 ……………………… 106
  - ――の再生 …………………… 6
  - ――広場 ……………………… 11
- 古文書館 ………………………… 85
- コレクティブ住宅 ……………… 13
- コロニーヘーヴ ………………… 124
- コロネード ……………………… 82
- コンソーシアム ………………… 166
- コンバージョン …………… 119, 210
  - 面的―― ……………………… 214
- コンパクトシティ ………………… 7
- コンパクトなまちづくり ……… 133

さ
- 再開発
  - エリア―― …………………… 44
  - 工場跡地――
    - ……… 86, 93, 148, 172, 204
- 災害復興 ………………………… 10
- 災害メモリアル ………………… 11
- 再生 ……………………………… 82
  - 空き家―― ……………… 91, 113
  - 市場の―― ………………… 109
  - ウォーターフロント―― …… 182
  - 映画館に―― ………………… 87
  - 駅舎の―― ……… 97, 102, 138, 139
  - エリアの―― ………………… 158
  - 演劇練習場に―― …………… 89
  - 温泉街の―― ………………… 110
  - 街区の―― …………………… 108
  - 河川水辺空間―― …………… 186
  - 環境―― ……………………… 146
  - 居住環境の――
    - …… 104, 105, 111, 114, 118
  - 芸術文化施設に―― …………… 82
  - 公園の―― ………………… 152
  - 工場跡地の――
    - ……… 86, 93, 148, 172, 204
  - 工房の―― …………………… 207
  - サイロの―― …………………… 88
  - 産業遺産の―― ……… 86, 99, 172
  - 集合住宅に―― ……………… 88
  - 炭坑の―― …………………… 98
  - 団地―― …………………… 124
  - 団地外部空間の―― ………… 153
  - 地域―― …………………… 170
  - 地域資源の―― ……………… 112
  - 地区の―― …………………… 104
  - 中心市街地の―― ……… 106, 206
  - 庁舎に―― ………………… 92, 93
  - 鉄道跡地の―― ……… 154, 156
  - 都市―― ……………………… 2
  - 都市空間の―― ……………… 45
  - 図書館に―― ……………… 84, 85

索引：事項索引 | Index: Subject Index

長屋の—— ……………… 90, 118
廃校の—— ……………… 94, 95
廃材利用の—— ……………… 101
博物館の—— ……………… 96
飛行場跡地の—— ……………… 149
美術館に—— ……………… 86
文化拠点の—— ……………… 9
文化施設に—— ……………… 83
密集市街地の—— ……………… 114, 116
港の—— ……………… 190
歴史地区の—— ……………… 6
歴史的建造物の—— ……………… 100
サイン・シェルターダイアグラム ……… 136
サスティナビリティ ……………… 6
参加型プログラム ……………… 210
産業遺産 ……… 7, 86, 99, 198, 200, 215
暫定利用 ……………… 74
参道空間 ……………… 110

し
シェアハウス ……………… 124
市街地開発
　複合的—— ……………… 162
　密集—— ……………… 114
時間と空間 ……………… 68
シークエンス ……………… 56
シクロシティ ……………… 4
自主改修 ……………… 113
自然環境の保全 ……………… 188
自然再生事業 ……………… 149
実験都市 ……………… 6
シティチャレンジ ……………… 7
自転車道 ……………… 16
視点場 ……………… 54
シニアハウス ……………… 111
シネマコンプレックス ……………… 87
シビックテラス ……………… 50
市民ギャラリー ……………… 112
社会距離 ……………… 22
社会実験 ……………… 75, 186
社会問題 ……………… 2
蛇篭 ……………… 149
車線縮小 ……………… 19
車道 ……………… 16
車両乗り入れ制限 ……………… 203
斜路
　——付き階段の最大勾配 ……… 21
　——の最大勾配 ……………… 20
住環境改善 ……………… 114
住環境整備モデル事業 ……………… 114
修景 ……………… 176
　——整備 ……………… 106
　町並み—— ……………… 176
集合住宅に再生 ……………… 88
集合の形態 ……………… 22
住宅
　——建築コンクール ……………… 178
　——の階段勾配 ……………… 21
終着駅形式 ……………… 191
修復型まちづくり ……………… 115
重要伝統的建造物群保存地区 ……… 122
重要文化財の保存 ……………… 102
情報デザイン ……………… 4
照明実験 ……………… 80
照明手法 ……………… 78
神宮外苑 ……………… 10
新経験主義 ……………… 6
人工地盤 ……………… 143, 144
新交通システム ……………… 127
人工の滝 ……………… 74

親水空間 ……………… 58, 120, 186
親水広場 ……………… 191
信託受益権 ……………… 165
新人間主義 ……………… 6

す
衰退地区 ……………… 2
垂直緑化 ……………… 50
水路 ……………… 37
　——の改修 ……………… 121
スカイウェイ ……………… 144
ストリートスケープ ……………… 165
ストリートファニチャー ……… 16, 165
スーパーシャフト ……………… 88
スマートシティ ……………… 2
住み替え ……………… 115
スラブフィールド ……………… 149
スラムクリアランス ……………… 6
スリット効果 ……………… 184
スルタンの象 ……………… 73

せ
生態系の復元 ……………… 146
生物生息空間 ……………… 59, 149
セイル ……………… 169
世界遺産 ……………… 98
セットバック ……………… 106, 115
セミモール ……………… 126
戦災復興 ……………… 6
　——計画 ……………… 9
線状緑地 ……………… 183
船体の主要寸法 ……………… 61
全天候型野外広場 ……………… 50
セントラム ……………… 4
船舶の寸法 ……………… 61
線密度 ……………… 23
占有幅 ……………… 16

そ
創意産業園区 ……………… 216
総合住環境整備事業 ……………… 114
創造コミュニティ ……………… 210
創造都市 ……………… 206
　文化芸術—— ……………… 220
ソーシャルハウジング ……………… 6
ゾーニング ……………… 189
ソフト戦略 ……………… 159

た
耐火建築促進法 ……………… 12
大規模な改修 ……………… 87
耐震補強 ……………… 92, 119
滞留空間 ……………… 139
高床式川床 ……………… 70
多孔質化 ……………… 2, 105
建物階高規制 ……………… 189
タワー・イン・ザ・パーク ……………… 6
炭坑の再利用 ……………… 98
だんじり ……………… 72
団地外部空間の再生 ……………… 153
団地型シェアハウス ……………… 124
団地再生 ……………… 124

ち
地域イメージ ……………… 174
地域交流拠点 ……………… 111
地域再生 ……………… 87, 170
　——プログラム ……………… 7

地域資源の再生 ……………… 112
地区コミュニティ ……………… 125
地区総合交通マネジメント ……… 126
地区の再生 ……………… 104
地形の高低差 ……………… 52
地権者協議会 ……………… 159
治水システム ……………… 188
中央分離帯 ……………… 16
中間領域 ……………… 160
中山間地型復興住宅 ……………… 13
駐車場 ……………… 128
　——出入口設置規定 ……………… 127
　——内斜路の最大勾配 ……………… 20
中心市街地の再生 ……………… 106, 206
駐輪場 ……………… 130
　——複合施設 ……………… 131
超高密度居住 ……………… 13
庁舎に再生 ……………… 92, 93

て
低床式車両 ……………… 133
帝都復興計画 ……………… 9, 10
デザインガイドライン ……… 189, 198
デザインコード ……………… 8, 178
デザイン操作 ……………… 168
鉄道跡地の再生 ……………… 154, 156
鉄道構造物 ……………… 156
テナントミックス ……………… 107
テューボ ……………… 132
テラス型屋上公園 ……………… 151
テラス空間 ……………… 47
電線類地中化 ……………… 58
伝建地区 ……………… 8
電波障害 ……………… 164
展望タワー ……………… 76
転用
　ガスタンクの—— ……………… 200
　火力発電所の—— ……………… 198
　工場の—— ……………… 93
　サイロの—— ……………… 88
　事務所ビルの—— ……………… 92
　廃校の—— ……………… 94, 95
　配水塔の—— ……………… 89
　冷却塔の—— ……………… 204

と
東京市政要綱 ……………… 9
同潤会 ……………… 12
道路
　——構造令 ……………… 126
　——占有面積 ……………… 19
　——の基本寸法 ……………… 16
　——の再配分 ……… 16, 58, 126
　——の付け替え ……………… 122
　通り抜け—— ……………… 114
通り抜け道 ……………… 117
特別インフラプラン ……………… 215
特別産業遺産プラン ……………… 215
特例容積率適用区域制度 … 102, 160
都市
　——インフラ ……………… 66
　——開発 ……………… 76
　——空間の再生 ……………… 45
　——景観 ……………… 60
　——公園 ……………… 205
　——更新 ……………… 9
　——再開発法 ……………… 9, 12
　——スケールの街路 ……… 19, 32
　——デザイン ……………… 6
　——と照明 ……………… 78

　——の核 ……………… 9
都市再生 ……………… 2
　——のコンテクスト ……………… 8
　——の潮流 ……………… 6
　ガイドラインによる—— ……… 159
　文化牽引型—— ……………… 210
　連鎖型—— ……………… 202
土壌汚染 ……………… 2
図書館に再生 ……………… 84, 85
都心再生 ……………… 158
土地の集約 ……………… 162
土地利用区分 ……………… 154
土地利用戦略 ……………… 194
トラムによるまちづくり ……… 133
トランジットモール ……………… 126
トンバイ塀 ……………… 122

な
中庭
　博物館の—— ……………… 96
　モスクの—— ……………… 69
長屋の改修 ……………… 90, 118
ナショナルアートパーク構想 …… 220

の
乗換ターミナル ……………… 132

は
廃校の再生 ……………… 94, 95
廃材利用 ……………… 101
配水塔の転用 ……………… 89
ハイパーブロック ……………… 159
パイロット事業 ……………… 214
パークアンドライド ……………… 126
博物館の再生 ……………… 96
パークレット ……………… 75
橋詰空間 ……………… 64
バスシェルター ……………… 135
バスシステム ……………… 132
バースの標準寸法 ……………… 61
パッサージュ ……………… 108
パブリックアート ……………… 74, 165
パブリックスペース ……………… 96
バランストラス工法 ……………… 193
バリアフリー化 ……………… 125
　駅舎の—— ……………… 127
バルセロナモデル ……………… 214
半屋外空間 ……………… 53
阪神・淡路大震災 ……………… 13, 115

ひ
灯入れ曳行 ……………… 72
東日本大震災 ……………… 13, 14
曳き家 ……………… 106, 107, 109
飛行場跡地の再生 ……………… 149
ビジュアルアーツ産業 ……………… 218
美術館に再生 ……………… 86
微地形 ……………… 28
人の移動行動 ……………… 16
標準船型 ……………… 61
広場ネットワーク ……………… 176

ふ
フェスティバル ……………… 72
復原 ……………… 102
複合的市街地開発 ……………… 162

複合的土地利用 …………………194
複合文化拠点 ……………………98
複合用途開発 ……………………129
部材の再利用 ……………………118
浮体式旅客ターミナル ……………61
附置義務駐車場 …………………127
復興計画 ……………………………9
復興住宅 …………………………13
　　中山間地型―― ……………13
復興小学校 ………………………11
復興まちづくり …………………123
不燃化 ……………………………12
部分建替え ………………………104
プライベートガレージ …………128
ブラウンフィールド ……………198
不良住宅地区 ……………………13
フリンジパーキング ……………126
ふるまいの寸法 …………………16
フルモール ………………………126
ブルントラント報告 ………………6
プレジャーボートの船型 …………61
プロジェクトマネジメント ……214
プロムナード …………53, 63, 182, 189
文化拠点の再生 ……………………9
文化芸術拠点 ……………………221
文化芸術創造都市 ………………220
文化牽引型都市再生 ……………210
文化資源 …………………………220
文化施設に再生 …………………83
文化都心 …………………………162

へ
ペデストリアンデッキ ……67, 137, 144
ペデストリアンブリッジ …………66
ペデストリアンプレシンクト ……126
ペリーロード ……………………112

ほ
ボイド照明 ………………………78
防火建築帯 …………………………9, 12
　　――造成事業 ………………12
防災街区 ……………………………9
防災拠点 …………………………193
防潮堤 ……………………………63
防波堤 ……………………………62, 183

ポケットパーク …………………121
歩行者回遊ルート ………………170
歩行者空間化 ……………………122
歩行者ネットワーク
　　　………45, 121, 122, 144, 167
歩行者のための街路 ……………17
歩行者プロムナード ……………156
歩行者モール ……………………126
舗装システム ……………………155
舗装面撤去 ………………………149
舗装面の水勾配 …………………20
保存
　　――技術 ……………………173
　　歴史的建造物の―― ……174, 204
ボードウォーク ………………62, 63
歩道橋 ……………………………66
堀の再整備 ………………………60
ボリューム ………………………40
　　――スタディ ………………40
　　――と配置 …………………42
ボルダリングの勾配 ……………21
ポンツーン ………………………61

ま
マスハウジング ……………………6
待合室の改修 ……………………97
まち
　　――遺産 ……………………112
　　――の回遊性 ………………57
　　――の勾配 …………………20
まちかど広場 ………………………8
まちづくり
　　――会社 ……………………87
　　――ガイドライン …………159
　　――パートナーシップ ……123
　　アートによる―― …………165
　　官民協調―― ………………158
　　公開空地ネットワーク型―― …159
　　コンパクトな―― …………133
　　修復型―― …………………115
　　トラムによる―― …………133
　　復興―― ……………………123
　　街並み形成型―― …………159

　　連鎖的―― …………………123
まちなか居住 ……………………111
街並み景観条例 …………………178
街並み形成型まちづくり ………159
町並み修景 ………………………176

み
水際空間 ………………………36, 37
水勾配 ……………………………20
水辺
　　――拠点 ……………………59
　　――空間 ……………………62
　　――と建築 …………………53
　　――の階段 …………………56
　　――の作法 …………………56
密集市街地の再生 …………114, 116
密度 ………………………………40
　　――感 ……………………40, 41
　　――分布 ……………………22
港の再生 …………………………190
民事信託方式 ……………………165
みんなの家 ………………………14

め
メルテンスの法則 ………………40
免震化 ……………………………103
面的コンバージョン ……………214

も
木造密集市街地整備 ……………117
もぐり橋 …………………………59
門司港レトロ事業 ………………190
モスク ……………………………69
盛土の標準勾配 …………………21

や
夜間景観 …………………………80
山古志地域 ………………………13
やりまわし ………………………72

ゆ
優良建築物等整備事業 …………123

よ
容積移転 …………………………102
容積インセンティブ ……………214
容積率 ……………………………40
横浜トリエンナーレ ……………220

ら
ライトアップ ……………………79
ライトレール ……………………133
ランチバス ………………………27
ランドスケープ …………………169
ランドマーク …………………88, 89
ランブラス方式 ………………33, 105

り
リノベーション⇒再生
流速と利用形態 …………………56
領域意識 ……………………………8
旅客船の標準船型 ………………61
臨海公園 …………………………65

れ
冷却塔の転用 ……………………204
歴史遺産 ……………………………6
歴史地区の再生 ……………………6
歴史的街路 ………………………34
歴史的建造物
　　――の保存 …………100, 174, 204
　　――文化芸術活用実験事業 …221
歴史美観地区 ……………………38
レトロ事業 ………………………190
連鎖型都市再生 ………………158, 202
レンタサイクル …………………131
連担建築物設計制度 ……………107

ろ
路地空間の創出 …………………116
ロータリー ………………………136
六本木アートトライアングル ……167
ロードプライシング ……………126
ロワイヤル・ド・リュクス ………73

事例索引
Building and Project Index

数字・欧字
3331Arts Chiyoda ……………… 95
8号橋 ……………………………… 219
Apartment鶉 …………………… 116
Apartment傳 …………………… 116
AURA243 多摩平の森 ………… 124
BankART Studio NYK ………… 221
BMWグッゲンハイム・ラボ …… 49
DAIKANYAMA T-SITE ………… 43
HouseN …………………………… 47
K-port …………………………… 14
MAMbo …………………………… 175
MuCEM …………………………… 53
OKセンター ……………………… 208
THE NATURAL SHOE STORE
　OFFICE ……………………… 54
Tooth …………………………… 78
UDCK …………………………… 77
umie MOSAIC ………………… 189
YCC ……………………………… 221

あ行
藍場川 …………………………… 56
アオーレ長岡 …………………… 8
上尾市仲町愛宕地区 …………… 114
阿佐ヶ谷住宅 …………………… 41
旭川駅 …………………………… 140
アトリエ・ヴィスクドール …… 47
アネックス広場 ………………… 29
アバンドイバラ地区 …………… 202
油津・堀川運河 ………………… 60
アムステルダム市立近代美術館新館
　………………………………… 51
アムステルダム駐輪場 ………… 131
有田町大公孫樹広場 …………… 122
アルス・エレクトロニカ・センター … 209
アレゲニー川河岸公園 ………… 147

五十鈴川カフェ ………………… 46
和泉川　東山の水辺 …………… 59
犬島精錬所美術館 ……………… 99
今井町保全計画 ………………… 8

ウィーンのフリンジパーキング … 126
ウーズバーン地区 ……………… 211
ウェステルハスファブリーク文化公園
　………………………………… 148
ウェストヴィレッジ・ハウス … 6
上野東宝ビル …………………… 52
宇徳ビル ………………………… 222
ウルビーノ基本都市計画 ……… 6

永代橋 …………………………… 10

越前勝山　大清水広場 ………… 121
越前武生蔵のある町 …………… 106
エックス・エリダニア地区 …… 172
エックス・タバッキ地区 ……… 174
恵比寿ガーデンプレイス ……… 41
エムシャーパーク ……………… 7
エンジェル・オブ・ザ・ノース … 212
エンベルデ駅 …………………… 127

オヴォロ遊歩道のエレベータ … 52
大阪市ウォーターフロント再生 … 186
大阪ステーションシティ ……… 139
オーディオビジュアルキャンパス … 215
大手モール ………………… 16, 18
大野村の街路照明整備 ………… 80
大森ロッヂ ……………………… 118
岡山ルネスホール改修 ………… 9
オスロ・オペラハウス ………… 53
音無川親水公園 ………………… 120
尾道斜面市街地 ………………… 113
小布施町並み修景事業 …… 8, 176
オープンエアー・ライブラリー … 101
表参道 …………………………… 32
オリンピック・スカルプチャーパーク … 195
尾張一宮駅前ビル ……………… 50

か行
カイシャ・フォーラム ………… 49
香川県庁舎 ……………………… 8
鹿児島港本港区 ………………… 62
柏崎えんま通り商店街 ………… 123
柏市トランジットモール実験 … 126
柏の葉アーバンデザインセンター … 77
春日部駅前広場 ………………… 127
ガソメタシティ ………………… 200
金沢駅東広場 …………………… 137
金沢近江町いちば館 …………… 109
金沢市民芸術村 ………………… 82
金沢市立玉川図書館 …………… 85
金山まちなみづくり …………… 178
カナリーワーフ駅 ……………… 197
紙の教会 ………………………… 14
鴨川の川床 ……………………… 70
カモメの散歩道 ………………… 63
カレ・ダール …………………… 51
川越一番街町並みガイドライン … 8
川崎駅東口広場 ………………… 134
川崎ミューザデッキ …………… 67
川の駅はちけんや ……………… 187
カンペン・バイパス …………… 188
カンポ・ヴォランティン歩道橋 … 203

岸公園 …………………………… 62
岸和田だんじり祭 ……………… 72
北区立中央図書館 ……………… 84
北仲WHITE・北仲BRICK ……… 222
北浜テラス ……………………… 187
城崎木屋町小路 ………………… 110
希望の郷「絆」 ………………… 13
京都駅ビル ……………………… 138
京都芸術センター ……………… 94
清砂通りアパートメント ……… 12
郡上八幡宗祇水 ………………… 37
九段下ビル ……………………… 12
グッゲンハイム・ラボ ………… 49
熊本駅西口広場 ………………… 136
倉敷アイビースクエア ………… 9

倉敷川 …………………………… 56
倉敷・林源十郎商店 …………… 8
倉敷歴史美観地区 ……………… 38
蔵本通り ……………………… 16, 19
グランドプラザ ……………… 4, 50
クリエイティブシティ・ヨコハマ … 220
クリティーバ …………………… 132
グレインジャー・タウン ……… 210
クレオハウス …………………… 111
グレートコート ………………… 96
桑名・住吉入江 ………………… 60

ゲイツヘッド …………………… 210
ゲイツヘッド・ミレニアムブリッジ … 211
ケルン・フィルハーモニー …… 170
源兵衛川 ………………………… 39

高知駅 …………………………… 141
神戸海洋博物館 ………………… 185
神戸港震災メモリアルパーク … 185
神戸市営真野ふれあい住宅 …… 13
神戸ハーバーランド …………… 184
神戸ポートタワー ……………… 185
紅坊国際芸術社区 ……………… 218
コートヤードビルディング …… 104
黄金スタジオ …………………… 223
コペンハーゲン・オペラハウス … 55
コレド日本橋アネックス広場 … 29

さ行
坂出人工土地 …………………… 9
サーペンタイン・ギャラリー・パビリオン
　………………………………… 71
猿江裏町第2事業 ……………… 12
澤村邸改修 ……………………… 112

シアトル・ウォーターフロント再生 … 194
ジェミニ・レジデンス ………… 88
シドニー・オペラハウス ……… 5
島キッチン ……………………… 91
下田市旧澤村邸 ………………… 112
ジャカルタのチキニのカンポン … 41
上海市創意産業園区 …………… 216
上海彫刻芸術センター ………… 218
ジャンワイSOHO（建外SOHO）… 41
シュトゥットガルト州立美術館 … 52
シュプレー川の水上プール …… 70
上州富岡駅駅前通り …………… 79
情報学環福武ホール …………… 49
白川村の街路照明整備 ………… 80
白浜復興住宅 …………………… 13
シンガポール川 ………………… 189
新宿三井55広場 ………………… 28
新橋駅前SL広場 ……………… 30
シンボルロード ………………… 192

スイス通りのアパートメント … 104
水都大阪 ………………………… 186
巣鴨・高岩寺 …………………… 31
ズータイン ……………………… 142
隅田川六大橋 …………………… 10
隅田公園平面図 ………………… 11

セージ・ゲイツヘッド ………… 210
仙台駅東口駅前広場 …………… 135
セント・ポール大聖堂 ………… 199

惣 ………………………………… 90

宗祇水 …………………………… 37
創成川再生 ……………………… 58
創造空間万国橋SOKO ………… 222
象の鼻パーク ……………… 183, 220

た行
大英博物館　グレートコート … 96
大丸有地区 ……………………… 158
タイムズスクエア ……………… 75
タイン川沿い文化地区 ………… 211
高瀬川 …………………………… 56
武生蔵の辻 ……………………… 106
たまむすびテラス ……………… 124

小さな公共空間　PLS ………… 77
チャイサロン・ドラゴン ……… 46
清渓川復元事業 ………………… 146

ツォルフェライン炭坑業遺産群 … 98
鶴岡まちなかキネマ …………… 87
鶴見橋 …………………………… 64
津和野川 ………………………… 57

テートモダン美術館 …………… 198
寺西家阿倍野長屋 ……………… 119
田子坊 …………………………… 217
テンペ交通センター …………… 130
デンマーク王立劇場 …………… 53

東京駅丸の内駅舎 ……………… 102
　──ライトアップ …………… 79
東京芸術大学大学院映像研究科
　………………………………… 221
東京国際フォーラム ……… 26, 41
東京・丸の内 …………………… 158
東京ミッドタウン ……………… 166
東工大蔵前会館 ………………… 44
道後温泉本館周辺広場 ………… 122
とげぬき地蔵（高岩寺） ……… 31
土佐くろしお鉄道　中村駅 …… 97
ドッグランズ・ウォーターフロント再生
　………………………………… 196
富山・グランドプラザ ……… 4, 50
富山市民芸術創造センター …… 83
富山のトラム …………………… 133
豊崎長屋 ………………………… 119
十和田市現代美術館 …………… 41
とんぼりリバーウォーク ……… 186

な行
長岡市アオーレ ………………… 9
長崎水辺の森公園 ……………… 65
名古屋市演劇練習館 …………… 89
七尾 ……………………………… 192
　──フィッシャーマンズワーフ … 192
　──マリンパーク …………… 193
ナポリ・モレッリ駐車場 ……… 128
なんばパークス ………………… 150

新潟駅南口駅前広場 …………… 137
ニコラスGハイエックセンター … 50
二重らせんの家 ………………… 47
ニコロ・パガニーニ音楽堂 …… 172
ニューカッスルゲイツヘッド … 210
ニューヨークシティ・ウォーターフォール
　………………………………… 74

索引：事例索引 | Index: Building and Project Index

ヌーヴェル赤羽台 ……………… 153

根津 ……………………………… 41

能登食祭市場 …………………… 193

は行

ハイライン ……………………… 154
パガニーニ音楽堂 ……………… 173
バスティーユ高架橋 …………… 156
八軒家浜 ………………………… 187
ハツネテラス …………………… 223
ぱてぃお大門 …………………… 107
ハーバーステップス …………… 195
ハーフェンシティ …………… 3, 76
バーミンガム …………………… 3
バルセロナ
　――市街地 …………………… 214
　――フォーラム ……………… 41
　――ラバル地区 ……………… 105
バルテック現代芸術センター … 210
パルマ市 ………………………… 172
バンブーガーデン ……………… 52
バンブーブリッジ ……………… 213

東松島こどものみんなの家 …… 14
ピクセル・ホテル ……………… 207
ピクノポリス …………………… 213
ビコッカ地区 …………………… 204
ピーターシル地区再開発 ……… 198
日ノ出スタジオ ………………… 223
ヒルサイドテラスC棟 ………… 41
ヒルトンプラザウエスト ……… 78
ビルバオ ………………………… 202
　――グッゲンハイム美術館 … 203
ピレッリ本社ビル ……………… 204
広島原爆スラム ………………… 13
広島ピースセンター …………… 9
広島平和記念館総合計画 ……… 11

広瀬川 …………………………… 56
フェデレーション・スクエア … 143
フォンフ・ホーフェ街区 ……… 108
ぷかり桟橋 ……………………… 61
船橋駅北口駅前広場 …………… 127
ブライアントパーク …………… 152
フランス橋 ……………………… 66
ブリンドレープレイス ………… 45

ベルビュー　黄色い家 ………… 209

ボストン現代美術協会新館 …… 51
ほたるまち ……………………… 187
ポツダム広場 …………………… 41
ポッティンガー・ストリート … 35
ポップアップ・パーク ………… 74
ボルネオ島のマスタープラン … 41
ボローニャ現代アート美術館 … 175
ボローニャ市街地 ……………… 174
香港ペデストリアンネットワーク … 144

ま行

馬篭宿 ……………………… 12, 34
マーチエキュート神田万世橋 … 54
真野ふれあい住宅 ……………… 13
マーライオン・ホテル ………… 75
マリーナベイ・サンズ ………… 55
丸の内オアゾ …………………… 24
丸の内地区 ……………………… 158
マンハッタン …………………… 41

みなと元町駅 …………………… 100
南芦屋浜復興公営住宅 ………… 14
ミュージアムパーク・アルファビア … 86
明神川 …………………………… 56
ミラノ・ビコッカ地区 ………… 204
ミレニアムドーム ……………… 197
ミレニアムブリッジ …………… 198

みんなの家 ……………………… 14
明治神宮外苑 …………………… 11
目黒区総合庁舎 ………………… 92
メデジン公社図書館 …………… 51

門司港 …………………………… 190
門司港駅 ………………………… 191
もてなしドーム ………………… 137
基町高層アパート ……………… 13
元町商店街（横浜） ……… 16, 17, 126
モトヤ・エクスプレス ………… 69
モーリス・ローズ空港跡地転用計画
　………………………………… 149
森タワー ………………………… 164
森山邸 …………………………… 41
モレッリ駐車場 ………………… 128

や行

やなか水のこみち ………… 16, 17
山下公園 ………………………… 183
　――計画図 …………………… 11
山梨市庁舎 ……………………… 93

由比ヶ浜の海の家 ……………… 71
ゆいま～る多摩平の森 ………… 125

預言者モスク …………………… 69
ヨコハマアパートメント ……… 41
横浜市文化芸術創造都市 ……… 220
横浜税関ライトアップ ………… 79
ヨコハマ創造都市センター …… 221
横浜・ぷかり桟橋 ……………… 61
横浜ポートサイド公園 ………… 36
横浜みなとみらい21 …………… 182
横浜元町通り ……………… 16, 17, 126
ヨーロッパ地中海文明博物館 … 53

ら行

ラインバーン …………………… 6
ラートスタチオン ……………… 131
ラバル地区 ……………………… 105
ランブラス通り ………………… 33

りえんと多摩平 ………………… 124
りくカフェ ……………………… 14
陸前高田のみんなの家 ………… 14
リンカーン・センター ………… 44
リンカーン・ロード1111 ……… 129
臨港パーク ……………………… 183
リンツ09 ………………………… 206
　――インフォセンター ……… 207
リンツ・スーパー・ブランチ … 208

ルートヴィヒ美術館 …………… 170
ルームト・フォー・ダ・リヴィーラ … 188

レオポール・セダール・サンゴール橋
　………………………………… 64
練 ………………………………… 90
レン教会塔 ……………………… 199

老楊坊1933 ……………………… 217
ロッテルダム・ラインバーン … 6
ロープウェイ街 …………… 16, 17
六本木ヒルズ …………………… 162
ロワイヤル・ド・リュクス　ロンドン公演
　………………………………… 73
ローワンコンコース …………… 5
ロンドン・ドッグランズ ……… 196

わ行

若桜街道 ………………………… 12
若宮地区復興まちづくり ……… 115
和田村プロジェクト …………… 117
ワン・ニュー・チェンジ ……… 45

コンパクト建築設計資料集成〈都市再生〉

平成 26 年 3 月 30 日　発　行

編　者　　一般社団法人　日本建築学会

発行者　　池　田　和　博

発行所　　丸善出版株式会社
〒101-0051　東京都千代田区神田神保町二丁目17番
編集：電話（03）3512-3266／FAX（03）3512-3272
営業：電話（03）3512-3256／FAX（03）3212-3270
http://pub.maruzen.co.jp/

ⓒ 一般社団法人日本建築学会，2014

組版印刷・三美印刷株式会社／製本・株式会社 松岳社

ISBN 978-4-621-08756-5　C 3352　　　　　　Printed in Japan

本書の無断複写は著作権法上での例外を除き禁じられています．

全面改訂版
日本建築学会編　建築設計資料集成　[全14巻]

[総合編]　全1巻

目次　第1章　構築環境　　　　　　　第2章　室と場面
　　　第3章　空間配列とプログラム　　第4章　地域とエコロジー

A4判・688ページ・上製・事例検索用CD-ROM付　本体価格23,000円（税別）

[拡張編]　全13巻

- ■**環　境**　A4判　240ページ　CD-ROM付　12,000円（税別）
- ■**人　間**　A4判　168ページ　9,400円（税別）
- ■**物　品**　A4判　300ページ　11,000円（税別）
- ■**居　住**　A4判　204ページ　12,000円（税別）
- ■**福祉・医療**　A4判　190ページ　12,000円（税別）
- ■**集会・市民サービス**　A4判　188ページ　12,000円（税別）
- ■**教育・図書**　A4判　196ページ　12,000円（税別）
- ■**展示・芸能**　A4判　176ページ　12,000円（税別）
- ■**余暇・宿泊**　A4判　164ページ　12,000円（税別）
- ■**業務・商業**　A4判　146ページ　12,000円（税別）
- ■**生産・交通**　A4判　168ページ　12,000円（税別）
- ■**地域・都市Ⅰ**　A4判　216ページ　12,000円（税別）
- ■**地域・都市Ⅱ**　A4判　210ページ　12,000円（税別）

〈好評コンパクトシリーズ〉

日本建築学会編
第3版　コンパクト建築設計資料集成　A4判　344ページ　4,800円（税別）
建築の表現／環境／室と場面／居住／福祉／医療／交流／公共サービス／教育／図書／展示／芸能／宿泊／業務／都市のオープンスペース

日本建築学会編
第2版　コンパクト建築設計資料集成〈住居〉　A4判　322ページ　6,200円（税別）
民家／近代住宅の歴史（日本）／近代住宅の歴史（海外）／現代の独立住宅／現代の集合住宅／寸法・規模／行為・場面・室／物品／環境／構法・構造

日本建築学会編
コンパクト建築設計資料集成〈バリアフリー〉　A4判　162ページ　8,000円（税別）
空間編／建物編／用語・法制度編

日本建築学会編
コンパクト建築設計資料集成〈インテリア〉　A4判　236ページ　4,800円（税別）
人間／室と場面／環境／インテリア装備／インテリアの表現／近代インテリアデザイン史／住居／展示・集会・鑑賞／学習／医療／執務／宿泊／飲食・物販

（2014年3月現在）

インデックス Index

Chapter 1
都市再生の背景
- 都市再生とは
- 都市再生の潮流
- 災害復興からの都市再生

Chapter 2
都市の要素
- ふるまいの寸法
- ボリュームと配置
- 建築のインターフェイス
- 都市インフラと景観
- 出来事と一時的空間
- 都市と照明

Chapter 3
再生の手法
- 建築の再生
- 地区のリハビリ
- 交通結節点の活用
- 環境創生のランドスケープ

Chapter 4
手法の重ね合わせ
- 都心再生
- 地域再生
- ウォーターフロント再生
- ブラウンフィールド再生
- 創造都市